化學與人生

梁碧峯 編著

編 序

　　當今科學、技術和人文、社會的密切關係，已經遠遠超過人類先前的生活和生產方式，尤其是先進國家的政府，對某些律法和法令，以及某些政策和法規的制定，都已明顯受到具有科學與其技藝的背景所影響。因此，世界各國的高等教育，對文、理之間的相互交叉已成不爭的事實。特別針對人文、社會、財經、管理等類專業學生的自然科學通識教育上，編寫一些配合他們需要的實用教材，已是當務之急之事。

　　自古以來，人類不僅都一直在認識、開創和利用我們周圍的大自然的物質，而且其技藝與知識也由一開始，就隨著人類的生存需求而發展和創新。同時它也一直促進了人類文明和社會的不斷進步與提升。化學作為自然科學的一個重要分支，它與人類的關連性更是十分密切，它的範圍甚為廣泛，也可以說包羅萬象。20 世紀 90 年代後，歷屆國際化學教育會議都會提出「要把化學帶入生活中」的要求，這就是當今化學教學內容，必須改革的一個重大政策。

　　另一方面，當今世界，不同學科、不同專業領域的相互交叉、滲透和融合更趨明顯，強調全面優質教育，培養和完善人格的教育思想應運而生。20 世紀高等教育化學發展的軌跡裡，已進一步強調了科學通識工作的重要性，在加強科技進步和創新的同時，我們更應該大力去加強全社會的科學普及工作，來努力提高全人類的科學文化素質。若這項工作做得好，就可以為科技進步和創新提供了廣泛的群眾基礎，這對於非化學專業的人來說，讓他們了解一些化學現象，掌握部分化學知識，這也是實現全面優質教育重要的一環。

　　本書取名「化學與人生」，意在使學生透過作為自然科學窗口的化學，了解其自然科學的化學，在人文、社會進步和科技發展中的功用和地位；了解化學在發展過程中，與其他學科相互交叉的關係；了解化學是具有實驗和理論並重的傳統學科⋯⋯等。學生可以藉由化學事例，去認識自然科學的化學與人文、社會科學的相互聯繫，其主要目的是在提高人文、社會學生的科學文化素養。

　　為此，本書以當今人文、社會最為關注的飲食、日用品、能源、醫藥、材料和環境等問題為經線，以化學基本概念、知識與人文精神為緯線，審慎的進行選

材和編寫。期盼可突出人文、社會廣泛關注的問題,而有利於提高學生的人文、社會責任感,並有利於加深學生對科學與技術的理解。同時題材盡量保持化學知識本身的系統性,力求循序漸進和周遭的化學由淺入深的安排,使學生的化學基礎知識能有所充實和提升。

基於上述想法,本課程的宗旨就在使學生深刻領悟到化學是處處皆有與無所不在的,它對人類的生命、生存、和生活文化品質的提高極為重要,這就是所謂的人生。農業、輕工業、重工業、與人的吃、穿、用……等,無一不是依賴化學。本課程著重介紹人類食、衣、住、行中的化學知識,甚至包括育與樂。並可結合各種媒體上現代生活中的有關化學資訊,兼具趣味性和實用性,使其內容貼近生活,並與時代同步。另外,本課程用一定的篇幅,對百年來諾貝爾化學獎的分析,一併討論了 20 世紀化學發展的軌跡,並對 21 個世紀化學的發展也作了一個新展望。

全書內容分為十章,除緒章簡單介紹化學與 20 世紀化學發展的軌跡概況外,其餘各章,皆從化學與人生有密切關係的題材出發,介紹化學對人類社會的貢獻和功用。其內容包括:第一章生命元素,第二章生命物質,第三章飲食化學,第四章保健化學,第五章的服飾化學、第六章化妝品化學、第七章能源化學、第八章環境化學、第九章材料化學和第十章豔麗化學。

在 20 世紀 50 年代,美國芝加哥大學哈金斯 (R. M. Hutchins) 校長就全力推動通識教育,他認為大學裡傳授永恆真理的知識,可透過通識教育的方式來達成。其教育內容應符合真理的知識,為使學習效果能持久不變,不僅要達成文化傳遞的任務,也要為生活做了很好的準備。因此,通識化學的教材就以一般化學知識為內容,可包括有敘述性化學、化學原理及應用化學(包括生活化)等三部分,再加上一些化學史及相關資料來編輯。高等教育中之通識化學課程,其目標是以中等學校的物理學及化學教材為基礎,並加強科學方法訓練,藉由探討物質與能量之變化,來建立化學的基本概念,以培養正確的科學態度、科學精神及科學思維,以期能孕育出有解決個人問題的能力,以便奠定研究高深學術與學習專業知識的基礎。

本書編寫方式採用授課講習與部分實驗講解,期盼學生能夠從學習過程中,瞭解化學的一般概念與基本知識。為增進其對化學領域知識的擴展,每一個章節都盡可能取自我們周圍有關的化學常識及相關知識,藉此希望可培養對自然界的

現象有分析與解決的能力，進而將其知識運用於其他相關的科學領域中。

　　本書所用的化學專有名詞及化合物名稱，盡量採用國立編譯館所公布之化學名詞編輯之。本書如有錯誤及欠妥之處，期盼教師、讀者、專家及化學先進們，隨時給予指正。

編者 **梁碧峯**

於東海大學化學系

2012 年 6 月 10 日

目 錄

編　序 i

緒　章　化學天地 1

壹、化學的歷史源頭：火與煉丹術 2

貳、化學之建立與發展歷程 4

參、化學與生命科學和社會科學 7

肆、化學學科的分支 11

伍、化學反應的特徵 13

陸、21世紀化學──回顧和展望 16

柒、化學基礎理論在20世紀的重大突破 22

捌、20世紀的化學工業大發展 26

玖、化學在20世紀已劃分出的二級學科和它們在21世紀的走向 28

拾、綠色化學概述 38

第一章　生命元素 43

壹、元素的分布規律與作用 45

貳、元素在生物體的分布規律與作用 51

參、生命元素研究的回顧 72

肆、生命元素研究展望 73

第二章　生命物質 81

壹、生命化學 82

貳、醣類 86

參、脂質 92

肆、蛋白質 97

伍、核酸 102

陸、維生素 111

第三章　飲食化學 121
壹、益害元素之風險管控 121
貳、色、香、味的食品化學 128
參、一些重要的食品添加劑的化學 136
肆、煙、酒、茶化學 142

第四章　健康化學 159
壹、生命元素與疾病 160
貳、生命元素與癌症 180
參、化學藥物──癌症的剋星 205

第五章　服飾化學 211
壹、服飾中的化學 212
貳、服飾品的概述與分類 222
參、洗滌劑中的化學 232
肆、界面活性劑 245

第六章　化妝品化學 255
壹、艷麗的化妝品的由來 255
貳、人的皮膚和毛髮 258
參、化妝品的化學成分 263
肆、常用化妝品的分類 275
伍、一些化妝品的基質和添加劑 291
陸、化妝品的副作用 294

第七章　能源化學 299
壹、能源 300
貳、人類呼喚清潔能源 304
參、核燃料的化學工藝學 310

肆、開發氫經濟性 315

　　伍、氫的儲存和輸運 324

　　陸、氫作為能源的應用 330

第八章　環境化學 343

　　壹、什麼是環境化學？ 344

　　貳、大氣環境化學 346

　　參、水環境化學 353

　　肆、土壤環境化學 360

　　伍、固態廢棄物 363

　　陸、環境中元素的遷移研究 365

　　柒、可持續發展問題 373

　　捌、清潔生產 376

　　玖、綠色化學 380

第九章　材料化學 391

　　壹、材料科學的發展過程 391

　　貳、材料的分類 395

　　參、材料化學的工作領域 399

　　肆、材料的微觀結構 404

　　伍、幾種材料的製備 409

　　陸、新材料的現狀與展望 421

第十章　豔麗人生 435

　　壹、五光十色的焰火 436

　　貳、多采多姿的化學塗料 440

　　參、有機染料 451

　　肆、有機顏料 458

伍、逼真的彩色照片 465

參考書目 477

索引 478

緒章　化學天地

　　人類為了生命、生存與生活，就必須對自己周圍的環境，以及一切大自然事務加以關心，譬如物理、化學、天文、地質、生物 (動物、植物)、礦物、地理、水文、氣候、農業、工具、食物、醫藥……等，至目前已經有了數千年的認知與經驗。尤其人類知識 (智慧) 的發展，已建立在這些認知的經驗上。使得對大自然的探討研究，先形成了自然哲學，而後形成了自然科學，其中包括物理學、化學、天文學、地質學及生物學等五部分，另外產生了人類早期獨特的博物學 (生物學與礦物學) 及數學，而後形成當今的基礎科學 (basic science)：物理學、化學、天文學、地質學、生物學及數學。因此，自然科學 (natural science) 可定義為研究自然現象的學問，基本上包括兩大部分──物理科學 (physical science)：物理學、化學、天文學、地質學；生物科學 (biological science)：生態學、生理學、微生物學、細胞生物學、遺傳學。另外還有橫跨兩大部分的生物物理學及生物化學。

　　我們周圍的世界，只要仔細觀察一下，就會發現宇宙之中，萬物都在變化，永無止息現象。宇宙本是由物質 (matter) 與能量 (energy) 所構成，而化學則是人類用來認識物質特性和改變物質世界的主要方法及手段的一種。例如生物的演化、地殼岩石風化、日用品鐵器生鏽、環境大氣污染、飲用水的品質下降……等，都是大家熟悉的物質變化。尤其，農人的春耕、秋收，人類的生、老、病、死，都是更為複雜的生命變化。其實，物質的變化是宇宙間無所不在的現象。按物質變化的特點，大致可以分為兩種類型，其中一類變化不產生新物質，只是改變了物質的狀態，這類變化稱為物理變化。如水的凝結成冰，液態的水變成了固態的冰；又如碘的昇華，固態的碘變為碘蒸氣。另一類變化表現為一些物質轉化為性質不同的另一些物質，這類變化稱為化學變化。如木材的燃燒，產生二氧化碳和水的氣體；又鐵、銅的生鏽與腐蝕現象，飲料與食物的腐敗等。在化學變化過程中，物質的組成和結構方式都已發生了改變，並生成了新的物質，且表現出與原物質完全不同的物理性質和化學性質。

　　化學 (chemistry) 是研究物質 (substance) 的組成、結構、性質、反應及其伴隨的能量變化的一門學科，本屬自然科學的一部分。可從煉丹、冶銅、燒陶、製瓷、釀酒、造紙、煉鐵、製鋁……等，其中都隱含有化學變化。直到 20 世紀 50 年代

之後的塑膠、纖維、橡膠之合成、半導體及超導體材料等，都與化學息息相關。其實，化學是一門在原子、分子或離子的層次上，研究物質的組成、結構、性質及其變化規律的科學。簡而言之，化學是以研究物質的化學變化為主的科學。自有宇宙就有物質與其變化，因此化學是一門歷史悠久而富有思維力的學科，它的成就不僅可提升人類的生活品質，而且也是人類社會文明的重要指標，也是當今社會文化、生活水準、國民經濟、政治、教育的重要指數。自從人類開始用火的原始社會，到目前的文明社會，均一直的在享受化學的成果。現人類生活品質能夠不斷的提升與改善，全仰賴於科學及技術的改良發展，而化學的貢獻就在其中起了極為重要的角色。

壹、化學的歷史源頭：火與煉丹術

人類演化的歷史歸根究底也是包括科學發展的歷史，也是物質與精神發展的歷史。人們所重視的主要是人文、社會的歷史，可從人類社會活動開始，瞭解人類社會的進步，尤其一般在歷史課程裡科學發展過程的分量很少，科學史並不被人們所重視。當今人們已把科學和技術的作用提升到社會歷史的發展中，也占有重要地位時，因此我們就應該加以重視科學的發展歷史了。尤其化學是科學的中心，也是許多科學部門中和人類生活及生產活動關係最為密切的學科，化學絕對不會缺席。

混沌初開、宇宙形成、生生不息、瞬息萬變。可謂自有宇宙，即有化學變化。萬物形成亦來自化學變化，就人類也不例外。最早發現人類約在一百七十萬年前就有開始用火的遺跡(雲南省元謀縣)。早期人類在火山爆發、雷電交加中取得了火神。有了火，可使人類在嚴寒中可得到溫暖；在黑暗中可獲得光明；在生活中有了火，可逐步得到了香味可口的熱食；不僅可減少疾病，而且可獲得色、香、味俱全的豐盛食物；在野獸的威脅下也獲得了強而有力的抵抗武器，可見火的利用對人類的進步具有其深遠且重大的意義，正如恩格斯(F. Engels, 1820-1895)曾說：「火是首次使人支配了一種自然力，從而最終把人同動物分開」。因此，原始人類從開始用火之時，即由野蠻邁入文明。同時也利用火來改造天然物質，逐步用它製作陶瓷、製銅、煉鐵、玻璃；而後又學會釀酒、醬醋、染料、造紙、煉丹、火藥……等。這些皆由天然物質加工改進而成的製品，已成為古代文明的標誌。人類也由石器時代進入銅器時代、鐵器時代、鋁材時代、電子陶磁、複合材料及

奈米材料時代。在這些生產與利用的基礎上，萌發了先前的化學知識。

　　古人曾依據物質的某些特性，對物質進行分類，並企圖瞭解其來源及其變化的原則。在公元前 4 世紀左右，東方的中國提出了陰陽五行學說，認為萬物皆由金、木、水、火、土五種基本物質組合而成，而五行則由陰陽二氣相互作用形成，此即唯物主義的自然觀。用「陰」、「陽」這兩概念來解釋自然界兩種對立且互相消長的物質勢力，認為此兩者相互作用是一切自然現象變化的根源。此學說也成為中國煉丹術中之理論基礎。在此同時，西方的希臘哲學家亞里斯多德 (Aristotle) 也提出與五行學說相類似的火、風、土、水四元素和德默克利特 (Democritus, 460-361 BC) 的原子論。這些早期的元素及原子論的抽象思維，即為物質的結構與變化的原理而萌芽。而後在中國早期所發展出的煉丹術，到公元前 2 世紀已頗為盛行。

　　約在公元 7 世紀時，借由西方傳入阿拉伯，並與古希臘哲學思維「chemia」相結合而形成阿拉伯的煉金術「alhimiya」。到中世紀 (12 世紀) 轉而傳入歐洲的法國、德國，形成歐洲煉金術「alquimie」；到北歐「alchimia」源自拉丁語「alchimia」，希臘文就把煉金術定為「alchemy」，意指謀求將一般金屬轉變為貴金屬如金、銀的一種學術思想及實踐，而把煉金術士稱為「alchemist」。此兩字的前面「al」為前加字，屬冠詞。今英文中的 chemistry 一字的字根為 chem，即來自於中世紀的拉丁文煉金術「alchimia」(最早將歐洲近代化學傳到日本，1837 年由宇田川庵譯為「舍密」〔藉由荷蘭傳入〕，到 1868 年成立大阪舍密〔化學〕局，專門培養化學人才，到 1870 年後才正名為化學學校。1878 年成立日本化學學會，並出版日本化學學會的「會誌」。因此，中文「化學」一詞大約是在清朝末年間〔1870 年左右〕，藉由日文將英文「chemistry」譯為「化學」，引進而為當今使用之詞)。中國化學課程的設置，始於 1865 年。當時清朝政府在上海設立江南製造局，附設機械學堂，講授有關製造方面的科學知識，而化學製造為講授之一部分。到 1866 年，京師同文館就增設化學製造課程，並成為中國最早開設的化學製造課程。當時設置化學製造課程的目的，只在於傳授有關物質製造的知識，因此教學內容相當有限，跟當今相比相差甚多。而後化學教材的開發，主要是翻譯和使用外國教材。尤其自鴉片戰爭後，外國傳教士所辦的教會高等學校，甚為明顯。中國第一本化學教科書於 1872 年出版，這是由徐壽譯自英國威爾斯於 1859 年所著《化學鑒原》(無機化學)。稍後，蒲陸山著的《化學鑒原補篇》(有機化學) 譯本也於 1875 年出版。直到中華民國初期，所有翻譯出版的化學教材，大約有三十餘種。當時中國自編的化學教材並不多，且基本上都是記述性化學。

煉丹術本意即含有物質的轉化性質，試圖在煉丹爐裡，能具巧奪天工之妙，來合成貴重金屬(金或銀)或修煉長生不老仙丹，有目的的將各種物質調配，並進行鍛燒實驗。藉此設計出研究物質變化用的各種器皿，如昇華器、蒸餾器、研砵、攪拌器⋯⋯等。也構思出各種實驗方法，如溶解、結晶、混合、灼熱、蒸餾、昇華、過濾⋯⋯等。這些實驗給近代化學奠下了良好的基礎，許多實驗器材和方法經過改良後，都為當今化學實驗室所沿用。煉丹術(alchemy)就是化學的原始形式，對原始化學、冶金和藥用植物學與礦物質的研究起了推動作用。煉丹士(alchemist)曾在實驗過程中不僅發明了長生藥與神丹醫藥，而且也發現若干元素，例如汞、鋅、砷、銻、磷等。同時也製成了一些合金，如黃銅、青銅、白銅等，製出許多的化合物，如火藥、硃砂、明礬、硼砂、酒精、硫酸、硝酸、鹽酸、王水、蘇打等。這些成果所積累的化學知識至今仍廣泛的應用。

貳、化學之建立與發展歷程

若從近代化學開始，化學學科已有兩個世紀的歷史。它與物理學和生物學都是自然科學中的主要基礎學科。它們都有各自的使命與傳統，隨著人類科學技術的發展，由於在其內容深處的錯綜複雜，表現出相互之間越來越密切的關係。現在需要結合化學與物理學和生物學的關係，深入淺出論及化學的發展歷程。

「化學」誕生於1661年波義耳(R. Boyle, 1627-1691)所發表的「元素」定義。近代化學發源於18世紀和19世紀之交時，1774年法國偉大科學家拉瓦錫(A. L. Lavoisier, 1743-1794)提出的元素學說與氧化還原理論，和1803年英國偉大科學家道爾頓(J. Dalton, 1766-1844)所提出的機械原子學說。此前多個世紀都曾進行了與化學有關的實踐，其中包括煉丹術與煉金術。從這些盲目實踐中得出了教訓，要求在從事物質轉化探索的同時重視物質的組成問題，元素和原子學說應運而生。化學由此進入了持續至今的以原子論為主線的新時期。從1860年起，義大利科學家卡尼查羅(S. Cannizzaro, 1826-1910)採納了亞佛加德羅假說(Avogadro's hypothesis)，理順了當量和原子量的關係，並改正了當時的化學式和分子式，從而使原子—分子論得以確立。

原子—分子理論指明，不同元素代表不同原子；原子在空間按一定方式或結構結合成分子，分子經由空間結構決定其物理與化學的性能；分子進一步集聚成物質，並構成該物質特性。這個理論基礎在化學的發展進程中，知識不斷豐富、深化和擴展，但並無顛覆性變化。

物理學的發展經歷兩個時期，從質點運動經典力學和量子波動力學 (wave mechanics) 這兩極來反覆研究力學與聲、光、熱、電、磁等功效的經典物理和揭示了原子內部結構及波、粒的雙重性質後的近代物理。

　　在經典物理時期，化學與物理之間曾有過一種約定俗成的分工合作，其要點是化學所探討的對象是物質的組成變化，而物理學則只研究物質原理而不涉及物質組成的變化。無意中雙方居然取得了種瓜得瓜、種豆得豆的效果：迷戀於追究物質組成與變化的化學在 19 世紀中建成了原子—分子理論，發現和合成了眾多化合物，揭示了元素周期性質和四價碳的正四面體鍵結特性，以及關於原子結構與性能關聯等規律，對物質世界的認識大為展開和深入探討，並為資源的開發和利用提供了科學依據。

　　但化學學科當時若要再深入一步研究，就需要迎接新外來的契機了。幸好研究熱、光、聲、電、磁……等功能特性的經典物理，也取得了豐碩的成果，並為機、電、光、磁和儀表工業等的奠立，提供了很好的理論基礎，從 19 世紀末起終於在揭示原子的內部結構和波、粒雙重性，將牛頓力學上升到量子力學，並為科技的研究和開發提供了一系列新手段。

　　近代物理對化學的更進一步發展，不論在實驗和理論上都提供了好的新起點。光譜學、X-射線等電磁輻射，以及同位素和放射性等的廣泛應用，都是這個新時代的重要標誌。X-射線繞射「喧賓奪主」，成為測定物質結構的主要方法。在原子結合成分子的層次上，牛頓力學已無能為力，正好需要量子力學協助，因此量子化學應運而生。

　　由於近代物理，化學得以如虎添翼般地迅速發展，化學與物理對探討物質性質已成為能充分交流和合作的學科夥伴，而進入了活分子水平的生物學也為化學學科提供了更多、更能充分發揮其作用的課題。化學學科的核心任務仍然是在原子、分子水平上研究物質的組成、結構和性能以及相互之間的轉化。物質在分子水平上相互轉化的過程稱為化學過程。生命過程以及大部分製造物質和材料的過程也都是化學過程。難怪國外有人這樣估計化學在今後 50 年中的成就：除了繼續培育化學的中心學科外，化學家還將揭示生物學中的很多奧秘，並創造出具有神奇性能的新物質。進而形成新的學科——化學生物學。

　　國外對化學還有一種甚為務實的看法，認為化學是一門中心科學，它與社會各方面的需要有關。而從學科之間的地位來看，化學也確實是處在一個多邊關係的中心。但我們也不會對國內另一種說法聽而不聞，物理學以物質的運動為其研

究對象，從而其他學科與物理學可以統稱為物理科學。化學的所謂中心地位當淵源於它突出物質及其轉變的傳統。實際上，物質和運動是一個統一體的兩個側面：既無不進行運動的物質，更無不依附於物質的運動。這樣，物質和運動理當分別屬於化學和物理學。因此，比較合理的看法顯然是：化學和物理學合併在一起，在自然科學中形成一個軸心或重心。

化學學科的傳統工作方式是從整理天然產物和完善元素周期性，來發現和創造新物質並進行積累的，然後為各種用途篩選出合適的物質。從化學發展水平不斷提高以及其面臨不斷更新的需求來看，化學學科的發展如果侷限在這種模式上，未免有點作繭自縛。首先可以考慮，工作能否逆向而行，即根據所需性能來設計結構，再來進行合成。其次，目光不要只盯住在單一分子或化合物上，而要把視野擴大到超分子複雜體系上。化學要多致力於貫通性能、結構和製備三者之間關係的理論。今後它也當更多地注意生物和工程技術性能，而不要只考慮分離和特性組分的性能。化學應該多提倡這種可以歸之為分子與晶體工程學的工作模式。

化學學科的核心任務或今後的長遠努力方向，大體上可歸納為三個方面：
1. 開展化學反應的基礎研究，以利於開發新化學過程和揭示規律；
2. 揭示組成—結構—性能之間的關係和有關規律，以利於設計分子或結構從而創造合成新物質；
3. 利用新技術和新原理強化分析和測試方法的威信，使化學工作的耳目趨於靈敏和可靠。

展望今後，化學將一如既往，積極參與材料科學和分子生物學的發展。這兩個學科與化學都處在原子、分子層次上，可以分享相當部分的原理和方法學，而且涉及的是資訊、通信以及健康、福利等新興產業。在最近 20 年中，新物質的創製確實也是十分可觀的，其中最為突出的是一系列高 T_c 超導氧化物以及以 C_{60} 為代表的富勒烯 (fullerenes) 類物質。分子篩和有機金屬化合物的合成化學，也是值得大家注目的焦點。最近對奈米科技的呼聲很高，這可能也是創造具有神奇性能新物質的一個新途徑。當前，人類基因圖譜的工作已階段性完成，後續的蛋白總譜將可為化學提供更多的機會，這將是揭示生物學中眾多奧秘的好機會。

化學在能源和環境產業中也大有可為。環境問題在較大程度上也與能源結構密切相關。當前的能源結構是不可能持續很久的。利用太陽能發電和製造氫氣以及開發新化學能源已是當務之急。

生命過程在本質上是化學過程，但我們所熟悉的體外化學過程一般還遠非生

命過程那樣平易而有效。我們還需要為化學合成開發出新路線，生命過程中的酵素(酶)是屬於那麼高效的催化劑。酵素分子簡直是一台眾所矚目的分子機器。估計化學遲早也會掌握如何為某些化學過程開發出新分子機器般的催化劑。我們也不可無視化學在生命以外的化學過程中的優勢。在非生命化學過程中，溫度和壓力等實驗條件以及化學元素組成，並不像在生命過程中那麼侷限，而且幾乎是完全沒有限制的。

參、化學與生命科學和社會科學

一、生命科學

生命科學是從現象到本質研究生命的學科，它的核心是生物學，可延伸包括農學和醫學等學科。

生物學在十九世紀後半期中接連出現了三大突破性發現，它們是：演化論(達爾文，1859)、細胞病理學說(魏爾嘯，1860)和遺傳定律(孟德爾，1865；德弗里斯，1990)。它們抓住了生命和有關現象中最普遍和最特別的事物，為生物學奠立了學科框架。但生物學要在此基礎上進一步發展，特別是要揭示更多的共性和本質，極大限度地消除其神秘色彩以及解決農業和醫藥方面的問題，就必須從化學來研究生命和生物科學，並將認識的層次從細胞深入到分子與離子。這時，化學在奠立了原子－分子論後，又經過了幾十年，已經在分析和合成以及研究分子的結構等方面都取得了長足的進展。比起1828年德國有機化學家味勒(F. Wohler, 1800-1882)從氰酸銨製取尿素的工作，其水平和意義已不可同日而語。這樣就從有機化學中開闢了新的生物化學研究方向，並逐漸形成了生物化學學科。它是將生物學引向分子水平的先驅學科。

現所選列與本節內容密切相關的生物化學重大成果如下：費希爾·E·(1907)奠立蛋白質化學；圖德·A·(1944)奠立核酸化學；艾弗里·O·T·(1944)確定基因的載體是DNA，而不是蛋白質；馬丁·A·J·P·和辛格·R·L·M·(1944)發展出紙色層分析技術；夏爾加夫·E·(1950)得出DNA中胸腺嘧啶(A)與腺嘌呤(T)以及胞嘧啶(C)與鳥嘌呤(G)的等分子數關係以及桑格·F·(1953)，測定胰島素中各種胺基酸殘基的定量組成，並進一步測定出其順序。

生物化學 (Biochemistry) 研究了動物、植物以及微生物等各種生命形態的化學特徵，發現了形形色色的生物具有令人驚異的共性。生物體的基本單位是細胞，而構成不同形態生命的細胞具有極為相似的分子設計。

生物化學的研究已經帶動生物學走向分子水平。而在 1950-1960 年的 10 年中，作為生物學進入分子水平的最後一關，蛋白質和核酸高級結構問題的研究陸續取得了突破，使關於生命過程以及生物大分子功能的認識開始認知其然向知其所以然發展，推動生命科學進入了分子水平，並使分子生物學得以確立。生命過程幾乎沒有不在生物大分子的參與下進行的。

提出或測定生物大分子高級結構從而對其功能作出說明的先驅工作有：鮑林和科里提出的蛋白質的 α-螺旋模型 (1951)；沃森和克里克提出的 DNA 雙螺旋結構 (1953)；佩魯茨和肯德魯測定血紅和肌紅蛋白的晶體結構 (1960)；飛利普斯測定溶菌酵素的晶體結構 (1965) 以及利普斯孔姆測定羧肽酵素 A 的晶體結構 (1967) 等等。其中以 DNA 雙螺旋結構的意義最為重大。

蛋白質的晶體結構讓我們體會到，蛋白質分子在執行其功能時很像是一台精明能幹的分子機器。分子水平確實給予了生命科學無可限量的活力與憧憬。這個發現是奠立分子生物學 (molecular biology) 與細胞生物學 (cell biology) 的基礎。DNA 雙螺旋模型是兩條通過氫鍵結合起來的互補 DNA 鏈；這是兩條互補的 DNA 鏈通過它們彼此之間，都靠一對一對的有機鹼分子之間配對的氫鍵而形成的雙螺旋 (double helix)。

沃森曾將 DNA 雙螺旋模型的發現過程寫成《雙螺旋》一書。書中談到這個過程頗帶有傳奇性。他當時認為：我們既已明確 DNA 是與遺傳有關的物質，那麼知道了 DNA 的結構，對遺傳機制的了解必有助益；而鮑林既已為蛋白質得出其二級結構。我們為什麼不把他的方法應用到 DNA 上去呢？沃森這個很有心機的想法或信念可能正是他最後取得 DNA 雙螺旋模型的成功所在。為蛋白質得出 α-螺旋模型的鮑林，最早體會到氫鍵在生命現象中是一個具有無比重要性的結構因素。他也為生物大分子總結出全部價鍵和氫鍵的鍵長和鍵角等定量立體化學參數。沃森肯定是在這個基礎上繼往開來的研究。

沃森和克里克還有幸從倫敦國王學院的威爾金斯那裡，看到富蘭克林女士 (R. Franklin) 所拍攝的 DNA 三維繞射圖。這又是決定他們成敗的一個重要機遇，因為這個繞射圖足以啟示，DNA 具有雙螺旋結構，而且磷酸根應當在螺旋的外側。這已經朝著他們的目標又接近了一大步。真是機會不負有心人，在此前不久，

1950 年夏爾加夫 (E. Chargaff) 發表了一個關於 DNA 中四種有機鹼組成的工作。這個工作指出，DNA 中有機鹼 A 與 T 以及 G 與 C 是等分子數的。

他們 1953 年終於在這些前人工作的基礎上提出了 DNA 雙螺旋結構模型。富蘭克林的繞射圖和夏爾加夫的分析結果，是提出這個模型的必要而充分的科學基礎。這個雙螺旋結構模型既需要滿足定量立體化學的要求，還必須體現夏爾加夫得出的 A 與 T 以及 G 與 C 的等分子數關係。這個模型中兩個螺旋的內側正好只能容納兩個通過氫鍵結合起來的配對有機鹼分子如 A 與 T 或 G 與 C。正如沃森預言的那樣，結構模型一經得出就洩露了遺傳機制。模型在無言中告訴我們，遺傳資訊體現在以有機鹼為字母排出的文字中；兩條互補的 DNA 鏈成為互相複製的模板。

二、社會科學

人類生活的各個方面，社會發展的各種需要都與化學息息相關。首先，化學在社會發展中的作用和地位，可從我們的食、衣、住、行來看，色澤鮮豔的衣料需要經過化學處理和印染，豐富多彩的合成纖維更是化學的一大貢獻。要裝滿糧袋子，豐富菜籃子，重要關鍵之一，就是發展化肥生產和農藥的製造。其次，加工製造色、香、味俱全的食品，總離不開各種食品添加劑，如甜味劑、防腐劑、香料、調味劑和色素……等，它們大多是用化學方法合成或用化學方法分離，由天然產物中提取出來的。現代建築所用的水泥、石灰、油漆、玻璃和塑料等材料都是化工產品。用以代步的各種現代交通工具，如汽車、飛機，不僅需要汽油、柴油作動力，還需要各種汽油添加劑、防凍劑，以及機械部分的潤滑劑，這些無一不是石油化工產品。另外，人們需要的藥品、洗滌劑、美容品和化妝品等日常生活必不可少的用品，也是化學製品。可見我們日常生活的衣、食、住、行無不與化學有關，人人都需要用化學製品，可以說我們都生活在化學世界裡。

再從社會發展層次來看，化學對於實現農業、工業、國防和科學技術現代化，具有極為重要的作用。農業要大幅度的增加生產，農、林、牧、畜、漁業需要全面發展，均需要依賴於化學科學的成就。化學肥料、農藥、植物生長激素和除草劑、殺菌劑等化學產品的使用，不僅可以提高產量，而且也可改進農業的耕作方法。尤其高效能、低污染的新農藥的研究製造，長效率、複合化學肥料、有機肥料的生產，對農、林、副業產品的綜合利用和合理貯運，也都需要應用化學知識。

在工業現代化和國防現代化方面，急需要研製各種性能特異的金屬材料、非金屬材料、有機材料、無機材料、高分子材料和生物材料。在化石燃料(煤、石油和天然氣)的開發、煉製和綜合利用中包含著極為豐富的化學知識，這已形成煤化學、石油化學等專門領域。導彈的生產、人造衛星的發射，超音速與隱形飛機的製造，均需要很多種具有特殊性能的化學產品，可耐高溫、耐輻射的材料，高性能燃料、高效能電池、高靈敏膠片及特殊通訊器材等。

隨著科學技術和生產水平的提高，以及新的實驗手段和電腦的廣泛應用，不僅化學科學本身有了突飛猛進的發展，而且由於化學與其他科學的相互滲透，相互交叉，這也大大促進了其他基礎科學和應用科學的發展和交叉學科的形成。目前，國際上最關心的幾個重大問題——環境的保護、能源的開發利用、功能材料的研製、生命過程奧秘的探索——都與化學密切相關。隨著工業生產的發展，工業廢氣、廢水和廢渣(三廢)越來越多，處理不當就會污染環境。全球氣溫暖化、臭氧層破壞和酸雨是三大環境問題，正在危及著人類的生存和發展，因此，三廢的治理和利用，尋找淨化環境的方法和對污染狀況的監測，都是現今化學工作者的重要任務。

在能源開發和利用方面，化學工作者為人類使用煤和石油曾做出了重大貢獻，現在又在為開發新能源積極努力。利用太陽能和氫氣能源的研究工作都是化學科學研究的前沿課題。材料科學是以化學、物理學和生物學等為基礎的邊緣科學，它主要是研究和開發具有電、磁、光和催化等各種性能的新材料，如高溫超導體、非線性光學材料和功能性高分子合成材料等。生命過程中充滿著各種生物化學反應，當今化學家和生物學家正在通力合作，探索生命現象的奧秘，從原子、分子水平上對生命過程做出化學的說明，這是化學家的優勢。

總而言之，化學與國民經濟各個部門、尖端科學技術各個領域以及人民生活各個方面都有著密切關係。它是一門重要的基礎科學，它在整個自然科學中的關係和地位。正如美國皮門鐵爾(G. C. Pimentel)在《化學中的機會——今天和明天》一書中指出的「化學是一門中心科學，它與社會發展各方面的需要都有密切關係。」它不僅是化學工作者的專業知識，也是廣大人民科學知識的組成部分，化學教育的普及是社會發展的需要，這是提高公民文化素質最為需要的。

肆、化學學科的分支

化學的研究範圍極其廣泛，按其研究對象和研究目的不同，在 19、20 世紀交替之際，化學已逐漸形成了分析化學、無機化學、有機化學和物理化學等四大分支學科。

一、分析化學

最早形成的分支是分析化學，自 19 世紀初，原子量的準確測定，促進了分析化學的發展，這對原子量數據的積累和周期律的發現，都有很重要的作用。1841 年貝采里烏斯 (J. J. Berzelius, 1779-1848) 的《化學教程》，1846 年福雷森紐斯 (C. R. Fresenius, 1818-1897) 的《定量分析教程》和 1855 年摩爾 (E. Mohr) 的《化學分析滴定法教程》等專著相繼出版，其中介紹的儀器設備、分離和測定方法，已初具今日化學分析的端倪。隨著電子技術的發展，藉助於光學性質和電學性質的光度分析法，以及測定物質內部結構的 X-射線繞射法、紅外線光譜法 (IR)、紫外線光譜法 (UV)、可見光光譜法 (Vis)、核磁共振光譜法 (NMR)……等則是近代的儀器分析方法，這些方法可以快速靈敏地進行檢測。例如對運動員的興奮劑監測，可由尿樣品中，某些藥物濃度即使低到 10^{-6} g・mL^{-1} (ppb) 時，也難躲過分析化學家們的銳利儀器偵測。

二、無機化學

無機化學的形成常以 1870 年前後門德列夫 (D. I. Mendeleev, 1834-1907) 和邁爾 (J. L. Meyer, 1830-1895) 發現周期律和公布周期表為標誌。他們把當時已知的 63 種元素及其化合物的零散知識，歸納成一個統一整體。一個多世紀以來，化學研究的成果還在不斷豐富和發展，周期律的發現是科學史上的一個勳業。

三、有機化學

有機化學的結構理論和有機化合物的分類，也形成於 19 世紀下半葉。如 1861 年凱庫勒 (F. A. Kekule, 1829-1896) 提出碳的四價概念及 1874 年范特霍夫 (J. H. van't Hoff, 1852-1911) 和勒貝爾 (J. A. Lebel, 1847-1930) 的四面體學說，至今仍是有機化學最基本的概念之一，世界有機化學權威雜誌就是用正四面體

(Tetrahedron) 命名的。有機化學是最大的化學分支學科，它以碳氫化合物及其衍生物為研究對象，也可以說有機化學就是「碳的化學」。醫藥、農藥、染料、化妝品等等，無一不與有機化學有關。在有機物中有些小分子，如乙烯 (C_2H_4)、丙烯 (C_2H_2)、1, 3-丁二烯 (C_4H_6)，在一定溫度、壓力和有催化劑的條件下可以聚合成為分子量為幾萬、幾十萬的高分子材料，這就是塑料、人造纖維、人造橡膠等，它們已經走進千家萬戶、各行各業。目前高分子材料的年產量已超過 1 億噸，估計到 20 世紀末，其總產量已大大超過各種金屬總產量之和。若按使用材料的主要種類來劃分時代，人類經歷了石器時代、青銅器時代、鐵器時代，目前已邁向高分子時代。現在往往已把高分子列為另一個化學分支學科，有的大學已設立高分子學系，有的大學設立高分子研究所，有力地加強了人材培育，並促進了該分支學科的發展。

四、物理化學

物理化學是從化學變化與物理變化的聯繫入手，研究化學反應的方向和限度 (化學熱力學)、化學反應的速率和機理 (化學動力學) 以及物質的微觀結構，與巨觀性質關係 (結構化學) 等問題，它是化學學科的理論核心。1887 年奧斯特瓦德 (W. Ostwald) 和范特霍夫合作創辦了《物理化學雜誌》，標誌著這個分支學科的形成。隨著電子技術、計算機、微波技術等的發展，化學研究如虎添翼，空間分辨率現已達 10^{-10} m (埃，Å)，這是原子半徑的數量級，時間分辨率已達飛秒級 (1 fs = 10^{-15} s)，這和原子世界裡電子運動速度差不多。肉眼看不見的原子，藉助於儀器的延伸已經變得可以摸得著，看得見的實物，微觀世界的原子和分子不再那麼神秘高深莫測了。

在研究各類物質的性質和變化規律的過程中，化學逐漸發展成為若干分支學科，但在探索和處理具體課題時，這些分支學科又相互聯繫、相互滲透。無機物或有機物的合成總是研究 (或生產) 的起點，在進行過程中必定要靠分析化學的測定結果，來指示合成工作中原料、中間體、產物的組成和結構，這一切當然都離不開物理化學的理論指導。

化學學科在其發展過程中還與其他學科交叉結合形成多種邊緣學科，如生物化學、環境化學、農業化學、醫藥化學、材料化學、地球化學、放射化學、雷射化學、計算化學、太空化學等等。在 21 世紀裡，社會需要化學科學做什麼？化學工作者能為社會做哪些貢獻？這是世人所關心的話題。

伍、化學反應的特徵

化學變化是以化學反應為基礎。對參與化學反應的反應物性質和狀態可說是千萬差別，控制化學反應的外界條件(如溫度、壓力等)也可以是各式各樣，但所有的化學反應都具有以下兩個特點。

一、化學反應遵守質量守恆定律

化學變化是反應物的原子，通過舊化學鍵破壞和新化學鍵形成而重新組合的過程。就以氫氣在氧氣中燃燒生成氧化氫氣體的反應為例，在燃燒過程中，氫分子的H—H鍵和氧分子的O＝O鍵斷裂，氫原子和氧原子通過形成新的H—O鍵，而重新組合生成氧化氫分子。在化學反應過程中，原子核不發生變化，電子總數也不改變，因此，在化學反應前後，反應體系中物質的總質量不會改變，即遵守質量守恆定律。這條定律是組成化學反應方程式和進行化學計算時的依據。上面講到的氫氣在氧氣中的燃燒反應，可用下列方程式表示：

$$2\ H_2(g) + O_2(g) \rightarrow 2\ H_2O(g)$$

在日常生活中物質的質量單位通常採用千克(kg)或克(g)表示。由於化學中所涉及的原子、分子等微粒，質量大都在 10^{-26} kg 數量級，即使是蛋白質、核酸等大分子，一個分子的質量也大都在 10^{-20} kg 以下，目前還不能直接進行稱量。為此，在化學中採用大量微粒的集合體為基本量的方法來解決這個問題，「物質的量」就是化學中常用的一個這類的物理量。國際單位制(SI)中規定物質的量的基本單位為莫耳，其符號為 mol，它的定義是：莫耳是一系統的物質的量，該系統中所包含的微粒數目與 0.012 kg 碳 ($^{12}_{6}C$) 的原子數目相等，則這個系統物質的量為1莫耳(1 mol)。根據實驗測定12.000 g ($^{12}_{6}C$) 中含有原子數目是 6.022×10^{23} 個，這個數稱為亞佛加德羅常數 (N_A)。

莫耳(mol)是物質的量的單位，而不是質量單位。物質的量、物質的質量與莫耳質量之間的關係可用下式表示

物質的質量 / 莫耳質量 ＝ 物質的量

莫耳這個單位的應用為化學計算帶來了很大方便。化學反應方程式中，反應物和生成物之間質量關係比較複雜，而從莫耳單位看則很簡單。例如化學工業由灰石製造石灰：通過下列化學反應方程式和有關化合物的莫耳質量，就很容易看

到 1 kg 灰石 (碳酸鈣) 在完全分解時應得到 0.56 kg 石灰 (氧化鈣) 和 0.44 kg 二氧化碳：

$$CaCO_3(s) \rightarrow CaO(s) + CO_2(g)$$

莫耳質量 (g·mol^{-1})	100	56	44
質量 (kg)	1.00	0.56	0.44

在生產和科學實驗中經常用這類方法計算原料配比和理論產量。有不少化學反應是在溶液中進行的，要定量計算反應物和生成物之間的質量關係，就必須了解溶液及溶液濃度的表示法。一種物質以分子或離子狀態分散於另一種物質中所構成的均勻而穩定的體系叫溶液。把蔗糖放入水中，固態的糖粒消失形成糖水溶液 (通常把蔗糖稱為溶質，水稱為溶劑)。溶液是一種混合物，在溶液中溶質和溶劑的相對含量可以在一定範圍內變化，為了定量地描述溶液中各組分的相對含量，採用了一些表示濃度的方法，常用的濃度表示方法是物質的量濃度，即：單位體積溶液中所含溶質的物質的量，其單位是 M (mol·L^{-1})：

$$濃度 = 溶質的物質的量 / 溶液的體積$$

利用化學反應方程式：

$$NaOH(aq) + HCl(aq) \rightarrow NaCl(aq) + H_2O(l)$$

可以計算出完全中和 10.0 mL 濃度為 1.0 M (mol·L^{-1})， NaOH 溶液需要濃度為 1.0 M (mol·L^{-1}) 的 HCl 溶液 10.0 mL。上述計量關係，若用質量單位進行計算，就顯得麻煩了。凡涉及溶液的計量問題，都要用濃度進行計算。

二、化學變化均伴隨著能量變化

在化學反應中，拆散化學鍵需要吸收能量，形成化學鍵則放出能量，由於各種化學鍵的鍵能有所不同，所以當化學鍵改組時，必然伴隨有能量變化。在化學反應中，如果放出的能量大於吸收的能量，則此反應為放熱反應，反之則為吸熱反應。我們以下列方式表示化學反應的能量變化，特稱為熱化學方程式。例如：

$$H_2(g) + 1/2\ O_2(g) \rightarrow H_2O(l) + 286\ kJ \qquad (1)$$

或

$$H_2(g) + 1/2\ O_2(g) \rightarrow H_2O(l)\ \ \Delta H = -286\ kJ \cdot mol^{-1} \qquad (2)$$

其中 (g) 和 (l) 分別代表物質處於氣態和液態，若是固態，則用 (s) 代表。在式 (1) 右邊寫 + 286 kJ，表示在生成 1 mol H_2O (l) 時有 286 kJ 熱產生，這是放熱反應。這種寫法直觀，容易理解，中學化學課本就是這樣的寫法。但化學專業書刊中，依式 (2) 書寫，因為化學反應方程式的著眼點是質量守恆，把原子結合的變化和熱量變化用加號連在一起欠妥。另外，在化學熱力學問題中，對一個化學反應而言，焓變 (ΔH)、熵變 (ΔS)、自由能變 (ΔG) 等需要註明，而 ΔH 的數值又隨溫度壓力的不同而不同，因此用式 (2) 表示為宜。請注意，這兩方程式中的 +、− 號，恰相反，ΔH 代表生成物的 H 值與反應物的 H 值之差，ΔH 為負值，即生成物的 H 值小於反應物，則此體系就是放熱；反之 ΔH 為正值，表示生成物的 H 值大於反應物，所以體系要吸熱。還有化合物 ΔH 的單位不是 kJ，而是 kJ·mol^{-1}，在此 mol^{-1} 是代表「每莫耳的形成反應」而不是指每莫耳 H_2O 或每莫耳 H_2 或每莫耳 O_2，所以若有 2 mol H_2 和 1 mol O_2 起反應，其 ΔH 值則為 −572 kJ：

$$2 H_2(g) + O_2(g) \rightarrow 2 H_2O(l) \quad \Delta H = -572 \text{ kJ}$$

類似情況，下列三個方程式都表示 N_2 和 O_2 起反應所伴隨的熱量變化。

$$1/2\ N_2(g) + O_2(g) + 34 \text{ kJ} \rightarrow NO_2(g)$$
$$1/2\ N_2(g) + O_2(g) \rightarrow NO_2(g) \quad \Delta H = +34 \text{ kJ·mol}^{-1}$$
$$N_2(g) + 2 O_2(g) \rightarrow 2 NO_2(g) \quad \Delta H = +68 \text{ kJ}$$

一個化學反應是否能進行？進行的程度和速率如何？選擇什麼溫度和壓力量為適宜？這些問題都與該反應的熱效應有關。工、農業生產和人民生活所需要的能量，主要來自地球的化石燃料：煤、煤氣、石油氣或天然氣等的燃燒過程，這些化學變化過程的熱效應，作為能量的來源，或簡稱為「能源」。

自然界有生命物體的化學反應有何特徵？如何進行？人們通常把研究生命和生命活動的規律叫做生物學。對人類來說，生物太重要了，人們的生活處處離不開生物。社會的發展，人類文明的進步，個人生活品質的提高，都要靠生物學的發展和應用。細胞是生物體結構和功能的基本單位，新陳代謝是生物與非生物最基本的區別。細胞的化學成分主要指構成細胞的各種化合物，這些化合物包括無機物和有機物，而生物是一切具有新陳代謝的物體。一切生命活動與細胞的化學成分密切相關，新陳代謝是生物體內全部有序化學反應的總稱。因此生物化學研究集中於重要生物分子的化學性質，特別著重於酶促反應的化學機理。

陸、21世紀化學──回顧和展望

目前，已進入了21世紀時代，在送舊迎新之際，獻身化學事業的人們，都不禁要審慎思索，在過去的20世紀中，化學科學如何走過了它的光輝百年，今後將往何處發展？年輕化學家渴望得到啟迪，以便明確思路，繼往開來，擔負起明天的責任。

在過去的世紀中，化學科學無論是在基礎研究，還是化學工業中，都處在高速奮進和不斷創新的發展之中。從19世紀的經典化學到20世紀的近代化學的飛躍，基本上是從19世紀的道爾頓原子論、門德列夫化學元素週期系，均在原子層次上認識和研究化學，進步到20世紀在分子層次上認識和研究化學。在這個21世紀中，化學家對組成分子的化學鍵的本質、分子間的強與弱相互作用、化學動力學和反應機理、化學熱力學和化學平衡原理、分子催化、高分子材料的結構和功能關係的認識等諸方面，都從低層次發展到高層次認識。5,000多萬種化合物的合成和化學工業的發展，對國民生計各個領域如糧食、能源、交通、材料、醫藥、國防以及人們的吃、穿、用、住等方面需求的供給，化學都提供了最大程度的滿足，為人類的物質文明作出了巨大貢獻。在20世紀的後半期，化學科學與其他自然科學和應用科學的互相滲透，形成了許多新興學科，有如核化學、能源化學、材料化學、環境化學等。分子生物學在分子的結構與功能關係上的研究，促進了生命化學的研究和發展，開拓了21世紀化學以至全面科學前進的重要道路。下面將對化學科學的過去發展作概要回顧，不妨先從百年來諾貝爾化學獎授予的情況追蹤化學科學發展的重要線索。過去20世紀百年(1901-2000)及21世紀（2001-2012）的諾貝爾化學獎授予情況(獲獎人共計163位)，請見表一。

表一　歷屆諾貝爾化學獎授予情況

年份	獲獎人	國籍	獲獎年齡	獲獎成就
1901	J.-H. Van't Hoff	荷蘭	49	溶劑中化學動力學定律和滲透壓定律
1902	H. E. Fisher	德國	50	醣類和嘌呤化合物的合成
1903	S. A. Arrhenius	瑞典	44	電離理論
1904	W. Ramsay	英國	52	稀有氣體的發現和確定週期系中位置
1905	J. F. W. A. von Baeyer	德國	70	有機染料和芳香化合物的研究
1906	H. Moissan	法國	54	單質氟的製備，發展了一種高溫爐
1907	E. Buchner	德國	47	發酵的生物化學研究

表一　歷屆諾貝爾化學獎授予情況（續）

年份	獲獎人	國籍	獲獎年齡	獲獎成就
1908	E. Rutherford	英國	37	元素嬗變和放射化學研究
1909	W. Ostwald	德國	56	催化、電化學和反應動力學研究
1910	O. Wallach	德國	63	脂環族化合物開創性研究
1911	M. Curie	法國	44	發現放射性元素釙(Po)和鐳(Ra)
1912	V. Grignard	法國	41	Grignard試劑的發現
1912	P. Sabatier	法國	58	有機化合物的催化加氫
1913	A. Werner	瑞士	47	配位化合物和配位理論
1914	T. W. Richards	美國	46	精密測定一些元素的原子量
1915	R. M. Willstätter	德國	43	葉綠素和植物色素的研究
1916				未頒發
1917				未頒發
1918	F. Haber	德國	50	氨的合成
1919				未頒發
1920	W. H. Nernst	德國	56	熱化學研究
1921	F. Soddy	英國	44	放射性物質和同位素研究
1922	F. W. Aston	英國	45	發明質譜儀和同位素質量規則
1923	F. Pregl	奧地利	54	有機化合物微量分析方法研究
1924				未頒發
1925	R. A. Zsigmondy	德國	60	膠體化學研究
1926	T. Svedberg	瑞士	42	發明超速離心機，膠體化學研究
1927	H. O. Wieland	德國	50	發現膽酸及其結構
1928	A. O. R. Windaus	法國	52	膽固醇結構測定和維生素D的合成
1929	A. Harden	英國	54	糖的發酵和酶在發酵中的作用研究
1929	H. K. A. S. von Euler-Chelpin	法國	56	糖的發酵和酶在發酵中的作用研究
1930	H. Fischer	德國	49	血紅素和葉綠素的結構研究，合成鐵血紅素
1931	C. Bosch	德國	57	發明和發展了化學高壓法
1931	F. Bergius	德國	47	發明和發展了化學高壓法
1932	I. Langmuir	美國	51	表面化學研究
1933				未頒發
1934	H. C. Urey	美國	41	發現重水和重氫同位素
1935	F. Joliot	法國	35	新人工放射性元素的合成
1935	I. J.-Curie	法國	38	新人工放射性元素的合成

表一　歷屆諾貝爾化學獎授予情況（續）

年份	獲獎人	國籍	獲獎年齡	獲獎成就
1936	P. J. W. Debye	荷蘭	52	極性分子理論和偶極矩的測量
1937	W. N. Haworth	英國	54	發現醣類的環狀結構和合成維生素C、胡蘿蔔素
	P. Karrer	瑞士	48	核黃素、維生素A和維生素B_2研究
1938	R. Kuhn	德國	38	維生素和類胡蘿蔔素研究
1939	A. F. J. Butenandt	德國	36	性激素研究
	L. Ruzicka	瑞士	52	聚亞甲基多碳原子大環和多萜烯研究
1940				未頒發
1941				未頒發
1942				未頒發
1943	G. de Hevesy	匈牙利	57	用同位素示蹤法研究化學反應
1944	O. Hahn	德國	65	發現重核裂變
1945	A. I. Virtanen	芬蘭	50	發現飼料貯存保鮮方法，對農業化學和營養化學的貢獻
1946	J. B. Sumner	美國	55	發現酶的結晶法
	J. H. Northrop	美國	59	分離得到純的酶和病毒蛋白
	W. M. Stanley	美國	42	
1947	R. Robinson	英國	61	生物活性的植物成分(生物鹼)研究
1948	A. W. K. Tiselius	瑞典	46	電泳和吸附分析研究發現血清蛋白
1949	W. F. Giauque	美國	54	化學熱力學和超低溫物性研究
1950	O. P. H. Diels	德國	74	發現二烯合成反應 (Diels-Alder Synthesis)
	K. Alder	德國	48	
1951	E. M. McMillan	美國	44	發現超鈾元素
	G. T. Seaborg	美國	39	
1952	A. J. P. Martin	英國	42	發現色譜分析法
	R. L. M. Synge	英國	38	
1953	H. Staudinger	德國	72	高分子化學方面傑出貢獻
1954	L. C. Pauling	美國	53	化學鍵理論和複雜物質的結構
1955	V. du Vigneaud	美國	54	生物化學上重要含硫化合物的研究，第一次合成多肽激素
1956	C. N. Hinshelwood	美國	59	化學反應機理和鏈式反應研究
	N. N. Semenov	前蘇聯	60	
1957	L. A. R. Todd	英國	50	核苷酸和核苷酸輔酶的研究
1958	F. Sanger	英國	40	蛋白質結構，胰島素結構測定

表一 歷屆諾貝爾化學獎授予情況（續）

年份	獲獎人	國籍	獲獎年齡	獲獎成就
1959	J. Heyrovský	捷克	69	發明極譜分析法
1960	W. F. Libby	美國	52	發明 ^{14}C 地質定年的方法
1961	M. Calvin	美國	50	研究植物中 CO_2 的光合作用
1962	M. F. Perutz	英國	48	研究蛋白質的傑出貢獻
	J. C. Kendrew	英國	45	
1963	K. Ziegler	德國	70	發明 Ziegler-Natta 催化劑，第一次合成定向有規高聚物
	G. Natta	義大利	60	
1964	D. C. Hodgkin	英國	54	重要生物大分子的結構測定
1965	R. B. Woodward	美國	48	天然有機化合物的合成
1966	R. S. Mulliken	美國	70	創立分子軌域理論，闡明共價鍵本質
1967	M. Eigen	德國	40	用鬆弛法、閃光光解法研究快速反應
	R. G. W. Norrish	英國	70	
	G. Porter	英國	47	
1968	L. Onsager	美國	65	不可逆過程熱力學研究
1969	D. H. R. Barton	英國	51	發展分子空間構像概念分析及其在化學中的應用
	O. Hassel	挪威	72	
1970	L. F. Leloir	阿根廷	64	在糖生物合成中發現糖核苷酸的作用
1971	G. Herzberg	加拿大	67	分子光譜學和自由基電子結構研究
1972	C. B. Anfinsen	美國	56	核糖核酸酶分子結構和催化反應活性中心研究
	S. Moore	美國	59	
	W. H. Stein	美國	61	
1973	G. Wilkinson	英國	52	二茂鐵的結構，發展有機金屬化學和配位化學
	E. O. Fischer	德國	45	
1974	P. J. Flory	美國	64	高分子物理化學理論和實驗方法研究
1975	J. W. Cornforth	美國	58	酶催化反應的立體化學研究
	V. Prelog	瑞士	69	有機分子和反應的立體化學研究
1976	W. N. Lipscomb, Jr.	美國	57	有機硼化合物的結構研究，發展分子結構理論和硼化學
1977	I. Prigogine	比利時	60	非平衡不可逆過程熱力學和耗散結構理論
1978	P. Mitchell	英國	58	用化學滲透理論研究生物能轉換
1979	H. C. Brown	美國	67	在有機合成中發展有機膦、有機硼試劑和反應
	G. Wittig	德國	82	

表一　歷屆諾貝爾化學獎授予情況（續）

年份	獲獎人	國籍	獲獎年齡	獲獎成就
1980	P. D. Berg	美國	54	DNA分裂和重組研究，確定DNA內核苷酸排列順序的方法，開創基因工程學
	F. Sanger	英國	62	
	W. Gilbert	美國	48	
1981	K. Fukui	日本	63	提出前線軌域理論
	R. Hoffmann	美國	44	提出分子軌域對稱守恆原理
1982	A. Klug	英國	56	開發結晶學電子顯微鏡，揭示病毒和細胞內重要遺傳物質的結構
1983	H. Taube	美國	68	金屬配位化學電子轉移反應機理研究
1984	R. B. Merrifield	美國	63	發明固相多肽合成方法
1985	H. A. Hauptman	美國	68	發明X-射線繞射法確定晶體結構的直接計算方法為分子晶體結構測定所作出的貢獻
	J. Karle	美國	67	
1986	李遠哲	美國	50	發展交叉分子束技術，紅外線化學，化學發光方法，對微觀反應動力學研究作出的貢獻
	D. R. Herschbach	美國	54	
	J. C. Polanyi	加拿大	55	
1987	C. J. Pedersen	美國	83	開創主—客體化學，超分子化學，冠醚化學等新領域
	D. J. Cram	美國	68	
	J.-M. Lehn	法國	48	
1988	J. Deisenhofer	德國	45	測定細菌光合反應中心胰蛋白—色素複合體的三維結構，為光化學反應作出貢獻
	H. Michel	德國	40	
	R. Huber	德國	51	
1989	T. R. Cech	美國	41	核醣核酸酶的發現
	S. Altman	美國	50	
1990	E. J. Corey	美國	62	有機合成的逆合成分析法
1991	R. R. Ernst	瑞士	58	高分辨率核磁共振譜法的發展
1992	R. A. Marcus	美國	69	電子轉移反應理論
1993	M. Smith	加拿大	61	寡聚核苷酸定點誘變法對基因工程的貢獻
	K. B. Mullis	美國	48	多聚酶鏈式反應對基因工程的貢獻
1994	G. A. Olah	美國	67	碳正離子化學的研究
1995	M. J. Molina	墨西哥	52	研究大氣環境化學，特別是臭氧層的形成和分解研究所作出的貢獻
	S. Rowland	美國	68	
	P. J. Crutzen	荷蘭	62	
1996	R. F. Curl, Jr.	美國	58	C_{60}的發現
	R. E. Smalley	美國	53	
	H. W. Kroto	英國	57	

表一　歷屆諾貝爾化學獎授予情況（續）

年份	獲獎人	國籍	獲獎年齡	獲獎成就
1997	J. C. Skou	丹麥	79	發現維持細胞中鈉離子和鉀離子濃度平衡的酶，並闡明作用機理
	P. D. Boyer	美國	79	發現能量分子三磷酸腺苷的形成過程
	J. E. Walker	英國	56	
1998	W. Kohn	美國	75	發展了電子密度泛函理論
	J. A. Pople	英國	73	發展了量子化學計算方法
1999	A. H. Zewail	美國	53	飛秒雷射技術研究超快化學反應過程和過渡態
2000	A. G. MacDiarmid	美國	73	導電聚合物的發現和發展
	A. J. Heeger	美國	64	
	H. Shirakawa	日本	64	
2001	W. S. Knowles	美國	84	手性催化氫化
	R. Noyori	日本	63	
	K. B. Sharpless	美國	60	
2002	J. B. Fenn	美國	85	生物大分子
	K. Tanaka	日本	43	
	K. Wüthrich	瑞士	64	
2003	P. Agre	美國	54	細胞膜通道
	R. MacKinnon	美國	47	
2004	A. Ciechanover	以色列	57	泛素調節的蛋白質降解
	A. Hershko	以色列	67	
	I. Rose	美國	78	
2005	Y. Chauvin	法國	75	烯烴複分解
	R. H. Grubbs	美國	63	
	R. R. Schrock	美國	60	
2006	R. D. Kornberg	美國	59	核苷轉錄分子基礎
2007	G. Ertl	德國	71	固體表面化學過程
2008	O. Shimomura	日本	80	綠色螢光蛋白(GFP)的發現與發展
	M. Chalfie	美國	61	
	R. Y. Tsien	美國	56	
2009	V. Ramakrishnan	印度	57	核醣體的構造與功能
	T. A. Steitz	美國	69	
	A. E. Yonath	以色列	70	

表一　歷屆諾貝爾化學獎授予情況（續）

年份	獲獎人	國籍	獲獎年齡	獲獎成就
2010	R. F. Heck	美國	79	有機合成中鈀催化交聯耦合
	E.-I. Negishi	美國	75	
	A. Suzuki	日本	80	
2011	D. Shechtman	以色列	70	准晶的發現
2012	R. J. Lefkowitz	美國	69	G-蛋白耦合受體
	B. K. Kobilka	美國	57	

從 1901 年到 2000 年的百年間，諾貝爾化學獎頒發了 92 年 (有 8 年未頒發)，共有 135 位得主 (包括了 F. Sanger 獲得兩次：1958 年與 1980 年)，引導著化學科學的向上發展，並自然地推動化學學科分解為若干分支學科。92 年諾貝爾化學獎，若按二級學科分類，大致情況是：無機化學 15 項，有機化學 27 項，物理化學 24 項，高分子化學 4 項，生物化學 14 項，分析化學 8 項，從這些成果中不難篩選出在 20 世紀中起著發展里程碑作用的重大項目。下面就對 20 世紀中的重大發展作一些討論。

柒、化學基礎理論在 20 世紀的重大突破

經由統計 20 世紀諾貝爾化學獎的得獎貢獻，可以歸納出如下幾個重大方向的突破性成就。

一、放射性與核裂變的二大發現

20 世紀在能源利用方面的一項重大突破，是核能的釋放和可控利用。1 g 鈾原子在核裂變中所放出的能量相當於燃燒 2.5 t 的煤所得的熱量。兩者的質量相差 2.5×10^6 倍。煤在燃燒時，只是碳原子和氧原子的核外電子發生相互作用和反應，生成二氧化碳分子。這是一種化學反應，故所放出的是化學能。而核裂變所放出的能量是原子核內發生的變化，鈾核分裂成 2 個原子質量較小的碎片與約 2.5 個中子，有原子質量的損耗，按質能轉變關係 ($E = mc^2$)，可釋放出大量能量。這種能量已在 20 世紀中被可控制地用於核電站，為人類供給充足的能源。核工業應用的前期基礎研究卻經歷了半個世紀的長期，經多位科學家的不懈努力，始有如此輝煌成就。

回顧本項成就，可以看到，化學和物理學在整個自然科學的發展中，始終起著互相協同互相補充的作用。物理學在核技術上創業績，製造新元素，化學在分子層次上創業績，合成新分子，這些創新成就成為 20 世紀科學進步的主流。

二、化學鍵和現代量子化學理論

美國化學家鮑林 (L. Pauling, 1901-1994) 是近代結構化學的奠基人，他率先研究了化學鍵的本質，從 X-射線晶體結構研究尋找分子內部的結構資訊，把量子力學應用於分子結構，把原子價理論擴展到金屬、非金屬間化合物，提出了電負性概念和計算方法，創造了軌域混成理論和價鍵學說。他還把化學結構理論引入生物大分子結構研究，為 20 世紀後期 DNA 結構的確定和在分子層次上研究生物系統的廣闊領域奠定了理論基礎。

化學鍵理論的建立和發展主要有三種理論：L. Pauling 的價鍵理論 (VB)；R. S. Mulliken 的分子軌域理論 (MO) 和 H. A. Bethe 的配位場 (LF) 理論。價鍵理論在經典化學中引入了量子力學理論和一系列新概念，如混成、共振、鍵、電負性、電子配對等，對當時化學鍵理論的發展起了重要作用。分子軌域理論從分子整體出發重視分子中電子運動狀況，把原子軌域線性組合成分子軌域，可以進行數學計算並程序化，處理結果與分子光譜數據吻合。隨著量子化學的發展，日本化學家福井謙一在 1952 年建立了前線軌域理論，較好地解釋了一系列化學反應的發生原理。K. B. Woodward 和 R. Hoffman 在 1965 年提出的分子軌域對稱守恆原理把量子化學從靜態發展到動態，可以判斷化學反應的方向、難易程度和產物的立體構型等，被譽為化學反應發展史上的一座里程碑。

1998 年諾貝爾化學獎授予美國化學家 W. Kohn 和英國化學家 J. A. Pople，表彰他們在量子化學方面的傑出貢獻。Kohn 發展了電子密度泛函理論，Pople 發展了量子化學計算方法。他們的工作結合在一起，可以計算分子體系的能量、分子的平衡性質、過渡態和反應途徑、分子的電、磁和光性質等，使化學進入實驗和理論計算並重的新時代。

化學鍵和量子化學理論的發展，總共用去了半個世紀的時光，使化學家由淺入深地認識了分子的本質及其相互作用的原理，並使人們進入了分子的理論設計的高層次領域。人們可以創造新的功能分子，如新材料的設計、藥物設計、物性預測等。這些成就也是 20 世紀的重大突破之一。

三、合成化學大發展

　　設計和合成新的分子是合成化學家的首要任務，而這種任務卻又是一切化學工作的源頭。在 20 世紀中有機化學家發揮了特有的聰明才智。在這 100 年來，有機化學家已經設計和合成了數百萬個新有機化合物，幾乎又創造了一個新的自然界。在此同時還發現了大量的新反應、新試劑、新方法、新催化劑和新理論。這是合成化學中相輔相成的兩個方面。正是由於在合成過程中發現的新反應、新試劑、新方法，又可返回來促進了大量新化合物的合成，其中金屬有機化合物在有機合成化學中起著重要導向和催化作用。

　　20 世紀有機合成化學發展中的重要事例，有 1912 年 Grignard 試劑的發現和 1928 年二烯合成反應的發現，使有機化學家可以方便地合成從一般化合物到複雜化合物的加成。進入到 20 世紀的後半期，合成技術大大進步，進入了合成複雜化合物和生物分子的新時代。核醣體、抗壞血酸、生物鹼、多肽等的合成逐漸深入。到了 Woodward 時期，他以獨創思維和高超技藝，先後合成了奎寧、膽固醇、可地松、葉綠素和利血平等一系列複雜有機分子和有機配位體配位化合物。他最突出的合成工作是維生素 B_{12} 的人工合成，他不愧是一位有機合成大師。

　　在此後金屬有機化學獲得了快速發展，特別是二茂鐵化學，使二茂金屬催化在合成化學中占有重要位置。硼有機化合物的合成、Wittig 反應、多肽固相合成等都是合成反應中的突出貢獻。

　　特別應該提及 E. J. Corey 的「逆合成分析法」(1990)，此法確定如何將要合成的目標分子按可再結合的原則在分子的適當鍵部位上切斷，成為較小的起始反應原料分子，然後再將這些原料分子按一定順序結合起來，包括分子的立體結構，從而得到目標化合物。這個方法促進了有機合成化學的快速發展。科學技術在不斷發展，有機合成技術也不會停留在現有水平，新試劑、新方法還會不斷湧現和創造，這當然仍有待於化學家的繼續創新和不懈的奮鬥！

四、高分子科學和材料

　　20 世紀人類文明標誌之一是合成材料的出現。高分子化學也是從事製造和研究分子的科學，但製造和研究的是相對分子質量成千上萬甚至上百萬的大分子或稱為高分子化合物。由於高分子長鏈結構的發現，才促進了高分子化學和高分子物理學的發展。

高分子化學有一段有趣的發展歷史，1920年德國的H. Staudinger提出了高分子的概念，創立了高分子鏈型結構學說，指出原子按正常價鍵結合，幾乎可以構成任何長度的鏈狀分子。他也提出了在高分子稀溶液中通過黏度測定相對分子質量的辦法。但是他的理論學說長時期得不到學術界的公認，直到30多年以後，隨著三大合成材料塑料、纖維、橡膠得到發展和工業生產，Staudinger的貢獻才被承認，並且獲得了1953年的諾貝爾化學獎。

Ziegler-Natta催化劑是一種金屬有機化合物，但它在常溫、常壓下對乙烯和丙烯的規整聚合起到了重大作用。這種配位聚合反應不僅能控制聚合物構型，而且還能控制分子質量大小和分布，把合成方法－聚合物結構－性能三者聯接起來，成為高分子化學中的一項有里程碑作用的突破性工作(1955)。使聚乙烯、聚丙烯、合成天然橡膠、聚丁橡膠、聚胺酶等合成材料，發展成為遍及全球的興盛產業。20世紀的三大合成材料是高分子化學取得重大突破的標誌。

五、化學動力學和分子反應動態學

研究化學反應是如何進行的，揭示化學反應的機理和研究物質的結構與其反應能力之間的關係，是控制化學反應的需要。20世紀中在這個領域頒發過4次諾貝爾化學獎。

前蘇聯化學家N. Semenov對化學反應機理、反應速率和鏈式反應作了開創性工作。他發展了鏈式反應理論，早在1926年他通過磷蒸氣的氧化反應證明熱化學反應是鏈式反應，將鏈式反應概念由光化學反應擴展到熱化學反應領域。英國化學家S. Hinshelwood研究了氫氣與氧氣生成水的反應，證明當氣體壓力高於臨界壓力時，活化分子大量形成，有效碰撞成倍增加，使反應速率激增而引發鏈式反應。揭示了鏈式反應在自然界是存在的，並將可為工業各領域的應用開創了新局面。以上兩位科學家共同獲1956年諾貝爾化學獎。

德國化學家M. Eigen、英國化學家G. Porter和R. G. W. Norrish分別發展了研究快速反應的新技術。Eigen的鬆弛法可以研究發生在10^{-3} s內的化學反應動力學。Porter和Norrish的閃光光解法可以研究10^{-9} s內發生的化學反應。他們都為快速反應動力學的研究作出了重大貢獻而共同獲得1967年諾貝爾化學獎。

美籍華裔化學家李遠哲用他和D. R. Herschbach製造的交叉分子束實驗裝置，研究了F和H_2的分子反應動態學，在單次碰撞的條件下研究單個分子間發生

的化學反應，精確測量反應產物的分布、速率分布、能量分布及其與反應物能量的關係。他們的工作表明過去用經典方法計算反應途徑具有侷限性和不可靠性。他們如此精確的研究化學反應過程，是對化學反應原理作出的突破性貢獻。他們的工作與加拿大的 J. Polanyi 一起獲得 1986 年諾貝爾化學獎。當然這個領域的工作目前還僅具有理論意義，更深入的開展仍有待於更多的工作。還有一次是 1999 年諾貝爾化學獎頒給美國化學家 A. H. Zwail，表揚他利用雷射技術研究超快 (10^{-9} 到 10^{-15} s) 的化學反應過程及其過渡狀態的貢獻。

捌、20 世紀的化學工業大發展

在 20 世紀化學基礎研究的推動下，化學工業獲得了巨大發展。在上半個世紀化學工業發展的特點，是以煤焦油化工生產染料、炸藥、酚醛樹脂、藥物等以及合成氨、酸、鹼、鹽等的基本化學工業為主導，解決人們的衣食住行不斷增長的需要。在後半個世紀化學工業趨於科學化，進入大發展時期，以石油化工為主導的產業得到日益進步的發展。下面概述一下在國民經濟中起重要作用的化學工業的發展情況。

一、石油化學工業

石油化學工業是世界經濟發展中占重要地位的工業領域。世界化工總產值約為幾千億美元左右，其中 80% 以上的產品與石油化工有關。石油煉製和加工已成為國民經濟的支柱產業。

石油化工從煉油開始，從分子質量較小的碳氫化合物 (如乙烯、丙烯等) 到較高餾分的催化裂解，產出各種不同用途的化工產品。自 20 世紀 30 年代催化劑進入石油煉製工業以來，催化裂解、催化合成等技術已成為石油化工的核心技術。由石油化工得到的基本有機化學品的深加工，是化學工業發展的源泉。迄今石油化工產品已有 3,000 多種，涉及國計民生的各個部門，輕工、紡織、醫藥、農藥、機械、電子等領域。世界的乙烯年產量已經達到 5,000 萬噸，全球擁有的年產 30 萬噸裝置已經超過 100 套，大規模集成化已成為化學工業的發展趨勢，20 世紀是石油化學工業大發展的一個世紀。

二、三大高分子合成材料

　　20 世紀初，由於高分子化學的成就，發展形成了三大合成材料工業：塑料、纖維、橡膠。以酚醛樹脂、尼龍-66 和順丁橡膠為開端的三大合成材料開始了它們蓬勃發展的起點。人們的衣、住、行及日常生活用的各種材料都離不開合成材料。一輛汽車所用的塑料達 230 kg 之多，日常用品中更不可缺少塑料製品。合成纖維 (如聚酯、尼龍、腈綸等) 已經超過了羊毛和棉花，成為紡織業的主要原料。合成橡膠 (如氯丁橡膠、丁脂橡膠、順丁橡膠、丁苯橡膠、異戊橡膠等) 的性能和產量也已超過天然橡膠。世界的合成橡膠年產量達 1,500 萬噸，塑料年產已超過 6,000 萬噸。以塑料為主體的三大合成材料，其世界總產量已超過金屬的總產量，所以 20 世紀又被人稱為聚合物時代。

三、合成氨工業

　　在 20 世紀中，人口大幅度增長，糧食需求迅速增加。在此情況下，在解決糧食難題中，化肥起了重要作用。其中氮肥的生產關鍵問題是如何利用大氣氮來大規模合成肥料。1909 年德國化學家 F. Haber 用鋨 (Os) 催化劑在 30～50 MPa (300～500 atm，500～600℃)，成功地建立了每小時產生 80 g NH_3 的實驗裝置，取得了專利權，這是 20 世紀化學工業發展中的重大突破。Haber 因此獲得了 1918 年諾貝爾化學獎。此後德國 BASF 公司購買了 Haber 的專利權，由化工專家 C. Bosch 擔任領導實施工業化。Bosch 在工業化當中抓住了兩個關鍵問題：因 Os 太貴，經過多次試驗找到了鐵催化劑和用熟鐵製造了雙層反應塔解決了氫氣透過鋼板的滲漏問題，為合成氨工業的成功實施作出了貢獻。1931 年第一個合成氨工廠在 BASF 建成投產，日產量為 30 噸。Bosch 因此獲得了 1931 年的諾貝爾化學獎。

　　60 多年來，合成氨技術和裝備不斷進步，目前合成氨廠的裝置逐漸大型化，美國的最大裝置為年產合成氨 30 萬噸。日本在 1972 年建造了一座年產 45 萬噸的最大裝置。中國大陸是一個農業大國，肥料是增產糧食的關鍵，在 20 世紀 70～80 年代先後引進十餘套年產 30 萬噸的大型合成氨廠，結合全國的萬噸小氮肥，目前已經達到年產 2,000 萬噸合成氨的規模，占世界第二位。目前合成氨廣大都聯產尿素，直接用作化肥。

四、醫藥工業

為人類保健醫療事業的需要，20世紀在全球建立起龐大的醫藥工業。目前世界藥物市場的年銷售額約為3,000億美元左右，在世界經濟發展中占舉足輕重的地位。一些世界著名的藥廠如默克公司、拜爾公司、氣巴—蓋基公司等，其年銷售額都在300萬美元以上，在世界各行各業中都是朝陽和景氣工業，並且都是在20世紀中發展起來的。

中國大陸有龐大的中草藥業，但需要經過進行現代化和科學化改造。

在上述的四大支柱化學工業之外，國民經濟中的重要行業與部門，如能源、農業、材料、資訊產業、交通事業及生物技術工業等，在20世紀都得到相應快速的發展，在其中化學研究都給這些領域作出了多方面的重大貢獻。

玖、化學在20世紀已劃分出的二級學科和它們在21世紀的走向

化學作為自然科學中的核心基礎學科，在20世紀發展的基礎上，21世紀將會有它自身發展的美好前景。眾所周知，化學是在原子和分子的水平上研究物質的組成、結構和性質以及其相互作用和反應的科學。化學家要求做兩個方面的工作：一是研究和認識自然界(迄今人類還不能全部了解自然界)，二是進入改造現有自然界，創造一個新的自然界，即創造原來沒有的新物質並研究其性質和應用。在20世紀中，人們根據化學的應用領域，把化學劃分為農業化學、工業化學、醫藥化學、國防化學及太空科學等應用分支學科，但依照基礎研究範圍和學科走向，以及為化學教育確立專業方向，另有按二級學科三級學科的劃分辦法，例如按學科分，化學被劃分為無機化學、有機化學、物理化學、分析化學、高分子化學、化學工程學等二級學科；無機化學又被劃分成無機合成化學、配位化學、原子簇化學、超導化學、無機晶體化學、稀土金屬化學、生物無機化學等三級學科。這種劃分比較符合基礎研究前沿方向的走向。而且這種劃分還在不斷進行細分，例如在合成化學中新近又劃分出組合化學，在無機材料化學中新近劃分出奈米化學等等，可以認為它們是四級學科了。這種劃分一方面反映了化學學科包攬範圍的廣闊性和複雜性，另一方面也標明了化學科學的不斷創新發展前進的活力。下面選擇6個二級學科及其有關三級學科進行概要討論，分析在21世紀的學科發展的動向，以便展望化學發展的趨勢。

一、無機化學

無機化學是研究無機物的組成、結構和化學反應與過程的化學，無機物種類繁多，包括元素週期表中除碳以外的所有元素以及由這些元素生成的各種不同類型的無機物，因此無機化學的研究範圍極為廣闊。無機化學劃分為若干三級學科，分別討論如下。

（一）現代無機合成化學

現代無機合成化學的任務在於創造新型結構，尋求分子多樣性；發展新合成反應、新合成路線和方法、新製備技術及對與此相關的反應機理研究。注意複雜和特殊結構無機化合物的高難度合成，例如原子團簇、層狀化合物及其特定的多型體、各類層間的嵌插結構及多維結構無機物。研究特殊聚集態的合成，如細超微粒、奈米態、微孔與膠束、無機薄膜、非晶態、陶瓷、晶鬚、微孔晶體等。在極端條件下如超高壓、超高真空、超低溫、強磁場、電場、雷射、電漿體等，可能得到在一般條件下得不到的化合物、新物相和新物態。例如在高真空、無重力的太空條件下的無機合成化學，可能會得到沒有位錯的高純晶體，等等。現代無機合成化學在 21 世紀應力求有重大的突破。

（二）配位化學

配位化學研究分子間新型相互作用、配位化合物形成與配合反應、配位結合和配位化合物結構的本質等。配位化學已成為無機化學的一個主要方向，成為無機化學與其他化學分支學科相互滲透交叉的新興領域。配位化學在 21 世紀的發展前景是對有特殊功能(如光、電、磁、超導、資訊存儲等)配位化合物的合成、結構、性質與應用的研究。

（三）原子簇化學

金屬原子簇化學是無機化學在 20 世紀 70 年代後發展起來的新興領域，是在化學模擬生物固氮、金屬簇催化功能、生物金屬原子簇、超導及新型材料等的研究工作中發展起來的。已經建立了一些合成方法和結構化學研究方法，並已開始從理論上研究成簇機理、成鍵能力和結構規律。中國大陸化學家在這方面作出了豐碩的貢獻。在 21 世紀要求化學家為原子簇化合物建立較為完善的結構規律和理

論來概括和解釋金屬簇化合物的實驗結果。在這個領域挑戰與機遇並存，有待化學家的繼續努力。

（四）超導材料

超導研究本來屬於金屬物理學，但在 1986 年 IBM 公司瑞士蘇黎士實驗室的 J. B. Bednorz 和 R. A. Muller 發現一種 La、Ba、Cu 的陶瓷氧化物 T_c 在 34 K 具有超導性，引起了化合物超導研究熱，並使超導研究闖入了無機化學領域。而後朱經武發現 $YBa_2Cu_3O_7$ 的超導轉變溫度 (T_c) 為 90 K，進入了液氮溫區。1988 年又研製出轉變溫度為 125 K 的 $Tl_2Ca_2Cu_3O_{10}$ 材料，稱為高溫超導材料。現已製成長達 50 m 的這類超導線材。但是這些陶瓷氧化物的超導機理至今尚未被科學家們認識和理解。21 世紀給無機化學家和物理學家在高溫超導材料的合成和理論研究預留下了廣闊的研究發展空間。

（五）無機晶體材料化學

在 20 世紀的高新技術中，發生雷射的光源進行變頻、調頻、調相、調偏等需要用非線性光學 (NLO) 晶體；高能粒子的輻射研究需要閃爍晶體探測器。這類具有特殊功能的無機晶體的合成和生長，是固體無機化學的一個生長點。其他如人造水晶、金剛石、氟金雲母等各種無機功能晶體也是目前發展的重點。在這一領域研究出更多、更好的具有特殊功能的晶體材料，將會是 21 世紀無機化學發展的一個重要方面。

（六）稀土金屬化學

中國大陸有豐富的稀土金屬資源，在新高技術中，石油裂化催化劑、螢光材料、永磁材料、高溫超導材料、稀土微肥等方面都有稀土元素的參與。因此，研究稀土元素的快速分離技術、研究它們化合物性質和功能關係及應用，在 21 世紀將有重大的科學意義和應用前景。

（七）生物無機化學

生物無機化學是在 21 世紀 60 年代誕生的，它的早期研究領域是：(1) 測定生物功能分子的結構和闡明作用機理；(2) 研究生物配位體和金屬離子的溶液化學；(3) 探索含金屬生物大分子的結構與功能關係。這些研究都是以認識含無機元素的

生物功能分子的結構和功能關係為目標。近年來科學的發展對生物無機化學提出了新的要求，要求解答無機物的生物效應，例如無機藥物的作用機理、無機物中毒機理、環境物質損傷生物體的機理等，在這類研究中，核心問題是從分子、細胞到整體三個層次回答構成藥理、毒理作用的基本化學反應和這些反應引起的生物事件。這類研究促使人們把生物無機化學提高到細胞層次，去研究細胞和無機物作用時細胞內外的化學變化。這些變化是生物效應的基礎。顯然生物無機化學在 21 世紀的發展，既可以推動生物學的發展，也必然會促進無機化學向新的層次開拓。

（八）核化學和放射化學

20 世紀末，核物理的走向是利用更強大重離子加速器裝置的條件下，繼續合成超重元素和尋找 Z = 114 的穩定島。事實上，已於 1999 年利用 $^{48}_{20}Ca$ 加速撞擊 $^{244}_{94}Pu$ 而獲得 $^{289}_{114}Fl$ 新元素，並進入穩定島。核子醫學方面將在放射顯像藥物和放射免疫醫療作出努力。核分析技術將以其高靈敏度等優點而得到深入發展和應用。

綜上所述，無機化學的研究範圍極其廣闊，展望 21 世紀，只能列舉以上八個方面作掛一漏萬的估計，不可能面面俱到。發展是不變道理，創新才是關鍵，期盼 21 世紀無機化學將會有更多的突破，新的研究和應用領域不斷湧現。上面以無機化學的發展現狀和對未來的展望作為樣板，作略廣泛的論述，下面對其他二級學科的論述，就可以從簡一些，但仍盡可能提供概貌，使讀者對化學學科能有較為全面的認識。

二、有機化學

20 世紀的有機化學，從實驗方法到基礎理論都有了巨大進展，顯示了蓬勃發展的強勁勢頭和活力。世界上每年合成上百萬個新化合物，其中 70% 以上是有機化合物。許多具有特殊功能而用於材料、能源、醫藥、生命科學、農業、營養、石油化工、交通、環境科學等與人類生活密切有關的各個行業中，直接或間接地為人類提供大量必需品。與此同時，人們也面對天然的和人工合成的大量有機物對生態、環境、人體有影響的問題。展望未來，有機化學將使人們優化使用有機物和有機反應過程。

有機化學的迅速發展產生了許多分支學科（三級和四級學科），包括有機合

成、有機金屬、綠色有機、天然有機、物理有機、有機催化、有機分析、有機立體化學等。下面選擇一部分二級學科分別概述和展望。

（一）有機合成化學

這是有機化學中最重要的基礎學科之一，它的任務是創造合成新有機分子的手段和工具，發現新反應、新試劑和新理論。有機合成的基礎是各類合成反應。對複雜目標化合物用逆合成分析法分解為若干基本反應，設計和選擇不同起始原料，用不同的基本反應，可以獲得同一個複雜目標分子。對一個全合成路線的評價標準是：原料是否合宜；步驟路線是否簡短易行；總回收率高低及合成的選擇性高低等，這些要求對於建立有工業前景的生產工藝至關重要。

有機合成關注的問題是：高選擇性、合成效率和經濟性、反應活性和收率、環境友好和原子經濟性。一個合成工藝全面考慮所有上述四個因素是不容易的，需要綜合考慮成本與效益、技術路線和環境都是否相宜。這些又都決定於基礎研究深入的程度。21世紀備受關注的合成領域是天然複雜有機分子的全合成和不對稱合成(特別是手性藥物)，預計在21世紀這一領域將會得到快速的發展。

（二）有機金屬化學

有機金屬化學將在21世紀繼續成為大有作為的學科，它的發展走向將是繼續發展有機金屬化合物的合成、結構和性能的研究；創造有機金屬導向的有機化學反應，特別是發現新的有機化學反應有機金屬催化劑和那些能起催化劑作用的模擬酶。

（三）天然有機化合物

天然有機物化學是研究來自自然界動植物的內派性有機化合物的化學。中國大陸自然條件優越，從亞熱帶到寒帶，生物資源豐富，中草藥已有幾千年臨床經驗，民間治病防病方劑極多，挖掘和發展中國醫藥寶庫，開展天然有機化學研究是當務之急。這在21世紀將是一項能獲得國家大力資助的研究領域。它的研究重點將是：天然產物的快速分離和結構分析鑑定；傳統中草藥的現代化研究；天然產物的衍生物合成和發展組合化學；與生物技術結合，創造類似天然物的新有機功能分子。

（四）物理有機化學

物理有機化學研究有機分子結構與性能的關係，研究有機化學反應機理，用理論計算方法來理解、預見和發現新的有機化學現象。從理論角度理解有機化學的內在規律。它的遠景研究重點是：新的分子結構測定；新有機反應機理研究；分子間的強與弱相互作用研究，藉以了解分子間的聚集方式。

（五）生物有機化學

生物有機化學的主要研究對象是核酸、蛋白質和多醣三種主要生物大分子和參與生命過程的其他有機分子，包括多肽、多醣和多醣綴合物、模擬酶、生物膜等。生物有機化學近期研究動向有如下 8 個方面：生物大分子的序列分析方法研究；多種構像分析方法研究；從構像分析和分子力學計算出發的結構與功能關係研究，以及設計合成類似物的研究；生物大分子的合成及應用研究；生物膜化學和資訊傳遞分子基礎的化學研究；生物催化體系及其模擬研究；生物體系中微量活性強的多肽、蛋白質、核酸、多醣等的研究；光合作用的化學研究。

三、物理化學

現代物理化學研究所有物質體系的化學行為的原理、規律和方法，涵蓋從微觀到巨觀對結構與性質的關係規律、化學過程機理及其控制的研究。它是化學的理論基礎。在物理化學的發展過程中，逐步形成了若干分支學科：結構化學、化學熱力學、化學動力學、液體界面化學、催化、電化學、量子化學等。物理化學在 20 世紀取得了不少有里程碑作用的成就，如化學鍵的本質、分子間相互作用、分子結構的測定、表面形態與結構的精細觀察等。目前有三個方面的問題，有待在 21 世紀中加以解決；巨觀和微觀的研究；由靜態、穩態向動態、瞬態發展的微觀結構研究、反應機理研究中的過渡態問題研究、催化反應機理研究和微觀動力學研究等；複雜物質體系和複雜化學反應體系的研究。總之，留給 21 世紀物理化學家的待解決的任務是異常豐富的。

（一）結構化學

在結構化學領域，隨著分析儀器和測定精度的日新月異，新型結構分析儀器的不斷推陳出新，結構化學在 21 世紀將會有重大發展。生物大分子的結構研究、

生物大分子在溶液中的動態結構研究、用顯微方法研究催化表面結構以及催化過程等，將都是結構化學研究的重點。

（二）化學熱力學

熱力學第一、二、三定律雖然是現代物理化學的基礎，但它們只能描述靜止狀態，在化學上只能用於可逆平衡體系，而自然界發生的大部分化學過程是不可逆過程。因此對大自然發生的化學過程，應從非平衡態和不可逆過程來研究。21世紀的熱點研究領域將是：生物熱力學和熱化學，如細胞生長過程的熱化學研究、蛋白質定點切割反應的熱力學研究、生物膜分子的熱力學研究等；另外，非線性和非平衡態的化學熱力學與化學統計學研究、分子─分子體系的化學研究(包括分子力場、分子─分子相互作用)等也是重要方向。

（三）化學動力學

化學動力學作為化學的基礎研究，將會在21世紀有新的發展，如利用分子束技術與雷射相結合研究態─態反應動力學，用立體化學動力學研究反應過程中反應物分子的大小、形狀和空間取向對反應活性以及反應速率的影響，以及用飛秒雷射技術研究化學反應和控制化學反應過程的機理等。

（四）催化

催化劑是化學研究中的永恆主題。根據催化劑的物理和化學性質，可將它們分為如下幾類：多相催化、均相催化、光催化、電催化、酶催化和仿酶催化。在20世紀裡，儘管化學家已研製成功無數種催化劑，並已應用於生產。但對催化劑的作用原理和反應機理還是沒有完全弄清楚。所以研究催化劑及其催化過程的科學，還需要進一步深入和發展，用組合化學的方法快速篩選催化劑是21世紀的重要研究課題。

（五）量子化學

在20世紀當中，量子力學和化學相結合，對化學鍵理論和物質結構的認識起著十分重要的作用。量子化學已經發展成為化學以及有關的其他學科在解釋和預測分子結構和化學行為的通用手段。20世紀中，量子化學曾經給化學帶入一個新的分子光譜時代，實驗和理論能夠相結合，共同協力探討分子體系的性質。縱觀

量子化學的發展歷史，不難看出，只有量子力學的基本原理和化學實驗密切結合，量子化學的理論研究才能出現新的突破和開創新局面。現在根據量子化學計算，可以進行分子的合理設計，如藥物設計、材料設計、物性預測等。但是目前尚未形成研究分子層次的統一理論，對許多化學現象還不能用統一的理論來歸納、理解和認識，有待於從化學實驗結果提高到理論認識，這也有待於化學家的創造和努力。

四、分析化學

分析化學是測量和表徵物質的組成和結構的科學，人們用分析手段去觀察物質世界的存在和變化。20 世紀分析化學的發展經歷了三次巨大變革，第一次是在世紀初，物理化學基本理論的發展，為分析化學方法提供了理論基礎，使分析化學從一種技術變成為一門科學。第二次是二戰之初，由於物理學和電子學的發展，儀器分析的創建使分析化學得到一次飛躍。

目前，分析化學正處於第三次變革，藉助生命科學、資訊科學和電腦技術的發展，分析化學進入了一個嶄新的時代，它不只限於測定物質的組成和含量，而要對物質的狀態、結構、微區、薄層和表面的組成和結構以及化學行為、生物活性等作出瞬時追蹤，無損在線檢測等分析和過程控制，甚至要求直接觀察到原子和分子的形態與排列等。現代的儀器分析手段已經有：各種光譜分析、電化學分析、色譜分析、質譜分析、核磁共振分析、各種光譜學儀器的聯合併用分析、表面分析、放射化學分析等。展望 21 世紀的分析化學，新原理、新方法、新儀器將會不斷湧現，例如模擬生物的傳感器和識別方法、生物晶片、免疫分析等，都將會有新的分析方法出現。

本世紀將又是分析化學的又一次飛躍的大好時機。尤其本世紀的分析技術，將向分析工作提出如下的更高要求：更高的靈敏度、更低的檢測限、最終達到單原子或分子的檢測；更好的選擇性、更少的干擾；更高的準確度、更高的精密度；多元素、多組分的協同分析；更小的樣品量，略微損或無損分析；原位、活體內、實時分析；更大的應用範圍，例如遙測和高分辨成象等。

五、高分子化學

高分子化學是研究高分子的合成及其特性、高分子的鏈結構和聚集態結構、

以及高分子聚合物作為高分子材料的成型及應用。20世紀後期，高分子化學、高分子物理和高分子加工成型形成為互相配合發展的相關分支學科。下面選擇四個方面來展望高分子化學在本世紀的發展。

（一）高分子合成

高分子合成是探索新高分子物質的基礎。預計本世紀高分子合成的發展方向應該是：探索新聚合反應和新聚合方法；探索和提高對高分子鏈結構有序合成的能力及實現特定聚集態結構的合成技術；在分子設計的基礎上採用共聚的方法用普通單體合成高性能的新聚合物。高分子化學家應該向有機化學家、生命化學家學習和借鑑他們的新成果，用有機金屬催化新理論、酶催化合成理論、微生物發酵合成技術、植物轉基因合成高分子技術等發展高分子合成的新反應、新方法；同時考慮與高分子工業的結合，使高分子合成的新反應、新方法具有產業化前景。

（二）高分子物理

高分子物理研究高分子鏈結構和高分子聚合物的凝集態結構，研究這些多層次結構的形成和規律，以及多層次結構對巨觀聚合物材料的性能和功能的影響。高分子物理向人類社會提供關於高分子材料使用原理的知識，向高分子化學家反饋高分子設計及合成的資訊。本世紀高分子物理的研究應繼續深入研究高分子鏈及其聚集體的各層次結構和相態特點，更深入研究聚合物各層次結構對高分子材料巨觀性能和功能的影響原理；在結構研究的同時，更注意各種外場因素對高分子鏈運動、對各層次結構演變的影響及控制規律，從而更好地開發高分子聚合物的各種潛在性能或功能；注意研究生物高分子的結構特點、高分子間或高分子內信息傳遞原理，以便為高分子化學家提供仿生物功能材料設計及合成的新知識。

（三）高分子材料

高分子成型研究聚合物在外場(溫度、力)作用下，高分子鏈運動、特定相態和結構的控制形成以及所需形態(材料)的成型技術。高分子成型學科的形成晚於高分子化學和高分子物理，它是基於高分子物理、高分子化學的有關基礎知識，融合機械原理，針對不同類型高分子材料的社會需求而發展起來的。本世紀高分子成型研究應在遵循上述自身發展規律的同時，進一步將高分子物理研究的新知識用於深化聚合物成型原理的研究，發展為工業界可接受的聚合物成型新技術、新方法；搜集聚合物流體的各種數據，利用計算機技術研究各種聚合物、各種高

分子材料最佳成型過程的理論預測和工藝設計；提高在聚合物成型過程中對聚合物材料特定結構和相態的控制，形成技能。

（四）功能高分子

功能高分子是高分子化學與其他學科交叉形成的新領域，它研究和創造國民經濟各領域需要的特殊高分子材料。20 世紀功能高分子為人類創造了嶄新的材料有如高分子磁體、體內植入可降解吸收的骨科材料等，也為高分子材料的發展展現了新思路。21 世紀的功能高分子研究將注意高分子及其聚合物產生光、電、磁功能的原理，目的是創造性能更好的光、電、磁高分子材料，也將注意研究生物高分子材料的結構和功能的關係，設計製造用於臨床的新高分子化合物和材料，例如人造骨、人造血、人造生物膜、人造臟器及其他人體器官治療和修復的材料等，這是功能高分子研究的一個重要發展方向。

六、化學工程學

化學通過化工生產產生巨大經濟價值和社會效益，在現代各種製造行業中，化學過程大量存在。化學反應要通過化學工程才能產生具有經濟價值的商業產品，因此，化學和化學工程是一對不可分割的孿生姐妹。從一個化學反應在實驗室得到樣品，到試驗工廠放大、最後進入工業生產，全部過程都是化學工程研究的範圍。20 世紀化學工業得到巨大發展，人類生活已經離不開化工產品，化工已成為國民經濟發展中的支柱產業，世界化工產品的年總銷售額在 20 世紀末已達到數千億美元數量級。

鑑於化學工程的涉及層面太廣，問題也很複雜，在此只論述一下化學工程在本世紀的發展趨勢。

（一）化學工程向非傳統反應工程發展

新反應工程的應用是對傳統化學工程的挑戰，新催化劑和新反應工程的集成可以促成新催化工藝的發現。因此對非傳統反應工程的研究，將成為本世紀化學工程的一個生長點。非傳統反應工程可以舉如下幾個例子。

1. 超臨界反應工程

超臨界流體作反應介質可以及時溶解結焦前體，延長催化劑壽命，移動化學

平衡，提高轉化率，在許多反應體系中有很好的應用前景。此外還可以利用計算機進行分子模擬，為多元物係的超臨界介質建立一套科學方法。

2. 反應—分離過程的集成

在傳統化工過程中，合成反應和反應後產物的分離是分開來進行的，例如合成反應在反應釜中進行，反應後在壓濾機或離心機中分離產品。非傳統化工工藝則要求把反應和分離工藝合併，畢其功於一役，例如催化蒸餾、催化吸附、催化膜分離等新工藝。

3. 人為非定態反應工程

在人為非定態操作的催化反應器內，往往能建立起一種在傳統定態操作條件下不可能達到的溫度、濃度分布和催化劑狀態，從而改善反應器的時空平均轉化率和選擇性等。

總而言之，所謂非傳統化學反應工程實際上是充分利用高新技術改造傳統化工，這類技術將是本世紀化工發展方向之一。將 CIMS 技術 (計算機集成製造系統) 應用於化工生產，應該也屬於此種範疇，在本世紀中將會成為研究熱點。

（二）傳統化學工程向綠色化學工程轉向

在原子經濟原則下，把傳統化學工程改造為環境友好的綠色化學工程，必然是本世紀化工轉向的必走之路。

（三）化學工程邁向生化反應工程發展

20 世紀末 21 世紀初交替之際，隨著基因工程、細胞工程、蛋白質工程等生物技術的發展，給化學工程開闢了新的發展空間。發酵工程、酶或菌種的培養和回收、產物的分離過程等，手段和步驟都將不同於傳統化工。如何將這些生物技術給以工程表達，必需與化學工程結合起來，創造新體系和新工藝，建立新型的化學工程領域——生化反應工程學。這是本世紀化工工作者的光榮任務。

拾、綠色化學概述

眾所周知，化學為人類進步做出了卓越的貢獻，它能從天然資源中，製造大量的化學肥料、農藥、鋼鐵、塑料、化學纖維、合成橡膠等，在人們的交通、通信、

服飾、住屋等物質生活方面，都扮演著極其重要的作用。同時，化學也為材料、醫藥、資訊、能源、環境和生命科學等多個學科的發展奠定了基礎。化學引領了醫藥的革命，促進了糧食產量的倍增成長，這些因素直接導致人口的平均壽命迅速增長。中國大陸人口的平均壽命由 1900 年的 30 多歲提高到現在的 80 多歲，化學產生了不可替代的作用，人類社會的生活已經離不開化學品了。

然而，化學品的生產消耗了大量的不可再生資源，有毒有害化學物質的排放造成了環境污染和生態的破壞。顯然，化學既對人類做出了極其重要的貢獻，也給人類帶來了資源短缺和環境污染的嚴重後果。導致環境污染和生態破壞的因素很多，其中一個重要的原因是由於目前絕大多數的化工技術都是 20 多年前開發的，而當時的生產費用主要包括原材料、能耗和勞動力的費用，人們追求的是經濟效益，對原料是否有毒、是否易得等考慮得較少，因此，許多化工工藝使用或產生了有毒、有害的物質。

近年來，有毒、有害化學物質的排放已受到了社會的廣泛關注，與有毒、有害化學物質有關的法律和規章陸續建立，化學品的生產成本增加了廢物控制、廢物處理和掩埋、有毒有害化學物質管理、環保監測和事故責任賠償等費用，使許多企業不堪負荷。所以，從環保、科技、政治、經濟、社會和文化的要求來看，化學工業不宜再使用和產生有毒、有害的化學物質，需要大力研究與開發從源頭上減少或消除污染的綠色化工技術，綠色化學也就是在這樣的背景下而產生的。

一、綠色化學的定義

綠色化學是在化學品的設計、製造和應用時，利用一系列原則減少或消除危險物的使用和產生。Anastas 等在他們所著的 *Green Chemistry: Theory and Practice* 中提出了綠色化學的 12 原則：

1. 防止污染優於污染形成後處理；
2. 最大限度地利用資源，盡可能將所有原料轉化成產品；
3. 盡可能只使用和生產對人體健康和環境無毒或低毒的物質；
4. 設計化學品時，應在保持其功效的同時，盡量降低其毒性；
5. 盡可能不使用助劑 (溶劑、萃取劑、界面活性劑等)，必需時只使用無毒物質；
6. 考慮能耗對環境及經濟的影響，盡量減少能量使用；
7. 在技術和經濟可行的條件下，最大限度使用可再生原料；

8. 盡量避免不必要的衍生步驟；
9. 催化劑優於化學計量物質；
10. 化學品應該設計成廢棄後易降解為無害物質；
11. 分析方法應能實時在線監測，在有害物質形成前予以控制；
12. 選擇化學事故(洩漏、爆炸、火災)隱患最小的物質。

顯然，綠色化學是通過減少或消除可能出現危害因素的方法，實現減少或消除化學活動可能帶來的對人體健康和生態環境的不利風險。與傳統的污染末端治理方法不同，它是基於化學原理，通過改變化學品或化學反應過程的內在本質，從源頭上減少或消除有害物質的使用或產生，最大限度地保護資源、環境和人類健康。

二、綠色化學的方法

對於從事化學活動的科技人員，化學品的合成可以採用不同的工藝路線，需要對原料、試劑、溶劑、化學反應路徑和反應條件做出選擇，不同的選擇得到的工藝路線對環境的影響可能有顯著的差別。理想的化學反應的特點是簡單、安全、高收率、高選擇性、高能效，並且使用的是可再生或循環利用的試劑和原材料。

一般的化學反應難以達到上述理想的要求，從事化學反應研究的人員的任務就是優化化學反應過程，使其盡可能接近上述理想的特點。

隨著人們對環境問題的日益重視，目前已經積累了大量的與綠色化學有共通的知識，一些定性和定量的綠色化學原理和方法已開始出現。

綠色化學的原理和方法主要涉及的內容，包括原料、催化劑、溶劑、化學反應和產品等方面。因此，綠色化學的化學、化工製程是採用無毒無害的原料、溶劑、助劑，使用可再生資源為原料；以「原子經濟性」為基本原則，提高化學反應的選擇性和轉化率，降低能耗，在獲取新物質的化學反應中充分利用參與反應的每一個原料原子，實現「零」排放，不產生污染；生產有利於環境保護、社會安全、人類健康和環境友好的化學品。

有關綠色化學定性的原理和方法，將在第八章中續部分介紹。有關綠色化學的文獻和書籍很多，有興趣的讀者可以查找有關資料或美國環保署的綠色化學專家系統(GCES, http://www.epa.gov/greenchemistry/tools.html)。

三、綠色化學的原料選擇

任何一種化學物質的合成和製造，首先是選擇原料，然後得到最終的產品。許多情況下，原料的選擇是決定化工生產過程對環境影響的最重要因素。目前，大多數化學品的合成所採用的原料，都是來源於以石油為主的不可再生初始原料。

在生產同一化學物質時選擇不同的原料，就可能對生態環境、人類健康、目的產物的選擇性、回收率相副產物等產生不同的影響。從生態環境和人類健康的角度考慮，選擇原料有一系列的標準，需要考慮的問題主要包括：

1. 原料在環境、毒性和安全等方面的特性。例如持久性、生物積累、生態毒性和人體毒性等，應該盡量避免使用難以降解、具有生物積累性或有毒的物質。
2. 替代原料有何優劣。
3. 所選用的原料對廢物的產生和排放有多大程度的影響。
4. 在保持或提高原有產物回收率的前提下，選擇可以減少廢物的產生或排放的替代物。

另外，除了考慮原料是否來源充足，是否可再生。同時也應該考慮，原料的獲取過程是否對環境有不良影響。即使原料對人體健康和環境不會造成任何危害，但在它們的分離和再利用的過程中是否可能產生環境問題，這也是選擇原料時需要考慮的因素。

本章用化學科學和它的幾門重要二級學科的現狀以及在21世紀的發展趨勢結束本門課程——大一通識化學的學習，一是希望使讀者對大學化學教育的內容有一番初步的概要認識，二是為初學者憧憬未來專業方向的選擇提供一些思考背景。看到化學學科的繁榮發展和美好遠景，作為未來的化學工作者應該感到光榮和重任在後，為國家的繁榮富強，吾民當自強，全力奮發，光輝道路就在我們的面前！

觀念思考題與習題

1. 化學研究的對象是什麼？
2. 化學研究的內容是什麼？
3. 化學研究的目的是什麼？
4. 化學學科的分支有哪些？請詳述之。
5. 何謂自然科學？包括有哪些學門？
6. 何謂物理科學？何謂生物科學？
7. 化學的特徵是什麼？為什麼說化學無處不在，無所不包？
8. 為何煉丹術是化學的原始形式？請詳述之。
9. 請簡述化學之建立與發展歷程。
10. 化學學科的核心任務或今後的長遠努力方向有哪些？請詳述之。
11. 何謂生命科學？包括有哪些學門？
12. 何謂社會科學？包括有哪些學門？
13. 化學基礎理論在 20 世紀裡，有哪些重大突破？請簡述之。
14. 在 20 世紀裡的化學工業，有哪些大發展？請簡述之。
15. 何謂綠色化學？請詳述之。

第一章　生命元素

人體的構造非常複雜，然而，這種複雜的結構都是由有一定形態的細胞組成。細胞質、活性物質以及體內其他液體都為膠體狀溶液，其中包括水和各種化學物質。體內的一切化學反應都是在這些膠體溶液中進行的。構成人體的化學物質，除了血液中有少數游離的氮和氧之外，其餘都是各種元素的化合物。其中以碳、氧和氫含量多，占全部質量成分的 90% 以上。氫、氧結合為水占 65%，餘下 35% 是固體物質。依人體物質中的元素成分分佈，如表 1.1 所示。另外，尚有許多更微量的元素，如銅 (Cu)、錳 (Mn)、碘 (I)、氟 (F)、鋅 (Zn)、硒 (Se) 等，都是維持人體健康必需的元素。這些元素再結合成各種化合物，如有機物中有醣 (又名碳水化合物)、脂肪、核酸和蛋白質，無機物中有水和各種無機鹽。這些物質是構成人體的主要物質。

表 1.1　人體中的各元素含量

元素名稱	百分比 (%)	元素名稱	百分比 (%)
碳 (C)	18.0	氯 (Cl)	0.2
氧 (O)	64.6	硫 (S)	0.3
氫 (H)	10.0	鈉 (Na)	0.1
氮 (N)	3.1	鉀 (K)	0.2
鈣 (Ca)	1.9	鎂 (Mg)	0.05
磷 (P)	1.1	鐵 (Fe)	微量 < 0.05

目前，人體中已發現的化學元素約近五十種。在許多的化學元素中，諸多元素是與人類生命活動密切相關，也是不可或缺的元素。因此，這些元素被稱之為「生命元素」。目前，被公認的生命元素有 27 種，其中包括非金屬元素為 13 種，而金屬元素為 14 種。其實生命元素包括 7 種多量元素：C、H、N、O、P、Cl 與 S，4 種次多量元素：K、Ca、Na 與 Mg，和 16 種微量元素：Cr、Mn、Fe、Co、Cu、Zn、Ni、Mo、Si、F、I、Br、Se、Sn、V 與 Sr。在人體中它們一直維持著平衡，每一種元素的含量是由生命活動的需要而定。另外已被公認的高毒性元素有 8 種，其中包括 Be、V、Cd、Hg、Tl、Pb、As 與 Te。把它們放入化學元素週期表中，列於圖 1.1。

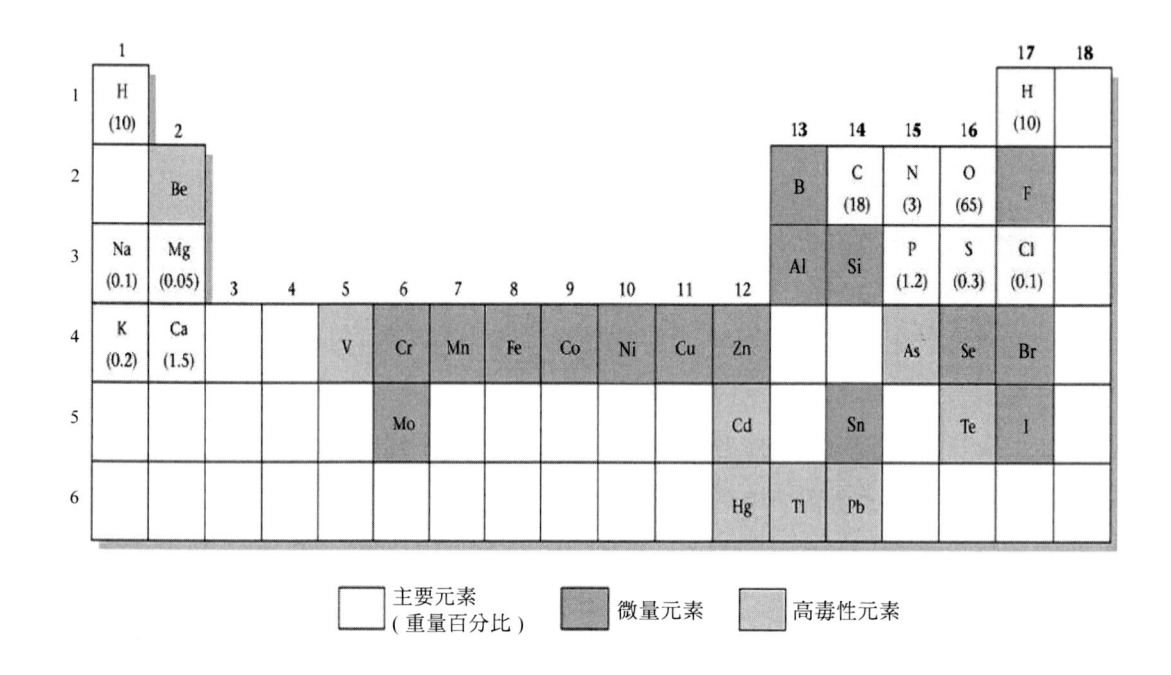

	1	2	3	4	5	6	7	8	9	10	11	12	13	14	15	16	17	18
1	H (10)																H (10)	
2		Be											B	C (18)	N (3)	O (65)	F	
3	Na (0.1)	Mg (0.05)											Al	Si	P (1.2)	S (0.3)	Cl (0.1)	
4	K (0.2)	Ca (1.5)			V	Cr	Mn	Fe	Co	Ni	Cu	Zn			As	Se	Br	
5						Mo						Cd		Sn		Te	I	
6												Hg	Tl	Pb				

□ 主要元素（重量百分比）　■ 微量元素　■ 高毒性元素

圖 1.1　生物的化學元素週期表

　　構成人體的化學元素，除了血液中有少量的氮、氧氣體外，特稱之為游離分子，其餘都是各種元素所結合的化合物來參與。其中，包括元素有碳、氫、氮與氧。這四種元素含量較多，占總成分的 95% 以上。人體中的化學元素互相結合形成重要生命物質，包括有機化合物：蛋白質、醣、核酸、脂肪，還有無機鹽和水。這些物質在人體內各司其職，掌管著人體的全部生命活動，每天發生著，數以億計的化學變化。真的可以毫不誇張地說：人的確是化學的人。

　　本章將分別系統論述生物體內生命元素的組成與作用，生命元素包括多量元素和微量元素及其他有毒元素。生命元素在生物體的作用，包括生命元素對人體的作用，對動物的作用，對植物的作用及對微生物的作用，使化學和生物學的知識融會貫通於其中，其內容依次為：化學與生物學的研究方向、介紹生命元素在自然界和生物體的分布規律與作用、元素與疾病及研究展望等。有些元素既不能太多，也不能太少，稱之為適量範圍，否則就會破壞平衡，從而影響人體健康，甚至導致疾病的發生。例如硒 (Se) 元素，每天必須攝取 0.00005 g 以維持身體健康，但假如每天攝取超過 0.001 g 則會造成死亡，因此就必須注意每天的攝取量。

壹、元素的分布規律與作用

各國科學家對元素在自然界存在的普遍的分布規律已有很多的研究，例如美國科學家克拉克和中國大陸科學家黎彤等，前者所做的地殼中各元素的平均含量值稱為克拉克值，後者一般將元素在地殼中的平均值簡稱為豐度值，他們均是偏於地質學的，研究的對象主要是岩石、礦物、土壤和水體等。後來的學者們對元素的分布規律和生物學作用也有大量的研究。

一、元素在自然界的分布規律與作用

中國大陸學者裘凌滄在《元素與健康研究中的一些方法論問題》一文中，總結了自然實物中化學元素存在與分布的普遍性、不均勻性、變化規律、生物效應、相互聯繫和調控作用等六個方面的特徵，現將其文中的主要觀點做扼要介紹。

（一）元素分布的普遍性

德國物理家與化學家諾達克 (I. Noddack) 夫婦在 20 世紀 30 年代就提出：元素不僅存在於所有礦物中，而且普遍存在於自然界的一切物體中，即「元素普遍存在律」。同時，蘇聯生物地球化學家維諾格拉道夫 (Vinogradov) 通過對 6,000 餘種陸生活質的廣泛元素分析認為：週期表上的「全部」元素，都以一定「量」存在於活有機體中。

現代科學家已知的數百萬種無機化合物和數千萬種有機化合物，都是由 92 個天然元素構成的。自然界 20 多萬種微生物、30 多萬種植物和 100 多萬種動物都離不開核酸和蛋白質，即最基本的生命物質，而核酸和蛋白質分別由 4 種核苷酸和 20 多種胺基酸所組成。自然界的生物雖然複雜，但都由基本的元素、核苷酸和胺基酸組成，只是由於其排列組合不同而表現出生物的特異性。

既然元素普遍存在於生命體中，那麼生命活動就離不開這些元素。大家都知道：「生命元素是構成人體或生物體生命活動的基本單元，且與周圍環境不斷發生交換關係的化學元素及其化合物。」

生命起源於自然環境，並在其中長期生存、適應和進化，所以自然環境元素與生命健康是密切相關的。判斷一個元素對生命體是否必需，單純地研究它們生物的化學性質是不夠的。生物演化過程中的地殼元素豐度似乎是一個更重要的因

素。地殼豐度控制生命元素必需性的現象稱為豐度效應，作為元素的分布規律一直影響生物的進化和生存。當然，豐度效應還應包括生命起源的海水豐度。元素從起源到適應、演化，海水和地殼豐度的影響，仍在現代生物中有所反映。

由此可見，元素存在的普遍性是元素在自然界分布的第一個特徵。將自然環境與生命統一的豐度效應，將有助於理解下述生命元素的其他特徵。

（二）元素分布的不均勻性

普遍存在於從巨觀宇宙到微觀世界的元素，其分布在空間和時間上是非均一的，並有動態的變化。元素分布在不同實物和生物基因型間亦有很大差異。均值只能提供一個概念值，而不能反映實物(包括生物體)中的具體、動態的狀況。因此科學家曾繪製了與健康有關的多種元素豐缺地球化學分布圖。這說明元素的空間分布、隨時空的動態變化及基因型差異方面的數據極為豐富，規律亦很明顯。在利用這些資訊時，關鍵在於重視其特定條件並進行綜合分析，注意其可比性，從其共通性、特殊性和相互關係中尋找規律。因此，可以認為元素時空分布的不均勻性是生命元素的第二特徵。

（三）元素豐度變化的規律性

元素豐度變化的規律性包括實物之間豐度變化有其共通性；內、外環境中元素間豐度變化有內在聯繫；影響生命與健康的元素是個別還是系統等三個方面。

1. 實物間豐度變化有共通性

從整體來看，元素豐度變化有其共通性和規律。從 20 世紀 30 年代起，西方科學家如 Vinogradov 等人，開始注意環境和生物(著重植物)中元素豐度的周期性變化規律。50 年代涉及動物和人類有關的個別元素的周期性特徵。70 年代英國 E. L. Hamilton 等人提出了地殼、海水與人全血元素豐度周期性變化的事實。中國大陸馮子道提出了生命元素地球化學周期表和周期性規律，以 Vinogradov 和 Hamilton 為代表，分別用環境、陸生活質和人全血中近 90 個元素豐度按原子序數排列，發現其高低變化有一定的規律性。Vinogradov 更總結出奇偶數元素從氫和氧開始，每隔 6 位就有一個高峰，認為這是活質豐度高而且重要的元素。他認為活質的基本化學組成是原子序數周期的函數，並可作為生物分類的一個標誌。

中國大陸裘凌滄等人收集分析報導的與自測的元素，包括從巨觀到微觀世界，

從低等生物到動、植物和人體各部分、近幾百份實物中 19～89 個元素豐度數據。將其對數豐度按原子序數排列，發現其高低變化猶如心電圖是有序的，發現其峰值並非如 Vinogradov 所講相隔 6 位，而是偶數元素峰值有大部分高於相鄰奇數元素的趨勢，實物間與組織間有個別的特殊性。從總體來看，各種實物的元素豐度隨原子序數變化的趨勢是相似的，即具有共通性。此種現象，初步稱為「生命元素豐度周期變化規律」。如稀土元素屬於遷移性差的分散元素，有人認為該族元素尚未進入生命起源和生物進化過程。分析結果表明，在所有實物中稀土元素的周期變化節律，遠較其他族元素更有規律性和相似性，這表示稀土族元素在生命體中絕非是單純的「污染」或被動吸收的「非必需」元素，而是參與了 3 億年生命起源和生物進化的過程，但至今對其生物學作用尚未明瞭的生命元素。

2. 內、外環境中元素間豐度變化有內在聯繫

19 世紀中葉法國生理學家 Bernard 提出內、外環境 (Milieu Internal and External) 是生命的兩個環境。美國 Cannon 認為內外環境是相互作用的，外環境的微小差異就會引起內環境中明顯的變化。前蘇聯的 Valnadskii 早就提出：有機體化學元素和地殼化學元素間有不可分割的關係，連續不斷的地殼地球化學過程與有機體的化學成分演化是一種共軛過程。Hamilton 曾提到環境與人全血元素豐度有驚人的相關性。中國大陸章申和美國的 Ei-Ichiro Ochiai 在 20 世紀 80 年代利用已發表的數據，對環境、植物和人組織元素豐度進行了相關性分析，說明相互間的數量關係。有人用人的牙釉 (teeth enamel) 中的 46～68 個元素數據分析，發現這一成分較穩定的組織，與人全血、環境和食物等均呈非常顯著的正相關。再以人全血為變量與 49 種實物，包括環境、動植物 (食物及藥材) 建立的生物地球化學食物鏈數學模型發現：在這環境—動、植物—人的系統中，有 19～70 個元素豐度間相關係數達 0.7979 ± 0.1066，非常接近。而環境間、環境與生物間、生物間和生物不同組織間的元素豐度「縱向」相關性亦非常顯著。

由此可見，內外環境間和系統內元素豐度變化的縱向和橫向的顯著相關性及其斜率的近似性是客觀存在的現象。這說明自然界元素豐度變化絕非混沌無序的，而是相互聯繫、作用、影響和制約的元素系統，變化具有明顯的規律性。

3. 影響生命與健康的元素是個別還是系統

元素豐度變化的縱橫向相關性表明：自然界存在著整體的、動態而相對穩定

的縱橫向元素的比例關係。它不僅遵循物質運動規律(週期律),更重要的是反映了從宇宙、地球形成到生命起源和生物演化,幾十億年綜合作用過程(矛盾與統一、不平衡與適應等)中形成的生命活動規律。章申等在20世紀80年代提出的生物地球化學質量比營養律就有這種觀點,所以元素縱橫向的系統比例關係對元素與健康研究有重要意義。

Bernard 提出內環境的穩定是自由和獨立生命的首要條件。生命機制儘管多種多樣,但目標就是保持內環境中生活條件的穩定。一切有生命的活體都要適應外環境中元素質、量、比的變化,維持其正常的生命活動,是通過其內穩定機制 (Homeostasis) 或穩定過程 (Homeorhesis) 進行自我調節以形成新的有序狀態。這是幾十億年來,在內穩態和外穩態統一的生命起源和生物進化過程中形成的規律。所以影響生命及健康的並不僅是個別元素豐缺引起的簡單的「要素」病,更重要的還是系統平衡失調造成的「關係」病。彭安(1991)指出:「要從分子水平上考察它們之間的相互作用,而不要只為頭髮或血液中某一元素的過量或缺乏而下定論。」近年來發現克山病(1935年首先在黑龍江省克山縣發現一種心肌病,故以克山病命名)除了缺 Se 外,還和 Mo、Mn 和 Mg 失調有關;大骨節病除了 Se 還伴隨著其他12個元素的不平衡;甲狀腺腫不僅是碘的豐缺,亦與 F、Cu、Zn 和 Mn 等元素失調有關。

利用數據綜合分析,中國大陸已發現26種惡性腫瘤死亡率與61個表土元素之間有15%達到顯著的線性相關,29個省市表土元素豐度週期變化節律極為相似。比較死亡率最高和最低兩個省的節律時,可明顯看出在一些元素絕對量和相對比例上有顯著差異,這為病因分析和治療提供了線索。

三價 As 及其氧化物與 Hg 的化合物,從還原論看是有毒性的。但中國幾千年的保健和治療,尤其是治療心血管病的幾十種著名的中成藥中均含有砷,其含量可超過高安全攝入量的幾倍到幾百倍,患者用藥後有顯效而無毒害。因中藥本身就是個複雜系統,整體不等於個別成分的絕對量,而取決於其狀態 (Speciation,指化合物和價態) 和系統比例的綜合效應,此即元素之間的協同與拮抗作用。在此舉一位老汞礦工的例子,他的甲狀腺和腦垂體等組織中 Hg 含量為正常人的 1,000 倍,退休16年後去世並無 Hg 中毒症狀。經分析組織中 Hg/Se 比值約為1,雖是個別元素比,但也可顯示出硒抑制了汞的毒性。

若拓寬視野,用元素「群」、「譜」、「週期變化節律」以及「縱橫元素比」

等概念和方法，要較有限元素的絕對量和相對比值分析更有利於發現和解決問題。「平衡即保健」是傳統中醫一個很重要的觀點。此其一是封閉系統平衡易誤解為恆定，其二是缺乏量度難以掌握，因而帶有一定的侷限性。

元素豐度週期變化節律及內外環境中元素豐度縱橫向的相關性，整體、動態和相對穩定的縱橫向比例關係，表達了生命元素的第三特徵，即元素豐度變化的有序性。並從元素角度證實了 2,000 多年前中國「天人合一、天人感應」和「五行相生相克」等傳統中醫理論的科學內涵和諾貝爾獎獲得者 Pauling 在正分子醫學 (Orthomolecular Medicine) 中「人之生病是由於體內化學分子構成失調」的觀點相一致。

（四）生命元素劑量的效應性

自從 Weinberg 推廣了 Bertrand 從 Mn 與植物研究提出的「最適營養濃度定律」和元素劑量效應模式後，從營養和環保、藥性等方面引起了人們的重視。美國的 Luckey 通過藥性的動物試驗，將化學物質的劑量效應曲線，劃分為 α、β、γ 和 δ 這 4 種基本類型。並發現中毒劑量前的低濃度時出現的興奮效應 (Hormesis) 是生物界中普遍存在的現象。這些工作推動了元素生物效應在其閾值的研究，在動植物與人類的營養、保健及治療、藥性與環保等方面的實踐應用。人們統計的 26 個生命元素中，由於其豐缺對動植物和人類的健康均有不利影響的占 83.3%，可見元素的劑量效應對生命體有其共性。

中國大陸劉元方、唐任寰等人在 20 世紀 80 年代用單細胞的四膜蟲和衣藻作為動植物的生物模型，首次對 48 個和 33 個元素的生物效應進行了系統研究，發現元素對單細胞生物的效應符合 Luckey 的分類，其促進和抑制細胞分裂的閾值在週期表中有一定的規律性，使元素生物效應研究從理論上得以提高。

裴凌滄等從 1990 年起，進一步用高等種子植物的水稻為生物模型，系統觀測了 61 個元素對秧苗 (從發芽到二葉期) 的劑量效應。結果表明：無論線性或 Bertrand 典型的正態分布模式，均不能概括元素的生物效應，61 個元素可按 Luckey 分類予以歸納，通過電腦對實測數據進行模擬，建立擬合度好，相關極顯著 (R^2 = 0.9986 ± 0.0036) 的多項式數學模型，通過電腦統計配合曲線分析測定了元素的適宜、抑制和中毒閾值。這些閾值代表了元素處理的生效值，在周期表中有一定的規律性，與環境元素豐度間有一定的相關性，反映了豐度效應。

發現元素生物效應不僅在器官間、基因型間有差異，即同一元素在不同狀態下 (Speciation，不同化合態) 亦有差異。電腦模擬證明，具有非疊加性、不均勻性和不對稱特徵的非線性關係，正是自然界更深刻、更本質的關係，並非還原論的線性關係或 Bertrand 的正態分布所能概括。

裘凌滄等報導，Cu 雖為植物必需，但在低劑量時就抑制秧苗生長。水稻對 As 極敏感，這與生產實踐相符。Cu 對水稻秧苗的毒性高於 As，這反映了基因型間差異。秧苗長勢為 Ge > Cu > Au > As，毒性則為 Au > As > Ge > Cu。

必需元素較多的第 4 周期與陸地 (地殼和土壤均值) 及海水豐度呈顯著正相關，主族 30 個元素與陸地豐度呈顯著正相關，與海水豐度相關不顯著。

這表明在低等到高等植物間，元素的生物效應有其共性。植物與動物間有生物效應差別，這說明對元素敏感性的基因型差異。這些規律反映了生命在海洋起源和在陸地進化、適應的影響及其豐度效應。

必需元素在一定高劑量下會中毒，有毒元素在低劑量下卻有益，必需與非必需，有益與有害，營養與毒性元素的劃分，僅是人類不同認識階段的相對概念，須從統計概率的系統性予以深化，不能停留在表面所得的結論而導致認識上僵化。這就是生命元素的第四特徵，即生物效應的規律性和多重性。

（五）生命元素的相互聯繫性

分析茶葉中的 36 個元素，發現不僅元素間，元素與其粗纖維和嫩度品質間有 64% 達非常顯著的相關。對同一產地繁殖的 252 個特種糙米的 56 個組分和品質性狀的分析結果表明：對元素而言，18 個元素間相關顯著率達 28.9%；與抗性及外觀品質 (各 4 項) 間分別達 26.4% 和 9.7% 元素中以 S 的影響最大，與其他 55 個組分、性狀間相關顯著率高達 70.9%，其次為 Zn 和 Na，最低的 Eu 亦有 10.9%。國內外從 1952 年起就廣泛應用的 E. G. Moulder 元素相互作用模型，僅有 10 個元素。但上述分析說明自然實物中元素與其他組分間是相互聯繫、影響、作用和制約的，在生命活動過程中更是如此，這就是生命元素的第五特徵，即組分間動態關係的相關性及其實用性。中國「五行相生相克」傳統理論和現代的模糊系統及非線性分析，將有助於解釋這些現象。

（六）生命元素的調控性

環境和生命是不可分割的統一體，但元素是任何生命體中唯一不能在體內自

行合成的營養素，元素如不能及時補充，生命活動的過程就會受阻、中止或死亡。所以生命體只有通過短程的 (如自養生物直接的) 或遠程的 (如異養生物間接地主動或被動) 吸收環境中的元素，以維持其生命活動。用 Schroder 的數據統計表明，成人日攝入的 36 種元素，有 87.9% 來自食物。環境食物直接影響自養生物 (植物)，而異養生物 (動物及人) 則主要通過食物鏈攝取環境元素。從生物地球化學和生態學的食物鏈數學模型，就可看出環境、動植物和人及微生物的系統關係。動植物 (食物、藥材) 對人全血元素的相關和影響程度要顯著高於環境，由此提出了「從營養健康角度，優化食物生產與消費；從食物鏈入手調控，改善品質增強體質」的調控策略，具體的可以利用元素間拮抗和協同關係，環境條件 (酸鹼度、氧化還原能力等) 對其遷移和活性的影響，元素生物有效性和基因型間富集能力及敏感性差異，元素與其他有機組成的相關性等特徵，通過生物化學、地球化學、元素生物學、技術加工和行政管理等途徑，採取相應的措施進行調控，實踐證明這是可行的。中國自古以來就有「藥食同源」和「藥補不如食補」的觀點，亦是通過食物鏈調控達到治療和保健效果的依據。西方近年來亦強調了這一點，如經調整食物結構試圖降低行為，Pauling 在正分子醫學中提出「不通過服藥和注射，在飲食中加入一定量的特定物質，能夠產生防治某種疾病的效果」，兩者說明了生命元素的第六特徵，即調控的可行性，西方對此的認識較中醫要晚了千年。

德國哲學家恩格斯 (F. Engels, 1820-1895) 把人類對自然界的認識歸納為物質、生命和人腦運動規律三個階段。人腦活動包括了通過思維，更科學地認識、組織、利用和改造自然以發展人類本身，這是人類認識的高級階段，系統論可將環境和生命科學中的元素與健康研究統一起來，提供更為科學的思維方法。現代西方科學家日益重視中國傳統哲學的合理性，要通過挖掘這一人類知識寶庫，吸取養分來充實和改變其還原論思維方法。我們既不能妄自菲薄系統綜合的優良傳統，也不能拘泥於還原論而故步自封。只有將系統論的巨觀綜合和還原論的微觀分析相結合，才能繼往開來，在元素與生命健康的研究領域，闖出一條具有中國特色的研究與應用之路。

貳、元素在生物體的分布規律與作用

中國古人提出的「天、地、人合一」是有科學道理的；人體中的元素含量有一個正常範圍，各元素之間也有一個比例範圍，這兩者都非常重要，人的生、老、

病、死無不與體內元素含量及元素之間平衡有關，在此基礎上有人提出了「元素平衡醫學」。其實天、地、人都是元素構成的，宇宙變化製造化學元素，人體內不能製造出元素，人體元素全靠攝入。目前已知地球天然元素有 92 種 (週期表其是 114 種元素，其中 22 種是人工合成的)，地殼元素在人體內可以找到，由血液中已發現有 70 多種元素。有人通過大量的調查和研究發現，人體的不同組織，如頭髮、血液、各種器官等微量元素的含量水平，在病人與健康人之間存在著明顯的差別。當今一般認為，許多疾病都與微量元素存在某種關係。

人體是一個獨立的小宇宙，也是一個運轉著的、有機的、綜合的、有序的、龐大的生化工廠。有人從血清中檢出元素已達 78 種，其次是全血中已檢出 73 種，最少的是胸腺組織只檢出 22 種元素。有的元素含量很少，現在無法測出，但不能說它不存在。

一、元素在生物體的分布

組成生物體的元素有 70 餘種，目前得到公認的生命元素只有 26 種，另有幾種有爭議。在 26 種生命元素中，多量元素有 11 種，微量元素有 15 種，另有其他元素 6 種。

在自然界，目前已知天然存在的化學元素是 92 種，在人體中已發現約有 80 種。按照元素在生物體中的含量大小，可將它們分為多量元素和微量元素兩大類：其中多量元素中 O、C、H、N 4 種占人體總量的 96%，Ca、P、K、S、Na、Cl、Mg 7 種元素占人體總量的 3.9%，11 種多量元素總量占人體元素的 99.9% 以上 (一說 99.95%)，其中 C、H、O、N、P、S 等 6 種為生命有機元素，Cl、Na、K、Ca、Mg 這 5 種為生命無機元素。它們是生命體不可缺少的、必需的元素，缺少了它們生命就會終止，因此這 11 種元素又稱為生命必需多量元素。

至於什麼是生命必需微量元素，人和動物是有區別的，如 Zn、Mn、Cu、Mo 既是人體和動物必需微量元素，也是植物必需微量元素。而硼是植物必需微量元素，對人體和動物尚未證明其是必需微量元素。有學者認為可能是必需微量元素。Si、Sr、As 3 種元素不同學者有不同看法。有的認為 Si 和 Sr 應列為必需微量元素，有的認為 Si 與 As 應列為必需微量元素，還有的認為 Sr 應列為必需微量元素，Si 列為可能必需微量元素。筆者認為從對人體和動物生理及生物學作用和多數文獻公認的報導考慮，宜將 F、Si、V、Fe、Co、Mo、Cu、Zn、Se、Mn、Ni、Sn、

Cr、I、Sr 等 15 種列為生命必需微量元素較為妥當。其中金屬元素 11 種，非金屬元素 4 種。

另外，有學者將 B、Ge、As 列為人體可能必需微量元素，但不同學者觀點未能統一，其中 B 作為植物必需微量元素已無爭議，作為人體和動物必需微量元素尚未定論。我們認為目前宜將 B、Ge 列為人體可能必需微量元素較為妥當。至於微量元素 As 雖然對人體有一些重要的生物學作用，也能夠治療一些疾病，但多年來人們習慣將其歸為有毒元素一類，暫不列入有益元素為宜。還有 Pb、Cd、Hg 是公認的有毒有害元素，在食品、飲水、土壤、大氣等環境方面均有嚴格的限量標準，因此宜將可能必需微量元素 B、Ge 和有毒有害元素 As、Pb、Cd、Hg 等 6 種列為其他元素。

所謂生命多量元素和微量元素，都是生命體在生長、發育、繁殖過程中，不可缺少和必需的生物體的元素之間因協同、拮抗等作用形成調控系統。調控規則是：少的調控多的；小的調控大的，如 H_2O (75%) 受 K 和 Na 調控。在 K、Na、Ca、Mg 4 個元素中，Mg 最少，應是小組的「主席」。元素在各個臟腑含量有特異性，元素歸經各司其職。

對生命體必需元素的認識有一個過程。繼 17 世紀認識了鐵，先後又發現了碘 (1850)、銅 (1928)、錳 (1931)、鋅 (1934)、鈷 (1935)、鉬 (1953)、硒 (1957)、鉻 (1959)、錫 (1970)、釩和氟 (1971)、矽 (1972)、鎳 (1976)、砷 (1977)。不同作者對必需微量元素的種類和數目在認識上有區別，主要是鍶、矽、砷、硼四個元素。人們對於生物體必需微量元素的認識有一個過程，隨著科學技術研究的深入發展，現代分析化學儀器靈敏度的提高，還可能從可能的和非必需的元素中發現生命必需微量元素。

（一）人類

人體中各元素的含量因性別、年齡的變化而不同。元素在人體內是不能自行合成的最基本的營養素。成人日攝入的元素有 36 種，有 88% 來自食物，因此飲食習慣直接影響元素的攝入。人體各元素的含量還受環境影響 (如地方病等)，也與職業、情緒、民族、遺傳等有關。

1. 標準人

一般所謂的標準人是指年齡在 20～30 歲、身高 170 cm、體重 70 kg、體表

面積 1.8 m² 的人。人體主要由 O、C、H、N、Ca、P、S、K、Na、Cl、Mg 等 11 種主要元素組成 (表 1.1)，它們占體重的 99.952%。在人體中，主要構成水、蛋白質、脂肪、醣類和骨質，而人體中的微量元素僅占人體總重量的 0.048%，其中人體必需的 16 種微量營養元素 Fe、Zn、Cu、Co、Cr、I、Mo、Mn、V、Ni、Sn、Se、F、Sr、Si、Br 僅占體重的萬分之一左右 (見表 1.2)。

表 1.2　標準人機體內化學元素平均含量表 (g/70 kg)

元素	淨重 (g)	占體重比例%	元素	淨重 (g)	占體重比例%
O	43,000	61.43	Pb	0.12	1.7×10^{-4}
C	15,900	22.71	Cu	0.072	1.03×10^{-4}
H	7,000	10.0	Al	0.061	8.7×10^{-5}
N	1,800	2.57	Cd	0.05	7.1×10^{-5}
Ca	1,000	1.43	Sn	0.03	4.3×10^{-5}
P	780	1.11	I	0.03	4.3×10^{-5}
S	140	0.20	Ba	0.022	3.1×10^{-5}
K	140	0.20	As	0.018	2.6×10^{-5}
Na	100	0.14	Se	0.013	1.9×10^{-5}
Cl	95	0.135	Mn	0.012	1.7×10^{-5}
Mg	19	0.027	Ni	0.001	1.5×10^{-5}
Fe	4.2	0.006	Mo	0.00093	1.3×10^{-5}
F	2.6	3.7×10^{-3}	Cr	0.00062	8.9×10^{-6}
Zn	2.3	3.3×10^{-3}	Co	0.00031	4.4×10^{-6}
Si	1.0	1.4×10^{-3}	Li	0.000067	9.6×10^{-6}
Rb	0.68	9.7×10^{-4}	V	0.000011	1.6×10^{-6}
Sr	0.32	4.6×10^{-4}	U	0.000009	1.3×10^{-6}
Br	0.26	3.7×10^{-4}	Be	0.0000036	5.1×10^{-7}

化學元素在人體各主要臟器中的分布是不均勻的 (見表 1.3)，例如，Fe 在肺和肝中含量高於其他臟器一個數量級，含量最低的是乳腺。

Zn 在前列腺中含量最高，其次是肝和腎；Cu 在肝中含量最高，在乳腺中含量最低；Co 在肝和腎中含量高於大部分臟器一個數量級，而 Cr 在肝中含量最低，在肺和子宮中最高；Mo 和 Mn 在肝中含量最高，而直腸含 Mo 最低，乳腺含 Mn 最低。從上述可見，Fe、Cu、Co、Mo、Mn 等微量營養元素趨於肝中聚集，但是肝對有害金屬元素 Pb 和 Cd 也具有較大的聚集力。

表 1.3　標準人器官和組織的重量組成表

器官和組織	淨重 (kg)	乾重 (kg)	灰重 (g)
體重 (不包括腸道內容物)	70	28	3,700
皮膚及皮下蜂窩組織	60	21	900
肌肉	28	6	340
脂肪組織	15	12.7	30
骨骼	10	7	2,800
骨 (去除骨髓)	5	4.15	2,700
紅髓	2.5	2.85	100
黃髓	2.5	2.85	100
血液	5.5	4.4	55
腦	1.4	0.3	21
胃腸道 (不包括內容物)	2.2	0.36	20
心臟	0.33	0.09	5
肝	1.8	0.5	23
腎	0.31	0.07	3.4
肺	1.0	0.22	11
頭髮	0.02	0.018	0.1
指甲	0.003	0.003	0.016
牙	0.046	0.042	34

2. 血液與組織

通過對 12,355 例不同年齡段兒童血液微量元素的測定與研究，發現兒童 Ca 缺乏情況比較常見，Cu 元素在各年齡段的均值無顯著性差異，Fe、Mg、Zn 3 種微量元素隨年齡增長而有所增高，血液中 Zn 元素在兒童的不同年齡段之間有顯性差異 (見表 1.4)，低齡兒童 Zn 缺乏情況比較普遍，有隨年齡增長而增加的趨勢。

表 1.4　各年齡組兒童血液各種微量元素測定結果均值表 (mg/L)

年齡	檢測人數	Ca	Cu	Fe	Mg	Zn
0～6 月	1,302	54.93	1.2	351.6	29.93	2.17
～12 月	2,127	56.05	1.33	350.8	60.62	2.90
～3 歲	3,931	53.70	1.32	376.6	31.16	3.38
～7 歲	3,049	52.53	1.31	393.0	31.80	3.96
～10 歲	1,078	52.45	1.32	410.5	31.92	4.25
～13 歲	562	51.26	1.30	421.3	31.45	4.34
～18 歲	190	52.96	1.25	413.0	31.05	4.87
>18 歲	116	51.56	1.37	435.2	29.50	5.27
總計	12,355	53.69	1.30	382.7	31.16	3.47

不同性別兒童各種微量元素的測定結果無顯著性差異 (見表 1.5)。

對研究胎兒心、腦、肝、脾、腎、胸腺、胰 7 種臟器之間微量元素的關係，其結果顯示：不同臟器其元素含量，分布有明顯差別。胎兒肝內富含鋅、鐵、銅、錳；腦內富含鎂、鈣、鈦、鈷、鋰；胰富含鋅、錳；脾富含鐵。胎兒鋅等 10 種元素在該 7 種臟器內的分布順序與成人接近。作者認為，胎兒各臟器中元素含量的多寡可能與其功能和發育的需要有直接關係，某些臟器富含的元素與其臨床應用的療效也有一定的關係。同種臟器的某些元素問及同種元素在某些臟器間所存在的相關性有待於進一步探討。

表 1.5　不同性別兒童各項微量元素測定結果均值表 (mg/L)

性別	檢測人數	Ca	Cu	Fe	Mg	Zn
男	7,843	53.12	1.32	380.2	31.32	3.48
女	4,512	54.01	1.28	378.7	30.87	3.45

各元素在臟器內含量的分布順序為 (從高到低)：
(1) 鋅：肝 > 胰 > 心 > 腎 > 胸腺 > 脾 > 腦，其中肝鋅含量是腦的 12 倍。
(2) 鋅銅比值 (Zn/Cu)：胸腺 > 胰 > 脾 > 心 > 腎 > 腦 > 肝。
(3) 錳：肝 > 胰 > 腦 > 胸腺 > 腎 > 脾 > 心，其中肝錳含量是心的 4.6 倍。
(4) 鐵：肝 > 脾 > 胰 > 腎 > 胸腺 > 心 > 腦，其中肝鐵含量是腦的 20 倍。
(5) 鎂：腦 > 胸腺 > 腎 > 肝 > 心 > 脾 > 胰，其中腦鎂含量是胰的 2.8 倍。
(6) 鈣：腦 > 胰 > 腎 > 胸腺 > 脾 > 肝 > 心，其中腦鈣含量是心的 4.2 倍。
(7) 銅：肝 > 胰 > 腎、腦 > 心 > 脾 > 胸腺，其中肝銅含量是其他臟器的 20～100 倍。
(8) 鈷：腦 > 胸腺 > 腎 > 肝 > 脾 > 心，其中腦鈷含量是心的 2.5 倍。

劉宗印、耿秀三等檢測了 70 份 16～32 周胎兒肝臟的微量元素含量 (見表 1.6)。

表 1.6　7 份 16～32 周胎兒肝臟的微量元素含量表 (mmol/kg 濕重)

元素	Cu	Fe	Zn	Mn	Mg	Cu/Zn	Fe/Zn
含量	1.014	8.952	4.556	0.013	5.581	0.280	2.403

胎肝的銅含量為成人的 2～4 倍，鋅約為 6 倍，鐵約為 2 倍，錳約為 1～2 倍，這是由於妊娠末期 Cu、Fe、Zn、Mn 在肝內的富集增加，也提示孕婦對微量元素的需要量增多。

3. 毛髮

不同生理期人髮中各元素的含量存在著較大變化。人髮的積累和排泄是新陳代謝的產物，在它的毛囊底部的球形部分即毛乳頭，是新陳代謝的活性中心，頭髮就是從這裡生長，這些基質細胞、乳頭狀小突起物、循環的血液和細胞外的流體，均為已溶解的微量元素提供了一個新陳代謝的環境。人髮微量元素的含量能反映出人接觸微量元素的環境和人體相應元素的含量。人髮所含的元素濃度較高，砷的平均值為血液的 10 倍，鉻為 50 倍，鈷為 100 倍。濃度高的原因可能是人髮含有許多易與微量元素鍵合的基因有關。

毛髮屬蛋白質類——角質纖維，胱胺酸占纖維 17%；胱胺酸、半胱胺酸含硫醇基 (–SH)，硫醇基與金屬元素、重金屬元素鍵合力強。毛髮是人體內金屬元素重要的固定場所，將人體每時每刻元素代謝「記錄在案」，有人將頭髮比喻為人體元素代謝的「錄音帶」。人髮中元素，特別是一些重金屬元素的含量，是血清中元素的 10～1,000 倍。當今威脅人類健康與壽命的四大頑症：心肌梗塞、腦中風、癌症和老年癡呆症都可以通過頭髮檢驗進行診斷，還可以進行預測、預報，既科學又準確。

從測定了中國大陸合肥市董鋪水庫地區 117 例人髮中 13 種元素 (Cd、Pb、Mn、Fe、Cu、Cr、Sr、Ni、Ca、Mg、Zn、K、Na) 中，可看出女性頭髮中 Mn、Fe、Sr、Ca、Mg、Na、Zn 顯著高於男性，男性頭髮中 Pb 顯著高於女性，說明性別是造成頭髮中元素含量差異的主要因素之一。心臟病患者頭髮中 Ca、Mg、Sr、Mn 含量，顯著低於健康人群。廣西巴馬的資料，長壽地區的 90 歲以上老人頭髮中具有高 Mn 的特點。

上海男女頭髮中 Mn、Cr、Sr、Ca、Zn 極顯著高於合肥董鋪水庫地區，而 Pb、Fe、Cu 則相反，董鋪水庫地區女子的 Ni 顯著低於上海，男子的 Ni 沒有顯著差異。合肥市董鋪水庫地區的人髮 Mn、Sr、Ca、Zn 的環境本底值偏低。當地居民經常感到乏力，易疲勞，腿腳有抽搐症狀出現；口腔潰瘍多髮常見；30 歲以上的人普遍出現灰白髮、白髮或脫髮等。117 例合肥董鋪水庫地區的正常人頭髮中 13 種微量元素的含量水平，與性別和地區關係很大。一定程度上能反映出人體中，這些元素的一定的營養狀況。

4. 不同的生理期

對中國大陸河南省 10 個地區 1,407 例、不同生理期城鄉健康男女頭髮中

Ca、Mg、Fe、Zn、P、Mn、Cu、Pb、Sr元素含量及其變化情況進行了系統研究，發現有如下特點：

(1) 新生兒頭髮中Ca、Mg、Cr、Fe、Zn、P含量是各生理期的最高值，這主要是因為生長中的胚胎富集了母體所供給的這些元素，無論城鄉男女都是如此。
(2) 嬰兒期頭髮中Ca、Mg、Sr含量達到或接近各生理期的最低點。
(3) 從幼兒至青年期，以上元素含量隨年齡的增長按不同的速度增加，從學齡到青年期增長速率最大。
(4) 從青年期至老年期，隨年齡增長而下降，城鄉男女均如此。頭髮中的Ca、Mg、Sr含量，從學齡期直至老年期，女性明顯高於男性，其生理意義值得研究。
(5) 髮鋅含量在嬰幼兒期最低，與血清鋅變化規律相似，以後隨年齡增長而漸增，青春期為一高峰，而後降低。嬰幼兒髮鋅水平偏低是較普遍的生理現象，主要是因為鋅的攝入量不能滿足其生長的需要量。
(6) 新生兒髮銅含量不是各生理期的最高值，嬰幼兒期髮銅最高，以後大體穩定。城市嬰幼兒髮銅明顯高於農村。
(7) 髮鉛在嬰幼兒期較高，幼兒期為一峰值，隨年齡增長而下降至青春期後趨於穩定。城市人口生理期髮鉛普遍高於農村，這與汽車廢氣及工業排放物等環境污染因素有關。
(8) 男女髮磷值自嬰兒至老年一直趨於穩定。
(9) 男女髮鐵值，自幼兒開始隨年齡增長而總體上呈下降趨勢，青春期與青年期為一低量。
(10) 城鄉髮錳值離散度較大，與年齡無明顯規律性。各年齡組髮錳值，農村明顯高於城市。

（二）動物

研究了微量元素與畜禽健康關係，結果表明微量元素與動物的生長、中毒及疾病有密不可分的關係。

1. 微量元素對畜禽生長的影響

微量元素對畜禽生長的影響主要表現在如下方面：構成體內某些組織的成分，

如鐵和銅是紅細胞生長、成熟過程中的重要原料等；構成多種酶的成分和活性中心，如鐵、銅、鋅、錳和鈷等元素合成或激活的酶，均有促進畜禽生長的作用；構成激素的成分，延長激素的作用時間，或參與激素作用靶器官中有關酶的形成；在畜禽機體抗氧化作用中，作為自由基消滅劑，終止自由基反應或清除自由基和過氧化物，從而保護生物膜的結構和功能的完整性，提高機體的免疫功能；通過影響胃腸微生物區系而影響畜禽的消化吸收功能，如鈷鹽是微生物區系的正常食物，鈷的主要功能是滿足某些合成維生素 B_{12} 的細菌的需要，為動物體提供所需的維生素 B_{12}，這一作用過程可見於反芻動物的前胃、單胃動物的大腸以及兔和禽類的盲腸。

2. 微量元素缺乏與畜禽疾病

微量元素缺乏症是畜禽常見多發病。由於日糧中微量元素含量不足，或是比例失衡，導致元素間的拮抗作用而使某些元素吸收不足等所引起。目前常見的畜禽微量元素缺乏性疾病有硒、銅、碘、鋅、鐵、鈷和錳缺乏等 7 種。缺鐵可引起仔豬、犢牛、羔羊和馬駒的營養性貧血；缺錳可導致家禽的脫腱症（骨短粗症）；缺銅可致牛羊特別是綿羊的擺腰病；缺硒可引起畜禽的白肌病和豬水腫病；缺碘可引起豬和羊的甲狀腺腫；缺鋅可引起豬、牛、羊和雞的生長停滯，飼料利用率降低、皮膚角化不全和骨髓發育異常等；缺鈷可引起牛羊食欲降低、貧血和消瘦等症狀。上述元素都缺乏，會引起家畜性周期紊亂，不發情、不孕，出現死胎、流產、胎衣不下和新生畜虛弱等。

3. 微量元素與中毒

目前國內外已報導的畜禽微量元素中毒症有硼、銅、鎳、硒、鉬、氟、砷、鎘、汞和鉛中毒等 10 種。如中國大陸江西贛南鎢鉬選礦廠附近，由於尾沙水中鉛、鎘污染周邊環境，致使當地水牛發生「紅皮白毛症」，豬和雞亦受到影響。甘肅白銀地區有色金屬礦區，在冶煉過程中排放的工業「三廢」中鉛、鎘污染周圍的農田和牧草，造成大批的馬屬動物和羊因鉛、鎘聯合中毒而淘汰和死亡。內蒙古包頭由於工業污染，每年有近百萬只羊的生存受到影響。

日糧中微量元素含量可直接影響畜禽的健康，進而通過食物鏈影響人類的健康。因此，深入研究如何控制動物體內適量的微量元素，保證動物性食品的營養平衡，對促進人類健康具有重要意義。

(三) 植物

分別對部分食物與中藥有關的元素，進行了分析測試與研究。

1. 食物

對中國大陸山西省 28 種主要食物中銅、錳、鋅、鉛、鎘、鐵、鈷、鎳、鉻、鍶的含量進行了測定，不屬同類的食物中含量變化很大。

銅以黃豆含量最高，白蘿蔔最低，其變化範圍為 0.23～13.88 mg/kg，錳以裸燕麥麵最高，西瓜最低，為 0.02～28.83 mg/kg；鋅以豬肉最高，柿餅最低，為 0.26～47.79 mg/kg；鉛、鎳以黃豆最高，蘋果最低，依次為 0.003～2.480 mg/kg 和 0.013～1.883 mg/kg；鎘以黃豆最高，奶粉最低，為 0.001～0.0097 mg/kg；鐵含量以裸燕麥麵最高，西瓜最低，為 1.01～73.1 mg/kg；鈷以黃豆最高，蘋果和西瓜最低，為 0.021～0.564 mg/kg；鉻含量以雞蛋最高，番茄、南瓜和西瓜最低，為 0.002～1.145 mg/kg；鍶含量以紅棗最高，大米最低，為 0.020～7.988 mg/kg。

同一類食物中，元素含量差異也較大。如穀物類，銅以小米含量最高，大米最低；錳以裸燕麥麵最高、玉米麵最低；鋅、鎘、鐵、鈷、鎳和鍶均以裸燕麥麵最高，大米最低；鉛以高粱最高，大米最低。微量元素的日攝入量以重工業工人(除鎳、鉻、鍶外)最高，城市居民(除鎳外)最低，鎳、鉻、鍶的日攝入量以農村居民最高。由食物攝入的鉛元素為 0.266～0.687 mg/d，高於美國、英國和日本。鎘的攝入量為 0.016～0.041 mg/d，接近於英國、瑞典和美國，而低於日本。

人體如果發現因某種(或某些)必需化學元素不足而導致病變，則可根據表 1.7 中所列，選擇所需食物，以補充體內不足的營養元素。但是，同種產品因產地不同，其元素含量差異很大，這是必須注意的。

表 1.7 補充人體必需化學元素的主要食物一覽表

補充元素	食物
Ca	蝦皮、蟹、牛奶、奶粉、豆類、豆腐、芹菜、蒜苗、芝麻、核桃、瓜子、紅棗、山楂
K	海帶、紫菜、鯉魚、牛肉、豆類、蘑菇、榨菜、花生
Mg	肉類(牛、羊、豬)、綠葉蔬菜、豆類、大麥、小麥、燕麥、玉米
Fe	瘦肉、蛋黃、動物肝臟、腎、豆類、芹菜、菠菜、番茄、紫葡萄、紅棗
Cu	牡蠣、章魚、動物肝、腎、豆類、茄子、辣椒、芝麻、核桃、葡萄乾、茶葉、可可

表 1.7 補充人體必需化學元素的主要食物一覽表（續）

補充元素	食　物
Co	牡蠣、動物腦、肝、腎、豆類、豆腐乳
Cr	肉、蛋類、軟體動物肝、腎、甲殼類、蘿蔔、黑胡椒、小米、玉米、糙米、啤酒、酵母
Mo	肉類、動物肝、腎、甘藍、白菜、粗糧
Zn	牡蠣、魚類、肉類、尤其動物眼睛和睪丸
Mn	穀類、綠葉蔬菜、茶葉
V	海參、菜籽油
Se	海產品、肉類、動物腎、大麥、小麥、大白菜、南瓜、大蒜
I	海帶、紫菜、海鹽、海參
F	海產品、茶葉
Si	南瓜、大白菜、高粱麵

2. 中藥

對按功能分為 19 類的中藥進行了 35 種無機元素的定量分析測試。這些中藥中解毒藥 21 種、清熱藥 49 種、袪寒藥 9 種、袪風濕藥 15 種、袪暑藥 6 種、瀉下藥 9 種、利水滲濕藥 21 種、提神藥 8 種、平肝熄風藥 8 種、開竅藥 48 種、正咳化痰藥 23 種、理氣藥 16 種、理血藥 36 種、補益藥 48 種、收澀藥 12 種、消炎藥 6 種、驅蟲藥 8 種、外用藥 5 種、抗癌藥 9 種等共計 313 種。

分析所得數據利用電腦，按中藥性質分類和含量的排序以及多性能參數進行了數理統計分析研究，結果表明：在一般中藥中均含有較豐富的人體所必需的多量和微量元素。含鋅高的全蠍 (600 μg/g) 和川中藤 (10 μg/g) 等有 262 種；含銅高的全蠍 (260 μg/g) 和土鱉蟲 (10 μg/g) 等有 69 種；含鐵高的地龍 (136 μg/g) 和石榴皮 (10 μg/g) 等有 310 種；含錳高的荷葉 (1059 μg/g) 和甘草 (10 μg/g) 等有 223 種；含硒最高的紅藤 (12～1 μg/g) 有 44 種。

他們比較了部分元素在各類中藥中均值與 313 種中藥中的總均值，在某些中藥中顯示了某些元素的突出特點，如鋅元素高於總均值 38.8 μg/g，銅元素高於總均值 9.4 μg/g，鐵元素高於總均值 445.6 μg/g；錳元素高於總均值 58.5 μg/g，硒元素高於總均值 0.683 μg/g。中藥中的成分是奧妙和豐富的，不但有許多有機成分，而且還有許多無機成分，對中藥無機成分進行系統的分析測試和研究，將有助於改善中藥防治病的效果和推動中醫中藥科學理論的發展，為中醫中藥的理論研究、開發和臨床應用提供科學的參考依據。

對西洋參各部位中微量元素含量進行了研究和測定。16 種元素不考慮各部位山西洋參總植株重量百分比的平均含量(下同)，大體由鉀到硒漸減，高低相差幾個數量級。K、Ca、Mg 和 Na 是細胞內外液的重要組分，Ni、Co、Mn 刺激並參與造血，Cu、Fe、Co 防治貧血，Si、Zn 抗衰老，Mg、Zn、Mn、Se 抗癌，Ca、Mg、Mo 保護心血管。這些各自獨特生理功能的人體必需巨量、微量元素，在西洋參中均含有或富含，這些元素是其滋補健身、祛病益壽的物質基礎。

元素隨西洋參部位不同分布上有明顯差異，最高值為最低值的 1.7～83.4 倍；K、Ca、Mg、Na 含量加和依次為：種子 < 主根 < 須根 < 葉 < 莖稈 < 根莖；Fe、Cu、Mn、Si、Zn、Ni、Co、Mo、Se 含量加和依次為：葉 > 根莖 > 果肉 > 鬚根 > 莖稈 > 主根 > 種子，前者為後者的 7.3 倍；含量加和均值西洋參地上部分(鬚、主根)比地下部分(莖、葉、果、種)高 22.7%，即地上部分高於地下部分。

另外，西洋參中有害微量元素 Pb、Cd 含量較低，加和依次為：果肉 > 根莖 > 葉 > 莖稈 > 鬚根 > 種子 > 主根，含量加和均值地上部分比地下部分高 24.2%；即葉中藥、果肉的鉛含量較其他部位都高，但低於 2×10^{-6}，遠低於致毒量。西洋參主根含 Pb、Cd 和 Al 明顯低於其他部位，反面證明中醫將其作為主要藥用部位是合理的。

（四）微生物

目前，有關各個生命元素在微生物的分布與存在的文獻資料較少，故尚無法有好的定論。

二、元素在生物體的存在形態

元素在生物體多以有機化合物的形態存在，主要以蛋白質及肽類物質，包括酶、調節蛋白質與肽、運送與貯存蛋白；核酸與類似物，包括核苷酸及環核苷酸、核酸；此外尚有低分子量的錯合物，如光敏氧化物質、無機硬組織等。

對含有金屬和需要金屬的生物分子，可包括：蛋白質及肽、核酸及類似物、低分子量錯合物等三類。分別敘述如下。

（一）蛋白質及肽

1. 酶

(1) 水解酶：包括羧肽酶 (Zn)、胺肽酶 (Mg、Zn) 與磷酸脂酶 (Mg、Zn、Cu)；

(2) 氧化還原酶：包括氧化還原酶 (Fe、Cu、Mo)、羥化酶 (Fe、Cu) 與超氧化物歧化酶 (Cu、Zn)；

(3) 異構酶及合成酶的輔酶—維生素 B_{12} 輔酶 (Co)。

2. 調節蛋白和調節肽

鈣調蛋白人血漿促生長因子 (Cu)。

3. 運送及貯存蛋白質

(1) 電子載體：包括細胞色素 (Fe)、鐵硫蛋白 (Fe) 與藍銅蛋白 (Cu)；

(2) 金屬貯存及運送蛋白和結構蛋白：包括鐵蛋白 (Fe)、鐵傳遞蛋白 (Fe)、金屬硫蛋白 (Cu、Zn、Hg、Cd 等)、膠原蛋白 (與 Ca 配合作為結構蛋白)；

(3) 載氧蛋白：包括血紅蛋白 (Fe)、肌紅蛋白 (Fe)、血藍蛋白 (Cu) 與血釩蛋白 (V)。

（二）核酸及類似物

1. 核苷酸及環核苷酸

(1) CAMP 與鈣 (資訊傳遞)；

(2) ATP 與二價金屬離子 (物質傳遞等)。

2. 核酸

RNA 與金屬離子 (遺傳資訊傳遞)。

（三）低分子量錯合物

1. 光敏氧化物質

葉綠素 (Mg)。

2. 無機硬組織

骨及軟骨 (Ca、P、Si)。

3. 離子運載體（大環配位體）

三、元素在生物體的協同與拮抗作用

　　生物體內微量元素的相互作用是十分複雜的，既有生命必需微量元素之間的協同作用和拮抗作用，又有必需微量元素和非必需微量元素之間的協同作用與拮抗作用。這涉及生物體內平衡機制，對進入體內的微量元素進行調節和控制的問題，以維持各種必需微量元素在體內的平衡，滿足機體對各種微量元素的需要。

　　元素在土壤、植物、動物和人體組織中的最佳濃度是無法規定的，元素的濃度及其影響是互相關聯的，如鋅只與磷、鐵、鈣有關，這是一切生物體所共有的特性。有些相關元素能增加金屬離子的活性（即能使金屬離子的有效生理濃度增加），而另一些元素則能使金屬離子的活性減退（即有掩蔽作用或抑制作用）。前一種情況稱為協同作用，後一種情況稱為拮抗作用。這些金屬離子之間的相互作用，大都是在一定的 pH 範圍內發生的。交換金屬離子所錯合的配位體，能使 pH 提高或降低，而 pH 的變化，又會使存在的其他金屬離子的濃度提高或降低，在生物酶中鈣對鎂拮抗就屬於這種情況。

（一）微量元素之間的協同作用

　　這裡所謂協同作用，是指生物體內若缺少一種微量元素時，將極大地影響另一種微量元素的利用。如人和動物體內 Cu 和 Fe 的協同作用，Cu 對 Fe 的正常代謝是必不可少的，缺 Cu 而不是缺 Fe 時，人和動物將患貧血症，這是因為生物體內合成機制不能使 Fe 摻入血紅蛋白分子，而靠銅藍蛋白（含 Cu 的蛋白質）促進人和動物肝中釋放 Fe 與血清中蛋白質錯合，而後把 Fe 輸送到正在形成的血紅細胞中，以便在血紅蛋白生物合成中被直接利用，於是缺少導致與缺乏相同的後果。

（二）微量元素之間的拮抗作用

　　微量元素在人和動物體內是各司其責的，但當體內一種微量元素過多而未能及時排出體外，結果制約（抑制或加劇）另一種微量元素的利用，以致影響或破壞體內的代謝平衡，這就是所謂的拮抗作用。如人體中 Cu 和 Zn 的相互拮抗作用，如果體內 Zn 過多，Zn 將在腸和肺內的蛋白質中取代 Cu 的位置，於是抑制銅的吸收，降低肝與心細胞色素氧化酶的活性，抑制血紅蛋白的合成。又如 Cu 和 Mo 的拮抗作用，由於過多 Mo 取代銅藍蛋白中的 Cu，出現與缺 Cu 相似的症狀。Ni 和 Mn 與 Cu 具有拮抗作用，二者過多則可抑制含 Cu 酶的活性，降低器官中 Cu

的含量。Cr 和 Fe 具有拮抗作用，過多的 Cr^{3+} 使血紅素中的 Fe^{2+} 被氧化成 Fe^{3+}，破壞血紅蛋白的正常生理功能。Mn 和 P 對 Fe 具有拮抗作用，二者過多則阻礙 Fe 的吸收。

（三）微量元素與非必需微量元素之間的拮抗作用

拮抗作用指的是由於非必需微量元素進入生物體內，與微量元素之間置換而造成正常生物功能失調，產生中毒症。如 Zn 與 Cd 的拮抗作用，當 Cd 進入體內易置換含 Zn 酶系統中的 Zn，使這些酶失去活力而影響人和動物生長發育，且易誘發高血壓。Se 和 Cd 具有拮抗作用，Se 可抗高血壓，而 Cd 可致高血壓。可見，體內如果聚集 Cd，則易患高血壓，吸煙的人易患高血壓，不能不說與此有關。又如 Se 和 Hg 的拮抗作用，由於 Se 和 Hg 化合成難溶的化合物 (HgSe)，從而排除了 Hg 的毒性。

硒具有拮抗鎘的危害作用，抑制鎘的致癌功能；亞鐵和鋁可消除 Cr^{6+} 的危害，抑制鉻的致癌作用；鋁可抑制亞硝胺的增長，並抑制鎳的致癌作用；銅不僅能拮抗鋅的致癌作用，而且能取代或拮抗鎳，消除鎳的致癌作用；鈣和鋅也能消除鎘的毒性，抑制鎘的致癌性。

符克軍探討了微量元素間的相互影響和作用。膳食中的微量元素成分，有一些制約著另一些微量元素的吸收、排泄及功效，並可促發或緩解必需元素缺乏症的發生、發展及療效，也可因之而抑制或加劇某些元素的有害損傷。

鐵、鋅離子總數超過 25 mg 則產生競爭性抑制作用，Fe/Zn 比值越高對鋅吸收影響越大，嬰兒允許到 3：1，其餘年齡不宜超過 2：1。二價鐵比三價鐵影響更大，有機鋅卻幾乎不受影響；鐵還可抑制銅、鈷、錳的吸收，增進氟的吸收利用；飲食中亞鐵還可減輕釩的毒性，防止鉛的不良影響，鎘的輕度中毒可被鐵所抵消。

鋅可通過競爭吸收、運載和增加排泄等方式而抑制銅的吸收效能，臨床中無論短期大量或長期小量的鋅均可導致缺銅性貧血。缺銅時，銅鋅超氧化物歧化酶活性改變先於傳統的血漿銅而改變。富鋅膳食可干擾鐵的吸收，在維持鐵隔室封閉及限制鐵促自由基產生方面而發揮作用。飲食鋅過量可抑制硒的吸收和生物效應，硒過量的毒性也可被鋅等拮抗而減弱，鋅與鎘、鉛可能因競爭載體的結合而呈現競爭性抑制作用，因此當鎘、鉛中毒時應用鋅有治療效果。鋅還能與進入機體內的汞或銀、鉍在分子水平上相競爭，結合金屬硫蛋白而解除這些金屬的有害作用。

硒可與汞或鎘形成複合物而拮抗生物體內烷基汞、甲基汞及無機汞或鎘的毒性。口服硒酸鹽有預防鉈中毒的效果。單獨添加 1 mg/kg 硒的動物對銀的毒性有 55% 的保護作用，硒化物可減輕抗癌劑——順鉑的毒性。

大量攝入銅可促使硒缺乏，銅也可拮抗硒的毒性。銅能促進鐵的吸收利用，但膳食中含銅過高則干擾鐵的吸收。進食銅過多不僅抑制鋅吸收，並可加速排泄，臨床上有用銅治療銅缺乏而導致缺鋅症的報導。銅過剩還可使碘不足的影響加劇。銅可抑制鉬的吸收，並用銅鹽防治鉬中毒。鎘的輕度毒性作用可被銅等抵消，銅缺乏時對鎘的耐受性也有降低。

飲食中鉬過高可抑制銅的吸收，增加銅的排泄。有人建議用鉬輔助治療肝豆狀核變性及銅中毒，有人認為鉬的防齲齒促進氟的作用而並非鉬本身的效果。

氟抑制甲狀腺攝碘及碘的有機化過程，氟能促進鐵吸收，可抑制銅吸收，氟可致銅缺乏，還可限制原卟啉結合鐵而引起氟化物中毒性貧血。

體內鈷不足會阻礙銅吸收，出現缺銅症，可加劇碘不足對人體的影響。鈷攝入不足或過高都可影響鐵的吸收與利用。

硼能影響氟的代謝，並與氟形成低毒複合物而解除氟中毒損害。

鉛增多可妨礙銅吸收，降低銅藍蛋白水平，可置換組織中鐵，顯著抑制網質細胞的血紅素合成，可競爭性抑制鋅、硒的吸收等代謝過程，並能影響甲狀腺吸收碘和轉化蛋白結合碘。

鎘可在分子水平上與鋅競爭，並可干擾抑制銅吸收。食物中鎘過多可干擾硒的吸收及生物效應。鋁能與氟及鐵形成不溶性複合物而抑制其吸收，錳對鐵與鉻，釩對錳，鉻對鉛與釩，錫對鋅，鎢對鉬，銀對銅、硒、汞、砷，碲對硒，均能相互干擾其吸收，並影響其生物效應。

當前對元素間相互影響與作用的研究，僅為單一元素對某元素影響與作用的孤立分析研究，尚缺乏多種相關元素綜合因素的探索，也缺乏與其他食物成分等多因素組合關係的研究。這些還有待我們繼續努力，全面而深入地了解它們之間的相互影響與作用。

四、元素在生物體的閾值

生物體內無論是人類和動物，還是植物與微生物，其必需微量元素都存在著閾值，這是客觀事實。生物有機體不僅要求一定種類的化學元素，而且要求一定

數量和彼此間具有一定的比值。不過，任何生物機體(尤其是人體)都有十分有效的體內平衡機制，調節和控制生物體對各種必需微量元素的含量，以便使它們在一定適應範圍來滿足生命活動的需要，超出這個含量範圍體內平衡機制便會失控，調節系統便會紊亂，從而導致生物形態變異、疾病甚至死亡。生物必需微量元素的含量範圍是生物體能承受的及平衡機制能維持平衡的能力範圍，也就是生物的生存和正常生長發育的最適濃度範圍，它就是所謂生物體內微量元素閾值(即生物所能適應的臨界濃度值)。但是，不同生物種類及同一種生物的不同發育階段，其閾值是不同的。遺憾的是，目前有關各種生物對某一種必需微量元素的基本需要量及某一種必需微量元素在體內的閾值等，均無一定標準，更無函數關係可循。

（一）元素在動物與人體的閾值

人和動物體內微量元素閾值是指維持人和動物生長、生殖、新陳代謝及其他生理功能正常進行的微量元素的臨界濃度值。

根據什麼確定人和動物體內微量元素閾值？這主要是根據人們每天微量元素的攝入量(日常食品分析計算)對其生長、生殖、免疫力、代謝過程是否改變或發生障礙？是否發生地方性疾病？然後由每天攝入量與病變的相關曲線來確定。表1.8 列出了人體每天從食物中攝入化學元素的適宜量及不足、中毒和致死的閾值。

表 1.8　人體每天從食物中攝入化學元素允許量一覽表 (mg/d)

元素		適宜量	不足	中毒	致死
大量營養元素	Cl	3,000 ~ 6,500	70		
	Na	2,000 ~ 15,000	45		230,000
	K	1,400 ~ 4,700		6,000	14,000
	Ca	600 ~ 1,200	400		
	Mg	200 ~ 300	12		
微量營養元素	V	0.001 ~ 0.003		18	
	Cr	0.02 ~ 0.05	0.005	200	< 3,000
	Mn	3 ~ 5	< 0.04		
微量營養元素	Fe	6 ~ 40	6	200	> 7,000
	Co	0.0005	0.0001	500	
	Ni	0.3 ~ 0.5	0.0006		
	Cu	2.1	0.3		> 175
	Zn	12 ~ 16	5	150 ~ 600	> 600
	Mo	0.21 ~ 0.46	< 0.05		
	Sn	0.2 ~ 3.0		2,000	

表 1.8　人體每天從食物中攝入化學元素允許量一覽表 (mg/d)（續）

元素		適宜量	不足	中毒	致死
微量營養元素	Se	0.15～0.20	0.006	5	
	Si	18～1200			
	I	0.1～0.2	0.015	2	>35,000
	F	2.3～3.1		20	2,000
非必需元素	Pb	0.06～0.5		1	>10,000
	Cd	0.007～0.3		>3	>1,500
	Hg	0.004～0.02		0.4	>150
	As^{3+}	0.04～1.4	0.07	>5	>50
	Al	2.45		5,000	
	Sr	0.8～5.0			
	Br	0.8～2.4		3,000	>35,000
	B	1～3		4,000	
	Ti	0.8			
	Th	5×10^{-5}～0.003			
	U	0.001～0.002			

不良嗜好影響生物體(如人類)對各元素的吸收。例如，中國大陸黃秀榕等研究了煙、酒、茶對人體血清微量元素的影響。他們對寧夏回族自治區 420 名不同年齡、民族 (21 人是回族)、男性對象進行吸煙、飲酒對血清微量元素影響的研究，著重詢問吸煙、飲酒、喝茶的習慣並進行記錄。結果表明：

1. 吸煙與血清鐵呈正相關

多吸煙、少吸煙與不吸煙者的血清鐵分別為 38.31 μmol/L、36.87 μmol/L 和 33.29 μmol/L。

2. 飲酒與血清銅呈負相關

多飲酒、少飲酒與不飲酒者的血清銅分別為 14.29 μmol/L、15.23 μmol/L 和 16.96 μmol/L。

3. 喝茶與血清鋅呈正相關

與血清鐵及錳呈非常顯著的正相關。多喝茶、少喝茶、不喝茶者，其血清鋅分別為 14.54 μmol/L、13.62 μmol/L 和 13.62 μmol/L。血清鐵分別為 35.80 μmol/L、31.68 μmol/L。血清錳分別為 0.28 μmol/L、0.22 μmol/L 和 0.16 μmol/L。

吸煙對人有害，煙製品中的主要有毒成分為煙鹼，有劇毒，其在肝臟代謝，大部分成為可鐵寧。不吸煙者尿中無煙鹼，可鐵寧濃度很低，而吸煙者尿中煙鹼平均濃度為 133 μg/100mL，可鐵寧濃度為不吸煙者的 10 倍以上。尿液可鐵寧/肌酐比值與每日吸香煙量密切相關。不吸煙者血中無可鐵寧。研究表明吸煙者血清鐵增多可能是煙鹼在體內代謝生成可鐵寧增多所致。煙捲燃燒時產生的一氧化碳進入體內形成碳氧血紅蛋白使機體鐵氧，從而使腎臟產生紅細胞生成酶，促使骨髓造血增多，需要鐵作為原料。血清鐵增多的另一原因可能是吸煙導致缺氧使機體造血增多及代償性使胃腸道吸收鐵增多所致。

大量飲酒可致食欲降低和胃腸道消化吸收障礙。研究發現正常人飲酒越多，血清銅含量越低，是否因銅攝入和吸收減少所致，尚未定論。

茶葉內富含微量元素錳、鐵、鋅，茶葉素有聚錳植物之稱。且錳、鋅較易溶於茶湯之中被人體吸收。420 名研究對象中有 80% 以上有喝茶習慣。結果表明喝茶越多血清錳、鐵、鋅含量越高，正是由於茶葉中這些元素含量高，且在茶湯中溶比率高所致。喝茶能為人們攝取微量元素錳、鐵、鋅提供方便而有效的途徑。

根據 H. J. M. Bowen 所著的《元素的環境化學》介紹，哺乳動物對一些化學元素攝入的不足或過量將會發生生物反應，並有較大的影響，詳見表 1.9。

表 1.9　元素攝入不足或過量對哺乳動物影響一覽表

元素	缺乏症	過量症
Ca	佝僂病、膝外翻綜合症、心血管病、冠心病	白內障、膽結石、動脈粥樣硬化
Mg	骨質鬆脆、心血管病、冠心病、心衰猝死	胃腸炎、不育症、麻木症
Fe	貧血症	青銅色糖尿病
Cu	貧血症、頭髮捲曲或褪色	黃疸
Zn	侏儒症、不育症、呆傻症、胃腸炎、皮炎	貧血症
Cr	糖尿病、動脈粥樣硬化	肺癌 (Cr^{6+})
V	齲齒、血清膽固醇降低	生長遲緩
Mn	女性內分泌紊亂、發育不良、軟骨代謝障礙	化學性肺炎、肺水腫和肺硬化、帕金森氏症
Co	心肌病、貧血症	紅細胞增多
Ni	皮炎	咽喉癌、直腸癌
Mo	肝癌、直腸癌	生長遲緩
Sn	生長減弱	

表 1.9　元素攝入不足或過量對哺乳動物影響一覽表（續）

元素	缺乏症	過量症
Se	生長遲緩、白肌病、克山病	脫髮掉甲、中樞神經紊亂、牲畜盲目蹣跚症
Si	骨骼發育不良、誘發動脈硬化	腎結石、腦溢血、高血壓
I	甲狀腺腫、未老先衰、嚴重者呆傻	甲狀腺腫大
F	齲齒、骨質鬆脆病、佝僂病	斑釉齒、氟骨病
As	脾臟腫大、頭髮生長不良	皮膚色素沉著、毛髮脫落、血癌、多發神經炎
Cd		骨痛病
Hg		中樞神經炎
Pb		白血病、溶血性貧血

（二）去除過量或有毒金屬離子的功能

生物體有去除自身過量或有毒金屬離子螯合劑選擇的功能。生活在現代社會的人們，面臨著濃度過大的非必需或必需的金屬離子及非金屬（如 SO_2 等）污染物。最使人擔心的是鉛、汞、砷和鎘等有毒非必需元素，但是鈷、鐵、銅、鋅和錳等必需元素達到一定量也可以引起機體毒性反應。因此，不足或有益元素需要補充，有毒或過量元素需要去除。

像金屬離子的過剩一樣，要從生物體中去除過量或有毒金屬，又要給生物體補充必需的金屬，這是個難題。有毒金屬離子的生物效應不僅決定於離子的本性，還決定於它的吸收、分布、沉積和排泄的速率。大多數有害影響是由於有毒離子結合到在代謝中起重要作用的基團上（常常是由於有毒金屬離子取代了重要的必需微量元素離子）而引起的。與軟金屬（如汞或砷等）相結合配位體的優先次序足 S＞N＞O；而與硬金屬（如鈣和鎂等）相結合的次序是 O＞N＞S。鋅或鉛介於軟硬金屬之間，即使過剩的有毒離子已完全去除，造成的損害仍屬不可逆，例如，兒童由於鉛過剩而引起的腦損傷等中毒症狀。

對去除有毒過剩金屬離子，要求有優良螯合劑的原則可概述為：

1. 口服時，藥物應不因口服而被破壞

如肽類藥物可以在胃中消化破壞掉，因而不能口服。

2. 藥物的高選擇性

藥物必須具備盡可能高的選擇性，否則在長期治療時就需要補充其他金屬。

3. 藥物螯合劑分子越小越好

螯合劑分子藥物應小到足以通過膜而到達金屬的結合位置為好。

4. 要求藥物有更強的結合力

要把有毒或過量的目的金屬從生物結合位置上去除，藥物就必須有更強的結合力。

5. 螯合劑及結合的錯合物必須是無毒的

螯合劑及其與有毒金屬結合的錯合物，都必須是可溶的和無毒的。藥物 2,3-二硫醇基丙醇 (BAL) 的鋅或鎘的錯合物比其游離的金屬離子更毒。BAL 是 British Anti-Lewisite (抗路易斯毒氣劑) 的英文縮寫，是防禦路易斯毒氣 Cl—CH=CH—AsCl$_2$ 用的，路易斯毒氣與一些酶的硫醇基結合可使之失活。BAL 同砷的結合比酶更強，並且 BAL 錯合物能排泄掉。

6. 藥物必須安全

藥物應不會把金屬離子送到能對機體造成更大損傷的部位，也就是說無論如何藥物必須是安全的。用 BAL 治療鉛中毒時能使鉛通過血／腦屏障 (Blood/Brain Barrier) 而造成損傷，這就不安全。一些用於治療金屬過量的螯合劑主要有：

Ca：EDTA (乙二胺四乙酸)。
Cu：D-青黴胺或 Na$_2$[CaEDTA]。
Cd，As：BAL (二硫醇基丙醇)。
Pb：D-青黴胺或 Na$_2$[CaEDTA]。
Fe：去鐵敏或 Na$_2$[CaEDTA]。
Co，Zn：Na$_2$[CaEDTA]。
Hg：BAL 或 N-乙醚基青硫醇胺。
V：Na$_2$[CaEDTA]。
Ti：二苯基硫卡巴腙。
Ni：二乙基二硫代胺基甲酸鈉。

（三）元素在植物體的閾值

不同植物對不同元素的閾值或稱臨界濃度值是不一樣的，即使是同類植物的不同種之間，其閾值的值差別也很大。

參、生命元素研究的回顧

自 1984 年以來，中國大陸連續定期召開微量元素方面的學術討論會、中國大陸營養學會微量元素研討會、微量元素研究進展、生物無機化學等學術會議，也專門開過微量元素與食物鏈學術會、微量元素與中草藥、氟或硒與地方病、微量元素分析測試等專題討論會。與此同時，有關微量元素的國際學術會議也相繼在中國大陸召開，例如，1984 年第 3 屆國際硒會、1988 年環境生命元素與健康學術會、1990 年和 1992 年應用生物無機化學會、1992 年微量元素與食物鏈學術討論會及 1996 年微量元素與腫瘤學術會和 1996 年環境、生命元素與健康——長壽學術討論會 (北京) 等，2000 年以後定期召開的、國際性的綠色化學學術研討會也有許多內容涉及微量元素科學。

20 世紀 90 年代初，中國大陸化學會成立了中國化學會微量元素測試協會，每兩年召開一次微量元素研究進展學術研討會，每次學術會議均出版論文集，到 2004 年已出版了《微量元素研究進展》7 輯。上述兩個關於微量元素研究方面的學術機構是全國性的，影響較大。微量元素研究是一門涉及化學、醫學、藥學、環境科學、生物化學、分析化學、元素生物學、計算機技術等多學科的新興邊緣科學。現已形成一多學科、多種協同作戰的微量元素研究熱。例如，微量元素與農業及營養學、微量元素與中醫和中藥、微量元素與人體健康、微量元素與動物、微量元素與微生物、微量元素分析測試研究等。

有關微量元素的學術機構正在全中國各地湧現，已有較為健全的全國性研究會和省、市級學術組織，中國大陸有關微量元素研究的論文每年數以百篇計，分別發表在國內、外各種學科刊物上，國內已出版的有《微量元素與健康研究》、《世界元素醫學》、《中國地方病學雜誌》、《微量元素與食物鏈》、《微量元素科學》、《廣東微量元素科學》、《H 營養學報》、《植物營養與肥料學報》、《土壤肥料》、《中華腫瘤雜誌》、《中草藥》、《中國中藥雜誌》、《中華醫學雜誌》、《中華兒科雜誌》、《衛生研究》等刊物，建立了大型微量元素數據庫，有關微量元素的專著和會議論文集也陸續發行。不少省市或醫院和大學科研單位成立了微量元素研究機構 (如各省的微量元素科學研究會、研究室或門診部)，走向多學科聯合的道路。

國外常見的期刊有：*Bioinorg. Chem.*、*Biol. Trace Element Res.*、*J. Chin. Nutr.*、*Trace Element in Med.*、*J. Inorg. Nucl. Chem*、*Journal of Agricultural and*

Food Chemistry（美國）、*Plant and soil*（荷蘭）、*Environment International*（美國）、*Plant Science*（美國）、*Agriculture Ecosystems and Environment*、*Med. Sci Res.*、*Plant Physiology and Biochemistry* 等專業刊物及為數眾多的會議文集。譯文或綜述有《國外醫學‧醫學地理分冊》和《國外醫學‧衛生學分冊》等。此外，論文也發表在其他醫學、環境科學、營養學、衛生保健、分析化學等相關刊物上。

中國大陸科學工作者的生動實踐表明，在微量元素領域裡充滿著誘人的探索和發現的機會。隨著科學的普及和深入研究，它將為我們提供更加合理的營養和食物，幫助人類克服疾病與增進健康。

肆、生命元素研究展望

中國大陸 60 歲以上的老人約有上億人口，分析各種疾患的病因及 14 種必需微量元素與健康的關係，認為對鐵、碘、鋅、錳、硒、鉬、銅等的研究比較深入，應用也較多。結果表明，硒不僅與克山病、心臟病有關，而且與衰老、免疫力、癌症有關。鋅是人體 200 多種酶的構成成分，對兒童的生長發育、性成熟關係密切，鋅的缺乏也是衰老的原因之一。鍺目前雖然是一種非必需的微量元素，近年發現它具有抗癌、提高免疫力的作用，對有機鍺的研究與應用成為國內外的熱門課題。鈷在 15 種必需微量元素中之主角，鈷元素也居此寶塔之頂，是維生素 B_{12} 的構成成分。醫學、農學、營養學、食品科學、環境科學、生物學等對微量元素的研究都有不小的促進作用。

中國大陸多位學者，曾對微量元素的研究作了總結和展望，現將他們的主要觀點綜述如下。

一、微量元素與地方病

1973 年世界衛生組織公布了人體必需微量元素為 14 種，即 Zn、Cu、Fe、Se、I、F、Mn、Co、Cr、Si、Sn、Mo、Ni、V。以後中國大陸醫學領域微量元素的基礎研究發展比較迅速，特別對硒的研究，已達國際水平。20 世紀 70 年代，中國大陸醫務工作者在地方病的防治研究中發現，貧硒是引起克山病和大骨節病的重要原因，從而使中國大陸在硒與人類健康的研究領域進入了世界先進行列。有人研究證實，硒對細胞生物膜的膜骨架蛋白具有明顯地保護作用，還具有促進軟骨細胞生長發育的作用及硒預防鎘中毒的作用等。除硒之外，鋅的問題也成為

人們關注的重點，並且認為：鋅對培養心肌細胞缺氧與再給氧損傷有保護作用。動物試驗和觀察都表明，鋅是保護宿主免疫機制完整之必需元素。

目前，中國大陸患各種地方病的病人多達 6,000 餘萬，威脅著農村的大片人群，其中克山病、大骨節病和某些地方性癌症與環境低硒有關。採用補硒的防治方法，使克山病的發病率從 13% 降低至 0.02%，這是中國大陸科學家使用微量元素徵服疾病的創舉。流行於中國大陸 28 個省、市的地方性氟中毒，經查明是飲水或食物中的高氟量所致。現有 1,000 多萬智力殘疾人的地方性甲狀腺腫和克汀病是缺碘引起的；還發現有高碘地區地方性甲狀腺腫，其中以患克汀病的兒童癡呆、畸形的危害為大。中國大陸政府於 1993 年制定了《中國 2000 年實現消除碘缺乏病規劃綱要》，並已全面施行食鹽加碘的措施。還有環境高砷引起的砷中毒，可能與硫酸鹽和鎂過多有關的新疆「伽師病」等等。鑑於這些地方病的病因和發病機制尚未充分徹底的認識，彭安建議對非金屬元素硒、氟、碘、砷以至矽酸鹽、磷酸鹽等予以更多的關注。

中國大陸吳敬炳等在《自然環境中微量元素遷移分布規律與健康的關係》一文中，對微量元素與地方病之間的關係作了概括性地論述。目前公認的鋅等 14 種人體微量元素在自然環境中含量的改變，將引起食物鏈起始環節的元素濃度變化，引起人體內元素含量的變化，影響著人的生理功能，進而造成對健康的影響而形成疾病。從生物地球化學和元素生物學的角度研究元素的遷移、分布規律，對防治與之有關的各種疾病具有重要意義。地殼表層各元素分布的不均一性，決定了水體、空氣、土壤與動植物體內這些元素分布的不均一性。岩石、土壤中元素的成分與含量，決定著水、空氣和植物體內該類元素的成分與含量，通過食物鏈及飲水，必然影響人體中該元素的含量水平。

研究表明，能導致地方病的 30 多種元素主要是易遷移，能形成可溶性化合物的元素，如 Se、Li、Mo、B、F、Mn、I 等。元素遷移有空氣、水及生物遷移等多種類型，它們遷移能力不同，其控制因素主要為酸、鹼、氧化還原條件及被氧化礦物的穩定性。多數元素的溶解度、化合物的穩定性及其在水中的存在形式，對水介質的 pH 很敏感，如 Zn、Co、Cu、Ni 等的化合物只在酸性介質中易於溶解和遷移，並在 pH 增高時發生沉澱；而 Se、Mo、V 等不僅在酸性，而且在鹼性環境中也易溶解遷移。Fe、Mn 等在地表氧化條件下，發生水解沉澱而富集；Mo、V、Zn、Cu、Co、Ni 等則與此相反 (即在還原條件下)。這種富集、遷移還受自然地理條件，特別是氣候條件的影響。

生物微量元素在不同的生物地球化學環境中有著不同的遷移富集特點：在酸性、弱酸性還原的水文地球化學環境中，I、V、Co、Ni、Zn 等有較強的遷移能力；水中 Mo、Se 遷移能力較低，造成元素分布的不均衡性，從而引發缺硒、鉬地區的克山病、大骨節病等多種地方病；在酸性氧化的環境中，I、Cu、Sr 等元素大量流失，而殘留的 $Fe(OH)_3$、$Al(OH)_3$ 等，造成地方病廣布；因缺鈉而出現侏儒症等。在酸性、弱酸性氧化環境中，蒸發濃縮作用使 I、V、Mo、Ni、Zn、Se 等在土壤中富集過剩，造成中毒性地方病，如氟斑牙、硒中毒、痛風病 (Mo 過剩)；在中性氧化環境中，微量元素的淋濾、富集均屬中等，在此環境中生物循環良好，最適宜於人畜生長，很少有地方病出現。此外，還有非地帶性的特殊水文地球化學環境，如在沙漠中的沼澤地區，出現了以前認為只能在山澗河谷、沼澤區才出現的大骨節病就是一例。地球化學環境發生急劇改變而造成元素的沉澱區，稱之為水文地球化學壘，此壘往往和一定的疾病帶相吻合。壘中元素的濃度集中可顯著改變土壤的微量元素水平，如某些元素在污水中似無害的含量，卻能在離污染源一定距離的土壤中劇烈增加，從而對地區生物圈的正常發育造成危害。有關檢測資料表明，某些有毒成分在水文地球化學壘中的積累，幾年即可達危險水平，由此導致公害病的發生。生物對各元素的攝取量，除環境因素外，還與元素及生物本身的性質有關，可用生物濃集係數來表徵其特點。對於微量元素過剩或缺乏所引起的各種疾病，可能通過摸清地學病因、改良飲水、改善食品結構等措施予以防治，從而達到防治地方病和提高人們健康水平的目的。

　　中國大陸微量元素研究具有密切聯繫實際的特點。綜合運用生物無機化學和基礎醫學科學等有關的方法、觀點、理論，不少研究課題都來自生活和生產實踐，並取得了可喜的成果。人類在本世紀將面臨諸如全球性污染、天然資源和能源耗竭、人口膨脹等嚴重影響生存的各種難題，為促使這些問題的解決，就需要加強生命科學各前沿領域的研究，積極開展微量元素的研究工作正是適應了國內、外的這種發展趨勢。

二、微量元素的營養與毒性

　　Hamilton 等人在研究人體血液與地殼物質的化學組成後，發現人體血液化學元素組成不僅與海水成分相似，而且各元素的豐度分布趨勢也有很大的類似性。這種相關性表明，人體與環境的物質循環和能量交換存在著動態平衡。

唐任寰等關於生命活細胞與過渡性元素等生物學相關性的研究，則從動態實驗有力地支持了這一觀點。他們認為，鑑於生命與自然環境表現出如此息息相關的依存關係，提出人體內存在著廣泛平衡的生命元素譜，它包括微量元素平衡在內的調控系統。一旦這個平衡遭到外來因素的破壞，使得某種元素不適於平衡量的上、下閾值時，人的健康就會受到影響或損害，必須通過食物和藥物的添補進行調理，使之恢復生命元素譜的多元平衡關係，以復原體內正常進行著的種種生物化學反應。

三、微量元素與中醫中藥

中國大陸科學工作者繼承和發揚了古代的科學遺產，積極開展中醫中藥的微量元素研究工作，出現了可喜的初步成果。例如，中醫的「症」與微量元素的關係，地道藥材、中藥歸經、泡製與微量元素的含量，某些微量元素與中藥有效成分之間關係的研究等，並獲得了各種藥材所含元素的大量數據。早在中國明代李時珍所著的《本草綱目》中就記載有161種礦物藥，並對金屬礦石的性質及與疾病的關係作了論述，其中含有不少微量元素，這些都是世界上有關微量元素的早期寶貴資料。目前，這方面有待在深度和廣度上進行深入研究。北京、上海等地的研究人員對一些主副食品及上百種中草藥中鋅、銅、鐵等微量元素含量進行了分析測定。曹治權等提出，要在系統論和中醫、藥理論的指導下，對中醫藥的微量元素及其活性配位化合物等存在狀態作全面研究後，再進行綜合分析，以便推動中國大陸醫藥事業的發展。

四、微量元素與健康理論的探索

生物無機化學在研究元素或疾病發生、發展以及防治的關係時，與流行病學、營養學、毒理學等的方法不同，它將人體看成是由各種化學反應密切配合的體系，當某個觸發因子引起微擾時，經放大導致分子損傷，不正常細胞和死細胞增多，內穩態體系失常而發病。有關腫瘤、衰老、癌症、心血管病、白內障等的病理很多，但這個化學病理體系是從分子和次分子生物學考慮，認為共同的**觸發因子**是自由基。已有大量實驗證明，超氧離子自由基·O及由它衍生的活性氧，如·OH、H_2O_2、O_2、ROOH等對重要生物分子起損害作用，甚至造成DNA鏈斷裂或變異。從大骨節病、克山病和癌症的研究中，都找到自由基存在的依據，而硒則對因脂

質過氧化產生的自由基起消除劑的作用。結合國內實際和國際動向，開展「自由基」、「過氧化」的理論研究將是頗為有益和必要的，以便我們從更深層次認識疾病的本質。

醫學領域中微量元素的研究和應用是保障人類健康的一件大事，近年在中國發展迅速，其研究範圍已從基礎理論與流行病源調查發展到對疾病的影響與防治及老年、婦女和兒童等人群的實際應用，其研究手段也採用了多種新技術，已接近或達到國際水平，其研究方法已從對單一元素的孤立研究發展到對多種元素相互平衡關係的探討。

人們除了注意微量元素與地方病、癌症的相關性以外，還對內分泌、心血管、肺氣腫、腎功能、免疫缺陷、白內障等其他疾病進行了某個元素或多個元素與發病相關性的研究。應當指出，膳食中如缺乏胺基酸、維生素和無機鹽，可能誘導或抑制微粒體酶，從而改變有毒化學物質的生物轉化速率，也能影響細胞膜的功能。缺乏蛋白質、鈣、磷和維生素 C 等營養物質，會使有害金屬的毒性增強。發生在貧困和交通閉塞地區的一些疾病，隨著人們生活水平的提高，將會自然減少和消失，這說明營養不良也是發病的重要因素，需加強有針對性的研究和開發。

在微量元素與健康的流行病調查方面，涉及的範圍較廣，包括對正常居民中鋅、銅、鐵等本底值調查；對正常人髮中鋅等元素含量調查及胎兒大腦皮層微量元素分析；對微量元素之間的平衡關係，血鋅含量與視力的關係及各種特殊人群中微量元素營養狀態的調研等。有人還對健康男性少年髮 Zn/Cu 值與第二性徵發育狀況的相關性及孕婦與新生兒體內微量元素的關係進行了探討。

在對地方性氟中毒流行因素的探討中，發現由於流行因素不同而引起的流行類型有飲水型 (北方) 和食物型 (西方) 兩種。近年還有報導溫泉水型、石礦污染型、鹽鹵型、飲茶型及工業污染型等地方性氟中毒的流行方式。微量元素與疾病的關係，是醫學研究中的「熱門」話題，除探討其與某些癌症的關係外，還探討了具與冠心病、高血壓、肺心病、糖尿病、老年性白內障及皮膚病等幾乎涉及到全身各個系統的 20 多種常見疾病的關係。

五、微量元素與環境

地球表面的自然環境化學組成是不均勻的。關於生命有關元素地域差異研究的主要內容：首先對包括岩石、風化殼、土壤、水、作物、動物和人體在內的元素地域差異，構成的化學生態系統進行考察；其次，闡明這些元素產生地域分異

的原因，這是研究元素與健康的重要問題之一。在這方面研究較多的有碘、氟、鉛、水硬度(即鈣和鎂)、鉻等，是結合地方病和心血管病進行的；結合動物疾病進行了銅、鐵、鈷、鋅和硒等的研究；結合作物生長有硼、錳、鋅、鉬等的研究；結合環境癌作過致癌或促癌元素的探索等。此外，銣、鍶等元素對細胞增殖起促進作用和不同生理條件下的代謝情形，也有人予以重視。

人體所含的微量元素，無論種類或含量都與所處環境中的水、大氣、土壤以及食物有關。在生物體內，它們的生物活性形態一般不是單質原子，而常以自由水合離子、小分子配位體配位化合物或生物大分子配位化合物等形態起作用。顯然，在進入生物體之前，即在環境中存在時，物種形態是決定生物活性的最重要的因素。例如，以硫酸銅形式加到羊的飼料中，比銅的氯化物、氧化物和醋酸鹽等形式的毒性小。通常認為，如果金屬離子是直接造成生物損傷的形態，則自由離子比它的配位化合物毒性大。若要詳細追究不同物種形態的毒性規律，則尚需研究它們的脂溶性、配位化合物的穩定性、配位化合物與細胞的相互作用及不同物種形態對細胞膜通透性等方面的問題，還要研究此元素與彼元素之間在體內可發生協同作用和拮抗作用的問題。不難看出，衡量一種元素的生物學作用，就需同時注意體內和環境中其他元素的存在。然後建立模型，用有關參數作出定量描述。這樣，從微觀領域和巨觀領域結合起來加以綜合研究，正體現了當今生命科學發展的一個主要趨勢。

六、微量元素與農業

中國大陸許多地區施用鋅、錳、硼、銅、鐵等微肥，稀土元素近年來已廣泛使用，增產效果明顯。由於在農業上使用的微量元素可直接通過食物鏈進入人體，從初步衛生毒理學試驗得知稀土毒性很低，但從它們能與生物分子作用以及長遠效果考慮，仍應查明稀土化合物的生物安全性；在糧食、肉類等食物中的存在狀態；在動、植物和人體內的吸收、運轉、變化形式及與不同配位體的關係；對多種酶或酶原的激活和抑制作用及稀土化合物的藥理性質等。目前，在某些地區已應用微量元素飼料，如何使它既能收到經濟效益，又不致給人體帶來潛在危害，是擺在我們面前的重要課題。

微量元素強化食品的研製，日益增多，其中補鐵醬油、補鐵鹽、維鋅奶粉、維鋅餅乾、仿生營養果醬及高鋅蛋等含鐵、鋅的強化食品，對維護廣大居民尤其

是兒童健康發揮了很重要作用。近幾年研究開發了許多富硒食品，如富硒酵母、富硒茶葉、富硒水稻與富硒玉米等糧食作物，富硒水果與富硒蔬菜等開發和研究也正方興未艾，許多產品已進入市場。補鈣也成為全國的一個熱門話題，鈣的科普讀物和電視廣告鋪天蓋地，成了茶餘飯後的談話資料。

在動物與植物的研究領域中，動物中各種微量元素過量與缺乏的基礎研究及機理探討，植物中各種微量元素肥料增產的基礎理論與應用研究及深層的機理探討及多種微量元素協同與桔抗作用的研究也是動植物微量元素研究的焦點。

生命元素研究領域非常廣泛，是一門涉及化學、醫學、地學、農學、生物、環境科學、中醫中藥、電腦科學等多學科的邊緣科學。生物中所必需的作為組成動物和人體各種酶的成分或酶的促活因子的微量元素，左右著地球上所有生物的生理活動，在農牧業、水產業和臨床醫學等方面有很大的應用價值。

本章從元素角度，論述了動、植物和人體疾病的原因、機理與代謝，以生命元素和生物學作用這條線貫穿始終，並從各種不同角度，如農作物、中草藥、食品、元素桔抗、協同作用等方面論述了元素的生理作用和彼此間的關係，是一章多學科相互交叉滲透的教材，它圍繞人和生物論述生命元素及其作用，最終達到促進環境保護和人體健康的目的。

觀念思考題與習題

1. 何謂生命元素？其多量元素包括有哪些？請簡述之。
2. 內、外環境中元素間豐度變化，如何影響生命與健康的元素？請簡述之。
3. 請簡述生命元素劑量的效應性。
4. 請簡述生命元素的調控性。
5. 請簡述元素在生物體的分布。
6. 請簡述元素在生物體的存在形態。
7. 元素在生物體的協同與拮抗作用是什麼？請分別加以述之。
8. 元素在生物體的閾值是什麼？請加以述之。
9. 對去除有毒過剩金屬離子，所要求有優良螯合劑的原則是什麼？
10. 請簡述你個人對生命元素研究展望。

第二章　生命物質

　　生命的物質世界中，包括有許多重要的天然高分子，如蛋白質、澱粉、纖維素及基因的化學成分。生物化學 (Biochemistry) 是研究生命系統中的化學反應，從器官到細胞，及其間的化學反應。生物化學是一門介於生物學與化學之間的一門學科，而本身並無生命存在，恰如同生物體被分離出的化合物，但奧妙的生命就是分子生物學的基礎。事實上，它是應用化學的理論和方法作為主要手段來研究生命現象。只有當這些化學反應在組織細胞中相互發生作用時，就能使組織修復、細胞再生、能量產生、廢物排出，及其他功能的管理。

　　生命系統的活動資訊是由核酸分子控制。他們的結構帶有基因密碼，這些密碼指導細胞合成蛋白質，包括酵素。許多疾病，如囊胞性纖維化和鐮刀形血球性貧血症，都是由核酸分子結構的缺陷引起的。病毒，像愛滋病病毒，藉由接管細胞的基因機制而起作用。

　　20世紀末，「人類基因組計畫」(Human Genome Project) 簡稱為 HGP，是一項由人類基因體組織所推動的跨國性的研究計畫。美國能源部 (DOE) 與美國國家衛生研究院 (NIH)，分別在 1986 年與 1987 年加入人類基因組計畫。人類有 23 對染色體，整個基因體大約有 30 億個鹼基對，而 HGP 的目標就是正確地把這 30 億個鹽基對排列出，解讀所有人類基因體 DNA 序列，以解開所有人類的基因藍圖。這項計畫的成果將可進一步提供治療人類疾病以及開發藥品等等生物醫學相關研究。

　　但繪製人類基因圖譜只是破解人類基因密碼的基礎，科學家必須進一步確認人體所有的基因、了解基因的功能與控制方式、對人類疾病的認識、基因與人體生理以及疾病的關聯，然後才能找出各種基因相關疾病的治療和預防方法，開發出嶄新的藥品與治療方式，尤其是癌症與基因上之相關性的研究與了解。其成果將為人類醫學與文明帶來革命性的進展與衝擊。完成人類基因組定序是科學上一大里程碑，除了能增進人類對自己的瞭解外，也預示著基因醫學時代的來臨。

　　在此，主要是簡單地討論這些生物的化學物質結構。這正是生物化學的任何研究的開端，因為生物化學品的化學、物理及其生物特性是由結構所決定的，也會描述它們一些反應，特別是和水的作用，因生命誕生於水溶液。

壹、生命化學

地球上最早的生命是怎樣形成的？這是一個有趣的課題，是當代的重大科學課題。現在認為地球是由無生命階段慢慢演化為有生命階段的。

一、生命的起源

1953 年，美國化學家尤雷 (H. Urey) 和米勒 (S. L. Miller) 試圖在實驗室內，重現原始地球的環境，並製造構成生命的分子。美國化學家米勒實驗模擬原始地球上大氣成分，用 H_2、CH_4、NH_3 和水蒸氣等，通過加熱和火花放電，合成了胺基酸。隨後，許多通過模擬地球原始條件的實驗又合成了生命體中重要生物高分子，如嘌呤、嘧啶、核糖、脫氧核糖、核苷酸、脂肪酸等等。1965 年和 1981 年，中國大陸又在世界上先後首次人工合成了牛胰島素和酵母丙胺酸轉移核糖核酸。蛋白質和核酸的形成是無生命到有生命的轉折點。

生命的化學進化過程包括四個階段：
1. 從無機小分子物質生成有機小分子 (molecule) 物質；
2. 從有機小分子物質形成有機巨分子 (macromolecule) 物質；
3. 從有機巨分子物質與無機物質組成超分子 (supramolecule) 體系；
4. 從超分子體系配合空間結構演變為生物分子 (biomolecule)──原始生命。

原始生命是最簡單的生命形態，它至少要能進行新陳代謝和自我繁殖才能生存和繁衍。生命的演化可以理解為生命與環境長期相互作用的結果，是通過量變到質變來實現的。地球的年齡約為 46 億年，而人類的出現距今約 300 萬年。

地球上的生命，以及它的最高級形式──人類自身，可以說是物質在一個相當漫長的歷史長河中從低級向高級，從無生命向有生命的發展進化過程的產物。地球本身經歷了元素的進化(由宇宙中最豐富的元素氫通過核反應合成各種各樣的元素，以構成星體本身)，分子的進化(由原子間的反應生成分子，由分子間的反應生成更複雜的分子，聚合物分子以及生物聚合物分子)和生物的進化(由最原始的細胞的出現進化到人)。

二、人體中的化學物質

人體中的生命化學元素互相結合形成重要生命物質，包括蛋白質、醣、核酸，

還有脂肪、無機鹽和水，這些物質都是構成人體的主要物質。這些物質在人體內各司其職，掌管著人體的全部生命活動，時時刻刻一直發生著，難以計數的化學變化。真的可以說：「化學的人」。因此，生命體中有許多化合物對細胞的活動是必需的。例如，在你身體上所有細胞的膜，大部分是由脂質構成的，而蛋白質和醣類分子也是構成膜的一部分。大多數的激素（荷爾蒙）都是脂質，或者是蛋白質。所有細胞必需有的催化劑——酶（酵素）——即是一種蛋白質，但有許多酵素分子在沒有維生素或特定金屬離子等小分子存在時，並不會起作用。脂質和醣類恰是我們身體正常活動所需要的化學能量的主要來源。在禁食或飢餓的時間內，身體也能把蛋白質轉化為能量。

　　蛋白質是由各種不同的胺基酸構成的，也是一種複雜的大分子化合物，分子量可高達幾萬（如白蛋白），幾十萬（如甲狀腺球蛋白），正因為分子極大，它在細胞內就不會透出細胞膜，在血管內就不會透出血管壁。它具有吸水性，所以能使細胞或血管內保持水分，這就是蛋白質的膠體滲透壓。蛋白質構成的成分為胺基酸，胺基為鹼性而羧基又是酸性的，這就使它具備了對酸鹼的緩衝作用。蛋白質可分為三大類，即簡單蛋白質（如白蛋白、球蛋白、硬蛋白），複合蛋白質（如核蛋白、血紅蛋白、醣蛋白、酪蛋白）以及衍生蛋白質（水解或變性的蛋白質）。

　　脂肪是三脂肪酸甘油酯，人的脂肪所含脂肪酸有油酸、硬脂酸和軟脂酸。在皮下，大細胞和腹膜後都有大量脂肪，在需要時送到備組織代謝而供給能量。除此之外，各組織都有類似脂肪的物質，是脂肪酸和其他物質的結合物，叫作複合脂。在神經組織內最多，含有磷酸的是磷脂，如腦磷脂、卵磷脂。與脂肪有關的另一類物質是醇，這雖不是脂但可溶於脂，在體內常和脂肪酸結合。

　　醣有單醣、雙醣和多醣。血液中含葡萄糖 0.1% 左右，由血輸送到全身，在組織中代謝而產生能量。澱粉是由許多葡萄糖組成的，人體中會把多餘的葡萄糖變成澱粉儲存起來，需要時再分解。肝臟和肌肉中都可貯有許多澱粉。

　　核酸是生物體內一類含有磷酸基團的重要大分子化合物，由於最初是從細胞核分離出來，又具有酸性，故稱為核酸。一切生物均含有核酸，即使比細菌還小的病毒，也同樣含有核酸。所以凡是有生命的地方，就有核酸存在。核酸在細胞內，通常以與蛋白質結合成核蛋白的形式存在。天然的核酸分為兩大類，即核糖核酸(RNA)和脫氧核糖核酸(DNA)。它們的分子量很大，一般為幾萬到幾百萬，其組成成分和分子結構都比較複雜。若將核酸完全水解，即可產生嘌呤鹼和吡啶鹼，戊糖和磷酸。

人體無機鹽的成分隨人的年齡而變。年齡愈大，無機鹽的含量愈高，如胎兒的含量為 21.59 g/kg 體重，而成人則為 42.76 g/kg 體重。無機鹽分布在各個組織中，以骨骼和牙齒為最多。

水是人體中必不可少的物質。因為它是一個好的溶劑，很多物質可溶於水，有的還成離子狀態，這樣就可促進化學變化的進行。愈活動的組織，化學變化愈多，需要水也多。牙質，骨骼，脂肪最不活動，水分也就最少。人體的 2/3 是水，70% 在細胞內，20% 在組織液內，10% 在血漿中。

三、人體中的化學變化

人體中發生的化學反應很多，它們的共同特點是反應速度極快，反應十分完全。有些反應若是在體外就幾乎不可能發生，例如，人體的體溫僅 37℃ 左右，而糖代謝成二氧化碳的反應就進行得非常完全，同樣的反應在體外則需幾百℃才能完成。又例如蛋白質的水解反應，體外要加熱到 100℃，並且花費一天的時間才能完成；而在人體的消化道內，37℃ 的溫度，一、兩個小時就完成了。更有許多反應，在體外是無法發生的，這是因為人體內有一種特殊的物質，那就是酶，能促使反應加速進行，酶實際上就是一種特殊類型的催化劑。

酶是一種蛋白質，由細胞產生，但脫離細胞仍有作用。酶溶於水成膠體溶液，極不穩定，凡加熱、遇酸或遇鹼都有可能被破壞。酶既然是一種催化劑，它能加速某一正向反應的進行，也能加速其逆向反應。如脂肪酶，能分解脂肪為油酸和甘油，也能將油酸和甘油合成為脂肪。人體內各種酶的選擇性極強，也就是它們的專一性特強。一種酶只能作用於某一種物質的反應，如蛋白酶只能加速蛋白質的水解，決不會對糖和脂肪的轉化有任何作用。蔗糖的水解只有依賴於蔗糖酶。這樣就保證了人體中需要的反應可以適時發生，而不至於干擾其他的部分。

很多酶必須有輔助因子才能起作用。輔助因子絕大部分是一些對熱穩定的小分子物質。它們是酶表現催化活性所必須的，只有當輔助因子和酶蛋白同時存在時，酶的催化活性才能充分表現。通常把蛋白質部分稱為酶蛋白，把酶蛋白與輔助因子結合後的複合蛋白稱全酶。

酶必須在一定環境中才能起作用，體內大多數酶在約 37℃ 溫度和近中性的溶液中才能發揮作用，稍有改變，反應就會受影響。此外還要有一定的水分和化學物質參加反應。所以體內的環境——即生理環境，必須恆定，才能保證化學變化的進行，從而維持正常的生命活動。

人體內所發生的化學變化，種類繁多，情況複雜，且又相互影響。因此這些反應必須相互協調才能有條不紊地維持生命活動。這種協調作用是依賴神經系統，尤其是大腦皮質的管制。大腦皮質通過神經和激素來影響器官的活動。而器官的活動基礎是物質和能量的改變，也就是化學反應的過程。所以大腦皮質調節器官的活動，實際上就是調節其化學變化。化學反應往往是可逆的，當原料和產物達到一定比例時，反應也達到了平衡，這時正向反應速率與逆向反應速率相等。任何原料或產物量的變化又會引起變動直至達到新的平衡。例如大腦皮質通過神經和激素來影響血液循環，血液循環增加則原料（養料）供應充足，同時帶走廢物（生命活動中的化學反應產物），因此化學反應迅速進行。血液循環減緩，則原料減少，產物淤積使化學反應緩慢或停止，甚至向反方向進行。又如大腦皮質影響呼吸，改變氧的供應和二氧化碳的呼出。這裡也是控制原料和產物的問題。另外，大腦還通過控制激素的分泌來調節酶的作用。近年來，激素在感覺、記憶、學習、行為等大腦活動中的作用也受到關注和重視。

四、化學元素在人體中的作用

微量生命元素的作用在諸多的化學元素中，有許多元素與人類生命活動密切相關，因而是必不可少的。目前，科學家們認為，生命元素有26種，11種為非金屬元素，15種為金屬元素，它們在人體中維持著平衡，每一種元素的含量均由生命活動的需要而定。而有些元素是既多不得也少不得，否則就會破壞平衡從而影響人體健康甚至導致疾病的發生。通常，把人體中含量低於0.01%的元素稱之為微量生命元素，目前已確定的人體必需的微量元素有15種，它們是：鐵、鋅、銅、碘、錳、鉬、鈷、硒、鉻、鎳、錫、矽、氟、釩、鍶，部分元素見表2.1。

在人體與其他生物體內，已經知道的元素有五十餘種，除碳、氫、氧、氮四種元素是以有機化合物及水分存在外，把其餘元素都稱為礦物質。這些礦物質的元素除了少數參與有機物的組成（如S、P）外，大多數都以無機鹽即電解質形態存在。礦物質是人體的重要營養素，由於其不能在體內合成，也不能在體內代謝過程中消失，除非排出體外。人只有靠從食物、飲用水和食鹽中獲取礦物質。1971年英國地質化學家漢密爾頓，利用現代儀器之分析技術，已發現了地殼中有六十餘種化學元素的平均含量，和人體內這些元素的平均含量幾乎完全吻合。這可獲得證明，人體內的元素與大自然中的元素是同一循環的整體。

表 2.1　微量生命元素與人體健康

物質	日需量(mg)	生理作用	缺乏症狀	過量為害	存在食品
Fe	10-15	血紅蛋白成分，輸運 O_2、CO_2，氧化還原酶反應中傳遞電子。	低血色素貧血，心悸、心動過速、指甲扁平	鐵沉積，皮膚發黑	肝臟、蔬菜、黑木耳、血糯
Cu	2.5	含於人體多種酶中，與 Fe 協同起氧化還原作用，形成人體黑色素。	低血色素性貧血、白化症	沉積於肝、腎、腦中即成威爾遜病	同上
Zn	15	胰島素成分，多種酶的組成部分，促進傷口愈合。	發育障礙，免疫功能低、異食癖	刺激腫瘤生長	穀物、蔬菜、貝類
Co	0.1	維生素 B_{12} 組成部分，促進多種營養物質的生物效應。	惡性貧血等維生素 B_{12} 缺乏症狀		蔬菜、肝臟
Mo		多種酶的輔助因子，減少人體對亞硝胺吸收。			
Cr	5-10 (μg)	作用於胰細胞上胰島素敏感部位。	易發糖尿病、冠心病、動脈硬化		海藻、魚類、豆
Se	0.05-0.1	穀胱苷肽過氧化物酶的必需成分，抗衰老、抑制腫瘤。	大骨節病、肝壞死	脫髮、脫甲、神經系統損害	海產品、豬、牛腎
F	1-2	骨骼、牙齒硬化。	齲齒、心肌障礙	斑症、氟骨症	海產品、茶葉
I	0.1-0.3	甲狀腺素成分。	甲狀腺腫、智力障礙	甲狀腺亢進	海產品

貳、醣類

醣類 (saccharides) 是由碳、氫和氧三元素所組成之化合物，其中氫氧之比例恰與水之氫/氧比相等，因此把這類化合物又稱之為碳水化合物 (carbohydrate)，其通式為 $C_m(H_2O)_n$。醣類為構成生物體之主要成分，並且是重要的能量來源。尤其是植物，利用二氧化碳和水經光合作用而得一種物質，儲存於植物細胞中形成澱粉 $(C_6H_{10}O_5)_n$。澱粉是我們飲食中醣類的主要來源。其他例如果糖、蔗糖、纖維素等均為醣類。

醣類依其能否被水解為較簡單之醣，而區分為單醣、雙醣、多醣類，茲分述如下。

一、單醣類

單醣 (monosaccharides) 是醣類中最簡單的，不會再被水解成更簡單的醣類。生物體中最常見的單醣為六碳醣的葡萄糖及果糖，分子式都是 $C_6H_{12}O_6$，二者為同分異構物，葡萄糖含醛基為醛醣 (aldose)，果糖為含一酮基，稱為酮醣 (ketose)，一般醣類大多以 D-(右旋)型存在。

D-葡萄糖　　　D-果糖　　　D-半乳糖　　　D-甘露糖

（一）葡萄糖

天然的大都存在水果及葡萄中，澱粉水解亦可得葡萄糖 (glucose)。人體血液中含約 0.1% 的葡萄糖，工業上可用稀硫酸或稀鹽為催化劑，使澱粉水解得葡萄糖。白色結晶，含一分子結晶水，熔點 146℃，易溶於水，甜味不如蔗糖。因含醛基，故有醛基之還原性。葡萄糖能被人體直接吸收，以供活動所需之能量，亦可製成溶液，作靜脈注射，以增加營養。存在血液中的葡萄糖稱為血糖 (blood sugars)。血糖濃度必須維持在一個定值，過多或不足均對身體有不良的影響，如過多會造成糖尿病，故糖尿病患不可吃含有葡萄糖之醣類，包括水解會產生葡萄糖者，均在禁食之列。又因葡萄糖為腦的重要營養素，故含量太少會發生休克現象。

（二）單醣的環狀形式 (cyclic forms of monosaccharides)

當大部分溶於水中分子時，存在有一種以上結構的動態平衡。例如，葡萄糖在水中的平衡含有兩種環狀形式和一種開鏈形式 (見圖 2.1)。開鏈形式，只有一個自由醛基，含量小於溶質分子的 0.1%。然而葡萄糖溶液中，溶質仍可產生聚羥

基醛的反應。這可能是因為開鏈形式與兩種環狀形式之間的平衡，當這一個特殊反應只要出現一種形式時，就會向形式的任何一種方向移動（和勒沙特列原理一致）。

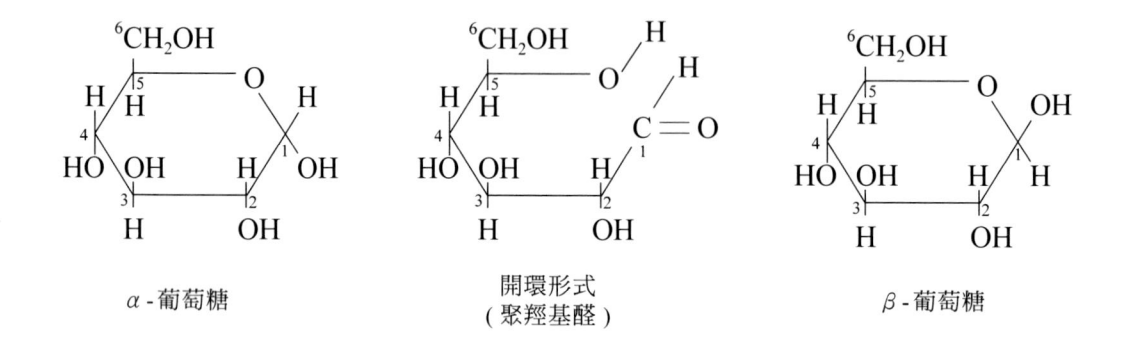

圖 2.1　葡萄糖的結構，在溶液平衡中存在的三種形式。

（三）果糖

果糖 (fructose) 常和葡萄糖共存在水果及蜂蜜中，蔗糖經水解亦會產生果糖。果糖多為黏稠液體，不易結晶，是一種很甜的糖，它的甜度約為蔗糖的二倍。果糖分子中含酮基，不同於葡萄糖的醛基，但亦具較低的還原力。因純果糖不同於醛糖，故可為糖尿病患者之甘味料，而不會導致血糖過高之虞。

二、雙醣類

在酸或酶之存在下，可被水分解為二分子單醣類者稱為雙醣類 (disaccharides)，其分子可為 $C_{12}H_{22}O_{11}$ 代表。較重要者為蔗糖 (sucrose)、麥芽糖 (maltose)、乳糖 (lactose) 等，茲分述如下。

（一）蔗糖

蔗糖是日常生活中最常見的雙醣，存在於許多植物的汁液中，如甘蔗、甜菜、草莓、鳳梨中。純蔗糖為白色晶體，易溶於水，若有酸或酶存在，可分解為葡萄糖和果糖。

$$CH_{12}H_{22}O_{11}(s) + H_2O(l) \xrightarrow{H^+} C_6H_{12}O_6(aq) + C_6H_{12}O_6(aq)$$

　　　蔗糖　　　　　　　　　　　　葡萄糖　　　　果糖

其溶點為 170 ～ 180℃，當加熱超過熔點後會開始分解，變為褐色的焦糖，再強熱則脫水碳化。

　　蔗糖除作調味品外，因具有防腐力，故亦可作食物之防腐劑，如蜜餞、糖漬物等。同時作糖果之原料，焦糖可作酒或食品醬油之著色劑。蔗糖本身不具還原性，但在人體內則會水解為葡萄糖後被吸收，故糖尿病患者不宜食用。

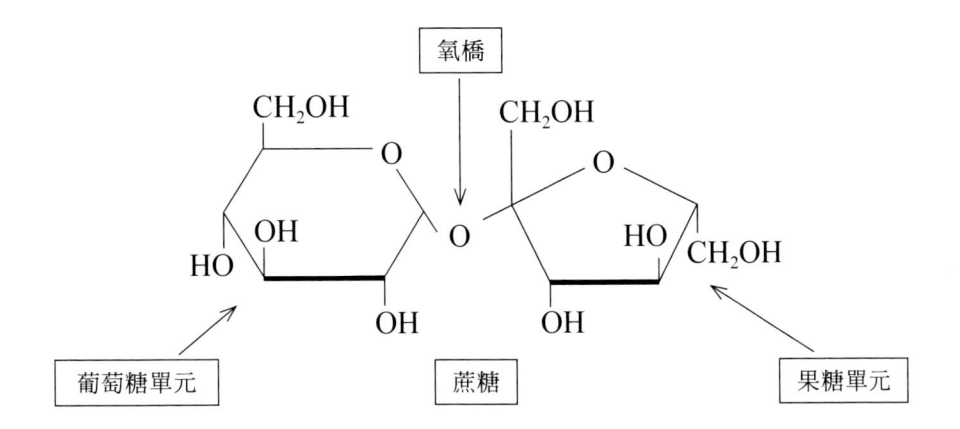

（二）麥芽糖

　　麥芽糖是蔗糖之異構物，可利用麥芽中的澱粉酶水解澱粉而得，故名麥芽糖。麥芽糖為白色針狀晶體，易溶於水，水解後產生二分子葡萄糖，故不同於蔗糖。麥芽糖具還原性，甜味不如蔗糖，多用於幼兒食品及調味料等。

（三）乳糖

　　乳糖存在於動物之乳汁中，如人類母乳中約含 5 ～ 8%，牛乳中約含 4 ～ 6%，一樣為雙醣類，水解後可得一分子葡萄糖及一分子半乳糖 (分子式見單醣類，為葡萄糖之異構物)。乳糖為白色晶體，易溶於水，具還原性，味不太甜多用於嬰兒食品及藥丸之糖衣等用途。乳糖易受空氣中細菌作用，轉變為乳酸，故乳類久存時，會變酸而腐敗。

三、多醣類

多醣類 (polysaccharides) 乃是高分子量的天然醣類聚合物，通常含有數百至數千個單醣分子，以 $(C_6H_{10}O_5)_n$ 表示其分子式。多醣類種類甚多，例如澱粉 (starch)、纖維素 (cellulose) 和肝醣 (glycogen) 等，以前二者較重要，分述如下。

（一）澱粉

澱粉為植物進行光合作用之產物。廣泛的存於植物體中，如米、麥、玉米、馬鈴薯、甘薯中。澱粉為白色顆粒，難溶於水，但當在水中烹煮時，顆粒會膨脹，至脹裂為糊狀物，若在酸作用下會水解為麥芽糖，而最後分解為葡萄糖。亦可由醇化酵素分解為酒精等。澱粉遇碘呈深藍色反應，可作為檢驗澱粉存在之方法。澱粉是生物體所必需之養分，更是人類的主食，澱粉食物經過烹煮後，可使食物更美味和更易消化。我們吃了澱粉，身體中的酶會將澱粉消化為聚合鏈較短之糊精，進而消化為麥芽糖，最後水解為葡萄糖，經各種代謝途徑，產生能量供我們工作所需能量及維持體溫外，多餘的尚能轉變為脂肪及蛋白質儲存備用。

植物的種子和莖中，以澱粉分子形式貯存著滿足能量需要的葡萄糖單元。澱粉有兩種葡萄糖聚合物。結構上比較簡單的一種是直鏈澱粉，佔有澱粉約 20%。我們可用下式表示其結構式，其中 O 是連接葡萄糖單元的氧橋 (Glu 表示葡萄糖)。

$$Glu \mathbf{\left(} O - Glu \mathbf{\right)}_n OH$$

直鏈澱粉 (n 是非常大的數目)

直鏈澱粉分子平均含有 1,000 多個葡萄糖單元，以氧橋相連在一起。在消化澱粉時，水和直鏈澱粉起反應，其分子在氧橋處斷開。葡萄糖分子釋放出來，最終進入血液中循環。

$$直鏈澱粉 + nH_2O \xrightarrow{水解} n\ 葡萄糖$$

澱粉的另一種類型為支鏈澱粉，其分子比直鏈澱粉分子要大。支鏈澱粉分子含有幾個直鏈澱粉分子，由氧橋連接，從一個直鏈澱粉單元的末端到沿另一直鏈澱粉單元的鏈的末端。

$$
\begin{array}{c}
\text{etc.}\\
|\\
\text{Glu}+\text{O}-\text{Glu}+_m\text{O}\\
|\\
\text{Glu}+\text{O}-\text{Glu}+_n\text{O}\\
|\\
\text{Glu}+\text{O}-\text{Glu}+_o\text{O}\\
|\\
\text{etc.}
\end{array}
$$

支鏈澱粉 (m, n 和 o 是非常大的數目)

來自於不同植物的支鏈澱粉樣品，分子量從 5×10^4 到幾百萬之間 (一百萬的分子量對應大約 6×10^3 個葡萄糖單元)。

（二）纖維素

纖維素也是多醣類，只是其分子式之 n 值比澱粉大，分子量可高達數十萬以上。為構成植物細胞壁之主要成分，存於植物的根、莖葉中，如棉、麻、竹、草、木等組織中，棉花幾乎是純的纖維素。纖維素是由許多葡萄糖分子聚合而成，不溶於水及一般溶劑，亦極難水解。但在強酸中加熱，可緩慢水解成葡萄糖，故食草性動物，如牛羊等藉胃中強酸和酶類作用可消化纖維素。又因葡萄糖分子間結合方式和澱粉不同，故不能被人類消化系之酶所消化，不過能協助腸胃蠕動，增進胃腸的健康。

纖維素雖多不為人類食用，卻是一種很有用的化學物質，可用以製成紙漿後用於造紙、紡織、人造絲、硝化處理為硝化棉塗料、炸藥，及賽璐珞塑膠等用途。

（三）肝醣

肝醣為儲存於動物體內的肝臟和肌肉中的醣類，和澱粉類似，又稱為動物澱粉。體內過多的葡萄糖會轉變為肝醣儲存，當需要時，它便分解成葡萄糖以供使用。肝醣是一種分子結構與支鏈澱粉結構相似的多醣。我們食用澱粉食品並把它轉化為葡萄糖進入血液中時，血液中過量的葡萄糖，會在特定組織中如肝臟和肌肉，將葡萄糖從血液循環中分離出來。肝臟和肌肉細胞把葡萄糖轉化為肝醣，往後，在需要高能量和節食期間，肝醣會釋放出葡萄糖，使血液中葡萄糖濃度保持夠高以滿足大腦和其他組織的需要。

參、脂質

脂質 (lipids) 是可溶於非極性溶劑，如乙醚和苯，但不溶於水中。脂質分子大部分完全是烴基團，呈現非極性。

脂類化合物家族龐大且形式各樣，這是因為脂類唯一必需的結構是大部分為類似烴基，以致他們在水中溶解性很差。因此，脂類化合物包括油脂、膽固醇和性荷爾蒙（如雌脂二醇和睪脂酮），其實，可以從他們的結構式中看出他們多麼像烴類化合物。

膽固醇　　　　　雌脂二醇　　　　　睪脂酮
　　　　　　　（一種雌性激素）　（一種雄性激素）

油脂為構成植物體內組織的重要成分，是由脂肪酸和甘油所生成的酯類，依其在室溫存在狀態可分為油和脂兩類。由生物體所取得的油脂通常是油和脂的混合物，沒有它的熔點和沸點。由植物體取得的如花生油、大豆油、亞麻仁油，含不飽和酯較多，故室溫時呈液體，稱之為油 (oil)。另由動物體取得的如豬油、牛脂等。所含的大都為飽和酯較多，室溫時呈固體狀，稱為脂肪 (fat)。

純油脂為無色、無臭、無味不溶於水，但可溶於許多有機溶劑中，如乙醚、氯仿、汽油等。油脂若久曝於空氣中，會被氧化成黃色，並產生酸臭氣味，是由油脂之酸敗。油脂除為重要食物來源外，在工業上最大用途為製造肥皂以及油漆等。將油脂在氫氧化鈉鹼性溶液中加熱，發生水解，並生成脂肪酸鈉鹽和甘油，此反應稱為皂化作用。此脂肪酸鈉肥皂即一般洗衣用肥皂 (soap)，如將皂化用的鹼改變，可得不同用途之肥皂，如鉀肥皂用於化粧品，鉛或其他金屬皂可用於潤滑劑、油漆，或填加料等。另外工業上常將不飽和的植物油，以鎳粉為催化劑，加氫使成飽和的固態脂類，稱為油脂的氫化，俗稱人造奶油。

一、脂類的化學組成和結構──三酸甘油酯

脂肪是由甘油與脂肪酸結合而成的：

$$C_3H_5(OH)_3 + 3\ RCOOH \rightarrow C_3H_5(OOCR)_3 + 3\ H_2O$$
　　甘油　　　　脂肪酸　　　　甘油酯

如果合成甘油酯中的 R，可有不同的 R_1、R_2 和 R_3，若均相同時，稱此甘油酯為單純甘油酯，否則，稱為混合甘油酯。天然脂肪中由於甘油（丙三醇）是三元醇，而且在一種脂肪成酯反應中至少由三種以上的脂肪酸參與反應，所以一般天然脂肪是混合甘油酯的混合物。存在於天然脂肪中的脂肪酸多為含偶數碳的直鏈脂肪酸，如：硬脂酸（正十八碳酸）、軟脂酸（正十六碳酸）等。儘管自然界中有許多脂肪酸，但有一些不飽和脂肪酸在人體內有特殊的生理功能，而人體又不能合成，必須由食物提供，這類脂肪酸稱為必須脂肪酸。如亞油酸、亞麻酸、花生四烯酸等，它主要來自於植物油。

脂類家族也包括脂肪和食用油──像橄欖油、菜籽油、玉米油、花生油、奶油、豬油和牛油等。這些都是三酸甘油酯 (triacylglycerols)，即含有三個 OH 基的甘油和任何三個長鏈羧酸生成的酯。

$$\begin{array}{l}CH_3(CH_2)_{16}COOCH_2\\|\\CH_3(CH_2)_{16}COOCH(s)\\|\\CH_3(CH_2)_{16}COOCH_2\end{array} + 3NaOH(aq) \xrightarrow{\text{皂化}} 3CH_3(CH_2)_{16}COO^-Na^+(aq) + \begin{array}{l}CH_2OH\\|\\CHOH\\|\\CH_2OH\end{array}$$

　　動物脂（硬脂酯）　　　　　　　　　　　　　硬脂酸鈉（肥皂）　　　甘油

表 2.2 常見的脂肪酸

脂肪酸	碳原子數	結構式	熔點(°C)
肉豆蔻酸	14	$CH_3(CH_2)_{12}CO_2H$	54
棕櫚酸	16	$CH_3(CH_2)_{14}CO_2H$	63
硬脂酸	18	$CH_3(CH_2)_{16}CO_2H$	70
油酸	18	$CH_3(CH_2)_7CH=CH(CH_2)_7CO_2H$	4
亞麻油酸	18	$CH_3(CH_2)_4CH=CHCH_2CH=CH(CH_2)_7CO_2H$	−5
次亞麻油酸	18	$CH_3CH_2CH=CHCH_2CH=CHCH_2CH=CH(CH_2)_7CO_2H$	−11

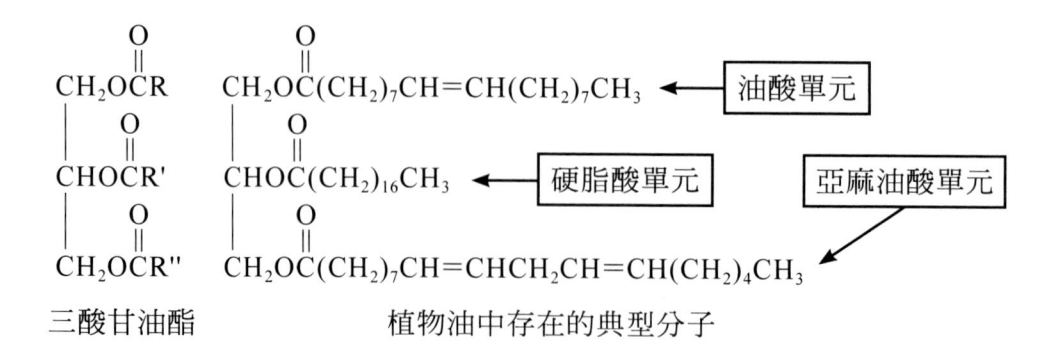

$$\begin{array}{l} \text{CH}_2\text{OCR} \\ | \\ \text{CHOCR'} \\ | \\ \text{CH}_2\text{OCR''} \end{array} \quad \begin{array}{l} \text{CH}_2\text{OC(CH}_2)_7\text{CH=CH(CH}_2)_7\text{CH}_3 \\ | \\ \text{CHOC(CH}_2)_{16}\text{CH}_3 \\ | \\ \text{CH}_2\text{OC(CH}_2)_7\text{CH=CHCH}_2\text{CH=CH(CH}_2)_4\text{CH}_3 \end{array}$$

（每個酯基上方均有 =O）

← 油酸單元

← 硬脂酸單元

← 亞麻油酸單元

三酸甘油酯　　　　　　植物油中存在的典型分子

　　用來製造三酸甘油酯的羧酸、脂肪酸 (fatty acids)，有偶數個碳原子的直鏈上僅有一個羧基 (表 2.2)。其長的烴鏈使得三酸甘油酯在物理性質上像烴類，包括不溶於水。許多脂肪酸含有烯基。

　　從植物得到的三酸甘油酯如橄欖油、棉籽油、玉米油、花生油稱植物油，常溫下為液體。從動物得到的三酸甘油酯，如豬油和牛油，稱為動物性脂肪，常溫下為固體。植物油每一個分子通常含有比動物性脂肪更多的烯烴雙鍵，所以也被稱為多元不飽和聚合物。雙鍵通常是順式的，分子也糾纏在一起，這使得分子間很難緊靠在一起，只受到倫敦力 (London force)，在固態時亦是如此。三酸甘油酯的消化 (digestion of triacylglycerols) 是指我們藉由水解消化三酸甘油酯，即其與水的反應。小腸前段分泌的消化液中含有一種催化這些反應的酵素。實際上，酸以陽離子形式存在，這是因為發生脂質消化作用的環境是鹼性的。

二、脂肪的一些物理、化學性質

（一）物理性質

　　純的脂肪及脂肪酸都是無色的，一般天然脂肪帶有顏色是由於脂肪中，因含油脂溶性色素 (如類胡蘿蔔) 之故。由於天然脂肪是混合甘油酯的混合物，因此，正如我們所熟知的，脂肪並無固定的熔點和沸點。表 2.3 列出了幾種食用油脂的熔點範圍。脂肪的熔點隨著組成中脂肪酸碳鏈的增長和飽和度的增大而增高。同樣脂肪的沸點也隨碳鏈的增長而增高，而與脂肪酸的飽和度關係不大。脂肪中的脂肪酸的類型還與脂肪的黏度有關。脂肪酸的不飽和度高，則黏度底；不飽和度相同，則脂肪酸的相對分子量大，脂肪的黏度亦大。脂肪被氧化或加熱聚合後，黏度要增大。脂肪不溶於水而溶於非極性的溶劑。

表 2.3 常用食用油脂熔點範圍

油酯	大豆油	花生油	向日葵油	棉籽油	橄欖油	豬油	牛脂
熔點／℃	$-8 \sim -18$	$0 \sim 3$	$-16 \sim -19$	$3 \sim 4$	$5 \sim 7$	$28 \sim 48$	$40 \sim 50$

（二）化學性質

1. 脂肪的水解

在酸、鹼、與酶的作用下，脂肪都可以發生水解，並生成個別的脂肪酸和甘油。若脂肪在鹼性溶液中起水解時，脂肪酸與鹼會結合成為該脂肪酸的鹽，即俗稱的肥皂，其反應式如下：

$$C_3H_5(OOCC_{17}H_{35})_3 + 3\ NaOH \rightarrow C_3H_5(OH)_3 + 3\ C_17H_{35}COONa$$

三硬脂酸甘油酯　　氫氧化鈉　　甘油　　　　鈉肥皂

在有生命的動物組織的脂肪中，並不存在游離的脂肪酸。當動物被宰殺後，在酶的作用下，脂肪才開始水解出游離脂肪酸，從而降低了食用動物脂肪的質量。因此，在提煉動物油脂時，一定要在動物被宰殺後立即進行，才可以保證品質。含油農作物在成熟收獲時，其中的油已有相當數量被水解，部分已產生了多量的脂肪酸，因此提取植物油時，常用鹼來中和以消除水解的影響。油炸食品時，油溫高達 170℃ 以上，由於被油作的食品濕度較大，如花生含水量約為 80%，因此這時油脂發生水解產生大量的游離脂肪酸。當游離脂肪酸含量超過 0.5～1.0% 時，水解速度就加快。一般大量游離的脂肪酸會使油發煙點降低，很容易出現冒煙現象，影響油炸食品的風味和品質，故使用時需要常換新油。有時脂肪水解使用，也被用來作為獨特風味食品的加工，如：乾酪、酸性奶……等。

2. 脂肪的酸敗壞

天然的油脂暴露在空氣中會因空氣中的氧氣、日光、微生物、酶等作用而發生酸臭和口味變苦的現象，此現象叫做脂肪的酸敗壞。脂肪的酸敗壞對食品的質量影響很大，不僅會使味感變差，而且會使脂肪的營養價值降低。另外，脂肪的酸敗壞也能產生各種有毒的成分，如酮、環氧丙醛及低分子脂肪酸。長期食用酸敗壞的脂肪對人體健康有害，輕者可引起嘔吐、腹瀉，重者會引起肝腫大等。因此，油脂及富含油脂的食品在加工和儲藏中重點要防止酸敗壞的發生。

3. 脂肪的熱變化

當溫度高於 300℃，油脂在無氧和有氧的條件下，都會發生聚變而使油脂的黏度增大。另外，在發生聚合的同時，油脂在高溫下還可以分解為酮、醛、與酸等。發生熱分解的油脂，除了味感變差、喪失營養外，甚至還會產生毒性。所以食品加工工藝上，應要求油溫控制在 200℃ 以下。

4. 植物油的氫化作用

植物油一般比牛油便宜，但由於植物油是液體，沒有人用它們作為麵包的奶油。記住動物性脂肪，如牛油，室溫下為固體，而植物油與動物油唯一的區別在於碳─碳雙鍵的數量。植物油的氫化作用 (hydrogenation of vegetable oils) 將植物油雙鍵上進行加氫反應，可把植物油由液態轉變為固態。如果三酸甘油酯分子中三個雙鍵中有一個發生氫化，則產物 (含二個雙鍵) 在室溫以上就能溶化。

三、人體中脂肪的生理功能和代謝機理

食物通過人體消化系統後，當脂肪攝入時，首先在胃中，在由胰臟分泌的脂肪酶的作用下進行分解代謝，即脂肪分解為脂肪酸和甘油。這些脂肪酸和甘油，一部分經過不同的途徑，進行氧化降解，提供給人體能量；另一部分多餘的脂肪酸和甘油在酶的作用下，重新合成人體所需的脂肪，而儲存在人體的皮下和腹膜；同時人體攝入的澱粉如果過量，在酶的作用下也能通過代謝合成脂肪而儲存起來。當人體吸收脂肪和澱粉不足時，這些多餘的脂肪將被消耗掉。

一般正常成年人體內脂肪占體重的 15%。它的主要功能與醣類一樣，是為人體提供能量，而且是一種最好的「燃料」，因為脂肪中所含的碳氫元素比醣類和蛋白質多，放出的熱能將比醣類、蛋白質多。1 g 醣類或蛋白質只釋放 16.7 kJ 能量，而 1 g 脂肪可釋放出 37.6 kJ 能量。但人體所需要的能量中約 30～40% 來自脂肪是正常的，主要應由醣類提供，否則易患酮病。每天膳食的脂肪含量按每公斤體重進食 1 g 就夠了。如果膳食中醣類較多，脂肪就可減少些。

人體中脂肪還有許多重要的功能。脂肪是構成細胞膜、腦髓、神經組織的重要成分，尤其在腦細胞和神經細胞中含量最多。脂肪還起著調節體溫、保護內臟、濕潤皮膚的作用。脂肪酸也是人體內前列腺合成的重要原料，它與體內膽固醇的結合使其能正常代謝，否則膽固醇容易在血管內沉積。根據現代營養學的研究，

必需脂肪酸有降低血液中膽固醇的功效，對防止動脈粥樣硬化和冠狀心臟病有好的作用。此外，必需脂肪酸對於皮膚和頭髮的健美至關重要，獲得足夠必需脂肪酸的人，皮膚潤滑而有光澤，毛髮烏黑光亮。

油脂是脂溶性維生素的溶劑，脂溶性維生素 A、D、E、K 是同油脂一起攝入人體內，油脂可以促進這些維生素的吸收，所以油脂是人體獲得脂溶性維生素的主要途徑。

肆、蛋白質

蛋白質 (proteins) 有很多種類，其構成了人體乾重 (去除水分後的體重) 的一半。在所有的細胞中都可發現蛋白質。它們是皮膚、肌肉及肌腱的耐壓成分。在牙齒和骨骼中，蛋白質的功能像混凝土中的鋼筋一樣，是屬補強物部分，沒有它，材料會很脆弱。蛋白質可以作為酵素、荷爾蒙和神經傳導物質。在血液中它們攜帶著氧氣和新陳代謝的廢棄物。還沒有其他化合物在生命系統中有如此多的作用。

蛋白質的基本結構單元是稱為多肽 (polypeptides) 的大分子，它是由一系列稱為 α- 胺基酸 (α-amino acids) 所組成的。多數蛋白質分子 (不包括其多肽單元)，還含有小的有機分子或金屬離子，整個蛋白質若沒有這些成分，則會失去其特殊的生物功能 (圖 2.2)。

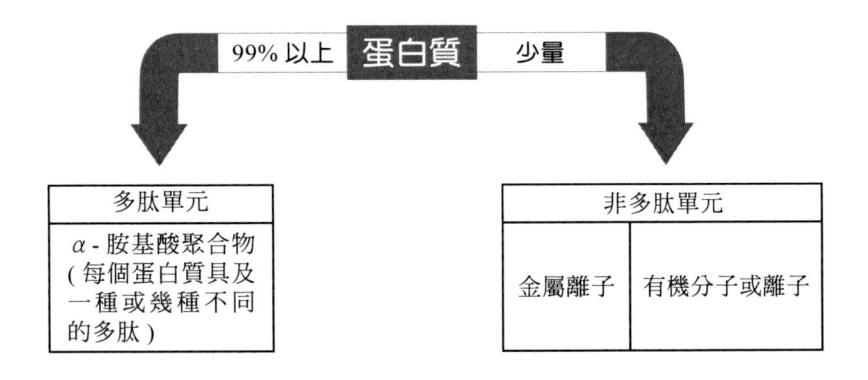

圖 2.2 蛋白質的組成成分。有些蛋白質只由多肽構成，但大部分蛋白質也有其他非多肽單元物質的結構，像有機小分子或金屬離子，或二者兼有。

一、胺基酸

胺基酸 (amino acids) 是有機羧酸分子中，羧基的碳鏈上，一個氫原子被胺基取代後生成的化合物。胺基酸可以根據胺基和羧基的相對位置分為 α-胺基酸 (第一個)、β-胺基酸 (第二個)……等。天然物的蛋白質水解，所生成的各種胺基酸都是 α-胺基酸。通式如下：

$$R-CH(NH_2)-COOH$$

式中 R 為胺基酸的各種不同結構的側鏈。每一種胺基酸都有各自的側鏈，它與胺基酸的理化性質及蛋白質的生物活性密切相關。

儘管自然界中有 175 種胺基酸，但組成蛋白質的基本胺基酸卻只有 20 種，它們被列於表 2.4 中。這 20 種胺基酸內有一些是人體內不能合成的，或者合成速度緩慢不能滿足需要，必須直接由食物中的蛋白質供給，因而它們被稱為必需胺基酸。有八種必需的胺基酸：色胺酸、苯丙胺酸、白胺酸、異白胺酸、離胺酸、甲硫胺酸、酥胺酸、纈胺酸。

表 2.4 二十種構成蛋白質的一般胺基酸

胺基酸	縮寫	結構式
非極性 (R) 側鏈：		
甘胺基 (Glycine)	Gly, G	$H-CH(NH_2)COOH$
丙胺酸 (Alanine)	Ala, A	$CH_3-CH(NH_2)COOH$
纈胺酸 (Valine)	Val, V	$CH_3CH(CH_3)-CH(NH_2)COOH$
白胺酸 (Leucine)	Leu, L	$CH_3CH(CH_3)CH_2-CH(NH_2)COOH$
異白胺酸 (Isoleucine)	Ile, I	$CH_3CH_2CH(CH_3)-CH(NH_2)COOH$
甲硫胺酸 (Methionine)	Met, M	$CH_3SCH_2CH_2-CH(NH_2)COOH$
苯丙胺酸 (Phenylalanine)	Phe, F	$C_6H_5CH_2-CH(NH_2)COOH$
脯胺酸 (Proline)	Pro, P	$C_3H_6(NH)CHCOOH$
色胺酸 (Tryptophan)	Trp, W	$C_8H_6NHCH_2-CH(NH_2)COOH$
極性、中性側鏈：		
絲胺酸 (Serine)	Ser, S	$HOCH_2-CH(NH_2)COOH$
酥胺酸 (Threonine)	Thr, T	$CH_3CH(OH)-CH(NH_2)COOH$
酪胺酸 (Tyrosine)	Tyr, Y	$HOC_6H_4CH_2-CH(NH_2)COOH$
半胱胺酸 (Cysteine)	Cys, C	$HSCH_2-CH(NH_2)COOH$
天冬醯胺酸 (Asparagine)	Asn, N	$H_2NOCCH_2-CH(NH_2)COOH$
麩醯胺酸 (Glutamine)	Gln, Q	$H_2NOCCH_2CH_2-CH(NH_2)COOH$

表 2.4　二十種構成蛋白質的一般胺基酸（續）

極性、酸性側鏈：		
天冬胺酸 (Aspartic acid)	Asp, D	HOOCCOCH$_2$—CH(NH$_2$)COOH
麩胺酸 (Glutamic acid)	Glu, E	HOOCCH$_2$CH$_2$—CH(NH$_2$)COOH
離胺酸 (Lysine)	Lys, K	H$_2$NCH$_2$CH$_2$CH$_2$CH$_2$—CH(NH$_2$)COOH
組胺酸 (Histidine)	His, H	C$_3$H$_3$CH$_2$—CH(NH$_2$)COOH
精胺酸 (Arginine)	Arg, R	H$_2$NC(NH)NH(CH$_2$)$_3$—CH(NH$_2$)COOH

對兒童來說，組胺酸也是一種必需的胺基酸。其餘胺基酸可以在人體內合成的，稱為非必需胺基酸。如果蛋白質中所含必需胺基酸愈多，則其營養價值也就愈高。由於動物性蛋白質含有必需的胺基酸高於植物性的蛋白質，所以我們說動物性蛋白質比植物性蛋白質的營養價值高。

多肽的單一單元是一組約 20 種 α-胺基酸，所有胺基酸結構都有下述特徵。此處 R 代表一結構基團，即一胺基酸側鏈。用於構成蛋白質的 20 種胺基酸，舉一些例子在下面列出。它們都有俗名，每一種也有一個三個字母的符號。最簡單的胺基酸是甘胺酸，其「側鏈」為 H，一般縮寫為 Gly 或是 G。

甘胺酸，像所有純態的胺基酸一樣，以偶極離子存在。這種離子是藉由質子的轉移，從捐贈質子的羧基轉移到接受質子的胺基，是內部自身中和引起的。胺基酸都是無色結晶，熔點約在 230°C 以上，大多沒有確切的熔點，熔融時分解並放出 CO$_2$ 與 NH$_3$；胺基酸都能溶於強酸和強鹼溶液中，大都也可溶於水中。大多數胺基酸的側鏈，可呈顯不同程度的酸性或鹼性，而呈顯中性的較少。所以胺基酸能與酸、鹼結合成鹽。除甘胺酸外，由於具有不對稱的碳原子，呈旋光性。由於空間的排列不同，可有 D 和 L 兩種構型，但構成蛋白質的胺基酸，都屬 L 型。所有胺基酸都可以形成二離子，這種離子是藉由質子的轉移，從捐贈質子的羧基轉移到接受質子的胺基，這是內部自身中和所引起的。其詳情如下：

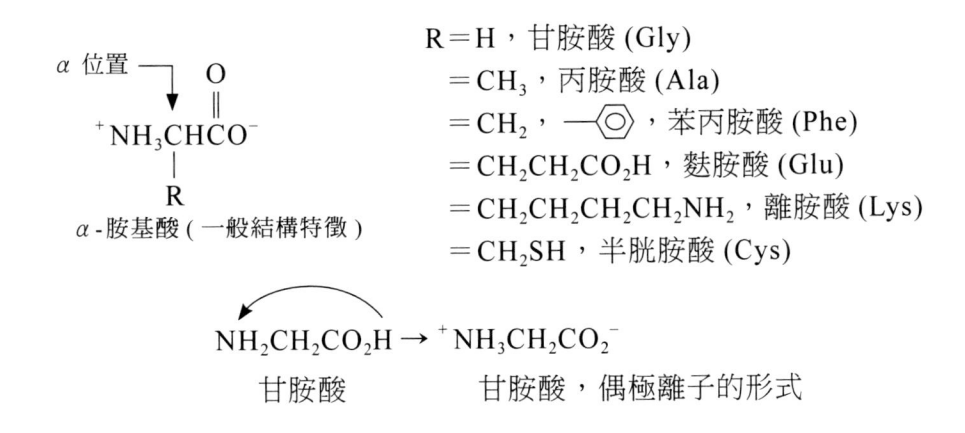

α 位置 ⎯⎯→ O
            ‖
$^+$NH$_3$CHCO$^-$
            |
            R

α-胺基酸 (一般結構特徵)

R＝H，甘胺酸 (Gly)
＝CH$_3$，丙胺酸 (Ala)
＝CH$_2$—⌬，苯丙胺酸 (Phe)
＝CH$_2$CH$_2$CO$_2$H，麩胺酸 (Glu)
＝CH$_2$CH$_2$CH$_2$CH$_2$NH$_2$，離胺酸 (Lys)
＝CH$_2$SH，半胱胺酸 (Cys)

NH$_2$CH$_2$CO$_2$H → $^+$NH$_3$CH$_2$CO$_2^-$
　甘胺酸　　　　　甘胺酸，偶極離子的形式

二、多肽

多肽 (polypeptides) 是胺基酸的共聚物。一個胺基酸的羧基與另一個胺基酸的胺基連接在一起，形成與醯胺相同的羧基—氮鍵，但此處稱為肽鍵 (peptide bond)。讓我們看看兩種胺基酸，甘胺酸和丙胺酸是如何脫水以連接在一起的。

這個反應的產物是 Gly-Ala (G-A)，是二肽的一個例子。

我們可使甘胺酸和丙胺酸起不同的作用，寫成不同的二肽，Ala-Gly (A-G) 的生成方程式。

$$^+NH_3CH_2C(=O)-O^- + H-N^+H(H)-CHCO^-(CH_3) \xrightarrow{\text{人體內，多步驟}} {}^+NH_3CH_2C(=O)-NHCHCO^-(CH_3) + H_2O$$

甘胺酸 (Gly)　　丙胺酸 (Ala)　　　　甘胺酸—丙胺酸 (Gly-Ala)

注意到每種二肽在鏈的一端有一個 COO^-，另一端有一個 NH_3^+。因此，二肽分子的每一端都可和 20 種胺基酸中任何一種再形成另一個肽鍵。例如，若 Gly-Ala 與苯丙胺酸按下式聯在一起，將形成順序為 Gly-Ala-Phe (G-A-F) 的三肽。

$$^+NH_3CH_2C(=O)-NHCHC(=O)(CH_3)-O^- + H-N^+H(H)-CHCO^-(CH_2C_6H_5) \longrightarrow {}^+NH_3CH_2C(=O)-NHCHC(=O)(CH_3)-NHCHCO^-(CH_2C_6H_5)$$

甘胺酸—丙胺酸 (Gly/Ala)　苯丙胺酸 (Phe)　　甘胺酸—丙胺酸—苯丙胺酸 (Gly-Ala-Phe)

三肽在鏈兩端仍含有一個 COO^- 和一個 NH_3^+，所以它能在任何一端與另一種胺基酸形成四肽。每加上一個單元仍留下帶有一個 COO^- 和一個 NH_3^+ 的產物。你可以看到很長的胺基酸單元序列是如何連接在一起的。注意側鏈序列的順序。我們為了說明的目的，只舉出了一個序列 Gly-Ala-Phe (G-A-F)，但其他五種的三肽也可能使用 Gly (G)、Ala (A) 和 Phe (F)，例如 AGF、AFG……。這六種三肽只在三個側鏈的順序上不同，三個側鏈是 H、CH_3 和 $CH_2C_6H_5$，位於在 α-碳原子上。

三、蛋白質

　　許多蛋白質 (proteins) 含有一種簡單的多肽。然而，多數蛋白質含有兩種及其兩種以上多肽的組合。在一些蛋白質中這些多肽是相同的，但在另一些蛋白質中，集合體的多肽是不同的。此外，相對較小的有機分子可包含在集合體中，有時也包含金屬離子。因此，術語「蛋白質」和「多肽」不是同義詞。例如，血紅素有剛剛描述的所有特徵 (圖 2.3)，血紅素由四個多肽 (兩個相似的多肽 α 與 β 和一個紫質分子) 組成，這有機分子使得血液呈紅色。紫質含有一個 Fe^{2+}。這整個組合是蛋白質、血紅素。若有一部分失去或改變 (例如，若鐵以 Fe^{3+} 存在，而不是 Fe^{2+}) 物質則不是血紅素，它在血液中不會攜帶氧氣。

　　蛋白質是構成生物細胞的主要成分。單體為 α-胺基酸，故蛋白質是多數胺基酸縮合而成的高分子化合物。蛋白質依其來源可分成動物性蛋白質和植物性蛋白質。如依構造形狀可分為球蛋白和纖維蛋白質。球蛋白大都可溶於水，如牛乳、血漿、酶及蛋白等。如毛髮、肌肉、爪等纖維蛋白則不溶於水。許多蛋白質受熱會凝固，因其蛋白質分子中起變化而不能再溶於水。蛋白質遇酸也會凝固，和濃鹼加熱會分解產生氨氣。遇鉛、汞、銀之鹽類會產生沉澱物，因此重金屬中毒時，可立即服用生蛋白或牛乳做解毒劑。蛋白質受細菌而腐敗時，產生硫醇類物質而此具惡臭和毒性，故不可再食用以免中毒。

　　蛋白質是我們身體所需的主要營養素之一，其功能和脂肪及醣類不同，蛋白質主要任務為修補被破壞或陳腐的細胞組織，使身體組織得以保持完整。蛋白質和許多化合物會產生顏色變化，可應用於檢驗上。如蛋白質的鹼性溶液遇稀薄之硫酸銅水溶液，會變紫色或紅色；蛋白質遇濃硝酸會轉變黃色，因此皮膚若不慎接觸濃硝酸會變黃色；另蛋白質和硝酸汞 $[Hg(NO_3)_2]$ 或硝酸亞汞 $[Hg_2(NO_3)_2]$ 共熱，會變紅色，以上之反應可用於檢驗蛋白質，或檢驗時輔助之用。

四、蛋白質形狀的重要性

　　在圖 2.3 中，注意一下血紅素中的每種多肽單元帶是如何捲曲的，而這線圈是如何糾結和轉彎。這種多肽的形狀是由胺基酸序列決定的，這是因為側鏈的大小不同，有些側鏈是親水的，有些是親油的。多肽分子形成捲曲纏繞的方式，以使親油基與周圍的水有最小接觸，而使親水基與水分子有最大接觸。

　　蛋白質的最終形狀稱為其自然型態，其分子結構是其作用能力的關鍵。例如，一個側鏈 R 基和另一個側鏈 R 基的交換，會改變血紅素的形狀，導致產生衰弱狀態，即已知的鐮刀形血球性血症。

物理條件，如加熱和化學試劑，如抑制劑和某些溶劑，會使蛋白質的天然形狀變形，雖然不斷裂任何共價鍵，而會使它失去生物作用。當發生這種情況時，我們說蛋白質已變性，這種變化一般都是不可逆的。

甚至在 H^+ 離子貢獻給接受位置或是從捐贈位置釋出時，多肽的形狀也會改變。因此，蛋白質所處的周圍環境的 pH 值變化，對蛋白質的作用能力有重大的影響。這就是為什麼生命系統必須以緩衝溶液嚴格控制其液體 pH 值的原因。

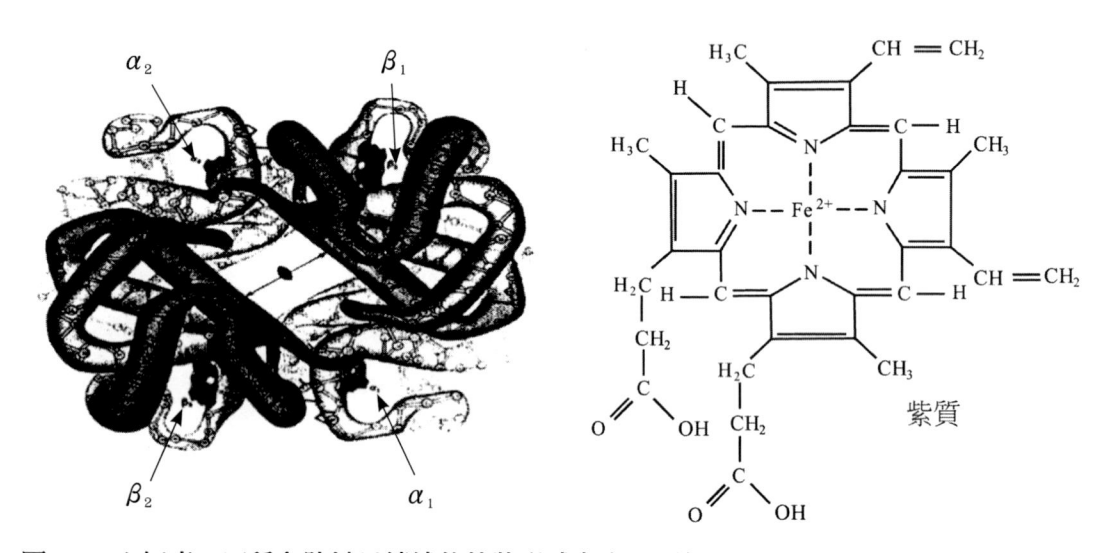

圖 2.3　血紅素。四種多肽鏈以纏繞的管狀形式存在。兩個單元是相似的 α-鏈；另兩個 β-鏈也是相似的。平面盤狀物為紫質分子。

五、酵素（酶）

生命細胞中的催化劑稱為**酵素（酶）**(enzymes)，它們全都是蛋白質。有些酵素需要金屬離子，如 Mn^{2+}、Cu^{2+} 和 Zn^{2+}，這些列出的微量元素一定在良好的飲食中。一些酵素也需要維生素 B 群分子以成為完整的酵素（酶）。

有些最危險的毒物會使酵素失去活性，而神經訊號的傳導需要這些酵素。例如，肉毒桿菌毒素可使神經系統中的酵素失去活性。重金屬離子，像 Hg^{2+} 或 Pb^{2+}，也是有毒性的，因為它們使酵素失去活性。

伍、核酸

組織中的酵素是在稱為核酸的化合物的化學直接合成的。每種核酸的獨特性和相似性都依賴於其結構特徵。

一、DNA 和 RNA

核酸 (nuclic acids) 是以兩種類型廣泛的存在，即 RNA 核糖核酸和 DNA 去氧核糖核酸。DNA 是基因的實際化學物質，是遺傳的個體單位，透過它我們可以遺傳我們所有特徵的化學基礎。

圖 2.4 核酸。一股 DNA 鏈的片段，以四個鹼基為主。當星號 * 的位置帶有一OH 基時，主鏈骨架是 RNA 的骨架。在 RNA 中，U 將替代 T。右邊插圖是顯示一段 DNA 簡化的圖。

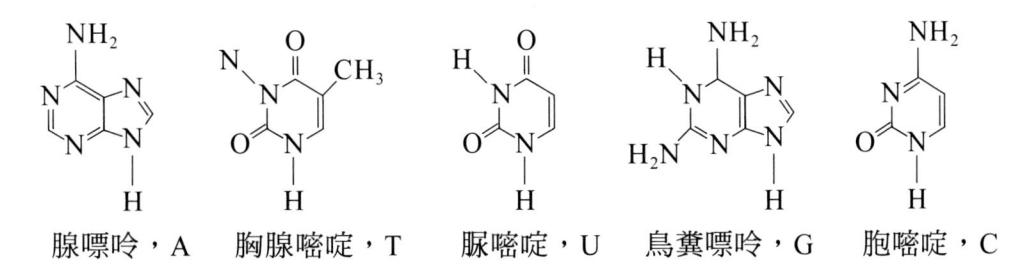

腺嘌呤，A　　胸腺嘧啶，T　　脲嘧啶，U　　鳥糞嘌呤，G　　胞嘧啶，C

A、T、G 和 C 出現在 DNA 中。A、U、G 和 C 出現在 RNA 中。這些少量的鹼基是基因「符號」中的「字母」。所有的基因訊息是只用四個字母 A、T、G 和 C 組成。

DNA 分子的主鏈或骨架是由磷酸和單醣貢獻的交替單元 (圖 2.4)，在 RNA 中，單糖為核糖。在 DNA 中，單糖為去氧核糖。因此，DNA 和 RNA 都有下述

系統，式中 G 代表基團，每一個 G 單元表示獨一無二的核酸側鏈或鹼基。下式中 P 表示磷酸，S 表示單糖。

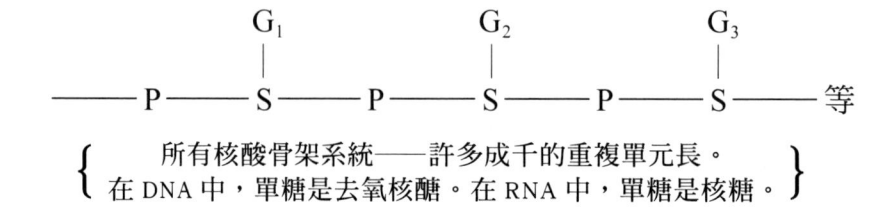

$$\begin{array}{cccccc} & G_1 & & G_2 & & G_3 \\ & | & & | & & | \\ & S & & S & & S \\ ——P——S——P——S——P——S—— & 等 \end{array}$$

$$\left\{\begin{array}{c}\text{所有核酸骨架系統——許多成千的重複單元長。}\\ \text{在 DNA 中，單糖是去氧核醣。在 RNA 中，單糖是核糖。}\end{array}\right\}$$

二、側鏈鹼基

側鏈 (side chain)、G 都是雜環胺，它們的分子形狀有它們特有的作用。作為胺，它們指的是核酸的鹼基 (bases)，用一個字母表示—— A 是腺嘌呤、T 是胸腺嘧啶、U 是脲嘧啶、G 是鳥糞嘌呤、C 是胞嘧啶。

三、DNA 的雙螺旋

1953 年，英格蘭的克里克博士 (F. H. C. Crick) 和美國的華生博士 (J. D. Waston) 共同推導出 DNA 在細胞中是兩股旋轉，以相反走向的分子螺旋成一平行的梯子狀，稱為 DNA 雙螺旋 (DNA double helix) (圖 2.5)。氫鍵把兩股肩並肩地

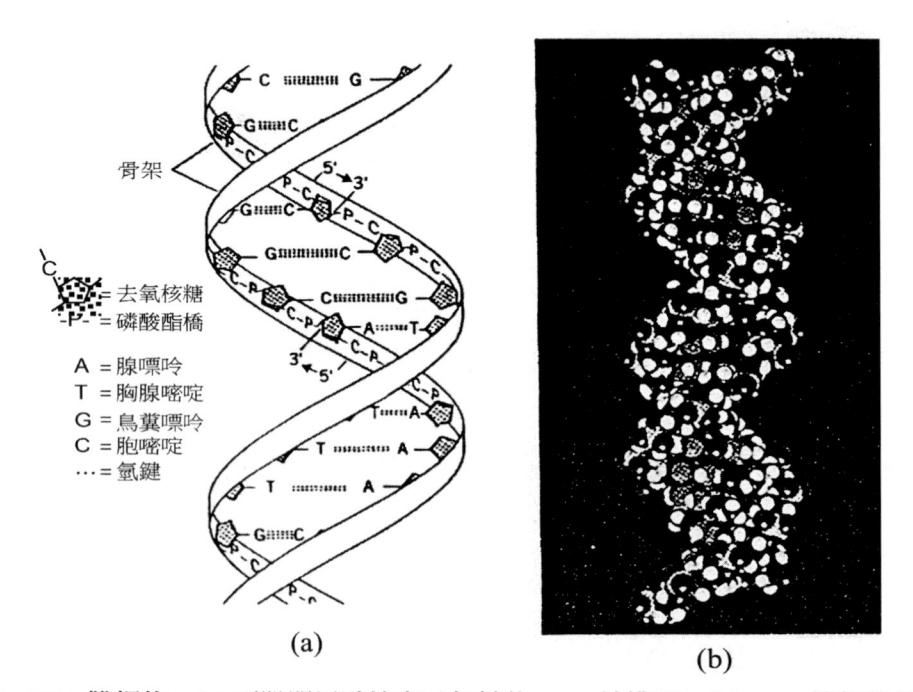

圖 2.5 DNA 雙螺旋。(a) 兩股間用點線表示氫鍵的 DNA 結構圖；(b) DNA 雙螺旋的片段模型。

連在一起，但也有其他因素參與。

一般鹼基中有 N—H 和 C＝O 基，其氫鍵 (……) 可以存在於它們間。

正如 N—H……O＝C，然而，鹼基分子幾何形狀的「配對」，最好以形成最多的氫鍵為準，這只有當鹼基有特殊的配對才會發生。每對的官能基在分子中有完全準確的位置，以允許配對成員間存在氫鍵。A 與 T 配對，C 與 G 配對 (圖 2.6)，在 DNA 中，A 只與 T 配對，而不與 G 和 C 配對。C 只與 G 配對，而從不與 A 或 T 配對。因此，在 DNA 雙螺旋中，一股上每個 G 的對面必定有 C 在另一股上。每個 A 的對面必定有 T 在另一股上。A 也與 U 配對，但 U 只在 RNA 中。A—U 配對是 RNA 作用過程中的一個重要因素。

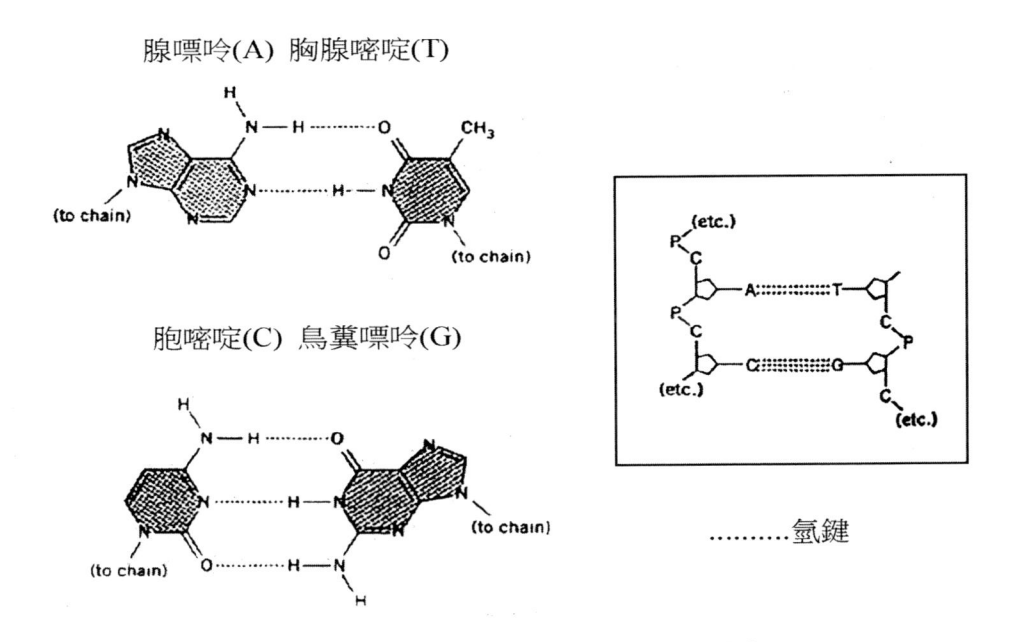

圖 2.6 DNA 中的鹼基對；氫鍵用點線表示。

四、DNA 的複製

優先於細胞分裂，細胞生成其 DNA 的複製品，以便每一個形成新的分子。核苷酸是由細胞製造，並存在於細胞液中。

酵素催化複製過程的每一步。當複製發生時，母體 DNA 雙螺旋的兩股分開，新股的單體沿著裸露的一股排列。其排列順序完全由鹼基對的特性決定。例如，舊股上的 T 鹼基只接受帶有鹼基 A 的核苷酸。兩股子雙螺旋和母雙螺旋是相同的，

每股雙螺旋都帶有一股母雙螺旋帶。一條新的雙螺旋進入一個子細胞，另一條雙螺旋子細胞將有完整的系列。這種再生複製稱為 DNA 複製 (replication)。

DNA 複製 (replication of DNA) 的準確性是來自於鹼基的配對性：A 只與 T 配對，C 只與 G 配對 (圖 2.7)。在圖 2.7 中，A、T、G 和 C 代表的不只是鹼基，而是整個 DNA 單體分子。這些分子稱為核苷酸，它們是由一個特定鹼基接上一個磷酸及一個糖單元所進入另一個子細胞。

目前已知一個簡單的人體基因 (genes) 約有三千個鹼基對，但它們不是連續地存在於一個 DNA 分子上。在多細胞組織中，基因既不是一個完整的 DNA，也不是在一個 DNA 分子上的序列。

單一的基因是由一個 DNA 鏈上特殊片段的總數所組成，帶有特定的多肽的必需基因訊息。構成基因的單獨 DNA 片段稱為表現序列 (exons) —— 可幫助表達訊息的單元。表現序列間的 DNA 片段稱為插入序列 (introns) —— 為中止基因的單元。

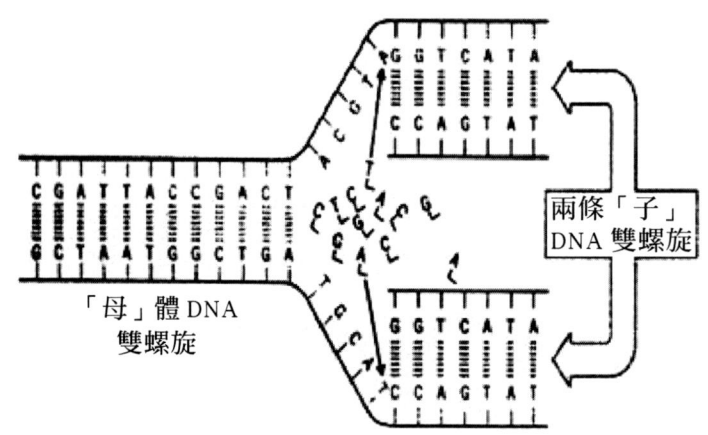

圖 2.7 鹼基對和 DNA 複製

五、DNA ——多肽直接合成

細胞中的多肽是在自己的基因指導下完成的。基因與酵素間的步驟按下列步驟進行。

DNA $\xrightarrow{\text{轉錄作用}}$ RNA $\xrightarrow{\text{轉譯作用}}$ 多

轉錄作用：基因信息在細胞核中讀出並轉錄給 RNA

轉譯作用：RNA 細胞和外，基因信息用於指導多肽的合成

標有轉錄作用 (transcription) 的步驟是由下列步驟完成的：DNA 上鹼基序列表示的基因信息轉錄為 RNA 上的互補鹼基序列，但 RNA 上是 U，而不是 T。轉譯作用 (translation) 意思是，RNA 上的鹼基序列轉化為新的多肽上的側鏈序列。它像由一種語言 (DNA／RNA 鹼基序列) 翻譯為另一種語言 (多肽側鏈序列)。

細胞藉由特定胺基酸的相對應核酸鹼基所表示的密碼，告訴哪一個胺基酸單元必須連接在增長的多肽上。換句話說，密碼能使細胞把 RNA 符號中的四個「字母」(A、U、G 和 C) 翻譯為胺基酸符號中的 20 個字母 (胺基酸側鏈)。為了解細胞是如何做的，我們必須學習關於 RNA 的更多知識。

六、細胞的 RNA

細胞的 RNA (RNA of a cell) 有四種類型的 RNA，均涉及基因和多肽之間的關係。一種稱為 rRNA，核糖體 RNA，它在稱為核糖體的小顆粒中與酵素包裹在一起。核糖體是生產多肽的位置。

另一種 RNA 稱為傳訊 RNA，mRNA，它把特定多肽的藍圖從細胞核帶到生產位置 (核糖體)。mRNA 是多肽排列位置的基因信息的攜帶者。

mRNA 是由另一種稱為異質性核 RNA，hnRNA 製成的。這在 DNA 單元指導下首先製得的 RNA，所以它含有表現序列和插入序列的序列片段。

最後一種 RNA 稱為轉送 RNA，tRNA。tRNA 負責收集預製的胺基酸，並把它們從細胞液中帶給核糖體。

七、多肽合成

所謂多肽合成 (polypeptide synthesis) 是指當一些化學訊號告訴細胞製作特殊的多肽時，細胞核製造出與基因對應的 hnRNA。正如我們指出的，hnRNA 上鹼基序列是，要被轉錄的 DNA 上之鹼基序列的確切互補鹼基序列，包含 DNA 的表現序列和插入序列。細胞核中的反應和酵素接著把新 hnRNA 的插入序列部分去除。這就好像是編輯 hnRNA 上的訊息，去除無意義的部分。編輯的結果是傳訊 RNA。

mRNA 現在移動到細胞外，在合成多肽的酵素的地方與核糖體結合。多肽生產的位置現在等待帶有胺基酸單元的 tRNA 分子的到來。所有這些都是為轉譯多肽合成作準備。

八、遺傳密碼

遺傳密碼 (genetic code) 是為繼續使用密碼語言，我們可以把遺傳信息描述為由三個鹼基製成的密碼語言寫成的。例如，在 mRNA 鏈上的 G、G 和 U 肩並肩地出現時，這些鹼基一起指定為甘胺酸。儘管三個其他的組合也意味著甘胺酸，但甘胺酸的基因代碼之一為 GGU。相似地，GCU 是丙胺酸的基因代碼。

當每三個鹼基組合出現在 mRNA 上時，稱之為密碼子 (codon)，每個密碼子與特定的胺基酸對應。哪種胺基酸與哪種密碼子的對應構成了遺傳密碼 (genetic code)。密碼最引人注目的特徵之一就是它是獨一無二的。例如，在人體中指定為丙胺酸的密碼子，在細菌、食蟻獸、駱駝、兔子和臭蟲中的基因機制中也被指定為丙胺酸。

出現在 tRNA 上，與密碼子互補的三個鹼基，稱為補密碼 (Aanticodon)。tRNA 分子，攜帶對應自己的補密碼的胺基酸，可以和一股 mRNA 排列，補密碼只用氫鍵與配對的密碼子相配合。若補密碼是 ACC，則補密碼上的 A 一定會同時在 mRNA 上發現 U，兩個相鄰的 C 一定會在 mRNA 股上發現兩個相鄰的 G。mRNA 密碼子決定了 tRNA 單元排列的序列，這就建立了多肽中胺基酸連接的序列。

1990 年在美國國家衛生研究院與美國能源部的主導下成立人類基因體組織 (Human Genome Organization, HUGO) 整個計畫才正式上路，隨著技術的進步與開放國際合作，這項計畫預計花費三十億美元，以 15 年的時間完成人類基因圖譜的解密。人類基因組計畫是由美國、英國、法國、德國、中國與日本等六國科學家所組成的龐大團隊，經費大部分來自美國聯邦政府的「國家衛生研究院」與英國的「衛爾康基金會」(Wellcome Trust)。「賽雷拉公司」(Celera Genomics) 則是由 Venter 所創立，在 1998 年以異軍突起之姿投入破解人類基因密碼的競技場，成立不過兩年，卻以最先進的技術加上許多超級電腦的協助，以一家公司之力得以與全世界的研究力量相抗衡。

人類基因體計畫原本只是純粹的學術研究計畫，所有的成果均公開免費供各界使用，但隨著計畫的進展，許多商機逐漸浮現，進而吸引許多民間企業加入競爭，就在這種既競爭又合作的關係之下，這項計畫得以不斷超前進度並可能提前完成。至目前為止，人類基因組的解讀，已達 95% 以上，其中 85% 更已經依正確序列組合了，而計畫最終目標是完成 100% 的基因組定序，並取得 99.9% 的正確率。中國大陸在這項計畫中，參與第三號染色體定序，譯出了 1% 的人類基因組；

而台灣的陽榮團隊則從 1999 年底，開始進行與人類肝癌有關的第四號染色體定序工作，在 2000 年 5 月 8 日，榮陽團隊終於將歐美各國甩在後頭，率先公布人類第四號染色體千萬鹼基定序的重大成果，證明了即使是別人眼中的小國家，台灣也有能力作出這樣的貢獻！

從開始進行人類基因組解碼測序，經過了 15 年把人類四十六條染色體，約有三十億個鹼基對進行排序，最後完整精確的基因組圖譜已於 2001 年 2 月完成，發現人類基因組中大約有 32,000 個基因，這在人類史上具有極為重要的意義。它可幫助進行疾病的早期診斷，了解遺傳病的誘因並進行遺傳諮詢。

九、基因缺陷

約二千種疾病歸因於細胞的基因構造中的多種基因缺陷 (genetic defects)。由於從基因到多肽有如此多的步驟，我們可以預期有許多機會出現錯誤。例如，假設基因上只有一個鹼基是錯的。那麼，mRNA 股上的一個鹼基也將為錯誤的鹼基，則產生我們所想要的多肽是錯的。這將改變每個原來的密碼子。如果 mRNA，緊接的三個密碼子，例如是 UCU-GGU-GCU-U-etc.，將第一個 G 刪去，則序列將變成 UCU-GUG-CUU-etc.。所有原來的三組一對全改變。你可以想像到，與我們想要的相比，這將會導致一個完全不同的多肽。

或者，考慮將 GGU 密碼子置換成 GCU 密碼子，則序列

$$UCU\text{-}GGU\text{-}GCU\text{-}etc.$$

變成

$$UCU\text{-}GCU\text{-}GCU\text{-}etc.$$

產生的多肽中有一個胺基酸將不是我們想要的。像這樣的事情會造成差別。例如，正常血紅素和鐮刀型血紅素，健康和不幸的基因疾病之間的差異。

原子輻射，像 γ-射線、β-射線，或甚至是 X-射線，和化學模擬輻射一樣也能引起基因疾病。一個迷路的輻射擊中基因，可能引起兩個相對的鹼基以化學方式融合在一起，因此使細胞在繁殖時死亡。當這發生在分裂時，細胞將無法複製自己的基因，也無法分裂，則將會終止它。如果這發生在組織中足夠多的細胞，生命體將可能有致命的影響。

十、基因工程

胰島素是胰臟製造的多肽荷爾蒙，我們需要胰島素來控制血液中的葡萄糖濃度。不能製造胰島素的人，易罹患胰島素依賴型糖尿病。在嚴重的糖尿病情況下，患者必須注射胰島素(避免消化道中消化蛋白質的酵素)。依賴從動物(例如，牛、豬、羊)胰臟中分離出胰島素的人，有時會有過敏的反應，因為動物的胰島素分子和人類的胰島素分子不相同。不過，人類胰島素現在可以用重組DNA技術製造了。

某些細菌的DNA可以被修飾，如此細菌能有正常下所沒有的基因。細菌使用和人類相同的遺傳密碼來製造它們自己的多肽。然而，不像人類，細菌所攜帶的DNA不只在染色體上，也在大量環狀的超螺旋DNA分子，稱其為質體。每個質體只攜帶一點基因，但一個質體的數個複製品能存在一個細菌細胞中。每個質體的複製與染色體無關。

質體能從細菌中移出來，用特殊酵素剪斷開來，將質體DNA分子的兩端暴露開來。這些是為了貼上下一個新的DNA，然後質體再封閉成環狀。這新的DNA就有基因可直接完整地合成原不屬於細菌的多肽，像人類胰島素的次單元一樣。這改變的質體DNA即所謂重組DNA，跟這步驟有關的技術即稱為基因工程(genetic engineering)。

重組DNA就是抓住細菌質體的特點，即當細菌複製時，細菌仍然能產生更多改變的質體。這是因為細菌複製非常快速，許多改變的細菌可以非常迅速地變成很多。在(牠們的細胞)分裂期間，那些改變的細菌會製造許多牠們要基因表現之蛋白質，包含重組DNA的特定蛋白質。利用這方法，細菌可以被誘導來製造人類的胰島素。這技術並不限於在細菌上，酵母細胞也可使用於基因工程中。

做基因工程的科學家期待能找出一種方法可修正基因缺陷。有相當多的研究目前正在進行，例如，改變病毒的核酸，使其能夠運送進人類細胞的DNA裡，將來可治療囊胞性纖維症。血友病患者，即使是輕微地割到，血液仍會大量流失，這是因為他們缺乏一種凝血因子，也許能利用基因工程製造這凝血因子來幫助他們。基因工程還有許多其他的應用也是目前正在研究的。

基因工程仍應用DNA做為法庭上的工具。醫學診斷技術上使用的「生物晶片」，已是近期與DNA有關的另一個重大發展。

陸、維生素

維生素 (vitamins) 是人體生命活動過程中，不可或缺的微量營養素，它在人體內不提供能量，亦不構成組織，但因為它是酶的輔酶的組成重要部分，在整個新陳代謝中起著重大作用。人體中一旦缺少各類維生素，就會引起代謝障礙，發生維生素缺乏的症狀。

一、簡述維生素

維生素是有機化合物，其分子中含有碳和氫元素，有的還含有氧、氮、硫、鈷等元素。人體需要的維生素絕大多數不能在體內合成，少數幾種能在體內合成的維生素，因數量極微，確不能滿足機體的需要，所以人體中的維生素必須由食物供給。

維生素種類較多，至今已發現了數十種，它們的化學結構各不相同，生理功能也各有差異；有些維生素，如 B 族維生素作為生物催化劑——酶的輔助因子而起作用，它參與所有細胞中的物質與能量變化的過程。而另一些維生素，如大家熟知的維生素 A 對視覺起作用，維生素 D 對骨骼構成起作用，維生素 K 對於血液的凝聚起作用等。維生素很難從其化學結構和功能將其分類，只好按它們的溶解性將它分為兩大類，即脂溶性的和水溶性的。前者包括維生素 A、D、E 和 K，它們常與天然食物的脂類共存。維生素 B 族和維生素 C 屬於水溶性的。

二、較常見的維生素

一些較常見維生素的來源、功能和特性敘述如下：

（一）維生素 A

維生素 A 的化學結構如下：

$$\text{[化學結構圖：含環狀結構與多烯鏈的 CH}_2\text{OH]}$$

由於分子中含有羥基，所以它可屬於醇類，故又名視黃醇。它能生成酯，而酯比較穩定，因而合成的維生素 A 製劑多採用酯的形式。維生素 A 中的環狀結構

很重要，只有這種結構才能使維生素 A 顯示生物活性。維生素 A 只存在於動物性食品中，如動物的肝臟、魚卵、全奶及蛋黃中含量豐富。植物性食品中雖然不含維生素 A，但它們含有能夠在體內轉化成視黃醇的胡蘿蔔素，這些能在體內可轉變成相應維生素的物質被稱為維生素原。如 β-胡蘿蔔素，在腸黏膜中能分解成兩分子維生素 A，所以人們稱其為維生素 A 原。維生素 A 呈淡黃色，維生素 A 溶於脂肪和脂肪溶劑，由於它高度不飽和、易氧化，高溫、紫外線和金屬均可促進其氧化破壞。如食物中含有磷脂、維生素 E 等天然抗氧化劑時，維生素 A 和 A 原就較為穩定。維生素 A 在體內參與眼球中的感光物質──視紅質的合成。因此它有維持正常視覺的功能，缺乏維生素 A 會導致夜盲、乾眼、角膜軟化等眼科疾病。

（二）維生素 D

維生素 D 是一種存在於自然界中類固醇的衍生物，有很多種，通常所說的維生素 D 主要是指 D_2（又名麥角鈣化醇）和 D_3 膽（鈣化醇）。二者結構相似，D_2 比多 D_3 一個甲基和雙鍵。

維生素 D_2　　　　　　　維生素 D_3

維生素 D_3 存在於新鮮的魚肝油中，而 D_2 存在於植物界，如麥角和酵母中。人和其他哺乳類動物可以在體內合成維生素 D_3 原。它們在皮下經日光中的紫外線照射而活化，並運輸至全身各器官利用和貯存。

純淨的維生素 D 能溶於脂肪及脂肪溶劑。純淨的維生素 D_2 和 D_3 皆為白色固體。維生素 D 的生理功能是調節磷、鈣代謝，使鈣沉澱形成羥基磷灰石 $Ca_3(PO_4)_2 \cdot 3Ca(OH)_2$ 促進骨骼與牙齒的形成。缺乏維生素 D，兒童將引起佝僂病，對成人可引起骨質軟化病和骨質疏鬆症。

維生素 D 通常在食品中與維生素共存，在魚、蛋黃、奶油中含量較多，尤其是海產魚肝油中含量特別豐富。另外，曬太陽是獲得維生素 D 最廉價的方法，讓孩子們在戶外曬太陽是提高體內維生素 D 含量的最好方法。

（三）維生素 E

維生素 E 又稱生育酚，化學結構上是一類苯并二氫吡喃的衍生物。如果側鏈中有三個不飽和雙鍵則為三烯生育酚。其中以 α-三烯生育酚的生物活性最高。維生素 E 是淡黃色的油狀液體，不溶於水，而溶於油脂及有機溶劑。維生素 E 中含有許多雙鍵，所以易被氧化，在食物中維生素 E 常作抗氧劑。

維生素 E 有許多生理功能，主要是可阻止人體細胞內的不飽和脂肪酸的氧化，從而保持細胞結構的完整和穩定。對抗衰老及預防動脈硬化等具有顯著的作用；維生素 E 的抗氧作用能保持體內的胡蘿蔔素、維生素 A 免受氧化，從而保持上皮細胞的正常。

生育酚的基本結構　　　苯并二氫吡喃

維生素 E 廣泛分布於動植物性食品中。尤其是各種植物油，如小麥胚油、棉籽油、花生油、玉米油、大豆油、橄欖油、芝麻油等都富含維生素 E，小麥、玉米等糧穀中也含有。此外，肉、魚、禽、蛋、乳、豆類、水果及幾乎所有綠葉蔬菜中均含維生素 E。

（四）維生素 B

1. 維生素 B_1（硫胺素）

維生素 B_1 即硫胺素，又稱抗腳氣病維生素。它是人類發現的第一種維生素。它是由被取代的嘧啶和噻唑環通過亞甲基連接而成的，它與鹽酸可生成鹽酸鹽。在自然界中，常與焦磷酸結合成磷酸硫胺素。

維生素 B_1 可由人工合成，是白色針狀結晶，溶於水。穀類、豆類、酵母、乾

果、動物的內臟、瘦肉及蛋類等均含較多的維生素 B_1。但應注意合理烹調及科學加工食品以避免維生素 B_1 的損失。

　　硫胺素以輔酶的形式在機體的糖代謝過程中具有重要的作用，如果缺乏維生素 B_1，則機體的能量來源受阻。同時維生素 B_1 不足時，還會影響人體的神經、胃腸道和心血管系統。已證明維生素 B_1 對腳氣病、酒精性神經炎、妊娠性或糙皮病性神經炎，都有治療作用。腳氣病是以精白米為主食地區所發生的地方病，至今在東南亞地區仍然是一個重要的公共衛生問題，特別在菲律賓、越南、泰國和緬甸。維生素 B_1 可由人工合成，是白色針狀結晶，溶於水。穀類、豆類、酵母、乾果、動物的內臟、瘦肉及蛋類等均含較多的維生素 B_1。但應注意合理烹調及科學加工食品以避免維生素 B_1 的損失。

2. 維生素 B_2（核黃素）

　　維生素 B_2，又名核黃素。它為橙黃色針狀結晶，熔點 280℃，溶於水和乙醇，其水溶液為黃色。維生素 B_2 是機體中一些重要輔酶 (FMN 和 FAD) 的組成成分，並具有氧化還原特性，所以在生物氧化中起重要作用。當人體缺乏維生素 B_2 時，物質代謝發生障礙，會引起口角炎、舌炎、陰囊皮炎、脂溢性皮炎等。

$$\text{維生素 } B_2$$

　　維生素已廣泛存在於動植物食品中，動物性食品比植物性食品含量高。尤以動物內臟最為豐富，其次是乳類、禽蛋。植物性食品中豆類和綠葉蔬菜含量較多。另外，酵母中維生素 B_2 含量也很多。

3. 維生素 B_6

　　維生素 B_6 是泛指吡哆類物質的通稱，因含有維生素 B_6 活性的物質即是屬於吡哆醇 (pyridoxine)，但有此功能者有三種化學形式：(1) 吡哆醇 (pyridoxol)；(2) 吡哆醛 (pyridoxal)；(3) 吡哆胺 (pyridoxamine)。其分子式分別為 (1) 吡哆醇 ($R = CH_2OH$)；(2) 吡哆醛 ($R = CHO$)；(3) 吡哆胺 ($R = CH_2NH_2$)。此物質是無色可溶於水及酒精的

結晶體，因含有鹽 (HCl) 的成份，故帶有點鹹味道。此類物質對熱不敏感，但碰到鹼性物質或者是紫外線之類時，即將會分解。鹽酸比哆醇的融解點約為 204～206°C。

維生素 B_6 主要作用在人體的血液、肌肉、神經、皮膚等。功能有抗體的合成、消化系統中胃酸的製造、脂肪與蛋白質利用 (尤其在減肥時應補充)、維持鈉／鉀平衡 (穩定神經系統)。缺乏維生素 B_6 的通症，一般缺乏時會有食欲不振、食物利用率低、失重、嘔吐、下痢等毛病。嚴重缺乏會有粉刺、貧血、關節炎、小孩痙攣、憂鬱、頭痛、掉髮、易發炎、學習障礙、衰弱等。

4. 維生素 B_{12}

維生素 B_{12} 一詞有兩種不同含義。在廣義上它是指一組含鈷化合物即鈷胺素 (cobalamins)：氰鈷胺 (cyanocobalamin，經氰化物提純而成的人工成品)、羥鈷胺 (hydroxocobalamin，即維生素 $B_{12}\alpha$) 及維生素 B_{12} 的兩種輔酶形式，甲鈷胺 (methylcobalamin, Me B_{12}) 和 5-脫氧腺苷鈷胺素 (5-deoxyadenosylcobalamin)，又名腺苷鈷胺 (adenosylcobalamin, Ado B_{12})。其更特定的含義是，僅指以上各種形式中的一種，即氰鈷胺，是 B_{12} 來自食物和營養補充的主要形式。

維生素 B_{12} 是唯一含有必需礦物質的維生素，水溶性。由於含鈷而呈紅色，所以又稱紅色維生素，是少數的有色維生素。在吸收時需要與鈣結合，大部分為小腸所吸收。人體只能利用甲鈷胺和腺苷鈷胺，其他鈷胺素要在細胞中轉化為這兩種形式才能被人體利用。

維生素 B_{12} 的主要來源是動物性食物，如動物肝臟、牛肉、豬肉、蛋、牛奶、乳酪。維生素 B_{12} 能貯藏在肝臟內，蓄積量用盡之後，要過五年以上才會顯現 B_{12} 的缺乏症。人體對 B_{12} 的需求量極少，只要飲食正常，除了極少數吸收不良和素食者之外，甚少出現缺乏的情況。

維生素 B_{12} 廣泛存在於動物食品中，除了紫菜和海藻外，植物性食物幾乎不

含 B_{12}，正常的膳食將會保證體內有足量的維生素 B_{12}，鮮見缺乏。但若患有吸收障礙的病人有可能患上維生素 B_{12} 缺乏症。另外，因為維生素 B_{12} 主要來自於動物食品，純素食者除非額外補充，否則很容易缺乏維生素 B_{12}。維生素 B_{12} 對健全神經組織有重要影響，並能增強記憶力和注意力，攝取不足會導致腦部損傷及神經功能障礙。

（五）維生素 C

維生素 C 的結構是己糖的衍生物，因它有防治壞血病的功能，並有酸味，所以稱其為抗壞血酸。它有四種異構體：L-抗壞血酸，D-抗壞血酸，L-異壞血酸，D-異壞血酸。其中，只有 L-抗壞血酸具有生物活性。

維生素 C 為白色晶體，易溶於水，它沒有羧基，其酸性來自烯二醇的羥基。由於羥基與羥基及雙鍵相連，所以烯二醇基極不穩定，可以和各種金屬 (Na、

Ca、Fe 等) 成鹽，也容易氧化為 L-脫氫抗壞血酸，後者可以再還原，它仍有生物活性，但脫氫 L-抗壞血酸開環水解成無生物活性的二酮古洛糖酸。

$$\text{抗壞血酸} \rightleftharpoons \text{脫氫抗壞血酸} \longrightarrow \text{2,3-二酮古洛糖酸}$$

維生素 C 在人體內具有許多重要的生理功能。其典型的生理功能如下。

1. 抗癌作用

它可促進膠原蛋白抗體的形成，因膠原蛋白能夠包圍癌細胞，因此維生素 C 有抗癌作用。它能將膽固醇轉化為膽汁酸，有降低膽固醇的作用。

2. 造血功能

維生素 C 能將 Fe^{3+} 還原為 Fe^{2+}，使其易於吸收，有利於血紅蛋白的形成。總之維生素 C 有多種生理功能，在臨床上除用它防治壞血病外，還廣泛用作輔助治療的重要藥物。

3. 解毒作用

維生素 C 對進入人體的重金屬毒物如砷、汞、鉛以及苯等有機物、藥物的毒性和細菌病毒，都有緩解作用。對一些中毒症狀，服用大量的維生素 C，也有明顯的緩解作用。

4. 預防病毒性感染

維生素 C 可使病毒鈍化，致病力減弱。常用維生素 C，對預防流感、肝炎的感染有一定的作用。但目前對此功能尚有爭論。

5. 預防衰老

維生素 C 和 E 的還原作用，可防止體內產生過氧化物出現「老年斑」，從而延緩衰老。同時攝入一定量的維生素 C 也能防止老年人關節的僵硬。

但需注意，過量服用維生素 C，也有不良反應。此外，服用維生素 C 期間，應忌食蝦類，因蝦類中含有對人體無毒的五價砷，維生素 C 的還原作用可將它還原為對人體有毒的三價砷化合物。維生素 C 缺乏的典型症狀是齒齦及皮下出血，患者面色蒼白、倦怠，特別易感染疾病。

人體不能合成維生素 C，所以只能從食物中攝取。維生素 C 主要來源於水果和蔬菜，柑桔、檸檬、山楂、獼猴桃、番石榴、酸棗、番茄等帶酸味水果和蔬菜含量豐富。此外，豆芽、辣椒中也含維生素 C。人們也常將維生素 C 做成價廉的片劑供藥用。從維生素 C 的眾多生理功能和其主要來源途徑來看，它確實是一種價廉物美的維生素。

除以上介紹的一些常用維生素外，人體需要還有其他的維生素。它們的功能、來源和別的維生素同列在表 2.5。

表 2.5　重要基礎維生素功能及相關事項

	維生素種類	主要功能	每日攝取量 (mg)	主要來源	缺乏之病症
脂溶性	維生素 A	視覺色素，皮膚組織維護，多醣類合成。	約 0.75	綠色蔬菜、牛乳、魚肝油、蛋黃、奶油	眼球乾燥退化、怕光、夜盲、失明、生長不良
	維生素 D	骨骼的形成，鈣的吸收。	0.0025 0.01 (孕婦)	伴隨維生素 A 存在、魚類、乳品類	兒童佝僂症、成人軟骨病
	維生素 E	作為抗毒素，防止細胞受損，抗氧化。	3～15	種子、綠色蔬菜、麥胚、蛋黃、牛乳	可能會貧血、不孕症、生殖組織退化
	維生素 K	血液凝結。	0.03	綠色蔬菜、水果、肉類、豬肝	可能導致內外部出血，及不易凝血現象
水溶性	維生素 B_1	去除二氧化碳及促進新陳代謝。	1.2～1.4	米、麥胚芽、豆類、豬肉	腳氣病、口角炎、神經組織障礙、浮腫、衰弱
	維生素 B_2	能量的新陳代謝及細胞的氧化還原反應。	1.2～1.6	大多數食物、肝、蛋、牛乳、酵母等	口角破裂、眼睛嘴唇紅腫、畏光、脫髮
	維生素 B_6	胺基酸的新陳代謝。	1.3	肉類、蔬菜、穀類	易怒、痙攣、肌肉收縮、腎結石

表 2.5　重要基礎維生素功能及相關事項（續）

	維生素種類	主要功能	每日攝取量(mg)	主要來源	缺乏之病症
水溶性	維生素 B_{12}	核酸新陳代謝及體內的催化反應。	0.003	肉類、蛋類、豬肝、牛乳、海產類	惡性貧血、神經疾病
	維生素 C	骨骼、牙齒維護、膠原質之合成。	45	新鮮蔬菜、柑橘、檸檬、青椒	壞血病（皮膚、牙齒、血管退化、上皮出血）
	維生素 H	脂肪合成、胺基酸代謝、肝醣形成。	約 0.15～0.3	豆類、蔬菜、肉類	疲勞、沮喪、噁心、肌肉酸痛
	菸鹼酸	細胞氧化還原反應。	15～20	肝臟、瘦肉、豆類	癩皮病、神經衰弱
	泛酸	脂肪代謝之能量。	4～12	粗糠及大多數食物	疲勞、睡眠不寧、消化炎、生殖機能障礙、停止發育
	葉酸	傳遞 C 的功能，參與 RNA、DNA 的合成。	0.1～0.5	綠葉蔬菜、肉類	貧血、生長不良

觀念思考題與習題

1. 何謂生物化學？請簡述之。
2. 請簡述生命的起源。
3. 生命的化學進化過程包括哪四個階段？請簡述之。
4. 人體中的化學物質有哪些？請簡述之。
5. 醣類若依水解程度來區分，可分為多少種？
6. 單醣類有哪些？簡述之。
7. 雙醣類有哪些？簡述之。
8. 多醣類有哪些？簡述之。
9. 何謂油？何謂脂？各有何特性？
10. 脂類的化學組成和結構是什麼？請詳述之。
11. 脂肪有哪些理化性質？請詳述之。
12. 何謂人造奶油？請詳述之。
13. 若兩個胺基酸結合脫去一水分子可形成什麼？請詳述之。
14. 蛋白質如何形成？請詳述之。
15. 蛋白質形狀的重要性是什麼？請詳述之。
16. 酵素有何特性？請詳述之。
17. 核酸是以哪兩種類型廣泛的存在？
18. 請簡述四種類型的 RNA。
19. 何謂基因的遺傳密碼？
20. 請詳述基因工程。
21. 請詳述維生素的重要性。
22. 哪些是脂溶性的維生素？哪些是水溶性的維生素？
23. 維生素 B 群包括有哪些？請分別詳述之。
24. 維生素 C 的異構體種類有哪些？請簡述之。
25. 維生素 C 在人體內有哪些重要的生理功能？請詳述之。

第三章　飲食化學

　　大自然中一切物質都是由化學元素組成的，人體也不例外。各種化學元素在人體中各有不同的功能。人體通過呼吸、飲水和進食，與地球表面的物質交換和能量交換達到某種動態平衡。所以生命過程就是生物體發生的各種物質轉化以及能量轉化的總結果。在生命活動過程中，化學元素和營養物質則通過食物鏈循環轉化，再通過微生物分解返回環境。

　　人體和化學的關係非常密切，首先生命和人體的演變過程是離不開化學變化的。要是沒有化學變化，地球上就不會有生命，更不會有人類。而人類的生存和繁衍更是靠化學反應來維持的，如食物對於維持生命之所以有如此重要的關係，就是因為食物的各種成分在人體內起各種化學變化，使之變為我們人體中所需的各種營養成分。呼吸也是如此，吸入的是氧，而呼出的是二氧化碳，這當然是化學反應的結果。為此要了解人體的奧秘，就離不開去探明其中的化學變化。

　　人類為了維持自己的生命活力並保持健壯的體魄，每天必須從外界攝取足夠的食物，以獲得必須的營養成分和能量。所謂食物就是含有各種營養成分和能量的物料，隨著人類文明的發展，從最初的生食天然食物，逐步演化至今，採用熟食各種經過加工，色、香、味俱全的飲食文化，而這種經過加工的食物，就稱之為食品。

　　隨著經濟的發展和人們生活水平的提高，面對市場上各種花樣的食品和保健品，應如何挑選適合自己健康狀況的食品，來改善和提高健康水平，已成為人類文明社會的主要飲食目的。也就這樣，要求大家對食品的基本知識和食品技術有所了解。食品化學是一門應用化學的分支學科，它主要研究食品的化學組成及其物理、化學性質和對人體的生理功能，食品色、香、味的化學原理和食品中各種添加劑的性質和作用。

壹、益害元素之風險管控

　　健康長壽是人類的共同願望。許多資料證明；危害人類健康的疾病都與體內

某些元素平衡的失調有關。因此，了解生命元素的功能，並正確理解飲食、營養與健康的關係，樹立平衡營養觀念，通過食物鏈方法補充和調節體內元素的平衡，會有益於預防疾病，增強體質，保持身體健康。

一、生物體中的化學元素的分類和主要功能

存在於生物體(植物和動物)內的元素大致可分為：
1. 必需元素，按其在體內的含量不同，又分為多量元素和微量元素；
2. 非必需元素；
3. 有毒(有害)元素。

人體內大約含 30 多種元素，其中有 11 種為多量元素，如 C，H，O，N，S，P，Cl，Ca，Mg，Na，K 等，約占 99.95%，其餘的 0.05% 為微量元素或超微量元素。

必需元素是指下列幾類元素：
1. 生命過程的某一環節(一個或一組反應)需要該元素的參與，即該元素存在於所有健康的組織中；
2. 生物體具有主動攝入並調節其體內分布和水平的元素；
3. 存在於體內的生物活性化合物的有關元素；
4. 缺乏該元素時會引起生化生理變化，當補充後即能恢復。

哪些是構成人體的必需元素？19 世紀初，化學家開始分析有機化合物，清楚地認識到活組織主要由 C、H、O 和 N 四種元素組成。僅這四種元素就約占人體體重的 96%。此外，體內還有少量 P。將人體內這五種元素的化合物揮發後就會留下一些白灰，大部分是骨骼的殘留物，這灰分是無機鹽的集合，在灰裡可找到普通的食鹽 (NaCl)。食鹽並不僅僅是增進食物味道的調味品，而是人體組織中的一種基本重要成分。有時，食草性動物甚至達到需要吃食鹽漬，以便彌補食物中所缺乏的鹽。

在實際研究中，確定某元素是否為必需元素，既與該元素在體內的濃度有關，也與它的存在狀態和生物活性密切相關。人體中的每一元素呈現不同的生物效應，而效應的強弱依賴於特定器官或體液中該元素的濃度及其存在的形態。對於每種必需元素，都有一段其相應的最佳健康濃度，有的具有較大的體內恆定值，有的在最佳濃度和中毒濃度之間只有一個狹窄的安全限度。

二、必需微量元素濃度——生物功能相關圖

有 40 餘種普遍存在於組織中的元素，它們的濃度是變化的，而它們的生物效應和作用已被研究確定的稱之為必需微量元素，而還未被人們所確認，有待於進一步研究，所以稱它們為非必需元素。另外一些則是能顯著毒害機體的元素。如，血液中非常低濃度的鉛、鎘或汞，具有有害的作用，就可稱為有毒元素，亦稱有害元素。

已有研究報導指出海水和古代人、現代人體內微量元素的關係極為密切。從海水中必需微量元素的含量與人體中主要元素的對比，說明賴以生存的環境中的元素是生物演化的結果。人類在適應生存和演化中，逐漸形成一套攝入、排泄相適應這些元素的保護機制，即人體內的元素，不論是常量或微量，維持平衡狀態是經過人類長期進化形成的。許多元素是否是必需還是有害，和攝入量 (即在體內的濃度有關)。

每一種必需元素在體內都有其合適的濃度範圍，超過或不足都是不利於人體健康。例如，人們對碘的最小需要量為 0.1 mg/ 天，耐受量為 1,000 mg/ 天，當大於 10,000 mg/ 天即為中毒量。若人體自身用以維持穩定態的調節機制出現障礙，便會發生疾病。有時元素的過量可能比缺乏更令人擔憂，因為某個元素的缺乏易於補充，而過量往往則難以清除，或清除過程中會產生副作用。

另外，共存元素的相互影響——在生物體內存在協同或桔抗作用，對元素濃度比例的要求就更複雜了。例如鋅可以抑制鎘的毒性，銅可以促進鐵的吸收等。由於元素間的相互作用，當評定某一微量元素對人體健康的影響時，還必須考慮與其有關元素的存在。

表 3.1 歸納了主要生物元素及其功能。在生命物質中，除 C、H、O、S 和 N 參與各種有機化合物外，其他生物元素各具有一定的化學形態和功能，這些形態包括它們的游離水合離子，與生物大分子或小分子配位體形成的配位化合物，以及構成硬組織的難溶化合物等。另外，我們也必須瞭解：桔抗作用是生物體內一種元素抑制另一種元素生物學作用的現象；協同作用則是生物體內一種元素促進另一種元素生物學作用的現象。

表 3.1 生物元素及其功能

元素	功能
H	水，有機化合物的組成成分。
B	植物生長必需。
C	有機化合物組成成分。
N	有機化合物組成成分。
O	水，有機化合物組成成分。
F	鼠的生長因素，人骨骼的成長所必需。
Na	細胞外的陽離子，Na^+。
Mg	酶的激活，葉綠素構成，骨骼的成分。
Si	在骨骼、軟骨形成的初期階段所必需。
P	含在 ATP 等之中，為生物合成與能量代謝所必需。
S	蛋白質的組分，組成 Fe-S 蛋白質。
Cl	細胞外的陰離子，Cl^-。
K	細胞外的陽離子，K^+。
Ca	骨骼、牙齒的主要組分，神經傳遞和肌肉收縮所必需。
V	禽和綠藻生長因素，促進牙齒的礦化。
Cr	促進葡萄糖的利用，與胰島素的作用機制有關。
Mn	酶的激活、光合作用中水光分解所必需。
Fe	最主要的過渡金屬，組成血紅蛋白、細胞色素、鐵─硫蛋白等。
Co	紅血球形成所必需的維生素 B_{12} 的組分。
Cu	銅蛋白的組分，鐵的吸收和利用。
Zn	許多酶的活性中心，胰島素組分。
Se	與肝功能肌肉代謝有關。
Mo	黃素氧化酶，醛氧化酶，固氮酶等所必需。
Sn	鼠發育必需。
I	甲狀腺素的成分。

這些元素在生物體內所起到的生理和生化作用，主要有幾個方面：

(1) 結構材料

無機元素中 Ca，P 構成硬組織，C、H、O、N、S 構成有機大分子結構材料，如多醣、蛋白質等。

(2) 運載作用

人對某些元素和物質的吸收、輸送以及它們在體內的傳遞等物質和能量的代謝過程往往不是簡單的擴散或滲透過程，而需要有載體。金屬離子或它們所形成的一些配位化合物在這個過程中擔負重要作用。如含有 Fe^{2+} 的血紅蛋白對 O_2 和 CO_2 的運載作用等。

(3) 組成金屬酶或作為酶的激活劑

　　人體內約有四分之一的酶的活性與金屬離子有關。有的金屬離子參與酶的固定組成，稱為金屬酶。有一些酶必需有金屬離子存在時才能被激活以發揮它的催化功能，這些酶稱為金屬激活酶。

(4) 調節體液的物理、化學特性

　　體液主要是由水和溶解於其中的電解質所組成。生物體的大部分生命活動是在體液中進行的。為保證體內正常的生理、生化活動和功能，需要維持體液中水、電解質平衡和酸、鹼平衡等。存在於體液中的 Na^+、K^+、Cl^- 等發揮了重要作用。

(5) 「信使」作用

　　生物體需要不斷地協調機體內各種生物過程，這就要求有各種傳遞資訊的系統。細胞間的溝通即信號的傳遞需要有接受器。化學信息的接受器是蛋白質。Ca^{2+} 作為細胞中功能最多的信使，它的主要受體是一種由很多胺基酸組成的單肽鏈蛋白質，稱鈣媒介蛋白質(分子量為 16,700)。胺基酸中的羧基可與 Ca^{2+} 結合。鈣媒介蛋白質與 Ca^{2+} 結合而被激活，活化後的媒介蛋白質可調節多種酶的活力。因此 Ca^{2+} 起到傳遞某種生命信息的作用。也有細胞內信使，Ca^{2+} 也是細胞內信使。

　　有些元素可同時在幾個方面發揮作用。例如 Ca^{2+} 就有多方面的生物功能。下面僅就 Ca、P、Na、K 等的主要生物功能作簡要介紹。

　　鈣是骨骼和牙齒的主要成分。調控人體正常肌肉收縮和心肌收縮，同時起細胞信使作用。例如，血液中 Ca^{2+} 過多，會造成神經傳導和肌肉反應的減弱，使人對任何刺激都無反應，但血液中 Ca^{2+} 太少，又會造成神經和肌肉的超應激性，在這種極度興奮的情況下，微小的刺激，例如一個響聲、咳嗽，就可能使人陷入痙攣性抽搐。

　　磷、骨骼和牙齒中除了含 Ca 外，磷也是一種重要的元素。人體內 90% 的磷是以磷酸根 PO_4^{3-} 的形式存在，如牙釉質中的主要成分是羥基磷灰石 $Ca_{10}(OH)_2(PO_4)_6$ 和少量氟磷灰石 $Ca_{10}F_2(PO_4)_6$ 及氯磷灰石 $Ca_{10}Cl_2(PO_4)_6$ 等。

　　牙釉質是由不溶性物質所組成，稱為羥基磷灰石 $Ca_{10}(OH)_2(PO_4)_6$。使它從牙齒上溶解下來稱為去礦化而形成時稱為再礦化。在口腔中存在著這樣一種平衡：

$$5\ Ca^{2+}(aq) + 3\ PO_4^{3-}(aq) + OH^-(aq)$$

健康的牙齒也同樣存在這樣的平衡。然而，當糖吸附在牙齒上並且發酵時，產生的 H^+ 與 OH^- 結合成 H_2O 以及 PO_4^{3-} 而擾亂平衡，會引起更多的由 $Ca_{10}(OH)_2(PO_4)_6$ 溶解，結果使牙齒腐蝕。氟化物通過取代羥基磷灰石中的 OH^- 有助於防止牙齒腐蝕，因此產生的 $Ca_{10}F_2(PO_4)_6$ 能抗酸腐蝕。

磷酸可以和有機化合物中的羥基（糖羥基、醇羥基），形成磷酸脂。如 ATP 就是三磷酸腺苷，磷脂就是存在細胞膜。ATP 水解時放出高能量，如 ATP 的水解與細胞裡的一個放熱反應（如肌肉收縮或大分子的合成）相配合，則 ATP 的水解就可為其他反應提供必要的能量。磷的化學規律控制著核糖、核酸以及胺基酸、蛋白質的化學規律，從而控制著生命的化學進化。身體中磷的作用相當的廣泛，也極為重要，例如：分子的組分，骨和齒的組分，有助於維持體液的中性（人的血液 pH = 7.40）。由於磷在食物中的分布很廣，因此人們日常食品中很少會產生缺少該元素。

K^+、Na^+ 和 Cl^- 在體內的作用是錯綜複雜而又相互關聯的。K^+ 和 Na^+ 常以 KCl 和 NaCl 的形式存在。K^+、Na^+、Cl^- 的首要作用是控制細胞、組織液和血液內的電解質平衡。這種平衡對保持體液的正常流通和控制體內的酸鹼平衡都是必要的。Na^+ 和 K^+（與 Ca^{2+} 和 Mg^{2+} 一起）有助於使神經和肌肉保持適當的應激水平。NaCl 與 KCl 的作用還在於使蛋白質大分子保持在溶液之中，並使血液的黏性或稠度調節適當。胃裡開始消化某些食物的酸和其他胃液、胰液及膽汁等的分泌助消化的化合物，是由血液裡的鈉鹽和鉀鹽形成的。另外，視網膜對光脈衝反應的生理過程，也依賴於 Na^+、K^+ 和 Cl^- 有適當的濃度。顯然，人體的許多重要機能對這三種離子都有依賴關係。體內任何一種離子不平衡，都會對身體產生影響。例如，運動過度，特別是炎熱的天氣裡，會引起大量出汗，汗的成分主要是水，還有許多離子，其中有 K^+、Na^+ 和 Cl^-，使汗帶鹹味。出汗太多使體內這些離子濃度大為降低，就會出現不平衡，使肌肉和神經反應受到影響，導致出現噁心、嘔吐、衰竭和肌肉痙攣。因此，運動員在訓練或比賽前後，喝特別配製的飲料，用以補充失去的鹽分，特別稱為運動飲料。

當我們仔細觀察和研究那些含金屬元素生物分子的結構以及它們的生理功能時，發現人體內的常量元素都是海水中最豐富的元素。人體大部分的組成元素是週期表中的較輕元素（原子序數在 34 以下），只有兩個較重的元素就是原子序數

為 42 的 Mo 和 53 的 I。由地球表面大氣圈、水圈和淺岩石圈所組成的生物圈中的元素中，主要也由這些輕元素所組成，這正是大自然豐度原則的直接結果。

由於生命誕生於水溶液中，因此可以認為生物體發源於水圈。生物體體液中的離子組成和水圈中的離子組成也很相似。生物體正是利用水體中含量最豐富的 Na^+ 和 K^+ 來控制體內的離子濃度和滲透壓等；又如 Ca^{2+} 和 S^{2-} 在性質上雖然很相似，而自然界絕大多數的生物卻是利用鈣鹽作為構成骨骼的材料，這正是利用了鈣有較高的豐度。

人類自身目前仍然處於一個演化的過程之中，與地球的形成、生物體的演化這個漫長的歷史進程相比，人類只是這條長河中極其短暫的一段。現代人類還在不斷地隨著環境的改變而演化，以適應新的環境。

微量元素在不同體內部位的水平與人體健康關係極大。它與人體健康的關係是很複雜的，其濃度、價態、攝入機體的途徑等對人體健康都有影響，有些疾病的發生和微量元素的平衡失調關係密切。例如中國大陸的地方病──克山病──是與缺硒有關的心肌壞死；地方性甲狀腺腫、地方性克汀病則是由於嚴重缺碘引起的等等。微量元素還和人體免疫功能、出生缺陷、腫瘤、血液病、眼疾等有關。如何將微量元素做成藥物和食品添加劑等用於醫治和疾病的預防是一個重要的專門研究領域。微量元素與人體的關係不是孤立的，微量元素之間，微量元素與蛋白質、酶、脂肪、維生素之間都存在相互作用。如銅和鐵在肌體內顯示生理協同作用，即銅可促進肌體對鐵的吸收；鐵可拮抗鎘的毒性等。在分析它們的作用時，不能忽略其他因素的影響。

人體中也含有非必需微量元素，甚至有害元素如 Cd、Hg、Pb 等，這和食物、水質及大氣的污染關係甚大。如經口腔、呼吸道吸收的助通過血液轉移後，大部分蓄積於腎臟和肝臟中，可引起肌體對有益元素 Zn 和 Ca 的吸收和利用的紊亂，導致一種以骨骼疾患為特徵的骨痛痛病。Cd 的污染主要是工業污染造成的，採礦、冶煉、合金製造、電鍍、油漆顏料製造等工業部門向環境排放的 Cd，污染了大氣、水、土壤。人體中 Cd 的主要來源是食物。人從環境攝取 Cd 的途徑及比率大致為：食品約占 50%，飲用水約占 1%，空氣約占 1%，香煙約占 46%。煙草含 Cd 量很高，一包香煙含出達 30 mg，長期吸煙造成的人體部助積累會對健康帶來影響。

貳、色、香、味的食品化學

對食品而言，其色、香、味是一種食品能否吸引人們，產生食慾的重要因素之一，同時它也是鑑別一種食品品質優劣的一項重要指標。

一、食品的色澤化學

食品的色澤是由食品本身，固有的色素和加工中添加的色素而產生的。食品中的色素按其來源可分為天然色素和人造色素兩大類。

（一）天然色素

食品中的天然色素是指在新鮮原料中眼睛能看到的有色物質或者本來無色，在加工過程中由於化學反應而呈現顏色的物質。食品中的天然色素就其來源而言，可分為動物色素、植物色素和微生物色素。以生物色素最為多采多姿，也是構成食物色澤的主體。常見的天然色素主要有以下幾種。

1. 葉綠素

在綠色一類色素中，主要的是葉綠素。它是高等植物和其他所有能進行光合作用的生物體所具有的。它可使蔬菜和未成熟的果實呈現綠色。葉綠素在化學上是吡咯色素，葉綠素是葉綠酸與葉綠醇及甲醇所組成的二醇脂，綠色來自葉綠酸的殘基部分。

葉綠素在活細胞中與蛋白質結合成葉綠體，細胞死亡後葉綠素即游離出來。游離的葉綠素極不穩定，對光和熱均敏感。葉綠素在酸性條件下，分子中的鎂離子可被氫離子取代，生成暗橄欖褐色的脫鎂葉綠素。由於在加工、運輸和儲藏過程中食品中總會分解出有機酸，從而使脫鎂變褐的反應發生。

在食品加工中所用的綠色主要是來自葉綠素銅鈉鹽，它是以植物（如菠菜等）或乾燥的蠶沙用酒精或丙酮抽提出葉綠素，再使之與硫酸銅或氧化銅作用，以銅取代葉綠素中的鎂。再將其用苛性鈉溶液皂化，製成膏狀或進一步製成粉末。此即稱為葉綠素銅鈉。

葉綠素銅鈉鹽為藍黑色帶金屬光澤的粉末，有胺類臭味，易溶於水，稍溶於乙醇與氯仿，幾乎不溶於乙醚和石油醚，水溶液呈藍綠色，耐光性較葉綠素強。葉綠素銅鈉鹽是良好的天然綠色色素，可用於對罐裝青豌豆、薄荷酒、糖果等的

著色，翠綠奪目，效果甚好。

2. 姜黃素

姜黃素是多年生草本植物姜黃根莖中所含的黃色色素的主要成分。

姜黃素是用丙二醇或乙醇從姜黃粉中抽提出來的黃色結晶粉末，不溶於冷水，溶於乙醇和丙二醇，易溶於冰醋酸和鹼液中。呈鹼性時，為紅褐色，中性及酸性時，為黃色。著色性強，特別是對於蛋白質。但耐光性、耐熱性、耐鐵離子性較差。

姜黃素可用於果味水、果味粉、果子露、汽水、調配酒、糖果、冰淇淋、糕點等著色。在民間姜黃粉常用於咖哩粉、蘿蔔、鹹菜等食品的增香及著色用，亦常用於龍眼的外皮著色。

3. 蟲膠色素（紫膠紅素）

蟲膠色素是紫膠蟲在其寄生植物上所分泌的紫膠原膠中的一種色素成分。蟲膠色素分為不溶於水和溶於水兩大類，溶於水者名為蟲膠紅酸或紫膠酸，有A、B、C、D、E五種。

蟲膠紅酸易溶於水和乙醇。在酸性時，對光和熱穩定。色調隨pH而變化，在pH 3～5時，為紅色，pH為6時，為紅至紫色，pH ＞ 7時為紫紅色。蟲膠色素在食品中的使用範圍與姜黃素相同。主要用於飲料、水果糖、紅糖和水晶糖等的著色。

4. 紅花黃

紅花黃是紅花中所含黃色色素。紅花為菊科植物紅花的花。

紅花黃色素為黃色均勻粉末，可溶於水和乙醇，不溶於油脂，在pH 2～7範圍內，呈黃色，在鹼性溶液中，則呈紅色。紅花黃色素在食品中的使用範圍與姜黃素相同。此外還可用於冰淇淋。

5. 紅麴米色素

紅麴米即紅麴，是由紅麴黴接種於蒸熟的大米，經培育發酵所得。將紅麴用乙醇抽提，得液體狀紅麴米色素；或者由紅麴黴的深槽培養液中進一步結晶精製而得。紅麴米色素可以分為六種，其中包括紅色色素、黃色色素和紫色色素各兩種，但實際應用的主要成分是兩種醇溶性的紅色色素，即紅斑素和紅麴紅素。

紅麴米色素在食品中的使用範圍除與姜黃素相同外，尚可用於熟肉製品、腐乳、辣椒醬、甜醬、醬雞、醬鴨。紅麴米色素具有以下特點：對 pH 的變動穩定，耐光耐熱性強，不受金屬離子的影響，幾乎不受氧化還原的影響，對蛋白質的著色性良好，毒性實驗證明安全無毒。

6. 醬色

　　醬色即焦糖，是我國傳統使用的天然色素之一，按製法不同，可分為不加銨鹽和加銨鹽生產的兩類，後者生產的醬色色澤較好，加工方便，得率亦較高，但有一定毒性，我國不允許使用。不加銨鹽生產法製造液體醬色是把飴糖、澱粉水解物、糖蜜及其他糖類物質在 160～180℃的高溫下使之焦化，最後用鹼中和，將產品乾燥即得粉狀或塊狀焦糖。液體焦糖是黑褐色的膠狀物，可溶於水和稀乙醇溶液，粉狀或塊狀的焦糖呈黑褐色或紅褐色，粉狀者一般含水量為 5% 左右，焦糖色調不受 pH 值及過度曝露在空氣中所影響，但 pH 6.0 以上易發霉。

　　焦糖的用途很廣，需要量很大，在我們常吃的可樂型飲料、威士忌、醬油、辣椒醬、咖啡等飲料、糖果、粉末調味劑等食品中均添加了焦糖。

7. β-胡蘿蔔素

　　β-胡蘿蔔素廣泛存在於動植物中，其中以胡蘿蔔、辣椒、南瓜等蔬菜含量多。β-胡蘿蔔素的化學結構如下：

$$\text{結構式：} (CH=CH-C=CH)_2-CH=CH-(CH=C-CH=CH)_2$$

　　β-胡蘿蔔素為紅紫色至暗紅色的結晶狀粉末，稍有特異臭味，不溶於水及甘油，難溶於乙醇、丙酮。在弱鹼性時比較穩定，在酸性時不穩定，對光和氧也較不穩定，但在食品通常的 pH 值範圍 2～7 內尚穩定，特別是可不受還原物質，如抗壞血酸所影響，色調在低濃度時呈橙黃到黃色，高濃度時呈紅橙色，重金屬離子特別是鐵離子可促進其褪色。

　　β-胡蘿蔔素可用於奶油、冰淇淋、糖果、蛋黃醬、調味汁和乳酪等食品中。

8. 辣椒紅

辣椒紅是存在於辣椒中的類胡蘿蔔素。其性狀類似 β-胡蘿蔔素，不溶於水而溶於乙醇及油脂，乳化分散性及耐熱性、耐酸性均好，耐光性稍差，可用於辣椒醬肉、辣味雞等罐頭食品的著色，亦可用於飲料的著色。

由於天然色素一般對人體無害，有的還有一定的營養價值，所以當前世界各國都向著充分利用天然食用色素的方向發展。凡是對光、熱和氧化作用穩定，不易受金屬離子或其他化學物質影響的天然色素，只要對人體確定無害者，都可考慮應用，並可將其設法提煉，則能彌補顏色不夠和色素濃度低的缺點。

（二）常用的合成色素

隨著化學工業和食品工業的發展，合成色素已得到廣泛應用，由於合成色素並無營養價值，而且甚至有些物質對人體有害。因此，世界各國對合成色素的使用種類、使用量都有明確規定，我國目前允許使用的合成色素主要有以下幾種。

1. 莧菜紅

莧菜紅是胭脂紅的異構體，又稱藍光酸性紅。

莧菜紅為紅色粉末，水溶液為紅紫色，溶於甘油和丙醇，稍溶於乙醇，不溶於油脂。易受細菌分解，對光、熱、鹽類均較穩定，對檸檬酸、酒石酸等也比較穩定。在鹼性溶液中則呈暗紅色，由於莧菜紅對氧化還原較敏感，故不能使用於發酵食品的著色。莧菜紅可用於果味水、果味粉、果子露、汽水、調配酒、糖果、糕點上彩裝、紅綠絲、罐裝濃縮果汁、青梅等食品的著色。

2. 胭脂紅

胭脂紅又稱麗春紅，屬於偶氮染料。

胭脂紅為紅或暗紅色的顆粒或粉末，溶於水和甘油。難溶於乙醇，不溶於油脂，對光和酸較穩定，但抗熱性、耐還原性相當弱，遇鹼變褐色，很易受細菌分解。胭脂紅在食品中的使用範圍和莧菜紅相同。

3. 檸檬黃

檸檬黃又稱餅黃，為世界各國廣泛使用的一種色素。

檸檬黃為橙色或橙黃色的顆粒或粉末。溶於水、甘油、丙二醇，稍溶於乙醇，

不溶於油脂，對熱、酸、光和鹽都穩定。遇鹼變紅，耐氧化性差，還原時會褪色。檸檬黃在食品中的使用範圍同覓菜紅。

4. 靛藍

靛藍又稱酸性靛藍或磺化靛藍，是世界上廣泛使用的色素之一。

靛藍為暗紅至暗紫色的顆粒或粉末，不溶於水，溶於甘油、丙二醇，稍溶於乙醇，不溶於油脂、乙醇，溶於水，呈紫藍色。靛藍對光、熱、酸、鹼和氧化劑都很敏感，易被細菌分解，還原後褪色，但對食品的著色力好。靛藍在食品中的使用範圍及用量同檸檬黃。

二、食品的香氣化學

香氣是食品風味的另一個重要物質，食物中能產生香氣的物質，特稱為香氣物質。香氣是由發香物質的微粒擴散到鼻孔後，嗅覺神經受到刺激而使人獲得到香感。食品中的香氣與所含化合物的分子結構和官能團性質有重要關係，一般地說無機化合物僅 SO_2、NO_2、H_2S、NH_3 等是具有較強的電子接受能力的簡單分子，具有強烈的刺激性氣味，大部分無機物無氣味。對有機化合物含有氣味者甚多，是否有氣味、顯現什麼樣的氣味，與其分子中含有的某些原子或原子團官能基有關。把這些原子或原子團，特稱為發香原子或原子團。發香原子在周期表中從 IVA 族到 VIIA 族，其中 P、As、Sb、S、F 一般發惡臭。發香團有：羥基、苯基、羧基、硝基、亞硝酸基、醛基、醚基、醯胺基、羰基、酯基、異氰基、內酯等。

食物根據來源可分為植物性食物、動物性食物和發酵食物。由於這些食物的組成有差別，因此，它們發出的香味物質有所不同。在植物性食品中，蔬菜的香氣物質主要來自一些含硫化合物，而水果的香味以有機酸酯和萜類為主，其次是醛類、醇類、酮類和揮發酸。它們是植物代謝過程中產生的，一般水果的香氣隨果實成熟而增強。人工催熱成熟的果實不及樹上成熟的果實香氣含量高，這是因為果實採摘後離開母體，代謝能力下降等因素影響所致，其香氣成分含量顯著減少。動物性的食品包括食用肉、魚和乳製品等，它們都會有鮮美的氣味。如肉在熱加工過程中，能產生使人垂涎欲聞的鮮美香氣，這主要是丙胺酸、甲硫胺酸、半胱胺酸等與一些羰基化合物反應生成乙醛、甲硫醇、硫化氫等，這些化合物在加熱條件下可進一步反應生成 1-甲硫基乙硫醇，同時，肉類中的糖經熱解還能生

成 4-羥基-5-甲基-二氫呋喃，脂肪熱解也可以產生一些香氣物質，上述的這些生成物構成了肉香的主體成分。新鮮魚也具有特殊的氣味，隨著新鮮度的降低，魚體氧化三甲胺還原成三甲胺，產生魚腥臭氣。越不新鮮的魚，腥臭氣越重。魚類死後，在細菌的作用下，體內的離胺酸逐步分解產生屍胺、氮雜環己烷、δ-胺基戊醛、δ-胺基戊酯，使魚具有濃烈腥臭味。而新鮮優質的牛乳具有一種鮮美宜人的香氣。主要由一些短鏈的醛、酮、硫化物和低級脂肪酸組成。其中甲硫醚是構成牛乳風味的主體成分。

發酵食品，如酒、醬油的香氣主要是由微生物作用於蛋白質、糖、脂肪及其他物質而產生的，主要成分也是醇、醛、酮、酸、脂類物質。酒類的香氣很複雜，各種酒類的芳香成分因品種而異，酒類的香氣成分經測定有兩百多種化合物，醇類是酒的主要芳香性物質，除乙醇外，其中含量較多的是正丙醇、異丁醇、異戊醇、活性戊醇等，統稱為雜醇油或高級醇。酯類是酒中最重要的一類香氣物質，它在酒的香氣成分中起著極為重要的作用。濃度最大的酯類，是具有偶數碳原子的有機酸乙酯、異丁酯和異戊酯。白酒中以醋酸乙酯、醋酸戊酯、己酸乙酯、乳酸乙酯為主；果酒中以 C_2、C_6～C_8 脂肪酸乙酯的含量較高。酯類的形成有兩種方式，一種是在發酵過程中經酯酶的作用，將醇轉變為酯；另一種是酒在貯藏時，由於酸與醇的酯化作用而生成酯。一般貯存期愈長，酯含量愈高。醬及醬油的香氣物質主要成分是醇類、醛類、酚類和有機酸等。醇類以乙醇為主，其次是戊醇和異戊醇，它們是經胺基酸分解而成的。醛類物質有乙醛、丙醛、異戊醛等，它們由發酵過程中相應的醇氧化而得。酯類物質有丁酯、乙酯和戊酯等，它們是由相應的酸、醇在微生物酯酶作用下形成的。酚類物質主要由來源於麩皮中的木質素降解而得，如甲胺基苯酚。

許多食品在熱加工時會產生誘人的香氣，這主要有兩個原因：一是食品原料中的香氣成分受熱後被揮發出來；二是原料中的糖與胺基酸受熱時發生化學反應生成香氣物質。一般後者是產生香氣的主要原因。胺基酸與糖受熱時發生反應，依加熱溫度不同，先生成醛和烯醇胺，隨溫度升高，烯醇胺生成吡嗪，焙烤食品產生的濃郁香氣，多為吡嗪類化合物。胺基酸與糖還能生成具有香氣的羰基化合物，其生成量與糖和胺基酸的量比及加熱溫度有關。加熱溫度不同，各種胺基酸與糖反應產生的香氣不同，並且當加熱溫度很高時，有些胺基酸會產生怪異味，如穀胺酸加熱至 180°C 以上時，則產生令人討厭的氣味。

三、食品的味道化學

食品的味道也可稱之為味，是由口中味覺器官感覺的，人的味覺是由化學物質引起，故稱為化學感覺。味是由分布在舌頭和上額上的味蕾感覺的。味蕾在舌頭上的分布是不夠均勻的，因而舌頭的不同部位對味覺的分辨敏感性也就有一定的差異。一般來講，舌尖對甜味最敏感，舌根對苦味最敏感，舌的兩側中部對酸味最敏感。味感有甜、酸、苦、鹹、鮮、澀、鹼、涼、辣、金屬味等多幾種重要味感，其中甜、酸、苦、鹹四種是基本味感，故又稱之為四原味。這些味感與呈味物質、呈味物質的化學結構和呈味機制有密切的關係。

（一）甜味與甜味物質

首先，提出有關甜味的較成熟的理論是用甜味單位 AH/B 表示的理論，對能引起甜味感覺的所有化合物都適用。根據這一學說，所有具有甜味感覺的物質都有一個負電性大的原子 A，如氧或氮，以及在這個原子上有一個質子 (H^+) 以共價鍵相接，所以 AH 可以代表 (–OH)、亞胺基 (=NH)、胺基 (–NH_2) 等基團。從 AH 基團的質子開始的 250 pm 至 400 pm 的距離內，必須有另外一個負電性大的原子 B，這個 B 原子也是氧或氮。甜味化合物上的 AH–B 單位可和味覺感受器上的 AH⋯B 單位相作用，形成氫鍵結合，產生味感。

甜味物質 –A–H⋯B– 或 –A⋯H–B– 味覺感受器

糖的甜味感是因為它的椅式構型中可形成一個乙二醇單位，它的一個羥基上的質子和另一個羥基上的氧原子之間的距離約為 300 pm 正好可與味覺感受器上的 AH⋯B 單位吻合。食品中的甜味劑很多，一般分為天然甜味劑和合成甜味劑兩大類。天然甜味劑也可分為兩類，一類是糖及其衍生物糖醇，如蔗糖、葡萄糖、果糖、乳糖、半乳糖、棉籽糖、山梨醇、甘露糖、麥芽糖、麥芽糖醇等。另一類是非糖天然甜味劑，如甘草苷、甜葉菊苷、二肽和胺基酸衍生物。糖精鈉 (味精)、甜蜜素是我國允許使用的合成甜味劑。

（二）苦味與苦味物質

苦味本身並不是令人愉快的味感，但當與甜、酸或其他調味品恰當組合時，卻形成了一些食物的特殊風味。例如苦瓜、蓮子芯、白果等都有一定的苦味，但均被視為美味食品。

苦味就其化學性質來看，一般都含有下列幾種基團：$-NO_2$、$-N=$、$=S$、$-S-$、$=CS$、$-SO_3H$ 等。無機鹽類中的 Ca^{2+}、Mg^{2+}、NH_4^+ 等離子也能產生一定程度上的苦味。苦味和甜味同樣依賴於分子的立體化學結構，兩種感覺都受到分子特性的制約，從而使某些分子產生苦味和甜味感覺。糖分子必須含有兩個可以由非極性基團補充的極性基團，而苦味分子只要求有一個極性基團和一個非極性基團。有些人認為，大多數苦味物質具有和甜味物質分子一樣的 AH/B 部分和疏水基團，位於感覺器腔扁平底部的、專一感覺器部位內的 AH/B 單位的取向，能夠對苦味和甜味進行辨別。適合苦味化合物定位位置的分子，產生苦味反應，適合甜味定位的分子引起甜味反應，如果一種分子的幾何形狀能夠在兩個方向定位，那麼將引起苦味甜味反應。大量的研究發現，脂質和碳水化合物分子中的碳原子數與其分子中所含的親水羥基數的比值 R 與呈味有關，R < 2 呈甜味，R > 7 則無味，R 在 2～7 之間呈苦味。例如 R = 5.2 的牛黃膽酸、甘胺膽酸味道極苦，R < 2 的膽醇、己糖戊糖等則呈現甜味。

　　苦味物質廣泛存在於生物界，植物中主要有各種生物鹼和藻類，動物中主要存在於膽汁中。如嘌呤類苦味物質主要存在於咖啡、可可、茶葉等植物的咖啡鹼、茶鹼中。它們易溶於水，微溶於冷水，能溶於氯仿中，具有興奮中樞神經的作用，所以是人類重要的提神飲料。藻類物質主要存在於啤酒花中的 α-酸、異 α-酸等。他們構成啤酒獨特的苦味。存在於柑橘、桃、杏仁、李子、櫻桃等水果中的苦味物質是由黃酮類、鼠李糖、葡萄糖等構成的糖苷苦味物質，如新橙皮苷和柚苷這類物質可在酶的作用下分解，則苦味消失。但苦杏仁若被酶水解時，產生極毒的氫氰酸，所以杏仁不能生食而必須煮沸漂洗之後，方可食用。

（三）酸味及酸味物質

　　從化學的角度看，酸味來自於氫離子，幾乎在溶液中能解離出氫離子的化合物都能引起酸感。當呈酸味物質的稀溶液與口腔中舌頭黏膜相接觸時，溶液的氫離子刺激黏膜，從而產生酸感。由於舌黏膜能中和氫離子，可使酸感逐漸消失。但如果酸味物質較多，或還有未解離的酸分子存在時，酸可繼續在口腔內解離出氫離子，使酸味感維持較長時間。酸味感是動物進化過程中最早的一種化學感。神經末梢遇到氫離子將感到疼痛，疼痛的強度與酸強度有直接聯繫。但是，人類早已適應了酸性食物，為人們喜食的水果和某些蔬菜都含有一定種類的酸，如蘋果酸、檸檬酸、琥珀酸等等。酸味料是食品中常用的調料，並且有防腐作用，因

此，在食品工業中使用很普遍。常見的酸味劑主要有醋酸、檸檬酸、乳酸、酒石酸、蘋果酸、葡萄糖酸、抗壞血酸、磷酸等。

（四）鹹味及鹹味物質

鹹味是一些中性鹽類化合物所顯示的滋味。由於鹽類物質在溶液中離解後，陽離子被味蕾細胞上的蛋白質分子中的羥基或磷酸基吸附而呈酸味，而陰離子影響鹹味的強弱，並產生副味。陰離子碳鏈愈長，鹹味的感應能力越小，例如，氯化鈉 ＞ 甲酸鈉 ＞ 丙酸鈉 ＞ 酪酸鈉。無機鹽的鹹味隨陰、陽離子或兩者的分子量增加，鹹味感有越來越苦的趨勢。食品調味用的鹹味劑是食鹽，即氯化鈉。

（五）鮮味與鮮味物質

鮮味是食物的一種複雜美味感，甜、酸、苦、鹹四原味和香氣以及搭配協調時，就可感覺到可口的鮮味。呈現鮮味的成分主要有核苷酸、胺基酸、醯胺、三甲基胺、肽、有機酸、有機鹼等。

（六）澀味及澀味物質

澀味是通過把舌頭表面的蛋白質凝固、麻痺味覺神經而起收斂味的感覺。單寧類物質是澀味的主要來源，而鐵等金屬類、醛類、酚類等物質均為造成澀味的原因。柿子的澀味為單寧的酚類化合物。乙醇使柿子脫澀，是由於乙醇變成醛與單寧反應而使單寧變為不溶物的緣故。熱燙法、二氧化碳法是在無氧狀態下，把柿子具有的糖變為醛，以致單寧不溶而不呈澀味。紅茶比綠茶澀味少一些也是這個緣故。

（七）辣味及辣味物質

辣味可刺激舌頭與口腔的味覺神經，同時刺激鼻腔，從而產生刺激的感覺，適當的辣味有增進食慾，促進消化液分泌的功效，並有殺菌作用，所以被廣泛地應用。具有辣味的物質主要有辣椒、姜、蔥、蒜等，其中的主要成分是辣椒素、胡椒醯胺、姜酮、姜烯酚等物質。

參、一些重要的食品添加劑的化學

食品添加劑是指，為改善食品品質的色、香、味以及防腐和加工工藝的需要，

而加入食品中的化學合成或天然物質。正是因為使用了食品添加劑，在 20 世紀 30 年代國外食品業加工得到極大的發展。今天，食品製作場地與消費者之間的距離，已由廚房到飯廳，拓展到工廠到世界的任一角落，甚至到太空。人們熟知的「可口可樂」、「丹麥曲奇」、「金莎巧克力」、「青箭口香糖」等著名的食品中，食品添加劑就起著突出的作用。現在南北蔬果為什麼可以集聚在同一市場，除了市場經濟發展的因素外，食品添加劑(殺菌、防腐、抗氧、腹膜劑等)起著重要的作用。今天，各式各樣的冰淇淋、速食麵、肉腸、魚腸、精製油、醋、鮮辣粉、醬油，以及超級商場內琳瑯滿目的其他食品，幾乎都含有各種食品添加劑，可以說，20 世紀末的人類已經無法擺脫食品添加劑的影響了。由於這些添加劑隨食品一起日復一日地進入我們的體內，因此我們很有必要了解它們的性質和它們對我們人體的影響，這也是食品添加劑化學的重要研究內容。

食品添加劑的種類很多，可根據其來源不同分為天然食品添加劑和化學合成食品添加劑兩大類。由於天然食品添加劑一般成本都較高，故目前使用的大多數屬化學合成食品添加劑。根據其功能可分為：防腐劑、抗氧劑、食用色素、發色劑、漂白劑、調味劑、增稠劑、乳化劑、膨鬆劑、香精、香料等。有關色素的內容已在食品的色、香、味化學中敘述過了，這裡主要介紹一下有關食品的防腐劑和抗氧化劑的化學內容。

一、食品的防腐劑化學

生活中我們不難發現，家中燒煮的飯菜在較高的室溫下，往往放置一、二天就會發「餿」變質，而買來的袋裝食品往往放置半年、一年也不會霉變。這是因為食品營養豐富，非常適合微生物繁殖生長，細菌、黴菌和酵母之類微生物的侵襲通常是導致食品變質的主要因素。而在罐頭或袋裝、瓶裝食品中，被加入了一種稱之為「防腐劑」的化學物質。它們具有殺死微生物或抑制其生長繁殖的作用。防腐劑的種類主要有酸型防腐劑、酯型防腐劑、生物防腐劑等類型。

（一）苯甲酸及其鈉鹽

苯甲酸又名安息香酸，其化學式為：

$$\underset{}{\bigcirc}\!-\!COOH$$

苯甲酸防腐效果較好，對人體也較安全、無害。由於苯甲酸在水中的溶解度較低，故多使用其鈉鹽，即苯甲酸鈉，其化學式為：

$$\text{C}_6\text{H}_5-\text{COONa}$$

苯甲酸鈉為白色晶體，易溶於水和酒精中，苯甲酸和苯甲酸鈉抑菌的機理是它的分子能抑制微生物細胞呼吸酶系統的活性，特別對乙醯輔酶 A 縮合反應具有很強的抑制作用。苯甲酸進入機體後，在生物轉化過程中，與甘胺酸結合形成馬尿醛後與葡萄糖醛酸結合形成葡萄糖苷酸，並全部從尿中排出體外，苯甲酸不在人體蓄積。根據各國進行的大量毒理學試驗結果，苯甲酸在超過對食品防腐實際需要量的許多倍時，亦未見明顯毒害作用。可以認為：苯甲酸及其鈉鹽是已知防腐劑中較安全的一種。我國允許用於醬油、醋、果汁、醬菜、甜麵醬、蜜餞等的防腐。

（二）山梨酸及其鉀鹽

山梨酸又名花楸酸，是近來各國普遍使用的一種較安全的防腐劑，化學式為：

$$\text{CH}_3-\text{CH}=\text{CH}-\text{CH}=\text{CH}-\text{COO}-\text{H}$$

山梨酸為無色、無臭針狀結晶，山梨酸難溶於水，而易溶於酒精，它雖非強力的抑菌劑，但有較廣的抗菌譜，對黴菌、酵母、好氧菌都有作用，但對厭氧芽胞桿菌與嗜酸乳桿菌幾乎無效。山梨酸分子能與微生物酶系統中的硫醇基結合，從而破壞其活性，達到抑菌的目的。山梨酸是一種不飽和脂肪酸，在人體內可直接參與體內代謝，最後被氧化為二氧化碳和水，因而幾乎沒有毒性。它主要用於醬油、醋、果醬、醬菜、麵醬類、蜜餞類、鮮果汁、葡萄酒和一些飲料的加工。

（三）對羥基苯甲酸酯類

對羥基苯甲酸酯，為無色結晶或白色結晶粉末，幾乎無臭、無味。微溶於水，可溶於氫氧化鈉和乙醇。其化學式為：

$$\text{HO}-\text{C}_6\text{H}_4-\text{COOR}$$

對羥基苯甲酸酯類對細菌、黴菌及酵母有廣泛的抑菌作用，但對革蘭氏陰性桿菌及乳酸菌作用稍弱，其烷鏈越長，抑菌作用愈強。對羥基苯甲酸酯類的作用在於抑制微生物細胞的呼吸酶系與電子傳遞酶系的活性，以及破壞微生物的細胞膜結構，此類化合物被攝入體內後，代謝途徑與苯甲酸相同，因而毒性很低。

（四）乳酸鏈球菌素

乳酸鏈球菌素是乳酸鏈球菌，屬微生物的代謝產物，是一種多肽物，可由乳酪鏈球菌發酵提取而得，它是一種優良的生化防腐劑，由於它具有獨特的性質，因而引起世界上許多國家的重視。

乳酸鏈球菌素僅對部分細菌有抑菌作用，例如對內毒羧狀芽胞桿菌和其他厭氧芽胞菌作用很強，而對黴菌和酵母的抑菌作用很弱，乳酸鏈球菌素對酪酸桿菌也有抑菌作用，對防止乳酪腐敗很有效，如與山梨酸聯合使用，可發揮廣譜的抑菌作用。我國規定乳酸鏈球菌素可應用於罐裝食品、植物蛋白食品。乳酸鏈球菌素的優點是能在人的消化道中為蛋白水解酶所降解，因而不以原有的形式被吸收入體內，是一種比較安全的防腐劑。

二、食品的抗氧化劑化學

在日常生活中我們都有這樣的經歷，當我們將買來的點心、餅乾或者是熬製的豬油成品，放置經過一段時間後，就會變「味」。這是因為在這些食品中都含有豐富的共軛雙鍵較多的不飽和脂肪酸的油脂，它們很容易與空氣中的氧氣發生反應，生成過氧化物和非常活潑的自由基。並進一步產生斷裂分解，產生具有臭味的醛或碳鏈較短的羧酸；也可在微生物和脂酶的作用下，使油脂發生水解，產生甘油和脂肪酸，並繼續氧化分解，最後生成有臭味的低級的醛、酮和羧酸。這就是油脂的酸敗壞，即大家熟知的變「味」。酸敗壞的油脂，不但其中脂溶性維生素遭到破壞，而且還常會有毒性產生，不妥食用。為保持食品的品質，降低氧化作用引起的變質，在食品加工中通過加入抗氧化劑的方法，盡可能將氧化作用降低到最低限度。在使用抗氧化劑的同時，往往同時使用金屬離子螯合劑，即抗氧化增效劑，以提高抗氧化效果。抗氧化劑按來源可分為天然抗氧化劑和人工合成抗氧化劑。很早以前人類就知道在豬油中加入生薑(有效成分為薑酚等)或丁香(有效成分為丁香酚等)具有抗氧化的能力。可惜這類天然物質，因含量太低、

成本過高，以至在油脂工業中得不到實際的應用。因此，人們合成了具有類似結構的丁基羥基茴香醚(BHA)、二丁基羥基甲苯(BHT)、沒食子酸丙酯(PG)等供氫型羥酚類物質，以代替天然抗氧劑用於食品中。儘管這樣，由於天然抗氧劑是從天然食品中提取的，因此在安全性上比合成抗氧劑有更可靠的保證。下面就抗氧劑的抗氧機理和常用的食品抗氧劑作一介紹。

（一）抗氧劑的抗氧機理

相當複雜的抗氧劑作用機理，一般認為抗氧化劑能防止油脂氧化酸敗的機理有兩種：第一，通過抗氧劑的還原反應，降低食品內部及周圍的氧氣含量；第二，有些抗氧化劑把本身所含有的 –OH 基中的氫離子，給予自由基從而使鏈反應終止，形成大的、比較穩定且反應活性很低的芳自由基，破壞、分解了油脂在自動氧化過程中所產生的過氧化物，使其不能形成揮發性醛、酮和酸的複雜混合物。也有一類抗氧化劑其作用特點在於阻止或減弱氧化酶類的活動。使用抗氧化劑時，必須注意在油脂被氧化以前使用才能充分發揮作用。

（二）幾種常用的油溶性抗氧化劑

1. 丁基羥基茴香醚

丁基羥基茴香醚又稱特丁基-4-羥基茴香醚，簡稱 BHA。BHA 為白色或微黃色蠟樣粉末，稍有異味，它通常是 3-BHA 和 2-BHA 兩種異構體的混合物，熔點為 57～65°C，隨混合比不同而異。其中的 3-BHA 的抗氧化效果比 2-BHA 強 1.5～2 倍。兩者混合後有一定的協同作用。它與食品中的脂肪有顯著的相溶性，具有明顯的抗氧化效果。最初是為了防止汽油的氧化而合成的，現在已用於食用油脂、奶油、維生素 A 油、香料等製品中。由於 BHA 加熱後效果保持較好，所以是高濕季節裡，油脂含量高的餅乾的最常用抗氧化劑之一。另外，兒童喜歡吃的魚乾、豬肉脯、乳製品等，也都添加了適量的 BHA 的幾種抗氧化劑混合物。每日允許攝入量 (ADI) 暫定為 0～0.5 mg/kg。

2. 二丁基羥基甲苯

二丁基羥基甲苯又稱 2,6-二特丁基對甲酚，簡稱 BHT。BHT 為白色結晶或粉狀結晶，無味、無臭，熔點為 69.5～70.5°C，沸點 265°C。不溶於水及甘油，能

溶於有機溶劑和油脂。對熱穩定，與金屬離子反應不會著色。具有昇華性，加熱時能與水蒸汽一起蒸發。抗氧化作用較強。用於長期保存的食品與焙烤食品效果較好。每日允許攝入 (ADI) 為 0～0.125 g/kg。在使用中一般多與 BHA 合用，並用檸檬酸或其他有機酸作為增效劑。

3. 沒食子酸丙酯

沒食子酸丙酯，簡稱 PG。PG 為白色至淡褐色粉末狀結晶，無臭，稍有苦味，其水溶液無味。易溶於乙醇、丙酮、乙醚，難溶於氯仿、脂肪與水。對熱比較穩定。PG 對豬油抗氧化作用比 BHA 和 BHT 強，PG 加入檸檬酸為增效劑後，可使其抗氧化作用更強，但又不如 PG 與 BHA 和 BHT 混合使用時抗氧化作用強。由於沒食子酸丙酯在人體內被水解，大部分變成 4-O-甲基沒食子酸、內聚成葡萄糖醛酸，隨尿排出體外，所以使用較安全。但是 PG 與銅、鐵等金屬離子反應呈紫色或暗綠色。因此在使用時，應避免使用鐵、銅等容器，它不適合烘焙及油煎食品工業。目前經過特殊工藝也可添加於油炸花生米、罐頭、油脂油炸食品、乾魚製品、速煮米、麵、罐頭食品。PG 的使用範圍和 BHA 大致相同，每日允許攝入量 (ADI) 為 0～0.2 mg/kg。

4. 生育酚

生育酚又稱維生素 E，是一類同系物的總稱。它廣泛存在於高等動物、植物體中，它有防止動、植物組織內的脂溶性成分氧化的功能。本品是目前國際上唯一大量生產的天然抗氧化劑。生育酚為黃褐色、無臭的透明黏稠液體，溶於乙醇，不溶於水。可與油脂任意混合。許多植物油的抗氧能力強，主要是含有生育酚。如大豆油中生育酚含量最高，大約為 0.09～0.28%，其次是玉米油和棉籽油，含量分別為 0.09～0.25% 和 0.08～0.11%。生育酚混合濃縮物目前價格還較高，主要供藥用，也作為油溶性維生素的穩定劑。本品很適於作嬰兒食品、療效食品及乳製品等食品的抗氧化劑或營養強化劑使用。在肉製品、水產加工品、脫水蔬菜、果汁飲料、冷凍食品、速食品等食品中也常用它作抗氧化劑。

5. 抗壞血酸及其鈉鹽

抗壞血酸又名維生素 C。抗壞血酸熔點在 166～218°C 之間，為白帶黃白色粉末狀結晶，無臭，易溶於水、乙醇，但不溶於苯、乙醚等溶劑。使用其作抗氧

化劑，應在添加後盡快與空氣隔絕，否則，在空氣中長時間放置，則會氧化而失效。因此，該品亦不能預先配製溶液放置，只能使用前將其溶解，並立即加入製品中。抗壞血酸呈酸性，對不適合添加酸性物質的食品，可改用抗壞血酸鈉鹽。1 g 抗壞血酸鈉鹽相當於 0.9 g 抗壞血酸。在我們食用的果汁、蔬菜罐頭、醃肉、乳粉、葡萄酒、啤酒等食品中均添加有抗壞血酸和抗壞血酸鈉鹽。

6. 植酸

植酸大量存在於米糠、麩皮及很多植物種子皮層中，在植物中與鎂、鈣或鉀構成鹽類。植酸分子式為 $C_6H_{18}O_{24}P_6$ 或 $C_6H_6(H_2PO_4)_6$。

植酸為淡黃色或淡褐色的黏稠液體，易溶於水、乙醇和丙酮。幾乎不溶於無水乙醚、苯、氯仿。對熱比較穩定。植酸有較強的金屬螯合作用，除具有抗氧化作用外，還有調節 pH 及緩衝作用和除去金屬的作用，同時植酸也是一種新型的天然抗氧化劑。

肆、煙、酒、茶化學

隨著人們生活水平的提高，煙、酒、茶、化妝品與服飾是人們生活當中的必需品，它們在人類的生活以及現代社會交往中扮演重要角色。而它們的主要化學成分是什麼？對人的生活和身體健康又起到怎樣的作用？這些對於我們來說，都是非常重要的。

一、煙化學

（一）香煙的分類

據有關資料證實，煙草最早產於中南美洲。在墨西哥賈帕斯倍倫克的一座建於公元 432 年的廟宇裡，遺留著當地老人吸煙的石雕。大約在 1,500 年前，中美洲人就已經知道享用煙草了。世界上最早被發現的吸煙民族是印第安人。1492 年哥倫布到達西印度群島海濱時，看到當地印第安人將乾燥的煙葉捲成筒狀，再點燃吸食，冒出煙霧並散發出一股刺激性的味道，也看到有人將煙葉碾碎做成鼻煙、口嚼煙或類似現在的煙斗吸用。

香煙，是煙草製品的一種。製法是把煙草烤乾後切絲，然後以紙捲成長約 120 mm，直徑 10 mm 的圓桶形條狀。香煙最初在土耳其一帶流行，當地的人喜歡把煙絲以報紙捲起來吸食。在克里米亞戰爭中，英國士兵從當時的鄂圖曼帝國製兵器中，無意中學會了吸食方法，之後傳播到不同地方。1558 年航海水手們將煙草種子帶回葡萄牙，隨後傳遍歐洲。1612 年，英國殖民官員約翰‧羅爾夫在弗古尼亞的詹姆斯鎮大面積種植煙草，並開始做煙草貿易。16 世紀中葉煙草傳入中國。

　　根據所用煙葉品種的不同，捲煙可分為烤煙香型、曬煙香型和混合香型三種。依據煙絲色澤、香味、雜氣、刺激性、餘葉等五項標準，依此準則制定了捲煙標準，將烤煙型捲煙分為甲、乙、丙、丁四級。甲級：煙絲色澤金黃、橙黃或正黃，均勻無白點，光澤油潤，香味清雅或濃郁，無雜味，無刺激，餘味純淨、舒適。乙級：顏色深黃、赤黃或淡黃，均勻略有白點，光澤尚油潤，香味充實，微有雜味和刺激，餘味尚淨，較和順。丙級：顏色褐黃，光澤暗淡，香味淡薄，有雜味，有刺激，餘味舌脖不淨，滯舌，不舒適。丁級：顏色褐黃、青褐，香味平淡，雜氣較重，刺激明顯，滯舌、澀口，不舒適。

（二）香煙的成分和作用

　　燃燒的煙支是一個複雜的化學體系。據科學研究發現，在煙支點燃的過程中，當溫度上升到 300°C 時，煙絲中的揮發性成分開始揮發而形成煙氣；溫度上升到 450°C 時，煙絲開始焦化；溫度上升到 600°C 時，煙支被點燃而開始燃燒。煙支燃燒有兩種形式：一種是抽吸時的燃燒，稱為吸燃；另一種是抽吸間隙的燃燒，稱為陰燃 (亦稱為靜燃)。抽吸時從捲煙的濾嘴端吸出的煙氣稱為主流煙氣 (mainstream smoke，簡稱 MS)，抽吸間隙從燃燒端釋放出來和透過捲煙紙擴散直接進入環境的煙氣稱為側流煙氣 (side-stream smoke，簡稱 SS)。

　　煙氣的化學成分很多也很複雜，捲煙的煙氣是多種化合物組成的複雜混合物。截止 1988 年 (據 Roberts，1988 年，Tobacco Reporter 報導) 已經鑑定出煙氣中的化學成分達 5,068 種，其中 1,172 種是煙草本身就有的，另外 3,896 種是煙氣中獨有的。煙氣中的化合物，絕大部分對人身是無害的，其中某些成分能賦予煙草以特有的香味，使感覺愉快，但也有極少部分對健康有害，其有害程度不盡相同。目前，一般認為煙氣中的主要有害物質有：煙氣氣相物質中的一氧化碳、氮的氧化物、丙烯醛、揮發性芳香烴、氫氰酸、揮發性亞硝胺等，煙氣粒相物質中的稠

環芳烴、酚類、煙鹼、亞硝胺 (尤其是煙草特有亞硝胺) 和一些雜環化合物及微量的放射性元素等，以及氣相與粒相中都存在的自由基。表 3.2 中列有香煙的煙氣主要有害成分。

表 3.2　香煙的煙氣主要有害成分

成分	相關說明
尼古丁	香煙煙霧中極活躍的物質，毒性極大，而且作用迅速。40～60 mg 的尼古丁具有與氰化物同樣的殺傷力，能置人於死地。尼古丁是令人產生依賴成癮的主要物質之一。
焦油	在點燃香煙時產生，其性質與瀝青並無多大差別。有分析表明，焦油中約含有 5,000 多種有機和無機的化學物質，這是導致癌症的元兇。
亞硝胺	是一種極強的致癌物質。煙草在發酵過程中以及在點燃時會產生一種煙草特異的亞硝胺 (TSNA)。
一氧化碳	煙絲不能完全燃燒產生較多的一氧化碳，它與血紅蛋白結合，影響心血管的血氧供應，促進膽固醇增高，也可以間接影響某些腫瘤的形成。
放射性物質	煙草中含有多種放射性物質，其中以 Po-210 最為危險。它可以放出 α-射線。其他有害及致癌物質。
揮發性腈類	煙氣中代表性的揮發性腈類化合物有：丙烯腈、乙腈、丙腈、異丁腈、戊腈、已腈等。這些化合物是在捲煙燃吸過程中形成的，其前驅物質是煙草中的 N-雜環化合物，如吡啶、甲基吡嗪等，是這些物質在高溫下裂解生成的。
酚類化合物	煙氣粒相物中的酚類化合物，主要有兒茶酚、間苯二酚、綠原酸……等，在這些酚類化合物中以兒茶酚的含雖最高。酚類化合物對捲煙的香氣有一定的增強作用，但引起人們更多重視的是對人的呼吸遭及其他器官有不良的刺激作用。酚類化合物的主要來源是煙葉中的醣類。
其他	除了上述有害物質之外，香煙中的有害物質還有苯並芘，這是一種強致癌物質。另外煙中的金屬鎘、聯苯胺、氯乙烯等，對癌細胞的形成會起到推波助瀾的作用。

（三）香煙與人體健康

迄今為止，已知與煙草有關的疾病已超過 25 種。煙草所致的急性危害包括缺氧、心跳加快、氣喘、陽痿、不孕症以及增加血清二氧化碳濃度。吸煙的長期危害主要是引發疾病和死亡，包括心臟病發作、中風、肺癌及癌症。研究表明，吸煙不僅危害吸煙者本人，而且危及間接吸煙者，特別對嬰幼兒危害更大。可導致急性死亡、呼吸道疾病及中耳疾病等。世界衛生組織估計，在世界範圍內，死於與吸煙相關疾病的人數，將超過愛滋病、肺結核、難產、車禍、自殺、兇殺所導

致死亡人數的總和。一個每天吸 15～20 支香煙的人，易患肺癌、口腔癌或喉癌致死的概率，要比不吸煙的人高 14 倍；易患食道癌致死的概率比不吸煙的人高 4 倍；死於膀胱癌的概率要高 2 倍；死於心臟病的概率也要高 2 倍。吸香煙是導致慢性支氣管炎和肺氣腫的主要原因；而慢性肺部疾病本身，也增加了得肺炎及心臟病的危險，並且吸煙也增加了高血壓的危險。中國大陸流行病學調查資料表明，大量吸煙者比不吸煙者的冠心病發病率高 26 倍以上，心絞痛發生率高 36 倍以上。美國、英國、加拿大和瑞典，對 1,200 萬人的觀察結果表明：男性中吸煙者的總死亡率、心血管病的發病率和死亡率比不吸煙者增加 1.6 倍，吸煙者致死性和非致死性心肌梗塞的相對危險性較不吸煙者約高 2.3 倍。吸煙在許多工業化國家被認為是導致冠心病的主要危險因素。

煙的煙霧（特別是其中所含的焦油）是致癌物質，能在它所接觸到的組織中產生癌變，因此，吸煙者呼吸道的任何部位（包括口腔和咽喉）都有發生癌變的可能。如「吸煙者咳嗽」是由於肺部清潔的機械效能受到了損害，破壞氣道上的一些絨毛，使黏液分泌增加，痰產量增加。並容易感染支氣管炎等肺部的慢性疾病，甚至會致癌。膀胱癌可能是由於收入焦油中所含的致癌化學物質所造成，這些化學物質被血液所吸收，然後經由尿液中出來。

二、酒化學

（一）酒的分類

中國是世界上釀酒最早的國家之一，不僅是酒的故鄉也是酒文化的發源地。酒在中國已有相當悠久的歷史，在中國數千年的文明發展史中，酒與文化的發展基本上是同步進行的。據有關資料記載，地球上最早的酒，應是落地野果自然發酵而成的。所以，酒的出現不是人類的發明，而是大自然（天工）的造化。至於人工釀酒，考古學證明，在近現代出土的新石器時代的陶器製品中，已有了專用的酒器。這說明我們的祖先在很早的時候就已經懂得釀酒技術。以後經過夏、商兩代，飲酒的器具也越來越多。在仰韶文化遺址中，既有陶罐也有陶杯。在出土的商、殷文物中，青銅酒器占有相當大的比重，說明當時飲酒的風氣確實很盛。而且，從《史記・殷本紀》關於紂王「以酒為池，懸肉為林」、「為長夜之飲」和《詩經》中「十月獲稻、為此春酒」、「為此春酒，以介眉壽」的詩句中推知，約在 6,000 年前，人工釀酒就開始了。

酒的種類繁多，一般可分為以下幾種：依釀造方法不同可分為蒸餾酒、壓榨酒、配製酒。原料發酵後經蒸餾可得的酒為蒸餾酒，中國大陸的白酒一般都是蒸餾酒，如我國的米酒、高粱酒。原料發酵後經壓榨過濾而成的酒為壓榨酒，如黃酒、啤酒就是壓榨酒。用成品酒配以一定比例的糖分、香料、藥材混合泡製儲藏，經過濾製得的為配製酒或稱混合酒，如果酒、露酒、藥酒均是配製酒。按照酒精含量的高低，可分為高度酒、中度酒、低度酒。酒精的含量40%以上的酒為高度酒，酒精含量在20～40%的為中度酒。酒精含量在20%以下為低度酒。我國傳統習慣把酒分為白酒、黃酒、啤酒、葡萄酒、果露酒、藥酒和其他酒七大類。

　　白酒是中國大陸傳統的主體酒。俗稱白酊、燒酒、高粱酒等。具有酒液清澈透明、芳香濃郁、醇和軟潤、清冽甘爽、味諧醇濃的特色。根據生產的原料和釀造工藝上的不同，中國的白酒主要可分為大麴酒，如茅台酒、汾酒；小麴酒，如三花酒、湘山酒；麩麴酒──各地生產的普通白酒；液態酒，即用液體麴為糖化劑製得食用酒精再加工製成的白酒。根據香型不同，白酒通常分為醬香型、濃香型、清香型、米香型以及兼有兩種酒型特點的混合型。

　　黃酒又稱為「老酒」、「料酒」、「陳酒」等。一般以糯米或大米製成。酒精度一般為11～18%。酒性醇和、營養價值高。中國大陸主要有江南黃酒，以紹興產的加飯酒、花雕酒、善釀酒、香雪酒等為代表；福建黃酒以福建老窖、龍岩沉缸酒為代表；北方黃酒，最著名的當屬山東的即墨黃酒、蘭陵黃酒及山西黃酒和大連黃酒。

　　啤酒是以大麥為主要原料釀造的低度含酒精飲料。啤酒主要有生鮮啤酒和熟啤酒兩種。不經殺菌處理的啤酒為生鮮啤酒，也叫生啤酒；經過殺菌處理的為熟啤酒。鮮啤酒清爽適口，營養價值高，優於熟啤酒。根據麥汁的濃度可分為低濃度、中濃度和高濃度三種。酒精含量在2%左右，原麥汁濃度為在6～8度的為低濃度啤酒。酒精含量在3.5%左右，原麥汁濃度在10～12度，為中度啤酒。酒精含量在5%左右，原麥汁濃度為14～20度，為高濃度啤酒。根據酒液顏色濃淡可分為濃色啤酒和淡色啤酒兩種。濃色啤酒包括黑啤酒、紅啤酒兩種。黑啤酒是把麥芽特殊加工之後製成的。口香味濃，質地厚實。紅啤酒呈褐色，也稱褐啤酒，濃度高，入口微苦，回味甘甜。淡色啤酒在中國俗稱黃啤酒，具有清苦、爽口、細膩的特色。

　　葡萄酒是以新鮮葡萄為原料配製而成的飲料酒。葡萄酒色澤艷麗，味道鮮美，具有很高的營養保健價值。按照葡萄酒液的色澤主要分為紅葡萄、白葡萄、黃葡

萄、桃紅葡萄四種。高檔紅葡萄酒，酒液清澈透明，酒香濃郁，色澤宜人，口味柔和舒愉，回味綿長。酒精度約在 14～18 度，糖度在 12 度左右。高檔白葡萄酒，一般無色或微黃帶綠，色澄清透，有光澤，果香合著酒香，濃郁悅人。酒體和諧，口味醇厚，豐滿爽口，餘香綿長，典型性好，酒度、糖度約在 12 度左右。黃色、桃紅色葡萄酒一般均屬於普通品種，顏色鮮豔，酒液清澈透明，酒香、果香平和，酒精度一般在 15～20 度。食糖量在 7% 以上的為甜型葡萄酒；食糖量在 2.5～7% 為平甜葡萄酒；含糖量 0.5～2.5% 為半乾葡萄酒；食糖量 0.5% 以下的為乾葡萄酒。乾酒全部用葡萄原汁釀造。近些年來，隨著人們生活水平的提高，保健意識的增強，酐白、酐紅等葡萄酒在中國大陸逐步呈上升的態勢。以野生山葡萄為原料的山葡萄酒由於天然生成無污染的原料，酒液紫紅透明，香氣濃郁，口味獨特，醇厚宜人，也深受人們喜愛。

　　果酒就是以水果為主要原料釀製而成的酒。雖然各種水果種類繁多，風味各異，但一般都具有天然色澤，原料果實的芳香醇美和營養，酒精度一般在 12～18 度。露酒是配製酒，是用發酵原酒或蒸餾酒如用黃酒、葡萄酒、白酒等酒基，加入香料，糖料和食用色素等配製而成的飲料酒。傳說露酒的名稱就是由香花、果品、藥材等浸泡在酒中，加以蒸餾取其冷凝之液結露而來。露酒一般酒精度在 20～40 度，糖分高，口味濃郁香甜，色彩豔麗。

　　藥酒是用白酒、黃酒、葡萄酒為酒基，再配以中藥材、糖料等製成。這是中國的傳統酒類。也是釀酒史上的一大創舉。對於人們保健、補益、治病、防病等都有良好的效果。藥酒一般分為滋補藥酒和藥性藥酒兩類。補性藥酒採用滋補性的中藥材製成既可日常飲用，又具有特殊的滋補作用。藥酒採用防治某種疾病的藥材配製，使藥酒具有防治疾病的特殊功效。

（二）酒的成分和作用

　　酒的主要成分是水和酒精，酒精的化學名稱叫乙醇。酒精的語源來自阿拉伯語的「aikunui」。一般的酒，除含乙醇外，尚含酯類、酸類、酚類及胺基酸等物質。加之多是由五穀雜糧、果實製成，酒有水穀之氣，味辛甘、性熱，易入心肝二經，所以有通暢血脈、行氣活血、怯風散寒、清除冷積、醫治胃寒、強健脾胃的功效。適量飲酒，可使人思維通暢，激發人的智慧，尚可強心提神、消除身心勞累、促進睡眠。酒進入體內，可擴張血管、增加血流量。酒對味覺、嗅覺是一種刺激，可反射性地增加呼吸量、增進食慾。經測試得知，人體內少量酒精，可以提升血

液中的高密度脂蛋白的含量和降低其低密度脂蛋白的水平。為此少量飲酒可減少因脂肪沉積引起的血管硬化、阻塞的機會。

酒既是一種獨特的物質文化，也是一種形態豐富的精神文化。具體表現在如下幾個方面。

1. 酒可載情

酒可使人精神鎮靜、暢快，即飲用時有快感，這是酒自古以來能流傳至今的一種精神力量。縱觀中華古今飲品，酒所起的文化功效甚為顯著，高興時「葡萄美酒夜光杯」；頹廢時「今朝有酒今朝醉」；懷念親友時「明月幾時有，把酒問青天」；與友人會聚一堂時「酒逢知己千杯少」；孤獨時「舉杯邀明月，對影成三人」；惜別時「勸君更進一杯酒，西出陽關無故人」。可說助興者酒，澆愁者亦酒，酒滲透中國人社會生活的各個角落，成為一種文化的載體，被人們譽為「酒文化」，世界各國、各種族皆有，也為人類文化生活增加眾多色彩光輝。

2. 酒與藥效

酒不僅可載情，尚可治病、滋補。酒是「救人的良藥」，但有時也是「殺人之利器」，鴆酒一類的毒酒便可治人於死地。酒可入藥是因為酒精是一種很好的溶劑，它可溶解許多難溶甚至不溶於水的物質。用它來泡製藥酒，有的比水煎中藥療效好。而且藥酒進入體內被吸收後立即進入血液，能更好發揮藥性，從而起到治療滋補之功效。為此，中醫常有處方讓患者用酒沖服，或煎藥時使用藥引。酒不僅可內服，而且能用於外科。最常見的除酒精消毒外，酒可以塗於患處，治療跌打扭傷、關節炎、神經麻木等，如虎骨酒、史國公酒等。近年來紅葡萄酒在中國很暢銷，備受青睞。因為適量飲用葡萄酒不僅可防衰老，而且尚可預防因機體老化引發的有關疾病。

3. 酒與健美

酒有健美之功效，早在唐代蘇敬等人所著的《新修本草》一書中已有記述「暖腰腎、駐顏色、耐寒」。這裡是指葡萄酒，在7世紀中葉，葡萄酒傳入中國並在中國得到發展。還有桃花酒，是將三月新採的桃花陰乾後浸泡在上等酒中，儲15日便為桃花酒，飲用該酒，有潤膚、活血的功效，使人青春美容長駐。白鴿煮酒、龍眼和氣酒也有美容作用。為使毛髮肌膚健美，中國古代就有用酒洗浴的做法。

入浴前，將 0.75 kg 的「玉之膚」加入浴池水中，洗浴後皮膚潔白如玉，周身暖和。「玉之膚」浴酒是把發酵酒糟和米酒混合，再經蒸製而成，是清酒的一種。

4. 酒與烹飪

在烹飪美味菜餚時，適量用酒，能去腥起香，使菜餚香甜可口。因為酒的主要成分是乙醇，沸點較低，一經加熱，很易揮發，便把魚、肉等動物的腥臭怪味帶走。烹飪用酒最理想的是黃酒，因為它含乙醇量適中，介於啤酒和白酒間，而且黃酒中富含胺基酸，在烹飪中與鹽生成胺基酸鈉鹽，即味精(麩胺酸一鈉，MSG)，能增加菜香的鮮味。加之黃酒的酒藥中配有芳香的中藥材，用它作料酒，菜餚會有一種特殊的香味。當然，在無黃酒的情況下，其他酒也可以用。不過中國菜用黃酒為最好，西餐則多用葡萄酒、啤酒。即不同菜餚使用的酒不同，用酒時間也不盡相同。即便是中式菜餚中，也有不同技藝。例如在蒸炸魚肉雞鴨之前，先用啤酒浸醃 10 分鐘，做出的菜餚嫩滑爽口，沒有腥臭味。

（三）飲酒與健康

根據現代科學測定，酒液中酒精含量較高，有害成分也就越高。低度的發酵酒、配製酒、如黃酒、果露酒、藥酒等，有害成分極少，卻富含糖、有機酸、胺基酸、甘酒、糊精、維生素等多種營養成分。開始的時候，古人認為質量較高，有利於延年益壽的酒主要有黃酒、葡萄酒、桂花酒、菊花酒、辣椒酒等，後來才發展到白酒及以白酒為原料的各種藥酒。發酵而成的黃酒是中國最古老的酒之一，含有豐富的胺基酸、多種醣類、有機酸、維生素等，自古至今一直被視為養生健身的「仙酒」、「珍漿」，深受人們喜愛。蒸餾酒和發酵酒比較，有害成分主要存在於蒸餾酒中，而發酵酒中相對較少。高度的蒸餾酒中除含有較高的乙醇外，還含有雜醇油(包括異戊醇、戊醇、異丁醇、丙醇等)、醛類(包括甲醛、乙醛、糖醛等)、甲醇、氫氰酸、鉛、黃麴毒素等多種有害成分。人長期或過量飲用這種有害成分含量高的低質酒，就會中毒。輕者會出現頭暈、頭痛、胃病、咳嗽、胸痛、噁心、嘔吐、視力模糊等症狀，嚴重的則會出現呼吸困難、昏迷、甚至死亡。故飲酒保健康需注意以下幾個方面。

1. 適量和適度

量是指酒量而不是含酒精的量，度是酒的適宜溫度。那麼喝多少為適量呢？據金盾出版社《飲酒知識》一書介紹，白酒每次不超過 20 mL 左右，葡萄酒每次

不超過 60 mL 左右。當然即使這個量也要根據自己當時健康情況、心情而酌定。總之身心健康時方可飲酒。關於飲用酒的適宜溫度，酒不同要求溫度不一。白酒最好的溫度是 70℃ 左右。因白酒中，除乙醇外，也含少量甲醇和其他物質，對人體有害，如甲醇侵害視覺神經，沸點是 64℃，因此將甲醇蒸發後飲用最好，但也不能太熱，以免傷害消化系統。甜紅葡萄酒 12～14℃，甜白葡萄酒 13～15℃，乾紅葡萄酒 16～18℃，乾白葡萄酒為 10～11℃ 為最佳。其他酒如香檳酒類 9～10℃。甜黃酒、半甜黃酒及乾黃酒 20℃ 左右為好。啤酒是充有二氧化碳氣體的酒，若溫度在 10℃ 左右，二氧化碳不易損耗，口感也好，會給人以爽快感。

2. 空腹不飲酒

空腹飲酒，哪怕飲用少量酒對身體也是有害無益。因為飲酒後，20% 由胃吸收，80% 由十二指腸和空腸吸收。腹中無食容易酒精中毒。而且空腹飲酒，酒精直接刺激胃壁，易引發胃炎、潰瘍、胃出血，所以最好是邊吃邊喝。喝酒時吃什麼菜餚最好呢？因飲酒促進新陳代謝，損耗體內蛋白質，因而食用含蛋白質多的下酒菜為宜。如松花蛋、花生米、雞、鴨、魚及瘦肉等，再配以鹼性菜餚如蔬菜、水果。另外，飲酒刺激肝臟，要食用些保護肝臟的菜餚，豆製品內因含維生素 B 能保護肝臟。含糖的一些甜食，如拔絲山藥、糖醋魚等。飲酒時忌吃涼粉，因涼粉中有白礬，它會減慢胃腸蠕動。如果酒精積存消化系統，容易中毒。

3. 飲酒禁忌

(1) 煙酒不可同用

因為酒精是煙草中致癌毒物的溶劑，如煙酒同用，煙草中毒物很快溶於酒精進入體內，輸送到人體各部位。而且邊吸煙邊喝酒還使得人體血液對煙草毒物溶量增大，這是因為酒精具有擴張血管和加速血液循環的作用。煙草中有毒物質溶於酒精後會很快進入血液，使人興奮，所以邊吸煙邊飲酒，誤導人感覺更有味道，這使肝臟承受雙重毒物侵害。孕婦和兒童不宜飲酒。孕婦飲酒，即使少量，也會延緩胎兒的發育，甚至使胎兒異常，如胎兒智力低下、醜陋、損害視力。也可說會出現「胎兒酒精綜合症」，而且容易出現自然流產。

(2) 嗜酒成性

長期大量飲酒的男女，會導致性機能障礙。男子陽痿，女子月經紊亂，甚至患不孕症。長期酗酒還容易得肺炎、哮喘和皮膚、肌肉痙攣症等。有些疾病患者

不能飲酒，如肝炎病人。因酒精進入病體肝臟後，會使肝細胞壞死和肝炎病情惡化。為此肝病發作期不宜飲酒，即便肝病治癒以後，也應注意不飲酒，以免引起復發。糖尿病人也不宜飲酒，因患者本來解毒功能較差，飲酒會使胰腺分泌的消化酶和胰腺液發生變化，導致胰腺內蛋白質過分濃縮，堵塞胰腺導管，易患胰腺結石。同樣，高血壓病人如飲酒，會使血漿及尿中兒茶酚胺增高，因兒茶酚胺是血壓的元兇。如過多飲酒，高血壓患者難免發生腦溢血及猝死。

(3) 老人不宜飲用啤酒

因啤酒中含有一定量的鋁元素，老人新陳代謝慢，如積存於體內，會導致老年性癡呆。

(4) 酒後忌飲濃茶和不宜洗澡

濃茶與乙醇均使大腦興奮，大腦功能容易失調。同時，濃茶含很多鞣酸，它影響對蛋白質和脂肪的吸收；含過多單寧，影響對鐵的吸收，會造成貧血。飲酒後如果立即洗澡，加速血液循環，大量消耗葡萄糖，使人體疲勞會出現低血糖。

(5) 在服用某些藥物前後，也不宜飲酒

如安眠藥類由於酒精對人的大腦各部位抑制先後不同，初期有興奮作用，使人不易入睡。而安眠藥對大腦起抑制作用，如酒後服藥，會出現呼吸變慢、血壓下降、休克甚至呼吸停止而有死亡危險。

4. 解酒

飲用冷開水，減緩胃腸酌熱。也可喝醋解酒毒，食醋中的有機酸可酯化乙醇。喝豆漿、吃豆腐也可，其中的胺基酸能解酒中的乙醛毒。此外尚有吃白蘿蔔、蜂蜜、半熟雞蛋、生梨，喝鮮牛奶、芹菜汁、綠豆湯、果汁等，均有解酒作用。但若嚴重醉酒，最好去醫院吊點滴果糖類注射液，進行解酒治療。

三、茶化學

（一）茶的分類

人們談到飲酒就自然想到了喝茶，茶也是生活中不可少的一種物質，人們經常會說「茶餘飯後」，可見茶在生活中作用的不一般。通常將茶樹上的葉子叫做茶葉，簡稱茶。茶樹是一種常綠灌木，原產於雲南。其葉質佳，可作飲料和藥用，

《茶經》說：「茶者，南方之灌木也，一尺、三尺乃至數十尺，其巴山、峽川有兩人合抱者。」可見野生茶樹也有大如喬木的。中國大陸有江北、江南、華南、西南四大茶區。四個省、自治區，1,000多個縣、市產茶，全國茶園總面積約為100萬公頃，居世界首位。目前，茶、咖啡和可可並稱為世界三大飲料，其中茶葉歷史最久，風行地區最廣，飲用人數最多，全世界有一半以上的人喝茶。茶被人們譽為「綠色金子」、「健康飲料」。

中國大陸地域廣闊，名茶輩出，如西湖的龍井、洞庭的碧螺春、黃山的雲霧茶、福建的烏龍茶、四川的蒙頂茶、雲南(滇)的普洱茶等。但總分為六大類，即綠茶、白茶、烏龍茶(青茶)、花茶、緊壓茶(黑茶)和紅茶。

1. 綠茶

綠茶是不經過發酵的茶，即將鮮葉經過攤晾後直接下到100～200℃的熱鍋裡炒製，以保持其綠色的特點。名貴品種有龍井茶、碧螺春茶、黃山毛峰茶、廬山雲霧茶、六安瓜片、蒙頂茶、太平猴魁茶、君山銀針茶、顧渚紫笋茶、信陰毛尖茶、平水珠茶、西山茶、雁蕩毛峰茶、華頂雲霧茶、湧溪火青茶、敬亭綠雪茶、峨眉峨蕊茶、都勻毛尖茶、恩施玉露茶、婺源茗眉茶、雨花茶、莫干黃芽茶、五出蓋米茶、普陀佛茶。

2. 紅茶

紅茶與綠茶恰恰相反，是一種全發酵茶(發酵程度大於80%)。紅茶的名字得自其湯色紅。名貴品種有祁紅、滇紅、英紅。

3. 黑茶

黑茶原來主要銷往邊區，像雲南的普洱茶就是其中一種。普洱茶是在已經製好的綠茶上澆上水，再經過發酵製成的。普洱茶具有降脂、減肥和降血壓的功效，在東南亞和日本很普及。

4. 烏龍茶

烏龍茶也就是青茶，是一類介於紅、綠茶之間的半發酵茶。烏龍茶在六大類茶中工藝最複雜費時，泡法也最講究，故也被人稱為喝工(功)夫茶。名貴品種有武夷岩茶、鐵觀音、鳳凰單叢、台灣烏龍茶。

5. 黃茶

著名的君山銀針茶就屬於黃茶，黃茶的製法有點像綠茶，不過中間需要悶黃三天。

6. 白茶

白茶則基本上就是只靠日曬製成的。白茶和黃茶的外形、香氣和滋味都是非常好的。名貴品種有白豪銀針茶、白牡丹茶。

其中綠茶出現最早，其次為白茶，即由滿披白毫的嫩芽製成，有白豪、銀針、老君眉等。花茶、烏龍茶、黑茶發明於明代，紅茶則產生於清代。至於飲茶方法，約在明代中後期始由煮飲改為至今流行的沖泡法，使飲茶更加方便普及。此外，各民族各地區在長期的飲茶實踐中還形成了一些獨具特色的飲茶風俗，如西藏的酥油茶、蒙古的奶茶、白族的三道茶 (清茶、甜茶、香茶)、雲南的鹽巴茶、桂北的打油茶、閩潮的工夫茶、廣東的早茶、湖南的擂茶、四川的蓋碗茶等。

（二）茶的成分和作用

茶葉的化學成分是由 3.5 ~ 7.0% 的無機物和 93 ~ 96.5% 的有機物組成。茶葉中的無機礦物質元素約有 27 種，主要的元素包括磷、鉀、硫、鎂、錳、氟、鋁、鈣、鈉、鐵、銅、鋅、釩、鉻、硒等多種；茶葉中的有機化合物主要有蛋白質、脂質、醣類、胺基酸、生物鹼、茶多酚、有機酸、色素、香氣成分、維生素、皂苷、甾醇等。茶葉中含有 20 ~ 30% 的葉蛋白，但能溶於茶湯的只有 3.5% 左右。茶葉中含有 1.5 ~ 4% 的游離胺基酸，種類達 20 多種，大多是人體必需的胺基酸。茶葉中含有 25 ~ 30% 的醣類，但能溶於茶湯的只有 3 ~ 4%。茶葉中含有 4 ~ 5% 的脂質，也是人體必需的。

飲茶在給人精神愉悅的同時，還補充了人體所需的水分、胺基酸、維生素、茶多酚、生物鹼、類黃酮、芳香物質等多種有益的有機物，並且還提供了人體組織正常運轉所不可缺少的礦物質元素。與一般膳食和飲品相比，飲茶對鉀、鎂、錳、鋅等元素的攝入最有意義。飲茶還是人體中必需的常量元素磷以及必需的微量元素銅、鎳、鈷、鉻、鉬、錫、釩的補充來源。茶葉中鈣的含量是水果、蔬菜的 10 ~ 20 倍；鐵的含量是水果、蔬菜的 30 ~ 50 倍。但由於鈣、鐵在茶湯中的浸出率很低，遠不能滿足人體日需量，因此，飲茶不能作為人體補充鈣、鐵的依賴途徑。

茶在中國被譽為「國飲」，茶文化興於唐、盛於宋。歷代皇帝都非常喜歡喝茶，尤其是乾隆皇帝是歷代(230個)所有皇帝中壽命最高的，外號叫「老壽星」，他活到85歲，有「君不可一日無茶」說法。現在日本開展了「一杯茶運動」，每人每天必須喝一杯綠茶。在英國，茶被稱為「健康之液，靈魂之飲」。因為現代科學大量研究證實，茶葉確實含有與人體健康密切相關的生化成分。茶葉不僅具有提神清心、清熱解暑、消食化痰、去膩減肥、清心除煩、解毒醒酒、生津止渴、降火明目、止痢除濕等藥理作用，還對現代疾病，如輻射病、心腦血管病、癌症等疾病，有一定的藥理功效。可見，茶葉藥理功效之多，作用之廣，是其他飲料無可替代的。茶葉具有藥理作用的主要成分是茶多酚、咖啡鹼、脂多醣等。喝茶的功效見表3.3。

表 3.3　喝茶的功效

功效	說明
延緩衰老	茶多酚具有很強的抗氧化性和生理活性，是人體自由基的清除劑，它有阻斷脂質過氧化反應，清除活性敏的作用。
抑制心血管疾病	茶多酚，尤其是茶多酚中的兒茶素ECG和EGC及其氧化產物茶黃素等，有助於使斑狀增生受到抑制，使形成血凝黏度增強的纖維蛋白原降低，凝血變清，從而抑制動脈粥樣硬化。
預防與抗癌	茶多酚可以阻斷亞硝酸銨等多種致癌物質在體內合成，並具有直接殺傷癌細胞和提高肌體免疫能力的功效。
預防和治療輻射傷害	茶多酚及其氧化產物具有吸收放射性物質 ^{90}Sr 和 ^{60}Co 毒害的能力，對血細胞減少症，茶葉提取物治療的有效率達81.7%，對因放射輻射而引起的白血球減少症治療效果更好。
抑制和抵抗病毒菌	茶多酚有較強的收斂作用，對病原菌、病毒有明顯的抑制和殺滅作用，對消炎止瀉有明顯效果。應用茶葉製劑治療急性和慢性痢疾、阿米巴痢疾、流感，治癒率達90%左右。
美容護膚	茶多酚是水溶性物質，用它洗臉能清除面部的油膩，收斂毛孔，具有消毒、滅菌、抗皮膚老化，減少日光中的紫外線輻射對皮膚的損傷等功效。
醒腦提神	茶葉中的咖啡鹼能促使人體中樞神經興奮，增強大腦皮層的興奮過程，起到提神益思、清心的效果。
利尿解疲	茶葉中的咖啡鹼可刺激腎臟，促使尿液迅速排出體外，提高腎臟的濾比率，減少有害物質在腎臟中滯留時間。咖啡鹼還可排除尿液中的過量乳酸，有助於使人體盡快消除疲勞。
降脂助消化	茶葉中的咖啡鹼能提高胃液的分泌量，可以幫助消化，增強分解脂肪的能力。
護齒明目	茶葉中合氟量較高，每100 g乾茶葉中含氟量為10~15 mg，且80%為水溶性成分。而且茶葉是鹼性飲料，可抑制人體鈣質的減少，這對預防齲齒、護齒、堅齒，都是有益的。茶葉中的維生素C等成分，能降低眼睛晶體混濁度，經常飲茶，對減少眼疾、護眼明目，都有很好的作用。

（三）喝茶對健康的利弊

茶含有 600 餘種化學成分，其中有 5 大類是對人體非常有益的營養物質。茶葉中含有酚類物質、蛋白質、維生素和微量元素磷、鈣、鋅、鉀、氟等，都對人體有利；且有消食、清火功能。然而，飲茶有利也有弊，所以飲茶要適度。在日常生活中，人們對茶的認識存在不少誤區，其主要表現如以下幾方面。

1. 濃茶「醒酒」

人們飲酒後，酒中乙醇在肝臟中先轉化為乙醛，再轉化為乙酸，然後分解經腎排出體外。而酒後飲濃茶，茶中咖啡鹼等可迅速發揮利尿作用，從而促進尚未分解成乙酸的乙醛過早進入腎臟，使腎臟受損。

2. 品嚐新茶「心曠神怡」

新茶存放時間太短，含有較多的未經氧化的多酚類、醛類及醇類等物質，對人的胃腸黏膜有較強的刺激作用，易誘發胃病。所以新茶宜少喝，存放不足半個月的新茶更應忌喝。如果長時間飲新茶可出現腹痛、腹脹等現象。同時新茶中還含有活性較強的鞣酸、咖啡因等。過量飲用可產生四肢無力、失眠等「茶醉」現象。

3. 飲茶會使血壓升高

茶葉具有抗凝、促溶、抑制血小板聚集、調節血脂等作用，可防止膽固醇等脂類團塊在血管壁上沉積，從而防冠狀動脈變窄，特別是茶葉中含有兒茶素，它可使人體中的膽固醇含量降低，血脂亦隨之降低，從而使血壓下降。因此，飲茶可防治心血管疾病。

4. 適量飲茶「茶醫百病」

有人認為，茶不僅是一種安全的飲料，也是治療疾病的良藥。殊不知，對有些病人來說，是不宜喝茶的，特別是濃茶。濃茶中的咖啡鹼能使人興奮、失眠、代謝效率增高，不利於休息；還可使高血壓、冠心病、腎病等患者心跳加快，甚至心律失常、尿頻，加重心腎負擔。此外，咖啡鹼還能刺激胃腸分泌，不利於潰瘍病的癒合；而茶中鞣質有收斂作用，使腸蠕動變慢，加重便秘。

5. 嚼茶根有益健康

很多人都認為嚼茶根可以幫助清除口中異味，所以喝茶之後喜歡嚼一嚼茶根，

雖然這本身算不上什麼壞習慣，不過有的茶葉根部會有一些農藥殘留物，所以茶根還是不嚼為好。

另外，兒童飲茶須注意的是飲量不宜多，多則使孩子體內水分增多，而加重心臟、腎臟的負擔；不宜濃，濃則使孩子高度興奮、心跳加快而引起失眠，導致消耗過多的養分而影響生長發育，也影響對鐵質的吸收。兒童宜現泡現飲，不宜飲泡之過久的陳茶。飲用過多的濃茶，能刺激神經和凝固食物蛋白，妨礙消化，因此飲用濃茶對身體是無益的。

臨睡前、服藥後、飯前飯後、酒後不宜飲茶。茶葉裡含有鞣酸，它可以與藥物中的蛋白質、生物鹼、重金屬鹽等物質起化學反應而產生沉澱，這不但影響藥物的療效，還會產生一些副作用。這些藥物有胃蛋白酶、胰酶片、多酶片、硫酸亞鐵、富馬酸鐵等。茶葉裡還含有咖啡因、茶鹼等成分，它們具有興奮神經中樞的作用，故在服用安神、鎮靜、催眠等藥物，如魯米那、安定、眠爾通、利眠寧等中樞神經抑制藥物時，因兩者作用針鋒相對，不宜喝茶，更不宜用茶水送服這些藥物。隔夜茶因時間過久，維生素大多已喪失，且茶湯中的蛋白質、醣類等會成為細菌、黴菌繁殖的養料，故不宜飲用。

煙、酒、茶的歷史都很悠久也是現代人們生活中不可缺少的物質。煙、酒、茶的文化也同樣影響著人們的生活，在一定程度上還給為人們所學習和接受。煙、茶是人們常結合在一起談論的話題，它們確實還有著很大的聯繫。吸煙者常飲茶，主要有四大好處，可以減輕吸煙誘發癌症的可能性；可以有助於減輕由於吸煙所引起的輻射污染；可以防治由於吸煙而促發的白內障；可以補充由於吸煙所消耗掉的維生素C。但飲茶只可緩解而不能消除吸煙的危害，它只能作為戒煙過程中的一項補救措施而已，以盡可能減少吸煙的危害。

觀念思考題與習題

1. 飲食對人類社會的重要作用表現在哪裡？
2. 健康長壽是人類的共同願望，如何進行益害元素之風險管控？
3. 必需元素在生物體內所起到的生理和生化作用，主要有哪幾個方面？
4. 對 Ca、P、Na、K 等的主要生物功能作簡要介紹。
5. 微量元素在不同體內部位的水平與人體健康關係極大，試舉例加以說明之。
6. 人體中也含有非必需微量元素，甚至於是有害元素，試舉例加以說明之。
7. 食物中天然色素有哪些？其功用如何？
8. 食物中人工(合成)色素有哪些？其功用如何？
9. 食品中的「香氣」是如何產生？請詳述之。
10. 食物根據來源可分為哪幾類？請分別述之。
11. 許多食品在熱加工時會產生誘人的香氣，這主要有哪兩個原因？
12. 食品中有甜、酸、苦、鹹四種基本味感與其物質，請分別述之。
13. 澀味是什麼？澀味物質包括有哪些？
14. 辣味是什麼？辣味物質包括有哪些？
15. 為何食品中要加入添加劑？其理由何在？
16. 食品添加劑的種類很多，根據其來源不同可分為哪些？
17. 食品中的防腐劑有哪些？其特性？
18. 請簡述抗氧劑的抗氧機理。
19. 抗氧化劑的種類有哪些？請簡述之。
20. 根據所用煙葉品種的不同，捲煙的分類有哪些？請簡述之。
21. 香煙的煙氣主要有害成分有哪些？請簡述之。
22. 酒的種類繁多，一般可分為哪幾種？
23. 對飲酒保健康，一般需注意哪幾個方面？請簡述之。
24. 茶的分類有哪些？請分別加以述之。
25. 喝茶的功效有哪些？請分別加以述之。

第四章　健康化學

　　自從地球上出現生命以來，它經歷了 30 多億年的演化過程，已達到至精至靈的地步。生命本身就蘊藏著無窮盡的奧秘，僅有數百年發展史的人類，近代科學與生命體的複雜機制相比，真可說是「望塵莫及」。眾人皆知，人體的各種變化和化學的關係非常密切，首先生命和人體的演變過程是離不開化學變化的。要是沒有化學變化，地球上就不會有生命存在，更不會有生物與人類。人體的結構極為複雜，恰如同高樓大廈的建構，非常精緻細膩。然而，這種複雜的結構，都是由一定形態的細胞組成。

　　諸如細胞中的細胞質、細胞膜等活性物質，以及其他體液，都是由最基本的化學元素組成的。因此，人類的生存、生長和繁衍更是靠化學反應來維持的，如食物對於維持生命之所以有如此重要的關係，就是因為食物中的各種成分，在人體內引起各種化學變化，使之變為我們人體中所需的各種營養成分。呼吸也是如此，吸入的是氧氣，呼出的是二氧化碳，這當然也是化學反應的結果。為此要了解人體的奧秘，就離不開去探明其中元素與化合物的化學變化。

　　醫藥化學 (Medicinal Chemistry) 是建立在化學和生物學基礎上，本屬生物化學的一部分，主要探討對藥物結構和活性進行研究的一門學科。研究內容涉及發現、修飾和優化先導化合物，從分子水平上揭示藥物及具有生理活性物質的作用機理，研究藥物及生理活性物質在體內的代謝過程。其實，藥物按其原料來源和生產工藝，一般可以分為四大類：(1) 從植物中提取來的藥物；(2) 從動物器官中提取出來的藥物；(3) 化學合成藥物；(4) 生物合成藥物。這四類藥物中都包含有豐富的化學知識，大多與化學工藝有關。

　　當今，我們俗稱的西藥主要的是以化學方法合成藥物 (例如磺胺藥) 和生物技術合成藥物 (例如抗菌素) 為主；我們俗稱的中藥則是以植物藥草和動物藥物為主。實際上，這樣稱謂和區分並不是很科學，因為西藥中也有從動植物中提取煉製的藥；中藥中也有利用化學方法合成藥 (例如升藥、降藥、輕粉、硃砂丹藥等) 和生物技術製藥 (例如紅麴菌、抗癌藥物等)。這樣稱謂和區分只是遷就了中國的確存在中醫和西醫的歷史現實。本章講的醫藥當然不是偏中國傳統的醫藥體系，而是較偏西藥和存在於其中的化學知識、化學成就。雖然古代藥物保存下來的極少極少，但是我們仍可以從中看到我們人類在此領域做出的傑出貢獻。

壹、生命元素與疾病

　　微量元素研究作為生物無機化學的重要分支，以嶄新的活力向生物科學各個領域交叉、滲透而迅速發展，並獲得實際應用。應用最廣泛的領域是醫學，從地方性疾病、心血管病、免疫功能失調、某些腫瘤以至新藥物和營養素，從減輕病狀到增進健康和防止衰老，無處不顯示出生命微量元素的活力。有人預言：微量元素不「微」，它將與抗菌素、維生素、激素並駕齊驅，為人類健康做出新貢獻。

　　尤其，微量金屬元素參與人體中 50～70% 的酶組分，構成體內重要的載體和電子傳遞系統。隨著某些激素分析和結構測試技術的發展，人們研究了生物體內金屬元素存在的狀態、結構及其生物學作用。因此，在生命科學的研究中，以生命元素及其化合物為對象的生物無機化學占有重要的地位。而保健可視為保養與強健。因為人若要活得有尊嚴、有生活品質，就需要的是一個健康的身體，而要如何有一健康的身體，除了原本出生時就帶有好的基因，出生時健健康康的，接下來就要靠自己本身了。因此對自己的身體應該也是一樣的，除了日常作息要正常外，更需要穩定的情緒、適度的運動、均衡的營養，如果透過以上四項的保養方式，那身體自然就可強健了。

　　中國大陸曾研究了 6,000 例兒童中，獲得微量元素與疾病的關係。其中，18 種症狀 (佝僂病、多動症、異食癖、智力低、睡眠差、發育差、免疫力差、缺鈣、多汗、食量少、厭食等) 的髮鈣均值，都明顯低於健康兒童的 492 mg/kg，有極大的顯著性，有 80% 患兒的髮鈣都低於 280 mg/kg。有典型缺鋅臨床症狀患兒的髮鋅都明顯偏低，t 檢驗有極大的顯著性。有 16 種症狀的髮銅偏低，經分析檢驗有其顯著性，缺鈣、脫髮、多汗等症狀的髮銅均值接近於健康兒童含量。多動症、智力低、睡眠少兒的髮錳明顯偏低 (而其他元素偏高)。

　　微量元素門診患兒的大部分症狀都與微量元素缺乏有關，大多是長期飲食不當造成的。元素的缺乏不是單一的，常常是 Ca、Zn、Cu、Mn 等元素同時缺乏，但一般以補 Ca、Zn 的最多，因此不全面。而多動症、智力低、睡眠差等精神症狀可能與缺 Mn 有關。

　　已有醫學研究報告指出，82.8% 的疾病是與人體某些元素的代謝紊亂 (如過量或缺乏) 有關，其結果分別敘述如下。

一、冠心病

　　冠狀動脈粥樣硬化、血管腔阻塞導致心肌缺血、缺氧而引起的心臟病，簡稱冠心病 (Coronary Heart Disease，簡寫為 CHD)。醫師們認為：鉻、鋅、銅、硒、鎂、錳、鍺等與冠心病關係密切，或者說有較大的相關性。

　　動物實驗顯示，長期缺鉻可導致脂質代謝失調，血膽固醇水平升高，出現動脈粥樣硬化斑塊。表示若鉻缺少，可能是冠心病的危險因素之一。如給動物足量的鉻，則無上述病變，甚至可降低血膽固醇水平。Cr^{3+} 能激活血卵磷脂膽固醇醯基轉移酶，肝內皮細胞脂酶及蛋白脂酶的活性，使血脂、膽固醇下降。此外，鉻是葡萄糖耐量因子的活性成分，機體缺鉻可導致糖代謝紊亂，間接影響冠心病的發生。

　　缺鋅可影響機體抗氧化酶的活性，使自由基清除率降低，脂質過氧化反應增加，引起血管硬化和纖維性病變，進而導致心血管疾病的發生。銅也是超氧化物歧化酶 (SOD)、過氧化物酶等多種酶的重要組分，銅缺乏可導致上述酶活性下降，使超氧離子和過氧化物在體內堆積，造成細胞功能和結構的損害，最終導致動脈粥樣硬化。

　　缺硒被認為是冠心病發生的危險因素，硒與動脈硬化、冠心病等病症的發生發展呈負相關。缺鎂是動脈粥樣硬化形成的因素之一，會使血液膽固醇水平升高，中小動脈內膜及內膜下彈力層受損，並促使血管內鈣離子聚集，從而導致或加重動脈粥樣硬化斑塊的形成。

　　冠心病患者血清錳顯著低於健康人群。適量的錳能防止動脈硬化的發生。

　　鍺可參與人體多種酶的代謝，具有調節細胞免疫功能和抗氧化清除自由基的作用，也能抗高血壓病。動物實驗和臨床觀察證明：鍺與硒有協同作用，有機鍺加適量的有機硒治療冠心病，療效明顯提高。

二、心腦血管疾病

　　心腦血管疾病是危害人類健康的主要疾病，腦卒中主要與高血壓、心臟病、糖尿病、營養、血脂、肥胖、吸煙、飲酒、遺傳等因素有關。Keaven 等提出了把高血壓、高血糖、高血脂和低胰島素與極低密度脂蛋白作為影響腦卒中的主要因素。隨後 Kaplan 還提出了死亡四重奏的概念，都是描述腦卒中與心臟病等危險因素的關係。

腦卒中高危人群血清 Zn、Fe、Mg 和 Zn/Cu 比值都非常顯著地升高，Na 和 Na/K 比值也顯著或非常顯著地升高，血糖血脂高者血清鈣非常顯著地升高，血糖高和心臟病患者 Ca/Mg 比值非常顯著地降低，K 也有降低的趨勢。

頭髮 K、Ca、Cu、Ca/Mg 比值均低於對照組，而 Na、Mg、Zn、Fe、Mn、Na/K 值、Zn/Cu 值和 Fe/Mn 值均高於對照組。Na、Mg、Zn、Zn/Cu 值與增齡呈正相關，而 Cu、Ca/Mg 值呈負相關；K、Ca、Ca/Mg 值與血壓呈負相關，Na、Zn、Zn/Cu 值呈正相關；Mg、Zn、Zn/Cu 值與身體指數呈正相關；Zn 與血糖呈正相關；K 與紅細胞壓積呈正相關，Ca、Mg 呈負相關；Mn、Fe/Mn 值與膽固醇、低密度脂蛋白呈負相關；Fe/Mn 值與極低密度脂蛋白呈負相關；K、Mg、Ca/Mg 值與載脂蛋白 A-I 呈正相關；K、Ca/Mg 值與載脂蛋白 B 呈負相關，而 Mg、Mn 呈正相關；Ca/Mg 值與脂蛋白 (a) 呈正相關；K、Na、Ca 與 C 肽呈負相關，而 Fe、Mn 呈正相關；Mn 與胰島素呈正相關。

對急性心肌梗塞病人血清中 Mg、Zn、Cu、Se、Cr 含量進行了研究。急性心肌梗塞病人 (AMI) 63 例 (其中男 44 人，女 19 人)，健康人 93 例 (其中男 60 人，女 33 人)，結果見表 4.1。

表 4.1　AMI 病人血清中 Mg 等 5 元素及 Cu/Zn 比值與健康人比較表 (μg/dL)

分類	人例	Mg(mg/mL)	Zn	Cu	Se	Cr	Cu/Zn
健康人	93	2.16	91.94	96.72	14.06	10.22	1.07
AMI 病人	63	1.96	76.77	99.33	11.70	7.15	1.36

從表 4.1 可知健康人 Mg、Zn、Se、Cr 等均高於 AMI 病人，且 Zn、Se、Cr 尤其明顯，而 Cu 與 Cu/Zn 比值均高於健康人，提示這幾種元素可作為 AMI 病人診斷病情的參考，說明這幾種元素與 AMI 病人有較大的相關性。微量元素不僅與引起腦血管疾病的危險因素有關，且對腦血管病的發展和預後也有關係。

缺鋅可使細胞正常代謝受到破壞，使新產生的自由基增多並使細胞易遭受自由基的損害，腦血管病 (包括急性腦出血、蛛網膜下腔出血和腦梗死) 患者的血漿、紅細胞和腦脊液鋅含量均明顯低於正常對照組。低鋅加重腦組織損傷，不利於受損腦組織恢復。腦出血早期血清鋅含量極顯著低於對照組。急性腦出血和蛛網膜下腔出血患者髮鋅明顯降低。因此，認為缺鋅可能與腦梗死發病有關。

銅可維持中樞神經系統功能，參與血紅蛋白和某些酶的合成。銅缺乏時，單胺氧化酶活力下降，彈性蛋白的交聯結構減少，血管彈性和韌性降低，加上 SOD

清除氧自由基能力下降，血管內膜細胞易受破壞。同時缺銅還可以引起血漿脂蛋白代謝和膽固醇清除障礙，產生高膽固醇血症，導致膽固醇在受損血管壁上沉積，產生動脈硬化。腦出血時，腦組織損傷，其所含銅直接進入血液或腦脊液中。由於 LEM 作用，增加銅的吸收，促進肝細胞內質網合成銅藍蛋白和釋放銅藍蛋白，並可促使其他器官的銅或銅酶釋放增加，還減少銅的排泄。由於腦出血後體內超氧陰離子增多，誘發含銅 SOD 合成增加，有利於消除自由基引起的繼發性腦損害。所以，腦梗死患者血清銅和腦脊液銅及銅/鋅比值均高於對照組。

血清鐵含量變化與腦卒中發病率完全吻合。腦卒中高危人群血清鐵明顯高於低發區人群。錳是細胞膜鈣通道的特異阻斷劑。動物實驗表明，錳吸入過量導致慢性中毒時，易使腦血管內膜增厚形成血栓，神經細胞退變和壞死。髮錳增高可能是急性腦血管的危險因素之一。低硒地區腦血管病死亡率比高硒地區高。缺硒是致腦血管病的危險因素之一，常與低鉻、高錳共同對腦血管發生作用。

對 25 例急性心肌梗塞患者血清銅、鋅、錳、硒、鐵、鎳、鉻、鈷這 8 種微量元素進行了測定。急性心肌梗塞時血清銅、鎳含量有持續增高的趨勢，鉻、鈷含量也有所增高，鋅、硒含量降低。血清鋅含量在心肌梗塞組低於不穩定心絞痛組，後者又低於正常組，有顯著性差異，表示隨冠狀動脈病變程度的加重與含量有效應關係。血清鋅與肌酸磷酸肌酶呈負相關；鐵與肌酸磷酸肌酶呈正相關。在 8 種微量元素中與心肌梗塞關係密切的元素依次為鋅、鐵、鈷。結果提示：測定急性心肌梗塞患者的血清微量元素並觀察其動態變化，對急性心肌梗塞的診斷和觀察病情的改變、估計預後有一定的幫助。

因此，醫師提出了防治心腦血管疾病的有效方法，主要是強調微量元素在人體的平衡和優化食物的結構。他的觀點如下：

生命元素是構成人體生命活動的基本單元，生命起源於環境，並在其中長期生存、適應與進化，所以環境元素及其豐度與生命健康息息相關。中國傳統醫學所謂的「水土病」，深刻反映了自然界元素分布隨時間、空間條件動態變化的不均勻性對生命活動的影響。小腦血管疾病與從食物中攝取的元素密切相關。

20 世紀 70 年代人們研究發現地殼、海水和人血元素豐度分布規律極為一致的事實告訴我們，「豐度效應」這一地殼元素豐度控制著生命元素必需性的規律，始終影響生物的進化和生存。

「平衡即健康」是我國傳統醫學的主導思想，十分明確地提出了整體的動態與相對平衡是生命與健康的基礎。所以除了個別元素豐缺引起的簡單的「要素」

病外，更重要的是系統平衡與比例失調造成的「關係」病。要從分子水平上考察它們的相互關係，而不要只因為頭髮或血液中單一元素的過量或缺乏而下結論。

自然界存在著整體的、動態而相對穩定的縱橫向元素比例關係，它不僅遵循物質運動規律，更重要的是反映了生物演化漫長歷程中，綜合作用過程中的生命活動規律。應該展開視野，用元素的「群」、「譜」、「週期變化節律」和「縱橫元素比」等方法學的概念，這樣比有限元素的絕對量與相對比值分析更有利於發現與解決問題。同時切忌將平衡誤解為是在一個封閉的體系中的恆定狀態，而應以動態平衡的觀點去理解。食物元素的相關性、整體、動態與相對穩定的縱橫向比例關係，反映了食物元素豐度變化的有序性。

食物是調控元素平衡的主要途徑。人體只有通過短程的或遠程的、主動或被動吸收環境中的元素，才能維持其生命活動。環境因素直接影響植物，而人則主要通過食物鏈攝取環境元素長期以來，人們習慣於從不同學科、特定對象的個別元素來進行探討，這是客觀存在的簡單事實，但是也反映出我們對相關密切而又極為複雜的元素與生命這個整體知識的侷限性。在營養學方面存在著對微量元素的忽視，各種天然食品在精加工過程中其所含的維生素損失可觀，微量元素也不能避免。

為了減少心腦血管病發病率，不能以提高銅含量來平衡，但是銅含量的降低也會給老年性心臟病帶來不利影響。在含銅豐富的原料加工出來的菜餚中，銅含量急劇下降，反映出食品加工烹調過程中對某些微量元素有嚴重的影響，也即加工過程減少了微量元素的含量。

中國傳統飲食結構具有科學性與合理性。中國醫學經典《黃帝內經》中也記載「五穀為養，五果為助，五畜為益、五菜為克、氣味和而服之，以補益精氣」。這一膳食結構理論指出了飲食當以植物性食物為主，又指出了應「氣味和而服之」，即膳食的寒、熱、溫、涼四氣與酸、甘、苦、辣、鹹五味之間必須保持性味的平衡組合。同中藥一樣，食物也有「四氣五味」和有毒及無毒之分，這大概就是藥膳同源的理論基礎。這種平衡如果遭到破壞，必然有損於健康。幾千年來，「青菜、豆腐保平安」已成為中國人大眾飲食遵循的金科玉律。從微量元素的觀點來看，豆腐和青菜的常量元素鉀和鈣含量很高，一般鉀是鈉的 4～5 倍，鈣是鎂的 2～4 倍，鐵和鋅的含量都不高，而硒的含量相對都較多。它們搭配起來就等於增強了心腦血管疾病的保護因素，而減少了危險因素。

元素的平衡應注意優化食物結構。食物結構中除了醣類、蛋白質、脂肪和維

生素等營養素外，急需重視的是微量元素的平衡。當人體中元素豐缺比例失調或偏離元素週期變化節律的對應關係，超過了人在長期生物進化過程中形成的自我組織、淨化和調節能力時，就引起生命活動失調，產生病理反應，影響健康和生命。根據國內外報導，心腦血管疾病與微量元素的平衡有著密切的關係。在現在已經查明的體內 50 多種元素中，從食物中攝取的元素量與總攝入量的 92% 以上，這證明人類主要通過食物從環境中攝取這些元素。

正確的食物消費很重要。中國大陸在《20 世紀 90 年代中國食物結構改革與發展綱要》中提出：「食物要多樣化、粗細要搭配、三餐要合理、飢飽要適當，甜食不易多，油脂要適量，飲酒要節制，食鹽要限量。」要重視營養科學知識。食物在精製過程中維生素 B 族損失較多。現在人們應注意到微量元素的損失也相當可觀。分析結果表明，將小麥製成精粉後，僅保留了原小麥 20% 的鎂、13% 的鉻、12% 的錳、50% 的鈷、37% 的鉬和 25% 的鋅。紅糖中含有大量的鉻及多種微量元素。這種鉻攝入不足的長期效應可能隨年齡的增長導致組織中鉻含量下降，從而增加了糖尿病與心臟病的發病率，誘發腦血管疾病，在食用高度加工食物的發達國家，尤為明顯。「營養全面，比例合理，平衡飲食」的概念，不僅接受且已深入人心。

通過對微量元素 Mn、Zn、Cu、Fe 和多量元素 Mg，在正常對照組與心血管系統 4 種主要疾病所做的多因素 t 檢驗分析，揭示了此 5 種元素在 4 種主要心血管疾病與正常人對照組之間存在著顯著差異；在心血管疾病組 Mn、Cu 減低，而 Mg、Zn、Fe 增高。

許多學者對 Cu/Zn 比值的研究頗有興趣。正常人 Cu/Zn 比值在 0～1.27 範圍內。已知人體內有 30 多種酶與銅有關，它是細胞的重要氧化酶，缺 Cu 心肌細胞氧化代謝紊亂，線粒體與肌纖維異常，進而使產生一系列的病理變化，故缺銅所引起的心血管損傷，主要與含 Cu 酶活性降低，從而干擾膽固醇的正常代謝，乃至血脂增高，導致動脈粥樣硬化的發生與發展，Cu/Zn 比值的急劇上升及其動態變化對急性心肌梗塞的診斷有意義。

鐵元素過多或過少均可引起免疫功能障礙，心血管疾病組 Fe 較正常對照組明顯高，可能與生物氧化還原及免疫功能失調有關。而鎂具有保護心肌的作用。若 Mg 缺乏可引起心肌壞死，且可增高心肌對有害因素的敏感性，而心血管疾病組之血鎂增高，並不反映細胞內鎂含量增高，其血鎂增高可能與細胞壞死從而向血中釋放有關。

錳是激素和酶的重要元素，氧化酶組分中含有錳，在錳化合物作用下氧化過程進行旺盛得多，它促進醣類代謝，刺激抗毒素形成，提高有機體對某些傳染病的抵抗力。錳也是形成維生素 C 所必需的，對骨髓、結締組織生長、繁殖機能都有很大影響。錳通過酶抑制 DNA 的結構及代謝而影響遺傳過程。在細胞線粒體中二價錳為黃色素蛋白正常活動所必需的元素，在血紅素中起催化作用。可見機體缺錳引起疾病是理所當然的，濃度必須適量，不足和過量都有害。有人認為長壽老人頭髮中含錳高。

某些具有消炎、抗癌效果的中藥，其主要藥效成分可能是人體所必需的微量元素。黃芪中含有大量硒，牡蠣中含有大量鋅，海鰾鞘中含有大量釩，具有一定的消腫、抗炎、抗癌作用。富含鐵、錳、鋅的食物有菠菜、萵苣、茶葉、核桃等，有報導認為有某種抗癌效果。

三、高血壓病

高血壓是人類的常見病，據多位學者的文獻綜合，高血壓與鋅、鎘、鈷、銅、鉛、鍺等微量元素相關性較大。

鋅在體內參與許多重要的生理過程，與高血壓的發病有一定關係。國內許多研究者發現，高血壓患者血清及髮鋅含量均較低。動物實驗發現，攝入過多鎘可引起動物高血壓和動脈粥樣硬化。高血壓與患者體內鈷的長期缺乏有關。腦力勞動者髮鈷低於體力勞動者，高血壓發病率則較高。銅與體內酪胺酸代謝和多巴胺 β-羥化酶的催化過程有關。該酶影響去甲腎上腺素的合成，從而影響血壓的調節。鉛是一種對人體有害的元素。研究發現高血壓病患者血鉛濃度顯著增高。動物實驗也證實，鉛可以引起大鼠高血壓。

葡萄糖酸鋅、硫酸鋅、含鋅蛋白等鋅製劑，或含鋅食療雞蛋治療高血壓，對改善臨床症狀有一定療效。研究證實，減少患者體內鉛、鎘負荷，有利於高血壓的恢復。有機鍺抗高血壓作用已被動物實驗所證實。臨床觀察也顯示有機鍺可有效地改善高血壓症狀。

四、糖尿病

糖尿病是老年人常見的代謝病，已成為世界第五大死亡原因，發病率隨年齡增加而增加。在臨床上糖尿病被分為 I 型和 II 型糖尿病，90% 以上糖尿病為 II 型，

多發生於約過 45 歲的成年人。

在 II 型糖尿病的發病機理和病理生理中，胰島素的敏感性降低和胰島 β- 細胞的胰島素分泌障礙是兩個主要環節，已為醫學界所公認。II 型糖尿病人從無症狀的空腹血糖受損到糖耐量減低到確診糖尿病，一般要經過 4～15 年，臨床上雖無症狀，但已有血管病變和體內微量元素的改變。隨著病情的發展，胰島的敏感性下降，病人從無症狀到有症狀，空驗及糖化血紅蛋白和血清微量元素的檢查，對於判斷病情和指導治療是非常必要的，曾對 6 例新發現的病人和 10 例已用藥但未達標的 II 型 DM2 取空腹、饅頭餐後 1 小時、2 小時三個階段的靜脈血測血糖、胰島素、C 肽和糖化血紅蛋白與文獻報導相符。

有關文獻和著作以及很多研究結果一致認為微量元素與糖尿病關係密切，特別是微量元素 Zn、Cu、Se、Cr、Mn 等與糖尿病有關。

鋅在胰腺主要分布在胰島 β- 細胞分泌的顆粒中，此顆粒含有胰島素結晶，Zn 促進胰島素的晶體化。胰島素原轉變為胰島素需要胰蛋白酶和羧肽酶 β- 細胞催化，而羧肽酶則需要 Zn 激活；此外，Zn 還可以加強胰島素蛋白的穩定性，去掉 Zn 後穩定性下降；故缺 Zn 時胰島素原轉變為胰島素的量減少。糖尿病病人的血鋅和髮鋅值均低於正常人。

元素鉻在體內以三價形式通過形成「葡萄糖耐量因子」(GTF) 或其他有機化合物協同胰島素發揮生理作用；GTF 在靶器官如肝臟、肌肉、脂肪等組織中，具有促進胰島素與靶組織中受體結合，發揮顯著的生物效應，從而增強胰島素的活性。

硒是穀胱甘肽過氧化物酶 (GSH-Px) 的重要組成部分，是體內一種重要的抗氧化酶，抗自由基作用極強。糖尿病人血清 Se 明顯低於健康人。Se 減少導致 GSH-Px 生成減少，大量的自由基聚集，而清除作用受損，從而導致胰島 β- 細胞損害，胰島素分泌減少。

錳是葡萄糖激酶的激活劑，又是超氧化物歧化酶 (Mn-SOD) 的重要組成部分。錳通過生成的 SOD 酶影響胰島素代謝，從而對糖代謝產生積極影響。糖尿病人體內 Mn 缺乏，補充 Mn 可以提高胰島素對糖尿病的治療效果。

對 22 例糖尿病患者空腹 12 小時取靜脈血，用原子吸收和原子螢光光度法測定血清 Cu、Zn、Se、Cr 元素，發現 90% 患者 Se、Cr 低於健康人，70% 的病人 Zn 低於健康人，而只有小於 20% 的病人血清 Cu 低於健康人，觀察結果同文獻報導是比較一致的。

參考中醫辨證論治的原則，不改變病人原有用藥的情況下，加服含有 Zn、Se、Cr、Mn 的中藥煎劑，結果顯示服用含有微量元素 Zn、Cr、Se、Mn 的中藥煎劑可以提高胰島素的敏感性，同時可能有修復胰島 β-細胞的作用。作者建議多食用含有 Zn、Se、Cr、Mn 等微量元素的食物或中藥等。

研究了微量元素與胰腺和糖尿病的關係，一般認為：

鉻協助胰島素發揮作用的形態定位，在細胞膜上胰島素受體的硫醇基形成二硫鍵，它促使胰島素發揮最大生物學功能。動物實驗的結果比較表明，飼以缺 Cr 飼料可產生糖代謝障礙，補充 Cr 或 GTF（葡萄糖耐受因子，是胰島素的協同激素，參與形成胰島素三元素複合物受體，可使胰島素功能穩定，作用增強）提取物後，症狀明顯改善。多數認為 Cr^{3+} 及富 Cr 酵母對改善糖脂代謝有一定作用。

鋰對糖代謝和糖耐受的作用較複雜。動物實驗發現 Li 可使腦、膈肌和肝臟等組織中的糖利用率升高，對糖尿病人有降血糖作用。低 Li 血症抑制葡萄糖和胺基酸的合成代謝，減少胰島素分泌，適當補 Li 可治療糖尿病。

動物缺錳可致胰腺發育不全出細胞和胰島數目減少，使葡萄糖利用率降低，血中葡萄糖清除率低下；Mn 還是葡萄糖激酶的激活劑，並影響與葡萄糖有關的丙酮酸羧化酶。研究發現糖尿病人血 Mn 明顯低於正常人，其髮 Mn 明顯升高。動物實驗表明，釩促進細胞的糖代謝，即有類似胰島素的作用，可促進細胞直接吸收糖，具有脂化酪胺基羧基的作用。高血糖病人髮 V 低於正常人。國外應用正釩酸鈉代替胰島素治療糖尿病動物模型，取得了肯定的結果。

動物實驗發現，硼主要影響糖代謝，使動物胰腺重量明顯減輕，胰組織勻漿澱粉酶活性也隨硼劑量加大而下降。胰島可能是作用靈敏的靶器官。鎳是胰島素的輔酶成分，具有提高胰島素活性的作用，有助於減輕糖尿病症狀。動物實驗亦表明，鎳可促進大鼠脂肪組織攝取葡萄糖，並將其摻入糖之中，對糖代謝的幾種酶起重要作用。

鋅參與 β-細胞內胰島素的合成與分泌。動物實驗早已證明，缺 Zn 引起糖耐量低下，胰島素釋放延遲。臨床上糖尿病人出現尿 Zn 降低，而血清 Zn 卻高低不定。銅本身似乎具有酶和激素的生物催化作用。研究證明，Cu 抑制穀胱甘肽還原酶及己糖激酶的活性。臨床研究認為，糖尿病人頭髮、血清中的 Cu 明顯低於正常人，用高鉻酵母治療後，病人髮銅、血銅明顯升高。關於 Cu/Zn 比值的意義，目前研究認為比單純測定 Cu、Zn 的意義更大，是糖尿病治療、好轉及預後的主要觀察指標之一。目前有學者用 Fisher 判別分析方法，說明 Cr、Li、Cd、Cu 對

糖尿病影響最大，尤其是高血銅、低血鉻、鋰、鎘與糖尿病關係密切。若缺乏鉻、錳、鋅、硒，可使糖尿病發病率增高。

　　三價鉻與糖尿病有密切關係。胰島素發揮作用時需要鉻參加，它能增強胰島素在體內外的作用。中國大陸合成了三價鉻──葡萄糖酸鉻用於治療糖尿病，有較好的療效。用胰島素控制不住的糖尿病人鉻明顯偏低，經補充三價鉻錯合物後一個月，尿鉻升高，同時，血糖從 16.8 mmol/L，降至 7.9 mmol/L。

　　胰島素含鋅量很高，鋅能延長胰島素的降糖作用，表明鋅與糖尿病有關。鋅能促進胰島素原轉變為胰島素，並延長胰島素的作用，缺鋅可加重糖尿病病情。因此，測定血清鋅水平，有助於了解糖尿病的病情。硒對維持胰島正常功能具有重要作用，糖尿病患者血清硒明顯低於健康人。缺錳可出現胰島腺發育不全，並可增強胰島素的生物學作用。

　　有人認為人體必須微量元素 Cu、Zn、Fe、Mg、Mn、Se、Cr 及 Zn/Cu 比值等，與糖尿病及其心血管並發症有著密切關係。糖尿病與微量元素之間的關係具有高度相關性和可逆性。而其患者的血清 Cu、Mn 顯著高於對照組。Cu 升高可能與糖尿病時分解代謝增強。Cu、Zn 相互拮抗，在腸道吸收過程中競爭並與同一載體結合有關。Mn 與造血密切相關，Cu 是造血過程中的原料及調節和調整，Mn 能改善機體對 Cu 的利用。當患各種貧血時，肝臟內 Cu、Mn 的含量同時減少。

　　硒與糖化血紅蛋白及甘油三酯呈負相關；鉻與血糖、膽固醇、甘油三酯、低密度脂蛋白 (膽固醇) 呈負相關；與 C 肽和高密度脂蛋白 (膽固醇) 呈正相關；鎂與血糖、糖化血紅蛋白呈負相關；鋅與胰島素、膽固醇呈正相關，與高密度脂蛋白 (膽固醇) 呈負相關；Zn/Cu 比值與血糖、糖化血紅蛋白呈負相關，與膽固醇、低密度脂蛋白 (膽固醇) 呈正相關。上述諸元素在糖尿病時均低於正常對照組。說明血清 Se、Cr、Zn、Mg 及 Zn/Cu 比值是研究微量元素與糖尿病人，糖代謝和脂代謝的最重要指標。微量元素 Se、Zn、Mg、Cr、Cu、及 Zn/Cu 等能夠影響糖尿病的內分泌和糖、脂代謝功能，它們本身含量以及其他因素平衡與否，影響著機體的生理病理過程。

五、肝炎病

　　對 32 例慢性 B 肝病人同步檢測了 8 種微量元素、2 種常量元素、B 肝病毒 e 抗原 (HbeAg) 和多項肝功能指標，並設有同期對照組 (21 例)，研究了慢性 B 型肝炎血清微量元素與肝功能及 HbeAg 關係。

結果表明：慢性 B 肝病人血清鋅明顯減少，且與膽紅素的升高、白蛋白的降低、球蛋白增高有關，病情好轉，肝功能恢復，則血清鋅升高。血清銅略高於正常，HBeAg(+) 肝功能損害較明顯者，其升高明顯。Cu/Zn 比值明顯升高，其增高與 HBeAg 及肝功能損害程度有關，病情好轉時，比值下降。

血清鐵明顯升高，與肝功能損害程度，特別是膽紅素的升高、白蛋白降低和球蛋白的增高相一致；並且血清鐵恢復較慢，當病情好轉，膽紅素恢復正常時，鐵仍維持較高水平。

血清錳降低，且與膽紅素，r-GT 的升高，SGPT 的增高程度有關。血清鈷、鋰略低於正常，肝功能損害嚴重者，下降較明顯；且 HBeAg(+) 時，血清鈷下降也較明顯。血清鉻略高於正常，肝功能損害較重者，鉻稍高，但均差不顯著。

總之，微量元素的變化與肝功能的損害及程度有關，肝功能損傷越嚴重，微量元素的紊亂越明顯。某種元素的缺乏與過剩均可引起多種酶系統的代謝障礙，或使某些酶的活性受到抑制，從而導致一系列的代謝紊亂和病理變化，這些變化必然會加重肝臟的損害和影響整個機體的正常功能。

對病毒性肝炎患者發中微量元素的研究結果表明：肝病患者較健康人髮中的鋅減少 10%，鐵減少 10～20%，銅約減少 40%，錳約減少 80%。這些檢測結果在臨床上有一定參考價值。

六、甲狀腺機能亢進症

研究了血清及頭髮中微量元素與 30 例甲狀腺機能亢進症 (甲亢) 患者的關係，並與 30 例健康人 (對照組) 作比較。結果表明：血清 8 種元素測定，甲亢組 Cu、Sr 顯著高於對照組，Se、V、Ge、Li 均顯著高於對照組，Zn、Cr 差異不大；頭髮測定結果甲亢組 Sr、V、Se、Li、Ge、Cr 與血清結果相同，Zn 顯著低於對照組；甲亢組 Se、Li、Ge 顯著相關，對照組 V 顯著相關。

甲亢組血及髮 Cu 均明顯高於對照組，說明甲亢對 Cu 代謝有明顯異常，可能是甲亢時分解代謝增強、高代謝率的結果。Se、V、Li、Ge、Sr 的血及發含量二組比較差異明顯，說明甲亢時此 5 種元素代謝有改變，值得進一步探索。血與髮含量無恆定相關性，可能髮代謝慢，只能反映長出時的血清含量，可以認為若元素在體內代謝改變是持續、恆定的，可能血與髮的含量有一定相關性。血與髮的含量除 Cr 外，均有明顯改變。

對 108 例甲狀腺機能障礙患者全血 Fe、Zn、Ca、Cu、Mg、Mn、Se、Cr、Al 等 9 種元素進行了測定，並與 71 例正常人進行比較。確診的甲亢患者 103 例 (男 32，女 71)，平均病程 2.3 年 (A 組)；經抗甲狀腺藥物治療 1～2 個月的患者 35 例 (B 組)，橋本氏甲狀腺炎所致甲亢患者 5 例 (C 組)。ABC 三組 Mn、Se 值極顯著低於正常組；A、B 二組 Fe 值極顯著低於正常組，銅高於正常組。A 組 Zn 低於正常組及 B 組，B 組 Cu 值低於 A 組。正常組 Mg 與 Mn 正相關。

甲亢患者全血鋅極顯著降低，並與 T_3 呈負直線關係，與國內外報導相符，經治療後的患者低鋅得以糾正，提示甲亢患者的需氧代謝率高，鋅酶需要量增多以及多汗、腹瀉等致排鋅量增加是引起低鋅的重要原因。本組甲亢患者銅顯著高於正常組，與文獻報導一致，可隨甲亢病情控制而下降。因此鋅、銅值可作為觀察甲亢病情、病程的一個指標。甲亢患者有 8～57% 件有貧血，多因缺鐵及鐵的利用障礙引起，未治療組及治療後甲亢患者鐵、錳極顯著低於正常。錳參與卟啉的合成，可促進紅細胞成熟及循環血量增多，低鐵、低錳是甲亢的貧血原因之一。硒與人體免疫調節功能密切相關，上述三組患者中 94% 的人血硒極顯著低於正常人，治療後仍持久不能達正常水平，低硒似乎與其免疫功能紊亂有關。

七、精神病

採用原子吸收光譜法測定了精神分裂症患者紅細胞 Zn、Cu、Fe、Ca、Mg 等元素含量。結果表明，精神分裂症組紅細胞 Cu、Fe 和 Ca 明顯高於對照組，紅細胞 Mg 明顯低於對照組，Zn 也低於對照組；病程小於 3 年的病人血清 Zn 低於病程 3 年以上者，而小於 3 年的病人血清 Cu、Fe、Ca 和 Mg 高於病程 3 年以上者。

精神分裂症是一種病因不明趨向於慢性病程的疾病，發病率較高，且一旦發病，對社會和家庭都造成極大的負擔。國內外已有一些零星報導，精神分裂症患者血清和頭髮微量元素異常。精神分裂症組住院病人 50 例 (男、女各半)，年齡 28.48 歲 (16～55 歲)，病程 3.60 年 (病程 ＜ 3 年者 31 人，病程 ≥ 3 年者 19 人)。全部病人均係符合 1994 年中華醫學會精神科學會制定的精神分裂症診斷材料。同期選出健康對照組 52 人 (男、女各半)，年齡 27.63 歲 (17～48 歲)。其生活環境、活動範圍與病人組相似。

對 50 例精神分裂症病人的紅細胞微量元素進行測定，發現精神分裂症病人 Cu、Fe、Ca 明顯高於對照組，而紅細胞 Mg 明顯低於對照組。紅細胞微量元素性

別之間也有差異，病例組除 Mg 男性較女性低外，其餘無明顯差異；對照組 Mg 男性較女性低，而 Zn 和 Fe 男性較女性高。微量元素性別之間的差異，可能與職業性接觸及內分泌等因素的影響有關。

醫學研究曾選擇了 123 例精神分裂症患者和 54 例健康人，分別採集他們的頭髮、血液進行測定，結果見表 4.2。

男性精神病人髮中的 Zn、Cr、Mg、Ca、K、Na 含量均顯著地或非常顯著地低於正常人 (25～200%)。全血中 Mg、Ca 含量非常顯著高於正常人，Zn、Cr、Na、K 含量仍然是精神病人高於正常人 (見表 4.2)。

女性精神病人髮中 Zn、Cr、Mg、Ca、Na、K 含量均顯著的或非常顯著的低於正常人 (見表 4.3)。而 Cu 的結果卻相反；精神病人全血中 Zn、Cr、K 含量非常顯著地高於正常人，而 Ca 的含量卻相反，其他元素無顯著性差異。

表 4.2　男性髮、血部分元素含量表 (μg/g)

元素	髮 病人組 (n = 53)	髮 對照組 (n = 27)	血 病人組 (n = 70)	血 對照組 (n = 26)
Zn	143.24	173.79	4.72	3.26
Cr	2.96	4.89	0.39	0.19
Mg	59.75	122.37	32.71	19.87
Cu	12.11	9.90	2.01	2.21
Ca	695.31	1,000.73	125.45	88.51
Na	57.91	133.05	3,450.17	3,035.43
K	5.76	13.06	262.04	238.29

表 4.3　女性髮、血部分元素含量表 (μg/g)

元素	髮 病人組 (n = 53)	髮 對照組 (n = 27)	血 病人組 (n = 70)	血 對照組 (n = 26)
Zn	129.80	155.33	3.16	1.99
Cr	2.38	3.19	0.49	0.14
Mg	51.76	111.51	28.45	28.87
Cu	13.43	8.78	1.49	1.51
Ca	691.53	786.66	80.04	129.62
Na	53.47	190.66	3,536.40	3,545.38
K	4.09	7.66	227.86	194.98

綜上可知，精神病人 (無論性別) 血銅普遍降低，髮銅普遍升高，特別是髮 K、Na、Ca、Mg 與健康人比較普遍降低，差異顯著，血與髮的含量結果不呈平行關

係，甚至有些結果相反，這可能是精神病患者服藥治療或生活條件的改變，導致代謝紊亂，引起血中元素含量的變化所致；而頭髮中元素含量較穩定可代表過去含量情況。

八、消化性潰瘍

研究了消化性潰瘍與血清微量元素的關係。結果顯示 Ba、Mo、Sr、Zn、Fe 水平下降；Cu/Zn 比值明顯升高；Mg、Ti、Cr 水平升高；Mn、Cu 元素水平無差異。說明微量元素對消化性潰瘍的形成，有一定影響。

潰瘍組血清 Zn 水平比對照組明顯降低，與中國大陸內部的報導不一致。認為這與潰瘍病有密切的關係。自幽門螺旋菌被發現以來，有學者研究認為：消化性潰瘍的病因與幽門螺旋菌在胃幽門區的生長有一定的聯繫。微量元素鋅參與人體內碳酸酐酶、DNA 聚合酶、鹼性磷酸酶、乳酸脫氫酶等多種酶的合成，缺鋅後這些酶的活性、含量受到一定的影響，DNA 和 RNA 合成量減少，創傷組織的再生能力下降，因而使胃黏膜裡的防禦因素減弱，容易形成消化性潰瘍。

檢測結果顯示，血清銅的含量兩組無明顯差異與中國大陸內部的報告不一致，而 Cu/Zn 比值有明顯差異。人體內 Cu/Zn 比值發生變化，影響胃黏膜的血液供應，使潰瘍的形成、癒合受到干擾，Cu/Zn 比值對消化性潰瘍病可能也有影響。

血清鐵含量有明顯的差異，可能與潰瘍組患者有上消化道出血史有關。

潰瘍病組血清中鉬的含量低於正常組。鉬可使組織中黃嘌呤氧化酶活性增加，恢復、保護受損的動脈管壁，改善潰瘍局部的血液供應，能促使潰瘍癒合。潰瘍組血清鉬的缺乏，使組織的修復受到影響；同時缺鉬可造成蛋白質熱能營養不良，潰瘍的癒合變得困難。

鉻缺乏，胰島素的生物活性降低，糖耐量受損；鉻可以改善、預防及治療動脈粥樣硬化、降低血內膽固醇及血糖。潰瘍組血清鉻明顯高於對照組，鉻的增高，可能對潰瘍的形成有一定的影響。

九、牙周病

對牙周病與微量元素的關係進行了研究。牙周病是一個古老的疾病，是喪失牙齒，破壞咀嚼器官的最主要原因。目前，國內外微量元素與牙周病關係的研究不多，吳泳芳等首次報導了慢性牙周炎患者血清、唾液及牙釀中，11 種微量元素

(包括鈣、鎂)的含量,討論了多種微量元素與牙周炎的關係。結果顯示:
1. 患者血清鋅、銅明顯低於正常人,而鉛、鈷明顯高於正常人。
2. 患者唾液中鉛、鎳、鈷、鉻低而鎘高。
3. 患者牙齦是鋅、鎂含量高,而鎳與鈦低。
4. 患者血清中鎂、鈷的含量與唾液中的含量呈正相關,而鉛、鎳的含量與唾液中的含量呈負相關。

結果提示:牙周病與多種微量元素有關。微量元素對機體的影響是多方面的,它可以通過影響牙周炎患者的免疫系統、防禦機能、內分泌、營養、衰老等方面,使牙周組織對外來致病因素的抵抗力下降。可以推測補充缺乏的微量元素,調整體內微量元素分布的異常,可能會對牙周病有較好的療效。

十、眼病

有人認為眼病的發病與發展過程與微量元素有關聯,引起國內外眼科學者的關注。微量元素參與機體的生理和病理過程。眼組織中有 10 多種元素,以鋅、銅、鐵、鈣,硒等在眼病中起較重要作用。

眼內黑色素的組織對鋅的攝取很活躍,代謝旺盛的上皮組織含鋅量多。以視網膜含銅量較高,參與色素代謝,膠原蛋白與彈性蛋白合成,是一種催化劑。眼組織的血原豐富者含鐵多,參與糖解與免疫功能。鈣直接作用於糖酵解酶,影響 ATP 螯合作用。眼睛硒含量較多,作用是抗氧化,保護細胞膜,增強免疫力等。

與上述 5 種微量元素有關的眼病有:單皰病毒性角膜炎(患者細胞免疫功能低下,血、淚低鋅);內源性葡萄膜炎(患者血低鋅、鈣,高鐵,細胞免疫功能低下);老年性白內障(血鋅低,混濁晶體低鋅、銅、硒,高鈣);老年黃斑變性(血鋅低,濕性型則高銅);視網膜色素變性(血鋅低,攜帶者則血鋅高);夜盲(血鋅低);視神經炎(血鋅低);近視(中小學生近視則血鋅、髮鋅低);開角型青光眼(血中低鋅、低銅)。

微量元素是多種酶的組成成分,具有生物催化作用,參與能量的代謝和蛋白質合成,並且與抗氧化作用有關,因此缺少某些微量元素就會導致眼疾。例如,鋅對 T- 細胞作用,為淋巴細胞 DNA 複製所必需;Tc 的繁殖需要適當的銅藍蛋白;缺鐵則細胞免疫功能下降,高鐵則易感染;缺硒則溶菌酶活性下降,抗體生成減少。

十一、無精症

研究發現在無精症患者體內，Zn、Cu、Mn、Se 4 種元素含量普遍偏低，而 Pb 元素含量普遍高出正常水平。說明無精症與某些微量元素在人體內的含量有密切關係。

32 例無精症患者中，缺 Zn、Mn 各有 32 例，缺 Se 有 30 例，缺 Cu 有 28 例，Pb 過量 27 例。Zn、Cu、Mn、Se 4 種元素在患者體內含量普遍偏低，而 Pb 元素含量普遍高出正常水平。這些表明無精症與微量元素 Zn、Cu、Mn、Se、Pb 的含量有密切關係，它們對精子的生成有重要影響。研究證明，某些微量元素之所以能影響生育及精液變化，其中主要一個原因是其有維持核酸正常代謝的功能；核酸是遺傳資訊的攜帶者，含有多種微量元素，如 Zn、Mn、Cu、Fe、Cr、Co、Se 等，它們對於穩定核酸的構型、性質及 DNA 的正常複製和遺傳資訊起重要作用。元素可專一結合於生物體某器官中，如 Cu 在肝、I 在甲狀腺、而 Zn 則富集於性腺中。睪丸是人體性腺之一，精子是由睪丸中的曲細精管上皮的生精細胞經過逐級分裂和發育而形成的，元素對精子的產生有著重要的關係。

金屬離子在體內與酶蛋白結合，結合緊密的主要以金屬酶的形式存在，如碳酸酐酶含 Zn、酪胺酸酶含 Cu，穀胱甘肽過氧化物酶含 Se，也有一些酶與金屬離子結合鬆散者，則是以金屬離子的形式去激活酶蛋白，如丙酸激酶需 Mg^{2+}、精胺酸酶需要 Mn^{2+}。當缺 Se 時可直接影響穀胱甘肽過氧化物酶 (GSH-Px) 的合成和精子線粒體外膜硒蛋白的合成，進而影響精子形成。缺 Cu 可使單胺氧化酶 (含銅金屬酶) 的活性降低而影響精子的形成。缺 Mn 可使睪丸變性，曲細精管蛻變。Pb 是具有毒性的重金屬，其過量可影響細胞膜的運輸功能，抑制細胞呼吸而致生精障礙。

十二、延緩衰老

醫學上曾作了微量元素與衰老、長壽、老年人常見病的研究。所謂微量元素的生理作用，是指微量元素與衰老、長壽和老年人冠心病、高血壓、腦血管病、腫瘤、糖尿病等 5 種常見病有一定的關係。老年人體內有益的微量元素，如鐵、鋅、錳、鉻、硒等比較缺乏，相反鎳、鉛、鋁等有害的微量元素比較高。長壽老人頭髮中有益微量元素錳、鈷、硒、銅、鋅、鉻等均有較高水平。微量元素在保障人類身體健康，精力充沛及延年益壽方面起著重要作用。人體必須有足夠的微量元素才能使整個機體充滿活力，延緩衰老。

老年人容易發生微量元素缺乏，其中包括鐵、鋅、錳、鉻、鍶、鈷、硒等。有害的元素反而升高，如鎳、鉛、鋁等。長壽老人表現出高錳、高鈷、高鍶和高硒及低銅、低鎘的特徵。對老年人微量元素應補其不足，控制其有害元素，以保持微量元素的平衡，這將有利於延緩衰老。而且，微量元素與衰老關係相當密切，發現具有延緩衰老作用的中藥均含有較高的微量元素，可歸納總結了六點。

（一）增強免疫功能

衰老原因之一是機體免疫功能失調，進入老齡期免疫功能開始下降。人參、靈芝、膠股藍、甘草等中藥通過或促進 T-細胞增加，或增強單核巨噬細胞的吞噬功能，或促進抗體生成細胞的增生，或保護 T-細胞功能等起到抗衰老作用，這些作用的產生與微量元素有關。例如，鋅可參與 RNA 或 DNA 聚合酶及脫氧胸腺嘧啶激酶等酶類的合成，可通過激活這些酶類的活性，來維持正常的免疫功能和改善免疫功能。錳是抗體產生的先決條件，對嗜中性粒細胞和巨噬細胞有兩極作用，通過對神經內分泌系統的作用影響免疫功能。銅是體內利用鐵的促進因子，參與免疫機制，缺鐵可致免疫障礙。

微量元素缺乏使人體免疫系統功能下降，甚至造成一系列的疾病，因此，微量元素與免疫關係密切。人體內含鋅量減少，可引起免疫缺陷。動物實驗證明，缺鋅淋巴結、脾、胸腺萎縮，細胞免疫明顯減低，T-細胞減少與功能不全，導致機體防禦力減退，易感性增強。鋅能抑制巨噬細胞上的三磷酸腺甘酶，減弱巨噬細胞的趨化能力，還能抑制吞噬細胞中煙酸胺、嘌呤磷酸、二核苷酸 (MADPH) 氧化酶的活性，減少過氧化氫的生成，削弱吞噬細胞殺菌作用。

缺鐵直接影響淋巴組織發育，對感染的抵抗力減低。白細胞殺菌功能減弱，損傷吞噬細胞和白血球功能，殺菌能力降低，使 T-細胞分泌巨噬細胞的抑制因子減少，淋巴細胞內線粒體發生異常改變，故細胞免疫功能減退。

（二）清除或防禦自由基

自由基反應是引起衰老的又一重要因素。生物本身對自由基具有防禦能力，但這種能力隨著增齡而逐步減退，活性減低。研究表明中藥有許多成分具有抗自由基氧化的功能。例如，膠股藍可降低幼年小鼠組織脂褐素和抑制老年大鼠組織脂質過氧化作用；黃芪可使人體 SOD 和過氧化物酶增高，並使血清脂褐素從服藥前的 4.39 nmol/mL 降至服藥後的 2.69 nmol/mL。車前子、五味子等均具有抗氧

化作用。抗氧化作用的中藥均含有微量元素，如硒被公認為抗氧化劑，能消除生物細胞膜上的自由基，保護細胞膜及細胞器不受過氧化物的損害。鋅、銅、錳等可通過超氧化物歧化酶抑制自由基過氧化作用。

（三）機體的壽命源於細胞的壽命

細胞壽命的長短在很大程度上決定了機體壽命的長短。鋅可延長人胚胎兩倍纖維細胞在體外的存活時間，硒、銅有同樣的效果，錳對果蠅的生長發育、壽命延長有良性影響。研究發現能延長家蠶壽命的黃精、女貞子、黨參、杜仲等可延長果蠅的壽命。這與靈芝、黃芪等均含有豐富的鋅、銅、錳等微量元素，並加快對細胞的修復和更新有關。

（四）調節內分泌

衰老在神經內分泌系統，表現為內分泌腺體縮小，調節功能下降，應激能力降低。研究證明具有興奮內分泌功能的中藥含有鋅、錳等，而鋅、錳、銅等與下丘腦的垂體靶腺軸的分泌、開關、調節、傳遞等密切相關，進而通過控制調節內分泌功能，影響機體的衰老過程。

（五）降低 MAO 活性

MAO（單胺氧化酶）活性隨增齡而上升，是促進衰老的另一原因。銅的增多可促進 MAO 活性的增強。鋅、銅含量較高的壽康（由鹿茸、何首烏、杞子、人參等組成）保健品可使衰老者的血清銅由治療前的 2.03 μg/mL 下降到治療後的 1.55 μg/mL，抗衰老效果明顯。這與鹿茸、首烏、人參等可抑制小鼠 MAO 活性的報導是吻合的，說明中藥對微量元素有雙向的調節作用，可直接或通過微量元素抑制單胺氧化酶而抗衰老。

（六）改善大腦機能

衰老常引起大腦機能異常，鋅、鐵、銅等可促進智力發育，或促進與大腦功能關係密切的有關物質的合成或作用而最終改善大腦功能。鋅、錳還是 SOD 的活性成分，可抑制脂質過氧化作用，消除和減少腦神經細胞的脂褐素，降低腦細胞中的糖酵解，加強葡萄糖代謝至成糖系統中去，從而降低腦細胞中脂褐素的積累。微量元素通過增強腦血流量和對氧的利用，降低腦血管的阻力，改善腦血管循環、緩解大血管硬化等多種途徑，改善大腦的衰老過程。

利用微量元素多方面的生理功能及其相互間的協同與拮抗作用，即相互促進又相互制約的關係，可調節硒、鉻、錳等微量元素平衡作用，防止動脈粥樣硬化，研究表明鋅、銅、錳等能影響內分泌功能、人體的免疫功能和代謝平衡。

硒能延緩衰老，保護心肌，預防心腦血管疾病的發生，對人體具有多種特殊生理功能。它參與穀胱甘肽過氧化酶 (GSH-Px) 的合成。人體缺硒，可使 GSH-Px 的活性降低。硒能通過 GSH-Px 阻止自由基產生脂質過氧化反應。由於消除了自由基反應，從而保護了細胞膜免遭損害，因此起到抗衰老作用。硒對鎘有拮抗作用，而高血壓患者組織中鎘含量顯著高於正常人，故補硒對降壓有效。硒還能刺激細胞內溶酶體系的活力，可加強抗體的解毒能力。在人眼虹膜和晶體中含硒豐富，人的視網膜含硒量為 7 μg，而視力敏銳的禿鷹視網膜含硒高達 700 μg，含硒豐富的食物 (如動物腎臟、海產品、鮮蒜、硒蛋)，或藥物 (如硒酵母等)，適量，均能提高視力，老年人缺硒，不僅會影響視力，還可促使老年白內障發生，補硒能增強機體的抗病力，對延緩衰老不可忽視。

人體缺鋅可使含鋅酶活性降低，聚合酶活性減弱，DNA 複製能力下降，免疫功能衰退等。鋅參與紅細胞運輸氧；參與蛋白質和核酸代謝；維持正常功能骨骼的骨化；參與生殖器官的發育和正常功能的維持；促進組織再生，有利傷口癒合，參與維生素 A 和視黃醇結合的蛋白質合成，保護正常視力，維持正常味覺功能；保護皮膚健康。鋅有明顯抗衰老作用，因此，老年人應適當補鋅，尤以食補為宜。富含鋅的食物有牡蠣、魚 (鯡魚)、蛋黃、瘦肉、禽肉、肝臟、牛奶、全穀、花生、燕麥、核桃仁、杏仁、綠葉蔬菜等。鋅的藥物製劑有葡萄糖酸鋅、甘草酸鋅、硫酸鋅等。

錳具有抗氧化能力和抗衰老能力，是多種酶如 RNA 多聚酶、超氧化物歧化酶 (SOD) 等酶的組成成分，特別是 Mn-SOD 亦能清除過氧化物自由基，是一個抗氧酶，受到重視。人體衰老與 Mn-SOD 減少，引起的抗氧化作用減低有關。錳的趨脂作用，能改善動脈粥樣硬化病人的脂質代謝。錳還參與中樞 N 內神經激素的傳遞，老年人缺錳可使智力減退，變得呆滯。中國大陸長壽之鄉廣西巴馬縣居民的髮錳含量高於非長壽地區，錳主要來源於植物性食物，如豆類、穀類、堅果類及茶葉等。

鉻參與蛋白質和核酸代謝，作為 DNA 和 RNA 的穩定劑，有助於防止細胞內基因物質突取鉻能抑制膽固醇和脂肪酸合成，使血中膽固醇、三酸甘油酯及低密度脂蛋白水平下降，與高密度脂蛋白水平增加，有預防動脈粥樣硬化的作用。

三價鉻 Cr (III) 是人體必需的，隨著年齡增長而逐漸降低，它通過形成葡萄糖耐量因子 (GTF) 或其他有機鉻化合物協助胰島素發揮生化作用，體內鉻與 β-球蛋白結合，能維持蛋白的正常代謝，GTF 是鉻與鹽酸結合的有機複合物，能使胰島素發揮生化作用。老人缺鉻，會使胰島素的生物活性降低，糖耐量受損，出現糖尿症狀。鉻能維持膽固醇的正常代謝，改善與預防動脈粥樣硬化；服用啤酒酵母，可明顯增加高密度脂蛋白膽固醇，降低低密度脂蛋白膽固醇。高密度膽固醇有助於延年益壽。啤酒酵母、肝臟、黑胡椒、牛肉、糙米、菌類、啤酒等食品中的鉻活性高，是鉻的良好來源。藥物有醋酸鉻等。

　　銅是體內獨特的催化劑，參與細胞色素，及多種酶的合成。老年人缺銅，細胞色素氧化酶減少，活性下降，有可能使神經系統供應不足，導致功能性障礙，運動失調，步履不穩和思維遲鈍等，富含銅的食物有蝦、肝類、豆類、魚類、堅果等。藥物有醋酸銅等。

　　總之，鋅、銅、鉻等能影響體內 RNA 和 DNA 的代謝，錳和碘參與激素的合成等，它們在人體內的生命活動，包括生長與衰老中有極為重要的作用。骨質疏鬆是老年人的多發病，除與上述錳、銅有關外，還與氟及多量元素鈣有一定影響。如攝鋁過量或蓄積將使人早衰老。微量元素只有在一定範圍內才表現其在體內的營養作用，以滿足老年人抗衰防老的生理需要為準則，分輕、重、緩、急，以食補或藥補，調整平衡，以利延年益壽。

　　微量元素還與長壽有密切的關係。銅是毛髮中不可或缺的元素，毛髮含銅量有其規律性，黑髮大於黃白髮，女生大於男生，銅與白髮的形成有密切關係。髮鈷的含量比較穩定，一般隨年齡增長稍有下降，如果髮鈷明顯低於正常值，則提示有動脈硬化和冠心病的可能。

　　長壽老人的髮硒則較一般成人值略高。長壽老人髮錳 (9 ~ 22.47 μg/g) 明顯高於一般成人 (1.0 ~ 2.1 μg/g)，因而有人認為高錳可能是長壽的一個因素。報導認為白髮中比黑髮中含錳少，因此，推測低錳可能導致白髮。老年人缺鋅是一個較為普遍的現象，血清鋅急劇下降提示有冠心病的可能。長壽老人頭髮中有益微量元素錳、鈷、硒、銅、鋅、鉻等均有較高的水平，有害微量元素鎳、鉛、鋁等均較低。人要長壽，必須維持體內微量元素的平衡，低或者高應及時通過食療或藥物治療進行調節，才能延年益壽。

貳、生命元素與癌症

癌症是一種死亡率很高的疾病。在各種致死的疾病中，癌症迅速地上升為第二位。醫學上曾經研究了微量元素與惡性腫瘤的關係，其結果表明：1983～1987年 5 年間，美國 MEDLINE 數據庫提供腫瘤文獻共 132,411 篇，其中 20 種微量元素與腫瘤相關的文獻計 3,327 篇 (占 2.51%)，碘 1,200 篇、鈷 644 篇、硒 252 篇、鋅 231 篇、銅 209 篇、鉻 163 篇、砷 114 篇、鎳 110 篇、鎘 76 篇、鈦 74 篇、鍶 55 篇、錳 46 篇、鉬 44 篇、錫 35 篇、鍺 31 篇、矽 20 篇、釩 15 篇、鈰 6 篇、氟 1 篇和鈮 1 篇。並將文獻分為 4 個等級，200 篇以上者為碘、鈷、硒、鋅、銅，因為碘與甲狀腺腫大及其防治有關，鈷對腫瘤診治的文章達 624 篇。近幾年來專家們對硒、鋅、銅與腫瘤的關係特別感興趣，對於硒的防癌作用尤為關注。71～163 篇的為鉻、砷、鎳、鈦，這些都被認為是致癌元素。31～55 篇文獻的是鍶、錳、鉬、錫、鍺，這些元素多有保護作用。另外，20 篇文獻以上者為矽、釩，可能與腫瘤有關。

因此，認為微量元素與惡性腫瘤的相關性有兩種可能：微量元素的豐缺結果是造成惡性腫瘤之因；微量元素的缺乏是腫瘤發生的條件因素之一。而且認為元素之間的相互影響是極為複雜的，例如硒能拮抗鎘的毒性，砷能減弱硒的毒性，鈷能增強硒的毒性。他還認為，微量元素的含量及其存在的形態 (價態) 能影響腫瘤的發生和發展。例如，鎳是人體的必需微量元素，然而過量時又是致癌性很強的微量元素；又如三價鉻是人體的必需微量元素，而六價鉻則有相當強的毒性和致癌作用；施用方法和途徑 (如口服、吸入、注射) 的不同，也會影響微量元素的腫瘤作用。其詳情分別敘述如下。

一、癌症發病的原因

認為有致癌作用的元素有鎳、鉻、砷、鐵；可疑的有鈹、鎘、鈷、鈦、鋅等；有促癌作用的是銅、錳等。由動物實驗還得到硒、鋁、銀、汞都有致癌作用。上述元素的作用機制和條件尚未清楚，由於鋅和硒已在較大範圍內作肥料和防治疾病使用，對它們的潛在危險應先弄清。硒和鋅、鎂、鉬、銅可以抑制癌症的發生，在中國大陸江蘇省啟東肝癌高發區用硒防癌已獲得實驗效果。有關硒的防癌機理存在幾種認識，較為重要的是含硒的穀胱甘肽過氧化物酶具有破壞體內過氧化物，

從而保護細胞膜免受損傷的作用。鋅則是參與超氧化物歧化酶的組分，阻滯細胞脂膜過氧化而防癌，鋅的其他研究也頗活躍。

抗腫瘤用得最多的是順鉑型配位化合物，例如，順式二氯二氨合鉑 $[Pt(NH_3)_2Cl_2]$ 等。在非鉑抗腫瘤配位化合物方面，鍺有機化合物和錫有機化合物的抗癌活性以及它們的合成、表徵、藥理、構效關係的研究值得重視。此外，鈦、釩、鐵、鈷、銅和鉬等的相應配位化合物，都有一定的抗癌作用。稀土放射性同位素已被用來診斷和治療腫瘤，例如，用 Y-90 治療前列腺癌和乳腺癌、Yb-169 廣泛用於大腦、肝、肺、骨等癌症的診治。

癌症與生命元素有密切關係，一些研究表明，生命元素或金屬對癌症具有雙重作用。有些元素 (如砷、鈹、鎳、鉛和鎘等) 能誘發和助長腫瘤的生長，而有些元素 (如銅、硒、鉑的化合物等) 能明顯地抑制癌腫的發展。各種金屬離子的濃度與各種癌症的發病率有一定關係。化學元素通過環境對人體產生作用，可以導致或抑制癌症的發生和發展。掌握癌症發展規律，控制環境，不僅可以預防癌症，還可以利用微量生命元素或金屬錯合物來治療癌症。

癌症的病因和病理有些已經比較清楚，有些發病原因尚不清楚。已知某些因素與癌症有關：內因有激素、酶、年齡、代謝等，外因有物理因素 (如 X-射線、放射線和紫外線)、化學因素、微生物因素 (病毒、細菌等)，還有細胞分裂及免疫反應等問題。這些因素可能是單獨作用，也可能是綜合作用。最近對化學致癌物的研究逐步深入探討，發現某些有機物是最重要的致癌物，其中苯並芘、硝胺與偶氮染料是人們所熟知的。某些微量金屬元素也是一種重要致癌因素。德國的威爾遜最先指出：由於外界因素的刺激和打擊所造成的環境因素致癌的觀點是正確的，環境性因素在致癌病因中有很大意義。有人估計，60～90% 的人類腫瘤同環境因素有關，90% 的癌症是化學致癌物所引起的。

環境致癌因子，必須通過內因才起作用。在同樣的外界條件作用下，為什麼只有少數人患癌症？為什麼多數人細胞沒有癌變？這取決於人體和細胞的內在因素。這些內在因素，既包括本身的生物化學特徵，例如，環境中物質進入人體後，可產生一系列生化反應；同時，還由於元素本身的化學特性所產生的化學影響所致。從癌腫的發生、發展及衰亡過程來看，首先要重視致癌因子在環境中產生、分布、遷移、轉化等運動規律和致癌作用的研究，其次應該重視致癌因子在體內代謝所引起癌變和逆轉規律的研究，並應重視對環境中抗癌和抑癌作用因素的研究。

據國內外報導，化學致癌物質不下幾百種，有機化合物占很大比例。對有機化合物的致癌作用早已引起重視，而金屬元素的致癌作用，則是最近十多年來才受關注的。癌腫是生命體演化中的不正常產物，它不是機體所需要的，它是一種異常特徵。因此腫瘤的癌變，必然反映細胞或分子水平的變化規律。細胞的形成可以簡化成以下模式：

離子→胺基酸→肽→蛋白質→簡單酶→多中心酶→多種酶→細胞→生命體

從這一模式中，一方面可以看到生命元素(包括金屬離子在內)與大分子和細胞的關係；另一方面說明，無論是簡單的還是複雜的蛋白質都含有活性中心。微量生命元素(一般以金屬態存在)在活性中心內有著特定的作用，癌細胞的形成過程當然也有類似的模式。

有人提出，癌症是多細胞機體本身的細胞及正常形式無法控制地增殖和擴散所造成的病變。不同的癌症發生的分子機制是不一樣的，有些癌症發生的分子機理尚未被證實。因為癌細胞不易復原成為正常細胞。目前流行的假說有：認為致癌物可以經過代謝而變為更活潑的物質；認為致癌物在細胞的遺傳過程中與 DNA 發生反應，甚至可以與蛋白質反應。目前治療癌症的常用方法有外科切除、放射療法和化學療法(包括藥劑和金屬療法)。一般的化學療法，用於治療癌症已有 70 多年歷史，但進展緩慢，成效不顯著；而金屬元素療法的提出，立即引起了人們的注意，用金屬離子及其錯合物進行抗癌和防止腫瘤的惡變，是一種新的途徑。

二、致癌元素與化合物

A. M. Fiabane 與 D. R. Willams 在 *The Principles of Bioinorganic Chemistry* 一書中談到了致癌性的生命元素及其化合物(見表 4.4)，其中砷至今在動物身上尚未成功誘發癌。表中已知致癌物指經調查和動物實驗證實腫瘤與致癌有關係的，極可疑職業性致癌物指對動物有致癌能力並已有一定線索，潛在職業性致癌物指對動物有高度致癌能力、但對人體作用可疑或流行病調查極可疑的，經調查已證實或可疑的指有些經調查證實、有些極為可疑(並經動物實驗證實)。他們認為致癌和促癌性生命元素及其化合物主要如表 4.4。

表 4.4　致癌和促癌生命元素及其化合物一覽表

致癌性			促癌性
已知致癌物	極可疑職業性致癌物	潛在職業性致癌物	經調查已證實或可疑
鉻及鉻化合物 鎳及鎳化合物 砷及砷化合物 石棉粉塵 放射性鐳 放射性 ^{137}I 放射性釷 放射性鈾 同位素 ^{60}Co 同位素 ^{90}Sr 同位素 ^{144}Nd 同位素 ^{85}Rb 同位素 ^{32}P 同位素 ^{198}Au 芥子氣 異丙基油 某些芳香胺 煤焦油類(及瀝青) 石油產品 氯乙烯 氯甲甲醚 雙氯甲醚 氯丁二烯(電離輻射、紫外線、X-射線)	鈹及鈹化合物 鎘及鎘化合物 鐵及鐵化合物 銅及銅化合物 新的胺類 4-4'-二苯甲烷胺 鄰聯甲苯胺 鄰聯(二)茴香胺 多環芳香烴 PAH 苯並(a)芘 3-甲基膽蒽 雜環化合物 O-胺基偶氮甲苯 亞硝胺類 胺基甲酸乙酯類 肼類化合物 硝基喹啉類(天然) 黃麴黴素 黃樟素 四氫吡咯類生物鹼 灰黃黴素 蘇鐵胺 蕨黴素(金屬) 硫脲、甲狀腺抑制劑 四氯化碳 二硫基丁胺酸	鈷及鈷化合物 硒及硒化合物 鉻酸鹽 聚氯乙烯單體 氯乙烯 烷基化合物	碳氫化合物 石棉粉塵 硫酸鈷 醋酸鉛 硒及硒化合物 鋅及鋅化合物 鋼系元素化合物 釷及釷化合物 鈾及鈾化合物

(一) 鉻及其化合物

　　流行病調查證明，鉻礦冶煉工人肺癌發病率比一般居民高 10～30 倍。如攝入過量的鉻，會引起鼻炎、咽炎、喉炎、支氣管炎，嚴重者引起癌變。有些國家調查發現：死於肺癌者，肺組織中鉻含量高於正常組織 3～60 倍，但肺癌組織本身的鉻濃度很低。實驗證明，可溶性 Cr^{6+} 有致癌性，Cr^{3+} 也有弱致癌性，並能引起鼻中隔穿孔。

(二) 鎳及其化合物

　　流行病調查證明，過量的鎳及其化合物能引起鼻腔腫瘤和肺癌。

　　歐美和日本的鎳礦工人中，肺癌發病率比一般居民高 2.6～16 倍，鼻腔癌高 37～100 倍。有人認為，吸入的粉塵，大部分進入肺及肝細胞的微粒體內，使 DNA 變性，阻止 RNA 的合成。不溶性含鎳粉塵的致癌性要比可溶性的氯化鎳和

硫酸鎳高。微量鎳在 CO 還原過程中，形成有毒的羰基鎳 Ni(CO)$_4$，它有較強的致癌性，其致癌作用可能是羰基鎳抑制了 DNA 指導下的 RNA 合成，同細胞染色體或 DNA 結合，從而阻止了 RNA 聚合酶的作用，或打亂了 DNA 的正常轉錄過程。實驗證明，羰基鎳吸入肺內，可以抑制肺內苯並芘羥基酶的傳遞，延長煙中 3,4-苯並芘在肺內的存留時間，從而使致癌率增加，因此吸煙致癌性可能與鎳有關 (1 支煙捲中含鎳 2～5.4 μg)。一般規定空氣中四羰基鎳的允許濃度為 1 mg/m^3。

環境的某些金屬形式通過 (包括細胞膜在內的) 種種防禦系統而進入細胞內，置換與酶活性有關的金屬，從而改變酶的活性，或許一些金屬的致癌作用正是按這種機理進行的，而一些抗癌或抑癌作用也是按照這種機理進行的。金屬鎳及其化合物進入細胞核後，使脫氧核糖核酸 (DNA) 變性，從而抑制了核糖核酸 (RNA) 的合成；或者是羰基鎳與細胞染色體或 DNA 結合，從而抑制了 RNA 合成酶的作用，或打亂了 DNA 的正常轉錄。有人在離體複製 DNA 時發現，能引起病變或癌症的金屬元素有 Cd、Pb、Ni、Be、Cr、Ag、Co 等，它們均可降低 DNA 複製的正確性，產生有缺陷的酶，從而使突變細胞進一步變為癌細胞。

(三) 砷及其化合物

吸入一定量的砷及其化合物粉塵可引起肺癌；長期用砷製劑治療皮膚病能引起皮膚癌。有人認為砷可與 DNA 聚合酶的硫醇基結合，從而阻撓 DNA 的修復；也有人認為砷可取代 DNA 分子中的磷，在一定條件下 (指沒有癌症的情況下)，用大劑量時可致癌，但砷在動物身上至今未能成功地誘發癌症。蘇格蘭皮膚癌發病率較高，與當地飲用水中含砷量較高有關。因此一般飲水砷的濃度不能超過 0.05 mg/dm^3，空氣中砷日平均允許濃度為 3 μg/m^3，每人每天攝入砷的量以不超過 0.5 mg 為限度。

(四) 石棉塵

石棉塵可以引起塵肺和肺癌，皮膚癌的發生也與石棉有關。人們發現石棉肺容易併發胸腺間皮瘤，間皮瘤主要與纖維物理性質有關 (吸入纖維越細小，纖維表面積越大，則越易導致惡性腫瘤，故青石棉等較長纖維的石棉致癌作用較大)。有人認為，肺癌並不是石棉纖維所致，而是石棉塵肺或慢性氣管炎的繼發病；除石棉外，還可能有其他因素 (如碳氫化合物及其他微量元素) 在起作用，如果攜帶的元素是鎳、鈷、鉻和錳等，可使苯並芘羥基酶的活性被抑制，Be^{2+}、Fe^{3+}、Cr^{6+}

及高濃度的 Cu^{2+}、Mg^{2+}、Zn^{2+}、Fe^{2+}，都有類似的抑制作用，這可以說明，石棉礦工肺癌發病率高及其中吸煙者發病率更高的原因。

（五）放射性元素及其化合物

吸入放射性物質鐳、鈾、鈦、鑭等可引起呼吸道腫瘤；釷化合物和放射性同位素 ^{131}I 均可引起急性白血病，進入人體內的放射性碘、釷、鈾，分別蓄積在甲狀腺和骨骼內，可引起甲狀腺瘤和骨瘤。總之，長期接觸微量放射性物質，特別是放射性物質在體內長期照射，可引起白血病、肺癌、胃癌、骨腫瘤等，還可引起其他症狀和遺傳變異。電離輻射可以引起肺癌，大量吸入放射性氡也能引起肺癌，大劑量 X- 射線照射與長期局部紫外線照射一樣，都能引起皮膚癌。有人認為，用 ^{60}Co、^{90}Sr、^{144}Nd、^{85}Rb、^{32}P、^{198}Au 等放射性同位素，由氣管吸入和靜脈注入或肺植入後，在實驗動物中可誘發肺癌。

（六）鈹及其化合物

有人發現，大鼠吸入硫酸鈹能引起肺癌，猴吸入氧化鈹和硫酸鈹也能引起肺癌。實驗還證明，鈹與其化合物可以導致骨肉瘤和支氣管癌。

（七）鐵及其化合物

20 多年前有人報告鐵銹能誘發人類癌症的問題，主要是指過剩的氧化鐵會在體內引起肝癌。有人發現，小鼠吸入過量氧化鐵與氧化鋁或二氧化矽的混合粉塵，可誘發肺癌，有人則認為可導致支氣管癌和胃癌。鐵的致癌性尚未得到公認，但鐵的右旋糖酐錯合物可能致癌。

（八）銅及其化合物

有人證明，某些銅及其化合物可使動物誘發惡性腫瘤，對人類的作用尚不肯定。流行病調查發現（如日本某鎮熔銅廠）職業工人中肺癌發病率較高，有人認為這是銅礦中合 As_2O_3 所致。最近有人報告銅的有機錯合物能使實驗動物誘發肺癌，但未被公認。

（九）硒及其化合物

早在 1943 年就有人報告，加入硒飼料後，動物會發生肝癌和肝細胞腺瘤樣增生。後來有人用 Na_2SeO_4 餵食動物，未見有癌變。

（十）四氯化碳

據報導，四氯化碳可引起肝癌，並會在骨髓中引起癌症。

（十一）鎘及其化合物

有人給動物皮下注射氯化鎘後引起睪丸萎縮，誘發產生肉癌及睪丸癌。注射硫酸鎘可使睪丸產生 Leydig 氏細胞瘤。有人報導經常接觸硫酸鎘的工人，可能引發前列腺癌。但是關於鎘的致癌作用究竟如何，尚無定論。鎘及其化合物若以不溶物形式存在於體內時，可因固相的非特異性刺激而導致癌症。

（十二）碳氫化合物

有人認為吸煙時，煙葉中的碳氫化合物，可以誘發惡性腫瘤。即使只吸一口煙，吸煙者的脫氧核糖核酸 (DNA) 也會受到傷害，這是邁向癌症或心臟病的第一步，這是研究人員目前所公布的這項研究成果。美國匹茲堡大學研究小組對吸少量煙所造成的最初傷害感到驚訝。「雙重撕裂突變被認為是最具突變誘因的 DNA 破壞類型，因為撕裂染色體末端可能與其他染色體結合。」然而，這些情況僅在極少量的煙塵中發生。眾所周知，吸煙可以導致肺癌，也可導致膀胱癌、喉癌、食道癌和心臟病。不幸的是，並沒有什麼科學方法，可以讓人們戒煙或者從一開始就不吸煙。所以，也許一項長期目標應該是開發新型香煙，避免出現我們實驗室中在細胞上發生的情況。

（十三）鈷及其化合物

有人認為硫酸鈷可以改變體內酶的活性而降低防禦功能，從而激活已進入體內的腫瘤病毒而致癌，這和某些非金屬物質能抑制干擾素的合成而致癌十分相似。鈷的氧化物或硫化物也可能引起腫瘤。

（十四）鋅及其化合物

有人認為鋅能降低硒的抗毒、抗癌性，並出現自發性乳腺癌、三苯並蒽誘導乳腺癌以及黑色素瘤。因此有人認為，將鋅與硒合併使用，將會消除硒對動物致乳腺癌的保護作用，這可能是鋅拮抗硒吸收的緣故。有人發現鋅化合物誘發大鼠的惡性腫瘤(睪丸癌)，鋅的氯化物導致動物發生乳癌。在非洲某些食道癌高發區，飲料中鋅含量很高。

（十五）鎂及其化合物

有人報導癌症病人體內鎂含量比正常人高，惡性腫瘤組織中的鎂含量也高，暗示癌症的發生發展需要鎂，而缺鎂反能有抑癌作用；有人經動物試驗發現，低鎂飼料可使移植腫瘤縮小；有人報導用透析或膳食控制法使血漿鎂及鉀顯著降低時，可使肺腫瘤縮小或消退。

（十六）鎳、鎘和鉻等化合物

它們與煙中碳氫化合物可產生協同作用。有人認為，3,4-苯並芘及其他碳氫化合物是致癌的原因，也可能與癌性元素或物質有關。實際上，肺、肝、小腸、腎上腺等細胞的線粒體中含有苯並芘羥基酶，可將進入體內的 3,4-苯並芘、甲基苯蒽及吩噻等分解而不一定致癌，若有鎳離子同時進入體內，則苯並芘羥基酶的活性受到抑制，從而使癌很快地生長發展。

煙葉中含有鋁、鎘、鋇、釩、鐵、鈣、鈷、鋰、鎂、錳、銅、鉬、鈉、鎳、錫、鉛、鍶、鈦和鋅，抽煙時進入人體，可起到促癌作用。在食道癌病人自種自吸的煙葉中也發現了大量有害金屬元素，它們可能有促癌作用。有人報導固態鈣的化合物（如結晶草酸鈣）可以引起惡性腫瘤，還有人提出 Hg、Ag、Au 及 Al 等元素的特殊錯合物有一定致癌作用。金屬元素致癌或促癌作用，與它的存在形式（存在於血中，或存在於脂類化合物及酶中）、形態（大塊、粉末、多孔狀、纖維狀）及體內 pH 大小等因素有關。

許多致癌性元素和物質是以配位體形式出現的。其中有的是以配位體的供電子原子出現的，其特點是可溶於類脂物質，能與微量元素離子鍵合，含有共平面環（如聯苯胺、異煙肼和 8-羥基喹啉等）；在致癌作用中，配位體濃度增高時，金屬濃度就會降低；癌細胞同正常細胞爭奪必需的營養物質，也包括爭奪金屬元素或其化合物。配位體不足，可使代謝物致癌，或由於營養不良而使抗病能力降低（如色胺酸代謝產物 3-羥基-2-胺基苯甲酸能引起膀胱癌）。一般認加在癌變後期，必定出現配位體不足的情況。據報導，細胞破裂能使血液中銅的濃度提高 2～3 倍。只有配位體足夠多時，才能使血銅的濃度維持在正常水平。

三、抗癌元素及化合物

關於癌症與微量元素的關係，中國大陸學者在這一方面也做了大量的研究工作，獲得了可喜的成果。

生命元素可以致癌，但同種金屬(或錯合物)在適當條件(如適當濃度、配位情況等條件)下又有防癌抑癌作用。飼料中硒含量達 5～10 mg/kg 時是致癌的，但在 1.0 mg/kg 以下時能抑制癌症。已證明能抗癌或抑癌的元素有鎂、鉑族元素(Pd、Pt、Ir 等)的錯合物以及銅、硒、碘、鎳等元素及其某些錯合物。

(一) 鋅及其化合物

大鼠實驗發現，含鋅過多或過少的飼料都具有抑癌作用。但高於一般攝入量時，對致癌物有拮抗作用。鋅的抑癌作用，可能因為它能改變胸腺嘧啶核苷酶、天門冬胺酸胺基甲醯酶及 DNA 聚合酶等含鋅酶的活性，從而使癌細胞的 DNA 合成受到抑制之故。

(二) 鎂及其化合物

在中國大陸食道癌高發區和波蘭及前蘇聯的癌症高發區中，環境(土壤)中的鎂含量與發病率成為相關。有人認為，給慢性淋巴細胞白血病患者補充鎂，可以使脾縮小，白細胞數下降，血小板數上升，體重增加。

(三) 鉬及其化合物

在中國大陸食道癌高發區(如太行山地區)，土壤、飲水、糧食和人的血清中，鉬含量偏低。中國醫學科學研究院腫瘤研究所報導，土壤中若缺少鉬，可以影響莊稼的代謝，使糧食內積聚較多的亞硝酸鹽，玉米比較容易被產生致癌物的黴菌感染，故推測當地居民之所以容易患食道癌是因為缺鉬而使亞硝胺增多，而亞硝胺是一種致癌物質。有人認為，缺鉬能間接地促進誘發食管癌。

(四) 銅及其化合物

中國大陸川西北食道癌高發區的環境中缺銅，尤其是在癌症病人的飲水、食物及土壤中，均發現銅含量較低，將癌症病人的惡性組織和正常組織相比，癌組織中銅含量比相應的正常組織中高，所以認為銅對於人類很可能有抗癌作用。

幾乎所有致癌物均會損害 DNA，金屬離子的致癌作用也不例外。若能將受損的 DNA 切除，並通過人體的防禦和免疫系統，重新補上正常的 DNA。就可恢復正常狀態。

防止生命元素致癌的途徑主要有：排除致癌元素（包括其離子或錯合物），避免與該種元素直接接觸；抑制致癌性元素的活性；控制致癌細胞的演變（即誘發、增長和擴散等）；增強生命體的抗癌能力（包括提高免疫能力等）。

（五）抗癌配位體

利用某些金屬錯合物或錯離子，破壞癌細胞生長所必需的另一些金屬錯合物，可以達到抗癌效果。1969 年發現順－$[Pt(NH_3)_2Cl_2]$（簡稱 PDD）能抑制大腸桿菌分裂而不影響人體細胞生長，進一步研究發現 PDD 有抗癌作用。為了便於口服，必須增大藥物的水溶性；為了有利於透過細胞膜，錯合物必須是中性分子，並使其有一定的脂溶性。對 PDD 的配位體進行更換，發現 1,2-環己二胺硫酸合鉑 (2+)，對 L-1210 白血病有明顯抑制作用，在水中溶解度大於 15 mg/mol 時，能和環磷醯胺 (CTX) 及其他抗癌藥產生協同抗癌作用，這是一種比較有代表性的抗癌金屬錯合物。

嘧啶鉑藍水溶性比 PDD 大 50 倍，有明顯抗癌特性，它對腎臟的毒性比 PDD 小。銠和銥的錯合物可能有與鉑類似的性能。金屬離子與天冬醯胺（簡稱 Asn）錯合後尚有「多餘的空位」，可容納其他配位體，控制其配位體的大小或性能，可以控制這些錯合物是否能進入癌組織是否通過代謝或拮抗作用而抑制癌組織增殖。

PDD 分子能直接與 DNA 結合，使複製發生障礙，有鏈間交聯、鏈內變聯、螯合、氫鍵 4 種機理。抗癌配位體的作用是與致癌金屬錯合，使惡性細胞生長所必需的酶失活或減活。一般地說，L-構型的配位體，抗癌效果比 D-構型異構體要好，這可能和體內胺基酸都是 L-構型有關，DL 消旋體的抗癌活性則與其中的 L-異構體的含量相當。

金屬錯合物的抗癌作用，是由於它能和 DNA 作用。近年來，利用有抗癌特性的金屬及其錯合物治療癌症有很大進展，問題是選擇怎樣的金屬和錯合物為佳。

經研究發現，具有抗癌活性的金屬錯合物，其通式一般為 MA_2X_2，其中 M 為中性離子，A 是中性配位體（一般是胺類），X 是酸根配位體。X 的選擇應根據錯合物的構型而定。一般地說，兩個 X 應處於順位，X 會影響藥物的抗癌活性。A 一般選擇胺類（或氨），它可以使藥物分子有一定脂溶性，並容易透過細胞膜。因此應當選取與中心離子結合比較牢固的、在體內能穩定存在的中性分子，以便保持穩定構型，不致因在體內發生變化形成反式構型而使藥效消失。M 的選取原則

是其電子結構應有利於形成正方形(或八面體)錯合物，以便有利於 X 和 DNA 的作用，根據硬軟酸鹼理論(簡稱 HSAB)，以選取軟酸為宜。週期表中心區的金屬離子 Cu^+、Cu^{2+}、Ag^+、Au^+、Pd^{2+}、Pt^{2+}、Ir^{2+} 等，都屬於軟酸。銅的錯合物可能是很有希望的抗癌劑。

　　三角形頂點銅的許多錯合物有抗癌作用，銅的有些化合物則有防癌作用。低銅高鎘區的癌症發病率和死亡率都很高，與銅相鄰的鎳和鋅雖然有一些錯合物有抗癌作用，但效果不理想。鎘能引起骨的痛痛病，並有致癌性，汞會引起水俁病，鉈則能引起斑禿。

　　生理學與病理學研究也表明銅對人體是十分重要的，銅是紅血球基質的組成部分，以銅蛋白存在於人體，對於生成血紅蛋白、紅細胞的成熟、維持心血管結構的完好，都是必要的。成人一般每天需要 5 mg 銅。據報導，羧基銅有抑癌作用(含銅酶或二羧基化合物能抑制癌細胞分裂)。

　　對人類外部環境中致癌及抗癌性元素的分佈、遷移以及進入人體的途徑和機制，進行研究是非常必要的，是環境生物地球化學、元素生物學和醫學的共同任務。環境中某種元素及其化合物過多或不足，都能引起對癌的致、促、抗、抑作用。這種作用，顯然與元素的化學特性和量的差異有關。一般地說，癌症早期，癌細胞還不能完全與正常細胞相匹敵，它與正常細胞都需要營養；這時補充人體必需的營養元素，有利於保護正常細胞，增強戰勝癌細胞的能力。癌症中期，癌細胞與正常細胞爭奪營養物質進入相持階段。這時，一方面應當用配位體或錯合物去除有害金屬離子，或用金屬去除致癌配位體，同時應對正常組織加緊補充營養元素，以便延長存活期，甚至使形勢變為不利於癌細胞。晚期癌症，癌細胞已有很強的功能，與正常細胞爭奪營養物質時，極易取勝，這時若供給營養元素或更多的有關配位體，會加速癌細胞的發展；若不供給某些癌細胞所必需的營養物質，或甚至引入一種物質，抑制營養物質輸入癌細胞，則有利於控制癌組織的生長。用門冬醯酶治療淋巴白血病就是採用了這種方法。人們又深入地從化學鍵的角度，從電子的水平去闡明癌的發病機制及抗癌藥物的效用，已取得了相當滿意的進展。

　　有學者認為，在抑癌方面微量元素可直接作用致癌環節上，消除或降低其致癌性，在這方面最重要的是捕獲自由基。因為體內自由基可與核酸和硫醇基發生作用，當其達到一定濃度時，可引起脂類過氧化反應，損害細胞膜及細胞內溶酶體和微粒體的脂膜，並使核糖核酸酶、硫醇基酶失活，破壞傳遞電子的細胞色素系統。由於自由基的特點是連鎖反應，故其危險性極大，除直接致細胞損傷死亡

外,均可致細胞遺傳或遺傳表達改變而致癌。微量元素也可以通過穩定細胞膜,增強機體的穩定和免疫功能,間接地發揮其抗癌作用。

若考慮與腫瘤發生發展相關的微量元素較多時,則國際上意見較一致的有砷、鉻、硒、鋅、銅、鎳、鎘、錳、鉬、鐵、鍺等。微量元素在不同條件的情況下與腫瘤有不同的關係,微量元素在人體內的濃度及其存在形式不同,影響腫瘤的發生與發展也不一樣。如含量不足可以致癌,但過量的硒則可以引起中毒,甚至致癌;鉻的三價狀態則是人體必需的微量元素,對人體有益,然而六價鉻則有毒性和致癌作用。因此,研究微量元素與腫瘤關係需十分重視元素的含量和存在的形式。

硒在機體內可以通過某種結合方式與有毒物質相結合,如鉻 (VI)、砷、鎘、汞等,使其消除毒害作用,保護人體的組織和細胞膜。硒在人體抗癌過程中起著十分重要的作用,深受人們的重視。

鋅可能抑制微粒體細胞色素 P-450 活化致癌物的能力,缺鋅後微粒體代謝形成苯甲醛顯著增高,鋅在體外可以是甲基亞硝胺 (MBN) 在微粒代謝中作直接抑制劑,表明由於鋅參與酶代謝起到了抗癌作用。缺鋅會影響蛋白質能量代謝和氧化還原過程,使免疫功能明顯降低,淋巴細胞的數量和功能均受到影響,對有絲分裂的應答能力下降。因此,由於缺鋅而導致的免疫功能變化直接影響到腫瘤的發生和發展。

鎳的致癌已引起全球性的關注。流行病學研究表明,與鎳粉接觸的工人呼吸道腫瘤明顯增加,同時發現環境中鎳含量與鼻咽癌成正相關。鎳是腫瘤的促進因子,但是微量元素硒、錳和常量元素鈣、鎂具有桔抗鎳的性能,對防止鎳的致癌性具有重要意義。

微量元素銅、鋅與腫瘤的關係作了綜合性的探討,發現有如下幾點值得關注。

1. 環境中的銅、鋅與腫瘤

肝癌高發區飲水中的銅含量高於非肝癌高發區,此提示銅可能是促癌元素。

2. 腫瘤患者血液中銅、鋅含量

血清銅高鋅低見於多種惡性腫瘤患者。由實驗證明,胃癌患者血清銅高鋅低,Cu/Zn 比值高於正常人。胃腸癌患者血清及 Cu/Zn 比值高於胃腸息肉患者及健康人,血清銅、鋅及 Cu/Zn 比值的測定有助於這些疾病的臨床觀察。食道癌患者血清銅及 Cu/Zn 比值高於健康人。其他腫瘤如骨肉瘤、惡性卵巢腫瘤、白血病和鼻

咽癌等患者的血清銅及 Cu/Zn 比值高於健康人。惡性肺腫瘤患者血鋅低於良性肺病患者，但血銅及 Cu/Zn 比值都高於良性肺病患者。

3. 腫瘤組織中銅、鋅的含量

胃、大腸、膀胱和女性生殖器官腫瘤組織中鋅含量均有一定程度下降。某些惡性腫瘤組織，如腦瘤、乳腺癌組織的鋅含量高於正常組織。腫瘤組織中鋅含量偏高或偏低的原因，其機理尚不清楚。有人認為癌組織鋅低是由於腫瘤組織蛋白質含量的改變及含鋅代謝酶缺乏；而腫瘤組織鋅偏高，是由於組織受到創傷後，血清鋅被動的，送到需要修復的創傷組織而被利用。

4. 銅、鋅與腫瘤關係的動物實驗研究

多數學者認為銅在實驗腫瘤中，對各種致癌物誘發腫瘤起阻抑作用。例如，用 3-甲基-4-二甲胺基偶氮苯與銅混合飼餵大鼠，肝腫瘤發生率明顯低於單獨用致癌劑；大鼠口服二價銅鹽可以保護由於乙醯胺基芴、二甲基亞硝胺對肝腫瘤的誘發。銅或銅與錳有降低二乙基亞硝胺致大鼠肝腫瘤的作用。鋅有抑制化學致癌物誘發動物腫癌的作用。例如，用二甲基苯並蒽誘癌，結果加鋅組的動物誘癌率低於未加鋅組；以甲基苯基亞硝胺誘癌，結果缺鋅組大鼠惡性腫瘤發生率低於正常組。

5. 銅、鋅與腫瘤關係的機理

銅、鋅的抗化學致癌機制，很可能是通過影響致癌物代謝活化或降解某些酶類有關；有人認為鋅的抑癌作用，是因為鋅有控制生物膜的完整性和維持膜的穩定性，並增強其抵抗自由基攻擊和防止脂質過氧化物損傷的作用。

因此，人髮中的微量元素來自人的體液，人髮長出頭皮後，很好地微量元素可被保存下來，因而人髮是人體內微量元素含量變化的記錄器。癌組織中 P 和 K 的濃度明顯高於正常端；Cl、Ca、Se 和 Br 的濃度變化恰相反。文獻報導，補充 Se、Ca 能抑制癌細胞的生長，P 是細胞能源 ATP 的主要組分，P 高可能反映了癌細胞的異常繁殖能力。

四、環境對癌症的影響

不同的癌症影響的因素不同，地下水主要成分、pH、化學耗氧量、礦化度、

總硬度等均是其中的因素。醫學研究某些地區地下水化學成分，初步揭示了總癌死亡率與10大癌症死亡率的關係。結果表明，上述因素除 NH_4^+ 外，均與癌症的發生、發展及死亡有關，其主要觀點是：

（一）癌症與地下水化學成分有相關性

總癌死亡率為68.38人/10萬人，與地下水 V、Cr、B、Cd、SiO_2、Cu、P、F、SO_2、Ti、pH 有較密切的關係；與 Be、Mg、Mo、Zn、礦化度及耗氧量也有關。

1. 乳腺癌

死亡率為1.63人/10萬人，與地下水 Hg、P、Br、Ti 有較密切的關係；與 Mn、K、Cu、Zn、Li、I、SO_4^{2-}、NO_3^-、Mo 也有關。

2. 子宮頸癌

死亡率為9.99人/10萬人，與地下水 Co、Be、Cu、B、V、Sr、總硬度、礦化度、pH 有較密切的關係；與 Mg、K、As、Zn、Cd、Li、耗氧量也有關。

3. 胃癌

死亡率為15.51人/10萬人，與地下水 SiO_2、Mn、Ti、Hg 有較密切的關係；與 Fe、Ni、I、Cd、Be、Cu、Pb、Sn、F、礦化度有關。

4. 肺癌

死亡率為3.33人/10萬人，與地下水耗氧量有較密切關係；與 SiO_2、Mg、Ni、Cd、Li、總硬度也有關。

5. 直腸癌

死亡率為2.31人/10萬人，與地下水 Mg、Cr、Cu、SiO_2、V、P、pH 有較密切關係；與 Sr、Zn、Be、Co、SO_4^{2-} 也有關。

6. 鼻咽癌

死亡率為1.94人/10萬人，與地下水 Co、Ti、Hg 有較密切的關係；與 SO_2、Na、Pb、Cu、B、Cl、Li、NO_3^-、pH、Ca、Mg、Sr、總硬度也有關。

7. 白血病

死亡率為2.54人/10萬人，與地下水 Cu、Mg、Sr、Li、Mo、Cu、礦化度、總硬度有較密切的關係；與 Br、K、Pb、Cl、Cd、Be、SO_4^{2-}、NO_2、CO_2、pH 也有關。

8. 肝癌

死亡率為 11.14 人 /10 萬人，與地下水 Ca、Mg、Sr、Ii、Mo、Cu、礦化度、總硬度有較密切的關係；與 Mn、V、Sr、Sn、耗氧量也有關。

9. 食道癌

死亡率為 14.03 人 /10 萬人，與地下水 SiO_2、Ti、Cr、CO_2、V、B、pH、Ca、Mg、P、F、礦化度、總硬度有較密切的關係；與 Hg、Pb、Cu、Sn、Mo、耗氧量也有關。

10. 結腸癌

死亡率為 2.28 人 /10 萬人，與地下水 K、Mn、Cd、Mg、Cu、Cl、CO_2、Ni、總硬度有關。

（二）地下水化學成分與癌症相關性的分類

第一類化學成分與癌症的關係具有二重性，可分 4 個次類：

1. 第一亞類

正、負相關性均顯著，其化學成分有 Ca、Ma、Ti、Hg、Cu、Sr、P、礦化度、總硬度。

2. 第二亞類

正相關顯著，負相關顯著性較差，其化學成分有 SiO_2、pH。

3. 第三亞類

負相關顯著，正相關顯著性較差，其化學成分有 Cd、Li、CO_2。

4. 第四亞類

正、負相關性均較差，其化學成分有 I、Pb、Zn、K、SO_4^{2-}、Cl、Zn。

第二類化學成分與癌症的關係僅呈正相關，可分兩個次類：

1. 第一亞類

正相關顯著，其化學成分有 V、Cr、B、F、耗氧量。

2. 第二亞類

正相關顯著性較差，其化學成分有 As、NO_2、NO_3^-、Na、Ni。

第三類化學成分與癌症的關係僅呈負相關，可分兩個次類：

1. 第一亞類

負相關性顯著，其化學成分有 Mn、Co、Be、Br、Mo。

2. 第二亞類

負相關顯著性較差，其化學成分有 Fe。

(三) 地下水化學成分對癌症影響的綜合評價

上述的相關性與分類，反映了地下水化學成分對癌症死亡率影響係數越大，癌死亡率越高。地下水化學成分對多數癌症的產生與發展起了重要的控制作用。

白血病死亡率與地下水化學成分的影響係數最小(負值)，說明地下水化學成分有利於抗白血病的作用。地下水化學成分可以限制、減緩白血病的產生與發展，但不能消除。

總癌、食道癌、直腸癌的產生與發展，地下水化學成分起重要的控制作用。

胃癌、肝癌、子宮頸癌的產生和發展，與地下水化學成分有密切的關係，地下水成分起著一定的抑制作用。

結腸癌、乳腺癌的產生和發展，與地下水化學成分有關，但不起主導的控制因素。

鼻咽癌、肺腺癌的產生和發展，與地下水化學成分的關係不大。

因此，環境中化學因素對腫瘤的影響十分複雜，有時一種元素或化合物同時具有致癌和促癌兩種作用。致癌性元素和其化合物可直接誘發癌症，而促癌性元素或其化合物本身不是直接致癌物質，更不是最終致癌物。當它與致癌性元素及化合物有協同作用時，才有促進和增強致癌物誘發癌症的可能。

促癌物質能起溶媒作用，從而影響對有關物質的吸收，影響生物體的活化代謝及提高或抑制酶的活性，促使其他致癌物加速形成最終致癌體如能加速腫瘤病毒或促進潛伏腫瘤病毒的活化，延緩致癌物質在體內的排出和分解，增強致癌物質的強度和作用時間，或造成內分泌失調，從而使癌變的進程加速等。

致癌性物質，還可分為直接致癌性物質和間接致癌性物質。一般來講，直接致癌性物質大多數為化學合成產物，它們性質活潑，在環境中存在的壽命不長，能釋出親電子反應物，主要為烷化試劑，與細胞大分子中受體結合。大多數致癌性物質，為間接致癌物質。在環境中比較穩定，進入肌體後才發生代謝活化，所

以對環境污染的危險性較大。間接致癌物質在體內一方面經代謝活化成為最終致癌體，另一方面可經代謝而失去致癌性。因此肝臟就是進行這些代謝的主要器官。

Cr、Co、Ni、Cd、Se、Zn 等已被證明有致癌性，Fe、Ni 等的有機錯合物也有致癌性，Mn、As、Pb 等在某種情況下也可能有致癌性，Hg、Au、Mg 已知為非特異性致癌物。這些金屬與某些物質形成化合物或錯合物，並通過某種攝入方式和攝入劑型(塊狀、粉狀、多孔狀、片狀等)植入生命體時可誘發癌症。實驗證明，一些金屬元素確是潛在的致癌物。

有人將某些致癌元素的物理性質歸納為以下幾點：具有 1.2～1.9 的電負性；水中的溶解度較小；經呼吸道侵入時，粒徑在 10 μm 以下的，以 1 μm 左右的影響較大。環境中金屬的致癌性似大氣中的金屬元素由呼吸道侵入時危險性最大。

人們將致癌物歸結成兩大類：一類是有機類致癌物，另一類是金屬元素及其化合物的致癌物。共同之處是，致癌物必須與細胞中的核酸和蛋白質作用才能引起癌變。

目前認為，核酸和蛋白質等生物體成分中，存在著某些親核活性中心，在這些部位電子雲密度比較大，很容易受親電試劑的進攻而發生反應。反應時電子從 DNA、RNA 或蛋白質分子向親電試劑轉移，使 DNA、RNA 或蛋白質內的氫鍵斷裂，原有的空間結構發生變化，使 DNA 及 RNA 的合成變為異常，即它們將複製和轉錄出一些變異體；同時，使某些酶(本身就是一種蛋白質)的功能也變得異常，控制細胞正常生長的酶一旦功能異常，細胞就會失去控制而瘋狂地分裂下去，於是發生了癌變。由於生物機體能使 DNA 的損傷得到修復，所以癌變過程並不是一觸即發和一帆風順的，它要經歷一個長期的搏鬥歷程才會變得明朗和嚴重。

金屬在癌變過程中所起的作用，是金屬致癌物與蛋白質和 DNA 的作用。一般來說，金屬離子致癌物主要是與酶中固有的金屬離子發生了置換，引起酶的空間構型改變，使其活性部分受抑制或全部消失。例如，Ni^{2+} 可置換含銅酶中的 Cu^{2+}，或置換酶中的輔助因子 Mg^{2+}；Cd^{2+} 可置換含鋅酶中的 Zn^{2+}，酶的活性降低後，產生代謝障礙，從而引發癌症。金屬致癌物與 DNA 作用，會引起遺傳資訊的缺損，或使資訊表達發生改變，核酸產生變形，導致細胞生長失控而發生金屬離子鍵合，形成有機致癌物與 DNA 鹼基和金屬離子發生螯合作用，進而產生混合配位錯合物，這種錯合物使 DNA 的正常功能發生障礙而致癌。有些致癌物，本身就是多牙配位體，能與金屬離子形成相當穩定的螯合物。

各種元素分布於地表的上層岩石、土壤、水、植物、動物中，通過食物鏈等環節進入人體，直接影響人體各生命元素之間的比例和平衡。因此某些癌症的發病率在地理分布上具有一定的規律性。如前蘇聯的阿拉木圖，土壤中的鉬含量與食道癌或胃癌發病率成正相關；發病率較低的地區則土壤中錳比較豐富。低碘地區易患甲狀腺腫瘤，但在中國大陸中南地區的某一高碘地區，甲狀腺腫瘤發病率也較高，現已證明飲食中含高碘也會發生甲狀腺等病變。據芬蘭調查結果發現，錳與鎂有抗癌作用，土壤中低錳和低鎂的地區，癌症死亡率很高。南冰島是胃癌發病率較高的地區，可能與當地土壤中鋅和鐵的含量較高有關。非洲是食道癌的高發區，這是因為那裡酒精飲料中亞硝胺的含量較高，並有鋅的污染。伊朗、智利食道癌高發區與雨量少和土質含鹽度較高有關。

　　美國、加拿大和新西蘭腸癌高發區與環境(土壤、水、植物)中缺硒有關。北威爾斯的胃癌發病率高，與土壤中缺銅、富硒有關。非洲肝癌發病率高是因為土壤受鋅和鈷污染，肝組織中的鋅、鈷含量增加而銅卻減少引起的。波蘭白血病高發區與土壤中缺銅、缺鐵、缺鎂相關。根據國際衛生組織有關美國百慕達地區的報告，當地居民中流行食道癌與飲酒過度和飲用特別軟的，缺鈣、錳和其他抗癌元素的泉水有關。食道癌高發區與土壤中缺銅和缺鋅有關。中國大陸太行山食道癌高發區，土壤中銅和鉬含量比低發區低 30～40%。中國大陸川西北地區食道癌高發區，土壤和飲水中銅、錳、鎂含量偏低，並與飲用水受有機農藥污染和食物受其他有害物質污染有關。又如乳腺癌、卵巢癌、結腸癌、直腸癌、前列腺癌及白血病的死亡率與典型食譜中的硒含量成反比，即負相關。另據報導，腎癌、腸胃癌、淋巴瘤及白血病的死亡率與環境中的含鉛量成正比。直腸癌、口腔癌的死亡率與環境中的含鎳量成正比。在某些煙草中，含有鉛、鋇、鈷、銅、鐵、鋰、錳、錫、鈦、鉬、鎳、鋅等，顯然，其中存在著致癌物質。英國腫瘤協會認為，胃癌高發的北威爾斯地區，土壤燒失量高於 10～13%，低發區的土壤燒失量則較低，因而土壤燒失量、土壤中微量元素和有機物質含量可能與胃癌發病率有一定關係。

　　這些都說明，環境中微量金屬元素與癌症有著密切關係。有些致癌物，可在水或非水介質中直接作為有強錯合能力的配位體，或是經代謝後能成為強配位體。一般認為含供電子原子配位體致癌物的特點是：可溶於脂類；有其面環狀結構；能直接與金屬離子錯合(或代謝後能與金屬離子錯合)，甚至能和人類生命必需的

金屬離子穩定地錯合。當其形成五元或六元形態的螯合物時更為穩定。當體內配位體濃度增高時，金屬離子受錯合而濃度降低，就可能出現致癌作用。

給健康動物餵富含色胺酸食物時，肝臟能製造色胺酸吡咯酶以除去過量的色胺酸，但 Morris 實驗老鼠的肝癌細胞沒有這種能力，因而使癌組織中配位體過剩，憑藉這些配位體，可以順利地奪走某些營養金屬離子，使正常細胞病變，並使癌細胞生長加快。配位體過少也會致癌。例如食物中缺少膽鹼和蛋胺酸，可使大鼠、小鼠和小雞發生肝癌。在胃癌及食道癌的惡性組織中，發現它比正常組織中銅的濃度高，說明惡性組織中缺乏與銅離子錯合的配位體，致使較多的銅被釋出，間接地說明了配位體與癌有關。

五、各種癌症

癌症是一種多發病、常見病，發病率與死亡率均極高，這裡扼要介紹一下生物微量元素與肝癌、胃癌、肺癌、食道癌、腸癌等癌症的關係。

（一）肝癌

諸葛純英等為探討肝癌患者體內微量元素的變化，測定了 26 例肝癌病人血清中鋅、銅、硒、鐵、錳 5 種元素含量及銅／鋅比值，並與 32 例正常人對照。結果表明，肝癌患者血清中鋅、錳、硒均低於正常人。銅、鐵及銅／鋅比值明顯增高。提示：血清低鋅、低硒、低錳、高銅、高鐵與肝癌的發生有一定關係。

鋅、銅、鐵、硒、鉬等必需微量元素在細胞保護、細胞免疫、細胞遺傳及阻止致癌物對細胞作用等方面起重要作用。如鋅、銅為過氧化物歧化酶的成分，在細胞保護中起重要作用。同時鋅又參與 DNA 及 RNA 聚合酶的合成，直接影響核酸和蛋白質的合成，對免疫機制有重要作用。根據「隔室封閉」理論，鋅對癌的發生及防治可能有巨大作用，但鋅與癌發生的關係，各家認識不一致，必須深入研究，才能作出明確判斷。

人和動物需要銅製造紅細胞和血紅蛋白；銅對合成彈性蛋白起一定作用，銅對結締組織形成及成熟有重要作用，缺銅可導致組織結構及代謝功能紊亂，肝癌患者髮銅低，低銅可能與肝癌發生有關。有學者報導，胃潰瘍的發生與失去胃內的銅離子有關，銅對結締組織的形成及成熟具有重要作用，有些藥物可能正是結

合了胃內的銅離子，導致組織的結構及功能的紊亂，進而形成潰瘍。如有些人在服用阿斯匹林或強的松類藥物過程中發生胃潰瘍就是例證。反之如用這些藥物的銅錯合物者，不但增強了藥物作用，還可防治和治療胃潰瘍，髮銅低同樣與胃癌發生有關。

鉬對植物內維生素 C 的合成、含量及分解具有一定作用，鉬還是植物亞硝酸鹽還原酶的成分，缺鉬可使亞硝酸鹽不能還原成胺，使環境及農作物中亞硝酸鹽的含量增加，從而影響動物和人體的攝入量及貯積量，而亞硝酸鹽具有致癌作用。肝癌患者髮鉬明顯低於健康組，低鉬與肝癌發生有關。

鎂是許多酶的活化劑，可激活許多重要的酶，是組織細胞內線粒體的成分；在大多數磷酸基反應中鎂起重要作用；鎂是醣、蛋白、脂肪代謝及 ATP 呼吸代謝中，對維持細胞結構是不可或缺的金屬離子，肝癌患者髮鎂低於健康組，低鎂可能與肝癌發生有關。

鐵對核酸及蛋白質合成過程、細胞呼吸、分裂和繁殖及新陳代謝有直接影響。

硒可阻止致癌物與 DNA 相互作用，也可能激活酶類與解毒最終致癌物有關，硒能清除活性氧自由基以防致癌，缺硒使致病因子侵襲，引起大骨節病及癌症。

錳是機體必需的微量元素之一，肝癌患者髮錳高於健康人，其機制可能是錳與銅相拮抗，高髮錳低髮銅，錳干擾了人體對銅的吸收和利用有關。同時錳與鉬有拮抗作用，錳在機體中可拮抗鉬的吸收，可能也是致癌的因素之一。國內研究資料表明，缺錳地區癌症發病率高，認為錳有抗癌作用。但在中國大陸，肝癌發病率高的地區多為含錳量高的地區；胃癌病人髮錳高於健康人，其機制可能是錳與鉬相拮抗，高髮錳低髮鉬，錳干擾了人體對鉬的吸收和利用有關。

（二）胃癌

從測定了胃癌患者髮樣中 Mn、Cr、Mo、Se、Co、As 等 6 種微量元素。胃癌患者髮樣中 Mn、Cr、As 明顯高於對照組，而 Co、Se 明顯低於對照組。提示人體 Mo、Se 處於相對低水平或缺乏狀態下，可能是胃癌發生的病因之一。Cr 及其化合物對體細胞有明顯的誘變和致畸作用，人體接觸或攝入過量的 Cr 化合物會引起腎臟、肝臟、神經系統和血液的廣泛病變，導致死亡，並可能導致某些癌症的發生。

微量元素與癌症的關係，已引起人們廣泛重視。單才華等對胃癌患者和正常人的頭髮中 19 種微量元素作了測定，結果表明：胃癌患者有 9 種微量元素高於正

常組，10 種微量元素低於正常組，均有顯著性差異。胃癌組高於正常人的微量元素有 Fe、Cd、Zn、Ni、Co、Cr、B、P、S；低於正常人的微量元素有 F、Cu、Ca、Mg、Mn、Pb、Sr、Se、Mo、Si；5 組微量元素 Cu/Zn、Cu/Fe、Ni/Zn、Cr/Fe 比值胃癌組均大於正常人組，只有 Ca/Mg 比值胃癌組稍低於正常人組。

　　國內外研究一致證實：鎳、鋅、鎘、鈷、鉻的增高可引起致癌或致畸。鐵、銅、錳、鉬、鍶、矽、硒是人體的必需微量元素，若含量減少可導致機體生理代謝紊亂，影響 DNA 和 RNA 的合成，可使胃癌和消化道疾病的發病率增高。缺鉬可導致食道癌，在胃癌患者發中鉬含量稍低於正常人；鈣離子具有降低胃癌危險度的保護作用，實驗提示正常人體中鈣離子濃度大大高於胃癌患者，有非常顯著的差異；硒具有抗癌作用，流行病學資料說明消化道癌患者血清硒水平明顯低於正常人，髮樣測試也說明差異非常顯著，且硒的含量與腫瘤死亡率成員相關。

　　癌瘤的病因是複雜的和綜合性的，元素的失調可引起腫癌，機體內元素之間往往存在著拮抗與協同作用及對某一元素的依賴性。因此多元素的失衡可致癌，它們打破了元素之間的拮抗—協同—依賴的規律，使組織細胞誘發或突變而致癌。

（三）肺癌

　　李開密和梅其達等人對肺癌與健康人 Cu、Zn、Mn、Ni、Cr、Cd 含量及 Cu/Zn、Mn/Ni 比值進行了對比分析，見表 4.5。

表 4.5　健康人及肺癌患者血清微量元素含量與比值表（µmol/L）

元素	健康人 (27 例)	肺癌患者 (26 例)	P
Cu	19.151 ± 3.253	24.389 ± 4.404	< 0.001
Zn	22.221 + 3.196	18.409 ± 2.538	< 0.001
Mn	0.499 ± 0.140	0.121 ± 0.140	< 0.001
Ni	0.171 ± 0.151	0.344 ± 0.161	< 0.001
Cr	0.0171 ± 0.00731	0.0245 ± 0.00866	< 0.001
Cd	0.000608 ± 0.000530	0.000899 ± 0.000409	< 0.05
Cu/Zn	0.869 ± 0.210	1.30 ± 0.289	< 0.001
Mn/Ni	2.90 ± 0.209	0.356 ± 0.263	< 0.001

　　結果表明：肺癌患者血清 Zn 低，血清 Cu/Zn 比值則高於健康人，且有高度顯著性差異，符合許多文獻的報導。癌腫患者血鋅低而血銅及 Cu/Zn 比值高於正常人，幾乎成為普遍性。

多種類型的癌症患者，其血錳水平幾乎普遍地低於健康人。研究顯示了肺癌患者血清 Mn 比健康人低 3 倍多。Mn 有抗癌防癌作用，而微量元素 Ni 被公認是致癌性很強的元素，接觸 Ni 或 Ni 粉塵的工人，其肺癌發病率明顯高於其他作業工人。他們的研究結果表明，肺癌患者血清 Ni 含量明顯高於健康人，提示 Ni 與肺癌可能存在某種關係。研究結果還表明，肺癌患者血清 Mn 值顯著低於健康人而血清 Ni 則相反，其 Mn/Ni 比值亦比健康人低的事實，由於肺癌患者機體缺 Mn，因而對 Ni 的致癌性起不到抑制和拮抗作用，使肺癌得以發生和發展。

國外文獻報導，煉鎘工人的肺癌發病率有增高趨勢，但 Cd 的致癌性存在著量效關係。測試結果表明，肺癌患者血清 Cd 顯著高於健康人，提示 Cd 可能是誘發肺癌的原因之一。

Cr^{3+} 是人和動物必需的微量元素，而 Cr^{6+} 則是強烈致突變和癌腫的誘發因子。吸入血液的 Cr^{6+} 化合物的數量為同種 Cr^{3+} 化合物的 10 倍。肺癌患者血清 Cr 顯著高於健康人。在鉻的組成中，當攝入的 Cr^{6+} 化合物較高時，可能是誘發肺癌的因素之一。

（四）食道癌

沈文英等對食道癌患者頭髮中 24 種元素含量進行了測定。中國大陸高發區南澳縣的食道癌死亡率為 86 人/10 萬人，而低發區的陸豐縣為 5 人/10 萬人。測定值高發區發 Ni、Pb、Cd、In 高於低發區，而 Sr、Ca、Co、Se 和 Ba 顯著低於低發區，有顯著性意義。Cd 和 As 與發病率呈正相關，而 Se 和 Co 呈負相關，它們的 F 值都較高，說明它們的獨立作用大。

1982 年國際癌症研究機構 (IARC) 根據流行病學調查、動物試驗及短測試驗三方面的數據，重點評議了 54 種化學物質的致癌危險性，其中把 As、Cr 列為一級，Ni 列為 2A 級，Cd 為 2B 級。微量元素與食道癌的關係，按 IARC 對致癌元素的分級，將 As、Cd 和 Ni 3 元素加權相加作為分子，以 Se、Se + Zn、Se + Zn + Cu 分三組作為分母，分別計算 3 組比值，比值高者，說明致癌因子強度比抗癌因子的強度大。3 組比值均是高發區高於低發區，說明高發區的致癌危險性大。

張洪權等對食道癌患者及正常人血清 6 種微量元素含量進行了對比分析。人體內微量元素的不足、過剩或比例失調、均可能誘發癌變。為了探索出食道癌疾病與體內微量元素含量間的關係，為防治該病提供資料，他們測定了食道癌患者及正常人血清銅、鋅、錳、鎳、鎘、鉻 6 種微量元素的含量，結果見表 4.6。

表 4.6　血清銅、鋅等 6 元素含量表 (µmol/L)

元素	疾病組 (30 例)	對照組 (27 例)	P
Cu	25.037 ± 3.235	19.151 ± 3.253	< 0.001
Zn	18.611 ± 3.059	22.221 ± 3.196	< 0.001
Mn	0.379 ± 0.112	0.499 ± 0.140	< 0.001
Ni	0.347 ± 0.187	0.171 ± 0.154	< 0.001
Cd	0.000705 ± 0.000520	0.000608 ± 0.000530	> 0.05
Cr	0.0354 ± 0.0062	0.071 ± 0.0073	> 0.05

結果顯示，疾病組血清銅、鎳的水平高於對照組，鋅、錳的水平低於對照組，均具有高度顯著性差異。鎘、鉻水平略高於對照組，差異不顯著。國內外資料報導，食道癌患者血清銅的水平明顯高於正常人，差異顯著，與測定結果相符。食道癌患者血清銅升高可能是腫瘤病變引起的結果。

　　鋅具有抑癌能力，並參與免疫機制作用。當機體缺鋅時，組織細胞老化，免疫力下降，防癌能力下降，上皮細胞易受致癌物質侵害，發生癌變。提示機體鋅含量與食道癌存在一定關係。錳是人體必需元素，資料表明錳具有抗癌防癌作用。但血清錳含量與食道癌的關係國內尚未見報導。病例組血清錳含量比對照組顯著的低，對抑制食道癌的發生與發展不利。國內外學者的研究均證實鎳是致癌性很強的元素。研究表明疾病組血清鎳顯著高於對照組，提示食道癌與鎳有關。研究均已證明鉻及其化合物的致癌性。食道癌與血清鉻的關係尚未見報導。疾病組血清鉻雖高於對照組，但沒有顯著性差異，可能血鉻與食管癌關係不大。食道癌患者血銅升高和血鋅降低一樣，均是腫瘤病變引起的一種表現。

　　對食道癌患者血清微量元素譜進行了多元分析研究，她們利用 ICP-AES 儀器測定食道癌患者及健康人血清中 20 種微量元素的含量 (見表 4.7)，結果發現 Cd、Cu、Co、Mn、Ni、Se、V、Cu/Zn 比值在患者與健康人之間的差異有顯著性意義，與癌症呈正相關的有 Cd、Co、V、Cu/Zn，呈負相關的有 Se、Zn。癌患者的血清 Cu/Zn 值顯著地高於健康人，Ni 與核酸形成配位化合物，阻止 RNA 聚合酶的作用，干擾 DNA 的轉錄和複製。使 DNA 發生根本性變化。Cd 被 IARC (1982) 列為致癌危險性的 2B 級。Se 的抗癌性可能是：激活免疫反應，降低有毒元素的致突活性對腫瘤細胞的直接作用。

表 4.7　食道癌患者與健康人血清元素含量比較表

元素	食管癌患者 (n = 30)	健康人 (n = 30)
Cd	0.020	0.0085
Co	0.017	0.0079
Cu	0.986	0.627
Se	0.0614	0.0897
V	0.0466	0.0260
Zn	1.162	1.313

（五）綜合

　　研究了消化系統惡性腫瘤患者血清 Zn、Cu 的含量，其中腫瘤組 92 例，胃炎組 50 例，健康老年組 50 例。結果表明：三組血清 Zn、Cu、Cu/Zn，胃炎組血銅含量較健康組 (77.83 μg/dL) 有所增高，有顯著性差異，血鋅含量略低於健康組 (124.2 μg/dL)；腫瘤組與健康組比，各項結果均有顯著性差異。

　　腫瘤組血清 Zn 含量明顯降低，以肝癌組血 Zn(45.2 μg/dL) 水平降低最為顯著，胃癌組血 Zn(90.71 μg/dL) 水平的降低相對較輕微，血清 Zn 水平的降低與腫瘤的關係，是病因還是其結果尚不清楚。有資料報導，患有缺 Zn 疾病的豬，食道組織與人食道癌的結構十分相似。也有資料報告，在肝臟疾患、胃腸疾患及腸道疾患時，Zn 自尿及糞便中排泄增多，加之攝入及吸收 Zn 有不足，即可導致低 Zn 血症。腫瘤組血清 Cu 水平顯著增高，肝癌 (115.9 μg/dL) 和結腸癌 (100.71 μg/dL) 增高最為顯著，腫瘤組 Cu/Zn 比值明顯增高，肝癌組 (2.67) 增高最為顯著。有報告說消化道惡性腫瘤時，血中 Cu/Zn 比值水平的變化可作為驗證復發與判斷預估的參數。有的學者則提出，對於消化道疾病患者來說，當 Cu/Zn 比值 > 1.38 時，應高度警惕患者消化道惡性腫瘤的可能性。

　　為了探討 Cu 與癌症的關係，有些學者觀察了肝細胞腫瘤組織、大腸癌、胃癌等腫瘤組織中 Cu 的含量均較正常組織明顯增加。現已證明，銅離子參與超氧化物可導致機體的生物學損傷過程，血 Cu 含量微量增高可大大增加由 O_2^- 引來的生物損害，細胞內的 Cu 增加也可引起各種酶活性降低、DNA 斷裂及蛋白質變性。因此認為，器官內隨著微量 Cu 的積累會引起細胞內損害，最終可激發癌變。他們還對 19 例有轉移病灶的腫瘤患者與無腫瘤患者的比較發現，有轉移病灶患者 Cu 含量 (110.5，正常人 83.17) 及 Cu/Zn 比值 (2.38，正常人 1.40) 均有極顯著增高。

　　研究了 26 例肝癌、76 例消化道癌和 23 例胃癌患者頭髮的 8～9 種微量元素含量，並與健康組 152 人進行對照，以探討微量元素與肝癌、消化道癌和胃癌的

關係。結果表明肝癌患者髮銅、鉬、鎂均低於健康人，錳高於健康人；消化道腫瘤患者髮鋅、銅、鎂、鉬、鐵均低於健康人，而錳則明顯高於健康人；胃癌患者髮銅明顯低於健康人，髮鋅、髮鉬也低於健康人；而髮錳則明顯高於健康人。有資料報導，腸癌患者髮鉬、髮鐵、髮鋅、髮硒、髮鎂均低於健康人，胰膽癌腫也是髮銅、髮鉬、髮鐵及髮鈷均低於健康人。從葉如美等人的研究結果，可看出肝癌、胃癌和消化道腫瘤患者其微量元素的變化關係基本一致，只是消化道癌患者增加了髮鐵的含量低於正常人一項。

測定了胃癌、大腸癌、乳腺癌組織及其癌旁組織和同體正常組織中鉻、錳、鋅、鐵、鎂、銅、鈣的含量，試圖找出這些元素在癌、癌旁及正常組織中的分布規律。從檢測結果可以看出：在胃癌組織中鋅的含量比其正常組織與癌旁組織少，銅的含量比正常組織多，其餘無明顯差異；在大腸癌組織中錳、鎂的含量比其癌旁組織多，其餘無明顯差異；在乳腺癌組織中鉻、錳、鐵含量比其正常組織多，鋅、鎂、鈣的含量比正常組織、癌旁組織多，銅的含量無明顯差異。胃癌、大腸癌、乳腺癌組織及其癌旁組織和同體正常組織中，上述 7 種元素的含量是不同的，特別是在乳腺癌組織中，除了銅以外的 6 種元素含量都比正常組織多。檢測結果表明，在胃癌組織中鋅的含量低於同一患者正常胃組織和癌旁組織，銅的含量高於正常組織，此與 Ehund 的報導和陳耀華等人的報導結果，基本上是一致的。胃癌患者的髮鋅，血清鋅和癌組織鋅值等均降低。缺鋅可引起免疫能力降低，促進腫瘤的發生，也可能由於胃癌病人鋅的消耗和排泄增加，加重缺鋅。

銅與胃癌的關係尚不清楚，不過銅與鋅有一定的比值關係，並互相影響，使血銅增高，血鋅降低。在胃癌組織中含鋅量降低，含銅量增高；在肝癌病人癌組織及其血清中含鋅量減少，而含銅量增高，其銅/鋅比值也是一致的。Ehund 報導，乳腺癌組織中含鋅量比正常組織多，此外還有鉻、錳、鐵、鎂、鈣含量比正常組織多，是值得進一步研究的。曾有人報導錳、鐵與大腸癌的關係，土壤中錳的水平與直腸癌呈正相關。鎂缺乏地區癌的發病率高，鎂與食道癌的發病率呈負相關關係。在大腸癌組織中錳、鎂含量比癌旁組織多，其相互關係有待進一步探討。

研究了與癌症、腦病相關性較強的 Mn 等微量元素在人體的積累、代謝、吸收、分配等方面的一些重要規律。癌症患者髮 Mn、Ca、Mg、Fe、Zn 等低於對照組且具有統計學意義。Ca、Mg、Fe、Ni 男性低於女性有統計學意義，其中 Ca、Mg 男性低於女性差別最為顯著。76 名健康人尿中的 11 種元素，其中 Mn、Zn、Mg、K 均值高於對照。研究結果表明，腦、胃、甲狀腺癌組織中錳低於附近正常

組織或良性瘤，而腦、直腸、胃癌組織中鋅也低於附近正常組織，總的趨勢是癌組織中錳、鋅低於正常組織。髮中 Mn、Zn、Fe、Mg、由與癌症呈負相關，Ca/Mg 比值與癌症呈正相關，血清 Cu 及 Cu/Zn 比值與癌症呈正相關，癌組織 Mn 低於正常組織，Cu/Zn 比值高於正常組織，Zn 低於正常組織，髮 Zn、Ca、Mg 與原發性顱內腫瘤呈正相關等一系列重要規律。髮 Mn、Zn、Ca、Mg 與癌症呈負相關，血清 Cu 與癌症呈正相關（患者顯著高於對照），血清 Fe 與癌症呈負相關也有顯著性。食道癌患者髮錳均值分別為 0.64 μg/g 和 3.32 μg/g。惡性淋巴瘤患者髮錳均值為 0.47 μg/g。

總的情況是健康人頭髮中微量元素 Fe、Mn、Cu、Zn、Ca、Mg 似乎均略高於癌腫患者和心血管病患者，以 Mn、Cu、Ca、Mg 4 元素相關性最明顯。

參、化學藥物──癌症的剋星

癌症每年要吞噬六千萬人的生命，約占總死亡人數的 20%，是人類的十大殺手之首。由於死亡率極高，因而已引起人們的極大警覺，大有談癌色變。現在為人們普遍接受的觀點認為：癌症的發生是由於細胞不受控制地增殖所造成的惡性增生；癌症的轉移是由於癌細胞從癌組織中突破胞外基質的限制，擴散到別的器官並繼續增殖所造成。近幾十年來，尤其是美國在 1971 年提出「對癌症宣戰」以來，人們已經對癌症的發生機制和治療方法進行了大量研究，並且取得了許多成果，研製出許多抗癌藥物。化學藥物使人類在癌症面前不再束手無策。

化學藥物治療，簡稱化療。它主要對付癌細胞，而不管癌細胞分散到什麼地方，皆可使力，這是化學療法的一大優點。缺點是作用於所有的健康組織，特別是造血組織，有可能增加了它的毒性。

化學藥物治療方法出現於 20 世紀中期，到 1976 年才逐漸成熟。由於評判治療效果的觀察期很長，往往需要幾十年才能真正完善一種治療癌腫的方法。化療法起緣於第二次世界大戰期間的一樁事故：有一艘裝運瓦斯的船發生了洩漏，在受害人中間發現了白血球數目下降。這件事啟發了觀察到此事的美國軍醫吉爾曼，他想到利用這些化學品或類似的化學品（氮芥）來醫治造血組織的癌症（白血病和血管肉瘤）。從 1946～47 年起，經過治療結果出來了，雖然其穩定時間不長，而且毒性極大，但在總體上令人鼓舞。至今為止，抗癌藥物已經有了很大的發展。

一、化學抗癌藥物的分類

烷化劑是一類常用的抗腫瘤藥物。它們具有活潑的烷化基團，能與生物受體的多電子中心結合。在細胞組分中，DNA是烷化劑的最敏感受體。烷化作用造成DNA模板空隙，改變了模板性質，因而導致複製轉錄的錯誤和不完全，進而影響RNA和蛋白質的合成，抑制細胞分裂，終使細胞死亡。烷化劑還可以抑制細胞代謝物的生物合成。烷化劑為細胞周期非特異性藥物，增大劑量時可殺傷各期的增殖細胞和非增殖細胞，因此是一種廣泛抗腫瘤藥物。缺點是選擇性不高，對正常細胞都有較強的毒性。用藥後常有骨髓抑制，對胃腸道上皮也有刺激。目前臨床常用的烷化劑藥物有氮芥類、乙撐亞胺類、磺酸酯類和亞硝脲類。

抗代謝藥物是一類能干擾細胞正常代謝物的生成和作用、抑制細胞增殖、導致細胞死亡的藥物。其作用主要是抑制與正常代謝物生物合成有關的酶，故抗代謝藥物也是酶抑制劑。目前臨床用於治療腫瘤的有效抗代謝藥物是與核酸生物合成有關的前驅體或輔因子。如嘌呤、嘧啶和葉酸的類似物。抗代謝藥物為細胞周期特異性藥物，殺細胞作用較烷化劑為弱，且其殺細胞能力有一定限度。臨床上主要用於治療急性白血病，但對實體瘤也顯示療效。

抗腫瘤菌素是從微生物發酵液中提取的一種具有抗腫瘤作用的藥物，往往兼具抗腫瘤和抗菌作用。大多作用於RNA和DNA。分三類：抑制RNA合成、對DNA直接損害、抑制DNA合成。由於抗腫瘤抗菌素大部分作用於DNA或與DNA形成複合物，抑制細胞分裂，故多為細胞週期非特異性藥物，對增殖細胞及非增殖細胞均有殺傷作用。更生黴素是臨床最早使用的抗腫瘤抗菌素，至今仍普遍使用，對惡性淋巴腫瘤、絨毛膜上皮癌有明顯療效。正定黴素常用於急性白血病。

某些腫瘤的生長和發展與激素有一定關係。一般認為生長在激素效應器官的腫瘤細胞與正常細胞一樣，可接受激素的調節。人們很早就使用激素治療乳腺癌和前列腺癌，這是最早用於腫瘤的藥物治療。臨床用於治療腫瘤的激素有以下三類：(1) 性激素。包括雌、雄激素和孕激素；(2) 腎上腺皮質激素；(3) 其他激素。丙酸睪丸素和甲基睪丸素是最常用的雄激素，可用於絕經期前婦女的乳腺癌。黃體酮及高效製劑甲地孕酮可治療子宮體癌。

抗腫瘤植物藥物是從植物中草藥中提取的、具有抗腫瘤作用的藥物。在其有效成分研究中，生物鹼類的抗腫瘤作用較為明顯。目前常用的有常春花鹼、常春新鹼、秋水仙鹼、秋水仙醯胺。

二、抗癌藥物新視野

隨化學研究配合著醫藥科學的發展，新的抗癌藥物不斷被研製出來。雖然還不能將癌去除，但盡可能延長癌症患者的壽命。下面介紹一些新抗癌藥物的名稱及效用。

（一）抗癌新化合物──稀土元素

中國大陸稀土資源豐富、種類繁多。稀土包括鑭、鈰、鐠、釹、釤等 17 種元素。近年來，中國大陸稀土不僅廣泛應用於農業、科技、國防等部門，而且在醫學領域也展示了其令人鼓舞的應用前景。

流行病學調查結果表明：稀土作業工人的腫瘤發生率明顯低於對照組人群。進一步研究還證實：稀土元素一方面可對抗人類多種腫瘤細胞株的生長和增殖，另一方面，又可促進正常細胞的生長，這就為稀土應用於腫瘤治療提供了一定的實驗依據。

稀土抗癌的機制有以下幾個方面：(1) 稀土對癌組織有較強的親和力，稀土與癌組織結合後，可干擾癌細胞的代謝和 DNA 的合成；(2) 稀土像一把剪刀，可剪斷核酸鏈，使其發生水解、斷裂；(3) 稀土能選擇破壞惡變或癌變的細胞內部的超微結構；(4) 稀土能抑制癌基因表達，同時又能增強抑癌基因的表達。

儘管有關稀土抗腫瘤機理的研究仍在探討之中，但統計資料顯示：在治療癌症的放射性元素中，放射性稀土就占了一半。此外，醫學上目前也致力於將稀土用於愛滋病的治療。大阪大學足立吟教授對該項工作以及展望作了高度評價：「將稀土的功能擴大到生物學領域的成果，如能在醫學上用稀土催化劑切斷愛滋病與癌的基因，將是人類具有最大的福音。」可見，就愛滋病與癌來說，稀土給人的震撼將大大超過前幾年出現的稀土氧化物高溫超導體。相信人類在本世紀攻克腫瘤和愛滋病的過程中，稀土這一抗癌新一族將大放光彩。

（二）婦科惡性腫瘤化學療法進展

1. 紫杉醇治療卵巢癌

泰素，又稱紫杉醇，係一種阻礙微管解聚，從而抑制癌細胞增殖的新型抗癌藥物。在日本作為適合於卵巢癌的醫療保險規定用藥，已於 1997 年 12 月允許應用紫杉醇。而歐、美的許多國家則於 1992 年起就開始使用紫杉醇，並通過了大規

模的三期比較實驗，現正在確立其臨床意義。儘管紫杉醇已應用於臨床，但單獨應用療效不高，起關鍵的作用仍是鉑類抗癌藥物，紫杉醇的價值必須通過與之聯合後方能真正體現出來。加拿大及歐洲一些研究單位的跟蹤調查證實了紫杉醇作為標準的鉑類藥聯合應用藥物的地位。臨床上紫杉醇的最嚴重副作用是中性粒細胞減少和對末梢神經的毒性。

2. CPT-11 治療卵巢上皮性癌

鹽酸 Irinotecan (CPT-11) 係喜樹鹼的半合成衍生物，根據日本為首的多國臨床試驗研究，確認 CPT-11 對卵巢癌和子宮頸癌等具有廣泛抗腫瘤作用。日本的肺癌治療領域已經領先一步，率先進行 CPT-11 的研究應用，而歐、美則在大腸癌二線治療上開展 CPT-11 的研究受到好評。由於 CPT-11 的療效得到確認，1998 年 10 月 FDA (食品及藥品管理局) 正式認可了這一抗癌藥物。

3. 他莫昔芬和雷洛昔芬預防乳腺癌

在最近召開的一次美國臨床腫瘤協會的會議上，報告了對他莫昔芬所作的一項「BCPT」試驗，其中包括 13,000 名婦女，被分成若干業組：一個亞組為 1,193 名，有乳腺非典型增生 (AH) 病史；另一亞組為 826 名，有乳腺原位小葉腺癌 (LCIS) 病史。在五年內預計有 5～6% 的人具有發生乳腺癌的風險，但在服用他莫昔芬後，AH 組發病率降低了 88%，LCIS 組降低了 56%。

對於雷洛昔芬 (Raloxifene)，目前正在進行的一項「MORE」試驗，其第一觀察終點為預防脊柱骨折，第二才是乳腺癌和子宮內膜癌。參試的婦女都是骨質疏鬆症患者，而無這兩種癌的病史。該試驗 40 個月的中期結果表明，乳腺癌的發病率降低了 65%，侵襲性乳腺癌的發病率降低了 76%，而雌激素陽性的侵襲性乳腺癌發病率降低了 90%。該項研究人員認為，上述發病率的降低「可能是雷洛昔芬使原先已存在的癌發生了回縮或受到抑制」所致。

（三）抗愛滋病新藥掃描

人類已經進入 21 世紀，回首往事，不難發現，在 20 世紀的傳染病史上，留下了一些讓人膽戰心驚的印記。尤其在 20 世紀 80 年代初披露的愛滋病，給人類帶來了巨大的災難。愛滋病是現代瘟疫，在短短 16 年間，全球竟被它吞噬了 1,200 萬人的生命。到 2000 年 1 月，世界上將有 1,500 萬愛滋病人和 4,000 萬愛

滋病毒攜帶者。如今倖存的 3,340 萬愛滋病病毒感染者，至少有 1/3 是年齡在 15 ~ 24 歲的青少年。

號稱「超級癌症」的愛滋病，傳播快、死亡率高，世界各國的醫藥學家均致力於研究與探索抗愛滋病新藥，一些新藥相繼問世。首先是疊氮脫氧胸苷、二脫氧基苷與二脫氧胞苷，可惜它們的毒副作用較大，又易產生抗藥性，特別是疊氮脫氧胸苷還有骨髓抑制、白血球細胞下降、總淋巴細胞數減少及巨幼紅細胞貧血等反應。繼而有齊多呋啶、拉米呋啶、司坦呋啶、紮面他繽、去羥基苷與尼維拉平、奈韋拉平、地拉韋定等後起之秀，如雨後春筍般地出現。

據報導，全球已有 100 萬以上的嬰兒通過母體感染上愛滋病病毒。泰國已採取在懷孕晚期和分娩時給予齊多呋啶，可使母嬰傳染降低一半，而且費用較低。歐洲一些國家對已被感染愛滋病病毒的母親，在受孕 26 週後每日口服齊多呋啶，繼而分娩時再靜脈注射齊多呋啶，等胎兒出生後，嬰兒也口服齊多呋啶六星期，這樣能便愛滋病病毒傳染的危險性減少 2/3。

長期服用齊多呋啶易使愛滋病毒產生抗藥性，故一般與其他藥物聯用為宜。斯坦呋啶與之相反，可長期單用，也可與其他藥物合用，故常作為治療愛滋病的首選方案。

近年來，愛滋病病毒蛋白酶抑制劑崛起，使愛滋病的療效大為改觀。因為這類藥物能使愛滋病毒的有關酶失去活性，無法合成蛋白，從而阻止其繁殖與傳播，具有戰略意義。如印地他韋、利托那韋與奈非那韋、帕利那韋等。

德國諾海貝衛生環境研究中心的病毒學家威爾那發現了一種以蜂毒攻擊愛滋病毒的新方法。愛滋病毒的化學結構與蜂毒十分相似，於是他想到了利用「以毒攻毒」。實驗顯示：蜂毒可以有效地破壞愛滋病人體內的愛滋病毒促進劑──促進劑是溝通基因轉錄過程的一種物質，一旦被蜂毒破壞，就無法製造攜帶病毒信息的蛋白質，病毒也就無法繁殖擴散了。那威爾還宣稱：蜂毒可減少 70% 的基因轉錄，使病毒的產生減少 90%；而蜂毒的優勢是直接從內部遏制病毒產生。他希望有朝一日能利用蜂毒和其他藥物合力來防治愛滋病。

癌症遲早會被攻克，但這個世紀的第一個十年難以實現這一願望。事實上很難有一種單獨的方法能夠治癒所有的癌症，正如沒有一場戰爭能夠結束所有的戰爭。在本世紀前 25 年，有望出現能治療絕大多數癌症的新藥。

觀念思考題與習題

1. 何謂醫藥化學？為什麼說化學可以幫助人類延年益壽？
2. 藥物按其原料來源和生產工藝，一般可以分為哪幾類？請詳述之。
3. 西藥與中藥有何不同？請詳述之。
4. 為什麼說人體生命活動的基礎是化學反應？
5. 生命元素與疾病是否有密切關係？請簡述之。
6. 人體的多量生命元素有哪些？人體的微量生命元素有哪些？
7. 請簡述人體生命活動中，有哪些微量元素與冠心病密切關係？
8. 請簡述人體生命活動中，有哪些微量元素與心腦血管疾病密切關係？
9. 請簡述人體生命活動中，有哪些微量元素與高血壓病密切關係？
10. 請簡述人體生命活動中，有哪些微量元素與糖尿病密切關係？
11. 請簡述人體生命活動中，有哪些微量元素與牙周病密切關係？
12. 請簡述人體生命活動中，有哪些微量元素與無精症密切關係？
13. 已發現具有延緩衰老作用的中藥均含有較高的微量元素有哪些？請簡述之。
14. 生命元素與癌症是否有密切關係？請簡述之。
15. 癌症發病的原因有哪些？請簡述之。
16. 致癌元素與化合物有哪些？請簡述之。
17. 抗癌元素及化合物有哪些？請簡述之。
18. 環境對癌症的影響有哪些？請簡述之。
19. 請簡述人體生命活動中，有哪些微量元素與肝癌密切關係？
20. 請簡述人體生命活動中，有哪些微量元素與胃癌密切關係？
21. 請簡述人體生命活動中，有哪些微量元素與肺癌密切關係？
22. 請簡述人體生命活動中，有哪些微量元素與食道癌密切關係？
23. 為什麼化學藥物是癌症的剋星？請簡述之。
24. 化學抗癌藥物的分類有哪些？請簡述之。
25. 為什麼抗癌新化合物是稀土元素？請簡述之。
26. 為何抗愛滋症的新藥物要一直的研發下去？請簡述之。

第五章 服飾化學

　　服飾是衣著佩飾的概括稱謂。它包含的範圍非常廣泛，所有人們在生活中間、戴、拿著的東西，都在此範圍內。如：頭巾、頭飾、領巾、服裝、首飾、錶、傘、扇子、鞋、包、眼鏡等。當然，服飾中最主要的還是服裝。服裝與人體的接觸最密切。人從呱呱落地起，細嫩的皮膚就開始接觸紡織品。

　　縱觀東、西方的服飾文化，可見兩者的觀念不同。中國古代強調天人合一的服飾觀念，因此才有大袖翩翩、寬衫袍服的鮮明個性服飾。反觀西洋服飾，他們更注重人的存在價值，服裝上衣強調窄瘦，造型趨向人性化，以突出人體自身形體的美感。

　　人們不論年齡大小、地域之分、季節變換，都與衣服有著密切的關係。隨著科學的發展，服裝被賦予了新的作用。經過一些特殊處理後，服飾可具有某些特殊功能，如：各種保健服、鞋，磁療項鏈，特殊用途的服裝等。

　　所謂智慧型服飾除了有普通服飾的遮體、禦寒與美化作用外，還具有其他防除汗臭、自動變色和傳送資訊等多種功能。早期智慧型服飾的概念出發點非常簡單，就是將所有的隨身攜帶的物品與織物結合，無論是手機、隨身聽、電子記事本、鑰匙、金融卡、相機、攝影機甚至是筆記型電腦等等，所有的通訊、資訊處理的一切，最好都在衣服上。最初的市場則鎖定在喜愛流行與運動休閒的年輕人身上。

　　最近則有科學家將智慧型服飾構思改變服裝顏色及大小，目前的概念為只要按一下觸控式按鈕，衣服就可以隨意加寬或縮小，或是能隨意的變換顏色。甚至於淋濕了的衣物，隨手一按，便能在幾秒鐘內變乾。想想未來，穿在身上的服裝，能紀錄儲存你所經過的所有地方的空氣新鮮度，背景聲音等，當你感到恐慌，苦惱或難過時，它會及時通過微型喇叭給你放上一段合適的音樂，舒緩你的情緒，再將你的所在位置、生理情況資料傳給家庭醫生。

　　穿著電腦的時代即將來臨，從人類發明種植纖維植物、紡紗織布到製作成衣，迄今，服裝不僅是人類賴以遮體禦寒的工具，而且是成為人們打扮裝點自己的「包裝」，使人們獲得裝飾和美化，幫助人們享受高科技成果，電子服裝就是訊息時代的產物。所謂電子服裝，就是使電子技術與服裝業相結合，只要穿上這種服裝，

相應的電子設備就「與服俱備」。例如，有的科學家把個人電腦安裝在袖口上，有的科學家設計出「頭戴式攝影機」與縫貼在衣服上的「布料鍵盤」，其目的是方便攜帶且易於使用。

壹、服飾中的化學

個人服飾的美麗是掌握在自己手中，至於教您如何穿出氣質美、風度美、體態美，這是服飾設計師的責任。不過當你有服飾設計的技術在身，則可享受終身。為了提高成衣及高級服飾水準，尤其是對每一家服飾產品設計公司或服飾製造廠、生產與供應企業，提供相關流行服飾產品資訊，應是責無旁貸。

服飾是一種有形的文化現象，雖然東西方服飾文化觀念不同，但服裝為人服務的宗旨是一脈貫通的，以人為本的服飾理念，在古今中外都是一條永恆的真理。每一個人都想穿豔麗的衣服，尤其各種族都具有其圖騰文化的衣裳。各種燦爛色彩、優美造型的服裝給世界帶來了萬紫千紅、氣象萬千的美麗景色。這是因為今天製作這些服裝的面料是比以往任何時期都來得豐富，它們有的叫絲綢、呢絨、棉布，有的叫「嫘縈」(rayon)、「尼龍」(nylon)、「奧綸」(orlon)，還有的叫「人造棉」、「特多龍」(tetoron)等等。其實構成這些面料的材料，都是一些叫做纖維的物質。

因此，了解有關纖維的知識，可以幫助我們在琳瑯滿目的各式各樣的紡織品面料中，挑選適合自己的服飾面料，把自己打扮得既富有個性又能端裝得體，使自己的生活不僅充滿情趣而且多采。中國大陸學者裘凌滄在《元素與健康研究中的一些方法論問題》一文中，總結了自然實物中化學元素存在與分布的普遍性、不均勻性、變化規律、生物效應、相互聯多姿。一般纖維通常分為天然纖維和化學纖維兩大類：（一）天然纖維──棉花、麻、羊毛以及蠶絲；（二）化學纖維──人造纖維與合成纖維。

化學纖維包括：1.人造纖維──黏膠纖維、醋酸纖維、硝化纖維。2.合成纖維──(1)聚醯胺──尼龍-6、尼龍-66；(2)聚酯──滌綸；(3)聚丙烯腈──奧綸；(4)聚乙烯醇縮甲醛──維尼綸；(5)含氯纖維──氯綸；(6)聚烯烴纖維──丙綸。

一、天然纖維

自然界能夠提供人類衣著的材料，主要是棉花、麻、羊毛以及蠶絲。這些材料是自然界奉獻給人類的禮物，它們可以直接用來織成各種服飾供人使用。在化學纖維出現以前，它們一直是人類得以利用的主要禦寒、打扮的服飾材料。在崇尚「綠色產品」的今天，棉花、麻、羊毛以及蠶絲等天然纖維更有特殊的意義。按天然纖維的組成和結構，它被分為植物纖維（棉花、麻）和動物纖維（羊毛、蠶絲等）兩種。

（一）植物纖維──棉和麻

棉和麻是植物性纖維，主要成分為纖維素。從有關食物的內容得知，纖維素是自然界中分布最廣的多醣，它的基本結構是葡萄糖。纖維素分子有極長的鏈狀結構，屬線性高分子化合物，其分子式 $(C_6H_{10}O_5)_n$，n 的數值為幾百至幾千甚至一萬以上。

纖維素分子的長鏈能依靠數目眾多的氫鍵結合起來而形成纖維素。幾個纖維素絞在一起形成繩束狀結構，再定向排布就形成肉眼可見的纖維。因而，同樣是葡萄糖構成的纖維素，比起澱粉來，它有高得多的強度，可以支撐植物。

（二）動物纖維──絲和毛

蠶絲和羊毛都屬於動物性纖維，它們的主要成分是蛋白質，通常稱為蛋白質纖維，在羊毛蛋白質中還含有硫元素，而蠶絲中沒有硫。凡是由蛋白質構成的纖維，彈性都比較好，織物不易產生折皺，它們不怕酸的侵蝕，但鹼對它們的腐蝕性很大。

1. 蠶絲

蠶絲的纖維細長，由蠶分泌液汁在空氣中固化而成，通常一個蠶繭即由一根絲纏繞，長達 1,000～1,500 公尺，蠶絲是排列得很整齊的圓形纖維，它有美麗而明亮的絲光，質地輕薄柔軟，絲綢比棉堅韌耐用，彈性比棉布好，吸濕性、透氣性均佳，是高級的衣料。蠶絲的主要成分是絲素和絲膠，通常所說的蠶絲蛋白質就指的是絲素和絲膠，蠶絲中除絲素、絲膠外，還含有少量的碳水化合物、蠟、色素和無機物。

蠶絲蛋白質為角蛋白，不能被消化酵素作用，故無營養價值。蠶絲蛋白如經

酸催化水解，可以製取混合胺基酸，再經分離，可得胺基酸。通常利用下腳絲製取胺基酸和多肽，用於化妝品的絲素肽、絲胺酸就是蠶絲水解的產品。絲素肽溶於水，可被皮膚作為營養成分吸收，它能抑制皮膚中酪胺酸酶的活化性，從而控制皮膚中黑色素的形成，使皮膚保持潔白。

2. 羊毛

構成羊毛蛋白質的成分和人的頭髮、指甲中的蛋白質是相同的，它由兩種組織構成，一種是含硫元素多的蛋白質，叫做細胞間質蛋白；另一種是含硫元素少的蛋白質，叫做纖維蛋白，後者在羊毛纖維中是排列成一條一條的，而前者則像竹梯子的橫檔那樣，把一條條的纖維蛋白連接起來，形成一個巨大的皮質細胞，它就是羊毛纖維的骨幹和主體。

羊毛纖維表面的皮質細胞是鱗片狀的，它很像魚身上的鱗片，覆蓋在內層的皮質細胞的外面。雖然它很小、又很薄，卻起著保護內層細胞的作用。在鱗片的外面，還有膠和結實的角膜層，使羊毛耐磨、光滑、保暖。羊毛密度小、彈性好、耐磨。羊毛衣料有適度的透氣性和吸濕性，羊毛纖維的熱塑性能比較好，毛料服裝經過熨燙以後，可以長時間地保持挺直。

絲和毛耐鹼性差，洗滌時須用鹼性小的專用洗滌劑，絲和毛是蛋白質纖維，易被蟲蛀，保存這類衣物需用樟腦防蟲蛀。

二、人造纖維

自然界中除了棉、麻適宜作織物的植物纖維外，還存在大量天然的、不宜作織物的纖維物質，它們就是我們熟知的木材、棉絨、植物葉桿、竹子、蘆葦、甘蔗渣等等富含纖維素的物質。這些物質經過有目的的化學處理，能變為可紡織的長纖維──纖維。由於人造纖維的出現，使得人類可以擺脫單獨依靠天然纖維作織物的境地，大大改善和豐富了人們的衣著材料的供給。可以說是合成纖維出現前人類改造自然的一大傑作。按在加工中採用的化學處理方法的特點，人造纖維可分為黏膠纖維、醋酸纖維和硝化纖維。

（一）黏膠纖維

黏膠纖維是主要的人造纖維，它的製作工藝如下：

1. 首先將木材、竹子、蘆葦、棉桿、甘蔗渣等富含纖維素的物質製成純淨的纖維素漿粕，再用燒鹼處理，使之成為鹼纖維素：

$$[C_6H_9O_4OH]_n + n\,NaOH \rightarrow n\,H_2O + [C_6H_9O_4ONa]_n\,(鹼纖維素)$$

2. 鹼纖維素與二硫化碳發生反應，生成纖維素黃原酸鹽：

$$[C_6H_9O_4ONa]_n + n\,CS_2 \rightarrow [C_6H_9O_4-O-C(S)-SNa]_n\,(纖維素黃原酸鈉鹽)$$

3. 纖維素黃原酸鈉鹽加少量水，就得一黏稠的溶液，因此這個方法又叫黏液法。將這種黏液用壓力通過細孔噴絲頭，再通入稀硫酸內，黃原酸鹽被分解，變成細長絲狀的纖維素：

$$[C_6H_9O_4-O-C(S)-SNa]_n + n\,H_2SO_4 \rightarrow (C_6H_{10}O_5)_n\,(纖維素) + n\,CS_2 + n\,NaHSO_4$$

最後通過拉伸、精練、水洗、上油等處理，就成為黏膠長絲或切斷成為黏膠短纖維。

黏膠纖維和棉花纖維的化學組成一致，可以按照人們的需要加工成棉型短纖維（人造棉）、毛型短纖維（人造毛）和長絲纖維（人造絲）。

1. 人造棉

如果黏膠纖維長絲按照棉纖維的長度切短後製成紡織品，它的長度和粗細都接近棉纖維，這種產品稱為「人造棉」。它的特點是柔軟、細潔、吸濕性和透氣性好，穿著舒適，適於製作內衣。此外人造棉染色性好，所以花色品種齊全，色彩十分鮮艷。

人造棉的主要弱點是強度比棉布差，棉纖維是空心的，有比較強的韌性，黏膠纖維則是實心的棒狀纖維，它比較硬而脆，缺乏韌性，容易折斷。

人造棉浸濕以後，強度會大大地下降，一般比平時的強度要下降50%左右，新的人造棉布下水後，縮水率可以高達10%，而且下水後變硬，很不好洗。這些缺點都和黏膠纖維內部的結構有關。黏膠纖維在製造過程中經多次化學處理，分子排列鬆散、零亂，分子間空隙較大；浸到水中後，水分子大量地鑽入纖維的空

隙中，使纖維膨脹，變粗一倍左右，於是人造棉就會發脹、變厚、摸起來很硬，非但不好洗，而且強度下降，纖維易受損傷。如果將濕的人造棉晾乾，則會發生收縮，而且恢復原狀的能力很差，這就是人造棉縮水大的原因。為了克服人造棉的這些缺點，近年來在棉布整理技術上作了改進，用合成樹脂等處理人造棉，製成所謂的富強纖維，以增強彈性，降低縮水性。此外常採用黏膠纖維與棉及合成纖維混紡，從而改善其性能。

2. 人造毛和人造絲

人造毛是將黏膠纖維長絲切短成羊毛的長度而製成的，是一種毛型短纖維，性能比羊毛要差得多，可以製成混紡織品，如毛／黏華達呢等。

黏膠長絲可以紡成人造絲，外觀很像蠶絲，具有輕盈滑爽、柔軟精緻的特點。它可以製成有光的絲綢和無光的絲織品，如美麗綢、喬其紗等。人造絲光滑柔軟，適於做毛料服裝和棉襖裡子，也可以製做窗簾、床罩、被面等美觀大方的日用品，深受人們喜愛的棉線被面就是用人造絲和棉絲交織而成的。

（二）醋酸纖維

將棉絨漿和醋酸調配成原液，然後從噴絲頭噴出絲來，在空氣中凝固，成為醋酸人造絲或短纖維。

醋酸纖維的長絲織品也屬人造絲綢一類，織品的特點是輕盈柔軟，色彩鮮艷，手感彈性好，尺寸穩定性較好；但強度較差，不如黏膠絲織品結實耐穿。為了改善這類織品的性能，大都以醋酸絲和其他纖維交織，如經向用有光的人造絲、緯向用有光醋酸長絲交織的雙包被面等。

（三）硝化纖維

纖維素用濃硝酸和濃硫酸的混合液處理後，就會得到硝酸纖維素酯。俗稱硝化纖維。根據硝化程度的高低，又分為無煙火藥、火棉膠（封裝瓶口用）和賽璐珞製品（如乒乓球，照相底片基底等）的原料。

另外醋酸纖維素比硝化纖維素有較大的優點，對光穩定、不燃燒，故在製造膠片、噴漆以及各種塑製品方面逐漸代替了硝化纖維素。

三、合成纖維——人類的奇跡

人造纖維的出現，顯示了人類認識自然、改造自然的偉大力量。但是，人造

纖維還存在不少缺點，它的原料和棉、麻一樣仍然受到動、植物資源的限制，它的性能和用途也不能滿足科學技術和人民生活日益發展的要求。隨著化學工業的發展，人們一直想從一些最簡單、同時也是最豐富易得的物質，如空氣、煤、石油等作為起始原料，製取品種既多、性能又好的纖維──合成纖維。人們為此作了極大的努力，並取得了巨大的成功，同時還誕生了一門新型學科，叫做高分子合成化學。

合成纖維的出現不是偶然的。公元 1664 年英國學者胡克首先提出：「人工合成類似桑蠶作繭的膠體物質應該是可能的。」實現這一預言用了整整兩個世紀。1855 年瑞士化學家奧德馬斯從硝酸纖維素的酒精、乙酸混合溶液中抽出了第一根人造絲。1889 年，法國人夏爾多內在巴黎博覽會上，展示出了世界第一台人造纖維紡絲機和第一批用人造絲織成的布。人類進入了人造纖維的時代。1920 年，德國的施陶丁格爾教授成功地剖析了天然纖維的結構，並指出：在一定條件下，小分子可以聚合成纖維。他的工作為合成纖維時代的到來奠定了基礎，為此獲得 1953 年諾貝爾化學獎。20 世紀 30 年代後，各種新的化學纖維 (包括人造纖維與合成纖維) 先後試製成功，並實現了工業化，使人類的服裝發生了一場大革命。

第一個研究成功的合成纖維是氯綸 (1913 年)。但是真正投入大規模工業生產的第一個合成纖維品種則是錦綸 (1939 年)。此後相繼投入工業生產的是維綸、腈綸 (1950 年)、滌綸 (1953 年)、丙綸 (1957 年) 等。

（一）錦綸

錦綸常稱尼龍 (Nylon)、卡普隆，又稱耐綸。常見的有下列幾種：尼龍-6（聚己內醯胺）；尼龍-11（聚十一酸胺）；尼龍-66（聚己二酸己二胺）；尼龍-410（聚癸二醯丁二胺）。尼龍-66 是應用最為廣泛的。它由己二酸和己二胺縮聚製成。在縮聚前先製成己二酸己二胺鹽，即尼龍-66 鹽。

$$HOOC-(CH_2)_4-COOH+H_2N-(CH_2)_6-NH_2 \rightarrow$$
$$^-OOC-(CH_2)_4-COO^-+H_3N^+-(CH_2)_6-NH_3^+$$

然後尼龍-66 鹽在 200～250℃、氮氣中進行縮聚：

$$n\ ^-OOC-(CH_2)_4-COO^-+n\ H_3N^+-(CH_2)_6-NH_3^+ \rightarrow$$
$$HO-[CO-(CH_2)_4-CO-NH-(CH_2)_6-NH]_n-H+(n-1)H_2O$$

得到的產物中有 –CO–NH– 基團，這是醯胺結構，所以尼龍-66 是一種聚醯胺纖維。

尼龍-66 具有耐磨、耐鹼、抗有機溶劑等優點。特別它的耐磨性比棉花高 10 倍，比羊毛高 10 倍，在各種纖維中首屈一指。因此，我們常用它來織襪子、做箱包的面料。做衣料時，除少數場合，如刮風衣、茄克衫用 100% 尼龍外，多數是與其他纖維混紡，以增加其他纖維的強度。常見的有錦綸嘩嘰、錦綸華達呢、錦綸凡立丁。含尼龍 80% 的錦綸被面具有強度好、質量輕、防縮、防皺、不易燃燒等優點。

（二）滌綸

滌綸 (terylene) 常稱為聚酯 (polyester) 或的確良。它是合成纖維中應用最廣的一種，約占合成纖維總產量的 40%。它的學名為聚對苯二甲酸乙二酯。它是由對苯二甲酸和乙二醇縮聚而成的。

$$n\ CH_3OOC-(C_6H_4)-COOCH_3 + n\ HO-(CH_2)_2-OH \rightarrow$$
$$\mathbf{+}OCO-(C_6H_4)-CO-O-(CH_2)_2\mathbf{+}_n + 2n\ CH_3OH$$

滌綸單體對苯二甲酸二甲酯可由石油經甲苯或二甲苯製取；乙二醇可以由石油乙烯經環氧乙烷製取。

滌綸的彈性模數及回彈率很高，因此特別挺括耐皺、保塑性好。它的熱穩定性也很強，在 150°C 以下加熱 1,000 小時，仍可保持它原強度的 50%；而大多數纖維不到 400 小時就被完全破壞了。它的耐酸性在化纖中占第二位。耐磨性僅次於錦綸，比棉花、羊毛高 4-5 倍。強度比羊毛高 3 倍，比棉花高 1 倍以上。具有防縮、防皺、耐穿三大優點。棉的確良 (T／C 混合衣料) 是 35～50% 的滌綸與 65～50% 的棉花混紡的織物，質輕、板整、易乾。主要品種有混紡細布、府綢、卡其、華達呢等。

毛的確良是滌綸與羊毛的混紡織物或滌綸與人造毛的混紡織物。前者常見的是滌／毛涼爽呢 (滌綸含量大於羊毛) 和毛／滌涼爽呢 (滌綸、羊毛各占 50%)，後者常見的是滌／黏花呢。這類織物多為高檔衣料，挺括、手感柔軟、質輕、瀝水快、易於洗滌，且洗後不必熨燙。但是已經燙成的裙子不易燙平。絲的確良是

用滌綸長絲織成的各種仿絲綢織物。彈力滌綸是用純滌綸絲織造，品種有彈力呢、彈力嘩嘰、針織彈力呢等。這些織物手感厚實，顏色變化多，適合做春秋外套。此外滌綸還可與黏纖、羊毛或與腈綸、黏纖等織成「三合一」混紡花呢。

（三）維尼綸

維尼綸 (vinylon) 學名為聚乙烯醇縮甲醛纖維 (PVFM)。它的基本原料是醋酸乙烯酯，聚合後，水解得到聚乙烯醇 (PVA)。

$$\text{-[CH}_2-\text{CH(OCOCH}_3)\text{]}_n \rightarrow \text{-[CH}_2-\text{CH(OH)]}_n + n\text{CH}_3\text{COOH}$$
　　　　聚醋酸乙烯酯　　　　　　　聚乙烯醇

通常將聚乙烯醇溶於熱水並在硫酸鈉溶液中凝固紡絲，然後與甲醛縮合提高結晶度、耐水性和機械性能。

$$\text{-[CH}_2-\text{CH(OH)]}_n + n\,\text{HCHO} \rightarrow \text{-[CH}_2-\text{C(CH}_2\text{OH)(OH)]}_n$$

從維尼綸的結構式中可以看到，它有許多與水 (H_2O) 的結構 (H–OH) 相似的羥基 (–OH)，因此它的吸水性非常好，是合成纖維中吸水性最高的一種，不像尼龍內衣確實穿起來會感到悶熱，所以人們常用它做內衣和床上用品，以便吸收人體散發的水分。由於維尼綸價格低廉，許多人用它做襯裡和口袋布。

但是維尼綸彈性差、抗變形能力差，因此難與彈性好的羊毛混紡。它的織物不如其他化纖挺直。另外，它還有不易染色的缺點，耐熱性也不理想，在濕熱狀態下會發生收縮。

市售的維尼綸產品有維棉平布 (含棉 67% 或 50%)、維棉華達呢 (含棉 50-67%) 和維／黏東風呢 (黏纖 60%)、維／黏平紋呢 (黏纖 30%)、維／黏凡立丁 (黏纖 50%)，此外還有維綸純紡紗或混紡編織的針織內衣和運動服。

（四）人造羊毛──腈綸

腈綸即聚丙烯晴 (PAN)。其短腈纖維類似羊毛，俗稱「人造羊毛」，又稱壓克力纖維。由丙烯腈聚合而成：

$$n\ CH_2=CHCN \rightarrow \text{\textendash}(CH_2-CHCN)_n\text{\textendash}$$

其特點是絕熱性能優良，耐日曬、雨淋的能力最強。蓬鬆性好，有毛型感。但耐磨性較差，吸水性能也不好。

混紡的腈綸製品有兩大類：一是腈綸與羊毛混紡織品，其比例為各 50%。織成嗶嘰華達呢、凡立丁、派力司、啥咪呢等品種。二是腈綸與黏纖混紡織品，品種有各占 50% 的精紡花呢、哈咪呢以及腈綸占 70% 的混紡凡立丁。這些衣料輕盈柔軟、色彩和諧。但由於腈綸的彈性不及滌綸，所以製成的服裝不及後者平整，易折皺。

（五）丙綸

丙綸即聚丙烯纖維 (PP)，由丙烯聚合而成：

$$n\ CH_2=CHCH_3 \rightarrow \text{\textendash}(CH_2-CHCH_3)_n\text{\textendash}$$

其特點是比重小，它是化學纖維中最輕的一種，可以浮在水上，因此穿著和使用都比較輕便。丙綸耐酸、耐鹼、彈性較好，有優良的電絕緣性和機械性能。但吸濕性、耐光性差些，染色較困難。丙綸織物在穿著時易起毛球，有了毛球一定不要人為地去拔掉，否則會越拔越多。由於丙綸纖維耐光耐熱性低於維尼綸，因此不宜在烈日下曝曬，洗淨後最好在陰涼通風處陰乾。洗滌時也不能用開水浸泡，一般不宜熨燙，即使熨燙，溫度不能超過 100°C。鑑於丙綸的特點，多用來製作特殊工種的工作服面料。

（六）氯綸

學名為聚氯乙烯纖維 (PVC)。以氯乙烯為原料聚合成聚氯乙烯：

$$n\ CH_2=CHCl \rightarrow \text{\textendash}(CH_2-CHCl)_n\text{\textendash}$$

然後將聚合物溶於丙酮和苯的混合溶劑或純丙酮溶劑，再紡絲成形。其特性是抗化學藥劑，耐腐蝕、抗焰、耐光、絕熱、隔音，並有極強的超負靜電作用，但耐熱性較差。所以作為服裝面料主要用於兩個特定方面：一是利用其抗焰性製工作服；二是利用其超負靜電作用製治療風濕性關節炎的藥用內衣。

四、特種化學處理織物

為了滿足人們對服裝越來越高的要求，使服裝不但美觀新穎，同時還穿著舒適，並具有一些特殊的功能，專家們正在以下幾個方面努力。

（一）抗紫外線滌綸

抗紫外線滌綸（聚酯）是新型功能性紡織纖維原料，它具有普通滌綸優異的物理、機械性能，強度高、彈性好、抗級性和尺寸穩定性強，化學穩定性、耐氣候性、耐熱性優良，同時又具有遮蔽紫外線的特殊功能，它是將具有遮蔽紫外線功能的無機陶瓷微粒添加到聚酯熔體中，經紡絲加工製成的。將這種抗紫外線滌綸經紡織印染、整理加工的紡織品具有很強的紫外線遮蔽率，與以往在聚酯熔體中添加有機抗紫外線防老化劑或將紡織品塗敷整理後賦予遮蔽紫外線功能的方法不同。其紡紗、織造、印染整理加工性能優異，且具有日常穿著的耐久性，不受氣候、日照、洗滌的影響。

無論採用抗紫外線滌綸短纖維與棉纖維的混紡紗，還是與普通滌綸長絲（低彈絲、牽伸絲）交織生產的紡織面料，其平均全紫外線 (UVT) 遮蔽率均達到 94% 以上。這是由於太陽光照射以後，當光量子能量達到可以使抗紫外滌綸含有的功能性抗紫外無機陶瓷微粒中陰離子的價電子激發到的能量導帶時（相當於紫外線吸收光譜的能級），就可以吸收紫外線。另外，該滌綸對紫外線、可見光及紅外線還有一定的分散和反射作用，強化了其對紫外線的遮蔽作用。

國際上自二十世紀 90 年代初興起抗紫外線紡織品以來，其產品已涉及許多應用領域，特別是近年來世界範圍內受到厄爾尼諾 (El Nino) 現象的影響，夏季異常高溫天氣持續延長，使得人們特別推崇抗紫外線防護用紡織品。中國大陸天津石油化工公司研究所開發的幾種紡織面料，經中國計量研究院測試結果表明：在 200～380 nm（全紫外線），其平均遮蔽率達 94～98%。

（二）人造氣候服裝

這種服裝由四層材料構成：第一層是貼身層，由合成纖維襯衣構成；第二層是由純棉布網格織物構成；第三層由能通風的保溫材料構成；第四層由擋風材料構成。因為人穿服裝的舒適感表現在潤濕、暖和、柔軟、質輕、厚實、清爽和合身諸方面，其中最重要的是潤濕和暖和。人造氣候服裝可保持衣服內的溫度始終在 30～33℃ 之間，相對濕度 50% 左右。因此，大大地給人們帶來舒適感。

（三）仿皮革面料

人們成功地製得了人造毛——腈綸，進一步發展了人造裘皮。接著在仿生工程的啟發下，進行了仿鹿皮的探索。其關鍵在於要用超細纖維作表面的茸絨。現在已經成功地製得了經有機矽處理的防雨仿鹿皮、超細腈綸起絨的柔密仿鹿皮、滌綸和胺綸交織的彈力仿鹿皮。

（四）特種面料

光敏液晶布料：會隨溫度的升降敏感地改變顏色，由它做成的夾克衫隨著室內人數的增減由粉紅變灰色，十分有趣。超耐熱、耐燃聚苯纖維面料：能耐高溫、耐火焰，主要用作交通、空運、消防的防護服。緊身減肥面料：由兩種特殊的中空纖維合製而成，能強力吸收人體細胞中滲出的水分，有減肥效果。安全夜光面料：在普通化學纖維生產中加入發光物質，在夜間、黎明、大霧、大雨的情況下能自動發光，使之便於識別，減少事故。

貳、服飾品的概述與分類

俗話說得好，「人靠衣服、馬靠鞍」。一個人的衣著是很重要的，它不僅起到遮護身體、擋風禦寒等最基本的作用，同時還可美化生活，兼而反映出個人的修養和氣質。這就是服裝所具有的兩個功能：自然功能和社會功能。我們日常穿著的服裝主要發揮這兩種功能。

一、服裝的概述和分類

通常我們將服裝按照不同標準進行大致分類。根據穿著者的年齡，服裝可分為童裝和成人裝；根據穿著者的性別，服裝可分為男裝和女裝；根據用途，服裝可分為休閒裝、職業裝、運動裝等；根據季節，服裝又可分為春、夏、秋、冬四季服裝；另外還有特殊場合穿著的服裝(如婚禮服)、特殊人群穿著的服裝(如民族服裝)等。隨著科學的發展，技術的進步，以及生活水平的不斷提高，人們對服裝的要求已不再僅僅侷限於滿足以上基本作用了。

（一）根據服裝功能需要分類

1. 保護服裝

是根據大自然的啟示而設計的服裝。如根據螢火蟲的啟示，為保障登山、探險、野外考察人員在夜間或黑暗環境中的安全面研製的發光服；穿著後衣服的顏色可隨著環境變化而變色的變色服，可以對士兵起隱蔽、偽裝和保護的作用；由特殊纖維製成的，可隨氣溫變化而自動調溫的調溫服；帶有制冷監控裝置，可將人體散發的熱量吸附到熱交換器中，起到保溫和防毒雙重作用的防毒服；在衣服的表面覆蓋一層藥膜的防蚊服，可在很短的時間內殺死接觸藥膜的蚊蠅；這種服裝適合於在野外環境中工作的人員。此外還有排除異味的防臭衣、不怕火燒可漂在水中的防水火衣、阻擋紫外線的防紫外線服、隨溫度變化而變換顏色的幻影衣等。從事特殊作業的人員也有自己特殊的保護服裝。潛水員穿的潛水服；消防人員、爐前工的耐高溫工作服；飛行員和宇航員穿的特製的飛行服和宇航服等，都為從事特殊職業的人員提供了特殊保護。

2. 保健服裝

根據對疾病的預防和治療設計的服裝。例如：心律調整背心是一種特為心臟病患者而設計的背心。可在心臟病患者發病時增加心臟重新起跳的可能性。急救衫是由微電腦控制的具有急救功能的貼身衫，它操作方便，只要用手一按，開動操縱器，急救衫就會開始工作，為搶救贏得時間。保健服是在衣料中加入經過處理的中草藥、植物香料與茶葉，起到吸汗與治病的保健作用。加入的中草藥不同，治療的疾病也不同。磁療服是在衣服的不同部位附上磁鐵，從而對人體響應的部位不斷進行磁療，起到治療作用。此外，防輻射襯衫、遠紅外保健服、可控制 pH 的保健服等都有自己的特殊功能，發揮著不同的保健作用。

3. 運動服裝

根據各項運動不同的特點並選用不同的材料設計的服裝。它可以提高運動速度、運動技能、防護性能等。如有游泳服、登山服、田徑運動服、體操服、球類運動服等。

4. 具有特殊功能的服裝

通過對衣料進行特殊處理後製作的服裝。它可使服裝具有某些特殊功能，如抗皺、防雨、防蛀、保暖、芳香等。

5. 生態服裝和環保服裝

　　生態服裝日益受到人們的重視。它所使用的原材料來自於不用農藥的棉花（或有色棉花），而且在生產過程中不添加任何化學原料。環保服裝則是利用回收的廢棄物，經過再加工製成服裝面料以及鞋帽。前者由於全部使用天然材料，因而對人體無害；後者則在提供精美服裝的同時，減少了環境污染，增強了人們的環保意識。

（二）根據服裝的基本形態分類

1. 體形

　　是符合人體形狀、結構的服裝，起源於寒帶地區。這類服裝的一般穿著形式分為上裝與下裝兩部分。上裝與人體胸圍、項頸、手臂的形態相適應；下裝則符合於腰、臀、腿的形狀，以褲型、裙型為主。裁剪、縫製較為嚴謹，注重服裝的輪廓造型和主體效果。如西服類多為體形型。

2. 樣式

　　是以寬鬆、舒展、新穎的服裝，起源於熱帶地區的一種服裝樣式。這種服裝不拘泥於人體的形態，較為自由隨意，裁剪與縫製工藝以簡單的平面效果為主。

3. 混合

　　是寒帶的體形型、樣式綜合，兼有兩者的特點，剪裁採用簡單的平面結構，但以人體為中心，基本的形態為長方形，如中國旗袍、日本和服等。

（三）智慧型服飾研究概況

　　德國一家研究所的工業家和科學家多年來夢想著用電子產品製成服裝，也就是生產一種能夠進行通信和能夠自身產生能量的智能服裝。這種電子產品應該像是一種紡織品。當用它製成的服裝穿在身上時，不會對人有任何妨礙，同時還可以洗燙。

　　2000年11月德國法蘭克福所舉辦第一屆高科技服飾研討會，德國、芬蘭、比利時、瑞士、英國推出智慧型或高功能性服飾。同一展覽中以流行顏色趨勢和設計為主導的法國及義大利，相形遜色。德國、芬蘭、比利時、瑞士、英國一方面由於所處地區有較強烈的需求，一方面具有較優勢的周邊電子電機、通訊、電

腦軟體工業相互支援結合，藉由高科技服飾研討會的造勢，將處於不景氣傳統紡織工業注入一股新活力和生命力。

荷蘭電子鉅子飛利浦公司以及美國著名服裝製造商利維‧斯特勞斯公司先前達成協議：共同研製一種內置電子裝置的夾克。這兩家公司的共識是，在掌上型電腦、移動電話和方便攜帶式 MP3 播放器盛行的時代，塞滿這些電子裝置的傳統衣袋已經不堪重負。它們推出的售價 9,000 美元的 ICD 牌防水戶外夾克裝備了 MP3 播放器、移動電話、頭戴式耳機和小型遙控裝置。這款夾克已經在 2000 年 9 月在巴黎、倫敦、米蘭等城市的利維高檔時裝店銷售。

ICD 牌夾克配備有一個所謂的個人區域網路(即 PAN)，這是一個被織進夾克衫的電子線路(可以用作各種裝置的基礎)，就像連接辦公室計算機的區域網一樣。衣服中的個人區域網路也有數據傳輸和信號控制功能。個人區域網中可以接入幾個裝置，它們可以透過一個配有小型顯示器的遙控設備進行集中控制。這個顯示器可以讓用戶看到打入的每一個電話或者 MP3 播放器上播送的歌曲名字。雙方的下一步計畫是：利維‧斯特勞斯公司希望能夠推出更先進的產品，夾克衫將由新型傳導光纖製成，這種傳導光纖不用金屬絲就能傳輸信號，而控制功能則利用紅外線技術實現。飛利浦公司負責技術開發的賽門‧納特先生認為，監測運動員心律的電子運動胸罩很有潛力。

在 2002 年的時候美國和英國市場推出一種專為女性設計的「防色狼」夾克，這種夾克可以讓那些企圖襲擊女性的壞人遭受到 8 萬伏特電壓的懲罰。美國 MIT 大學的專家們開發了這種電池供電的夾克，夾克的袖子裡暗藏一個機發電力的按鈕，散發的電力可以讓襲擊者躲開並失去方向感，但夾克穿著者會受到一層橡膠襯裡的保護。高級研究服裝公司負責生產這種「防色狼」夾克，上市出售的只有小尺寸夾克，以防男性利用這種服裝襲擊他人，初期定價為每件 900 美元。

2002 年 12 月在柏林大眾電子博覽會上展出一種為騎單車者設計的上衣，表面上看起來沒有什麼異常之處，但衣內卻隱藏著便攜式加熱器，以及通信和確認系統，裡面裝有集成微型電子元件，而服裝的衣袖裡則附有鍵盤和微型螢幕，可接收手機消息。當騎車人遠離單車時，他所穿的這種衣服可使單車自動鎖上。從表面上看，整個系統完全是無線的，一些導體隱藏在點綴上衣的反射邊裡，一些十分精細的纖維被直接織進紡織纖維中。服裝的電子裝置所需的能源則來自衣服墊肩上的太陽能電池。大多數配件是一些被動組件，不需要能源就能夠運轉。

二、飾品的概述和分類

「愛美之心，人人皆有」。無論環境，不分性別，只要條件容許，人們都要對自己加以修飾。隨著人們生活水平不斷提高，豐富的物質為滿足人們對美的追求提供了保證，人們已十分重視服裝與飾物的協調，會根據自己的年齡、季節、出席的場所決定穿著的服裝及佩戴的飾物，而且飾物也隨著時裝流行趨勢的變化而變化。使許多造型優美、質料高檔的飾物都出現在人們的服裝上。這也反映出人們的審美心理和要求隨著時代的進步而發生了變化。

飾品包括的範圍很廣，除首飾外，所有用於裝飾性的物品，像圍巾、領帶、手錶、眼鏡、傘、包、手帕等，均屬飾品的範疇。首飾根據原料可分為珠寶玉石首飾和金屬首飾；鞋（避雷鞋、防臭鞋、磁療鞋等）、襪（營養襪褲、按摩健康襪、涼爽襪等）、帽（防噪音帽、按摩帽、電扇帽等）、手套（保溫手套、防熱手套、放電手套、按摩手套等）在經過特殊處理後，都可具有特殊功能。

飾品主要有三個作用：(1) 功能性作用，比如圍巾、帽子、手套等可以禦寒，眼鏡用來矯正視力，手錶告訴我們時間等；(2) 裝飾作用，飾品可以遮掩某些缺陷，起到美化的作用，如帽子、假髮等；(3) 保健作用，有的飾品經過處理後，可以發揮保健作用，最常見的有磁療項鏈、除汗鞋墊等。據報導一些歐美國家在研製具有保健作用的飾品方面做了很多工作。如加拿大研製出的體溫戒指，既小巧不易打碎，又便於及時測體溫；美國研製的磁性耳環，既能避免穿耳孔易引發感染的問題，又對患有一般貧血的婦女有益；英國研製的催眠眼鏡，平時護目，睡時擋光，並發出催眠信號催人入睡，同時還有助於對神經系統疾病的治療。此外還有裝有個人病歷的病歷項鏈等。

三、服飾品的原料和作用

（一）服裝原料

服裝原料具體來說就是纖維。眾多種類的纖維其性質各不相同，有的纖維吸濕性能很低，就是俗話說的不吸汗，做成的服裝穿上後感覺悶熱，易帶靜電、易骯髒；有的纖維彈性好，做成的服裝穿上後不易起皺。服裝用纖維應當具有一定的強度和細度，滿足加工工業方面的要求。儘管纖維種類很多，但基本可分為兩大類：天然纖維和化學纖維。

天然纖維有植物纖維、動物纖維和礦物纖維。棉、絲、毛等都是天然纖維。

天然纖維具有良好的吸濕性，手感好，穿著舒適，但下水後會產生收縮現象，易起皺。經陽光的作用，質地會變脆，顏色發黃，強力下降，減少使用壽命。

化學纖維是利用天然高分子物質或簡單的化學物質，經過一系列化學加工，使之成為可以使用的纖維。如我們常見的人造棉、人造絲、滌綸、錦綸、丙綸等。化學纖維又分為人造纖維和合成纖維。人造纖維吸水性大、染色好、手感柔軟，但易起皺，易變形，不耐磨。合成纖維強度高，耐磨，但吸水性小。

（二）首飾原料

首飾根據原料可分為珠寶玉石首飾和金屬首飾。

珠寶玉石首飾按成因和組成分為：金剛石、剛玉類寶石、石英類寶石、金綠寶石(貓眼)、綠柱石(祖母綠)、翡翠、玉石、珍珠、瑪瑙等。

金屬首飾根據原料可分為貴金屬首飾，有金、銀、鉑等；仿金首飾，原料有亞金、德銀。亞金的主要成分是銅；德銀也是銅基合金材料，內含鎳。其他可製作首飾的原料還有塑料、玻璃、骨、木、象牙等。飾品所用原料主要有紡織品、金屬和皮革。金屬用來製作手錶、眼鏡等物；皮革用來製作錶帶、皮靴等。

四、服裝中的有害物質

（一）服裝中的有害物質

人們為了使服裝挺直，不起皺，或防霉防蛀，通常在紡織品的生產過程中添加各種化學品，使其滿足人們的需要。在服裝的存放、乾洗時，也會使用一些化學物品。如不加注意，這些化學品就可能會對人體產生危害。

1. 纖維整理劑

多為甲醛的羧甲基化合物。常用的有尿素甲醛(UF)、三聚氰胺甲醛(MF)、二羥甲基乙烯脲(DMEF)等。其他還有乙烯類聚合物或共聚物、丙烯酸酯、脂肪酸衍生物、纖維素衍生物、聚胺酯以及澱粉類等。纖維經過整理後可起到防縮抗皺的作用，克服彈性差、易變形、易折皺等缺點。製成的服裝挺直、漂亮。然而，由於上述整理劑多為甲醛的羧甲基化合物，整理過的紡織品在倉庫儲存、商店陳列，甚至再次加工和穿著過程中受溫熱作用，會不同程度地釋放甲醛。甲醛是一種中等毒性的化學物質，對人眼、皮膚、鼻黏膜有刺激作用，嚴重者可引發癌症。

可誘發突變，對生殖也有影響，已被定為可疑致癌物。由於甲醛對人體健康有害，因此許多國家對此非常重視，明確限定了甲醛的使用量。國內外都在致力於研究無甲醛的纖維整理技術。

2. 防火阻燃劑

其目的是使纖維變為難燃纖維，起到防火的作用。主要是含磷、氯（溴）、氟、銻等元素的化合物。防火阻燃劑又分暫時性和耐久性兩種。暫時性防火劑被纖維吸附，經不起洗滌，易脫落。代表性物質有磷酸銨、多磷酸胺基甲酸酯和硼砂。耐久性防火劑可經數十次乃至上百次的洗滌。這類物質多為有機磷酸酯類等有機膦化合物。這類物質或與纖維起反應，或嵌入纖維以達到防火阻燃的作用，因而較耐久。我國一般使用硼砂類阻燃劑，含磷阻燃劑及四羥甲基氧化磷。在以上這些阻燃劑裡，已發現有幾種物質毒性較大，已被某些國家明令加以限制使用。如：APO，TDBPP，Tris-BP，BOBPP 等。動物實驗證明 APO 經口、經皮膚毒性都很強，對造血系統有特異性毒作用，類似射線效應。TDBPP 為動物致癌物。Tris-BP 對腎、睪丸、胃、肝等器官，特別是生殖系統部有一定的毒性，並有致突和致癌作用。BOBPP 中某些化合物有致突性和致癌性。美國、日本等國已在某類產品（嬰兒服裝及用品）中或全部服裝產品中禁止使用以上物質。

3. 防霉防菌劑

在適宜的基質、水分、溫度、濕度、氧氣等條件下，微生物能在紡織品上生長和繁殖。天然纖維紡織品比合成纖維紡織品更易受到微生物的侵害。一方面使紡織品受到直接侵蝕，強度或彈性下降，嚴重時會變質、變脆而失去使用價值；另一方面其活動產物會造成紡織品變色，使其外觀變差，同時產生難聞氣味，還會刺激皮膚發炎。

因此，為防止微生物的侵害，往往對紡織品做特殊處理，使之具有防霉防蛀的功能。專用於紡織品殺菌、防菌、防感染的物質多數為金屬銅、錫、鋅、汞、鎘等的化合物，苯酚類化合物和季銨類化合物等。常用的有含銅化合物（單寧銅配位化合物、8-羥基喹啉銅、鹼式碳酸銅），苯基醚系抗霉抗菌劑 [5-氯-2-(2,4-二氯基氧基)苯酚]，有機錫化合物（三丁基錫、三苯基錫），季銨氯化物（氯化苄烷銨），有機汞化合物等。其中有機錫化合物（三丁基錫、三苯基錫）由於毒性較強，容易被皮膚吸收，產生刺激性，並損害生殖系統，已被有的國家明令禁止或限制使用。有機汞化合物、苯酚類化合物對機體也均有危害。

羊毛製品常易發生蟲蛀，因為蛀蟲產卵育出的幼蟲以蛋白質為食物，而羊毛纖維正是由蛋白質分子組成的。因此，為提高羊毛纖維的防蛀能力，或使羊毛本身的蛋白質發生變性，不易被蟲蛀，成為具有防蛀功能的防蛀纖維，可以使用防蛀劑抵抗蟲蛀。防蛀劑 FF、狄氏劑等氯系化合物常用於西服、圍巾、毛毯等羊毛製品。狄氏劑由於具有很強的慢性毒性和蓄積性，對肝功能和中樞神經有損害，日本等國家已規定在紡織品中不得使用或限制使用。

4. 殺菌劑

我們通常在衣箱、衣櫃內會放置一些殺蟲劑，直接殺死蛀蟲。對二氯苯、萘、樟腦、擬除蟲菊酯類、薄荷腦等製成的衛生球、薰衣餅等殺蟲劑都是利用自己揮發出的氣味使蛀蟲窒息死亡。然而，這些化學物質或多或少都有毒性。萘的慢性毒性很強，並可能引起癌症，已被禁止使用；樟腦具有致突性；而擬塗蟲菊酯類化合物的毒性一般均較低，未見致癌、致突、致畸作用，但可引起神經行為功能的改變，對中樞神經系統有影響，並會導致皮膚感覺異常；對二氯苯蒸氣可引起中樞神經系統抑制，黏膜刺激，為動物致痛物。

5. 染料

從整體來說，染料的發色功能團主要有偶氮、蒽醌等。偶氮類染料的中間體主要是苯系和萘系。苯系中最有害的物質是苯，它可引發白血病(俗稱「血癌」)。而萘系有很強的慢性毒性，可能誘發癌症。另外，偶氮類染料往往是皮膚致敏源。皮膚對苯偶氮染料的反應較輕，對含磺化基和羥基的偶氮染料反應較重。像 2,5-雙氯苯腙，一種由萘酚 As-G 加堅牢猩紅鹽 GG 染色生成的物質，有報導它可使人產生接觸性皮炎。萘酚 As 可引起色素沉著性皮炎。大多數染料經過處理後，對人體不會產生危害。

（二）服裝品的常見危害及防護措施

1. 常見的危害

通過服裝對人體造成的危害表現主要以接觸後引發的局部損害為常見，嚴重者也可有全身症狀。局部損害則以接觸性皮炎為主。

(1) 刺激性接觸性皮炎

皮損僅在接觸部位可見，界限明顯。急性皮炎可見紅斑、水腫、丘疹，或在

水腫性紅斑基礎上密布丘疹、水疱或大疱，並可有糜爛、滲液、結痂，自覺燒灼或瘙癢。慢性者則有不同程度的浸潤、脫屑或皺裂。發病的快慢和反應程度與刺激物的性質、濃度、接觸方式及作用時間有密切關係。高濃度、刺激性強可立即出現反應，低濃度弱刺激則需反覆接觸後才可能出現皮損。去除病因後易治癒，接觸後會再發生。

(2) **變應性接觸性皮炎**

皮損表現與接觸性皮炎相似，但以濕疹常見，自覺瘙癢。慢性患者的皮膚有增厚或苔癬樣改變。皮損初見接觸部位，界限有時不清楚，並可擴散至其他部位，甚至全身。病程較長，短者數星期；若未得到及時治療，長者可達數月甚至數年。潛伏期約 5～14 天或更長。致敏後再接觸常在 24 小時內發病，反應強度取決於致敏物的致敬強度和個體素質。高度致敏者一旦發病，聞到氣味也可導致發病，且可愈發嚴重。但也有逐漸適應而不發病的。

(3) **飾品可能帶來的危害**

佩帶飾品可能會引起局部反應。這多見於女性。往往是由於佩戴金屬製首飾，如耳環、項鏈、手鐲等，使直接接觸部位的皮膚發生損害，多為變態反應性皮炎。據專家分析，這是由於金屬中含有的某些元素(鎳、鉻)所致，即使鍍了金或銀也不能防止鎳的釋放。也有佩帶真金首飾而發生過敏的，這是因為耳垂穿孔使皮膚損傷，增加了對金的敏感性，直接接觸後使得少量金進入組織液中，引起非特異性炎症。有關人士認為：錶帶引發皮炎的原因，如果是皮錶帶，可能是錶帶上的染料所致；如為金屬錶帶，考慮與其所含的鎳、鉻有關。皮炎表現多為變態反應性接觸性皮炎。

2. 防護措施

我們應對在日常生活中接觸到的化學物質有所了解，盡量穿著天然紡織品製作服裝，避免使用或接觸有害物質，加強防護意識。有些物品，如經防蟲劑處理過的衣服、床上用品等，與人體接觸時，防蟲劑等化學物質就可能被汗水溶解。小孩若舔食這類物品就會受到危害。不過我們也不必草木皆兵，應該相信，只要用前認真閱讀使用說明，掌握正確的使用方法，同時不要買不合格產品，如沒有使用說明或沒有標明注意事項的產品，就會保護我們自己免遭危害。如果發生問題不要驚慌，要及時去醫院治療。只要治療及時，一般不會造成嚴重危害。

當然，最好是從根本上加以控制。這就必須從法制著手，制定出一系列的法律法規。很多國家紛紛制定出法律法規，加強對家庭用品安全性的管理。美國 1972 年制定《消費生活用品安全法》，加拿大 1969 年制定了《危險物法》，英國的《消費者安全法》，德國的《食品家庭用品法》，瑞典的《危害人健康和環境的有關製品法》，日本的《含有害物質的家庭用品規制法》等都對在衣料生產、加工過程中一些化學物質的使用及濃度都作了明確規定。這些法律和法規為防止中毒事故的發生，保護消費者的安全起到了很大的作用。目前我國也已對日用化學品的危害給予了高度重視，正在制定相應的法律法規，以保護人民群眾的身體健康，同時可與國際接軌，提高商品的國際市場占有率。

3. 服裝的收藏和洗滌

不同面料的洗滌方法見表 5.1，而不同質地服裝的收藏方法見表 5.2。

表 5.1　不同面料的洗滌方法

面料種類	洗滌方法
棉織物	棉織物的耐鹼性強，不耐酸，抗高溫性好，可用各種肥皂或洗滌劑洗滌。洗滌前，可放在水中浸泡 15 分鐘，但不宜過久，以免顏色受到破壞。洗滌最佳水溫為 40～50℃，漂洗時，可掌握「少量多次」的辦法，應在通風陰涼處晾曬衣服，以免在日光下暴曬。
麻纖維織物	麻纖維剛硬，抱合力差，洗滌時要比棉織物輕些，切忌使用硬刷和用力揉搓，以免布面起毛。洗後不可用力擰絞，有色織物不要用熱水燙泡，不宜在陽光下暴曬，以免褪色。
絲綢織物	洗前，先在水中浸泡 5～10 分鐘左右，浸泡時間不宜過長。忌用鹼水洗，可選用中性肥皂或皂片、中性洗滌劑。洗液以微溫或室溫為好。洗滌完畢，輕輕壓擠水分，切忌擰絞。應在陰涼通風處晾乾，不宜在陽光下暴曬，更不宜烘乾。
羊毛織物	羊毛不耐鹼，故要用中性洗滌劑或皂片進行洗滌。羊毛織物在 30℃以上的水溶液中會收縮變形，故洗滌水溫度不宜超過 40℃。應該輕洗，洗滌時間也不宜過長，洗滌後不要擰絞，用手擠壓除去水分，然後瀝乾，陰涼通風處晾曬，不要在強日光下暴曬。
黏膠纖維織物	黏膠纖維縮水率大，濕強度低，水洗時要隨洗隨浸，不可長時間浸泡。黏膠纖維織物遇水會發硬，洗滌時要輕洗，用中性洗滌劑或低鹼性洗滌劑，洗滌液溫度不能超過 45℃。洗後把衣服疊起來，大把地擠掉水分，切忌擰絞。洗後忌暴曬，應在陰涼或通風處晾曬。
滌綸織物	先用冷水浸泡 15 分鐘，然後用一般合成洗滌劑洗滌，洗液溫度不宜超過 45℃。領口、袖口較骯髒處，可用毛製刷洗。洗後，先洗淨，可輕擰絞，放在陰涼通風處晾乾，不可暴曬，不宜烘乾，以免因熱生皺。

表 5.1　不同面料的洗滌方法（續）

面料種類	洗滌方法
腈綸織物	基本與滌綸織物洗滌相似。先在溫水中浸泡 15 分鐘，然後用低鹼性洗滌劑洗滌，要輕揉、輕絞。厚織物用軟毛刷洗刷，最後脫水或輕輕擰去水分。純腈綸織物可晾曬，但混紡織物應放在陰涼處晾乾。
尼龍織物	先在冷水中浸泡 15 分鐘，然後用一般洗滌劑洗滌。洗液溫度不宜超過 45℃。洗後通風陰乾，勿曬。
維綸織物	先用室溫水浸泡一下，然後在室溫下進行洗滌。洗滌劑為一般洗衣粉即可。切忌用熱開水，以免使維綸纖維膨脹和變硬，甚至變形。洗後晾乾，避免日曬。

表 5.2　不同質地服裝的收藏方法

服裝種類	收藏方法
棉布服裝	因殘留有氯及染料，存放時間過長，會影響牢度，甚至變脆。因此，如購買後暫不用或不穿，都要清洗晾乾再收藏。
尼絨服裝	存放時應注意防蛀，可放置包好的防蛀劑。絲絨、立絨、長毛絨等因怕壓，最好掛藏。毛料和高檔錦緞衣服也應如此收藏。
絲綢服裝	絲綢因用硫磺燻過，可使桑絲綢及白色或淺色衣服發黃，應避免混放，與其他服裝混放時，應用白布包好再放。
合成纖維服裝	因耐霉、抗蛀性能較強，不需放置樟腦丸，以免影響牢度。如與棉、羊毛織品混放時可放包好的防蛀劑。
羽絨服	必須洗淨晾乾後再收藏。
皮革服裝	擦去灰塵，置陰涼通風處吹去潮氣，防止發霉。宜掛藏，不宜與樟腦類防蛀劑放在一起。
裘皮服裝	室外晾曬（避免暴曬）約 2 小時，輕輕抽打除去灰塵後掛藏，放包好的防蛀劑。
毛衣	洗淨晾乾，單放，放包好的防蛀劑。
羊毛毯	晾曬冷透，套上塑料套，放入包好的防蛀劑。新的羊毛毯一定要晾透再收藏，切記不可直接放入箱內。

參、洗滌劑中的化學

所謂洗滌劑，即是能夠促進和提高洗滌作用的一類物質。早在公元前二千多年，古代的巴比倫王國就已知道用油脂同草木灰一起煮沸製造肥皂樣的物質，並用以清潔皮膚、頭髮或治療皮膚病。在中國，人們也早就知道用草木灰、皂莢、天然鹼來作為洗衣服和去除污垢的物質，後來又知道用豬胰臟等同，加鹼製作肥皂樣的東西，甚至現在，在較閉塞的地區仍將肥皂叫作「胰子」。但人們對洗滌用品的洗滌機理，有所了解是從 18 世紀末開始的。1811 年，法國的化學家 M. E.

Chevreul (1786-1889) 研究了油脂的化學結構，才真正搞清了肥皂實際上是由油脂和鹼，通過稱之為「皂化」的化學反應產生的脂肪酸鈉所構成的一類物質。至此，才開始從科學的角度對肥皂有了新的、明確的認識，脂肪酸鈉也成了人類合成的第一個陰離子界面活性劑。從 20 世紀 40 年代開始，由於石油工業的飛速發展，化學家們可用廉價的石油產品合成各種比脂肪酸鈉性能更為優異的界面活性劑，並由此配製成各種合成洗滌劑。目前，洗滌劑的品種正向多形態、多品種、多層次、專用化的方向發展。各種新用途的洗滌劑層出不窮，並且正在用於清潔和美化人類生活。儘管合成洗滌劑和肥皂已成為人們的一種生活必需品，並且是人們十分熟悉的東西，但它們究竟是由什麼物質構成，具有什麼性能，對人類和環境又有什麼影響，都是涉及有關洗滌用品中的化學知識的問題。

隨著人類文明生活的進步與發展，無論是工作環境還是生活環境，都需要保持良好的衛生狀況。古人說：「滾動石頭，不生苔」，只有經常洗去污垢，才能保持乾淨。為了創造一個乾淨、衛生、舒服的工作、生活環境，就要使用不同性能的洗滌用品清除各種污垢。清潔衛生的需要促進了洗滌用品的快速發展。洗滌劑已成為人們日常生活中使用量最大的化工產品。同時隨著人們需求量的增加，洗滌劑的生產得到了飛速發展，但生產工藝和產品質量的監督、管理尚未達到規範化的要求。為了保護消費者的健康和生態環境，保證生產合格的產品，我們國家對洗衣粉、香皂等合成洗滌劑制定了一系列標準。另外，消費者還要以預防為主，增強自我保護意識，增加科學知識，了解洗滌劑的主要化學成分、特性、作用及有關衛生知識，正確選購和使用洗滌用品。本章節主要介紹有關這方面的內容，因此，我們首先從大家最熟悉的肥皂談起。

肥皂是油脂 (脂肪酸甘油酯)，在鹼性溶液中水解反應得到的脂肪酸鈉，這就是著名的皂化反應，反應式如下：

$$(RCOO)_3C_3H_5 + 3\ H_2O \rightarrow 3\ RCOOH + C_3H_5(OH)_3$$
$$RCOOH + NaOH \rightarrow RCOONa + H_2O$$

總反應式為

$$(C_{17}H_{35}COO)_3C_3H_5 + 3\ NaOH \rightarrow 3\ C_{17}H_{35}COONa + C_3H_5(OH)_3$$

三硬脂酸甘油酯　　氫氧化鈉　　　鈉肥皂　　　　甘油

由於生成的產物是一個相互溶解的混合物，因此加入食鹽後，比重較輕的、在鹽溶液中溶解度較小的肥皂就會浮出水面而析出。這個過程就稱之為鹽析。再將肥皂中摻入一定量的香料和著色劑進行調和，冷卻後成型，即可切塊包裝。皂化反應的副產物是甘油，又名丙三醇。由於它既黏又甜，因此人們又叫它為「甘油」。它具有助溶性、潤滑性和很強的吸濕性，為此它在化妝品工業中作為重要的化工原料。

常用的肥皂都是用氫氧化鈉製成的鈉肥皂。如果製皂過程中所用的鹼是氫氧化鉀，則所產生的肥皂叫做鉀肥皂，鉀皂的硬度低於鈉皂，所以又稱為軟皂或液體皂。隨著製皂工業的發展，人們製成了滿足不同需要的各種肥皂，如在鈉皂中加入香精、抗氧劑、著色劑、殺菌劑、多脂劑、鈦白粉等，就製成了我們常用的香皂。如在鈉皂中加入酚類化合物，如苯酚、甲酚、百里酚、香芹酚和5-三溴水楊酸苯胺等殺菌劑後，就製成了我們熟知的藥皂。由於兒童皮膚細嫩，特別怕刺激和鹼性的腐蝕，在肥皂中除了提高油脂含量外，還加入少量硼酸和羊毛脂，就製成了適用於兒童的兒童皂。

一、洗滌劑的定義相分類

洗滌劑按原料來源來分可以分肥皂為和合成洗滌劑。肥皂是由天然原料油脂再加上鹼製成的。合成洗滌劑以一種或者數種表面活性劑為主要組分，並配合各種無機、有機助劑等。

（一）肥皂的定義和分類

在洗滌用品市場中，除合成洗滌劑外，肥皂作為傳統的洗滌用品佔有很大的比例。肥皂歷史悠久，由於它採用天然油脂類為原料，對人體使用安全、毒性極低、刺激性很小、致敏更加罕見，而且易降解，對環境污染小，所以至今仍被廣泛使用。國際界面活性劑會議定義：肥皂是至少含有8個碳原子的脂肪酸或混合脂肪酸的無機或有機鹼性鹽類的總稱。

肥皂使用廣泛，隨著科學技術的進步，人們日常生活的需要，各種皂類越來越多。根據定義，可將肥皂分為鹼金屬皂、有機鹼皂和金屬皂。鹼金屬皂主要有鈉皂、鉀皂，常常用做洗衣皂、香皂、藥皂、液體皂、皂粉；有機鹼皂主要有氨、乙醇胺和三乙醇胺製的肥皂，常用做紡織洗滌劑、絲光皂；脂肪酸的金屬(除鹼

金屬外，鹽通常稱金屬皂，金屬皂不溶於水，不能用於洗滌，主要用於工業。根據使用領域分類可以分為家庭用皂和工業用皂。根據肥皂的硬度分類可以分為硬皂(主要是鈉皂)和軟皂(主要是鉀皂)。家庭常用肥皂見表5.3。

表 5.3 家庭常用肥皂

肥皂名	說明
洗衣皂	通常也叫肥皂，主要原料是天然油脂、脂肪酸與鹼生成的鹽，主要用作洗滌衣物，也適用於洗手、洗臉、洗澡及洗滌其他物品。肥皂在軟水中去污能力強，但是在硬水中與水中的鎂、鈣離子生成不溶於水的鎂皂、鈣皂，去污能力明顯降低，還容易沉積在基質上，難以去除，在冷水中溶解性差。
香皂	是具有芳香氣味的肥皂，質地細膩，主要用於洗手、洗臉、洗髮、洗澡等。對人的皮膚無刺激，使用時香氣撲鼻，並能去除臭味並使衣物保持一定時間的香味。
透明皂	透明皂感觀好，可以當香皂用，也可以當肥皂用。常用牛油、漂白棕櫚油、椰子油、松香油等作為原料，用甘油、醣類、醇類作透明劑。
藥皂	也叫抗菌皂或去臭皂，對皮膚有消毒、殺菌、防體臭的作用，多用於洗手、洗澡。
複合皂	主要成分為脂肪酸鈉、鈣皂分散劑和一些表面活性劑，克服了肥皂在硬水中洗滌效果差的缺點，它通過阻止洗滌時形成不溶性鈣皂，增加溶解度，提高洗滌效果，具有肥皂和洗滌劑的雙重優點。
液體皂	分為液體洗衣皂和液體淋浴用香皂。以鉀皂為主體，添加鈣皂分散劑和表面活性劑，易溶於水，使用方便。
美容皂	也稱營養皂，一般添加高級香精和營養潤膚劑，如牛奶、蜂蜜、人參液、矽油、珍珠粉、維生素E、蘆薈等，除了具有清潔皮膚的作用外，還可以滋養皮膚，促進皮膚新陳代謝，延緩皮膚衰老。
減肥皂	除清潔皮膚外，常有減肥作用，主要的減肥原料為海藻、海蓮子、褐藻、紅藻、黑藻等。一般用在臀部、腹部、腿部等脂肪堆積的地方。
富脂皂	也叫過脂皂，潤膚皂，在皂中添加過脂劑，洗滌後會在皮膚上保留一層疏水性薄膜，使皮膚柔軟。

（二）合成洗滌劑的定義和分類

在《化工百科全書》中合成洗滌劑的定義：洗滌劑是指一種按照配方製備的有去污洗淨性能的產品。它以一種或者數種界面活性劑為主要組分，並可配合各種無機、有機助劑等，以提高與完善去污洗淨能力。有時為了賦予多種功能，也可加入殺菌劑、織物柔軟劑或者其他功能的物料。洗滌劑也稱合成洗滌劑，以區別於傳統慣用的以天然油脂為原料的肥皂。市場上供應的洗滌劑常以粉狀、液狀、膏狀或塊狀形式出售，其中以顆粒粉狀售量多。合成洗滌劑克服了肥皂在硬水中洗滌效力差的缺點，它的洗滌效力高，省時省力，受到消費者的歡迎。各種功能、

各種品牌的合成洗滌劑占領了大部分洗滌用品市場，其品種和數量均遠遠超過了皂類產品。

合成洗滌劑的用途廣，品種多，有許多分類方式。從物理性狀來分可以分成塊狀洗滌劑、液體洗滌劑、粉狀洗滌劑和膏狀洗滌劑；從污垢洗滌難易程度可以分為重垢型洗滌劑和輕垢型洗滌劑；從使用的原料分類，可以分為使用天然原料的洗滌劑和使用人造原料的洗滌劑；從使用領域來分可分成家庭用洗滌劑和工業用洗滌劑兩大類。從使用目的可以分為衣用洗滌劑、髮用洗滌劑、皮膚洗滌劑和廚房洗滌劑。常用合成洗滌劑見表 5.4。

表 5.4　常用合成洗滌劑

種類	說明
衣用洗滌劑	一般包括洗滌劑、乾洗劑、去斑劑、織物柔軟劑、各種面料洗滌劑和如棉、麻、絲、毛化纖及各種混紡織物專用洗滌劑。衣用洗滌劑中洗衣粉屬重垢型洗滌劑；絲綢、毛麻等面料多用輕垢型洗滌劑，以液體為主。
髮用洗滌劑	屬於化妝品類，主要用於洗滌和調理頭髮，形態分為塊狀、行狀、透明液體、乳狀和漿狀。針對不同髮質有乾性、油性及中性洗髮香波，還有不同 pH 值洗髮香波，去頭屑止癢香波，添加不同天然物質如何首烏、皂角、人參、水果汁 (蘋果、菠蘿等) 的香波和具有特殊功能的香波。
皮膚洗滌劑	包括淋浴液、洗面乳、洗手液、洗腳液以及口腔清洗劑等，其中一部分屬於化妝品類。洗手液多數為專用洗手液，如醫用消毒洗手液，礦工、染料工、油漆工、印刷工等工種專用洗手劑。洗腳液主要用於治療腳病，如腳氣、腳癬等。
廚房洗滌劑	包括餐具、蔬菜、瓜果清洗劑，冰箱、冰櫃清洗劑，爐具、灶具清洗劑。此外還有衛生設備清洗劑、廁所清洗劑、玻璃清洗劑、木質家具清洗劑、金屬製品清洗劑等硬表面清洗劑，種類繁多，不勝枚舉。

二、洗滌劑的主要成分和作用

（一）肥皂的主要成分和作用

肥皂是洗滌用品中的主要產品，其種類繁多。製皂的原料主要由油脂、鹼和輔助原料構成。油脂也叫脂肪酸甘油酯，常用的動物油脂包括牛油、羊油、豬油、魚油、骨油；常用的植物油脂有椰子油、棕櫚油、花生油、菜子油、棉子油、米糠油、玉米油、蓖麻油、茶子油、向日葵油、棉籽油等；其他類脂物如煉油、皂腳及脂肪酸、木質紙漿、浮油、松香等雜油。

製造肥皂最常用的鹼是氫氧化鈉，也叫燒鹼，製造液體皂用氫氧化鉀。為了

向廣大消費者提供符合衛生標準的肥皂，按國際情形制定了國家標準，其中規定洗衣皂中，游離苛性鹼 (NaOH) ≤ 0.3%，氯化物 ≤ 0.7 ~ 1.0%，乙醇、不溶物 ≤ 2 ~ 11%，香皂中游離苛性鹼 (NaOH) ≤ 0.1%，總游離鹼 ≤ 0.30%，氯化物 (NaCl) ≤ 0.7%。常見肥皂輔助原料見表 5.5。

表 5.5　常用肥皂輔助原料

名稱	說明
泡花鹼	又叫水玻璃，學名矽酸鈉，它可以軟化硬水，增加肥皂的去污力，同時使皮膚感覺光滑，減少對皮膚的刺激和對織物的損傷。
碳酸鈉	皂化劑，也是洗衣粉和肥皂粉的助洗劑，它可以提高肥皂硬度，但加多了也可以使肥皂顯得粗糙，並會冒白霜。
抗氧劑	抗氧劑有矽酸鈉、丁基甲酚混合物，可防止肥皂因變質而產生異味，改變外觀，影響肥皂的使用。
殺菌劑與消炎劑	殺菌劑有二苯脲系、水楊醯替苯胺系化合物；消炎劑有感光素、胺基乙酸．溶菌酶、尿囊素、硫磺、藍香油等。能較長時間抑制細菌生長，去除臭味。
香料	洗衣皂中常加樟腦油、茶油、茴香油及香料廠副產品，香皂中常加從動物(如麝香)和芳香植物的根、莖、葉、果中提取的各種香精和人工合成香料，可在洗滌時散發令人愉快的香味，洗滌後使身體和衣物上長時間留有餘香。
著色劑	常用的著色劑為染料和顏料，染料有酸性紅、大紅、金黃、嫩黃、湖藍、深藍、鹼性品紅、淡黃、直接耐曬藍等；顏料有色漿嫩黃、色漿綠橙、明綠、桃紅等。可改善肥皂外觀，對皮膚使用安全。
透明劑	常用醇類物質，如乙醇、L-三梨醇、甘油、丙二醇等，提高肥皂的透明度，抑制肥皂結晶、乾裂，還有保護皮膚的作用。
富脂劑	常用的有油脂類和脂肪酸兩類，如羊毛脂及其衍生物、礦物油、椰子油、可可脂、水豹油等，以及椰子油酸、硬脂酸、蓖麻酸、高級脂肪醇等。能代替洗去的過量皮脂，覆蓋在皮膚表面而保護皮膚。
鈣皂分散劑	主要是表面活性劑，有陽離子型、非離子型和兩性離子型，能克服肥皂在硬水中洗滌時與水中鈣、鎂離子生成不溶性鈣皂、鎂皂，降低洗滌效果的缺點。

（二）合成洗滌劑的主要成分和作用

合成洗滌劑主要由表面活性劑和各種輔助劑按一定比例配製而成。界面活性劑是洗滌劑的主要成分，其分子結構中含有親水基團和親油基團。加入很少的量即能顯著降低溶劑(一般為水)的表面張力，改變體系界面狀態，從而產生潤濕或反潤濕、乳化或破乳、起泡或消泡、增溶等一系列作用。界面活性劑的種類非

常多,達 2,000 多種。但作為洗滌用品的原料,必須具有水溶性好、油溶性也好,即親水基疏水基適當平衡,對人體使用安全、生物降解性快,對魚類貝類等水生生物無害,對環境無污染等特性。一般根據表面活性劑在水溶液中能否分解為離子,將其分成離子型和非離子型界面活性劑。離子型界面活性劑按離子的性質又可以分成陰離子、陽離子和兩性離子表面活性劑三種。

輔助劑是指在去污過程中增加洗滌劑作用的輔助原料。它們可使洗滌的性能得到明顯改善,或者降低表面活性的使用量,是洗滌劑的重要組成部分。輔助劑的種類很多,其常用的輔助劑見表 5.6。

表 5.6 常用洗滌劑輔助劑

種類	成分	作用
沸石	人造沸石	軟化洗滌液,使其呈鹼性,可吸附污垢粒子,促進污垢驟集,增強洗滌效果。
磷酸鹽	磷酸二氫鈉(鉀)、磷酸氫二鈉(鉀)、焦磷酸鈉(鉀)、聚合磷酸鹽	軟化硬水,防止污垢再沉積,乳化和穩定乳化。
螢光增白劑 (FWA)	二胺基二苯乙烯類、胺基香豆素衍生物和二苯基吡唑啉衍生物	使織物顯得明亮而潔白。
漂白劑	過硼酸鈉、過碳酸鈉和過氧化氫、含氯漂白粉	強力去污、漂白、提高洗滌效果。
抗再沉澱劑	羧甲基纖維素、羥丙基甲基纖維素、羥丁基甲基纖維素	增稠、懸浮、稍合、乳化、成膜、分散、防止污垢再沉澱。
酶	蛋白酶、脂肪酶、澱粉酶纖維素酶、果膠酶、左旋醣酐酶	特異性清除不同類型的污垢。
柔軟劑和抗靜電劑	二甲基烷基季銨鹽、二醯胺基一烷氧基季銨鹽、咪唑型化合物	清除織物上鹽類物質,使織物膨脹,柔軟,手感好。
增泡劑和抑泡劑	脂肪酸、單乙醇醯胺、脂肪酸丙醇醯胺、烷基二甲基氧化胺	增加溶液的黏度,延長泡沫存在的時間、將泡沫控制在一定數量。
增溶劑	甲苯(二甲苯)、磺酸、異丙苯磺酸、鈉鹽、鉀鹽、胺鹽、乙醇、乙二醇、異丙醇	提高各種配伍的溶解性,防止沉澱析出和相分離。
增稠劑	羧乙烯繁合體、羥乙基纖維素、甲基羥丙基纖維素、氯化鈉、氮化鉀、芒硝	提高黏度,增加感觀。
色素	貝殼粉、雲母粉、天然膠原蛋白、二醇硬脂酸、乙二醇硬脂酸	產生光澤,使洗滌劑質感更好。
營養素	維生素、胺基酸、抗炎、抗過敏物質、天然植物藥材	增加洗滌劑的功能,提高洗滌劑質量。

（三）洗滌劑的去污作用

要想了解洗滌用品在使用過程中對人類和環境可能造成的危害，則必須先了解污垢的種類、性質和作用特點，洗滌劑的去污原理和過程，這樣才能在使用洗滌劑時防範可能產生的不良影響。

1. 污垢的種類和性質

日常生活中洗滌對象(也稱基質)無所不包，手、臉、腳、頭髮、皮膚、衣服、廚房用品、各種家具、衛生設備等都在其範圍內，附著在其上的污垢需要經常擦洗。污垢的種類很多，成分也十分複雜，其來源主要是空氣中傳播，生活和工作環境中接觸的各種物質，以及人體分泌物，如汗液、皮脂等。污垢通常吸附在基質表面，也可以深入其內部，如纖維內。污垢改變基質表面和內部的清潔和質感，是不受歡迎的物質。根據性質，污垢可以分成油漬污垢、固體污垢、水溶性污垢三類。

油質污垢包括植物、動物油脂，也包括人體分泌的皮脂、脂肪酸、膽固醇類，還有礦物油及其氧化物。其特點是不溶於水，對紡織品、皮膚和其他基質附著力強，不易洗脫。

固體污垢一般屬於不溶性物質，如來自地表面、生活、工作場所的塵土、垃圾、金屬氧化物等。它們可以單獨存在，也可以與油、水黏在一起。一般帶負電，也有帶正電的。儘管這類污垢不溶於水，但可被洗滌劑分子吸附，將粒子分散，懸浮在水中。

水溶性污垢包括鹽、糖、有機酸，但是血液、某些金屬鹽溶液作用織物和其他基質上，會形成色斑，這類污垢很難去除。

以上三種污垢常常連成複合體，在自然環境中還會氧化分解，形成更為複雜的化合物。

2. 洗滌劑的去污過程

洗滌劑的去污過程是一個十分複雜的過程。水滴在石蠟上，石蠟幾乎不被濕潤；毛氈放入水中，很難浸透，這是因為物體間有表面張力。洗滌劑的洗滌原理就是界面活性劑的親油基和親水基吸附在油水兩相界面上，油和水被親油基團和親水基團連接起來，降低了界面張力，防止它們的排斥作用，盡量增大油水接觸

面積，使油以微小粒子穩定分散在水中。洗滌劑的去污作用是通過洗滌劑對基質和污垢潤濕和滲透，使污垢(油性和固體)脫落，並在溶液中乳化、分散、增溶，防止乳化分散後的污垢再沉積在基質表面，並通過漂洗將污垢排掉。為了提高洗滌效果，常常要施以一定的機械作用力，如攪拌、揉搓、漂洗，以使污垢與基質更容易分離脫落。常見污斑的去除方法見表 5.7。

表 5.7 常見污斑的去除方法

污漬種類	去除方法
墨汁漬	它的成分為炭黑和骨膠，主要用米飯、米粥放一些食鹽揉搓，也可以用 4% 的硫代硫酸鈉去除。
藍黑墨水	可用肥皂、洗衣粉除去陳舊污漬，也可以用 2% 草酸溶液。
紫藥水漬	可先用 2% 的草酸浸泡，再用 0.5% 高錳酸鉀洗滌。
碘酒漬	可用澱粉加水塗在污物處，當澱粉變黑後再用洗衣粉洗滌。
黃油漬	黃油是動物油脂，可以用甲苯、四氯化碳、丙酮擦洗，也時在洗滌劑中加入酒精和 2% 的氨水除去。
鞋油	可用汽油擦洗，再用 10% 的氨水去除。
水果汁漬	可用濃鹽水擦洗，如果還留有痕跡，再用 5% 的氨水揉搓。楊桃汁要用草酸除去，含有羊毛的化纖織物可用酒石酸清洗。如果衣服為白色，可以在 3% 的雙氧水中加入幾滴鹽水擦洗。也可以用 3～5% 的次氯酸鈉擦拭。柿子漬可用葡萄酒和少許濃鹽水，也可用維生素 C 注射水擦洗去除。
染髮液漬	可用消毒液滴上數滴，或用稀的雙氧水去除。
茶葉水漬	可用濃鹽水和氨水擦拭。
藥膏漬	用酒精將膏藥搓揉下來，或用氯仿擦洗。
油漆漬	衣服上新黏上的油漆可用松節油、甲苯或汽油擦洗，陳舊油漆可用乙醚、松節油混合後擦洗。
萬能漆漬	可用丙酮和香蕉水滴在污物處擦洗。
尿漬	舊尿漬可用氨水和醋酸等最混合後洗滌。
鐵鏽漬	用 10～15% 的醋酸、檸檬酸或草酸溶液浸泡。
口香糖膠垢	用甲苯類、四氯化碳等均可除掉。

三、洗滌劑的危害及防護

(一)肥皂

1. 常見的有害物質

肥皂的品種繁多，成分也很複雜，主要是各種脂肪酸鹽，還有一些鹼性物質、抗氧劑、殺菌劑、香料、著色劑、鈣皂分散劑和富脂劑。儘管肥皂在製造時要求

使用的原料對人體無害，毒性小，但是正常存在管理不善或使用劣質原料的事實，加之使用者的個體差異，所以也會給使用者造成不同傷害。製皂過程中使用大量的燒鹼，如果燒鹼殘留過量，則其強鹼性必然會對皮膚造成燒傷等刺激性損傷。過量的乙醇、食鹽除影響肥皂質量外，對皮膚也會產生一定的刺激作用。肥皂中的其他成分如香料、著色劑、抗氧劑、富脂劑、鈣皂分散劑也可引起皮膚損害。香料是常見的致敏原，可以引起皮膚瘙癢、丘疹、濕疹、過敏性皮炎等。羊毛脂也可以致敏，苯酚對皮膚刺激性很大，可引起刺激損傷；三溴水楊酸、苯胺被懷疑為光敏性物質，對氯苯酚和六氯酚也是致敏物質，不過這些物質在肥皂中所占比例很小。按照通常的洗滌習慣，塗抹肥皂後，經過一定揉洗，會用大量水沖洗，因此這些物質在皮膚上殘留的量很少，由這些物質引起的皮膚損害遠不如化妝品厲害，但也要謹慎使用。

2. 可能產生的危害

因肥皂的原料主要來自天然動植物脂肪，因此，使用肥皂、香皂而引起的皮膚損傷的人數以及嚴重程度遠不如合成洗滌劑。但如果使用不當，少數人也會發生輕重程度不同的皮膚刺激反應。

皮膚上的皮脂腺經常分泌油性物質皮脂，保持皮膚滋潤，防止乾裂。肥皂除去脂肪的能力很強，過多地使用肥皂就會把皮脂保護膜洗掉。缺少這層保護膜，皮膚會過於乾燥，變得粗糙，出現皺裂、脫屑，容易遭受外界各種刺激。還有一些本來已經患有皮炎、濕疹、瘙癢症一類皮膚病的人，怕刺激，肥皂包括香皂的鹼性會使這類皮膚病加重、惡化；或者已經治癒的皮膚病在使用肥皂後復發，出現這些情況時，應該立即停止使用肥皂或香皂。

單純因使用肥皂引起的過敏極為罕見。有不少人反覆使用肥皂後出現皮膚過敏現象，如皮膚出現瘙癢、紅斑、皮疹、丘疹，誤認為是肥皂造成的，實際主要是肥皂和香皂內的添加劑造成的，多數是藥皂中的殺菌劑造成的。如暗紅色藥皂中的石炭酸(酚)類物質，可以使人過敏，透明劑、抗氧劑、富脂劑等都可能成為誘發皮膚過敏的致敏源。

3. 防護措施

使用肥皂洗滌，首先要認識具有不同功能肥皂的特點，並對自己皮膚的類型和狀況有所了解，這樣才能正確選擇合適自己的肥皂。肥皂是鹼性物質，其脫脂

作用強，不要過於頻繁地使用肥皂，以免將皮膚上的皮脂過多地去掉，造成皮膚乾裂、粗糙。根據不同的皮膚類型選擇適當的肥皂。乾性皮膚一般較薄，皮脂腺分泌油脂少，而且也慢。因此應該選用富脂皂，沖洗後殘留的些羊毛脂、甘油類物質有保護皮膚作用。嬰兒皮膚嬌嫩，應該選用嬰兒用皂和液體皂類。油性皮膚多脂，呈油膩狀，尤其是鼻部和鬍鬚周圍毛囊和度脂腺孔大，分泌油脂多，易發生感染，適宜用去油力強、有殺菌力的肥皂。洗滌後應該用水將皮膚上的肥皂沖洗乾淨，盡可能減少其在皮膚上的殘留，這樣可以減少肥皂或其中的添加物對人體皮膚造成的刺激或致敏作用。一旦出現皮膚刺激或過敏情況，應該立即更換其他品牌的肥皂，或改用較溫和的肥皂、香皂、嬰兒皂，或停止使用。老年人新陳代謝的速度降低，皮脂腺萎縮，皮膚乾燥，易引起搔癢，應使用較溫和的肥皂或少用甚至不用肥皂。洗滌時不可避免地會將皮膚上的皮脂保護層洗脫，皮膚缺少了油脂的滋潤，不能保持皮膚水分。因此洗滌後皮膚通常有緊張感，此時應該適當地塗抹一些護膚品。油性大的皮膚可以塗抹油性小的護膚霜，乾性皮膚則可用油性大的膏類。要使用優質肥皂，肥皂變質後不要再使用。

（二）合成洗滌劑

某些商家為牟取暴利，使用劣質的原料製造洗滌劑，致使某些有害物質超過國家規定的標準，如洗滌劑含有過量重金屬鉛、汞、砷。造成重金屬超量還可能是在生產過程中從管道或儲存容器中溶出了鉛、砷等有害元素。一些餐具洗滌劑中含有對人體有害的甲醇和螢光增白劑等。洗滌劑在生產過程，或者因儲存不當而被污染，或者儲存時間超過保質期限，可使微生物在洗滌劑中繁殖。一些有害微生物，如糞大腸桿菌、綠膿桿菌、金黃色葡萄球菌等能通過消化道、皮膚和破損皮膚進入人的機體，危害人體健康或對人體造成潛在的危害。隨著人們自我保護意識的提高，洗滌劑的安全性也成為大眾關注的問題。現將從人體和自然生態環境兩個方面來了解洗滌劑的安全性。

1. 對人體的危害

合成洗滌劑一般毒性很低，屬低毒和微毒範圍，界面活性劑的經口急性毒性大多數都很小。誤服洗滌劑引起的中毒症狀主要表現為消化道損傷，如口腔黏膜燒傷、紅腫、噁心、嘔吐、胃痛等，誤服事件以兒童多見。

迄今為止，在動物實驗中，即使接觸高濃度的合成洗滌劑也未發現有致癌

作用。國外曾經觀察洗滌劑對人體的影響，日本有人曾報導，含烷基苯磺酸鈉的廚房洗滌劑導致產生畸胎。有人用洗滌劑中界面活性物質中的 α-烯基磺酸鹽 (AOS) 做實驗，發現在 300 mg/kg 體重時小鼠子的顎裂增加，小鼠和兔子的骨變態率也有增加，但一般日常使用很難達到如此高濃度。

使用合成洗滌劑清除污垢，當與皮膚接觸時，特別是用手操作時，洗滌劑中的各種化學物質可能會對皮膚造成程度不同的損害，如造成皮膚黏膜化學性刺激、光毒刺激、過敏反應、光敏反應，引起皮膚粗糙、皺裂、皮炎、濕疹、色素沉著、化學性燒傷等。

2. 對環境的影響

隨著人口增多，人們的生活水平不斷提高，化學品的生產量和消費量逐年增加，工業廢水和生活污水不經處理隨意排放，造成了江、河、湖、海的污染。合成洗滌劑對環境的污染主要是通過生活污水排放到環境中。洗滌劑在水中會產生大量泡沫，妨礙水與空氣接觸，造成水中溶解氧含量降低，水質變壞，直接或間接對水生生物產生各種有害作用。洗滌劑和它的界面活性劑還易被土壤吸附，並污染地下水。它們還對鋅有加合作用，對銅和汞有協同作用，對某些農藥有增毒作用，這對環境造成污染。洗滌後的磷隨生活污水排放，促進了環境水質富營養化，水中生存的單細胞藻類生物遇到適當的溫度和營養便會迅速繁殖並集結，水就會形成不同顏色，有桃色、白色、青色，一般為紅色，通常稱為「赤潮」或「紅潮」。因此，目前北美、北歐、日本等國家紛紛制定法規禁止使用或限用含磷助劑，以減少其對環境的污染。

保護水資源是全球共同的目標。雖然洗滌劑對環境的污染遠不如工業用廢水和生活污水的危害大，但為了保證環境水質優良，必須從每一個可能對環境造成污染的地方做起，提倡使用綠色洗滌用品，減少對水體的污染，使人類生活在一個安全舒適的環境中。

3. 防護措施

合成洗滌劑通常毒性很低，長期使用未發現有致癌、致畸和慢性毒性反應，進入體內的洗滌劑代謝也很快，未見明顯的蓄積作用，一般正確使用不會給機體帶來不良反應。但是，洗滌劑大多數為鹼性物質，脫脂作用強，因使用不當，也會給機體造成損傷，主要是對皮膚、眼睛及呼吸道的刺激作用。其中的一些添加

劑可能引發過敏性疾病。誤服洗滌劑，則以消化道損傷為主。因此需要認真預防洗滌劑造成的不必要的傷害並減少帶來的不良影響。

(1) **正確的選擇和使用**

最重要的是正確的選擇洗滌劑種類，掌握正確的使用方法。在購買洗滌劑時要選用優質產品，注意標籤上是否有生產廠商，質量檢驗合格證號，衛生許可證號，生產日期，產品有效日期，使用方法和使用注意事項。不要購買假冒偽劣產品。要注意洗滌劑的外觀，特別是液體洗滌劑是否均勻，是否有沉澱或懸浮物。不要購買變質的洗滌劑。要選擇適合自己皮膚的洗滌用品，以減少洗滌劑對皮膚的傷害。對於出現有皮膚刺激反應，過敏反應，包括光毒反應或光敏反應後，應該停止使用該洗滌用品，更換對皮膚刺激小的洗滌用品，如香皂、嬰兒洗滌劑。

避免皮膚(主要是手部皮膚)直接接觸濃的洗滌劑，特別是重垢型洗滌劑。盡量縮短接觸高濃度洗滌劑的時間，或者將其稀釋後再使用。使用強鹼、強酸性清洗劑的最好方法是戴厚的橡膠手套，戴防護眼鏡。傾倒洗滌劑要小心，不要濺灑，特別是應避免使粉狀洗滌劑飛揚，以免對眼睛與呼吸道黏膜產生刺激作用，引起流淚、咳嗽和咽喉疼痛。洗滌後要用水盡量將皮膚上的洗滌劑沖洗乾淨，以免殘留的洗滌劑繼續對皮膚產生刺激作用。長時間洗滌後，應該適量塗抹油性較大的護膚霜。對於出現嚴重的皮膚反應時應該進行對症治療。洗滌劑要放置在兒童不易拿取的地方，防止誤服。

(2) **治療措施**

當合成洗滌劑對人體造成一定損傷時，應及時採取相應的治療措施。如果洗滌劑對皮膚產生刺激作用，首先應該用水洗去皮膚表面的洗滌劑殘留物。皮膚有紅斑、丘疹、水疱時，可給予收斂、消炎、止癢的藥物，如硼酸、滑石粉、爐甘石洗劑，塗抹治皮炎的膏霜及含類固醇皮質激素的軟膏。有糜爛、水腫者用3%硼酸溶液，0.1%雷夫奴爾溶液濕敷。滲出物停止後，改用5%硼酸軟膏，以滋潤皮膚。有皮膚過敏者，可以塗抹含類固醇皮質激素皮炎膏類藥物，皮炎好後應逐漸減少塗抹次數，以防復發。反應較厲害者，可口服撲爾敏、苯海拉明、非那根、葡萄糖酸鈣，嚴重者可用皮質類固醇激素，如氫化可替松、地塞米松、強替松等。還可用維生素C解毒，降低機體敏感性。皮膚乾燥、皺裂者可以塗抹10%硼酸軟膏和護膚油膏。

如果因使用不當或意外事故,眼睛裡進了鹼性或酸性的洗滌劑,引起灼傷、疼痛、流淚,最有效的辦法是立即用水反覆沖洗,盡快洗去眼內的洗滌劑,越早、越徹底越好。眼睛的化學燒傷治療很困難,可根據病情點一些消炎藥,如四環素眼藥膏、氯黴素眼藥水。對於誤服洗滌劑或因意外事故大量口服洗滌劑者,則應首先給患者催吐,讓其吐盡胃的內容物,再洗胃。不清醒者要用胃管,這樣洗滌效果不會太好,以後再對症治療。

肆、界面活性劑

那麼,肥皂在洗滌過程中是怎樣去污的呢?原來這是因為肥皂中的脂肪酸鈉溶於水中,並水解為脂肪酸和氫氧化鈉:

$$C_{17}H_{35}COONa + H_2O \rightarrow C_{17}H_{35}-COOH + NaOH$$
親油基　親水基

脂肪酸是一種具有兩親基團的物質,而這種物質就是我們大家熟知的界面活性劑,它是肥皂中主要的去污成分。界面活性劑是一類重要的物質,它是洗滌劑和化妝品的重要原料。

一、表面張力

如果物質是凝聚體,它就必然要與其他的氣體、液體或固體接觸,凝聚體與氣體的接觸面稱表面,而凝聚體間的接觸面稱為界面,也可通稱為界面或表面。按其接觸方式,有氣-液、液-液、液-固、氣-固、固-固五種界面。

由於凝聚體界面上的分子與其分子內部所處的狀況不同,因而表現出很多特殊的現象,這些現象稱為界面現象。例如,落在荷葉上的雨滴與結在青草上的露珠都成圓球形;液體會沿著毛細管自動上升;由小管下滴的液體往往會附在管口上而不下落等,都是我們熟知的界面現象。這些現象可用分子間的相互引力來解釋。

對於與氣體接觸的液體界面與內部分子受力情況如圖 5.1 所示,圖中圓圈代表分子引力範圍。在液體內部的分子 A,其四面八方均有同類分子包圍著,所受周圍分子的引力是對稱的,可以相互抵消而總和為零。但靠近表面的分子 B 及表

面上的分子 C，其受力情況就與分子 A 大不相同。由於下面密集的液體分子對它的引力遠大於上方稀疏氣體分子對它的引力，所以不能相互抵消，這些力的總和垂直於液面而指向液體內部，也就是說，液體表面分子受到向內的拉力。因此，在沒有其他作用力存在時，所有的液體都有縮小其表面積而呈球形的趨勢，因為各種形狀的物體中，以球體的表面積與體積比為最小。

所謂表面張力就是使液體表面盡量縮小的力，也可以認為是作用於液體分子間的一種凝聚力的表現。表面分子由於液體內部分子之間的凝聚力比較強烈地引向內部，因而表面受一個使其表面積盡量縮小的力。水滴成為圓球形就是這個道理。因此要想使液體表面伸展，就必須抵抗這個使表面縮小的力。

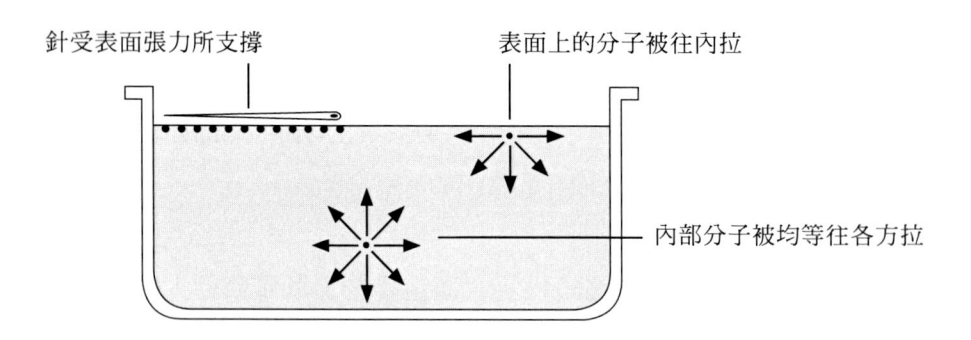

圖 5.1　氣、液體表面與內部分子受力示意圖

二、界面活性劑

界面活性劑是一種能使水的表面張力降低的物質，大多數洗滌劑和化妝品都是應用界面活性劑的某些作用而製成的。

（一）界面活性劑的特性

界面活性劑的分子結構中都包含有親水和親油兩部分：親水基和斥水基。親水基是水溶性基團，它使整個界面活性劑分子能夠溶解於水而使水的表面張力降低；斥水基由 8～18 碳氫鏈組成，它溶於油而不溶於水。當界面活性劑溶於水時，親水基對水有親和性，留在水中，而親油基與水互相排斥，被逐出水面。結果水的表面差不多完全為親油性的碳氫鏈所遮蓋。這樣水─氣表面幾乎完全轉換為碳氫化合物─空氣界面，而碳氫化合物─空氣表面的表面張力是很低的。這樣，使

用了界面活性劑可以使水的表面張力降低到最低狀態。

上面所述的肥皂與水作用生成的脂肪酸就是界面活性劑，它的碳氫鏈部分為憎水基團，羧酸根—COOH 為親水基團。當我們用肥皂或合成洗滌劑洗滌沾上不易洗去的、含油污垢的衣服時，洗滌劑中的界面活性劑的憎水（親油）部分很容易附著在污垢或油膩上，親水基團定向排列向著水相，使原來不容易被水潤濕的骯髒纖維表面變得容易沾水而被濕潤。

吸附到纖維和污垢上的界面活性劑還因降低了水的表面張力而使纖維和污垢產生大量氣泡而膨脹，使洗滌液進一步滲入其中。適當加一點機械力，如手搓或洗衣機渡輪攪拌，那些鬆弛的污垢顆粒變得細小而脫落，並分散於水中，這就是洗滌的原理。

（二）界面活性劑的類型

一般來說，界面活性劑可以分為離子型和非離子型兩大類。即當界面活性劑溶於水時，凡能電離生成離子的，叫做離子型界面活性劑，凡在水中不電離的就叫做非離子型界面活性劑。離子型界面活性劑在水中電離時，與憎水基相連的親水基帶負電荷的，稱為陰離子型界面活性劑；與斥水基相連的親水基帶正電荷的，稱為陽離子型界面活性劑。在同一分子中，既存在著陰離子的活性基因，又存在著陽離子的活性基團，在鹼性溶液中生成陰離子鹽，而在酸性溶液中生成陽離子鹽，這種界面活性劑被稱為兩性界面活性劑。

例如：陰離子界面活性劑，如脂肪醇硫酸酯鈉溶於水。

$$R-OSO_3^- Na^+(s) + H_2O(l) \rightarrow R-OSO_3^-(aq) + Na^+(aq)$$

陽離子界面活性劑，如氯化烷基三甲基銨溶於水。

$$R-N(CH_3)_3^+ Cl^-(s) + H_2O(l) \rightarrow R-N(CH_3)_3^+(aq) + Cl^-(aq)$$

兩性界面活性劑，如甜菜鹼型兩性表面活性劑溶於水。

$$R-N(CH_3)_2^+ CH_2COO^-(s) + H_2O(l) \rightarrow R-N(CH_3)_2^+ CH_2COO^-(aq)$$

非離子界面活性劑，如脂肪族高級醇聚氧乙烯加成物溶於水。

$$R-O(CH_2CH_2O)_nH(s) + H_2O(l) \to R-O(CH_2CH_2O)_nH(aq)$$

在洗滌劑和化妝品中，界面活性劑應用最多的為陰離子型和非離子型兩類，陽離子型的應用較少，因它不能和肥皂或其他陰離子型界面活性劑在水溶液中接觸，否則就會發生沉澱而失去表面活性。

（三）界面活性劑的幾種重要作用

1. 潤濕作用

噴灑農藥消滅蟲害時，在農藥中常加有少量界面活性劑，以改進藥液對植物表面的潤濕程度，使藥液在植物葉子表面上鋪展，待水分蒸發後，在葉子表面上留下均勻的一薄層藥劑。假如潤濕性不好，葉面上的藥液仍聚成液滴狀就很易滾下，或者是水分蒸發後，在葉面上留下斷斷續續的藥劑斑點，直接影響殺蟲效果。而在製備防水布時，則希望提高纖維的抗濕性能，若將布用界面活性劑處理後，製成了既可防水又可透氣的棉布。實驗證明，處理後的棉布可經大雨沖淋 150 小時以上而不濕透。

2. 增溶作用

苯在水中的溶解性是很小的，但能溶解於濃的肥皂溶液。例如，在 100 mL 10% 的油酸鈉水溶液中，可溶解苯達 10 mL 之多而不呈現混濁。人們稱界面活性劑的上述作用為「增溶作用」。

增溶作用的發生，是與界面活性劑在水溶液中形成膠束有關。在膠束內部，相當於是液態的碳氫化合物。非極性的溶質較易被溶解到膠束內部的碳氫化合物之中去，這就形成了增溶現象。當用肥皂或合成洗滌劑洗去含大量油脂的污垢時，增溶作用是去污作用中很重要的一部分。

3. 乳化作用

乳化作用是界面活性劑的一個很重要的性質，許多化妝品都是通過界面活性劑作為乳化劑，使其中的油和水混合形成穩定的乳化體。它與化妝品的質量密切相關。

乳化體是由兩種完全不相溶的液體所構成的分散系。它是一種液體以細小液珠的形式分散在另一種與它不互溶的液體之中而形成的。通常這兩種不互溶的液

體之一是水或水溶液，另一種是與水不互溶的有機液體，可統稱為「油」。若油為分散反而水為分散劑，則稱為「水包油型」，以符號 o/w 表示，例如牛奶就是奶油分散在水中形成的 o/w 型乳化體；若水為分散質而油為分散劑，則稱為「油包水型」，以符號 w/o 表示，例如新開採出的含水原油就是細小水珠分散在石油中形成的 w/o 型乳化體，目前市場上大部分的化妝品是 o/w 型的。因為這種類型的乳化體在皮膚上容易塗敷。成分的選擇一般要求製得的產品無油脂感，少黏性；而 w/o 型的乳化體是一種重油配方成分的產品，如晚霜、按摩霜及用於乾性皮膚的製品。必須指出，油和水不一定是單一的組分，而且一般都不是，每一種都可以包含有許多成分。

當不相混合的水和「油」經機械震搖後，由於機械力量的影響，使二者的面積極度增大，於是可使一種液體呈小球狀在另一種液體中分散形成暫時的乳化體，但由於液體內部存在的表面張力，這種乳化體在經過一定時間的靜置後，分散的小球就會迅速合併，使油和水重新分開成為兩種液體。所以，要製得均勻穩定的乳化體，除必須加強機械攪拌作用以達到分散的目的外，通常必須有第三組分，即乳化劑存在。乳化劑的作用在於使由機械分散所得到的溶液不相互聚結。乳化劑種類很多，可以是蛋白質、樹膠、肥皂或人工合成的界面活性劑等等。

乳化劑之所以能使乳化體穩定，主要是由於它能在分散質液滴的周圍形成具有一定機械強度的、堅韌的保護膜，將各個液滴隔開。當它們互相碰撞時，保護膜能夠阻止液滴的聚結，從而使乳化體變得穩定。另外加入界面活性劑後，可使油水界面張力下降也是乳化體穩定的因素之一。

有時我們需要破壞乳化體，使分散質液滴聚結。例如含水原油嚴重腐蝕石油設備，應破壞 w/o 型乳化體以除去水分。破壞乳化體主要是破壞乳化劑的保護作用，最終使水、油分層析出。對於採用了能形成堅韌保護膜的界面活性劑作乳化劑的乳化體，可加入不能形成堅韌保護膜的物質來頂替原來的乳化劑，以此破壞保護膜而使液滴聚結。也可採用化學方法破壞乳化劑，例如以皂類作乳化劑時，加入酸，從而使硬脂酸析出，可達到破壞乳化劑的目的。

正是由於表面活性劑有許多獨特的性質，所以現在廣泛地應用於石油、紡織、農藥、醫藥、採礦、食品、民用洗滌劑等各個領域。其中最值得一提的是界面活性劑在洗滌劑領域的應用。

三、方興未艾的合成洗滌劑

肥皂雖經漫長的發展和完善，使之成為人類文明生活中不可缺少的必需品。但它在硬水的洗滌中，卻會同鈣、鎂離子生成水不溶性的物質。為了克服這種缺陷，人們從十九世紀末開始就著手尋求性能更好的界面活性劑。1875 年磺化蓖麻油問世，1890 年就已用於紡織和皮革工業。1907 年德國 Henkel 公司開始開發自己的界面活性劑，1928 年生產出了脂肪酸硫酸鹽，1932 年便首先推出了以這種界面活性劑為活性物的肥皂合成洗滌劑。

BASF 公司於 1917 年也首先合成了烷基苯磺酸鹽，20 世紀 30 年代中期又成功地開發了脂肪酸乙氧基化的技術工藝，Rohm & Haas 公司很快又完善了此項技術的工藝，為非離子界面活性劑的發展奠定了技術基礎。美國的 P&G 公司似乎也有點奮起急迫的架勢，1933 年他們也上市同 Henkel 公司類似的合成洗滌劑。這可能就是合成洗滌劑發展的原因和起步階段，也是生產創造比肥皂性能更加優良和完美的合成洗滌劑的良好開端。經過半個多世紀的發展，全世界的合成洗滌劑的產量已達四千萬噸／年，並且還在以 6% 的年增長率繼續增長。

合成洗滌劑的種類繁多，用途各異，但其主要成分不外乎以下兩部分。

（一）活性物（界面活性劑）

界面活性劑是合成洗滌劑中的主要去污的活性物質，目前用量廣的是烷基苯磺酸鈉，分子式為：

$$R-C_6H_5-SO_3Na$$

上式中 R 為烷基，通常其碳鏈為十二以上。

可以看出，烷基苯磺酸鈉有一個親水基團——磺酸根，又有一個親油基團——十二烷基苯。因此它就具有較好的洗滌油污的能力，現市售洗衣粉的主要成分就是烷基苯磺酸鈉，其含量為 10～30%。洗滌劑中常用的界面活性劑還有脂肪酸鹽、烷基醇醯胺、脂肪醇硫酸酯、脂肪醇酸聚氧乙烯醚等。

（二）洗滌助劑

洗滌劑中添加助劑的作用，主要是使界面活性劑充分發揮活性作用，從而提高洗滌效果，主要的助劑及作用如下。

1. 三聚磷酸鈉

三聚磷酸鈉的分子式為 $Na_5P_3O_{10}$，因為有 5 個鈉原子。所以商業上又稱其為五鈉。在洗衣粉中含 15～25%。其含量的高低往往是洗衣粉質量高低的一種標誌，因為它是一種起著界面活性劑和增加去污力的雙重功能的材料，由於五鈉的化學結構和性質決定了它不僅對硬水中鈣、鎂離子具有很強的螯合力，又可避免或減少洗滌水中不溶性鈣、鎂鹽的生成，即常說的有軟化水的功能，而且在洗滌過程中還具有防止污垢再沉積、調節水的 pH 值、促進油污去除等多種功效。三聚磷酸鈉還具有吸收水分，防止洗衣粉結塊的功能，使洗衣粉始終保持乾爽的顆粒狀，保證了產品的商業外觀價值。但是三聚磷酸鈉的過量使用，也會造成環境污染。因為洗衣後的廢水中含有大量的磷化合物，一旦排入河道，成為水中植物生長的肥料，而水藻的生長，破壞了水中的生態平衡，降低了水中溶解氧的數量。

2. 矽酸鈉

矽酸鈉除有鹼性緩衝能力外，還有穩泡、乳化、抗蝕等功能，亦可使粉狀成品保持疏鬆、均勻和增加噴霧顆粒的強度。

3. 硫酸鈉

無水硫酸鈉俗稱元明粉，十水合物稱為芒硝。它是一種填充劑，可以降低成本。在洗衣粉中用量甚大，約為 40%，有利於配料成型。

4. 羧甲基纖維素

簡稱 CMC，它能把洗下來的污物分散懸浮在水中，防止污垢再沉積，由於它帶有多量負電荷，吸附在污垢上，靜電斥力增加，是一種常用的重要助劑，用於洗滌合成纖維的洗衣粉，常用聚乙烯醇代替 CMC。

5. 過氧酸鹽

洗衣粉中加入適量過氧酸鹽，可提高洗滌質量。這是因為，過氧酸鹽（通常為過硼酸鈉或過碳酸鈉）在熱水或沸水中洗滌時，會遇熱分解而釋放出新生態氧原子，這種氧原子具有漂白、消毒的作用。

6. 螢光增白劑

如二苯乙烯三嗪類化合物，配入量約為 0.1%。中國大陸螢光增白劑產量最大

的品種即為該類化合物。螢光增白劑能吸收紫外光，從而發出藍光，使白色織物顯得特別的潔白，使有色織物色彩分明，顏色鮮豔。

（三）合成洗滌劑的新品種

1. 加酶洗滌劑

酶是活細胞所產生的一種生物催化劑，不同品種的酶製劑對特定的污垢的去除均具有優異功能，酶製劑引入洗滌劑配方中，使產品的去污性能有了明顯的提高。20世紀60年代鹼性蛋白酶開始進入洗衣粉配方，解決了衣物上蛋白質污垢不易清洗的難題。從此酶製劑在洗滌劑行業中的應用領域迅速拓展，酶在洗滌劑中的地位逐步從一種輔助添加劑躍變成常規的關鍵成分，西歐加酶洗滌劑已達90%，日本為95%，美國70%，拉丁美洲和東南亞達75%。中東、東歐也都有逐步增長趨勢，全球正面臨著採用酶製劑改革洗滌劑配方的潮流。

目前用於去除各種污垢的酶製劑已有蛋白酶、脂肪酶、澱粉酶、纖維素酶多種，其中纖維素酶還可用於織物整理，澱粉酶可用於抗反染、抗沉澱。蛋白酶已出現了能抗漂白劑的低溫鹼性新品種，脂肪酶用現代生物技術也已開發出能改善低溫效果的第二代新品。鹼性纖維素酶不僅有直接去污作用，還能軟化棉纖維內部的膠狀污垢，以及消除衣服在洗滌和穿著過程中出現的一種超微纖維，從而解決了纖維骯髒、發灰、發硬的因素。澱粉酶可有效除去含澱粉的食物污垢，特別在餐具洗滌劑中受到青睞。兩種以上的複合酶製劑，以及多酶系統正在引入洗滌劑配方，通過它們相互間產生的協同作用發揮出更加優異的功能。

加酶洗滌劑的最大特點就是在低溫條件下也能有效地去除衣物上的污垢。因為酶在30～60℃時能表現出最佳性能，並在低濃度下具有高活性，它可在低溫洗滌時除去頑固的斑漬和污垢，而不致損傷織物，只要通過調整操作參數、溫度和酶的濃度，在非常低的溫度下即可達到滿意效果。經人們長期使用證實，衣物用加酶洗滌劑必須浸泡，隨後再在低溫下洗滌。其洗滌效果比不經預浸而在高溫下洗滌要好。其次，合成洗滌劑生產商還可利用少量酶製劑，通過合理調整配方，使界面活性劑和酶達到最佳的協同效應，從而使表面活性劑的用量減少，由節約資源來獲得明顯的經濟效益；還可通過降低洗衣機浸浴，節約洗衣用水量，達到節省水資源的目的。

蛋白酶可使蛋白質分解為水溶性的胺基酸除去。對於洗滌衣服的領子、袖口

及血漬和汗漬很有效。絲、毛織物本身是蛋白質纖維，故不能用加酶洗滌劑來洗滌。

2. 無磷洗滌劑

三聚磷酸鈉是洗滌劑的主要助劑。但由於磷酸鈉是植物的重要肥料，洗滌污水排入江河造成所謂高營養化(優養化)，使水藻大量繁殖，水中動物因缺氧而死亡。近年來隨著對環境問題的重視，廣泛開展了磷酸鹽代用品的研究，已提出一些代用試劑，如矽酸鈉、人造沸石、檸檬酸鈉、EDTA、合成分子篩等，但效果均不如三聚磷酸鈉，只能部分代用，適當降低用量。因此，盡快尋找到能代替三聚磷酸鈉，並又不降低去污效果的新型助劑，是擺在化學家面前亟待解決的問題。

四、洗潔精

通常市售的洗潔精是由烷基苯磺酸鈉(ABS)及聚氧乙烯十二烷基硫酸酯鈉(AES)配成，總活性有效成分為30%左右，其中還適當加些增泡劑，如月桂酸乙二醇醯胺，以增加其發泡性能。純淨的ABS和AES應是無毒性的，因此洗潔精不僅可以用來洗滌餐具，還可以用來洗滌水果、蔬菜等。為使洗潔精使用起來更方便一點，還在其中加入適量的化學漿糊羧甲基纖維素(CMC)以增加其黏度。判斷洗潔精的好壞，主要看其活性有效成分的高低，以及ABS和AES的比例，而和黏度無關。

觀念思考題與習題

1. 何謂服飾？包括有哪些？
2. 何謂智慧型服飾？其種類有哪些？
3. 何謂纖維？其種類有哪些？
4. 何謂人造纖維？何謂合成纖維？
5. 何謂天然纖維？有何特質？
6. 天然纖維有哪些種類？請簡述之。
7. 人造纖維有哪些種類？請簡述之。
8. 合成纖維有哪些種類？請簡述之。
9. 特種化學處理織物有哪些種類？請簡述之。
10. 根據服裝功能需要分類有哪些種類？請簡述之。
11. 根據服裝的基本形態分類有哪些種類？請簡述之。
12. 首飾根據原料可分為哪幾種？請簡述之。
13. 服裝中的有害物質有哪些種類？請簡述之。
14. 服裝品的常見危害有哪些種類？請簡述之。
15. 請簡述棉織物服裝的收藏和洗滌。
16. 請簡述合成纖維服裝的收藏方法。
17. 請簡述肥皂的組成和特性。
18. 為什麼說肥皂是兩親基(雙棲)物質？請簡述之。
19. 肥皂去污的原理是什麼？請詳述之。
20. 何謂洗滌劑？與肥皂有何關係？
21. 何謂合成洗滌劑？與肥皂有何關係？
22. 洗滌劑的危害有哪些？請簡述之。
23. 何謂界面活性劑？與肥皂有何關係？請簡述之。
24. 何謂表面張力？表面與界面有何不同？請簡述之。
25. 界面活性劑有哪些種類？請詳述之。
26. 界面活性劑重要作用有哪些？請詳述之。
27. 何謂洗滌助劑？請詳述之。
28. 主要的助劑及作用是什麼？請簡述之。
29. 合成洗滌劑的新品種有哪些？請詳述之。
30. 洗潔精中主要成分與肥皂或洗衣粉有什麼區別？請簡述之。

第六章　化妝品化學

　　人們的食、衣、住、行等生活領域，都與化學或化學生產有密切關聯。日常生活離不開化學知識和化學工業。實際上在日常生活中與化學、化學工業有關的部門行業相當的多。大家都知道，物質與人類生活息息相關，唯有藉助於化學方法來改變物質，以製造出更好的物品，有利於人們的生活品質的提升，使其獲得更舒適的環境，而過著美好的人生。生活化學涉及的面很廣，本章只講述一些大家所熟悉的化妝品。

　　何為化妝品？這一個問題，並不是非常明確的。最初化妝品是被看作為一種奢侈品。因為只有達官貴婦們才能享受得起。而人們對化妝品的理解也侷限在認為它是一種美化人的外表的用品。然而隨著時代的發展，化妝品也逐步滲入到一般人們日常生活中。因為並不是所有的化妝品都是昂貴的。更因為科學技術的發展，人們發現化妝品除了美化之外，還有清潔和保護人體肌膚的功效。這樣，化妝品的範圍就大大地被擴展了。

　　化妝品（或稱彩妝）是除了簡單的清潔用品之外，被用來提升人體美麗程度的物質。化妝品的使用起源相當早且普遍，特別是在有一定經濟基礎的女性會經常使用。西方世界的化妝品盛行，始於 17 世紀。最初是天花痊癒的女性，用來遮掩臉上疤痕。18 世紀，維多利亞女王曾公開宣稱，認為使用化妝品是不禮貌的。使用化妝品的行為被視為粗俗行徑，只有戲子和妓女才會使用。到第二次世界大戰前，化妝品已在西方社會被普遍應用（儘管在納粹德國被禁止）。

壹、艷麗的化妝品的由來

　　化妝品的歷史可以追溯到公元前 7,000 年，當時的埃及人用銻粉和綠銅礦（孔雀石）來畫眼臉。最早有關使用化妝品的考古學證據被發現於公元前 4,000 年的古埃及。公元前 3,500 年，埃及法老就曾使用香髮油。古希臘人與古羅馬人也使用化妝品。在古羅馬與古希臘人使用的化妝品中含有水銀。公元 2 世紀，希臘物理學家 (C. Galen) 發明了冷霜。公元 5 世紀時，埃及在許多宗教場合使用香膏、香木焚香，同時也用芳香產品混合油脂，塗在人身上去朝聖，或塗於屍體上作防

腐用。17世紀，埃及的紈袴子弟奢侈地使用化妝品來掩蓋其不常洗澡的陋習。18世紀歐洲的婦女盛行使用碳酸鉛白來美化臉部，結果很多人死於鉛中毒。因此，整個化妝品的歷史，充滿了美化和安全這一種矛盾。要做到安全使用化妝品，就必須了解化妝品，包括它的原料和添加劑。

在中國，晉代張華《博物誌》載有「紂燒鉛作粉」，以之塗面美容。胡粉（鹼式碳酸鉛）曾被后妃拿來美化臉部，稱為宮粉。後唐《中華古今註》關於胭脂的記載有：「起自紂，以紅蘭花汁凝成」。由於產於燕國，又稱為燕脂。漢武帝時，匈奴人有悲歌，「亡我祁連山，使我六畜不蕃息。亡我焉支山，使我婦女無顏色。」關於口紅，有「脣脂以丹作之，象脣赤也」。東漢班固撰《漢書》中，有畫眉的記載。在北魏賈思勰著《齊民要術》中，記載了「作香粉惟多著丁香於粉盒中，自然芬馥」。清代宮廷中，曾用中藥防治脫髮，用香皂製品進行沐浴。

在日本，藝妓們用碾碎的紅花花瓣做成口紅，塗抹眉毛、眼線和嘴唇，同時用一種比相撲力士用的髮蠟更軟的蠟充當粉底；白色的顏料和粉用來塗面部和背部，胭脂用來勾勒眼窩和鼻子。在歌舞伎(藝妓學徒)的出師典禮上，她們用黑色染料把牙齒塗黑。

目前，化妝品的大部分市場占有率已被為數不多的跨國公司佔領，這些公司往往起源於20世紀上中葉。截至2005年，化妝品工業已被少數跨國企業所壟斷，這些企業都濫觴於20世紀初。在這些跨國寡頭當中，歷時最久、規模最大的是法國人尤金·舒爾勒於1909年創立的歐萊雅(L'Oréal)，當時名為法國無害染髮公司，目前該企業的股東為 Liliane Bettencourt 27.5%、Nestlé 26.4% 以及 46.1% 的公眾流通股股東。在1910年代，American trio Elizabeth Arden，Helena Rubinstein 以及密司佛陀(Max Factor) 等企業為市場的開拓做出了實質性的貢獻，這幾家企業確立了在化妝品市場的寡頭地位，此後，Revlon 和 Estée Lauder 於第二次大戰前後加入了他們的行列。某些化妝品企業在進行廣告宣傳時，其內容有一些作為已被人們詬病。

一、化妝品的早期意涵

通常，化妝品使用者的目的是使自己更具吸引力。對大多數女性來說，使用化妝品是她們顯得更加健康、年輕、美麗。粉底使皮膚顯現出少女才有的那種平滑、無暇的理想狀態。眼影、眼線和染眉油使眼睛看起來更大、更年輕、更純真。

腮紅使臉部呈現出年輕人激動時產生紅暈的效果。口紅用來使嘴唇顯得更大些，使瑕疵被掩蓋，也是人看起來更年輕，因為青年人的皮膚薄，嘴唇紅。

一種涵蓋化妝品以及其他物品的的社會學理論認為，現代化妝品的作用不僅是為了產生美化、年輕和健康的效果，同時在某種程度上表示花枝招展、風騷、發情。睜大的眼睛、紅紅的嘴唇和腮邊的紅暈，都可以被視為發情的表現，儘管大多數女性會把這種化妝風格稱為：「看起來性感」。而一個好的潔面乳可以讓膚質狀況搭配更好的化妝品使用，像是胺基酸洗面乳。

一位化妝品的批評者 (J. Grahn，一位女權主義者) 認為，化妝會使女人的臉看上去就像被毆打過一樣：黑眼圈、瘀青的腮頰、還有血淋淋的嘴唇，這些表象也是對「看起來性感」的另類理解。電視或舞台中使用的彩妝使演員更符合在舞台或是螢幕所塑造的角色，這些彩妝比一般用作靚粧的化妝品，使人的外表產生更大的改變：使用特定的修補物質，會產生各種化妝效果，甚至能把演員打扮得不像人類。舞台彩妝的應用很普遍，甚至普通配角也要使用，比方說，扮演新聞記者的演員就要使用，以使臉色在鎂光燈下不致太過蒼白。

彩妝也被用來訓練醫護人員辨識、治療創傷（印痕），在臨床治療中，還被用以掩蓋疤痕以及斑點等會影響人們正常社交的瑕疵。化妝品有時也被用來使人顯得成熟，年輕的姑娘們常常用母親的化妝品這樣做，當她們逐漸長大，她們會意識到打扮得年輕性感對自己更有好處。在好萊塢，無論男女老少，人人化妝，沒人覺得不合適。

二、化妝品的定義

對化妝品下一個定義的話，就必須把這些功能都包括在內。1938 年美國國會曾通過的一項法令 (The United States Food, Drug, and Cosmetic Act)，對化妝品作出了如下的定義：任何一種塗抹或噴灑於人體，其目的是為了清潔、美化、增加吸引力或改變外觀的東西就是化妝品。但是肥皂被排除在外，也許是因為肥皂已經被使用得太普遍了。另外還有一些東西被排除在外，那就是有藥效功能的東西，如阻汗劑，去頭屑水等等。當時認為，藥物和化妝品的主要區別在於前者必須在絕對安全和有效的基礎上才能夠投入市場。而化妝品不受此限。

前述法令的內涵基本上可以把大部分化妝品含在其中，但有時也會出現一些矛盾。例如和肥皂差不多的牙膏卻是化妝品，又如去頭屑水現在也屬化妝品。

三、化妝品定義的延伸

化妝品是以化妝為目的的產品的總稱。「化妝品」一詞希臘文原意是「裝飾的技巧」，意思是把人體自身的優點，配上髮況而把缺陷加以補救。中國大陸《化妝品衛生監督條例》中給化妝品下的定義是：「化妝品是指以塗搽、噴灑或其他類似的方法，散布於人體表面任何部位(皮膚、毛髮、指甲、口唇等)，以達到清潔、消除不良氣味、護膚、美容和修飾目的的日用化學工業產品」。化妝品的主要作用是除去面部、皮膚以及毛髮上的骯髒污物質；保護其柔軟與表面光滑清潔，用以抵禦風寒、烈日、紫外線輻射，防止皮膚開裂；美容養顏皮膚、毛髮，增加細胞組織活力，保持表皮角質層的含水量，減少皮膚細小皺紋及促進毛髮生長；並具有美化面部、皮膚以及毛髮，給人們以容貌整潔的好感，有益於人們的身心健康。

自從有史料記載以來，世界各地不同的民族，僅管文化和習俗各有差異和特點，但是都使用各類物質對自己的容貌加以修飾。隨著社會的進步和發展，人們更加認識到化妝品對於美化容顏和保護皮膚的重要作用。化妝品已成為人們日常生活中不可缺少的用品。

另外，美的概念並無絕對的客觀標準，有人稱美，也有人稱不美。於是法令中有一個功能是可以解決這個矛盾的，那就是吸引別人的注意力。例如，把頭髮染得五顏六色，其本身隨興而言並無美醜，但這樣做確實起到了吸引別人的作用。

化妝品的定義也許並不那麼重要，關鍵是要有清潔，美化，保護肌膚的作用，這才是最重要的。

貳、人的皮膚和毛髮

化妝品是清潔、美化和保護人們面部、皮膚以及毛髮的日常用品。它能充分改善人體的形態美，給人以高雅、光潔的好感，有益於人們的身心健康。但面對今天市場上種類繁多、琳瑯滿目的各類化妝品，許多人由於缺乏必要的化妝品知識而感到無所適從。他們總是要挑貴的買，認為越貴的化妝品越好；要麼趕時髦潮流，今天流行珍珠霜就選用珍珠霜，而增白粉蜜用的人多，又跟著採用增白粉蜜。這些選用化妝品的方法都是不對的，人們應該根據自己的皮膚和毛髮的特性、年齡、性別、生理條件，不同的晝夜、季節和不同的用途來挑選適用的化妝品。

要做到這一點必須了解化妝品的各種組分及其在美容、美髮中的作用。由於各類化妝品直接接觸的是人體的皮膚和毛髮，因此了解皮膚和毛髮的基本結構是正確使用化妝品的基礎。

人的全身表面覆蓋著皮膚，從外觀上看皮膚只是薄薄的一層，但如果在顯微鏡下就會發現皮膚是由表皮、真皮和皮下組織三層組成的。表皮位於皮膚的表層，是上皮組織，它與外界化妝品接觸最多，是與化妝品關係最密切的部位。

一、皮膚的基本結構

表皮層僅管很薄，但從外向裡它分成角質層、透明層、顆粒層、棘狀層和基底層。基底層由基底細胞和黑色素細胞組成。基底細胞不斷進行分裂產生新的細胞，逐漸向外推移，形成細胞外圍棘突明顯的棘細胞層。有人使用化妝品發生「過敏反應」，表現為皮膚發癢，局部紅腫，這主要與這層細胞有關。棘細胞向上逐漸變成為多角形細胞核，趨向退化，逐漸變小，成為不規則的扁形顆粒，稱為顆粒層。顆粒層細胞間貯有水分，由於這些細胞可以從外部吸收物質，所以這一層對於化妝品的使用效果起著重要作用，顆粒層細胞失去細胞核後變成發亮的透明層，最後完全角質化變成扁平的角質層。角質層細胞無生物活性，細胞中有一種非水溶性的角蛋白纖維，對酸、鹼、有機溶劑等有一定的抵抗能力以保護皮膚。在表皮下面的是真皮，它與表皮有明顯的分界，真皮內部細胞很少，主要由纖維結締組織構成。它們與皮膚的彈性、光澤和張力有關。一般皮膚的鬆弛起皺等老化都發生在真皮中。真皮中有血管、神經、汗腺、皮脂腺淋巴管、毛囊、毛肌等。皮膚的第三層是真皮下的皮下組織，兩者無明顯的分界。皮下組織是由大量的脂肪組織散布於疏鬆的結締組織中而構成。它疏鬆柔軟，可緩衝外來的衝擊和壓力，還能減少體溫的發散和能量供給。

皮膚上分佈著許多汗腺和皮脂腺，尤其汗腺是通過汗的分泌來調節體溫，另外可以輔助腎臟起著排出水分、廢物和毒物的作用。皮脂腺本位於真皮的上方，但皮脂的分泌會因人而異，差別很大，根據皮脂分泌量的多少，大約可分為油性、中性和乾性肌膚。在表皮上的皮脂，會擴散形成一層薄膜，使皮膚平滑、柔潤有光澤，並能防止體內的水分蒸發。皮脂中的脂肪酸和汗腺分泌的汗成分中的胺基酸和乳酸使皮膚的 pH 值保持為 4.5～6.5，呈微酸性，產生殺菌的效果。因此，在使用潔膚用品時，人們應選用 pH 值與皮膚較接近的弱酸性的、具有緩衝作用

的肥皂和化妝品來達到潔膚、護膚的目的。皮膚中的水分是保護皮膚潤滑的關鍵。為了防止皮膚角質層水分蒸發，除了皮脂膜外，皮膚角質層還存在一種叫天然潤濕因子的親水性吸濕物質，簡稱 NMF，它和皮脂膜一起在皮膚的保濕上起著重要的作用。NMF 是由表皮細胞在角脂化過程中形成的，含有胺基酸、吡咯烷酮及鹽類、乳酸鹽、尿素等化合物。因此，人們在配製護膚用品時，都要考慮加入與人體的 NMF 相類似的、稱為保濕劑的成分，如我們熟知的甘油、丙二醇、山梨醇等醇類。而目前較優良的化妝品中均採用了較高級的吡咯烷酮羧酸及其鈉鹽、乳酸及其鈉鹽。

　　皮膚並不是絕對嚴密而無通透性的組織，某些物質可以選擇性地通過表皮而被真皮吸收，從而引起全身的影響。皮膚吸收一般有三個途徑：(1) 使角質層軟化，滲透過角質層細胞膜，並進入角質層細胞，然後通過表皮其他各層；(2) 大分子及不易滲透的水溶性物質只有少量可以通過毛囊、皮脂腺和汗腺導管而被吸收；(3) 少量通過角質層細胞間隙而滲透進入。化妝品基質一般難以被吸收如凡士林、液體石蠟、矽油等完全或幾乎不能被皮膚吸收；而豬油、羊毛脂、橄欖油則能進入皮膚各層、毛囊和皮脂腺。對於油脂類，動植物油的吸收要比礦物油大。各種激素、脂溶性的維生素 (如維生素 A、維生素 D、維生素 E) 等則很容易被吸收，因此在化妝品中被廣泛採用。角質層可以吸收較多的水分，如皮膚經白水浸漬後，則可增加滲透。如化妝品使用油性載體，覆蓋在皮膚表面，使體內的水分無法逐出，這些水分便角質層細胞含水量增加，從而促進了皮膚的吸收。了解了皮膚的吸收作用，對化妝品劑型和配製方法的選擇有重要意義。一般來講，要促使皮膚吸收，用肥皂等去垢劑洗掉皮脂，並小心地擦用一些乳膏的物質，再經按摩以促進皮下血液的循環，從而加速了皮膚的新陳代謝，則對滲入皮內並柔潤皮膚將更為有利。

二、毛髮的基本結構

　　人體的毛髮是由毛幹、毛根和毛乳頭組成的。毛髮露出表皮的部分叫毛幹，它完全沒有生命，是由堅韌的角蛋白纖維組成的。生長在皮膚以內的部分是毛根，毛根深埋在皮內的毛囊之中，毛根的尖端叫毛球，其下部分叫毛乳頭，毛乳頭與神經血管相連，為生長中的毛髮輸送營養。每根毛髮可分成三層，外層是護膜層，中間層是皮質層，核心則為能質層。護膜層是由無核透明的細胞組成。它可以保

護毛髮不受外界的影響，保持毛髮烏黑、光澤、柔韌的性能。皮質層是毛髮的主要成分，是由扁平的角蛋白纖維組成，使毛髮堅韌而富有彈性。頭髮的黑色素顆粒主要是在皮質層中，如果黑色素顆粒消失，毛髮則變為白色。髓質層位於皮質的中心，是由細胞分裂後的殘餘細胞組成。它的作用是提高毛髮的結構強度和剛性。

毛髮主要由角蛋白組成，水解後可得到胱胺酸、麩胺酸、白胺酸、離胺酸、甘胺酸、酪胺酸等多種胺基酸。由這些胺基酸組成的角蛋白中的多肽鏈通過凡德瓦爾力、氫鍵、鹽鍵、二硫鍵連接成交聯的結構。而其中的二硫鍵是毛髮多肽鏈之間的重要聯接形式。胱胺酸分子在 α 位置上，既有 $-NH_2$ 基，又存在著 $-COOH$ 基：

$$HOOC(H_2N)HC-CH_2S-SCH_2-CH(NH_2)COOH$$

所以可以形成兩個多肽鏈。在人髮的角蛋白中，胱胺酸約占 14%，這樣對於每一個胱胺酸分子來說，它的一部分在一條多肽鏈中，而另一部分則在另外一條多肽鏈中，這兩條鏈通過半胱胺酸分子內的兩個硫原子連結在一起。這兩個硫原子之間的交聯叫做二硫鍵。由於二硫鍵可將兩條多肽鏈連結在一起，因此，毛髮中的多肽鏈都是兩兩相連於一個網狀結構內。二硫鍵非常堅固，只有通過化學變化才能被打開。它對頭髮的變形起著重要的作用。

僅管毛髮的角蛋白屬於長線狀的、不溶於水的纖維蛋白，它們的化學性質不活潑，但毛髮對沸水、酸、鹼、氧化劑和還原劑還是比較敏感的。在一定條件下與這些物質接觸後能發生氧化反應、水解反應和還原反應，使頭髮損傷和改變頭髮的化學性質；同時頭髮的這些化學性質也是人們配製護髮和美髮用品的化學理論基礎。毛髮的主要化學性質簡述如下。

（一）氫鍵斷裂

在水溶液中會使毛髮分子中一些氫鍵 (A–H⋯B) 斷裂，而且溶液溫度越高，斷裂的氫鍵越多，氫鍵可在水或氨的作用下斷開而成下列結構形式：

$$O-H\cdots O \quad 或 \quad N-H\cdots O$$

因此頭髮在水中能夠膨脹軟化，同時頭髮的彈性也將改變，但頭髮乾後氫鍵仍會形成，因此頭髮就又會恢復為原來的狀態。

(二) 氧化反應

　　頭髮中的黑色素可被某些氧化劑氧化而使顏色被破壞，生成一種無色的新物質。依靠這個反應，可將頭髮漂白，常用的氧化劑為過氧化氫。為迅速而有效地漂白頭髮，可在過氧化氫中加入一些氨水作為催化劑，同時使用熱風或熱蒸氣也可加速黑色素的氧化過程。使用過氧化氫作為氧化劑的最大好處就是它的反應產物是水，因而不會造成任何傷害。

(三) 水解反應

　　若將頭髮在水中加熱到 100°C 以下，產生如下水解反應：

$$R-S-S-R + H_2O \rightarrow R-SH + HOS-R$$

此反應速度較慢，且不會進一步反應下去。但如超過 100°C 或在有鹼存在的條件下，則將進一步反應：

$$R-S-S-R + H_2O \rightarrow R-SH + HOSR$$
$$R-SH + HOS-R \rightarrow R-S-R + S + H_2O$$

溫度越高，pH 越高或處理時間越長，損失的硫就越多。

　　所謂熱燙或電燙的方法即是根據頭髮的水解反應而產生的；這種方法首先須將頭髮浸上鹼性的藥水，利用捲髮器將頭髮捲曲，以改變頭髮中角蛋白分子的形狀。然後對頭髮進行加熱，使頭髮中的水分變成蒸氣。受熱後的燙髮藥水發生水解作用，二硫鍵被破壞，通過化學變化形成新的硫化鍵將頭髮形成的波紋固定下來。在熱燙中二硫鍵的破裂和硫化鍵的形成是一個連續的過程。

(四) 還原反應

　　毛髮中的二硫鍵很容易被還原劑破壞。常用的還原劑有硫醇基乙酸 ($HSCH_2COOH$) 及其鹽 (化學冷燙劑的主要成分)。它們能向角蛋白分子提供氫原子，從而使胱胺酸中二硫鍵的兩個硫原子各與一個氫原子結合，形成兩個硫醇基 (–SH)，從而使一個胱胺酸分子被還原為兩個半胱胺酸分子，頭髮從剛韌狀態變成軟化狀態，並隨捲髮器彎曲變形，相互錯開的半胱胺酸分子上硫醇基團再經過氧

化劑（在冷燙藥水中稱為中和劑）的氧化作用，部分又重新組合成新的二硫鍵。於是頭髮又恢復為原來一定程度的剛韌性，同時也保留持久的波紋狀態。這也是化學捲髮或被稱為冷燙的反應原理，可用下列反應式表示之。

1. 胱胺酸分子中二硫鍵的斷裂：

$$R-S-S-R + 2\,[H] \rightarrow 2\,R-S-H$$

2. 新的二硫鍵的重新組合：

$$R-S-H + H-S-R + [O] \rightarrow R-S-S-R + H-O-H$$

參、化妝品的化學成分

製造化妝品的原料是很多的，各種原料都有自己的特色和功能，依化學組成不同可分為基質原料和輔助原料兩大類。

一、基質原料

組成化妝品的主體原料，或在該化妝品內起主要功能的物質稱為基質原料。它在化妝品配方中占有較大的比重，基質原料包括以下幾大類：

（一）油脂和蠟

油脂和蠟類原料是組成雪花膏、冷霜、乳液、髮乳等乳化體化妝品與髮蠟、唇膏等油蠟體化妝品基質的原料。主要起護膚、滋潤皮膚等作用。在一般化妝品中所用的油脂和蠟分為三類，即由動、植物中取得的天然動、植物的油脂、蠟和從這些油脂、蠟中分離出的脂肪酸和脂肪醇等原料；由石油資源中可製得礦物性的油脂、蠟，以及由人工合成的油脂、蠟等。下面就常用的油脂原料品種作個簡單的介紹。

1. 硬脂酸（$C_{17}H_{35}COOH$）

硬脂酸可由牛脂、羊脂、獸骨油或硬化的植物油進行水解而製得。油脂經水

解後，生成的硬脂酸和甘油分開，硬脂酸為白色結晶體，略有光澤，不溶於水，可溶於醇、醚等有機溶劑中。硬脂酸是製造雪花膏、冷霜的主要原料，高質量的硬脂酸能製成潔白的雪花膏而不會酸敗。硬脂酸的衍生物可以製成多種乳化劑；硬脂酸鋅、硬脂酸鎂配製成的香粉具有很好的黏附性。

在自然界中硬脂酸很少單獨存在。然而，在動植物的油脂中，特別是在牛油裡含有豐富的三硬脂酸甘油酯。將其水解就可以得到硬脂酸，產物經化學處理可把甘油和硬脂酸分開。純淨的硬脂酸為白色蠟狀固體，熔點 69.4℃，可溶於醇、醚、二硫化碳 (CS_2) 和四氯化碳 (CCl_4) 等有機溶劑中。

單硬脂酸甘油酯(或簡稱單甘酯)是製造雪花膏的主要原料，由它製造的雪花膏，膏體細膩均勻。單甘酯是由甘油和熔融的硬脂酸加熱再酯化而成的。純淨的單甘酯是白色蠟狀固體，熔點 58～59℃，溶於熱酒精中。

2. 羊毛脂及其衍生物

羊毛脂是一種複雜的混合物，主要是由高分子脂肪酸和脂肪醇化合而生成的酯類構成，此外還含有少量游離脂肪醇和脂肪酸。羊毛脂是毛紡行業從洗滌羊毛的廢水中提取出來的一種帶有強烈臭味的黑褐色膏狀黏稠物，經過脫色、脫臭精製後，可製成色澤較淺的產品。

精製的羊毛脂是一種淡黃色膏狀半透明體，有特殊的氣味，可溶於苯、乙醚、氯仿及熱乙醇中，在水中不溶。羊毛脂可使皮膚柔軟、潤滑，並能防止皮膚脫脂，可廣泛應用於化妝品中，是冷霜等膏霜類化妝品的主要成分。由於羊毛脂特殊的氣味，在化妝品中不宜過多。將羊毛脂加以特殊的處理，即可製得羊毛醇、乙醯化羊毛脂、乙氧基化羊毛脂、聚氧乙烯羊毛脂等一系列衍生物。它們的性能均較羊毛脂優良。如羊毛醇，它色澤潔白，沒有氣味，比羊毛脂的吸水性能強，羊毛醇製成的藥物基質要比用凡士林更易被皮膚所吸收。乙醯化羊毛脂具有較好的抗水性能，可在皮膚表面形成抗水薄膜，使皮膚減少水分蒸發，因此保持了皮膚的水分，避免外界環境因素引起的脫脂，並能使皮膚柔軟，適用於製造兒童護膚用品。羊毛脂的衍生物多是性能優越的化妝品原料，是製造多種化妝品的重要組分之一。

3. 蜂蠟

蜂蠟是工蜂的腹部的蠟腺分泌出來的產物，它是構成蜂巢的主要成分。蜂蠟

是一種高碳脂肪醇和脂肪酸化合的酯及碳氫化合物的混合物,主要成分為棕櫚酸蜂蠟酯及蠟酸等。蜂蠟是白色略帶微黃的固體,薄層時呈半透明狀,略有蜂蜜氣味,不溶於水,可溶於乙醚、氯仿及油類中。蜂蠟是製造冷霜、唇膏、髮蠟的重要原料,也是製造香脂、護膚化妝品、美容化妝品的原料。因為蜂蠟是蜂窩的主要成分,因此可以將蜂窩溶於熱水中,經漂白即可得到蜂蠟。

4. 棕櫚酸蠟

也叫加洛巴蠟或巴西棕櫚蠟,是生長在巴西北部的乾旱地區的巴西棕櫚樹葉上分泌出來的一種植物蠟。主要成分為高碳脂肪酸的酯類與其他醋酸的酯類。蠟的顏色是由淺黃至深灰色的脆硬固體,熔點 83～86°C,相對密度 0.998 g/cm³。它有熔點高、硬度大、光亮度好等許多優點,曾被譽為「蠟中之王」。用於唇膏,則能提高唇膏的熔點,並可使唇膏的結構細膩而光亮。

5. 蓖麻油

蓖麻油是從蓖麻種子中提取的無色或淡黃色的黏稠液體,有特殊的氣味。相對密度 0.950～0.970 g/mL,凝固點 –10～–18 °C,可與酒精、氯仿等任意混溶,微溶於水。蓖麻油中主要成分為蓖麻油酸甘油酯。蓖麻油是不飽和脂肪酸,碳鏈上存在有羥基,因此它的性能與其他油脂不同。蓖麻油是高黏度植物油,且其黏度受溫度的影響較小,因此,在各種不同溫度下黏度變化小,凝固點較低。它的應用範圍極廣,蓖麻油主要用於製造唇膏和美容潤膚用品,蓖麻油中含大約 90% 的三層麻油酸甘油酯。

6. 白油

白油亦稱液體石蠟,是無色、無味的黏稠狀油狀液體,主要成分為液體烷烴的中等碳鏈混合物,可自石油潤滑油的高沸點部分分餾,經過脫蠟、磺化、中和以及活性處理而得,其規格的數字編號、號數愈大則黏度愈大。白油的異構烷烴含量高,能使皮膚正常呼吸、排出汗液。但正構烷烴含量高,則會在皮膚表面形成障礙性薄膜,影響皮膚透氣。白油常用來製造乳劑類、膏霜類化妝品。

7. 石蠟

石蠟是從石油中提取出來的礦物蠟,是目前生產量最大、應用最為廣泛的

一種工業石蠟。石蠟是石油分餾後包含在潤滑油，餾分中的各種高分子飽和烴類的混合物，是白色至黃色、略帶透明、無臭無味的結晶性蠟狀固體，熔點 50～70℃。石蠟有優良的物理性能和很好的化學穩定性，可用於膏霜類等多種化妝品中。石蠟也是化妝品原料，常被選用的是白石蠟，用於製造髮蠟、冷霜等。

8. 凡士林

商品凡士林是礦物油脂和柏油以適當比例配製的混合物。它是白色或淡黃色的半透明油膏，能溶於氯仿和油類，不溶於乙醇和水。主要成分為 C_{34}～C_{60} 碳鏈範圍的烷烴和烯烴的混合物，可用於膏霜類產品及髮蠟、唇膏等化妝品中。凡士林也是長鏈烴類化合物，是製作髮蠟、髮乳、冷霜潤膚油、防裂護膚霜等化妝品的重要原料。取高黏度的石油餾分，經過脫蠟，摻加中等黏度潤滑油，用硫酸和活性白土精製而成。用於化妝品的凡士林，應色白、無臭、結構細膩均勻，呈半透明狀。

（二）高級醇類

甘油，學名為丙二醇。由於它有良好的助溶性、潤滑性和極強的吸濕性，因此在化妝品酯造中被廣泛採用作為原料。甘油是製皂工業中的副產品。純淨的甘油是一種無色、無臭、有甜味的黏稠液體，能溶於水、酒精和鹼，不溶於苯、醚等有機溶劑。

十六醇也稱鯨蠟醇或棕櫚醇，是製造各種膏霜類化妝品的原料，用作軟化劑和乳劑調節劑，具有穩定化妝品乳膠體的作用。十六醇可以用氫氧化鈉 (NaOH) 皂化鯨蠟而得。

$$C_{16}H_{33}-OC(O)-C_{15}H_{31} + NaOH \rightarrow C_{16}H_{33}-OH + C_{15}H_{31}-COONa$$
　　　　　鯨蠟　　　　　　　　　　　十六醇　　　　十六酸鈉

另一個常用的高級醇是十八醇，即 $C_{18}H_{37}-OH$，也稱硬脂醇，是膏霜類化妝品的原料，同樣起助乳化作用和定乳膠體作用。十八醇可以從蠶蛹油或棉籽油 (主要含 C_{12}～C_{18} 混合物) 經高溫加氫而得。十八醇是白色片狀晶體，熔點 58.5℃，易溶於醇、醚、苯和丙酮，不溶於水。

（三）粉類

粉類是組成香粉、爽身粉、胭脂的基質原料。一般是不溶於水的固體，經研磨成細粉狀，主要起遮蓋、滑爽、吸收、吸附等作用。包括天然產的滑石粉、高嶺土等粉類原料，鈦白粉、氧化鋅等氧化物，碳酸鎂、碳酸鈣等不溶性碳酸鹽以及硬脂酸的鎂、鋅鹽等。

（四）水和溶劑

水和溶劑是液狀、漿狀及膏狀化妝品，如香水、花露水、洗髮水、雪花膏、冷霜等許多製品的配方中不可缺少的主要組成部分。它和配方中的其他成分互相配合，使製品保持一定的物理性能。溶劑除了主要的溶解性能外，在化妝品中往往還利用它的其他特性，如揮發、潤濕、潤滑、增塑、保香、防凍及收斂等等。這些特性在許多化妝品中都起著很重要的作用。除水和乙醇外，在化妝品中常用的溶劑類原料還有：丁醇、丙酮、異丙醇、乙酸乙酯、乙酸丁酯、鄰苯二甲酸二丁脂、甲苯和二甲苯等。

二、輔助原料

使化妝品成型、穩定或賦予化妝品以色、香及其他特定作用的主要配合原料稱為輔助原料。它在化妝品配方中雖然比例不大，但極為重要。

（一）乳化劑

N,N- 油醯基甲基牛磺酸鈉是化妝品中常用的乳化劑，也是洗髮香波及泡沫溶液的主要原料，它的分子式為：

$$C_{16}H_{33}-(O)C-N(CH_3)-CH_2CH_2-SO_3Na$$

這是一種陰離子型乳化劑，它在酸性、鹼性、硬水、金屬鹽、氧化劑等溶液中，都較穩定，並具有優良的去污滲透、乳化和擴散能力，泡沫豐富而穩定，對皮膚和毛髮洗後有溫和、滑爽、滋潤、光澤等感覺。

陽離子乳化劑溴化十六烷基三甲基銨 ($[C_{16}H_{33}-N(CH_3)_3]^+Br^-$)，可以在水中解

離山陽離子活性基團，具有良好的乳化作用，能對一切礦物油、植物油、動物油及化學合成油脂有很好的乳化作用，並且還具有殺菌和抗靜電作用。

兩性乳化劑是在同一個分子中，同時存在陽離子和陰離子活性基團。這類乳化劑的結構與蛋白質相似，所以對皮膚和毛髮的刺激性較小，是一種安全型的乳化劑，最有代表性的兩性乳化劑為甜菜鹼型化合物，它是由季銨鹽型陽離子和羧酸鹽型陰離子所構成，用通式表示如下：

$$R-N^+(CH_3)_2-CH_2COO^-$$

其中，R 為 $C_{12} \sim C_{18}$ 的烷基。若 $R=C_{12}$ 就是十二烷基二甲基甜菜鹼，它的水溶液透明度高、泡沫多、去污力好，也是洗髮香波的原料。

乳化劑是使油脂、蠟與水製成乳化體的原料。很大一部分化妝品，如冷霜、雪花膏、奶液等，是水和油的乳化體，因此乳化劑在化妝品生產中占有相當重要的地位。

乳化體系是由兩種不完全相混合的液體如水和油所組成的體系。即由一種液體以球狀微粒分布於另一種液體中所成的體系。分散成小球狀的液體稱為分散相或內相，包圍在外面的液體稱為連續相或外相。當油是分散相、水是連續相時，稱為油／水型乳化體；反之，當水是分散相，油是連續相時，稱為水／油型乳化體。乳化劑可以降低液體的表面張力以製得穩定的乳化體系。

乳化劑是一種界面活性劑，其分子結構中同時存在親水性基團和親油(斥水)性基團。在油水體系中，其親水性基團溶入水中，而憎水性基團則排斥於水外。由於界面活性劑如此集中於兩相的界面，從而降低了界面張力，促進了乳化作用。

（二）助乳化劑

助乳化劑是無機或有機鹼性化合物，能與脂肪酸或其他類似物質作用形成界面活性劑而起乳化作用的輔助原料。氫氧化鉀、氫氧化鈉、硼砂是化妝品生產中常用的無機鹼類化合物。化妝品生產中常採用的有機鹼性化合物有三乙醇胺、三異丙醇胺等。

（三）香精

香精的含義是指選用幾種至幾十種天然、合成的單體香料，按香味、用途、價格等要求，調配而成的混合體，可直接用於化妝品中，使其具有優雅合適的香

氣。香料按其來源可分為兩大類：即天然香料和合成香料。天然香料有植物香料如香葉油、橙葉油、玫瑰浸膏、安息香樹脂、茉莉淨油等，動物香料如龍涎香、麝香、靈貓香、海狸香等。合成香料是指用化學合成方法製得的香料。合成香料有單離香料，是指從植物香料中通過化學處理，分離出其中一種或數種組分。化妝品的加香，除了必須選擇適宜的香味外，還要考慮到所用香精對產品質量及使用效果有無影響。例如對白色膏霜、乳液等必須注意色澤的效果；唇膏、口紅等產品應考慮有無毒素，直接在皮膚上塗敷的產品應避免對皮膚有刺激性。

（四）色素

一般人們選擇化妝品是靠視、觸、嗅等三方面的感覺，而顏色則以視覺方面較為重要。色素運用的好壞對產品的好壞常起到決定性作用。化妝品所用的色素，大致分為有機合成色素、無機顏料和動植物天然色素。有機合成色素有染料和顏料。用於化妝品的無機顏料有氧化鋅、二氧化鈦、氧化鐵、碳黑等。它們對光的穩定性很好，不溶於有機溶劑，其色澤的鮮豔程度和著色力則不如有機顏料，但它的耐光性能好，且不易引起皮膚過敏，因此在粉底霜、粉餅和眼部化妝品中使用較多。有些國家禁止在眼部化妝品中使用有機合成色素，所以氧化鐵、碳黑等用於眼部化妝品中是很普遍的。天然植物色素，由於著色力、耐光性、色澤鮮豔度和供應數量等問題，已經被大部分有機合成色素所代替，僅某些普遍的和穩定的天然色素用於化妝品中，它們是胭脂紅、紅花、胡蘿蔔素、姜黃和葉綠素等。

（五）防腐劑

因為多數化妝品中均含有水分、油脂、膠質、蛋白質、多元醇、維生素和其他營養物質，為微生物生長創造了良好條件，在溫度適宜時，會促使微生物生長；當繁殖至相當數量後，會使乳化劑分離、變色和產生不愉快氣味，也可刺激皮膚。如果產品中繁殖了病原體微生物，將使消費者面臨著傳染的危險。為了抑制產品中可能引起微生物繁殖，必須在化妝品中加入一定數量的防腐劑。防腐劑的作用是防止微生物和霉菌的繁殖。

用於化妝品防腐劑的要求是：不影響產品的色澤，無氣味；在用量範圍內應無毒性，並對皮膚無刺激性，不影響產品的品質。為了獲得廣泛的抑菌作用，往往採用 2～3 種防腐劑配合使用。即使是加了防腐劑的化妝品，也還有保質期。過期的化妝品一般不適宜再使用。化妝品中常用的防腐劑有：對羥基苯甲酸、鄰苯二酚、苯甲酸鈉、安息香酸（苯甲酸）及其鹽類等。

在化妝品中常用的防腐劑有以下幾類：對羥基苯甲酸類、咪唑烷基脲腮（商品名稱 Germall-115)、2-溴-2-硝基-1,3-丙二醇（商品名稱 Bronpol）、l-(3-氯丙烯)-3,5,7-三氮雜-1-偶氮基金剛烷氯（商品名稱 Dowicil-200）。它們都具有對皮膚無毒性、無刺激、使用濃度低和抗菌廣泛等特點。另外，山梨酸、乙醇、多種芳香油、安息香酸及其鈉鹽等都是適用於化妝品中的防腐劑。

（六）抗氧劑

油是許多化妝品的主要油脂成分，油脂中的不飽和酸很易氧化而引起變質，這種氧化變質叫做酸敗壞。不飽和油脂的氧化是一種連鎖反應，只要其中有一小部分開始氧化，就會引起油脂的完全酸敗壞。油脂中的不飽和鍵越多，就越容易被氧化，所以酸敗壞程度也是隨著不飽和鍵數量的增加而增加的，可由酸價決定。為了阻止油脂的氧化酸敗或者自身被氧化，需要添加抗氧劑。而抗氧劑有兩個作用，一是阻止易酸敗的物質吸收氧，二是自身被氧化而防止油脂被氧化。用量一般在 0.02～0.1% 之間。

常用抗氧劑主要有兩類：(1) 酚類：如三羥基酚、二叔丁基甲酚、二叔丁基對苯二酚等；(2) 酮類：如維生素 E、溶劑浸出的小麥胚芽油等。另外在化妝品中使用較新的抗氧劑有：特丁基-4-羥基茴香醚或叔丁基羥基苯甲醚，簡稱 BHA；二叔丁基對甲酚，簡稱 BHT；生育酚（維生素 E）；沒食子酸丙酯；羥甲基硫醇基琥珀酸單十八酯，簡稱 Metsa。

（七）其他添加劑

1. 保濕劑

又稱滋潤劑，它能保持皮膚滋潤，防止表皮角質層水分的流失，它是使產品在貯存與使用時能保持濕度，起滋潤作用的原料。保濕劑一般是以甘油、丙二醇和山梨樹醇為主的多元醇類，這些物質在化妝品中不僅在皮膚保溫上起著很重要的作用，同時也起著化妝品本身水分保留劑的作用，有助於保持整個系列的穩定性，有時也用它們來發揮抑菌作用和香料保留效能。作為保濕劑，2-吡咯烷酮-5-羧酸鈉被廣泛用於化妝品中，一般認為這是在皮膚天然調濕因子 (NMF) 中起主要作用的天然系保濕成分，具有良好的吸濕、保濕效能。

2. 收斂劑

收斂劑又稱抑汗劑，是能使皮膚毛孔收斂，暫時性抑制或減少汗液和阻止分泌的物質。收斂劑主要用於抑汗類化妝品，它能使皮膚表皮的蛋白質凝固，汗腺口膨脹，阻塞汗液的流通。鋁、鐵、鉻、鉛、汞和鋅等金屬的鹽類都具有收斂作用。常用的收斂劑是鋁、鋅等金屬的鹽類，如明礬、氯化鋁、硫酸鉛、鹼式氯化鋁、硫酸鋅、苯酚磺酸鋅等。大多數具有收斂作用的鹽類，其 pH 值都較低，通常為 2.5～4.2，有可能刺激皮膚和腐蝕組織。為此可加入少量 ZnO，MgO，Al(OH)$_3$ 或三乙醇胺來調節 pH 值。人體表皮的酸鹼度雖然會因人而異，但總的來說是偏酸性的，一般 pH 在 4.5～6.5 之間。人的皮膚之所以偏酸性，是因為表皮排汗引起的。汗液內有乳酸、胺基酸，加上皮脂中的脂肪酸，所以是偏酸性的。根據人體皮膚的生理特點，把有些化妝品製成偏酸性不僅與皮膚酸度相適應，而且還可以中和掉皮膚上因使用肥皂洗滌後殘留的少量鹼性薄膜，這樣也可以防止皮膚少受鹼性物質刺激和細菌生長繁殖。當然，由於化妝品種類繁多，有些必須是鹼性的，但也有些是微鹼性的，如洗面乳，清潔霜。

三、藥用和保健成分

化妝品的作用主要是經常地保持皮膚的健康，通常並不強調具有改變皮膚生理機能的藥理效果。但近年來有一類療效化妝品逐漸為人們所採用，它是一種對人體的作用比較緩和，用於防治疾病而介於藥品與化妝品之間的產品，如藥用化妝水、乳液和膏霜、防曬膏、腋臭防止劑、藥用浴劑、生髮水等。在這些療效化妝品中一般都加入一些藥劑，其中主要有天然藥物、激素、維生素、胺基酸和抗組胺劑等。

（一）天然藥物

天然藥物是存在於自然界可供藥用的物質的總稱。可用於化妝品的天然藥物，一般含有蛋白質、胺基酸、有機酸、醣類、酚類、苷類、醌類、揮發性油、膦脂、類固醇、生物鹼、維生素及微量元素等，這些成分組合在一起，往往既有醫療作用又有營養價值，有的還兼具抗氧劑、防腐劑、色素和香精的作用。在化妝品中常用的天然藥物有：人參、三七、川芎、白芷、當歸、黃蓍、蘆根、天花粉、何首烏、桔梗等。

（二）激素

　　激素是人和動物的內分泌腺器官直接分泌到血液中去的對身體有特殊效應的物質。各種激素的協調作用對維持身體健康有著重要意義。以化學性質而言，有些激素是酚類衍生物，如腎上腺素、甲狀腺素等；有些是多肽或蛋白質，如激素釋放因子、垂體激素、胰島素、高血糖素；有些是類固醇(甾族)化合物，如雄性激素、雌性激素、腎上腺皮質激素等。

　　有些激素經皮膚吸收後能產生一定效用，常用於治療粉刺、皮炎、濕疹、脫毛症等。在化妝品中常用的激素有：腎上腺皮質激素、卵胞激素等。

（三）維生素

　　維生素是生物的生長和代謝所必需的微量有機物。已知的20餘種維生素，大致可分為脂溶性和水溶性兩類，前者包括維生素A、D、E、K等，後者有B族維生素和維生素C。B族維生素包括B_1、B_2、B_6、B_{12}等，還有煙酸、葉酸、泛酸、生物素等。目前維生素作為化妝品的一種特殊添加劑的用量越來越大，為了達到防治皮膚粗糙、消除頭屑、防治粉刺、養髮和生髮的目的，在化妝品和療效化妝品中加入多種維生素，其中常用的有：維生素A、E、C、B_2、B_6和泛酸等。

（四）胺基酸

　　胺基酸是組成蛋白質的基本單位。主要從蛋白質水解製得，也可通過化學合成或微生物發酵而得。

　　在化妝品中加入胺基酸，主要是為了使老化或硬化的表面恢復水合性。常用的胺基酸有白胺酸、酪胺酸、離胺酸等。

（五）抗組胺劑

　　抗組胺劑是用於皮膚和黏膜的變態反應性疾病的藥物。在化妝品加入抗組胺劑主要是為了防治皮膚出現斑疹等過敏症，常用的抗組胺劑有：二苯胺、甘胺精酸、1-羥乙基-4,5-聯二苯咪唑等。

（六）其他輔料

1. 蘆薈

蘆薈又名油蔥，是一種生長於熱帶和亞熱帶的草本植物，由它的葉汁濃縮乾燥所成的製品內含有蘆薈苷，水解後即產生蘆薈瀉素。它含有甘露糖、蛋白質水解酶、有生物的活性的激素、維生素以及元素磷、鐵、鎂和膦脂等，既可以補充皮膚損失的水分，又能促進皮膚代謝功能，減少皮膚皺紋，延緩皮膚衰老，使皮膚更加自然、光滑和富有彈性。

防曬化妝品中加入蘆薈，可以吸收太陽光中部分紫外線，防止日曬而引起的紅腫和灼燒感，並能治療紫外線、X-射線對皮膚的灼傷。

蘆薈浸出液對寄生於人體皮膚上的真菌的繁殖，確有某種程度的抑制作用，因此它能清潔皮膚，減輕皮膚疾患的疼痛、痙癢，對粉刺、癬症有消炎作用。

此外，蘆薈還能減少頭皮油脂分泌，促進頭髮生長。添加蘆薈的化妝品是一種新型、安全、高效的美容佳品。

2. 黃瓜油

黃瓜系列化妝品中，黃瓜油添加量為 0.1～8%。黃瓜油呈淡黃色，有瓜清香，不溶於水但溶於有機溶劑。黃瓜油的成分複雜，內主要含有黃瓜醇和其他高級脂肪醇。它含有多種有利於滋潤皮膚、促進毛髮生長的天然物質，還能擴張皮膚的毛細血管，促進皮膚血液循環，對粉刺、老年斑、雀斑、皮膚粗糙有良好的治療效果。黃瓜油中也含有吸收紫外線的物質，可用於調製防曬化妝品，添加黃瓜油的洗髮香波和護髮素，能使頭髮柔軟和產生自然光澤。

3. 人參

人參中含有皂苷、人參苷、植物甾醇等成分。一般認為起主要作用的是人參苷，這是有生理活性的有機化合物單體的總稱。它作為中草類藥劑一般是以萃取物（即人參精）加入到化妝品內，可以被皮膚吸收，調節皮膚的新陳代謝，促進皮膚的細胞繁殖，使皮膚保持潤滑細膩。由於人參具有抗膽固醇作用，因此能防治動脈硬化，促進皮膚中毛細血管的血液循環，增加皮膚的營養供給，起到延緩皮膚衰老的作用，還能增加頭髮的韌性、提高伸拉強度和延展性，從而減少脫髮和斷髮。人參中所含的微量礦物質被皮膚吸收後，能調節皮膚水分的平衡，具有防止皮膚脫水乾燥，保持皮膚光潔、滋潤作用。人參還能抑制某些細菌、真菌的繁殖，具有較強的消炎解毒作用。

4. 珍珠

珍珠來自天然及人工培養蚌兩種。珍珠中含有大量碳酸鈣（～89％）、十多種胺基酸（角蛋白）（～9%）、水（～2％），以及28種微量金屬元素，具有鎮驚清肝、生肌作用。用於化妝品的珍珠的加入方法有兩種。一種是加入珍珠粉；另一種是加入珍珠粉的水解液，即將珍珠加工成粉末，用鹽酸水解，使珍珠的碳酸鈣成可溶性鈣鹽，蛋白質水解成胺基酸。後一種方法製成珍珠化妝品易被皮膚吸收，對皮膚的滋潤效果要好些。

塗用珍珠霜等化妝品的目的就是以潤膚物質補充皮膚中油脂和類脂物質的不足，使皮膚中的水分得到平衡，恢復柔軟和光滑，達到增加皮膚的潤滑性並保持穩定的水合作用的效果。

5. 水貂油

水貂油是呈淡黃色油狀液體，具有令人不愉快的騷腥氣味，但經精製後，基本無臭，較易溶於乙醇、異丙醇，它的主要成分是多種脂肪酸，其中不飽和脂肪酸含量達70%，抗氧能力強，不易酸敗。

它廣泛用於生產高級護膚膏霜、護膚乳液、髮油、髮水、爽身用品等化妝品，因其含有多種營養成分，物理、化學特性與人體脂肪相近，具有良好的滲透性，易被皮膚吸收，使皮膚柔軟而有彈性，對乾性皮膚特別好用，同時對黃褐性、乾性脂溢性皮炎、凍瘡等具有一定療效，另外還能改善毛髮的梳理性，使毛髮柔軟、光亮，但價格較為昂貴。

6. 羊毛脂

羊毛脂係呈淡黃色、黏性半固體膏狀物，是羊的皮脂腺的油性分泌物，其中主要含有甾醇類、脂肪醇類物質。它廣泛用作膏霜類化妝品和毛髮化妝品如洗髮膏、護髮素、髮乳等的基質原料，是一種有效的潤膚劑，可使因缺少天然水分而乾燥、粗糙的皮膚軟化並得到恢復，它通過延遲水分透過表皮層來維持皮膚通常的含水量，另外它還有良好的乳化和滲透作用，能被皮膚和毛髮吸收。

7. 絲蛋白液

又名為絲素肽、絲素胺基酸。呈琥珀色透明黏稠液體，易溶於水、乙醇，具有良好的滲透性，主要成分為多種胺基酸。主要採用天然蠶絲為原料，經提取而得，它作為化妝品調理劑，廣泛應用於護膚類的化妝品中，能滲透到皮膚內層，

促進皮膚細胞組織再生，防止皮膚龜裂，抑制皮膚黑色素生成，保持皮膚正常含水量，使皮膚柔軟、滑爽、滋潤。它也用於護髮類化妝品中，極易被頭髮吸收，能使頭髮保持光澤，易於梳理，防止頭髮乾燥和髮梢分叉，促進頭皮細胞組織再生，使頭髮烏黑、光亮，添加量通常為 1.2～2%。

8. 大豆磷脂

它的主要成分是卵磷脂、腦磷脂、肌醇磷脂。由以豆油的副產物為原料採用提取法製得。常用作化妝品的乳化劑，主要用於潤膚類化妝品中，能提高化妝品的滲透性，促進皮膚的生理機能，增加對水的親合力，滋潤皮膚，也常用於唇膏等化妝品中。

9. 水解蛋白

水解蛋白以牛、豬、羊等動物的骨、皮為原料，經提純處理，在嚴格操作條件下經水解、提取、精製而成。經分析它含有 18 種胺基酸，其中 8 種是人體必需的胺基酸。水解後各胺基酸之間的肽鍵被破壞，形成易被人體吸收的營養成分。同時因有較強的滲透能力，所以易於透過皮膚的角質層細胞膜，促進皮膚再生並取代真皮中的胺基酸。

10. 矽油

用於化妝品的是二胺基矽油。矽油是一種很好的成膜材料，它形成的膜在電子顯微鏡下觀察呈網絡狀，具有優異的透氣性，這層薄膜具有無毒、耐蝕性及疏水性等特點。以矽油為基質製成的外用霜塗於皮膚表面可形成透氣的保護膜，阻止肥皂水、水溶性物質對皮膚的刺激。矽油與傳統配方中的石蠟、硬脂酸等原料相比，具有成膜性好、透氣、滲透性強等無可比擬的優點，對於皮膚乾裂、過敏、粗糙者有顯著的護膚效果，任何皮膚（油性、中性、乾性）都可適用。長期使用含矽油的化妝品可以增加皮膚彈性，減少皺紋，其中的營養成分被人體表皮細胞吸收後，可使皮膚白嫩、延緩皮膚衰老。

肆、常用化妝品的分類

這些常用的化妝品，無論品質高低，還是價格貴賤，它們都是由各種化學原料配製而成的，化妝品其共同特性都具有清潔作用。實際上，了解化妝品的化學

組成是科學地和經濟合理地使用化妝品的基礎。一般化妝品的花樣、品種繁多，按其使用特點可分為以下幾大類：

1. 護膚類化妝品：如雪花膏、冷霜、清潔霜、粉底霜、潤膚霜等。
2. 美容類化妝品：如唇膏、胭脂、眉筆、眼影膏、睫毛膏、眼線液、指甲油、去光水等(根據用途分類，香粉、粉餅和粉底霜應屬於美容化妝品)。
3. 香水類產品：如香水、古龍水、花露水、爽身水、痱子水、化妝水、奎寧頭水等。
4. 香粉類產品：如香粉、粉餅、爽身粉等。
5. 美髮用化妝品：如洗髮香波類、染髮類產品，燙髮、捲髮類產品，髮蠟、髮乳等護髮類產品。
6. 其他類化妝品：如抑汗類製品、祛臭類產品、防粉刺類製品、防裂類製品、雀斑霜、浴鹽、浴油、脫毛液、防蟎霜等。

目前，常見化妝品的分類，請見表 6.1。詳情分別敘述如下：

表 6.1 常見化妝品的分類

分類方式	品種
按使用目的	清潔用化妝品、基礎化妝品、美容化妝品、香化用化妝品、護髮用化妝品、美髮用化妝品
按使用部位	皮膚用化妝品、黏膜用化妝品、頭髮用化妝品、指甲用化妝品、口腔用化妝品
按產品用途	清潔用化妝品、一般化妝品、特殊用途化妝品、藥用化妝品
按產品形態	液態化妝品、固體化妝品

一、清潔用化妝品

皮膚上的污垢除指附著在皮膚表面的塵埃和化妝品之外，還包括表皮角質層剝脫的角質細胞、從皮膚分泌出的皮脂、汗液以及它們的分解產物。這些污垢較長時間附著在皮膚上，不僅容易導致細菌的生長繁殖，也會對皮膚起刺激作用，對皮膚的正常生理活動可能造成不良影響。因此，保持皮膚清潔既是日常生活必不可少的活動，也是化妝的基礎條件。潔膚用化妝品基本上是按水洗、油洗、粉末吸附或磨搓等去垢方法製備的。常用的品種如下表所示，通過這些製品可以清潔、滋潤面部皮膚，常見清潔用化妝品見表 6.2。

表 6.2　常見清潔用化妝品

名稱	成分	作用
無脂潔膚劑	水、甘油、鯨蠟醇、丙二醇	適合乾性皮膚，皮膚敏感的人可以用它卸妝。
剝脫劑	收斂性化妝水裡加入水楊酸或金縷梅	促進枯萎的角質細胞脫落，保持皮膚清潔、細潤，排除粉刺。
磨面膏	氧化鋁、氧化鎂、聚乙烯微粒、果核粉粒或十氫四硼酸鈉顆粒等	去除脫落的角質和抑制皮脂分泌過多。
潔膚面膜	矽酸鋁鎂膠體、精製硬脂酸、聚乙烯醇、米澱粉、高嶺土等	面膜中的吸附劑將臉上的污垢吸附在面膜上，清潔面部皮膚，使皮膚清潔、滑潤。
清潔化妝水	透明的醇性潔膚液體，含有水和醇和少量鹼性物質氫氧化鉀	溶解污垢，軟化角質，提高皮膚緊緻度。

二、護膚類化妝品

人的皮膚由表皮和真皮構成。表皮又稱上皮或死皮，含水 10% 左右。低於此值則皮膚乾糙或呈片狀易剝落。高於此值則有利於有害生物的生長。表皮中還含有一些被稱作為 NMF 的物質，那就是天然保濕因子。它能配合皮脂共同保持皮膚的水分，其中有胺基酸，吡咯烷酮和乳酸等。

真皮與表皮有明顯的分界，由纖維結締組織構成。它與皮膚的彈性，光澤和張力有關，皮膚的鬆弛和起皺也在此層。真皮含有皮脂腺、汗腺。皮脂腺分泌的皮脂起到保護皮膚水分的作用。皮脂分泌量則因人而異，可分為油性，中性和乾性。皮脂中的脂肪酸以及汗腺中的胺基酸和乳酸，使皮膚的 pH 值為 4.5～6.5，呈弱酸性。在選用化妝品時，要注意化妝品的酸度必須與皮膚的酸度相適應。

我們的臉部和手部常因暴露在外，受到陽光和風的作用會變得乾燥，甚至變成鱗片狀。過度地使用肥皂洗滌，也會造成這樣的情況。這時就需要使用一些護膚用品，常用的就是膏霜類的化妝品。通常有 3 類：

乾性皮膚可使用油脂型的護膚用品，它們常以礦物油和動物油為基質，如過去常用的蛤俐油(石油提煉物)，澳大利亞出產的羊毛脂護膚霜。

中性皮膚可使用冷霜 (cold cream)，也稱雪花膏。這是一種油包水型的膏狀乳濁液。使用時手感油性，且不易鋪展。但形成的保護膜持續時間較長。

油性皮膚可選擇使用水包油型的乳濁液 (lotion)，平時大家所說的護膚霜，多半是指這一類。使用時手感水性，容易鋪展，但持續時間較短。

（一）雪花膏

雪花膏 (cream) 的一般組成為硬脂酸、多元醇、鹼類 (氫氧化鉀、碳酸鉀和氫氧化鈉等)、水、香精和防腐劑等，其中的一部分硬脂酸和鹼類 (氫氧化鉀、碳酸鉀等) 溶液作用，生成肥皂類陰離子型乳化劑。反應式如下：

$$C_{17}H_{35}-COOH + KOH \rightarrow C_{17}H_{35}COOK + H_2O$$
$$2\,C_{17}H_{35}-COOH + K_2CO_3 \rightarrow 2\,C_{17}H_{35}COOK + H_2O + CO_2$$

生成的乳化劑使雪花膏成為油／水型乳化體，雪花膏是一種非油膩性的護膚化妝品。它是一種很好色澤潔白的化妝品，具有令人舒適的香氣，使用時，當塗敷在皮膚上後，好像雪花一般能很快地消失，故取名雪花膏。

雪花膏成分配比中，絕大部分是水，塗在皮膚上水分逐漸蒸發後，便留下一層肉眼看不見的由硬脂酸和保濕劑所組成的薄膜，於是皮膚與外界空氣隔離，能抑制皮膚表皮水分的過度揮發。在秋冬季節空氣相對濕度較低的情況下能保護皮膚，使其不致乾燥、開裂或粗糙，也可使皮膚不因乾燥而引起搔癢。因雪花膏中含有甘油、丙二醇等保濕劑，可制止皮膚水分的過快蒸發，從而調節和保持角質層適當的含水量，對保持表皮的柔軟起了重要的作用。且保濕劑具有黏附的性質，所以婦女們敷粉前先用雪花膏打底來增加香粉的附著力，使之不易脫落，同時也可以防止粉粒鑽進毛孔。雪花膏的特點是使用後舒適爽快，皮膚上沒有油膩的感覺。

（二）營養潤膚霜

潤膚霜是由單硬脂酸甘油酯、白油、蜂蠟、多元醇、羊毛油、羊毛醇、高級脂肪醇、水以及香精和防腐劑組成的。使用潤膚霜的目的在於便潤膚物質補充皮膚中天然存在的游離脂肪酸、膽固醇、油脂的不足，也就是補充皮膚中的脂類物質，使皮膚中的水分保持平衡。水是皮膚最好的柔軟劑，但是要使水分從外界補充到皮膚中去是比較困難的，行之有效的方法是防止表皮層水分的過量損失，天然潤濕因子 (NMF) 即有此種功效。

在潤膚霜中還可以加入各種營養成分，以期達到對皮膚有更好的保養效果，這種膏霜常被稱為營養霜。下列原料可加入潤膚霜中：能為皮膚吸收促進表皮的新陳代謝作用，以減輕女性皮膚衰老現象的雌激素；能增加細胞活力，延遲衰老

的人參浸出液；能使皮膚滋潤和細膩的維生素 A、維生素 D 和維生素 E，以及水解蛋白、蜂王漿、珍珠粉、蛋白酶、貂油、黃瓜汁、水果汁等。

膏霜類是通用的有代表性的化妝品。目前市面上的品牌五花八門，常見膏霜類化妝品見表 6.3。

表 6.3　常見膏霜類化妝品

名稱	成分	作用
雪花膏	硬脂酸、保濕劑、水和香精等	使保持皮膚潤澤，防止粗糙乾裂，適合油性皮膚使用。
潤膚霜	羊毛脂及其衍生物、高碳脂肪醇、多元醇、癸酸甘油酯、植物油等	提高皮膚對外界刺激的防禦能力，保護皮膚並使之細嫩。
冷霜	凡士林、蜂蠟、石蠟、聚氧乙烯山梨糖醇酐和香精等	能滋潤皮膚，防止乾裂，也常作粉底霜使用。
潔膚霜(膏)	以低熔點的油脂和蠟為主體原料	清除老化剝脫的角質、分泌物、塵污，使皮膚潤滑、柔軟。
按摩霜	蜂蠟、單月桂酸酯、脂肪酸酯類	改善局部血液和淋巴液循環，防止結締組織纖維衰退。

(三)乳液

乳液也稱作面乳或奶液，為一種乳濁狀的膏霜化妝品。其性質介於化妝水和霜劑之間，是略帶油性的半流動狀態的乳劑。按其效能把以皮膚保混和柔軟為目的的叫做潤膚乳液；以清潔皮膚為目的的稱為潔面乳液；在按摩皮膚時使用的乳液是按摩乳液。

(四)化妝水

化妝水是一種搽用的透明液體護膚用品，也叫收縮水。它是以水為基質，加入少量酒精及其他物質製成的。含有少量酒精。其主要功效是使皮膚柔軟，潤濕狀態適度，並還有抑菌作用；化妝水組成成分中所占比例最大的是精製水，其次是酒精或保濕劑，此外還有柔軟劑、增溶劑、增黏劑和防腐劑等。化妝水具有潤膚、整膚效果。常見的化妝水有鹼性化妝水、酸性化妝水、中性化妝水和收斂性化妝水等。

(五)唇膏

唇膏 (lipstick) 是類似護膚霜的化妝品，由油、蠟、染料和香精等組成。油主

要是海狸油 (castor oil)，蠟則用蜂蠟，巴西棕蠟和 Candelilla 香料是為抑制油和蠟中的不愉快的氣味。有的還會加入一些抗氧化劑，以防脂的氧化。大部分現代的唇膏都採用溴酸染料，如四溴螢光劑，這是一種帶藍色的紅色化合物，與金屬離子結合可形成有色的錯合物，也就是所謂的沉澱染料。

(六) 防曬類化妝品

受大氣污染的影響，臭氧層日益稀薄，到達地面的紫外線能量不斷增強，造成全球範圍內日光性皮炎甚至皮膚癌患者的明顯增加。防曬，已成為當今國際化妝品發展的熱門話題之一；防曬化妝品的研究、開發及市場發展，在現在以至今後，都將成為化妝品配方師及廣大消費者關注的焦點。尤其紫外線吸收劑是能吸收會引起皮膚發炎的紫外線光，並將其轉變成熱能的物質。

防曬是指防止人的皮膚經過長期日光曝曬後出現的不正常現象。它包括陽光曬到真皮層以後的起皺、增厚以及引起日光皮炎，症狀是曝曬部位的皮膚出現鮮紅色斑，有時會灼痛起泡、腫脹和脫皮，更嚴重時還會引起皮膚癌。這些是由於日光中波長為 290-320 nm UVB 紫外線所引起，因此防曬化妝品應對這部分紫外線有吸收或散射的能力，這就是對防曬製品中防曬劑的要求。此外還要求防曬劑能夠均勻地溶解或分散於製品的某些介質中；但要求不溶或難溶於水，否則易被汗水沖掉。使用後即使液體揮發或其他原因流失，而防曬劑仍能較好地附著於皮膚表面。防曬劑應具有光化學穩定性和化學穩定性，並不會刺激皮膚。

防曬劑主要分為有機防曬劑和無機防曬劑兩類。

有機防曬劑大多數是能夠吸收紫外線的有機物，如對胺基苯甲酸甘油酯；對-N,N-二甲基胺基苯甲酸戊酯；2-乙氧基乙基-對-甲氧基肉桂酸酯；雙丙二醇水楊酸酯和 2-乙基己基水楊酸酯；以及含於人汗液中的優良防曬劑——尿狗酸等。

無機防曬劑主要是指粒徑在 10～150 nm 範圍內超細二氧化鈦和氧化鋅粉體，它們由於安全性高，防曬效果優異而被廣泛用於防曬產品中。超細二氧化鈦、氧化鋅除對 UVB 有良好的散射功能外，對 UVA (320～340 nm) 也有一定的濾除作用，尤其是超細氧化鋅，被認為是可得到的透明防曬劑中最為廣泛的品種。超細氧化鋅的最大紫外線濾除波長為 370 nm 左右，當然，當粒徑不同時，這一數值會有一些變化。據報導，採用 15% 的超細氧化鋅可以製得高效的廣泛防曬製品。

一般來說，要想達到較好的防曬效果，往往要加入大量的無機防曬劑，產品成本較高，且易影響其膚感及皮膚外觀。就目前而言，單獨使用任何一種防曬成分都不能達到最佳的產品性能、價格比及使用效果，防曬劑的複合使用仍是今

天防曬配方研究的重點之一。為了最大限度地追求高安全性、高效、廣泛、經濟這一防曬產品開發的理想境界，人們一直在研究複合使用防曬劑的問題。這包括 UVB 防曬劑和 UVA 防曬劑之間的複合，也包括有機吸收劑與無機散射劑之間的複合。更好地發揮各防曬劑單體之間的協同效應是選用複合防曬劑的優勢之一。目前，市場上流行的防曬化妝品主要有防曬油、防曬霜、防曬棒、防曬凝膠和防曬乳液等。其實，防曬霜的防護能力以 SPF (Skin Protection Factor)，表示，從 2 到 35，數字越大防護能力越強。

(七) 面膜──新穎的護膚用品

面膜是用於美容護膚的較新型的面部化妝品，它是由聚乙烯吡咯烷酮、羧甲基纖維素、聚乙烯醇和甘油、乙醇、香精、防腐劑、蒸餾水等組成。例如：

聚乙烯醇 ($[CH(OH)-CH_2]_n$)、聚乙烯吡咯烷酮、羧甲基纖維素、聚乙烯醇都是溶於水和甘油的高分子聚合物。將濕潤的膏體塗敷在臉上，當水分蒸發之後，這些高分子物就以其巨大的分子形成一層膜，覆蓋皮膚表面，經一段時間後將面膜揭掉時，即可將黏附在毛孔及皮膚表面的塵埃和油膩同時除去，達到除垢潤膚的作用。

經常用面膜可促進皮膚的血液循環和吸收功能，由於面膜覆蓋在皮膚表面，可防止水分蒸發，使皮膚角質層柔軟，毛孔和汗腺擴張，皮膚表面溫度增高，促進血液循環，面膜中添加的營養成分，像維生素、水解蛋白等就能更好地被皮膚吸收，達到增進皮膚機能的作用。敷用面膜，還可以減輕皺紋，因為面膜乾燥時的收縮能使皮膚產生張力，而使部分皺紋消失。

面膜是一類既有護膚又有潔面作用的化妝品。它的種類很多，主要分為潔膚面膜和美容面膜兩大類；若按其清除方式，可以分為薄膜型面膜(膠狀面膜)和膏狀面膜(乳劑型面膜)；若按其功效又將面膜分為護膚營養、增白、祛皺、祛斑、座瘡、抗過敏和潔膚祛脂面膜等；若按其製成成分又有藥物、天然原料(蔬菜、水果、奶、蛋、蜂蜜、澱粉、植物油)和酵素面膜等。

三、美髮用化妝品

頭髮對於人們的美容十分重要，漂亮的髮型、健康的髮質給人一種積極喜悅的感覺，這與頭髮的維護和保養過程中所用的各類美髮用化妝品有密切關係。美

髮化妝品的種類繁多，主要有洗髮用品、染髮用品、燙髮和捲髮用品、護髮用品等。洗髮用品的作用是清潔頭髮，促進毛髮正常的新陳代謝；染髮用品可使頭髮染成各種健康頭髮的色彩；燙髮、捲髮用品可根據需要改變頭髮的結構形態；護髮用品有滋潤毛髮和固定髮型的作用。

美化頭髮是化妝美容活動的主要內容之一。美髮用化妝品能夠明顯改善和美化頭髮的質地，保護頭髮的健康。按美髮用化妝品的使用目的主要可以分為清潔、裝飾、著色（或漂白）和捲曲（或伸直）用品。

潔髮用化妝品的主要功能是洗滌頭髮。按功能分類，有一般洗髮液，兼有洗髮、護髮功能的「三合一」香波；兼有洗髮、去頭屑、止癢功能的稱「三合一」香波。此外還有調理香波、去頭屑香波、燙髮香波、染髮香波等。根據適用於不同髮質分為乾性、中性、油性頭髮洗髮香波。

護髮化妝品是專門用來護理頭髮的一類製品，特別適用於因某種原因受到損傷的頭髮，或髮質不良的頭髮。它多半還兼有潔髮、美髮的效果，可使頭髮變得滋潤柔軟、增加強度、恢復原有的光澤。這類化妝品常用的有護髮水、髮乳、髮油、髮蠟、髮露、護髮素、頭髮調理劑等。

整飾頭髮用的化妝品按其用途和功能大致可以分為增加頭髮光澤的化妝品保持髮型、改善和調理油分的化妝品。由於這類產品在功能和用途上多半是綜合性的，所以實際上很難明顯區分於護髮用化妝品。其主要作用是固定髮絲，保持髮型，並賦予頭髮一定的光澤度。常用的有透明髮膏、噴髮膠、定髮液、髮絲等。

（一）洗髮香波

香波是英語 Shampoo（洗髮水）一詞的音譯，由於這個詞形象地反映了這類商品的一個特點，即洗後留有芳香，久而久之，香波在就成為人們對洗髮膏和洗頭水這一類洗髮用品的習慣稱呼了。

洗髮香波是以界面活性劑為主要原料，用於清潔頭髮、頭皮並保持頭髮美觀的一類洗滌用品。對香波的質量要求是：有適度的去污性，但不能過多去掉自然的皮脂；洗後的頭髮有光澤和柔軟性；對頭髮、眼睛的安全性高。以前在洗髮香波尚不普及的場合，人們用肥皂洗髮，去污力強，但皮脂去掉太多，使頭髮乾枯；硬水洗髮，還會形成不溶性的「鈣、鎂皂」，使頭髮失去自然光澤，蓬鬆而不易梳理。由於洗髮香波中採用了界面活性劑作為主要的洗滌劑，從而克服了肥皂洗頭的缺點，使香波得到了迅猛的發展。現代香波主要有三種基本材料組成：洗滌劑、助洗劑和添加劑。

1. 洗滌劑

洗滌劑即各類界面活性劑，為香波提供了良好的去污力和豐富的泡沫，使香波具有極好的清洗作用，常見的用於香波的洗滌劑有以下幾種：

(1) 脂肪酸硫酸鹽

$ROSO_3M$，這是香波配方中最主要的成分之一，包括鈉鹽、鉀鹽、一乙醇胺鹽、二乙醇胺鹽和三乙醇胺鹽。其中以月桂醇硫酸鈉的發泡力最強，去污性能良好。

(2) 脂肪醇醚硫酸鹽

$RO(CH_2CH_2O)_nSO_3M$，它是配製透明液體香波的主要成分之一，有優良的去污能力。這類洗滌劑應用最多的是和 2～3 莫耳環氧乙烷縮合的脂肪酸醚硫酸鹽，它的色澤和溶解性比脂肪酸硫酸鹽為好，在低溫下仍能保持透明，目前有取代脂肪酸硫酸鹽之勢。如以月桂醇加成更多莫耳環氧乙烷則可製成較稠厚的液體。環氧乙烷加成的莫耳數越高，則水溶性越好，其在香波中的用量為 10～25%。

(3) 烷基苯磺酸鹽

$R-C_6H_4-SO_3M$，這是一種廉價的洗滌劑，有極好的發泡力。但單獨使用時，泡沫密度小，脫脂力強，使頭髮過於乾燥，不易梳理。一般多與脂肪酸硫酸鹽等同時使用，可使產品保持透明，並能降低成本。由於烷基苯磺酸鈉有較強的脫脂和對皮膚的刺激作用，目前較多用作家用清潔劑和織物的洗滌劑，很少用作高級香波的原料，僅在經濟型香波中使用。

2. 助洗劑

助洗劑也是一類表面活性劑，它增加了香波的去污力和泡沫穩定性，改善香波的洗滌性能和調理作用。主要有以下幾種：

(1) 脂肪酸單甘油酯硫酸鹽

$RCO_2C_3H_5OHSO_4M$，它作為香波的原料已有較長的歷史，一般採用月桂酸單甘油酯硫酸銨。其洗滌性能和洗髮後的感覺類似月桂酸硫酸鹽，但此脂肪酸硫酸鹽更易溶解，在硬水中性能穩定，有良好的泡沫，使頭髮洗後柔軟而富有光澤；其缺點是能被水解成脂肪酸皂，故必須保持 pH 值在弱酸性或中性。

(2) 環氧乙烷縮合物

RO(CH$_2$CH$_2$O)$_n$H，這是非離子界面活性劑用於香波的最大的一類。其中包括脂肪酸乙氧基化合物、聚氧乙烯山梨醇月桂酸單脂等。這類化合物對眼睛的刺激非常小，另外加入這類化合物能減少體系中其他洗滌劑的刺激性。故常用於低刺激香波和兒童香波之中。

(3) 陽離子界面活性劑

陽離子表面活性劑的去污力和發泡力較差，通常只作頭髮調理劑。陽離子界面活性劑易被頭髮吸收而具有良好的柔軟性。香波中常用陽離子界面活性劑多為長鏈基的季銨化合物，如氯化鯨蠟基三甲基銨等。季銨化合物不僅有抗靜電效應和潤滑作用，而且是一種良好的殺菌劑。但季銨化合物與肥皂或陰離子活性劑不相容。

3. 添加劑

添加劑的種類很多，如增稠劑、稀釋劑、澄清劑、螯合劑、防腐劑、抗頭屑劑、調理劑、滋潤劑以及香料及色素等。它們賦予香波以各種不同的功能。

(1) 整理劑

為使頭髮洗後易於梳理，其作用是適當補充油脂。從而使頭髮有光澤和柔順滑潤感。用作整理劑的有脂肪醇、多元醇、羊毛脂等。

(2) 增稠劑

使液體香波增稠的有脂肪酸醇胺、氯化鈉、硫酸鈉等，使膏霜狀香波增稠的有硬脂酸鈉、十六醇、十八醇、聚乙烯醇、羧甲基纖維素等。

(3) 增溶劑

增加難溶物香精、防腐劑、羊毛脂等的溶解性，常用異丙醇、丙二醇、甘油等。

(4) 防腐劑

防止微生物生長，主要有尼泊金乙酯、尼泊金丙酯、0.05～0.1% 對氯間苯二酚 (PC 防腐劑)、0.2% 甲醛等。

(5) 抗頭屑劑

抗頭屑劑有硫化硒、硫化鎘、六氯代苯羥基喹啉、十一碳烯酸的衍生物以及某些季銨化合物等。

目前，市售的洗髮香波(兒童用)都是由上述配方製成的，其主要成分有：

1. 洗滌劑

作用為脫脂，去污。常用的有：

(1) 脂肪酸硫酸鹽 R－SO₃M

其中以月桂基硫酸鈉發泡最佳 ($C_{12}H_{25}SO_3Na$)

(2) 脂肪醇醚硫酸鹽（透明香波的原料）

$R-O(CH_2CH_2O)_n-SO_3M$

(3) 烷基苯磺酸鈉

$R-p-C_6H_4-SO_3M$

兒童用香波為兩性表面活性劑：pH 的大小不是對眼睛刺激的關鍵，其關鍵是必須使用無刺激的兩性活性劑。如：$C_{16}H_{33}-NH_2^+-CH_2COO^-$

2. 助洗劑

作用為增加去污力，穩定泡沫。常用如下材料：

(1) 脂肪酸單甘油脂硫酸

(2) 環氧乙烷縮合物

$R-O(CH_2CH_2O)_n-H$，對眼睛刺激小，用於兒童香波。

(3) 陽離子界面活性劑

這是一種調理劑，使頭髮柔軟，抗靜電，殺菌。

3. 添加劑

調理劑：多元醇，羊毛脂 (使頭髮光澤，柔軟)。

增調劑：脂肪酸、醇、胺，氯化鈉，硫酸鈉，硬脂酸鈉，十六醇，十八醇，聚乙烯醇，羧甲基纖維素 (CMC)。

防腐劑：尼伯金乙酯、丙酯，對羥基苯甲酸酯 (0.05～0.1%)，對氯間苯二酸 (PC 防腐劑)，0.2% 甲醛。

抗頭屑劑：硫化硒，硫化鎘，六氯代苯，羥基喹啉，十一碳烯酸的衍生物，季銨鹽。

色素和香精：隨意。

（二）燙髮劑

如前所說，毛髮中存在著多種作用力，這是毛髮具有一定韌性和形狀的原因。如果消除這些作用力，我們的毛髮就會變得十分柔軟而無形。燙髮實際上是將頭髮做成我們所希望的形狀。根據上述原理，我們可以先將這些作用力消除，然後將頭髮做成一定的形狀，再讓那些作用力恢復。於是，在這些作用力的幫助下使做成的形狀保持了下來。

燙髮的目的是使頭髮捲曲後定型。燙髮劑是人們在美容時需要改變頭髮結構形態時所使用的化學製劑。它在美髮用品中占有重要的位置。燙髮的原理已在有關頭髮結構理論中討論過了，它通過燙髮劑的化學製劑使頭髮角蛋白中的雙硫鍵先斷開，使頭髮變形，然後再使頭髮角蛋白在新的髮型下形成新的雙硫鍵，將頭髮的形狀固定下來。具體辦法有兩種。

1. 熱燙（或電燙）

毛髮中的氫鍵作用力隨溫度的升高而大幅度降低，為此可以用加熱的方法將其消除。此外，二硫鍵在高於 100℃，又有鹼存在的情況下（這也就是在熱燙或電燙中為什麼加鹼的原因），會發生水解反應。這兩個主要的作用力消除之後，頭髮就會變得十分柔軟。當頭髮做成一定形狀後，通過加熱（或電燙），再讓頭髮的溫度慢慢冷下來，其中的氫鍵和二硫鍵的作用力也逐步恢復，而此時的頭髮就會定形在你所做成的形狀上。

2. 冷燙（或稱化學燙）

頭髮中作用力最強的是二硫鍵。二硫鍵也很容易被還原劑所破壞。如果用硫醇基乙酸 $HSCH_2COOH$（冷燙劑的主要成分）及其鹽類等化學還原物質處理頭髮時，氫鍵就會被破壞。這可以看作為還原劑提供氫原子，使二硫鍵打開變成兩個硫醇鍵（–SH），於是頭髮就從堅韌變為柔軟。當頭髮隨捲髮器成型後，再用氧化劑（在冷燙藥水中稱為中和劑）去氧化，二硫鍵重新被建立，頭髮又會按新的定型而變得堅韌。

其實，熱燙（電燙）劑主要由無水硫酸鈉、棉籽油、氨水和硼砂組成的。其中的亞硫酸鹽在室溫條件下，需要很長的時間才能切斷相當數量的脫胺酸的二硫鍵。而在高於 65℃ 時，亞硫酸鹽能加速使雙硫鍵斷開。斷開的二硫健在鹼和空氣的作用下重新結合而使頭髮捲曲定型。正如前面說的，冷燙精的主要成分是硫代

乙醇酸銨 (HSCH$_2$COONH$_4$)。頭髮塗上冷燙精後，頭髮中的角蛋白的二硫鍵斷開，這就可以輕易地把頭髮做成需要的形狀，然後用冷燙精中的過硼酸鈉氧化，也即破壞溶劑，這樣二硫鍵又重新結合，這一次是按已定的形狀結合，於是頭髮就成了需要的式樣了。

3. 染髮劑

染髮的含義以往僅僅是把白髮染黑，年輕人已使用有了染成紅褐色、棕色、金黃色、綠色等各種深淺不同顏色的染髮劑。其實，染髮不僅可以彌補生理上的缺陷，如將灰白的頭髮染黑和將天然的頭髮顏色漂淺，而且可染成欲求的顏色如褐色、黃色、紅色、金色等。染髮所用的染髮劑品種很多。依據染色後髮色保持的時間長短將染髮劑劃分為暫時性、半持久性和持久性三種類型。根據所用原材料的不同，又將染髮劑分為天然染髮劑、合成有機色素染髮劑和金屬染髮劑。因此，染髮劑主要由染料組成，再輔以顏色穩定劑、耦聯劑、阻滯劑、抗氧化劑、界面活性劑和頭髮調理劑等。染髮劑有以下幾種類型。

(1) **氧化染髮劑**

又稱永久型染髮劑。該型染料分子較小，能滲入到毛髮皮質層中去；再使用氧化劑，於是在頭髮內發生氧化反應，氧化後的染料分子較大，在頭髮皮質層內固定下來，不會被洗髮劑洗去，可保留顏色很長時間。常用的染料為：對苯二胺、苯二胺、二胺基茴香醚或硝基化合物。氧化劑則多用過氧化氫。染黑色：對苯二胺 (p-NH$_2$–C$_6$H$_4$–NH$_2$)；染棕色：4-(對苯二胺基) 苯磺酸 (p-NH$_2$–C$_6$H$_4$–NH–C$_6$H$_4$–SO$_3$H)，染中間色：對甲氧基間苯二胺 (MMPD)，對乙氧基間苯二胺 (EMPD)，其中 MMPD 已被證實有致癌性。

(2) **礦物性染髮劑**

摻合鉛、鐵、銅、鉍、鎳、鈷等金屬的氧化物把頭髮染成黑色。因為上述部分金屬離子有一定的毒性，這種染髮劑基本上有些已停用了。

(3) **溶劑型染髮劑**

利用較為緩和的溶劑，使染料滲透到毛髮皮質中去。選用的溶劑多為醇類，例：異丙醇、苯甲醇。

(4) **暫時性染髮劑**

與永久性染髮劑相比，染色的保持時間較短，通常與香波一起使用。對於黑

色頭髮，由於底色太深，效果太差而不直接使用。但在淺色頭髮的歐美人中，因其用法簡單，隨時可用，萬一染得不滿意可立即改染等優點，而頗受歡迎。

四、美容彩飾類化妝品

美容彩飾類化妝品主要是用來美化顏面、眉眼、口唇、指甲等部位（個別也有用於或只用於頸、臂或腿部），對容顏和膚色達到彩化修飾的效果。彩飾類化妝品可以遮蓋皮膚上的瑕疵，有的對皮膚還起到一定的保護作用。這類化妝品按其使用部位又可分為面頰用彩飾化妝品、眉眼用彩飾化妝品、口唇用彩飾化妝品和指甲用彩飾化妝品。頰面部常用的彩飾化妝品有粉底、化妝粉和胭脂三種。用於口唇的化妝品主要有唇膏、護唇軟膏和唇線筆。眼用化妝品大體上有眼影、眼線顏料、睫毛油、眉筆和描眉顏料、眼妝去除劑等。指甲用化妝品有修護指甲用品、指甲塗彩用品和彩油去除用品三類。常見眼部化妝品見表 6.4。

表 6.4 常見眼部化妝品

種類	說明
眼影化妝品	眼影是用來修飾妝彩眼睛，並可增加眼部魅力的化妝品。常用的有眼影粉塊、眼影膏和眼影液。用於眼眉以下皮膚、外眼角以及鼻子的兩側著色，塗後的陰影使眼睛看起來有立體感。
描繪眼線化妝品	常用的有眼線筆和眼線塗料用於勾畫上下眼皮眼際的邊緣，沿著眼睛的輪廓描畫細線，修飾眼形，使眼睛的輪廓更清楚，起到增加眼睛神采的作用。眼線筆有硬的和軟的兩種，前者又有鉛筆型和粉末型兩種。軟的眼線筆是為配合液體顏料描繪眼線所用的眼線筆。液體塗料有油性和水性兩種。
美化睫毛用化妝品	常用的有睫毛膏和睫毛油，用於睫毛著色，使睫毛看起來顏色更深更密、更長，具有適度的光澤，並可使睫毛稍向上彎翹，使眼睛顯得更加俊美。含有纖維的睫毛油（膏）可使睫毛加長；另一種睫毛油（膏）是加深睫毛顏色的。按劑型和成分有固體睫毛膏和油性睫毛油。
描畫眉毛用化妝品	常用的有眉筆、染眉粉餅等，一般多為黑色或深茶色。選用顏色合適的眉筆或眉粉餅把眉毛描畫成意欲求得的形狀和顏色，可以增進眉眼的魅力。
卸除眼妝的用品	眼妝清洗液去污力強，其中一般不含有刺激物質和香料。這類用品有凝膠劑和霜劑，它們可以直接塗拭，然後用脫脂棉或面巾紙擦掉，再用水沖洗乾淨。常用的清潔霜等雖然也可除去眼妝，但眼區十分敏感，需要謹慎使用。

五、芳香化妝品

芳香化妝品是以散發出宜人的芳香氣味為主，給人以嗅覺官感的化妝用品。

主要有香水、科隆水(古龍水)、花露水等。它們的主要成分是香精，是以乙醇溶液作為基質的透明液體。其主要作用是添香和除臭，主要有香水、科隆水和花露水。

六、特殊用途化妝品

按照中國大陸《化妝品衛生監督條例》，特殊用途化妝品是指用於護髮、染髮、燙髮、脫毛、美乳、健美、除臭、祛斑、防曬的化妝品。特殊用途化妝品一般說來是一些在性質上界於化妝品和藥品之間，具有某些特定效果，或者含有某種特殊成分的產品。常見特殊用途化妝品見表6.5。

七、特殊人群用化妝品

(一)嬰幼兒用化妝品

新生兒和嬰幼兒的皮膚，特別是角質層明顯地比成人薄，外觀十分細嫩，極易受到損傷。皮膚含水量較多，容易出汗。嬰幼兒皮膚的功能尤其是防禦功能還不完善，但是吸收和滲透功能強於成人。嬰幼兒用化妝品的組成成分與成人用的基本相同，但是對原材料和香料、色料、防腐劑等添加劑的選用和用量方面都必須符合嬰幼兒皮膚的衛生要求。包裝的容器必須無毒，對皮膚、眼睛無刺激，必須保證其使用更安全。由於嬰幼兒皮膚常被糞尿沾污，為了抑制產氮細菌和常見致病菌的繁殖，化妝品中常添加適當的殺菌劑。嬰幼兒化妝品主要有潔膚品、護膚品和衛生用品。

表6.5 常用特殊用途化妝品

名稱	成分	作用
護髮化妝品	用乙醇或水為溶劑提取有效成分生姜、側柏、川椒、黃芪、羌活、首烏、斑蝥等	刺激頭皮和髮根，改善頭皮的血液循環，滋養毛根，有助於毛髮生長、減少脫髮和斷髮。
脫毛化妝品	硫化鍶、硫化鈉、硫化鈣，有時添加一些尿素、胍類有機胺	加速毛髮蛋白質溶脹變性而減少，使得毛髮易脫除而達消除體毛。
美乳化妝品	當歸、甘草、益母草、啤酒花、女貞子、蜂王漿、紫河車、青蛙卵巢	塗抹於乳房局部，結合按摩而達到促進乳房發育，使乳房健美的目的。
健美化妝品	大黃、人參、田七、薄荷、月莧草油等	促進藥物經度吸收，增強體內脂肪代謝，消除體內多餘的脂肪，達到減肥的目的。

表 6.5　常用特殊用途化妝品（續）

名稱	成分	作用
除臭化妝品	磺基碳酸鋅、羥基苯磺酸鋅、檸檬酸作收斂劑、氯化羥基二甲代苯甲胺、四甲基秋蘭姆化二硫作殺菌劑	利用強收斂作用抑制出汗，間接地防止汗臭，其次是殺菌，防止分泌物被細菌分解、變臭。
祛斑化妝品	麴酸及其衍生物、果酸、熊果苷、胎盤和海藻提取物、白降汞、硫磺、倍他米松、氫醌、壬二酸等	抑制黑色素的形成，消除或減輕皮膚表面色素沉著。
防曬化妝品	水楊酸衍生物、苯甲酸衍生物、肉桂酸衍生物、鈦白粉、氧化鐵、高嶺土、碳酸鈣或滑石粉等	減輕由日曬而引起的日光性皮炎、黑色素沉著以及防止皮膚老化。

（二）男用化妝品

　　男性的皮膚實際上和女性並沒有很大區別，也需要保護和美化，只是受雄性激素的影響，皮脂腺比女性發達，皮膚角質層較厚，皮膚紋理也較粗。男性皮膚以油性皮膚居多，特別是在青壯年時期皮膚一般比同年齡女性油膩得多，因而，更加需要使用潔膚化妝品除去多餘的油脂，以防產生脂溢性皮炎或痤瘡。除此之外，男性還有一些專用的化妝品，如剃鬚用品、科隆水等。

（三）孕婦用化妝品

　　婦女在懷孕後，不但汗腺、皮脂腺分泌增多，需要勤洗皮膚，而且，妊娠初期臉色往往不好，面部皮膚常會出現黃褐色或深褐色的斑塊，影響容顏的美觀，可以通過化妝來加以修飾。但是，須選用低香料、低酒精、無刺激性的霜劑或乳液。如可以塗些粉底，並在兩頰塗上淡淡的胭脂，外出時可以搽些防曬化妝品，它可對紫外線起到一定的阻擋作用，減輕黃褐斑的形成和發展。口紅的成分比較容易引起過敏，特別是對孕婦。其中的羊毛脂還具有較強的吸附作用，能夠吸附空氣中各種對人體有害的物質，這些物質附著在口紅上，就會隨著唾液進入體內而殃及胎兒。

（四）老人用化妝品

　　根據解剖生理特點及其新陳代謝的規律，進入老年後，人的皮膚則出現萎縮和鬆弛。因此，老人的護膚和美膚極為重要。目前市場上的抗衰老化妝品主要有以增加營養成分、皮膚保濕、補充生理活性物質、崇尚天然為主的四大類。在化妝品中適當加入一些泛酸、煙酸、生物素、維生素 C、膽固醇以及某些礦物質，

在一定程度上可以促進皮膚的新陳代謝,給皮膚提供營養,延緩衰老,改善老化的外觀。激素類除皺霜有抗皺功效,但是長期塗抹這類化妝品可能導致皮膚萎縮和色素沉著等不良反應。某些含有血清蛋白的霜膏容易引起細菌感染,需要小心使用。近年來,以動植物的浸膏、抽提液為基質或添加劑的天然抗衰老化妝品正在為人類延緩皮膚衰老開闢新的途徑,其效果尚待科學的驗證。

(五)演員用化妝品

舞台演員用化妝品以油彩為主。油彩是由有機或無機的顏料(如立索爾大紅、銀朱R、耐曬黃C、氧化鐵紅和炭黑等)、基質油(如白油、凡士林、茶油等)、填充劑(如白陶土、鋅氧粉等)和香精四種主要成分。控制粉底在專業化妝中主要用於彩妝,特別是攝影化妝的基礎打底。它的劑型和色彩也是多種多樣。另外,打底油、定妝粉、黏糊膠、描眉筆、造型用的鼻油灰以及卸妝油等都是演員經常使用的化妝品。卸妝乳油分為乳化型和非乳化型兩類。其主要成分是界面活性劑,含水量大約 20～30%,能夠很好地溶解皮膚上的化妝油彩而不刺激皮膚。

伍、一些化妝品的基質和添加劑

有些化妝品基質和添加劑較為特殊,其詳情分述如下。

1. 酸、鹼、鹽類物質

   化妝品中還經常加入酸、鹼、鹽類物質,用以調整產品的 pH 值,常用的酸性物質有酒石酸、水楊酸、橡膠酸、硼酸;鹼性物質有氫氧化鉀、氫氧化鈉、碳酸氫鈉、氨水、乙醇胺等;鹽類有硫酸鋅、硫酸鋁鉀(明礬)、氯化鋅等。

2. 常見的特殊添加劑

   隨著經濟和文化水平的不斷發展,保健意識也日益提高,人們對於化妝品的要求早已由單純的修飾美化外表,發展到重視營養、改善膚質、延緩衰老,追求回歸自然。為適應這一趨勢,護膚化妝品中各種各樣含有營養成分或生物活性物質的特殊添加劑層出不窮,目的在於使化妝品具備某些營養、保健或治療效果。常見特殊添加劑見表 6.6。

表 6.6　常見特殊添加劑

名稱	作用
水解明膠	保濕作用良好，是抗禦皮膚衰老，防止皮膚乾裂的安全、優質添加劑。
透明質酸	保護皮膚角質層中的水分，使皮膚柔軟、光滑，防止粗糙，延緩衰老。
超氧化物歧化酶 (SOD)	清除細胞內氧自由基的抗氧化酶和表皮細胞內的自由基，保持皮膚正常的新陳代謝，使皮膚細嫩、柔潤、光滑。
蜂產品	優良的皮膚保濕劑，防治老年斑、減少皺紋和潤澤皮膚，有止癢、抗菌、消炎和增進細胞代謝的功效。
花粉	補血，增強免疫力，延緩衰老，改善皮膚細胞新陳代謝，滋潤皮膚、消除色素沉著和老年斑。
珍珠粉	使皮膚滋潤滑爽，緩解皺紋、增加皮膚彈性、防止雀斑和粉刺。

一、唇膏的基質和添加劑

　　唇膏的基質成分是油脂和蠟，常用的有蓖麻油、椰子油、羊毛脂、可可脂、樹蠟、蜂蠟、鯨蠟、地蠟、微晶蠟、固體石蠟、液體石蠟、卡拉巴蠟、凡士林、棕櫚酸異丙酯、肉豆蔻酸異丙酯、羊毛酸異丙酯、乳酸十六醇酯等等。唇膏中經常加入許多輔助原料，但是天然珠光顏料，如魚鱗的鳥嘌呤結晶，價格十分昂貴，較少採用。目前多採用合成珠光顏料氧氯化鉍。此外，在唇膏中還常加入一些對嘴唇有保護作用的輔助原料，如乙醯化羊毛醇、泛醇、磷脂、維生素 A、維生素 D_2、維生素 E 等。由於香料可能帶來不良反應，所以唇膏中很少加入香料。著色劑是唇膏用量很大的原料。最常用的是溴酸紅染料，又稱曙紅染料，是溴化螢光素類染料的總稱。有二溴螢光素、四溴螢光素、四溴四氧螢光素等多種。常用於唇膏的顏料有有機顏料、無機顏料、色澱顏料等。

二、眼部用化妝品基質和添加劑

　　眼影用品的組成除液體石蠟、羊毛脂衍生物、凡士林、滑石粉等基質外，多半還加入珍珠粉、微晶蠟、二氧化鈦、顏料、香料等。眼線筆是將顏料用油性基劑固化製成鉛筆芯狀。油性眼線液是將著色劑和蠟溶解在容易揮發的油性溶劑中製成；水性眼線液是把含有著色劑的醋酸乙烯酯、丙烯酸系樹脂在水中乳化製成。睫毛膏是在蠟和油脂中加入著色劑，然後用三乙醇胺皂固化而成；油性睫毛油是

在具有揮發性的異構石蠟中溶進含有著色劑的蠟；乳化型的睫毛油則是把含炭黑等著色劑的丙烯酸樹脂、醋酸乙烯酯乳化製成。眉筆多半是把炭黑和黑色氧化鐵固化製成筆芯使用。眼部用化妝品的著色劑主要有無機顏料，如氧化鐵黑和氧化鐵藍等，以及有機色澱和珠光顏料。其他原料有滑石粉、雲母粉、硬脂酸、甘油單硬脂酸酯、蜂蠟、地蠟、矽酸鋁鎂、表面活性劑、高分子聚合物等。

三、指甲用化妝品基質和添加劑

指甲拋光劑的主要成分有氧化錫、滑石粉、矽粉、高嶺土等一些脂肪酸酯和香料。為賦予健康的色彩，一般還加入一些顏料。產品有粉末、膏狀、液體等不同類型。早期脫膜劑的主要成分多是氫氧化鉀或氫氧化鈉的低濃度溶液，近年傾向於採用磷酸銨或胺之類的弱鹼性物質，有些是由三乙醇胺、甘油和精製水等配製的。指甲增強劑內含有蛋白、膠原和尼龍醋酸鹽等水溶性金屬鹽類收斂劑，也有用二羥基硫脲作增強劑。指甲油的主要成分有硝化纖維素；作為成膜劑，加入樹脂類以增加硝化纖維素膜的光亮度和附著力；為使指甲油膜柔韌、持久，常用檸檬酸酯類作增塑劑；使用能夠溶解硝化纖維素和樹脂等成分；並且加入具有適宜揮發速度的多種混合的有機溶劑；此外為了使指甲油增加色澤還常添加色素和珠光顏料。

四、美髮用化妝品基質和添加劑

護髮水中常用的添加劑有水楊酸和間苯二酚，它的作用是去除頭皮屑和止癢。此外，具有生髮功效的還有辣椒酊、生姜酊、香奎寧、何首烏、白蘚皮、茜草科生物鹼等。生髮劑中還常添加雌激素，它能使頭皮血管擴張，促進頭髮生長。另外，殺菌劑以及保濕劑如甘油、丙二醇、山梨醇等也是常用的添加物質。頭油中一般都添加適量的抗氧劑和防腐劑。常用的合成型半持久染髮劑的染料有芳香胺類、胺基苯酚類、胺基蒽醌類、萘醌類、偶氮染料類。金屬鹽類染髮劑一般僅附著在頭髮表面，不能進入頭髮內層。金屬鹽類染髮劑大多是鉛鹽或銀鹽，少數用鉍鹽、銅鹽或鐵鹽，如醋酸鉛、硝酸銀和檸檬酸鉍等。將其水溶液塗髮於頭髮上，在光線和空氣的作用下，成為不溶性硫化物或氧化物沉積在頭髮上。染髮劑所用的原料、成分濃度、作用時間不同，頭髮產生的色調也不一樣。鉛鹽可使灰白頭髮產生黃、褐乃至黑色色調；銀鹽會產生金黃到黑色色調；鉍鹽產生黃色到棕褐色的色調。

陸、化妝品的副作用

化妝品引起的不良反應有的是由於化妝品本身造成的，有的則和使用化妝品的人自身身體素質關係密切。另外，使用者沒有按照產品說明書正確地使用也是引起不良反應的重要原因。如今，化妝品已經成為人們生活中不可缺少的日用化學品。它們直接抹擦在皮膚表面，而且是長期地反覆接觸。由於使用劣質化妝品或因對化妝品的選擇和使用不當而引起的種種不良反應或對健康危害的事例屢見不鮮。其不良反應大體上可以分為三類：皮炎類反應、非皮炎類反應以及有毒物質在體內的過量蓄積。

一、不良反應

（一）皮炎類反應

皮炎類反應是化妝品不良反應中最為多見的一種，患化妝性皮炎的人，一般屬於敏感體質。由於生產化妝品的原料對皮膚產生刺激，使皮膚細胞產生抗體，導致過敏，引起炎症。另外如果化妝品內含重金屬超標，以及使用過期變質的化妝品，也會引起炎症。

常見的有化妝品接觸性皮炎、光毒性接觸性皮炎和依賴性皮炎，是在塗搽的局部產生的炎症反應，臨床上又分為刺激性接觸性皮炎(原發刺激性接觸性皮炎)和變態反應性接觸性皮炎，即過敏性接觸性皮炎。原發刺激性接觸性皮炎是皮膚接觸化妝品後，在很短的時間內發病，它是由化妝品含有的某些成分直接刺激造成的。目前，化妝品的生產技術不斷發展提高，化妝品中的刺激性物質也逐漸減少，所以，這類皮炎已較少見。過敏性接觸性皮炎在化妝品的不良反應中是很常見的，屬於遲發型變態反應，它的產生原因除了因為化妝品中含有某種容易引起過敏反應的物質外，主要與使用人的個體素質有關。激素依賴性皮炎是因由於長期反覆不當，形成了依賴性、成癮性，不擦便覺得不舒服，皮膚已出現紅、腫、癢、痛等症狀。近年來，因發病呈逐年上升趨勢，且又頑固難治癒，已成為醫學專家們關注的焦點。

（二）非皮炎類反應

非皮炎類反應的表現多種多樣，其中常見的是痤瘡，它是長期使用某一種化

妝品，特別是使用脂類化妝品後，臉上出現與毛囊一致的丘疹或膿疱。色素沉著也是常見的化妝品不良反應，它是在長期擦用某種化妝品後臉上出現的褐色或是灰褐色的色素斑，有的甚至可以發展為黑變病。此外還有接觸性蕁麻疹、局部皮膚皺裂、化膿等。另外，據相關動物實驗證明，化妝品的某些成分，如某些合成香料、合成色素能夠明顯地損傷細胞 DNA，具有致突變性或致癌性。有些色素雖然本身沒有致癌性，但是經過光線照射後，卻有可能變為具有致癌性的物質。

（三）體內的過量蓄積

某些化妝品中有毒物質含量可能過多，其中有些能夠經皮膚或是無意之中經口吸收，從而造成在體內過量蓄積。如劣質化妝品所含的汞鹽、鉛鹽、苯胺類、亞硝胺類。搽用這類化妝品者體內的鉛值明顯高於對照人群。值得注意的是，某些化妝品原料本身毒性並不大，但它所含有的雜質和中間體卻常常會對皮膚產生刺激。另外，化妝品所用的某些界面活性劑、防腐劑、收斂劑、抗氧劑等也可引起皮膚損害。有些原料本身即是強致敏原，如羊毛脂、丙二醇，可以引起變態反應性接觸性皮炎。焦油色素中的蘇丹 II、以及防腐劑中的對位酚、六氯酚、雙硫酚醇以及次氯氟苯脲等都是致敏的主要成分。香料也是常見的致敏原，可引起皮膚瘙癢、濕疹、蕁麻疹、光感性皮炎等多種病損。

二、正確選用化妝品

（一）化妝品與皮膚

為了使化妝品得以發揮護膚作用，防止產生負面影響，須對個人皮膚的類型和性質有所了解。人的皮膚有油性、中性、乾性皮膚和複合性皮膚之分，它們各具特點，在護理皮膚和選用化妝品時應該加以注意。

油性皮膚的人皮脂分泌旺盛，皮膚多脂，呈油膩狀，特別是在面部和前額區常見油光，只用不施油性化妝品的面巾紙輕輕擦拭前額和鼻翼，紙巾上即可見到大片油跡。這種皮膚比較粗糙，毛孔和皮脂腺孔粗大，易受感染，所以很容易發生粉刺、痤瘡和毛囊炎。這種皮膚附著力差，化妝後容易掉妝。

中性皮膚平滑細膩且有光澤，毛孔較細，富有彈性，油脂和水分適中，化妝後不易掉妝。這種皮膚多見於少女。皮膚的季節性變化比較大，夏季偏油，冬季偏乾，年紀稍大往往容易變成乾性皮膚。

乾性皮膚上毛孔不明顯，皮膚一般比較薄，而且乾燥，缺少光澤，皮膚附著力強，化妝後不易掉妝，但是乾性皮膚經受不住外界刺激，受刺激後皮膚發紅，甚至有痛感，易生皺紋和脫屑。

　　複合性皮膚表現為同時具有兩種不同性質的皮膚，如有的人前額中央、鼻翼，或嘴周圍及下頦，也就是顏面的中間區域是油性皮膚，毛孔粗大，皮脂較多，其餘部位呈現中性或乾性皮膚的特徵。

　　從醫學美容的角度來說，皮膚的類型還有敏感性皮膚和問題性皮膚，前者指三種細膩白皙、皮脂分泌少、比較乾燥的皮膚。它的特點是接觸化妝品後容易引起皮膚過敏，出現紅、腫、癢等症狀，對花粉、烈日以及蚊蟲叮咬等也容易過敏。患有痤瘡、酒渣鼻、雀斑、黃褐斑等影響美容，但沒有傳染性，也不危及生命的皮膚稱為問題性皮膚。

（二）使用化妝品的注意事項

　　化妝品幾乎人人在用，但對於使用化妝品應該加以注意的問題並不是人人都有所了解。為了防止使用化妝品帶來的危害，所用的化妝品應該是符合化妝品衛生標準的合格化妝品。要盡可能了解化妝品的性能，弄清楚它的基本成分和性能，適合於哪些人使用。如果用後出現了輕微、短暫的反應如局部發癢、刺痛等，應該立刻停止使用該化妝品。在換用另一種或另一個牌號的化妝品時，應該先進行斑貼試驗。患有全身性疾病時不要化妝，面部、口唇、眼疾尚未治癒之前，應該停止顏面、口唇和眼部的化妝。懷孕期間應該慎用化妝品。使用化妝品時，一定要小心防止某種化妝品進入不能耐受該化妝品的器官或組織，如睫毛膏不能塗進眼皮內，更不可沾染角膜。晚上必須卸妝，不能帶妝入睡，否則不僅妨礙皮膚的新陳代謝，而且會抑制皮膚的呼吸和排泄，容易導致產生皮膚病。使用化妝品還應該注意化妝品的保存，要防止它變質、變性。否則，必然會導致皮膚的損害。

　　學會鑑別化妝品質量的優劣。防止化妝品使用中的二次污染是預防感染的重要一環。雖然說化妝品在生產時已經殺菌或加入了防腐劑，但是對防腐劑產生抗藥性的微生物進入化妝品，或是微生物的污染量大，防腐劑的濃度已起不到抑制其生長的作用，都會使微生物繁殖。所以在使用時必須注意衛生，有的人打開化妝品的蓋子之後，敞口放置，任憑微生物隨時進入。未曾洗淨的手指伸進膏霜中沾了就用，挖或倒在手掌上多餘的膏、霜、乳液用後又返回原瓶；使用不潔的粉撲撲臉；用骯髒的海綿、毛刷塗抹眼部化妝品等都給微生物或致病菌對化妝品的

污染造成了良好的機會。為防止或減少化妝品二次污染，避免發生由化妝品所致皮膚感染，必須改正上述這些不衛生的使用習慣。

　　加強化妝品衛生知識的宣傳教育很有必要。讓廣大消費者懂得化妝品容易孳生微生物的道理，提高便用者的自我保護意識，指導消費者正確使用化妝品，特別是化妝品的適度施用。讓人們了解濃厚化妝極其容易損傷皮膚，會使皮膚的自然防禦功能下降。皮膚出現感染，初起時表面的部分可以自行塗用，如 1% 龍膽紫溶液、3.5% 碘酊、金黴素軟膏、洗必太軟膏以及連翹膏之類的外用藥，已經感染化膿就不宜自己用藥，需及時請醫生診治。另外，出現化妝性皮炎的人，應注意防曬、防凍，要多吃富含維生素 C 的食物並保證充足的睡眠。必要時可服維生素 E、維生素 B_6、維生素 C，幫助修復受損皮膚。如果症狀嚴重，一定要到正規醫院皮膚科治療。

觀念思考題與習題

1. 請簡述艷麗化妝品的由來與化妝品的早期意涵。
2. 毛髮的主要化學性質有哪些？請簡述之。
3. 為什麼把清潔皮膚的化學品稱為化妝品？請簡述之。
4. 化妝品的定義是什麼？其功用為何？
5. 皮膚的基本結構是什麼？請簡述之。
6. 毛髮的基本結構是什麼？請簡述之。
7. 毛髮的主要化學性質是什麼？請簡述之。
8. 化妝品的基質原料包括有哪幾大類？請簡述之。
9. 化妝品的輔助原料有哪些？請簡述之。
10. 藥用和保健化妝品的成分有哪些？請簡述之。
11. 常用的化妝品分類有哪些？請詳述之。
12. 化妝品的製備原料有哪些？請詳述之。
13. 請簡述幾種常用的化妝品。
14. 雪花膏 (cream) 有何特性？請簡述之。
15. 防曬類化妝品有何特性？請簡述之。
16. 美髮用化妝品有何特性？請簡述之。
17. 何為洗髮香波 (shampoo)？有哪些？
18. 何謂燙髮劑？其功用為何？
19. 何謂染髮劑？其功用為何？
20. 特殊用途化妝品有哪些？請簡述之。
21. 特殊人群用化妝品有哪些？請簡述之。
22. 化妝品常見的特殊添加劑是什麼？請簡述之。
23. 化妝品的不良反應有哪些？請簡述之。
24. 如何正確選用化妝品？請簡述之。
25. 你對化妝品的美麗省思如何？請加以述之。

第七章　能源化學

　　我們時常在報章、雜誌、廣告、電視與電子郵件上看到，甚至於在無線電的廣播裡也常聽到能源這個名詞。我們往往也很容易接觸到並認知能源這個詞，顧名思義的就是指「能量的來源」。其實，這並不是妥切的解釋。因為這個詞通常不是指它的本意，而是廣義的指能為人類提供熱、光、電或動力等有用能量的物質或物質運動的統稱，包括化石燃料、太陽能、風力、水力、潮汐、地熱、生物質及核能等。人類早期的燃料是指煤與木材，而現在是廣泛指含碳、氫物質可完全燃燒，並釋放出熱量的物料。簡言之，凡可提供能量者即稱能源，而燃料是一個很好提供熱的能源。燃料包含很廣，其中主要的是生物體系所需的食物與所需熱源的化石燃料，而一般的化石燃料 (fossil fuels) 是指煤、石油與天然氣。

　　能源是人類文明發展和進步的基礎與指標，它是指提供能量的源泉或自然資源。根據各種能源的特點和合理利用的要求，可從不同角度把能源進行分類。從能源的形成和來源角度，可把能源分為能量來自太陽、來自地球內部、來自核反應和來自地球與天體(如月亮、太陽)間引力等四種。來自太陽的有直接太陽輻射能和由太陽輻射能轉化而來的生物質能、風能、波浪能、海洋熱能等；來自地球內部的有地熱能等，包括火山、地震、地熱蒸氣、熱岩層、熱水等；來自核反應的有蘊藏在物質結構內部的原子核運動狀態，發生變化所釋放出的巨大能量，包括原子核的裂變能和聚變能；來自地球與天體間引力所形成的有潮汐能。

　　從能源的原有形態是否改變的角度來看，可把能源分為自然界現存的一級能源和由一級能源加工轉換而成的二級能源。由於它們以天然形式存在於自然界中，所以叫做一級能源。而出其直接或間接加工轉換成為其他種類和形式的能源，如煤氣、焦碳、汽油、煤油、柴油、電、人造石油、水蒸汽、酒精、氫氣、雷射光等均稱為二級能源。一級能源中像原煤、原油、天然氣、油頁岩、核燃料鈾、釷等，都是億萬年前宇宙、自然界中留下來的，用一點少一點，無法得到補充，總有一天會枯竭，因此被稱為不可再生能源。而像太陽能、水能、風能、海洋能都是大自然能再生的能源，所以叫做可再生能源。為維護國家和社會的持續發展，能源的合理使用和大自然生態環境的維護，是兩個十分重要並密切相關的問題，本章首先對有關能源的一些基本知識作簡要介紹。

壹、能源

一、何謂能源

　　能源是指一切能量比較集中的含能物質(如煤炭和石油)和能量過程(如風和潮汐)，不論所說的能源是否已經利用，凡是可達到地球表面而可被使用的能量，都叫做地球上能源。能源是發展農業、工業、國防、科學、技術和提高人民生活水平的重要物質基礎之一。

　　能源的種類繁多，但按照它們的來源，大體上可以分為三大類。第一類是從地球以外天體來的能源，其中最重要的是太陽輻射能，簡稱太陽能。另外，風、流水、海濤中所含的能量，也是來自於太陽能，它們和草木燃料、沼氣以及其他由光合作用而形成的能源一起，都屬於第一類能源。第二類能源是地球本身蘊藏的能源，一般傳統認為，煤炭、石油、天然氣是古代生物沉積形成的，總稱為「化石能源」。實際上，這類能源是遠古時代太陽能的沉積儲存。在能量的利用過程中，能量的儲存問題占有非常重要的地位。恰如海洋和地殼中儲存的各種化石、核燃料以及地球內部的熱能。第三類能源是由於地球在受其他天體影響下產生的能量，如潮汐能等。

　　以上三類能源都是以現成的形式存在於自然界中的，它們的存在是不以人們的意志為轉移的，把這三類能源通稱為「一級能源」。由於人類的主觀能動性，已經能依靠一級能源製造或生產出許多種適合於人類生產活動的能量形式，例如電能、汽油、煤油、火藥等。這些能源都不是以現成形式在自然界中出現的，而是靠人類的加工而生產出來的。這類能源統稱為「二級能源」。匯集列出了能源的分類，如表 7.1。

表 7.1　能源的分類

一級能源	第一類能源 (來自地球以外)	太陽能	煤、石油、油頁岩、天然氣、草木燃料、沼氣和其他；由光合作用固定下來的太陽能；風、水流、海浪、直接太陽能。
		宇宙射線	來自星際空間的能量。
	第二類能源 (來自地球內部)	地球熱能	地震、海嘯、火山爆發；地熱(溫泉、沸泉、地熱蒸汽)；熱岩層。
		原子能	鈾、釷、鋰、氘、氚等。
二級能源	電能、氫能、煤油、汽油、柴油、酒精、甲醇、丙烷；硝基棉(硝化纖維)、硝化甘油、黑色炸藥等。		

以上能源的分類，只是對地球上能源的分類，而不是對一切能源的分類。在宇宙空間中還有許多能量高度集中的強大能源，目前我們還無法加以利用，如宇宙射線，可以暫不討論。

在中國大陸社會主義現代化建設中，認為能源是一項極為重要的問題。為了保證四個現代化的實現和國民經濟的持續發展，中國大陸將興建一系列煤炭基地、油田和電站，並十分重視能源科學技術的發展，例如在農村發展沼氣、地熱和太陽能的利用，火力發電廠如何充分利用煤矸石、油頁岩等低熱值燃料，在煤炭基地開展煤的氣化、液化研究、坑口電站的設立，以及在全中國大陸範圍內開展節能、減排⋯⋯等。對新能源的探索和開發也在積極展開推行。

二、能源在國民經濟建設中的重要性

為了解能源問題的重要性，應該先認識能源在近代科學技術中的地位。從技術上來講，工業生產需要三項基本物質條件，一是原材料的供應，二是能源，三是機器設備，三者缺一不可。在工業生產中，若能投入愈多的原料、材料和能源，則有關產品就會愈多。在農業生產中，能源也是保證農業迅速發展的重要因素之一，農業機械化程度愈高，收獲產品所需要的能源供應就愈多。其他生產部門的情況也一樣，不存在任何一種不需要能源的產業。

生產過程中的能源，可以分解成兩個組成部分。一部分是由勞動者以體力配合勞動形式所付出的能量。從廣義說，人的體力也是一類能源，因為人的體力是由食物的化學能轉化過來的，而食物又是通過植物的光合作用從太陽能轉化而來的。生產過程中的另一部分能源是人畜力以外的能源，如電力、燃料、風力和水力等能源供應的能量。這兩部分之間的比例關係，稱為「能耗組成」。能耗組成的實際情況，可以反映一個國家或一個地區在工業技術上和國民經濟上的先進與落後程度。

在過去早期的工、農業生產中，體力勞動占有相當重要地位，產品產量不夠豐富，人的生產水平比較低。但是隨著近代工業技術的發展，隨著人對自然界能源的利用，生產過程的「能耗組成」不斷產生變化，體力勞動在生產中所占的比重愈來愈小，利用現代能源的機械化程度愈來愈高，也帶來了現代的物質文明。當前，在工業化水平比較高的國家，每人每天平均消耗的能量估計為 8.3×10^5 kJ 以上，而每個人靠食物每天能以體力形式付出的能量不超過 4×10^4 kJ。可見，

單靠體力勞動是無法達到今天的科學技術和生產水平的。人類只有把自然界中的可利用能源轉變成如電力，盡可能多地投入到生產過程中去，生產力才有可能得到迅速增長。

18 世紀蒸汽機的發明，是人類能源利用史上的一個重要里程碑。蒸汽機的發明帶來了工業革命，引發了資產階級民主革命。煤燃料代替了人力、畜力和原始水力，成為生產過程中的重要能源。隨後電力、石油、天然氣也獲得越來越多的開發利用，從此世界上能耗越來越大，幾乎按照能源指數函數而增長。幾個重要工業發達國家的發展狀況表明，一個國家的國民生產總值，同這個國家的能耗量成正比。幾十年來，世界的能耗急劇增長，估計到 21 世紀初，全世界能耗將會比現在增長 2～3 倍，這就使能源問題成為一個現代國家不能不加以慎重考慮和必須加以嚴格控制的問題了。

三、能源與生態環境的關係

由於社會的進步，科學技術和工業生產的發展和人民生活水平的提高，人類大量使用化石能源，卻意想不到造成了嚴重的環境污染問題，給人類生活形成了極大的威脅。環境保護問題最近 20 年來已經成為全世界矚目並開展多方面研究的重大課題。由於大量燃燒煤炭、石油和天然氣等含碳燃料，向大氣排放了大量的二氧化碳 CO_2。二氧化碳的分子質量比大氣中其他常壓氣體的分子質量都高，所以二氧化碳氣停留在靠近地球表殼的大氣層中。另一方面，由於人為的破壞，地球上大量森林植物被砍伐、損毀，損失了一部分天然光合作用（吸收二氧化碳），阻斷了一部分碳的自然循環。致使大氣層中二氧化碳逐年有產生多餘的積累，大氣中的二氧化碳的含量逐年增高。由二氧化碳的紅外線吸收圖譜（圖 7.1）可見，二氧化碳對紅外線區的光能有強的吸收，換句話說，二氧化碳是一種集熱氣體。這層二氧化碳含量越來越高的大氣，就好像包在地球表面空間的一座很大棚子，罩住地球，阻止了地球輻射熱能的向外層空間散發。地球在白天從太陽吸收了能量輻射，到了夜晚，應該能自由地向外層空間散發多餘熱量，保持本身的能量平衡，也藉以保持地球本身的年平均溫度的恆定。但這層含二氧化碳的大氣卻阻止了熱量的散發，破壞了地球的熱量平衡，使地球和大氣圖像一座碩大的溫室。根據科學測量，地球年平均溫度每年約升高 0.2℃。這種現象在環境科學中叫做「溫室效應」，二氧化碳被稱為「溫室氣體」。如果人類對這種現象不作防止，到未

來的某一時期，大氣和地球的溫度將會升高到足以使地球南北極的冰雪融化，估計到那時候，海平面可能要上升 6～10 m，將會逐步淹沒近海低窪地區，中國大陸的津、京、滬、粵地區將會成為澤國，而台灣、海南、香港大部分土地也都將沒入海洋。雖然這種情況可能是很遙遠的事，但為了人類子孫長遠未來，保護我們的家園，是我們當代人的歷史責任。研究使用低碳或非碳能源就有極大的科學價值和實際意義。

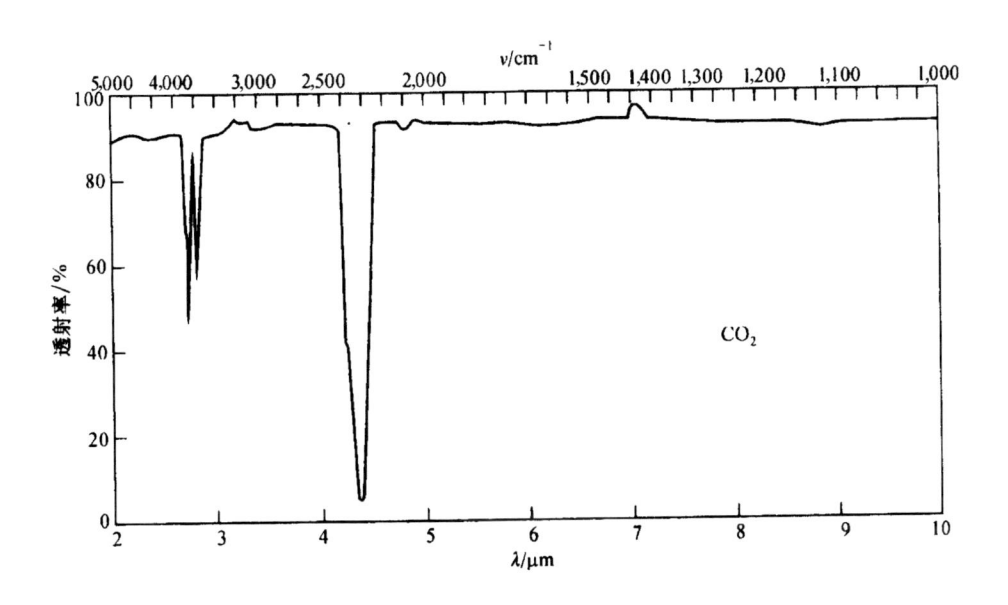

圖 7.1 CO_2 的紅外吸收光譜

更為重要的是，天然化石燃料的能源中，總會含有許多非金屬雜質，如含硫、磷等的化合物。其中特別是含硫的元素或化合物，是一種最普遍的雜質化合物（石油和煤炭的脫硫，在近代工業中它是可做重大技術來對待的，見第八章環境化學）。化石燃料燃燒後，磷和硫的化合物燃燒產生酸性氧化物，如氮生成氮氧化物 NO、NO_2、N_2O_3、N_2O_5 等（通稱 NO_x），硫生成為氧化硫 SO_2 和 SO_3 等（通稱 SO_x），排放到大氣中。比較突出的是硫的氧化物，溶解在雨水中後，形成含硫酸的酸霧和酸雨，損壞建築物和生產設備，毀壞莊稼、森林和破壞河流和湖泊的自然生態，造成魚、禽、獸動物品種的滅絕，並帶來巨大經濟損失。

特別應該指出，中國大陸的含硫的煤比較多而且普遍，以含硫的煤為燃料，使人口密集地區的空氣中彌漫二氧化硫氣，給人的呼吸器官帶來痛苦的疾病，更為嚴重的是造成含硫酸的酸雨。中國大陸的雲南、貴州、重慶和四川已成為比較

嚴重的酸雨危害地區，現在京津地區也出現了酸雨危害，且有波及鄰國的趨勢。在中國大陸的環境保護工作中，防止大氣污染已經成為刻不容緩的問題了。

貳、人類呼喚清潔能源

為了清除大氣污染和溫室效應給環境造成的災害，維護國民經濟的健康持續發展，人們期待著對「清潔能源」的開發與應用。所謂清潔能源是指那些在使用後不會給環境帶來有害廢料產物的能源。現在所考慮之中的清潔能源有如下幾類。

一、天然氣

天然氣的主要組成是甲烷 CH_4。甲烷本身是一種溫室氣體 (見圖 7.2)，燃燒產物二氧化碳也是溫室氣體，但甲烷屬於低碳燃料，與煤炭和石油相比，所含碳的量最低，燃燒產物氣體中，二氧化碳的體積含量只占 1/3，二氧化碳排放量是最低的，可以減輕大氣中溫室氣體的積累趨勢。另外，天然氣中的雜質含量比較低，雜質也容易脫除。所以人類在還未能解決使用非碳燃料之前，開發天然氣的使用代替煤炭和石油作為常規燃料，不失為一種緩解溫室效應的權宜手段。

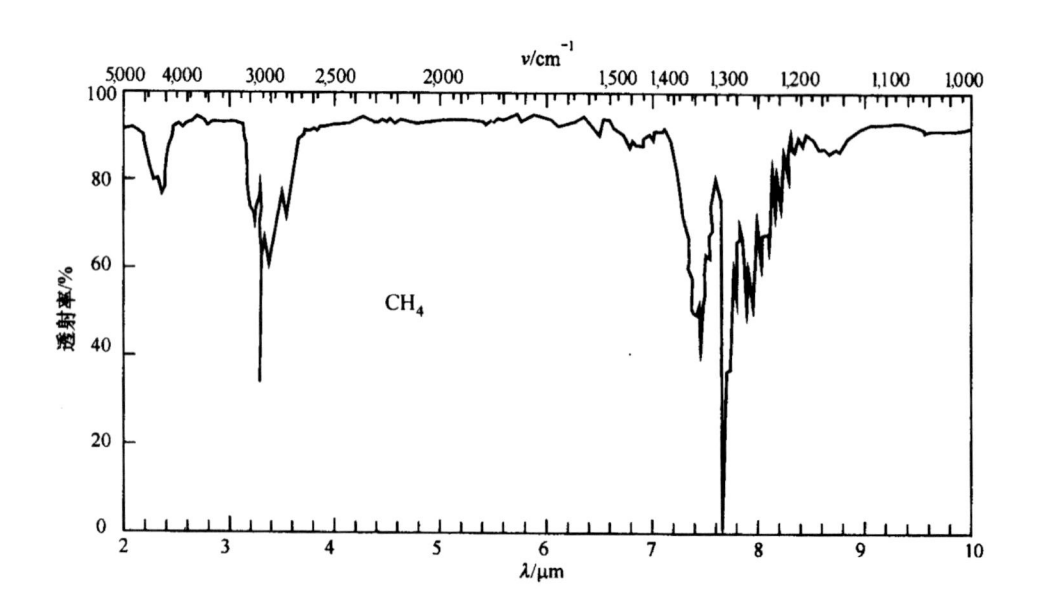

圖 7.2 甲烷 CH_4 的紅外吸收光譜

在化石燃料中，中國大陸的消費構成，據 1996 年的統計，煤炭占 70%，石油占 19%，天然氣只占 1.7%，而中國大陸的天然氣資源是豐富的，全國天然氣總地質儲量達 3.8×10^5 億 m^3，可採取儲量約 1.1×10^5 億 m^3，所以開發天然氣資源利用，改變中國大陸能源結構，是大有可為的。

中國大陸同周邊鄰國哈薩克斯坦、塔吉克斯坦、蒙古等，是世界上天然氣儲量最豐富的地區，國際合作開發利用天然氣資源，有無限美好遠景。中國大陸現在已經著手開發國內天然氣資源，陝北的豐富天然氣已通過長途管道輸送到京津地區，參與了北京和天津城市大氣環境的改造工程。現在還正在醞釀建造陝北到上海的天然氣輸送管道。中國大陸南方巨大海疆的豐富天然氣將登陸海南、香港和廣東省。新疆塔里木盆地的天然氣，向華東的外輸管道正在建設中。這些能源工程的發展，必將大大改善中國的能源結構和環境負累。

二、太陽能

太陽能是取之不盡、用之不竭的最清潔的可再生能源。在中國大陸日照長而少雨的西北地區，包括西藏、甘肅、寧夏等省區，有豐富的太陽能資源，可以建設太陽灶、高溫太陽爐、太陽能取暖設施、太陽能熱水器、太陽能電站等。這些工作還處在開始開發階段，前途是大有可為的。

太陽能的主要家用市場是太陽能熱水器，如果設備設計優良，安裝合理，節能效果將會大大超過設備本身的投資。一台良好的太陽能熱水器，每年可為用戶節省 50～60% 用於水加熱的費用。這類熱水器設備還可以開拓在醫院、飯店、辦公大樓、度假村、農場、穀物烘乾、溫室、游泳池、洗衣店、理髮店、工業鍋爐等方面的應用。太陽能加熱設備已經是國際上通常的貿易商品了。

太陽能發電分為兩類，一類是太陽能熱發電，即將太陽熱能積蓄起來加熱鍋爐發生蒸汽，推動渦輪機發電。另一類是太陽能光發電，又稱為光伏發電，即使陽光照射到光電池上，將光能直接轉化為電能。光伏發電將是 21 世紀最有希望達到工業規模應用的可再生能源發電技術之一。中國大陸已在 20 世紀 80 年代引入了太陽能電池生產線，1996 年實際產量已達到 1.67×10^3 kW，國產光伏電池的效率和售價已接近國際水平。據不完全統計，中國大陸累計光伏發電用量已經達到 8,800 kW，其中通信占 50%，農村和邊遠地區占 30%，商用和工業共占 20%。為偏遠地區供電，已建成光伏電站 14 座，最大的是 1994 年投入運行的西藏雙湖 25 kW 電站，更大的西藏安多 100 kW 光伏電站正在建設中。

在國際上，科學家正在籌劃在外太空建設巨大的太陽能電站，用微波將電能輸回地球，這種偉大設想如果得到實現，肯定將是造福人類的偉大創舉。

三、水力發電

水力發電也屬於清潔的可再生能源，中國大陸是世界上水力資源最豐富的國家。據粗略估計，中國大陸的水能資源蘊藏量可達到 7 億 kW，居世界第一位，其中可開發資源約為 4 億 kW。主要集中在中國大陸的大西南和大西北地區，占全國的 70%。目前已開發的資源還不到 10%。現在已擁有黃河上、中游水力發電基地近 10 座電站，裝機總規模 1,800 萬 kW。長江上中游發電基地，遠景裝機規模可達 3,000 萬 kW。20 世紀建設的最大水電站和最大輸、變電工程二灘水電站已在 1998 年底開始投產，1999 年底完成，裝機總容量為 330 萬 kW，年發電量將達到 170 億 Kw·h，是一項舉世矚目的世界級工程。在本世紀初，中國大陸長江三峽水電站已竣工，其裝機總容量為 1,300 萬 kW，世界第一，將可大大緩解中國大陸溫室氣體排放的負擔。

在本世紀裡，中國大陸西部水力發電能源開發，面臨大好機會，長江上游、金沙江、大波河、烏江、雅碧江、瀾滄江等水電基地的開發，必將大大推進中國大陸的建設事業的發展。剛剛邁進 2000 年時，水電建設捷報和喜訊頻傳：2000 年 1 月 9 日黃河小浪底水利工程第一台機組併網發電。這座水利工程具有防洪、減淤、灌溉、供水、發電等多功能作用的工程開始發揮其綜合效益。電站將有 6 台機組，總裝機容量 180 萬 kW，年發電量 51 億 kW·h，2001 年全部建成，是中原地區最大的水電站。

2000 年 1 月初，中國大陸正式批准建設湖北巴東縣境內清江水布埡水利工程。該工程由攔水大壩和發電站等主要建築物組成，大壩高 233 m，建成後列為世界同類壩其壩高之最，總庫容 45.8 億 m^3，裝機總容量為 160 萬 kW。該工程已全面啟動，在 2009 年全部建成。建成後，長江流域出現特大洪水時，水布埡大壩工程可發揮科學攔洪作用，減輕荊江防洪壓力，並可基本避免分洪。中國大陸的水力能源建設已經進入大發展時期。

四、風力能源──發展最快的能源技術

風力能源技術是當今世界上發展最快的技術，目前全球已經開發了 7×10^6 kW

以上的風力能。風力發電的潛力巨大，與其他常規能源或化石能源相比，具有強大的競爭力。全世界現已有 15 個國家進行了市場開發，包括巴西、中國、丹麥、德國、西班牙、英國和印度等。

20 世紀 90 年代初期，風力發電機的功率一般在 100 kW，但目前的發電機可達 1 MW，大部分風力發電機在風區發電的最高密度設計大致在 250～500 W·m^{-2}。在開發中國家，有許多小型風力發電機為廣大農村供電，是不聯網的。在已開發國家中，也有不聯網的風力發電機組，例如給導航燈塔供電的風力發電機。由於不需聯網，多採用直流發電機。典型的給蓄電池充電的 100 W 風力發電機的質量只有 15 kg，設計選擇範圍十分廣泛，運轉速度也不一樣。

在過去的 20 年裡，風力發電的成本下降了許多，最近的分析資料表明，這種下降趨勢還在繼續。促使風力能源價格下降的原因大致是：發電機的價格在降低，發展了塔座高大的大型轉動器 (高處的風速大、發電量大)；對技術的認識提高和發電方法的改進；發電效率和實用性都提高了；運行和維修的費用降低了等等。目前風力發電技術的成本大致與化石能源價格持平，比核電便宜。但在開發中國家，化石能源價高而人的勞動力便宜，風力能源仍具有競爭力。在許多邊遠地區，只要發電機功率高於 250 W，風力能源價格就具有競爭力，甚至在風速低到 4 m·s^{-1}的地區也值得採用。最適宜的風區是年平均風速保持在 8～9 m·s^{-1}。中國大陸的內蒙古地區現安裝了 12 萬台小型風力發電機，每台功率為 100 W，給人們的電視機、洗衣機和其他現代化家用電器供電。

中國大陸從 20 世紀 80 年代起，就十分重視為邊遠地區農、牧、漁民提供家用電源，現在大概已有 15 萬台總容量約 1.7 萬 kW，0.1-5 kW 的由微型到小型發電機組在運行，80% 在內蒙古地區。中國大陸的風力發電設備已能自給。目前已建成了 19 個聯網風力電場，總容量達到 16.7 萬 kW。1997 年新增機組 201 台，容量 11 萬 kW。2000 年時總容量已達到 40-50 萬 kW。進入 21 世紀，發展趨勢將會加速進行。

五、地熱能源——第五大能源

在地球表面之下的地球內部，存在著高溫相態。一般認為，在陸地上，每向深部鑽進 1 km，地層溫度增加 25℃。地幔溫度為 400～500℃，地心溫度估計在 2,000～10,000℃。地球的熱能有多種來源，最可能的來源是地下的鉀、鈾、釷等

元素放射性衰變所產生的能量。根據計算，1 g 花崗岩中含有的鉀、鈾、釷元素每秒可產生 1×10^{-12} J 的熱量。地球的花崗岩厚度可達 10 km 以上，可見釋放的能量將會有多大！

地球的一些活動過程如火山活動和造山運動，會使地球熱能局部富集，達到可供人類開發利用的程度，這便構成了「地熱資源」。「地熱資源」包括地熱過程的全部產物，如天然溫泉熱水、蒸汽、鹵水等，和由上述過程形成的副產物——與地熱流體相伴而生的、具有較高價值的礦物質。

如果在地層下有了岩漿侵入型熱源、儲熱層和蓋層三個條件，就會形成地熱田。地熱田有熱水田、溫蒸汽地熱田、蒸汽田等。目前世界上已開發的都是水熱型地熱田。中國大陸東半部處於環太平洋大環帶上，西南大部地區位於歐亞板塊的境內劇烈碰撞構造帶內。有強烈的岩漿、熱液、斷裂、地殼沉陷拱升、褶皺等地質構造活動。這一地帶地溫梯度偏高，在地表冒出數千眼溫泉。中國先人早就發現了地熱現象，早就懂得利用溫泉進行浴療和養殖業。例如內蒙古赤峰的地熱溫泉被清朝皇帝封為「神水」，列為宮廷禁區。

中國大陸從 20 世紀 70 年代中期開始開發地熱資源。經過 20 年的努力，對各種類型的地熱資源進行了系統研究和評價，取得了突破性的進展。初步查明中國大陸地熱資源可採含量相當於 4,626.5 億噸標準煤，其中新生代盆地可開採地熱的面積達 60.2 萬 km^2，可取儲量相當於 1,871.6 億噸煤。在裂隙型地熱源中有高溫水熱系統 187 個 (熱儲溫度高於 150°C)，初估發電潛力 674.4 kW。中國大陸已掌握了從低溫到高溫的地熱發電技術。在西藏羊八井繼打出 200°C 以上的地熱井後，於 1994 年又打出了 329.8°C 的地熱井。這意味著中國的地熱發電技術將向更高水平發展。至 90 年代初，中國大陸地熱綜合利用點已經達到一千多個，開發的熱量相當於 305.33 萬噸標準煤，其中發電 30 萬 kW，包括 9 座地熱電站，目前有 5 座電站在運行，最大的羊八井電站，裝機容量 2,514 kW。在地熱綜合利用方面已開發溫室種植 680 畝、地熱養殖 3,100 畝、城鎮取暖 130.5 萬 m^2、溫泉療養院 200 餘所。到 90 年代中期，地熱開發量已相當於 400 多萬噸標準煤。地熱資源綜合利用的範圍極為廣泛，凡是能夠想像得到的用途都可以做得到，不需詳細討論。

1995 年，中國大陸開展國有資產清查工作，由華北油田、大港油田、冀東油田、北京石油勘探開發設計院等單位的地質學家、鑽井工程師和地球化學家組成的地熱攻關小組，經過三年多的調查研究，對中國大陸的地熱資源得出了新的結論：由於中國大陸國土所處的特殊地質構造位置，使中國大陸的中、低溫熱田數

量多，規模大，地熱水產量大，水質好，有大規模開採利用的資源基礎，在未來的能源結構中，地熱所占有的位置比人們的預想要大得多。

經過中國大陸全國地熱工作者的努力，全國已建成了近 40 個地熱試驗基地，在近 30 個城市如北京、天津、福州、漳州、昆明等建立了地熱開發的計劃管理機構。地熱發電向高溫發展，直接利用地熱也向現代化、系列化和大型化發展。預計 21 世紀初，國內將會有數座以地熱資源為基礎的無煙城鎮——新型旅遊基地、遊樂場所、浴療中心出現。

從「六五」到「九五」的三個五年計畫期間，中國大陸地熱和石油工程專家共完成了 15 項大型有關開發地熱能的科學研究課題。與開發地熱資源配套的溫室裝置、換熱器材、耐高溫防腐蝕鋼材、潛水電泵、以及測試儀器儀表的生產廠家都相繼誕生，為地熱開發產業化、利用技術系列化奠定了基礎。在進入新世紀之際，中國大陸的有關行業應該認清前景，不失時機加以大力開發，早投入，早獲益，力爭在本世紀內利用好中國大陸的地熱資源。

六、潮汐能源

利用潮汐能發電，也屬清潔能源，但利用範圍有限，只限於沿海地區。

中國大陸現有 8 座潮汐電站在運行，總裝機容量 1.1 萬 kW。最大的是浙江江夏電站，裝機容量 3,200 kW。

七、原子核能

核電是清潔能源之一，沒有污染物排放，只要管理得當，也不會有放射性洩漏。中國大陸現在是世界上第七個能自行設計建造核電站並出口成套核電機組的國家。1991 年 12 月，中國大陸自行設計的第一座 30 萬 kW 秦山核電站併網發電，從 1993 年到 1997 年底現年負荷因子達到 77%，這樣業績在世界上是不多見的。1994 年大亞灣核電站投入產業運行，營運業績達到國際先進水平，每年創匯都在 4 億美元以上。繼秦山、大亞灣 3 台機組 260 萬 kW 核電之後，「九五」期間中國大陸又有 4 個項目 8 台機組 600 萬 kW 核電投入建設，將在本世紀內陸續建成投產。

八、開發氫能源

氫是自然界最普遍存在的化學元素，它的單質——氫氣的燃燒熱

$1.2 \times 10^5 \, kJ \cdot kg^{-1}$，是汽油熱值的 3 倍。氫氣燃燒生成水，不會造成污染。氫氣與氧氣的混合物會爆燃，氫氣通過燃料電池可以發電。氫氣的這些性質，決定了它可以：

1. 通過地下管網通入千家萬戶，用為常規氣體燃料；
2. 用為內燃動力機的燃料，代替汽油和柴油；
3. 通過燃料電池，建立大小電站發電。

所以氫是最理想的未來綜合性清潔能源。關於氫的性質與氫能開發，將著重討論開發氫經濟（以氫為主體能源的社會經濟）的若干問題。

參、核燃料的化學工藝學

天然鈾含有 3 種同位素：^{234}U，0.0056%；^{235}U，0.718%；^{238}U，99.276%。中國大陸在 1964 年 10 月 16 日爆炸的第一顆原子彈，用的是純金屬 ^{235}U，而當前一般鈾裂變原子反應堆採用的燃料棒是濃縮鈾，即含 ^{235}U 3～4% 的金屬鈾或二氧化鈾。從含鈾的礦物提取金屬鈾或鈾化合物，需要經過複雜的化學工藝過程，下面分步作簡要介紹。

一、礦物的富集和分解

含鈾的礦物有許多種，但富集並有開採價值的礦物主要有品質鈾礦（主含量 UO_2）和瀝青鈾礦（主含量 U_3O_8）。中國大陸在湖南、江西、廣東、貴州、雲南、新疆等省地區都發現有鈾礦儲積，但較多的是低品位礦。礦石先經過機械破碎、研磨，必要時水選、焙燒，然後對焙燒過的細碎礦粉進行化學處理，將鈾提取到溶液中。化學處理方法可能因礦物組成的不同而採用很不相同的工藝，但最常見的處理工藝是下面介紹的成熟工藝。

從焙燒過的鈾礦粉濕法提取鈾化合物有酸法和鹼法兩種工藝。對石灰岩少的鈾礦石一般採用酸法，即用稀硫酸浸取礦粉中的鈾，若礦粉中的鈾處於或部分處於 U(IV) 價態，則在浸取液中加入氧化劑如 $KMnO_4$（常用 MnO_2），將 U(IV) 氧化成 U(VI)，並以 UO_2SO_4、$[UO_2(SO_4)_3]^{4-}$ 直至 $[U(SO_4)_6]^{6-}$ 等形式被提取到溶液中。向提取液中加入氨水調節酸度，即可沉澱出黃色的重鈾酸銨 $(NH_4)_2U_2O_7$，過濾後得到的濾餅稱為「黃餅」（另一種說法是把加工精製的 UO_2 稱為黃餅）。重鈾酸銨

經鍛燒分解，即得到三氧化鈾 UO₃，反應式可以表示如下：

$$UO_2 + [O] + H_2SO_4 \rightarrow UO_2SO_4 + H_2O$$
$$UO_2SO_4 + 2\ H_2SO_4 \rightarrow [UO_2(SO_4)_3]^{4-} + 4\ H^+$$
$$[UO_2(SO_4)_3]^{4-} + 3\ H_2SO_4 \rightarrow [U(SO_4)_6]^{6-} + 2\ H_2O + 2\ H^+$$
$$2\ UO_2SO_4 + 6\ NH_3 + 3\ H_2O \rightarrow (NH_4)_2U_2O_7 + 2\ (NH_4)_2SO_4$$
$$(NH_4)_2U_2O_7 \rightarrow 2\ UO_3 + 2\ NH_3 + H_2O$$

如果原礦石是含石灰岩較多的鹼性礦物，則可用鹼法，即用碳酸鈉和碳酸氫鈉的水溶液來浸取礦粉，鈾以 $Na_4[UO_2(CO_3)_3]$ 直至 $Na_6[U(CO_3)_6]$ 的形式進入溶液，向溶液中加入 NaOH，即可沉澱出重鈾酸鈉 $Na_2U_2O_7$。反應式如下：

$$UO_3 + Na_2CO_3 + H_2O \rightarrow UO_2CO_3 + 2\ NaOH$$
$$UO_2CO_3 + 2\ Na_2CO_3 \rightarrow Na_4[UO_2(CO_3)_3]$$
$$Na_4[UO_2(CO_3)_3] + 3\ Na_2CO_3 + 2\ H_2O \rightarrow Na_6[U(CO_3)_6] + 4\ NaOH$$

在浸取液中加入碳酸氫鈉，與碳酸鈉構成了緩衝溶液，所以生成的鹼被中和：

$$NaHCO_3 + NaOH \rightarrow Na_2CO_3 + H_2O$$

鈾的析出：

$$2\ Na_6[U(CO_3)_6] + 14\ NaOH \rightarrow Na_2U_2O_7 + 12\ Na_2CO_3 + 7\ H_2O$$

以上兩種工藝，所用化學試劑價廉，設備簡單，工藝流程不複雜，可以簡易建設，為中國大陸早期的核工業快速發展提供了條件。

二、精煉的提取工藝

以上的粗提取工藝，得到的產品純度不高，含較多雜質，而且試劑用量較不經濟。為提取核燃料級的鈾製劑，需要精煉工藝。精煉工藝有兩種，即離子交換工藝和溶劑萃取工藝。

（一）離子交換工藝

在硫酸萃取液中，鈾存在為配位陰離子，所以可以採用陰離子交換樹脂。令提取液通過樹脂柱，鈾的硫酸根配位陰離子被吸附並濃集在樹脂柱上。脫除了鈾化合物後的排出殘液就可以在調整濃度後，回到提取流程再度循環使用。降低提取工藝的成本。

用濃硝酸（或鹽酸）淋洗交換柱，把鈾以硝酸鈾醯 $UO_2(NO_3)_2$ 的形式淋洗出來，這時溶液中鈾化合物比較濃集，可以方便地進行重鈾酸銨沉澱步驟。

（二）溶劑萃取工藝

用 30% 磷酸三丁酯 (TBP) 或三烷基胺在煤油（或己烷）中的溶液作為萃取劑，向較濃硝酸鈾醯溶液中萃取鈾：

$$UO_2(NO_3)_2\ (水相) + 2\ TBP\ (有機相) \rightarrow UO_2(NO_3)_2 \cdot 2TBP\ (有機相)$$

用水溶液洗滌有機相除去雜質，用碳酸鹽水溶液對有機相進行反萃取：

$$UO_2(NO_3)_2 \cdot 2TBP\ (有機相) + 3\ CO_3^{2-}\ (水相) \rightarrow \\ 2\ TBP\ (有機相) + [UO_2(CO_3)_3]^{4-}\ (水相) + 2\ NO_3^-\ (水相)$$

三、製備六氟化鈾 UF_6

為了提製純金屬鈾-235 或濃縮鈾，需要用六氟化鈾進行蒸氣擴散的同位素分離，因此六氟化鈾的製備是核燃料化學工藝中的重要一步。最後需要用到單質氟（由電解熔融 KHF_2 規模製備）它是最危險最難處理的化學品。所以從前段水溶液濕法化學工藝到離子交換、到溶劑萃取、再到氟化物製備，再到同位素分離，是由簡單化學處理逐步深入到高科技處理，可以說漸入佳境。中國大陸的核科技工作者早在 20 世紀 60 年代初期，在科技條件還很差的情況下，自力更生，有些工作甚至是「土法煉製」，歷盡艱辛，掌握了全過程，為兩彈一星上天做出了卓越貢獻！分步簡述如下：

1. 焙燒黃餅 (300°C) 製備三氧化鈾：

$$(NH_4)_2U_2O_7(s) \to 2\ UO_3(s) + 2\ NH_3(g) + H_2O(g)$$

2. 製備二氧化鈾　三氧化鈾是黃色晶狀固體，用氫氣在 700°C 進行還原，得到活性很高的二氧化鈾 (褐色或暗綠色粉末)：

$$UO_3(s) + H_2(g) \to UO_2(s) + H_2O(g)$$

3. 製備四氟化鈾和六氟化鈾　用二氧化鈾與氫氟酸反應可得到四氟化鈾。然後用四氟化鈾與單質氟反應，獲得到六氟化鈾：

$$UO_2(s) + 4\ HF(aq) \to UF_4(s) + 2\ H_2O(l)$$
$$UF_4(s) + F_2(g) \to UF_6(s)$$

四、鈾同位素分離或濃縮工藝

　　鈾-235 和鈾-238 的分離或鈾-235 的濃縮，要利用 UF_6 的高溫蒸氣的熱擴散。六氟化鈾是一種黃色固態粉末，有毒！具放射性，常壓下熔點約 64.5°C，昇華點 56.4°C，溫度升高或壓力降低時很容易昇華成為氣體 (例如 101.3 kPa 下 56.4°C 或 13.17 kPa 下 25°C 均昇華為氣體)。按氣體擴散定律，利用 $^{235}UF_6$ 和 $^{238}UF_6$ 在減壓下熱擴散速度的差異而將它們分離或濃縮。熱擴散的設備示意如圖 7.3。圖中所示的設備是多級擴散設備的一個級，要經過很長的多級熱擴散管道 (長達數千米) 才能達到鈾-235 的濃縮或全分離。

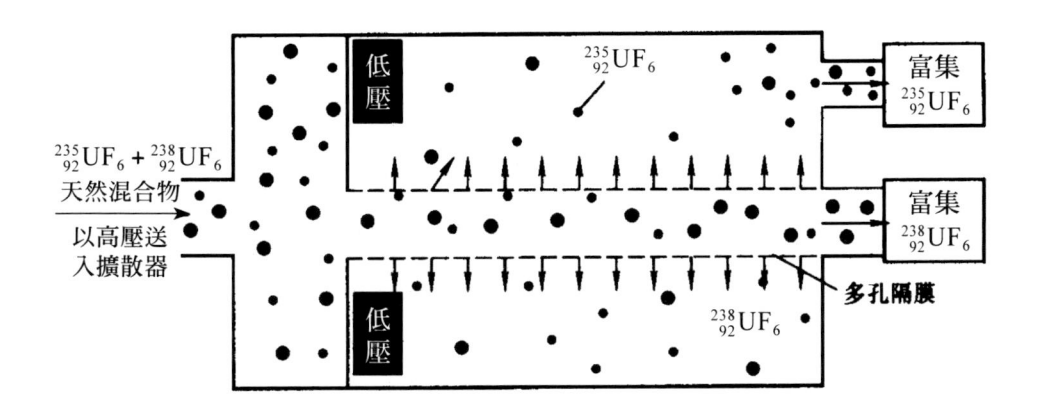

圖 7.3　鈾同位素分離的 UF_6 熱擴散裝置

五、金屬鈾的製備

將擴散分離得到的 $^{235}UF_6$ 轉化成四氟化鈾，然後在高於 700℃ 的溫度用金屬鎂進行金屬熱還原，待熔融的金屬鈾凝固後，分離除去氟化物熔渣，得到塊狀金屬鈾，產率可以達到 97%。

可以用不同的鈾化合物和不同的還原劑製備金屬鈾，可能的鈾化合物和還原劑列於表 7.2 中。

表 7.2　金屬熱還原法製備金屬鈾

原料化合物	UCl_4	UF_4	U_3O_8	UF_4	UF_4	UCl_4	UO_2
還原劑	Na	Ca	Ca	Na	Mg	Ca	Mg
$\Delta H_{298}/(kJ \cdot mol^{-1})$	−589.9	−560.7	−514.6	−474.3	−343.1	−196.6	−146.4
熔渣熔點／℃	800	1,420	2,600	980	1,200	2,600	2,500

由於在大規模操作中，用金屬鈉做還原劑在操作上比較麻煩，所以用金屬鎂還原四氟化鈾是製備金屬鈾的最佳選擇工藝。還原反應在不鏽鋼彈中進行，其內壁上有 MgF_2 防護層。將四氟化鈾和金屬鎂均勻混合，放置在反應容器中，加熱至 700℃ 並保持此溫度直至反應混合物引燃。反應結束冷卻後，金屬鈾塊很容易與熔渣分離。

純金屬鈾-235 是原子彈的裝料（＞50%），但作為核裂變堆的燃料更常用含鈾-235 約 3～4% 的二氧化鈾。

六、鈾的循環利用

核反應堆燃料棒中的鈾-238 可因中子照射轉化為鈽-239，鈽-239 也是裂變材料，可以在核燃料棒使用竭盡時，將核燃料從反應堆中抽出，溶解在硝酸中，提取硝酸鈾醯轉回到鈾濃縮工藝，經再濃縮後再循環利用。從硝酸鹽溶液中還可以回收鈽-239（溶劑萃取），經一系列工藝製成鈽燃料棒，構成另一個裂變材料循環。鈾的利用循環示意見圖 7.4。

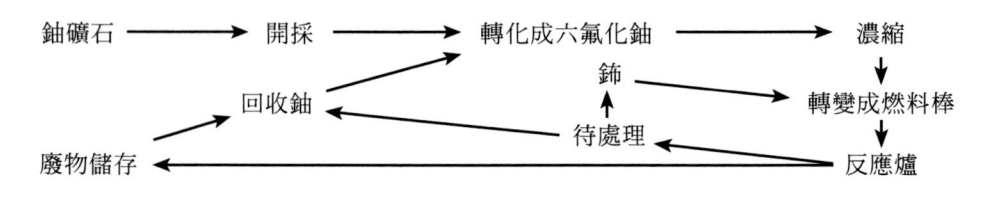

圖 7.4　鈾的利用循環示意圖

肆、開發氫經濟性

在 20 世紀 90 年代，國際氫能科技中，興起了一個新的科學術語「氫經濟性」(hydrogen economy)，指的是在未來社會中，當氫能成為社會主體能源時，國民經濟將會發生根本性改變，大大不同於今日的化石能源經濟。把以氫能為主體能源的國民經濟，稱為氫經濟性。在今日，在科技界中，氫經濟性就成為發展氫能源技術的代名詞，也代表科技人士對未來利用清潔能源美好清新世界的憧憬。據估計，到 21 世紀 50 年代，氫經濟性將會得到實現。

實現氫經濟性，有三個主要問題需要得到完全良好的解決，那就是氫的有效規模生產；氫的貯存和輸運；氫能的社會整體運用。下面就幾個主要問題進行一些討論。

一、氫的規模生產

氫的規模生產已經成為重大課題，並列入中國大陸國家 973 重大基礎研究，準備招標落戶，表明中國大陸已經開始重視未來清潔能源的建設，在這些方面的任何進展，都應該予以重大關注。事實上，其目的是取代現有的石油經濟體系，而期盼達到綠色環保的目標。

純水是電的不良導體，水的電阻率超過 10^6 $\Omega \cdot cm$，所以電解水製氫時需要在水中加入電解質來增大水的導電性。原則上加入任何水溶性的酸、鹼、鹽都可以使水導電。但酸對電極和電解槽有腐蝕性，鹽會在電解過程中產生副產物，所以一般電解水操作中用 15% 氫氧化鉀溶液作電解質，電極反應如下：

$$\text{陰極} \quad 2\,K^+ + 2\,H_2O + 2\,e^- \rightarrow 2\,KOH + H_2$$
$$\text{陽極} \quad 2\,OH^- \rightarrow H_2O + 1/2\,O_2 + 2\,e^-$$

作為電解水電極的最理想金屬是鉑系金屬，但遺憾的是這些金屬都很昂貴，在實際工作中無法採用。不過人們發現鎳電極的活性不亞於鉑系金屬，所以現在通用的水電解槽都採用鎳電極，並且發現如果在鎳電極上接鍍極微量的鉑，就會使電極上析出的氫原子或氧原子有更快的結合成分子的速率，提高電解效率。為了降低設備和生產成本，實際生產中使用遮鍍鎳的鐵電極。電解時兩電極之間的電壓為 1.5V。

為了將陰極上放出的氫氣與陽極上放出的氧氣分開以取得純淨的氣體，也為了避免氫氣與氧氣互相混合造成意外事故，陰極與陽極之間用隔膜分開，分成陰極室和陽極室，分別用導管並聯，把發生的氣體導出。隔膜常用以鎳鉻絲網為襯底的石棉布製成，此隔膜布的微孔允許 K^+ 和 OH^- 離子自由通過，但又使電解液在微孔處有足夠大的表面張力，可以防止氣體滲過。

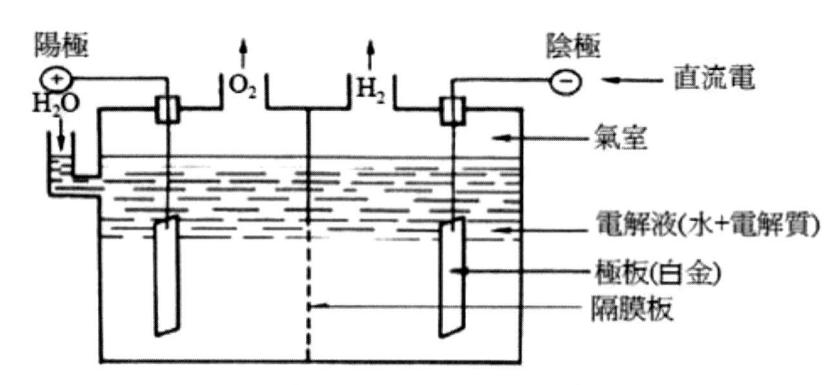

陽極：$2H_2O(l) \rightarrow O_2(g) + 4H^+(aq) + 4e^-$　　陰極：$2H^+(aq) + 2e^- \rightarrow H_2(g)$

總反應：$2H_2O(l) \rightarrow 2H_2(g) + O_2(g)$

圖 7.5　槽式電解器

電解器有兩種形式，一種是槽式電解器，每一個槽是獨立的，各有自己的陰極和陽極、隔膜、電解液及排氣和通電設備，然後許多電解槽並聯起來。單一電解槽見圖 7.5。這種電解器的優點是當任何一個電解槽發生故障時，可以個別拆卸檢修，不影響其他槽的運行。缺點是整個系統需要在低電壓大電流的條件下操作，全部整流變壓輸電裝置投資較為巨大。

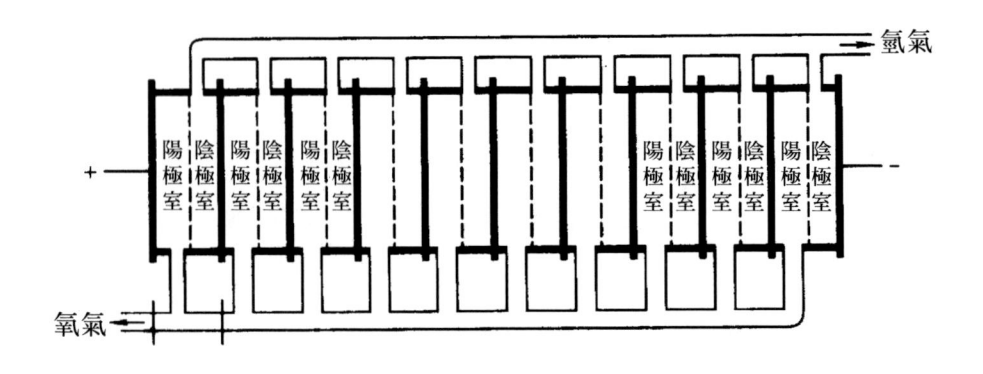

圖 7.6　壓濾機式電解槽

另一種電解器是壓濾機式電解槽見圖 7.6。它的外形好像化工設備中的壓濾機。這是一種串聯式的電解器，是由許多平板式的電解池疊夾串聯起來組成的。陰極－陰極室－隔膜－陽極室－陽極……按此順序構成了整套裝置的一個夾層。一個電解池陽極的背面便是下一層電解池的陰極，電路是串聯的。每一層電解池有自己的鹼液供應管路和氫氣、氧氣導出管路，但不需電路聯接。排氣管路（氫氣和氧氣）是分別並聯的。許多這種單元電解池疊夾串聯起來組成整體電解槽，總體電壓降等於各單元電解池電壓總和。如果總體電解槽是由 100 個單元電解池組成的，每一個單元電解池的電壓為 1.5V，則總體電解槽的電壓供應為 150V。

壓濾機式電解槽從理論上說，所包括的單元電解池的數目不受任何限制，可以按直流電源電壓的大小來決定，不需變壓器，沒有低電壓大電流的問題。但這種裝置也有其弱點，那就是每一個單元電解池在結構上必須完全一致，否則會造成超載問題；另外，如果一組單元電池發生了故障，總體電解槽就無法繼續工作，必須停產檢修，所以維護問題總是十分重要。以上兩種電解器在工業上都是通用的。

世界上有相當數量的氫氣是用電解法生產的。這種電化學過程原理簡單，容易被操作者理解，工藝過程也容易掌握。電解過程的能量轉化效率相當高，可達到 75%。如果改變電極表面組成，增大其催化性能，電流效率還可以進一步提高，例如到 80%。電解法製得的氫氣和氧氣有很高的純度，原料也簡單，只需要有較純淨的水和電能供應。但電解法應用範圍並不廣，因為在當前電力比天然氣、石油或煤炭（按相同能量標準比較）要貴得多，價格約高出 3～4 倍。只有在電能可以廉價供應的地方（如水力發電），或化石燃料供應價格很貴的地方，才適合用電解法生產氫氣。例如，在有豐富水電資源的挪威和加拿大，都設有很大規模的電解水生產氫氣的工廠，單一工廠的電功率可以高達兆瓦級。中國大陸西北有劉家峽、青銅峽、龍青峽等大型水力發電站，那裡電的價格僅為沿海城市電價的 1/3，在那些地區發展電解製氫工業，建設利用氫為原料的化工企業，以及建設氫能源基地，是大有希望的。

二、煤的地下氣化規模製氫工程

中國大陸礦業大學余力教授主持的煤的地下氣化工作，有可能發展成為適合中國大陸國情的規模製氫的巨型氣體工程。中國大陸的水力資源雖然很豐富，但

開發力度並不夠，到目前為止還僅開發了資源潛力的 10%，達不到多餘可利用於製氫生產。另一方面，中國大陸煤炭資源豐富，年開採量已經達到世界第一位。為充分利用資源潛力和維持環境保護，採用煤礦的地下氣化綠色氣體工程於氫能源的開發，不失為理想的規模製氫工藝。

煤的地下氣化工藝是在封閉的地下煤礦井中，使煤層與打入地下的氧氣和水蒸氣發生水煤氣反應，將水煤氣抽出礦井，可加以利用，例如用管道輸出作為商用燃料，或用為化工原料氣用於製造甲醇。另一方面，可令水煤氣通過變換反應轉化為氫氣和二氧化碳氣而加以分離，可以得到價格比較低廉的規模氫氣用為能源，純淨與濃集的二氧化碳氣則可用為化工原料氣，例如用於製造純鹼、尿素、碳酸樹脂等，變廢為寶，同時也減輕了大氣溫室效應的負擔。煤的地下氣化綠色工程的工藝流程中，設備有空分廠和水蒸氣發生設施(例如來自燃料電池熱電站)，空分廠可將空氣中的氧氣和氮氣(例如用於合成氨)分離，將氧氣和水蒸氣泵入地下煤層，與煤發生水煤氣反應：

$$4\ C(s) + O_2(g) + 2\ H_2O(g) \rightarrow 4\ CO(g) + 2\ H_2(g)$$

水煤氣經淨化後，進入氣櫃儲集，部分製甲醇廠生產甲醇，甲醇既是化工原料，也是半清潔動力燃料。另一部分水煤氣製變換塔，在變換催化劑作用下，與增加的水蒸氣作用，發生水煤氣移轉變換反應：

$$4\ CO(g) + 2\ H_2(g) + 4\ H_2O(g) \rightarrow 4\ CO_2(g) + 6\ H_2(g)$$

產生的混合氣經分離和乾燥，二氧化碳氣送入化工廠，利用作為原料酸氣，氫氣送去作為能源或工業原料。一部分氫氣輸入電站通過燃料電池發電，並入電網供給全部工程用電。

這個煤地下氣化規模製氫工藝是一項巨大的綠色氣體工程，在技術上都是化學工程學中完全可以解決的，問題在於認識、決策和投資，把環境保護帶來的額外效益一併加以考慮，這方面的建設是值得研究和開發的。

三、天然氣的化學變換

與煤地下氣化製氫為相類似的工程，是天然氣的化學轉化工藝。天然氣(甲烷)與水蒸氣作用發生氫氣的反應如下：

$$CH_4(g) + 2\,H_2O(g) \rightarrow CO_2(g) + 4\,H_2(g)$$

在通常狀況下是不可能進行的，因為反應的 $\Delta G = +113.6\ kJ \cdot mol^{-1}$，$\Delta H = +165\ kJ \cdot mol^{-1}$，即反應是吸熱反應，不能自發進行。這也不奇怪，因為 CH_4 有很高的鍵能 ($-890\ kJ \cdot mol^{-1}$)，拆散這個分子使之反應較不容易。要解決這個問題有兩個路徑，其一是使反應在較高溫度下進行，必要時使一部分甲烷燃燒提供必要的能量，其二是使用適宜的催化劑來降低反應活化能。利用甲烷化學轉變製氫，已有成熟工藝可供採用。

四、高溫電解水蒸氣製氫工藝

20 世紀 70 年代末期發展起來的高溫電解水蒸氣的製氫技術，到目前已經基本成熟，據報導，此工藝比常溫電解水可節省電力 20%。

高溫電解水蒸氣的電極是由固體電解質(摻有氧化釔的多孔燒結二氧化鋯)構成的空心管子，內、外側皆鍍上適當的導電金屬膜，內側為陰極，外側為陽極。水蒸氣由管子內側通入，通過多孔固體電解質而由陰極通向陽極。電解產生的氫氣由管子內側放出，氧氣由管子的外側放出，電解槽整體由許多根電極管平行並聯組成，總電壓最高可達 1,200V。電解槽的流程示意圖見圖 7.7。

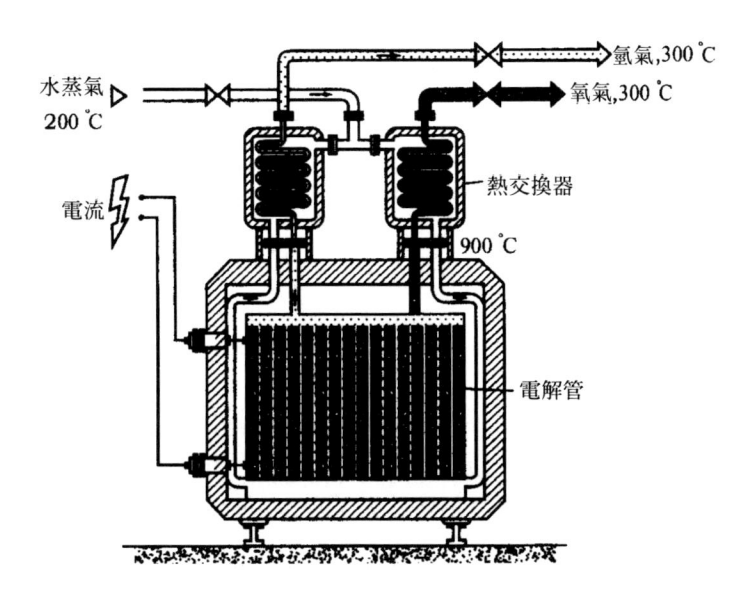

圖 7.7 高溫電解水蒸氣的流程圖

將 200℃的過熱水蒸氣通入熱交換器，與從 1,000℃電極室出來的熱氫氣或氧氣逆流交換熱量，將輸入的水蒸氣預熱至 900℃，進入電解室，在 1,000℃高溫下電解。高溫氫氣和氧氣在熱交換器中降溫到 300℃後，由電解槽輸出。

這種電解工藝雖然電流效率很高，但目前成本仍然高於化石燃料的相應價格，故處於技術儲備狀態，有待將來電力成本大大降低或化石能源面臨枯竭之時，這類未來能源的生產將會發揮其巨大潛力。

五、熱化學循環分解水製氫

將純水進行熱分解需要約 4,000℃的高溫，這在技術上是困難的。為了降低水的熱分解溫度，20 世紀 80 年代發展起來熱化學循環分解水技術研究。「循環反應」是化學工藝中為節省能源、節省反應物料而常採用現有的化學技術，例如大家都熟悉的氨鹼法製造純鹼的工藝過程，就是一種典型的循環反應：

$$NaCl(aq) + NH_3(g) + CO_2(g) + H_2O(l) \rightarrow NaHCO_3(s) + NH_4Cl(aq)$$
$$2\ NaHCO_3(s) \rightarrow Na_2CO_3(s) + CO_2(g) + H_2O(g)$$
$$NH_4Cl(s) + CaO(s) \rightarrow NH_3(g，循環利用) + CaCl_2(aq) + H_2O(l)$$

在這個反應體系中，原料是 $NaCl$、CO_2、CaO、H_2O，但用任何直接反應途徑，都不可能將 $NaCl$ 轉化成 Na_2CO_3。但由於有了氨的介入，轉化反應由不可能變成可能。這種可能與不可能的原因和機理，讀者可以根據學得的化學結構知識、化學平衡原理和化學熱力學能量平衡計算而得出正確的評斷。這個反應系統是一種循環反應，氨在系統中所起的作用，稱為循環試劑，就是因為循環試劑氨的作用，一個巨型化工產業得以建立。化學、化工工作者應該重視這方面的設計性思考。

水分子是共價分子，H—O 鍵能為 $462.8\ kJ \cdot mol^{-1}$，要想拆開這個鍵，起碼需要高溫。因此，應用於水分解的循環反應，應該是熱化學循環。到目前為止，化學家已經創造了數百個熱化學循環分解水的反應系統。本文不可能詳盡介紹，只介紹一套經過中間放大實驗的典型系統——硫—碘—鎂反應系統。

20 世紀 80 年代，美國化學家提出了最早的熱化學循環反應系統硫—碘反應：

$$SO_2(g) + I_2(s) + 2\ H_2O(l) \rightarrow H_2SO_4(aq) + 2\ HI(aq)$$
$$2\ HI(g) \rightarrow H_2(g) + I_2(g)$$
$$H_2SO_4(l) \rightarrow H_2O(g) + SO_2(g) + 1/2\ O_2(g)$$

這個反應系統的弱點是需要供給過高的熱量，但是此系統的反應速率較快，對人們仍有吸引力。於是人們試圖加入新的循環試劑，使反應在力所能及的高溫度下進行。一個新的熱化學循環反應系統建立起來了，使用三個循環試劑：二氧化硫、單質碘和氧化鎂。把這個系統簡稱為硫—碘—鎂熱化學循環系統，包括如下反應系列：

$$I_2(s) + SO_2(g) + 2\ H_2O(l) \rightarrow H_2SO_4(l) + 2\ HI(g)$$
$$2\ MgO(aq) + H_2SO_4(aq) + 2HI(aq) \rightarrow MgSO_4(aq) + MgI_2(aq) + 2\ H_2O$$
$$MgI_2(aq) + H_2O(l) \rightarrow MgO(s) + 2\ HI(g)$$
$$MgSO_4(s) \rightarrow MgO(s) + SO_3(g)$$
$$SO_3(l) \rightarrow SO_2(g) + 1/2\ O_2(g)$$
$$2\ HI(g) \rightarrow H_2(g) + I_2(g)$$

其中實驗設備主要有三件：一是金屬反應罐 A，溫度維持在 70～995℃ 的間歇變化；二是管式分解爐 B，溫度維持在 995℃；三是冷凝器 C，溫度維持在 0～25℃，硫—碘—鎂熱化學循環反應分三步進行：

第一步 (10 min)，將冷凝器中凝聚起來的 H_2SO_4 和 HI 水溶液泵入反應罐 A 中，與上一循環留下的 MgO 在 70℃ 反應，生成 $MgSO_4$ 和 MgI_2 水溶液。

第二步 (20 min)，用可移動(升高)電爐給反應罐 A 加熱到 400℃，使 MgI_2 高溫水解，水解產物 MgO 留在 A 中，HI 和水都氣化，進入到溫度維持在 995℃ 的管式分解爐 B 中，HI 即分解成 H_2 和 I_2，在反應溫度下產物和水都是氣體，由 B 進入冷凝器 C，碘留在凝聚的水溶液中，氫氣不冷凝，即由出氣口放出，得到了分解水產出的氫氣。

第三步 (25 min)，進一步升高反應罐 A 的電爐，將反應罐加熱到 995℃，使第二步殘留下來的 $MgSO_4$ 熱分解為 MgO 和 SO_3，MgO 留在 A 中，SO_3 以氣體進入分解爐 B，分解為 SO_2 和 O_2 進入冷凝器 C，SO_2 溶解在冷凝液中，並與 I_2 反應。O_2 不溶解，由出口放出，得到了水分解產生的氧氣。

在冷凝器中留下的是 H$_2$SO$_4$ 和 HI 的水溶液，在下一循環的第一步被泵入反應罐 A 中開始下一循環。其總產率 29.5%，也就是全部反應的總轉化率，它等於各步轉化率的乘積。在循環中雖然有轉化率低的部分，但因反應都保留在封閉的平衡體系中，對下一循環的操作並不發生影響。經數十次循環操作證明，每次循環的轉化率基本持平。這項熱化學循環體系經加入自動化控制系統，由一位操作人員管理，可保持反應體系無阻礙地進行。

還可以附帶介紹一套利用太陽能分解金屬氧化物的熱化學循環體系。有化學家建議用金屬氧化物作為循環試劑，例如使用氧化銅的系統：

$$2\ CuO(s) \rightarrow Cu_2O(s) + 1/2\ O_2(g)$$
$$I_2(s) + Cu_2O(s) + Mg(OH)_2(s) \rightarrow 2\ CuO(s) + MgI_2(aq) + H_2O(l)$$
$$MgI_2(aq) + H_2O(l) \rightarrow MgO(s) + 2\ HI(g)$$
$$2\ HI(g) \rightarrow H_2(g) + I_2(g)$$
$$MgO(s) + H_2O(g) \rightarrow Mg(OH)_2(s)$$

這種以氧化物分解為基礎的熱化學循環，可以同太陽爐的利用結合起來，達到自然可再生能源的有效利用。現在的太陽爐已達到 1,200℃ 的高溫。在空氣中高溫分解氧化物時，氧的解離壓一定高於大氣中氧氣的分壓。這樣就可以把固體氧化物直接投入太陽爐中進行太陽輻射分解，簡化了過程中的熱傳導問題。其他金屬氧化物的熱分解溫度範圍對比如下：

$$3\ Fe_2O_3 \rightarrow 2\ Fe_3O_4 + 1/2\ O_2 \quad (1,800\ K)$$
$$2\ CuO \rightarrow Cu_2O + 1/2\ O_2 \quad (1,350\ K)$$
$$Cu_3O_4 \rightarrow 3\ CuO + 1/2\ O_2 \quad (1,250\ K)$$
$$3\ Mn_2O_3 \rightarrow 2\ Mn_3O_4 + 1/2\ O_2 \quad (1,225\ K)$$
$$2\ MnO_2 \rightarrow Mn_2O_3 + 1/2\ O_2 \quad (800\ K)$$

熱化學循環分解水製氫的研究看來頗具有生命力，這種工藝路線之所以受到廣泛重視，是因為根據能量平衡計算，它可能成為能耗最低的和最合理的製氫工藝。另外，此工藝所需熱源不受侷限，任何熱源都可以用為驅動熱化學循環的動力。最合乎理想的途徑是將熱化學循環反應與太陽能利用結合起來，可能成為將

來成本最低廉的製氫工藝。圖 7.8 對比了生產 1 kW·h 能量的氫氣的三種不同工藝的能量核算，可見熱化學循環的可能優越性。

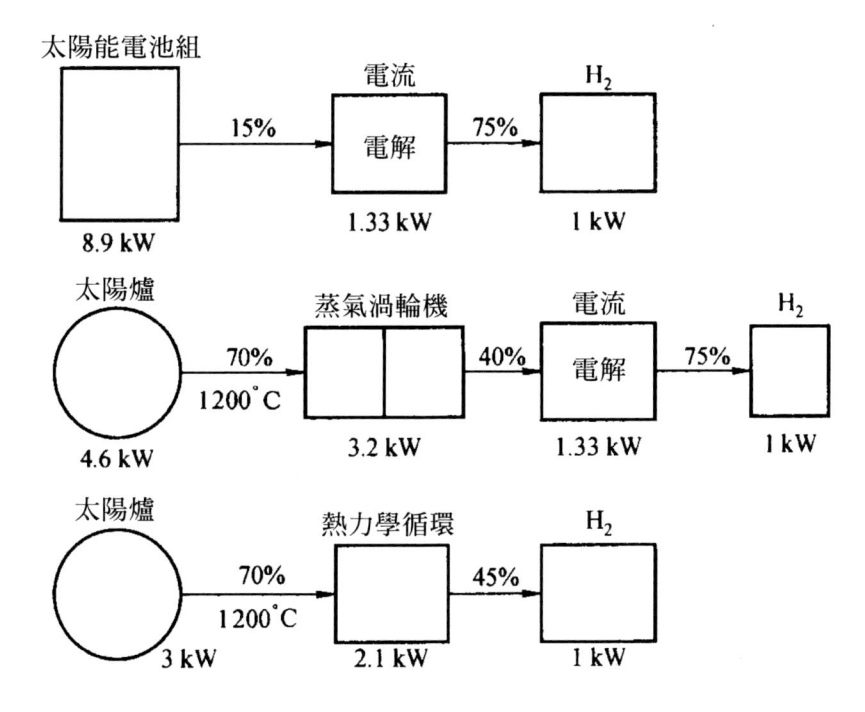

圖 7.8　三種製氫工藝能量效率的比較

六、生物製氫技術

　　生物製氫的思路是在 1966 年首先提出的，到了 20 世紀的 90 年代受到極大重視，一些工業發達國家德、日、美等都成立了專門機構，制定生物製氫技術發展計畫，開展基礎性和應用性研究，希望在 21 世紀裡實現工業化生產。但到目前研究進展並不理想，一般研究都集中在細菌和酶固定化技術上面，離工業化生產還有很大距離。

　　哈爾濱建築大學從 1990 年開始生物製氫技術研究，1994 年提出以厭氧活性污泥為原料的有機廢水發酵法的製氫技術。這項技術突破了生物製氫必須採用純菌種和固定技術的侷限，提出了利用非固定化菌種生產氫氣的途徑，並且實現了中試規模長期持續產氫。在此基礎上，又先後發現了產氫能力很高的乙醇發酵類型，發明了連續流生物製氫技術反應器，初步建立了生物製氫發酵理論，提出了最佳工程控制對策。該項技術和理論成果在中試研究中獲得充分驗證：中試產氫

能力達到每立方米每日產出 5.7 m³ 氫氣，開發的工業化生物製氫技術系統工藝運行穩定可靠，所產氫氣純度大於 99%，生產成本明顯低於水電解法製氫成本。這項研究性成果有廣闊應用前景和顯著的環境效益、經濟效益和社會效益。

伍、氫的儲存和輸運

氫氣可以像天然氣一樣，用遠距離管道運輸；裝載在高壓氣體鋼瓶中輸運、或以液化氣的形式(液氫)儲存或運輸。近年來又根據氫與金屬的相互作用，發展了金屬氫化物儲氫技術。所有用於運輸和儲存天然氣的技術雖然都可以應用於氫氣，但必須重視氫氣的一種特性，即氫氣是最輕的分子和運動速度最快的氣體，這種性質必然給使用氫氣的運作帶來若干難題。

一、管道運輸

在討論本問題之前，先來考慮一下能量平衡計算的問題。氫氣的燃燒熱為 1.2×10^5 kJ·kg⁻¹ 或 10.78 kJ·kg⁻¹，而天然氣(甲烷)的燃燒熱是 5.0×10^4 kJ·kg⁻¹ 或 35.95 kJ·kg⁻¹。將氫氣與天然氣對比，按相同質量計氫燃燒熱是天然氣燃燒熱的 2.4 倍，而按相同體積計，氫氣的燃燒熱僅是天然氣燃燒熱的 1/3。

可燃氣體在管道中輸運，有兩個因素在決定著所輸送能量的大小，一個是輸送氣體的體積，另一個是氣體的流速。為輸送相同能量，氫氣體積將是天然氣體積的 3 倍。另一方面，考慮氣體擴散速度，甲烷的相對分子質量為 16，氫的相對分子質量為 2，按氣體擴散定律，在同一氣壓差下，氫氣在管道中的流速將是甲烷流速的 3 倍(按擴散定律計算，準確數字為 2.8184 倍，另考慮了氣體黏度因素)。把上述兩個因素結合起來，在同一壓力降下，用管道輸送氫氣或天然氣，在同一時間內它們所輸送的能量基本上是相等的。但不利的因素是，在單位時間內，同一管道輸送氫氣的體積是天然氣體積的 3 倍，這就給輸送氣體的壓縮泵帶來了 3 倍的功率要求。所以將來如果一旦可以用氫氣代替天然氣做常規燃料氣，單位時間管道輸送來的能量基本不變，但壓送氫氣的泵站需要有更大的壓縮功率。

如果輸氣管道上出現小孔洩漏問題，在同一時間內，漏掉氫氣的體積將會是漏掉天然氣體積的 3 倍，但無論是氫氣還是天然氣，所損失的能量是相等的。

用管道輸送氫氣，人們曾考慮到，氫氣會不會與管道金屬化合而生成金屬氫化物，從而產生所謂的「氫脆」問題？即管道材質變性而喪失了機械強度問題。

根據實驗研究，在氫氣中常見極性雜質特別是水分的存在下，氫氣很難與金屬反應生成氫化物，只有在金屬十分純淨，暴置在極純的氫氣之中時，才有利於生成氫化物。所以可以樂觀地估計，現有的輸送天然氣或煤氣的管道網可以安全地用於輸送氫氣。

現在工業上對於用管道輸送氫氣已經有豐富的經驗，例如在石油煉製、合成氨的蒸氣重整、合成甲醇等工業中，從合成原料氣車間到使用氫氣車間，都是用縱橫的管道網來輸送氫氣，工藝都是成熟的。所以用管道輸送氫氣作為常規燃料，通往千家萬戶，是沒有任何可懷疑和顧慮的問題的。

二、高壓氣體鋼瓶

氫氣可以 15～40 MPa 壓裝入氣體鋼瓶中，以壓縮氣體形式運輸。這種技術已經得到充分發展，比較可靠，比較方便，但效率是極低的。一只 30 kg 重的氣體鋼瓶在 15 MPa 氣壓下僅能裝盛 1 kg 氫氣，在 40 MPa 氣壓下僅能裝盛 2.5 kg 氫氣。氫氣質量在運輸設備質量中只占 2～4%，所以氫氣運輸成本是昂貴的。這種技術僅適用於運輸少量氫氣並應用於氫氣價格不占很重要比例的工作中。高壓氣體應用也存在安全問題，壓力越大，危險性越大，一旦出現破裂，就會形成一次嚴重爆炸。但高壓技術要求壓力越大越好，因為高壓有利於容量的裝載效率。這是一對矛盾，在實際工作中要不要使用和如何使用高壓容器，需要在解決這對矛盾當中求得最大效益。

在我國及許多國家，高壓氫氣鋼瓶的外部都除以紅色漆，但在中國大陸則規定塗以綠色漆。為使氫氣鋼瓶嚴格區別於其他高壓氣體鋼瓶，一般高壓氣體鋼瓶瓶口上的螺紋是順時針方向旋轉的，而氫氣鋼瓶嘴子上的螺紋是逆時針方向的。用於一般高壓氣體鋼瓶的氣壓表和配件不能適用於氫氣鋼瓶。

由於高壓氣體鋼瓶的潛在危險性，各國對高壓氣體鋼使用和管理，都有嚴格的明文規定，所以在使用高壓氣體之前，應該讀取該國的有關管理條例和規定，以免失誤。

一般使用的高壓氣體鋼瓶為容量 40 L、壓力為 15 MPa (150 atm) 的容器，為特殊運輸任務也有按運輸工具車廂特定設計的大型氣體鋼瓶組或槽車。

在使用高壓氣體鋼瓶的技術中，在選定這種方法時，應該把壓縮氣體的成本考慮在內，因為壓縮氣體是要耗費能量的。在開始壓縮時，氣體要發熱，如將此

氣體冷卻，則壓縮後產生的高溫所代表的能量就白白浪費掉了，所用的壓縮能中只留下高壓組分可以回收利用。在許多應用過程中，即使是這部分高壓能也是難以回收的。所以高壓儲存氫氣的成本中總是包含一部分氣體壓縮成本的負擔。

三、液氫

氫氣液化和空氣液化在原理上相似，是通過等溫壓縮的高壓氣體與絕熱膨脹重複操作來實現的。氫氣的臨界溫度是 33.19K（即 –240℃），必須首先取得這個低溫而後才能使氫氣液化。所以在氫氣液化機中，先令經過活性炭吸附除去雜質（雜質含量不得超過 0.002%）的純化氫氣通過貯氫器進入壓縮機，經三級壓縮達到 15 MPa 氣壓，再經高壓氫純化器（除去由壓縮機帶來的機油等）分兩路進入液化器。一路經由熱交換器 (1) 與低壓回流氫氣進行熱交換，然後經液氫槽進行預冷。另一路進入熱交換器 (2) 中與減壓氮氣進行熱交換，然後通過蛇形管在液氮槽中直接被液氮預冷。經預冷的兩路高壓氫匯合，此時氫氣的溫度已經冷卻到低於 65K（即 –208℃）。

冷高壓氫進入液氫槽的低溫熱交換器，直接受到氫蒸氣的冷卻。溫度降到 33K（臨界點），最後通過絕熱膨脹閥（稱為節流閥）膨脹到氣壓低於 10～15 kPa。由於高壓氣體膨脹的致冷作用，一部分氫液化，聚集在液氫槽中，可通過放液管放出，注入液氫貯存器中。沒有液化的低壓氫和液氫槽裡蒸發的氫蒸氣一起經過熱交換器（作冷媒）由液化器流出，進入貯氫器或壓縮機進氣管，重新進入循環。一般氫液化機要求原料氫氣純度不低於 99.5%，水分不高於 2.5g·m^{-3}，氧含量不高於 0.5%。

液氫可以通過管道來輸送，但這些管道必須有極完好的熱絕緣。在液氫生產廠家和太空飛行器設施中，都已多年採用短程的真空絕熱管路來輸送液氫。這種管道是由同心的雙層套管構成的，內管用於液氫的傳送，內外管間的夾層有 2～5 cm 的空隙，用分層鍍鋁塑料薄膜將內管包纏起來，在每兩層鍍鋁塑料膜之間又隔以尼龍網帶。外管包在這種超絕熱材料層之外，構成絕熱層的嚴密真空容器。將絕熱層抽至真空 [低於 1.33 × 10^{-5} kPa (10^{-4} mmHg)]。這種硬管道可用於較長距離輸送液氫，未見發生過液氫因受外界熱量滲入而沸騰損失的情況。但建造這種管道的費用昂貴，用這種管道進行過長距離的運輸（例如超過百米），經濟上是不合算的。

用類似的絕熱技術也已製成輸送液氫的可伸縮軟管，用以從固定的液氫儲存設施向太空飛行器液氫艙或槽罐輸送液氫。這種伸縮軟管是由兩層同心的彈簧皺紋軟管組成的，夾層間隙約為 2～5 cm，隔以絕緣環，以避免內外管相接觸。在環與環之間又填以超絕熱材料。這種軟管的絕熱性能不如前述的硬管好，但對於從固定設施向移動儲槽短距離輸送液氫還是合用的。由於溫度極低，液氫對結構金屬材料的反應活性極低，沒有任何「氫脆」的問題，但常見的結構材料金屬會僅由於低溫而變脆。有幸的是，常用的鋁合金、低碳鋼和不鏽鋼在液氫溫度下仍保持良好的延展性，適合作為液氫容器和輸送管道的結構材料。所以在使用液氫的各種設施中並不存在有關設備的材質問題。

　　貯存液氫也可以作為儲氫手段，主要應考慮的問題仍是熱絕緣問題。液氫的沸點僅為 20.38K，氣化焓又很低，僅為 452 J·g^{-1}，如果有很少熱量從外界滲入容器，就會造成快速沸騰而告損失。所以在某些容器中，例如登月太空梭和航空飛機的液氫貯槽都使用了 10～15 cm 厚的泡沫塑料作為絕熱材料，並且是在太空飛行器啟動之前 1 h 左右才給人造衛星充裝液氫的。液氫貯槽是敞口的，允許液氫保持少量蒸發來維持低溫。在宇航器飛行時，所裝液氫要很快被耗用掉 (約 4～5 min)，所以蒸發掉的小量氫並不造成任何影響。

　　為較長時間儲存液氫，需要真空絕熱，即所謂的超級絕熱。普通的保溫瓶由於容器夾層是抽真空的，其間沒有氣體分子傳導熱能，夾層的壁上又鍍了光亮銀膜，可以反射輻射熱，所以內層可以絕熱保溫。在超絕熱容器裡，在內層容器和外殼之間的夾層中包纏了許多層鍍鋁的聚酯薄膜，並抽至高真空。從外殼來的輻射熱就被第一層鋁膜反射回給外殼；而由第一絕熱層傳導過去的熱，又被第二層鋁膜反射回來，……等。最後幾乎沒有任何熱量輻射傳導到內層容器的壁上。用此種方式設計的液氫儲罐不可能有熱量從外殼直接滲透到內罐裡來，只可能通過夾層中的支架和液氫導出管向內罐滲漏進去一些熱量。用此種方法製造的最優儲罐 (例如容量為 100～200 L) 每天因熱量滲漏而造成的蒸發損失約為 1%。更大的儲罐蒸發損失可低於 1%。

　　超絕熱層的厚度約為 2～5 cm，其中夾纏了多達 100 層的鍍鋁聚酯薄膜，在每層薄膜之間又包了一層輕質尼龍網，以減少薄膜之間的熱傳導。敷裝熱絕緣層時要十分小心，不得有穿孔或壓緊的部分。到目前為止，所有這類超絕熱容器都是用手工細心製造的，絕熱層必須包纏得十分均勻。也就由於製造此種容器要費大量手工，所以它們的價格昂貴，並且不能做得很大。

大的液氫儲罐採用真空珍珠岩絕熱技術，這種容器絕熱程度不像超絕熱容器那麼高，製造成本也低得多。這種容器的夾層間隙為 10～30 cm，空隙充填了珍珠岩(膨脹雲母)。把一種選定品種的雲母加熱灼燒到150℃，就得到珍珠岩。在雲母中比存的水分揮發出來使雲母膨脹，得到一種銀白色外貌多層結構的無機物。只簡單地把這種珍珠岩傾入液氫儲罐夾層的空隙裡，裝滿後，封閉並抽真空。在液氫生產廠家和太空船基地附近都建有這種大型的珍珠岩絕熱液氫儲罐。這種容器液氫蒸發損耗率一般低於每天 0.5%。這種儲氫技術價格低廉，製造更大的儲罐時，可以加大裝填珍珠岩的夾層厚度。

　　液氫和液化天然氣在極大的儲罐中貯存時，都會有液體的熱分層問題。在儲罐底部的液體因承受來自上部液體的壓力，使底部液體的沸點略高於上部液體的沸點。隨著時間進程，在儲罐中的液體分成兩層，上層是蒸氣壓略低的冷液層，下層是略熱和蒸氣壓較高的液層。上層因較冷而密度較大，底層的密度較小。這顯然是一種不穩定狀態。如果儲罐受到擾動，兩層液體就會造成翻動，使略熱而蒸氣壓較高的底層翻滾到上面來，使儲罐的內壓突然升高，並發生液氫的暴沸。這種現象曾使早期建造的儲罐出現失敗事故，因為排氣管口徑太細，經受不住氣體的突然膨脹，而將儲罐爆破。因此在較大的儲罐中，都各有緩慢攪拌設備，以防止熱分層作用。在較小的儲罐中，則可投入一些鋁刨花(約占體積的 1%)，通過鋁的熱傳導而防止了熱分層現象。

　　真空熱絕緣儲罐不僅可用於貯存液氫，也可用於貯存液化天然氣、液氦、液氫、液氮、液氧，甚至液氟等低沸點液化氣。在洲際大洋上已在巨輪上裝備了這種儲罐，由非洲向歐洲發達國家運送液化天然氣。這類儲罐也可裝載在火車或汽車上運輸液化氣。所以當氫氣可用為通用燃料時，使用和儲存液氫的技術已經做好了準備，等待「氫紀元」的來臨。

四、金屬氫化物儲氫

　　現在使用的金屬儲氫材料是一類多元合金，最簡單的是二元合金，例如鎳基合金 $LiNi_5$、鐵基合金 TiFe、鎂基合金 Mg_2Cu 等；複雜的如中國大陸南開大學研製的合金材料 $MmNi_{3.4}Co_{0.5}Mn_{0.3}Al_{0.1}Li_{0.5}$ 等，式中的 Mm 是混合稀土金屬。

　　儲氫合金都屬於功能材料，因為在它們吸放氫的過程中，表現了多種特性而顯有一些特殊可應用的功能，例如：

$$\text{LaNi}_5 + 3\,\text{H}_2 \to \text{LaNi}_5\text{H}_6 + 金屬氫化物生成熱$$

過程中的變化特性和可能功能如下：

1. 儲放氫是物質變化，故為儲氫材料，可吸收或供給氫氣；
2. 吸入氫氣有氣壓變化，可用做氣壓敏感材料，例如供給高壓氫；
3. 吸放氫過程中有熱量變化，可用做熱敏材料或儲能材料，做空調和致冷器件；
4. 從合金到金屬氫化物有電化學性能變化，例如可用於儲氫電極；
5. 儲氫材料常常是加氫反應或脫氫反應的催化劑，……等。

現在市場上已經有了儲氫材料儲氫器。

將磨成細粒的儲氫合金在氫氣氛中高溫壓結，成為中心穿孔的圓餅。將這些圓餅用金屬夾片間隔起來，一片圓餅一片夾片依序串疊，從中心孔插入一支氣體導管把餅塊和夾片串起來，然後把這個組合放入一支高合金鋼管中，鋼管的直徑可由 30 到 200 mm 不等，依儲氫容器的儲氫容量而定。數根這種充裝了儲氫合金元件的管子用導管並聯，裝入總體儲氫器的套筒裡。單元管子與總體外殼之間的空隙在外殼上有出入口管與外界相通，這是用於向空隙夾層中通入冷水或熱水為充、放氫時之用。並聯的數支單元儲氫管通過一帶閥門的總導出管通向外界。

每支單元儲氫管的前邊都裝有成型的多孔燒結金屬塊，起過濾器的作用，因為儲氫合金經長期使用後會有部分粉化，這燒結金屬塊可將充入或放出的氫氣過濾，使粉化合金不致被吹入氫氣流中而造成管道堵塞現象。

向儲氫器中充入氫氣時，由於儲氫合金吸收氫氣成為氫化物的反應是放熱反應，所以需向儲氫器夾套空隙通入冷水 (20°C)，一般充氫壓力為 5 MPa (50 atm)。需放氫時，可向夾套中通入熱水 (80°C)，放氫壓力 200 kPa (2 atm)。不過如果需要高壓氫氣，可以憋住放氣閥門待儲氫器內壓升高到所需高壓時，再開始放氫。這樣可以得到高純度的實驗用高壓氫氣。

對於應用於特殊用途的儲氫器，例如用於汽車的儲氫器，可以按照汽車後座空間的大小和形式設計一定形狀的儲氫器，直接放入後座中。一般工業用儲氫器則為圓柱形，還可以多個儲氫器並聯組合在一起，成為儲氫器組，在工業上有多種應用。

儲氫器的設計要求是要能達到如下條件：(1) 高的儲氫容量；(2) 能快速充氫和放氫；(3) 操作安全；(4) 使用壽命長。要達到這些條件要求，選擇適宜的儲氫材料是問題的關鍵。儲氫材料化學及其應用技術已經成為技術界競先研究和開發

的重要的科技分支，並且研究領域已經不僅限於無機合金範圍，而是已經擴展到有機材料領域。例如有機芳香化合物的催化加氫和脫氫技術已被應用於儲放氫：

$$CH_3C_6H_5（甲苯）+ 3\ H_2 \rightarrow CH_3C_6H_{11}（甲基環己烷）$$
$$C_{10}H_8（萘）+ 5\ H_2 \rightarrow C_{10}H_{18}（十氫萘）$$

人們曾設想，具有芳香性的碳新單質富勒烯（碳-60）如果可以實現催化可逆加氫，必將是一種超級優越的儲氫材料，理論上其儲氫量將可達到材料的質量分數 8.3%！但不易達到。其反應方程式如下：

$$C_{60}（富勒烯）+ 30\ H_2 \rightarrow C_{60}H_{60}（全氫富勒烯）$$

中國大陸科學家最近發現，碳奈米管可在加壓下儲氫，儲氫量可以達到材料本身重量的 4%，這是一項很重要的發現，受到國際科技界的矚目。在這方面的任何進展都值得予以有力關注。

陸、氫作為能源的應用

氫氣在工業上有許多重要應用：化學工業——合成氨、石油裂解加氫、煤炭的加氫液化、油脂加氫固化、塑料合成、無機有機精細化工合成，……等；冶金工業——鋼鐵冶金，鐵礦石直接氫還原製海綿鐵，然後在氫氛中直接煉鋼、鎢鋁等稀有金屬冶煉等。以上這些應用大概用掉了世界氫產量的 90%。這些用途依賴於氫的獨特物理和化學性質，是其他物質所不能替代的。氫氣還有一些其他少量用途，例如充裝氫氣球、無線電元件的燒氫、科學實驗中的還原性載氣或還原性保護氣氛、原子核科研中作為靶核或核反應產物的檢定介質等。這些特殊科技用途本章不作更多涉及，下面僅討論作為能源的應用。

一、管道輸送作為常規家用燃料

氫氣是一種二級能源，需要用另一種有效能源從水中換取氫，所以在規模製氫工藝中，十分重要的問題是強調能量轉化的問題，這同所製得氫氣的成本密切相關。在前面曾經討論，最為有利和有希望的未來製氫方法或許是太陽能結合熱化學循環分解水製氫工藝。目前這種方法還沒有達到實際應用程度。當前可用的

規模製氫工藝就是電解水製氫和煤的地下氣化製氫工藝了。

目前，電解水製氫是研究得最為透徹的製氫工藝。在實驗室中，電解法可以達到 100% 電流效率，大規模工業電解水製氫，電流效率可以達到 75～85%。這種能量效率表明，使用的電能已經高效率地轉化為氫能。最為理想的途徑是有豐富的可再生能源，例如水力、風力、地熱能、太陽能光伏發電技術，產生的氫氣可以用地下管道網輸送到用戶家裡。

電解產生的氫氣通過管道運輸時，必須先從氫氣流中除去水蒸氣，因為水蒸氣如果在管道中凝聚，會造成一些麻煩，並會縮短管道的使用壽命 (鏽蝕)。利用冷凍機冷凍、或令氫氣本身膨脹致冷，可將水蒸氣冷凝成液態水而分離出去。由此回收的冷凝水是高純度的蒸餾水，也可以利用。

用管道輸送氫氣，最好是生產高壓氫氣，它既可以通過膨脹來脫水，又可以直接通入管道網，無需另設泵站。目前電解水製氫工藝產生的氫氣壓力僅略高於大氣壓，所以需要發展高壓電解工藝。在肆、四節 (頁 319) 中介紹的高溫電解水蒸氣製氫工藝可以滿足這種要求。在高壓電解工藝中，壓縮氣體所需要的能量比電解水所需要的能量略高。由於壓縮氣體工藝也是高效率的，產生高壓氣體時的能量損耗很低。如果電解是在 10～30 MPa (100～300 atm) 下進行，氣體的壓力就足夠高，允許它經過膨脹脫水後仍保持有 0.8～4 MPa (8～40 atm) 的高壓，使氫氣可通過管道網輸送到千家萬戶，不需增設中間泵站。在技術發達的城市裡，煤氣或天然氣管道網遍布城鄉的地下，不需改造就可以直接用來輸送氫氣，不過需要注意檢漏。另外，如果需要對電解產生的氧氣也加以合理利用的話，那就需要另建一套新的管道系統。

各種現行的燃用天然氣或煤氣的設備，都可改用於燃燒氫氣。過去燃燒煤的電力站現在有些已改成燒天然氣，因為氣流速度比較容易控制，從而增高了能量效率。改燒氫氣當然更為適宜，同時還減少了腐蝕和環境污染等問題。燒煤的電站只要把鍋爐的噴煤粉裝置，改成噴氣嘴就可以改造成燃氫鍋爐。燒油的鍋爐改成燒氫氣也是容易的，只要把噴油嘴改成噴氣嘴就行了。下面還可以看到，把氫氣的全面利用與電力工業結合起來，將會極大程度地改變電力工業的面貌。對於使用氫氣於家庭炊事和供暖等方面用途來說，氫氣是最優越的燃料，任何類型的氣體燃料加熱爐都可以略加改造而用於燃燒氫氣 (調節燃料／空氣混合配比和控制氣體流速)。燃燒產物的水蒸氣可以從設備上解決冷凝回收，作為清潔純水使用。

二、氫—電的互相轉換

　　用管道輸送氫氣，在經濟上和技術上比用電網傳輸電力更為有利。在遠方的水電站需要通過高壓或超高壓電網將電力傳輸到用電區，由於線路上的電阻和電暈（高壓電直接向空氣放電），造成相當的損耗，所以過遠距離輸電是不相宜的。致使電站越大，電力成本相應地越高，限制了大型電站的發展。而通過管道洲際遠距離輸送天然氣卻非常方便，技術已開發國家在這方面早已經有了豐富經驗。所以如果將來可以大規模生產氫氣時，用管道將氫氣輸送到遠方，就可以免除了建設大型電站的限制，用輸氫代替輸電，特別有利於大型水力發電站的建設和發揮效率。

　　大規模生產氫氣之後，用管道輸送到工業城市，除了直接用為常規燃料和工業原料之外，應該大力發展氫—空氣燃料電池發電技術和推廣其應用。氫—氧或氫—空氣燃料電池實際上是電解水產生氫氣和氧氣的逆過程，它也像水電解池一樣是高效率的。在操作時它幾乎是無聲的，只有輕微的氣流聲，表明電池正在工作。燃料電池可以建造得很小，也可以很大，小的可用於手電筒，大的可用於城市電站。

　　早期的燃料電池曾在阿波羅空間飛行器上用為運行動力。這類燃料電池要求用純氫和純氧，但氫—氧燃料電池和氫—空氣燃料電池在原理上是一樣的，可以不用純氧。在載入空間飛行器上，所用燃料電池有極高的可靠性，為空間飛行器上所有儀器的操作提供動力。與電能同時產生的水是純淨水，可以回收，不經處理就可用為太空人的飲用水。這類早期燃料電池造價極為昂貴，一部分原因是，它們是精心設計的和製作得盡可能完善，使它們完全可靠和安全；另一部分原因是，它們的電極上使用了價格昂貴的鉑催化劑。自從設計和製造最初的空間飛行器燃料電池以來，在使用常見和價廉材料於製造燃料電池方面已經取得了很多的進展。

　　燃料電池與水電解器有許多共同之處，燃料電池也有兩片浸在電解質溶液中的電極。電解質可以是氫氧化鈉或氫氧化鉀，也可以是酸如磷酸溶液，也可以是以氫離子或氫氧根離子的形式載承電流的固體陶瓷電解質或固態的聚合物電解質。在陽極上，進入電池的氫氣被催化分解為氫原子，並給出電子變為氫離子H^+。電子沿著外電路完成電功之後，走向陰極，在陰極上與氧氣和電解質作用，產生氫氧根離子OH^-。在電解液中氫離子與氫氧根離子作用生成水。燃料電池產

生的熱量將水以氣態從電池中排出，可冷凝回收。在燃料電池中發生的化學反應，其本性上基本與蓄電池反應一樣，但物理過程卻大不相同。也就是這種差異，使燃料電池取得了自身的優點。圖 7.9 是氫、氧燃料電池設計原理的示意圖。

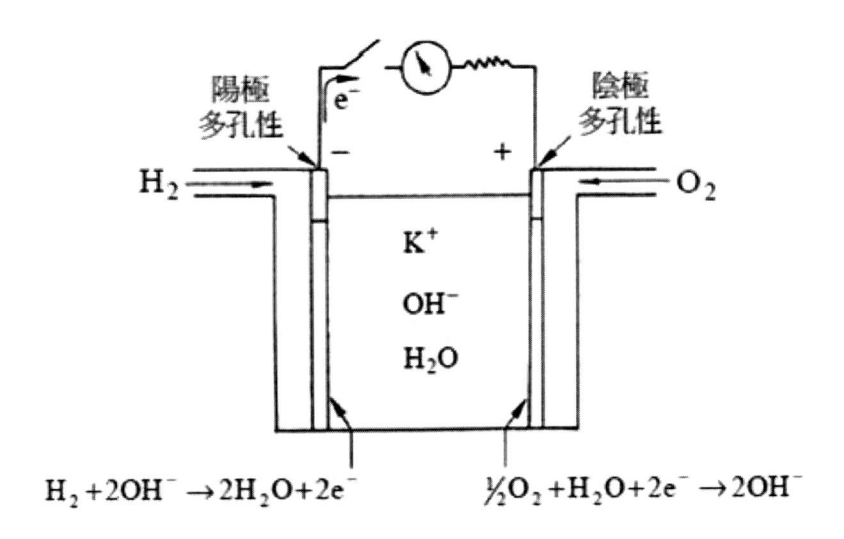

$H_2 + 2OH^- \rightarrow 2H_2O + 2e^-$ ； $\frac{1}{2}O_2 + H_2O + 2e^- \rightarrow 2OH^-$

圖 7.9　氫、氧燃料電池示意圖

　　燃料電池有很高的熱力學效率，氫—空氣燃料電池可以 80% 的轉化率將氫的熱能變為電能，將燃料電池技術與氫能利用結合起來，必將對能源的合理與有效利用起到巨大的作用。

　　利用城市輸送氣管道和氫—空氣燃料電池系統，有可能全面改造現行的供電系統。不再需要建造大型電站，也不需要遠距離高壓輸電。利用地下管道網把氫氣輸送到各家用戶，私人住宅可以擁有自己的氫—空氣燃料電池發電裝置，集體戶如工廠、農莊、學校等單位，也可以有自己的較大型的燃料電池發電系統，解決本單位的照明、動力、供暖、空調、家用電器等方面所需要的電源供應。燃料電池應用於電力工業，將會形成一套新的高效電力系統，現行的高壓輸電城市電網系統就可以淘汰了。另一方面，作為燃料電池發電技術的對立面，即電解水技術，也可利用於回收城市剩餘電力，將剩餘電力用於電解水產生氫氣、儲存備用。這樣就完成了一套氫—電可逆轉化循環，也是有效用能和回收節能的可逆循環，在未來的化石能源經濟轉變為氫經濟性的時代裡。氫—電的互相轉化將會是氫經濟性系統的關鍵性技術。

三、機動車動力

汽車是內燃機車，氫氣能夠與空氣組成爆鳴氣，有強的爆發力，而且可以在低溫 40℃ 下起火爆燃，因此氫氣是一種良好的內燃機燃料。不過由於內燃機的能量利用率很低，在實際操作環境中，汽油機的平均能量效率僅為 20%，柴油機為 25%。由於有了上面所述的氫－電轉化系統，燃料電池的熱力學效率可達 80%，一部電動機可將電功率以 95% 轉化為軸輸出功率，將這兩種技術結合到一起，組成氫－電動系統，這個體系的能量利用率將可達到 75%。燃料電池在低功率輸出時，效率要比高功率輸出時為高，而電動機在其設計特徵範圍內，在所有的各種轉數下，效率幾乎不變。這些因素結合到一起，為設計一種具有 70% 熱力學效率的機車提供了可能性。由此計算，氫－燃料電池－電動機系統的熱力學效率比汽油內燃機效率大 3.5 倍，比柴油機大 2.8 倍。在實際上，能量效率的增大，將會造成許多極為重要的影響。假定一部氫－燃料電池－電動機車與一部標準氫內燃機車具有同樣的操作性能並走了相同的里程，則氫－燃料電池機車所用掉的氫氣，將僅為氫內燃機車所用氫氣的三分之一。

這樣一來，發展氫燃料電池電動機車將會帶來很多好處：避免了環境大氣污染和噪音污染、提高了能量利用效率、節省了燃料，解除了氫密度低、體積大的缺點。機動車上可以使用較小的液氫油箱，或甚至改用高壓氫氣鋼瓶供氣，在技術上更為簡單了。

由於燃料電池可大可小，這種技術可用於各種大小不同的機車，由輕型機動自行車到巨型掘地機械設備，均可適用。這些設備可以做到無噪音、高效率和無污染。給這些設備「加油」（液氫或高壓氫），與汽油或柴油機車加油一樣簡單。可以開設道路旁氫燃料站，就好像其他加油站一樣，如果用的是加壓氫氣，加氫燃料站可以用中壓管道向機車灌氣。加氫燃料站也可各有氫燃料電池供給電源，以啟動液氫輸送泵或氣體高壓泵，向機車「加油」。1999 年傳媒報導，德國的汽車加油站已經開始向汽車用戶供應液氫，作為機動車燃料了。

當前阻礙燃料電池普遍推廣應用的障礙，仍然是生產成本與價格的問題。加拿大的一家動力公司推出的一種以高壓氫為燃料的 200 kW 級氫－空氣燃料電池，組裝在公共汽車上在加拿大、德國、美國等地試運行。美國的一家動力公司準備推出一種家用 1～2 kW 小型燃料電池，據稱電費可以節省 20%，而且使用方便。，不過由於這類燃料電池所用的離子交換膜（聚磺酸化氟代烴樹脂）價格昂貴，現

價約每平方米 800 美元，以致每台燃料電池的價格高達 3,000 美元 /kW，據稱如果樹脂膜的價格能降低到 50 美元 /m²，大批量生產 30 kW 的氫－空氣燃料電池，則單機價格可以降到 50 美元 /kW。據此看遠景，在本世紀裡氫能電化學技術將會大發展，有了這種技術的推廣應用，氫經濟社會的到來將不會太遙遠。

中國大陸研究開發燃料電池的中國科學院大連化學物理研究所，已有單機試生產，但仍然是成本過高，限制了其推廣應用。不過可以看到一點，利用燃料電池實現氫－電互換技術，發展氫－燃料電池－電動機車，將來終會淘汰掉 20 世紀重大發明之一的內燃機，不能不承認這是一個奇跡，也是科技文明進步發展的必然。它必將有力地證明「科學技術是第一生產力」的論斷。

四、氫能在太空飛行器技術中的應用

星河燦爛，深空路遙。當第一顆人造衛星進入繞地球軌道飛行 (1957 年) 之後，人類向地外星球的探索就已提到了日程。現在，人類的宇宙探測器不僅為人類登上月球開闢了道路，而且已探訪了太陽系的各大行星，同時，正在向太陽系外更廣闊的星空跋涉。

所謂太空飛行器就是指各種人造衛星、宇宙飛船、可重複使用的太空梭、太空站等。它們被稱為「太空飛行器」，是因為他們都是在地球大氣圈外太空環境中飛行的。根據物理學知識，要使衛星或飛船克服地球引力進入環繞地球的軌道運行，它需要取得等於或超過 $7.9 \ km \cdot s^{-1}$ 的運動速度 (第一宇宙速度)，要使探測器脫離地球引力進入太陽系內實現星際航行，它必須取得 $11.2 \ km \cdot s^{-1}$ 的速度 (第二宇宙速度)；要使探測器脫離太陽系到太陽系外如銀河系遨遊訪問，它必須取得 $16.6 \ km \cdot s^{-1}$ 的速度 (第三宇宙速度)。在現在技術條件下，只有利用運載火箭把探測器送上太空。而且一般單級火箭是不夠的，需要依靠多級火箭。因此，運載火箭都是多級的，分為二級、三級、也有四級。地球人造衛星一般是裝在火箭頂端被火箭頂入太空中，而太空梭之類的航天器則是馱在運載火箭上射入太空的。

現在世界各國研製的運載火箭多達數十種，大小不等，形態各異，但就結構形式來說，大都是多級組合。組合方式基本上分為兩大類，一類是各級首尾相接的串聯式運載火箭，另一類是下端兩級並聯，上端一級串聯的串並混合式運載火箭。

運載火箭由三大部分組成：箭體結構、動力裝置和控制系統。本章只著重討

論我們感興趣的動力裝置中的推進劑問題。火箭動力裝置包括發動機和推進劑系統。火箭發動機按所用推進劑的不同，分為液體推進劑發動機和固體推進劑發動機兩種。運載火箭的各級發動機，可以只用液體推進劑，也可以只用固體推進劑，也可以同時混合使用液體推進劑和固體推進劑。

推進劑是包括火箭燃料和氧化劑的總稱。由於運載火箭需要在接近真空的宇宙空間中飛行，必須自帶氧化劑。推進劑在燃燒室中的燃燒，就是燃料（還原劑）和氧化劑的劇烈氧化還原反應，產生巨大高溫氣流，推動發動機，發生巨大推動力，使火箭騰飛。

固體火箭燃料一般是有相容性的高能燃料、高能氧化劑與黏合劑、燃速調節劑等組合在一起壓鑄成圓柱形的巨型藥柱，裝進火箭的燃料艙燃燒室中，點火後以均勻速率燃燒，釋放出燃燒產物巨大氣流，推動火箭飛行。各國的火箭固體推進劑可能很不相同，只舉一個例子作為說明。黃色炸藥 TNT（三硝基甲苯）可以用做火箭固體推進劑，因為其中的甲苯殘基是還原劑，硝基是氧化劑，具還原劑和氧化劑於一身，所以 TNT 是一種不安定化合物。在受撞擊或引燃時，就會引發 TNT 自身的劇烈氧化還原反應。此反應是鏈式反應，可以積木骨牌效應式地導致爆炸。作為火箭推進劑，用黏合劑（一種橡膠）將 TNT 與燃速調節劑、添加劑等黏結成藥柱，點火後就可以均勻速率反應，放出大量高溫產物氣體 CO_2、H_2O、N_2、等，發揮推進劑的推動作用。

當前常用的液體推進劑有兩對燃料——氧化劑組合，一對是偏二甲肼 $H_2NN(CH_3)_2$—紅煙硝酸（溶有 N_2O_5 至飽和的硝酸）組合。在這對組合中偏二甲肼是還原劑，紅煙硝酸是氧化劑，兩者相遇引燃，發生劇烈反應，產生大量高溫氣體產物 CO_2、H_2O、N_2、NO 等。此種混合廢氣從火箭尾部噴出時，其中的 NO 遇到空氣變成為 NO_2，所以在發射現場看到火箭噴出大量紅棕煙霧，就是濃厚 NO_2 的煙色。

另一對當前主要使用的液體推進劑組合，是液氫—液氧組合，它們是比沖最高的推進劑組合，並且燃燒產物無毒無污染。在火箭結構中分別有一個液氫儲艙和一個液氧儲艙，有導管通入燃燒室和發動機中。運載火箭點火啟動時，液體推進劑的流動供量，是由自動控制系統控制的，所以液體推進劑是比較好用的。這對組合在火箭引擎中以機腔內壓為 $70 \text{ kg} \cdot \text{cm}^{-2}$ 進行燃燒操作，產生的比沖（每千克推進劑產生 1 kg 推力所持續的時間秒數）為 390 s。由於液氫和液氧都比較價廉和容易獲得，這對組合將繼續保持為優越液體推進劑的首選。美國的阿波羅登

月計畫所用的土星 5 號登月艙的前兩級，使用的推進劑便是液氫—液氧組合，它們的應用使探月計畫順利完成。未來的空間計畫都會使用液氫—液氧組合作為推進劑或輔助推進劑。航天飛機有兩個固體燃料推動的火箭，但這是起始升天推進器的一部分，主機仍以液氫—液氧為推進劑。在軌道飛行器下面有一個很大的可拆卸的燃料箱，其中有兩個隔開的室，分別裝了液氫和液氧，用很粗的導管從燃料箱通向軌道飛行器的引擎。軌道飛行器還另有兩個小液氫和液氧儲槽，為進入軌道時定點之用。

中國大陸的航太工業已經取得舉世矚目的發展，現已建成西昌、酒泉、太原 3 個發射中心。中國大陸長城工業總公司擁有一整套的長徵系列運載火箭，包括長徵 1 號——三級火箭；長徵 2 號和長徵 2 號丙、丁——均為二級火箭；長徵 2 號綑綁式火箭、長徵 3 號——三級火箭；長徵 3 號乙——三級綑綁式火箭；長徵 4 號；三級火箭等等。中國大陸的運載火箭已經走向世界，在國際發射市場上占有了一定的份額。

由於運載火箭需要負載衛星或太空梭，需要有大的負重能力，所以運載火箭都是一些身高體重的龐然大物，它們的重量從幾十噸到百餘噸，甚至幾百噸。高度從幾十米到百餘米。直徑一般 1～3m，有的可粗到 10 m。儘管如此龐大，但其有效載荷只有運載火箭起飛時重的 1～2%，也就是說，發射一顆 1 噸重的人造衛星，運載火箭就得有 50～100 噸重，在其中推進劑重量占最大份額，約為火箭重的 80～90%。

現以中國大陸長城公司的長徵 3 號乙運載火箭為例，來說明運載火箭的結構和運行過程。長徵 3 號乙火箭全長 54.838 m，起飛重量 426 噸，可將 5 噸有效載荷送入傾角為 28.5° 的地球同步轉移軌道，它具有加長的推進劑儲存艙，加強的結構和加大的整流罩，還具有在真空條件下二次啟動能力的氫—氧發動機技術。在一級火箭周圍綑綁有 4 個液氫—液氧助推器。在開始發射之前，向火箭的液氫艙和液氧艙臨時補灌液氫和液氧，充足後，檢驗合格準備完畢，由地面控制中心倒計時至數 0，下指令使第一級火箭和助推器同時點火，液氫和液氧分別從儲艙流入燃燒室，揮發點燃，燃燒產生水蒸氣巨大氣流通過發動機從火箭和助推器尾部噴出，產生推力，在震天的轟鳴聲中火箭拔地而起，扶搖升天，開始了加速飛行階段。9 s 後，火箭開始按預定程序緩慢地向預定方向轉彎。一百多秒後，在 55 km 左右高度，助推器中的推進劑用盡，脫落分離。再經十餘秒，第一級火箭發動機關機並脫落分離，第二級火箭開始點火，繼續加速飛行。此後火箭飛出稠密大

氣層，按程序拋掉衛星整流罩。經三百餘秒，火箭達到預定速度和大於 200 km 高度後，第二級火箭關機分離，三級火箭開始點火。當運載火箭已獲得足夠能量，在地球引力作用下可以慣性飛行時，三級火箭第一次關機，結束加速飛行階段，開始慣性飛行段。待飛到與衛星預定軌道相切位置時，三級火箭二次點火啟動，開始最後加速飛行段。加速到預定速度後，三級火箭二次關機，衛星與火箭分離，進入軌道。由發射到衛星進入軌道，全程共用了不到 25 min。

　　用運載火箭發射衛星或太空梭，是一項極為精密和複雜的系統工程，稍有計算或工程上的疏漏，就會導致失敗。各國發射失敗的事例並不鮮見。世界上最大的一次慘重失敗，莫過於美國於 1986 年 1 月 28 日發射「挑戰者號」航天飛機和運載火箭的意外事故。由於液氧艙的一件密封墊圈沒有安裝妥當，發生液氧洩漏，造成室外燃燒，導致爆炸。發射 7 s 後，在眾目睽睽下，一團火球爆起，運載火箭和航天飛機爆炸粉碎，7 名優秀宇航員喪生，這是一場巨大悲劇。這些犧牲者為人類偉大探測太空事業奉獻了寶貴生命。

　　航太事業已進入國際合作時代，1998 年 12 月初，阿爾發國際空間站計畫開始啟動，俄羅斯「質子號」運載火箭和美國「奮進號」航天飛機將國際太空站的第一批組件——功能貨物艙和 1 號接點艙——送入太空軌道。國際太空站研究組有 16 個國家參加，並將逐步建設服務艙和實驗艙，到 2004 年建設完成。完成的太空站總重量將為 460 噸，面積相當於一個足球場那麼大。所有的一切發射都將是用固體推進劑和液氫—液氧組合推進劑。這個國際太空站將會成為人類太空各種科學實驗研究的實驗室、宇宙探測器的太空發射場和人類太空旅遊的據點。這一國際巨大太空探索工程將會是舉世矚目振奮人心的人類偉大活動。

五、未來的氫經濟性系統

　　在剛剛迎來的本 21 世紀內，估計到 2050 年，人類社會將會實現完全使用清潔能源的未來氫經濟性系統。根據前面章節討論的氫能源的開發與應用，可以把理想中的氫經濟性系統總結成為如圖 7.10 所示的方框圖。

　　對圖 7.10 的未來氫經濟性系統方框圖作說明如下。

1. 上左第一個方框 (天然可再生能源) 指的是水力發電站、太陽能電站、風力電站、地熱電站等，也可以包括原子能電站、未來的核聚變電站以及太陽灶等。

2. 依序第二個方框 (製氫站)，是以電解水為主的規模製氫工藝。將來技術成熟時，可以是煤炭地下氣化製氫工藝或與太陽灶結合的熱化學循環製氫工藝。產生的氫氣以中壓通過管道輸送到城市、工業區、居民點和家家戶戶。
3. 儲氫器方框是指以高效儲氫合金為內容的不同大小規格的儲氫器設備。將來也可以是碳奈米材料超級儲氫器。製氫站和城市氫氣集轉站可以擁有大型或超大型儲氫器，工廠和公用事業可以有中型儲氫器，居民戶可以各有小型儲氫器，為儲備和緩衝氫氣供應之用。

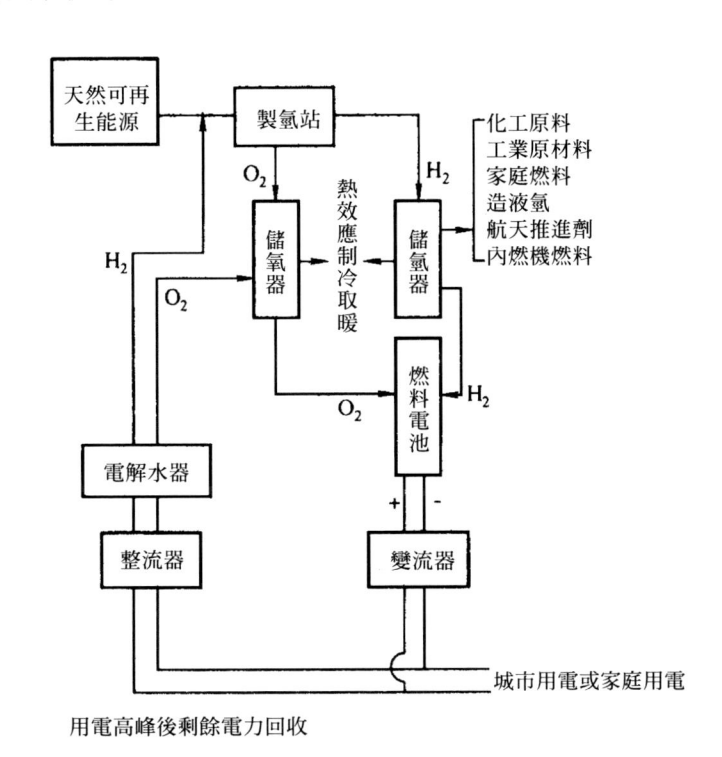

圖 7.10　未來的氫經濟性系統

4. 儲氧器方框是指製氫站生產的氧氣的儲存設備。當前載氧體儲氧器還不成熟，只能以液氧或高壓氧容器的方式貯存。工業社會的氧消耗量很大，容器的周轉很快，不會造成麻煩。也可以用管道將氧氣輸送到城市，城市建設集中氧站。還可以大膽設想，大氣就是天然的巨大儲氧器，其氧含量為 21% (體積分數)。製氫站產生的氧，可以部分加工成液氧或高壓氧供臨近地區消費外，剩餘的氧氣可以完全放空，儲存到大氣中，任何地方都可以隨時取用，因為大氣就是儲蓄氧氣的銀行。這樣就免去了建設長距離管路的投資。沿海和內地城市可以照

常建設空氣分餾工業。如何更有效利用電解水製氫工業副產的氧氣，應予以更周密的研究。

5. 剩餘電力的回收，對局部電網來說，超過用電高峰時，必然會有電力剩餘，可以用自動化設施，自動跳閘，把剩餘電流經過整流器變回為直流電，再去電解水，產生氫氣，送回到氫氣管路或儲氫器貯存，構成儲能循環，作為一種儲能和回收能的節能措施。

　　由以上設計的氫經濟性系統，可見未來的氫經濟性社會有下列特點：(1) 所有大型能源發電設施都主要用於電解水製氫；(2) 放棄一切遠距離高壓輸電和跨省市跨地區的大電網，淘汰所有的大型變電站；(3) 基本廢除內燃機動力系統，代以氫—燃料電池—電動力系統；(4) 城鄉無污染排放，無溫室氣體排放，天內燃機噪音，環境安全、清潔、衛生；(5) 為發展新興高科技產業創造了條件，例如可再生能源設備製造業、電解水設備製造業、燃料電池製造業、儲氫器製造業等等。此外，化石燃料資源完全封閉保存，為創建綠色化工提供了基礎和豐富原料儲備；(6) 氫經濟性社會是能量利用率最高的社會。

　　當原子能技術更進一步發展，以及熱核反應和平利用獲得成功，就可以同氫能技術進一步結合，人類的物質文明將取得更高水平的發展，人類的美好未來在等待人們去開拓，主要有待於國家對研究與開發工作的人、財、物力的投入，有待於科技政策的引導，人類的未來是充滿光明的。

觀念思考題與習題

1. 能源在人類生活中的重要性如何？請簡述之。
2. 何謂能源？化石能源包括有哪些？
3. 何謂一級能源？試舉例加以說明之。
4. 何謂二級能源？試舉例加以說明之。
5. 能源在國民經濟建設中的重要性有哪些？
6. 能源與生態環境的關係如何？請簡述之。
7. 為何人類呼喚清潔能源？請簡述之。
8. 天然氣的主要成分為何？有什麼重要的應用？
9. 為什麼太陽能是最佳的能源？請簡述之。
10. 太陽能發電可分哪兩類？請分別述之。
11. 地熱能源有怎樣的特性？如何利用？請簡述之。
12. 為何要開發氫能源？其有何優點？
13. 核能在哪些方面可以得到很好利用？請簡述之。
14. 請簡述核燃料的製備與處理。
15. 除了鈾 (U) 可以作為核能的原料外，是否還有別的元素？請簡述之。
16. 為何要進行鈾同位素分離或濃縮工藝？請簡述之。
17. 核廢料有什麼應用價值？其中鈾可以循環再利用？
18. 開發氫經濟性有何願景？應如何進行？
19. 請簡述煤的地下氣化規模製氫工程。
20. 請簡述高溫電解水蒸氣製氫工藝。
21. 請簡述熱化學循環分解水製氫工藝。
22. 請簡述氫的儲存和輸運。
23. 如何利用金屬氫化物儲氫？請簡述之。
24. 氫作為能源的應用有哪些？請簡述之。
25. 如何利用氫當機動車動力？請簡述之。
26. 未來的氫經濟性系統應如何推動？請簡述之。

第八章 環境化學

人類為了推動社會進步和改善生活質量，利用科學進步，為自己營造了一個五彩繽紛的花花世界。人類開發的天然資源和人造化學物質，在過去的幾個世紀，為人類的文明進步起了不可替代的作用，在進入新的 21 世紀後，這些創造將會繼續起更大的作用。但是一切事物都有雙面性，大量人工合成化學物質的生產和使用，以及天然資源的過度開發，已造成對生態環境的衝擊。人為造成的物理的和生物因子也同樣有兩面性。這幾方面因素的協同造成了對人類未來的威脅。既要人類繁榮進步和生活品質提高，又要維持生態可持續發展，人類就需要十分嚴峻地考慮保護環境的問題。目前，人類已經注意到許多化學物質在一定濃度、在一定條件下會產生有利的效果；而在較高濃度或另外的條件下則會產生有害的作用。實際上生物的活動以及能源的利用也會有類似的雙面作用。環境科學家的任務就是找出最合適的條件，以開發和利用其「利」的一面，防止其「害」的一面。

隨著科技的進步和環境科技的成長，環境化學逐步形成為一門新興交叉學科，它涉及到化學、物理學、生物學、地質學、天文學、醫學、工程技術和社會科學等多門類學科，有較強的綜合性。一個城市，一個國家，甚至全世界的環境問題，光靠某一部分科學家的分析、檢測、提出治理方案以及實行治理實踐等，都不可能徹底解決問題，因為涉及面太廣，問題綜合性太強。首先需要有關各級政府的立案辦理、總體調控，保證資金到位，技術方案合理推出，有關技術部門協調合作，責任到位，才有可能做出一點工作。例如工廠林立地區的酸雨問題比較嚴重，平時空氣的 pH < 4.5，最低可達 2.8，主要成分是硫酸酸性物，其間或有時含有硝酸。這不是一家一戶造成的，也不是一兩家生產企業造成的，而是因為該地區所使用的石油產品中含硫量較高，當地的煤炭也含硫量較高，燃燒後的產物 SO_2 擴散到空氣中，成為酸雨的根源。這種問題不是靠幾位環境化學家所能解決的。這必須由政府進行綜合治理，例如從根治理，建立現代化的天然氣脫硫裝置，低質煤可經脫硫裝置，嚴格控制燃燒產物廢氣中的 SO_2 排放量。此外還要改善自然生態環境，封山造林種草，增加綠色覆蓋率……等等。經過較長時間的治理，方可收效。當然從科學角度來看，環境化學的建立有助於從化學原理闡明治理環境污染的必要性和可能性，宣導教育人民、說服人民，共同承擔起保護環境的公民責任，地球才會成為人民安居的天堂。

壹、什麼是環境化學？

環境化學是一門新興學科，它研究在環境中物質間相互作用的學問，包括研究天然物質、生物物質和合成化學物質在環境介質(大氣、水體、土壤、生物)中的存在、化學特性、行為和效應，並在此基礎上研究控制它們的化學原理和方法。化學物質進入各種介質後，都會發生遷移和轉化，在其運動中把各種介質聯繫到一起，並在各種介質中表現出化學物質各自特有的環境化學行為和化學效應，從而形成了環境化學有關的分支學科，例如大氣環境化學、水環境化學和土壤環境化學等。

一、環境污染

我們對於賴以生存的環境，每個人都應有一分責任。今天我們的生活方式，依賴化學品及其相關的材料與醫藥極深。從地球體上來講，我們可提煉出許多的化學物質——石油、天然氣、礦物、鹽、水……等。雖然人類可從大氣中取用大量的氧及氮等氣體，但我們所回饋自然的，則是一些用過的廢棄物，甚至是對生物有害的副產品。舉例來說，利用石油燃燒發電，每天會產生數以千萬噸的有害廢氣排入大氣中。由於化學品的使用也產生了許多環境的問題。例如：固體廢棄物、農藥殺蟲劑的使用、汽機車排放廢氣等，以及在高空飛行的超音速飛機，都可能會影響臭氧層濃度下降等問題。

二、世界各國面臨的重大問題

一般認為，當代世界各國面臨的重大社會問題集中在糧食、能源、人口、資源和環境五個方面。其中環境問題主要是由於人類社會迅速發展所引起的，它是人類社會現代化進程中必然會出現、又必須加以妥善解決的課題。如今，全世界的人們都深切感受到環境的壓力——環境污染已經不分國界、種族、文化、意識形態。從20世紀50年代出現的震驚世界的8大污染事故，到80年代的重大惡性環境事件一再發生，以致近年來全世界的人，都在關注的酸雨、臭氧層耗蝕、溫室效應等全球性環境問題；無一不是由化學物質及其變化所造成的。目前，從全世界看人們普遍所關注的事件，包括以下幾個大問題：(1) 大氣污染；(2) 臭氧層下降；(3) 全球暖化；(4) 海洋污染；(5) 淡水資源匱乏和污染；(6) 土地酸化和沙

漠化；(7) 森林銳減；(8) 生物多樣性減少；(9) 環境公害；(10) 有毒化學品和危險廢棄物。其中七個直接與化學相關 (1)、(2)、(3)、(4)、(5)、(9)、(10)。另外三個問題 (6)、(7)、(8) 間接和化學有關，如森林銳減的原因之一是酸雨的危害。

人們隨著對環境問題的認識不斷增加，污染防治和環境保護也愈來愈顯得重要性，因而環境科學就是在保護和改善環境中誕生和發展。環境化學是環境科學的重要的分支。本章僅就空氣污染、水污染、固體廢棄物、有毒物質與放射性物質等五部分，分別予以介紹，在敘述環境化學及其積極整治污染，發展出綠色化學。

三、環境化學的研究方向

環境問題主要指工業廢棄物所造成的污染，隨著工業污染的蔓延，特別是都市、交通等方面污染嚴重，人們才認識到污染的嚴重性，不能再把環境污染視作孤立或局部的現象。而如何控制污染保持生態環境的良好循環，對於經濟建設的加強，深具有重要的意義。兩者的關係雖是有矛盾，但從策略上來看確實是可以統一的。當一方面經濟發展帶來了環境問題，但另一方面經濟發展，的確也增強了解決環境問題的能力；而環境問題的解決，又可為經濟發展創造更佳的利益。

環境化學的研究任務，包括分析檢測環境介質中存在的有害物質，尋找和追蹤它們的來源和去向，和它們在環境介質中的行為，了解有害物質對生物和人體產生不良影響的規律。因此環境化學的研究方向有如下幾個方面。

四、環境分析化學

環境分析化學的首要任務是分析和檢測環境介質(大氣、水、土壤、生物)中存在的有害物質。由於近年來分析儀器的迅速發展，特別是分析儀器串聯技術的出現，例如氣體色譜—質譜聯用、液體色譜—質譜聯用、高壓液體色譜—質譜聯用、高壓液體色譜—大氣壓電離質譜聯用等，使分析的靈敏度大大提高，從微量分析 10^{-9} (nano-) 奈級、10^{-12} (pico-) 皮級發展到 10^{-15} (femto-) 飛級。這對環境化學分析起到了很重要的作用。環境分析化學需要解決的關鍵問題有：樣品採集和保存等前處理問題，物種分析、現場實時分析監測、瞬態物種的測定，以及對難揮發性化合物、強極性化合物的分析等。雖然有機化合物和金屬有機化合物的環境分析化學發展很快，但在污染物濃度極低、樣品組成複雜、毒物轉化迅速等

情況下,分析監測仍有一定難度。要達到高靈敏度,瞬時快速和在線分析,還需要進行廣泛性的基礎性研究。另外,建立環境分析的數據庫並聯網,都將是今後的發展方向。

貳、大氣環境化學

　　雖然「火」的發現可帶給人類高度的物質文明和無限的利益,但是人類也伴隨藉著「火」不斷地製造各種有毒的氣體和煙霧,使空氣逐漸遭受污染,其範圍逐漸加大。因此,燃料的燃燒是造成大氣污染的主要原因。在 14 世紀時,開始用煤作為燃料,空氣污染的問題也就伴隨而生,故為世人所關切。人類自工業革命以來,污染的問題就不斷的發生。1952 年 12 月 5 日倫敦的大煙霧事件,就是英國最嚴重的空氣污染災害,是日煙霧瀰漫整個倫敦地區;煙霧的濃度之高,甚至可使白襯衫在 20 分鐘內就變黑,煙霧強烈刺激眼睛、喉頭和呼吸器官。由於高氣壓滯留不去,使煙霧籠罩著倫敦達五天之久,因而使 4,000 人死亡,前後 12,000 人的肺部深受其害。美國紐約亦先後發生幾次空氣污染事件,以 1966 年感恩節事件最為嚴重,3 天的煙霧使 168 人因而喪生。

　　1978 年 10 月,我國高雄地區石油化學工廠由於有毒物質的外泄,使附近居民的健康遭受嚴重的傷害。近年來由於工業大規模的發展,人民生活水準的提高,以致於各種車輛交通工具急劇的增加,城市地區的空氣污染已是有目共睹的事。從 20 世紀以後各種化學相關的工業突飛猛進,都市地區人口集中以及機動車輛的大量使用,使空氣污染問題更趨嚴重,時至今日空氣污染已經嚴重到威脅人類與其他生物的生存。

　　人類生活和工業生產技術的現代化,使化石燃料用量大幅度上升,從而造成對大氣的污染日趨嚴重;隨著交通運輸業的發展,都市中大量汽車的排氣也對環境造成了嚴重污染;另外,大氣中還有來自工業生產的其他污染物。農業方面,由於各種農藥的噴灑而造成的大氣污染也是不可忽視的問題。大氣污染對建築、樹木、道路和工業設備等都具有危害,對人體健康的危害也日益明顯。

　　根據我國空氣污防治法界定空氣污染物,謂空氣中足以直接或間接妨害公眾健康之物質,或足以引起公眾厭惡之惡臭物質。分別敘述如下。

一、汽車排氣

　　污染源直接排放出來的污染物，稱為一次污染物；經由一次污染物在大氣中轉化產生的污染物，則稱為二次污染物。空氣污染物的主要來源甚多，其中包括汽車排放廢氣，燃料的使用，各種工業(以鋼鐵和化學工業為主)及固體廢棄物為空氣污染物的主要來源。一氧化碳居空氣污染物之首，而其主要來源為汽車的廢氣排放。所以歐美日各國及我國，目前已訂定嚴格的汽車排氣標準，期以減少一氧化碳和其他排氣物的污染量。

　　雖然能源造福人類，同時卻又給人類帶來了環境污染。空氣主要污染物大部分來自可燃礦物及其再生能的燃燒，其主要來源及其影響見表 8.1。另外，尚包括工廠釋出的黑煙，浮懸空氣中的固體微粒、飛灰、花粉、塵埃等。我國空氣品質標準，約每五年修訂一次，以期各界逐步有效達成，共同維護空氣品質。

　　汽車是現代重要的交通工具，隨著汽車數量的激增，汽車排氣造成的環境污染也日益嚴重。20 世紀 40 年代初，美國的洛杉磯市，有 250 多萬輛汽車，向大氣排放含碳氫化合物、氮的氧化物、硫的氧化物、一氧化碳、臭氧等廢氣和固體粒子，在陽光作用下形成以臭氧為主的光化學煙霧。造成許多人眼睛紅腫，咽喉發炎，乃至思維混亂和肺水腫，兩天內死亡 400 多人。20 世紀 70 年代初，日本東京及附近地區也曾數次發生此類事件，受害者達 7 萬多人。

　　汽車排氣中 CO 為首位；CO 濃度低時，會使人慢性中毒，濃度高時，會導致窒息死亡。排氣中的臭氧、氮的氧化物、硫的氧化物，既有害於人體健康，還會腐蝕建築物，並能導致形成酸雨和光化學煙霧，被列為大氣中的重要污染物。汽車排氣中的烴類污染物，對自然界的危害，主要是破壞了生態系統的正常循環，還誘發產生光化學煙霧。排氣中的含鉛有機化合物是引起急性精神性病症的劇毒物質，可在人體中不斷積累，並造成貧血等中毒症狀。而硫化物會引起肺部組織障礙，濃度高會致人呼吸困難和死亡。

表 8.1　空氣污染物的主要來源及其影響

污染物	污染來源	影響
鉛 (Pb)	使用有鉛汽油的汽機車所排出來的廢氣。	破壞神經系統，可能會導致毛髮之掉落，嚴重者甚至死亡。
碳氫化合物 (CH)	各種汽機車及噴射引擎之排廢氣。	其廢氣嚴重者會導致肺癌。

表 8.1 空氣污染物的主要來源及其影響（續）

污染物	污染來源	影響
一氧化碳 (CO)	汽、機車引擎的廢氣。	CO 會與血紅素結合，而降低血紅素的帶氧功能，輕者影響視覺，嚴重時會死亡。
二氧化碳 (CO_2)	煤、木炭、油煙或各種物質的燃燒。	可能導致地球大氣之溫度升高。
氮氧化物 (NO_x)	火爐、發電廠、機車、汽車或柴油機車。	會導致煙霧瀰漫而逐漸消散於空中，是酸雨的成分。NO_2 會刺激眼睛並傷害肺部。
硫氧化物 (SO_x)	含有硫化合物的燃燒，如煤炭、石油等化石燃料中皆含有硫磺成分。	和雨滴結合成酸雨，對農作物、土壤造成災害，對於魚類殺傷力更大，另外，尚會腐蝕金屬、磚塊等，對人體會刺激眼睛、皮膚、嚴重者會死亡。

空氣是一切動植物生命體維持生命所必不可少的。沒有空氣的話，人的生命連幾分鐘也維持不了。近代由於工農業的發展，給人類既帶來了現代化文明生活，同時也帶來了威脅人類生命安全的污染問題，其中大氣污染是人們十分關心的重要問題之一。由於人類的活動(生活的和生產的)，向大氣中排放了許多廢物，使大氣中增加了許多新的成分而使空氣的組成變得異常複雜，這就是人們常提到的大氣污染問題。

據統計，現在世界每年向大氣中排放的污染物質量列在表 8.2 中。在表上所列污染物中，對人類環境威脅較大的，主要是煤粉塵、二氧化硫、一氧化碳、二氧化氮、烴類、硫化氫和氨等幾種物質。

表 8.2 世界每年向空氣中排放的污染物質總量

污染物	污染源	排放量／億噸
煤粉塵	燒煤設備	1.00
二氧化硫	燒油和燒煤設備	1.46
一氧化碳	汽車、工廠燃燒不完全的廢氣	2.20
二氧化氮	汽車、工廠高溫燃燒的廢氣	0.53
烴類	燒油、燒煤設備的廢氣	0.88
硫化氫	化工設備廢氣	0.03
氨	工廠廢氣	0.04

一般情況下，大氣污染物中粉塵和二氧化硫占 40%、一氧化碳占 30%，二氧化氮、烴類和其他廢氣占 30%。在主要大氣污染物中，世界各地排入大氣中的粉

塵大致是每年 1 億噸，占污染物的總量六分之一，大部分是燒煤造成的。一般情況下，工廠每燃燒 1 噸的煤炭約向大氣中排放出 11 kg 粉塵。粉塵是人體健康的大敵，有的粉塵可以吸收到肺細胞裡沉積，有可能進入血液送往全身。有些飄塵粒子表面附有致癌性很強的芳香烴化合物。所以各國都認為粉塵顆粒是大氣毒物中的首惡。有的城市常發生嚴重的有毒煙霧事件 (例如英國倫敦有毒煙霧)，主要是由煤粉塵引起的。

除煤的粉塵外，二氧化硫也是一種很主要的大氣污染物。二氧化硫是燒煤或燒油時產生的。1 噸煤中含有 5～50 kg 的硫化物，1 噸油含有 5～30 kg 的硫化物。中東的石油含硫最多，1 噸油中約含 50 kg 硫 (中國大陸的大慶石油是含硫量很低的優質油)。這些硫在燃燒時將變成兩倍重的二氧化硫，進入大氣。如果一個燒煤的火力發電廠，每天燒 2,000 噸煤，含硫量為 3%，那麼每天將向大氣中排放 120 噸二氧化硫氣，使火力發電廠周圍的居民受到毒害。全世界每年排入大氣的 SO_2 高達 1.5×10^4 萬噸，成為污染大氣的主要污染物。

二氧化硫在空中停留時間，大致是一周左右，在下雨或雪時就隨降到地面。二氧化硫在高空中遇到水蒸氣時，就變成硫酸煙霧，它能長時間地停留在大氣中。這種煙霧對人和環境都有很大危害，它的毒性比 SO_2 高 10 倍。二氧化硫在空氣中的濃度達到 8 mg/m^3 時，人開始感到難受，而硫酸煙霧不到 0.8 mg/m^3 時，人就不能忍受了。硫酸煙霧也同城市毒光化學霧有關係。

大氣污染物中的一氧化碳 (CO) 是一種極毒的氣體，如果在空氣中的含量超過了 10 ppm 時，人就會中毒，濃度達 1% 時，人在 2 分鐘內死亡。它主要來源是汽車發動機中燃料不完全燃燒時，所排放出來的。隨著汽車增多和工業發展，排放到大氣中的一氧化碳日益增多。全世界每年排放到大氣裡的一氧化碳超過 2×10^4 萬噸，大致占總毒氣量的三分之一，成為城市大氣中數量最大的毒氣。它在大氣中的壽命很長，一般可保持 2～3 年，因此它是一種數量大、累積性強的一種毒氣。據調查，1 小時內有 2,500 輛汽車通過的街道，空氣中一氧化碳濃度在冬季時可高到 45 mg/m^3，夏季可達 29 mg/m^3。據統計，空氣中的一氧化碳有 64% 是汽車排放的。因此解決汽車排放一氧化碳問題日益受到注意。

在大氣污染中，光化學煙霧是一種新型的污染物，它是汽車和工廠煙囪排出的氮氧化物和烴類經太陽紫外光照射而生成的一種有毒氣體 PAN。它對人的毒害大致以 0.2～0.3 mg/kg 為界，超過這個界限就會使人眼睛紅腫，肺機能降低等症狀。這種有毒煙霧首先發生於美國的洛杉磯，後來又發生於日本的東京，都會造成很嚴重的後果。

除了上述大氣污染物外，其他有毒氣體主要是氟和氟化氫、氯和氯化氫以及硫化氫等氣體。這些氣體主要是由於一些有關化工廠的洩漏和不合理排放，在外國也曾造成過一些中毒死亡事件。另外，近年隨著工業的發展，不少有毒重金屬混入大氣，如鉛、鎘、鉻、鋅、鈦、錳、釩、鋇、砷和汞等（大都以化合物的形式，鉛、汞也可以單質形式）。在大氣中的這些重金屬毒物往往同城市居民的心臟病、動脈硬化、高血壓、中樞神經病、慢性腎炎、呼吸系統的癌症等有著密切的聯繫。在這些重金屬中鉛造成的危害最嚴重。在國外有些地區的汽車燃料中仍摻有四乙基鉛和二溴乙烷作為抗爆材料，從汽車氣缸排出的廢氣中，便有四乙基鉛或它的燃燒產物溴化鉛、氧化鉛或有機鉛等，造成城市街道和路口的空氣中有較高濃度的鉛，使城市居民的身體健康受到嚴重的危害。

大氣污染除對人體健康造成嚴重威脅外，還直接危害林木莊稼，助長了病蟲害的發生和發展，使家畜中毒死亡，以及腐蝕器物材料等。近年來也有些報導關於大氣污染，可能是造成最近幾年來，世界氣候反常的原因。也有人推測大氣中的還原性污染物 SO_2、H_2S、NH_3、CFC 和烴類等，可能正在或將會破壞大氣高層的臭氧層，而會給地球上的生物帶來更嚴重的災害。

隨著大氣污染的危害日益嚴重，世界上工業發達國家不得不採取一些措施建立專門的環境管理機構、制定了一些環境控制標準，對於各種排煙設備，制定了排放量控制標準，以減少大氣污染。各大城市還建立了大氣污染監測網，可以對污染源實行監督，並為及時採取措施提供依據。比如中國大陸第五屆全國人大常委會在 1979 年 9 月通過了《環境保護法》，以法律的形式對全國城鄉環境實行監護，這對中國實現社會主義四個現代化的建設，無疑是完全必要的。

為了防止大氣污染情況的進一步惡化，主要還必須採取積極主動的杜絕污染源的措施，例如：工業上研究選用無污染的能源；合理選擇使用除塵設備；汽車安裝廢氣淨化設備和使用無毒汽車（例如以氫氣為燃料）；防止大城市畸形發展，通過區域規劃，控制大城市的規模和發展中小城市，改變工、農業布局，以減少集中污染的發生；研究和推廣廢氣回收和利用技術，發展清潔生產工藝的「封閉式循環」生產。人類在近代科學技術事業的發展中給自己製造的麻煩，無疑可以通過不同門類科學技術的合作而能自己加以解決，在其中化學科學在解決環境污染問題中定將起重大的作用。

大氣環境化學的任務主要研究大氣污染物的物理、化學表徵、環境中的化學反應動力學，大氣光化學機理及自由基反應過程等。由於大氣中顆粒物的增多，

微粒組成及其對生態或健康的影響越來越顯得重要,使研究重點可由均相化學體系轉向非均相體系。其中對多種分子組成的微粒分子形態的研究,即多分子聚積體系如何組成微粒,以及它們對大氣環境的影響,將成為全球性環境問題的熱點。

大氣環境化學最突出的例子是 1995 年諾貝爾化學獎授予三位大氣環境化學家 M. Molina(墨西哥)、S. Rowland(美國)和 P. Crutzen(荷蘭)。他們首先提出了平流層臭氧破壞的化學機理,Crutzen 提出 NO_x 理論 (1970),Rowland 和 Molina 提出了氟氯碳化物 (CFC) 理論 (1974)。這些基礎理論的研究成果,對南極「臭氧層破洞」的發現 (1985) 而引起了全世界的轟動,導致《蒙特利爾議定書》的簽訂 (1987),為保護全球環境作出了重大貢獻。

二、溫室效應

英國氣象局局長和美國國家海洋氣象局局長聯合共同發表聲明,向世界發出嚴重氣象警告:全球暖化正在迅速改變世界各地的氣候。他們指出,即將過去的 20 年是自 1659 年開始記錄氣象以來,北半球最溫暖的 20 年。從米奇颶風到委內瑞拉災難性的洪水和土石流,都是由於極端氣候條件造成的,並與全球氣候暖化有密切相關。兩位氣象學家指出,自 1976 年以來,人為造成地球暖化的速率是每十年大約增加 0.2℃。由於氣候明顯暖化,近年大西洋形成了比以往要多得多的風暴。除了人類造成的溫室效應,排放的工業有害氣體如二氧化碳 (CO_2)、汽車廢氣和使用農藥等因素外,他們無法找出其他任何原因來解釋地球暖化。

由於溫室效應,二氧化碳的積累會使地球表面溫度升高。據估算,二氧化碳濃度每增加 10%,地表溫度將升高 0.3～0.5℃。雖然溫度增加不多,但有可能使南北極的冰冠融化,海平面上升,導致某些陸地淹沒。溫室效應的加劇會對氣候、人類健康及生態環境等多方面帶來影響。地表的升溫,會使更多的冰雪融化,反射回宇宙的陽光減少,兩極更加暖化,降雨量發生變化。暖化的條件有利於病菌、黴菌、有毒物質的生長,導致食物受污染或變質。因此,氣候暖化將引起全球疾病的流行,嚴重威脅人類健康。

近年來由於科學家之種種研究報告,已使人類漸漸關心空氣污染所引發的全球性氣候改變。有人認為大量之二氧化碳排放所產生的溫室效應 (green house effect) 正逐漸使地球表面之溫度升高,而臭氧層下降 (ozone layer depression) 之破壞也使得更多太陽高的能量紫外線到達地球;亦有人認為因為大量粉塵粒,及

煙霧狀空氣污染物之排放，而使地球之表面溫度下降。這些爭議使我們不得不關心空氣污染，所引發的一連串問題，也必須深入的去瞭解空氣污染現象。

三、空氣污染物對人體健康之影響

大氣圈是一切生物生存所不可或缺的條件，對不適當的人類活動，不但可改變大氣組成，而且反過來，又給生物圈帶來不良影響。由於大氣的整體性和流動性，大氣環境問題是全球性的問題。全球性的酸雨 (acid rain)、二氧化碳濃度增加的溫室效應、臭氧層的被破壞，已成為國際上所矚目的三大難題：

1. 酸雨：大量的燃燒，所生成空氣中污染物：硫氧化物、氮氧化物及碳氧化物與雨水結合而引起。
2. 溫室效應：大量的燃燒造成空氣中二氧化碳含量增加，使地球表面環境溫度逐年升高。
3. 臭氧層的被破壞：主要是人類使用的一些化學品，導致所產生的氟氯碳化物 (CFC)，與臭氧容易結合，而產生臭氧層的破壞。

不論是氣體或顆粒性污染物，當濃度太高、量太多，或是吸入的氣體、固體毒性太強時，均足以使呼吸器官內正常防禦功能以及清除功能喪失。而長期吸入低濃度的污染物可能使纖毛之活動力降低，黏液的分泌異常，清除功能降低，清除速率減慢，增加毒性物質在體內停留時間，或根本無法清除，而引起一連串危害。它會影響我們所有的人，它使我們生病甚至死亡。

四、空氣污染的防治

空氣的污染防治，人人有責。因為它是我們追求高度生活水準所造成的結果。我們已知道空氣污染導因於燃料的燃燒（以產生熱和能量）、物質的生產過程，以及廢棄物的處理。簡而言之，空氣污染是由於現代化國家每日不可或缺的活動所造成的。因此，現代化的國民對於空氣污染的問題，以及其防治方法應具有基本的知識與防護的觀念。

空氣污染的問題相當複雜，其所牽涉的專門知識亦相當廣泛，因此目前中外學者專家及政府官員對於空氣污染問題的處理，仍無共同的處理方法。茲將較為具體可行的防治措施，敘述於下，可作為參考。

1. 政府立法，嚴格管制有毒氣體之排放，對於汽、機車輛排氣及燃料含硫量應訂

定容許量標準，在城市地區建立空氣污染監視系統，以利有效管制有毒氣體之排放。
2. 對於工業區之設定，應考慮空氣污染擴散問題及在市區增設公園綠地，以利空氣淨化。
3. 對於排放煙塵較嚴重的工廠，政府應予以技術輔導，敦促改善；屢次違反規定者，應嚴加取締。
4. 政府應加強取締排放黑煙之各種汽、機車輛。
5. 利用各種廣播、視訊、網站和新聞媒介，加強灌輸人們空氣淨化的知識。
6. 今後工廠設立之許可與否，應以防治空氣污染設備為重要條件。
7. 各級學校將環境教材編入相關課程，落實環境科學教育。

參、水環境化學

水是人類生活環境中的重要因素之一，在現代化生活中，每一個成年人平均每天需要消耗水 6,600 L（其中包括飲食用水 2 L，生活用水 600 L，按人平均的工業用水 3,000 L 和農業灌溉用水約 3,000 L）。沒有水，人的生活是不可想像的。為了維持正常生活，保護水源和維持淨水的安全供應，就成為城鄉管理中的大事。處理水的工廠是民生工業中的最重要環節之一。

從生態學來說，人是生態系統的組成部分，人的環境也是生態系統的環境。污染物質除了會造成直接毒害之外，也會在生態系統中沿著食物鏈而轉移。天然食物鏈沿著綠色植物—食草動物—食肉動物而發展。舉例來說，河流和水體就是一個生態系統，河流裡有浮游植物、浮游動物、小魚、大魚、還有食魚動物等。浮游植物吸收大氣和水中的養分，在陽光作用（光合作用）下生長繁殖，浮游動物吃浮游植物，小魚吃浮游動物，大魚吃小魚，食魚動物吃大魚，人則吃魚和食魚動物。在河流和水體中排入污物，不僅使飲用水源發生問題，而且能使與河流、水體相聯繫的生態系統發生如下幾個方面的問題。

一種情況是有些由工業排入水體的污染物質本身是毒物，而且排放量大，可以把全部生物都毒殺（例如有的煉焦廠同河水中排放的廢水中含有 HCN，不但毒死河水中生物，而且還毒死飲水的牲畜），不過多數情況下污染物質含量並不高，生物沒有死亡，而是經過食物鏈把它們成千上萬的富集起來，人們長期食用含高濃度污染物質的動、植物，就會致病，甚至發生畸變。

水污染主要指由於人類的各種活動排放的污染物進入河流、湖泊、海洋或地下水等水體中，使水體的物理、化學性質發生變化，從而降低了水體的使用價值。水體中化學污染物特多，主要有毒、有害物質是重金屬和難分解的有機物。伴隨著現代石油化工、鋼鐵工業的發展，塑膠、合成纖維、樹脂、染料、農業、清潔劑等工業相繼迅速發展，有機物的來源日益增多。

一、水污染的種類及其來源

所謂「水污染」，根據我國「水污染防治法」第二條規定，特別是指水，因物質、生物或能量之介入，而變更品質，致影響其正常用途或危害國民健康及生活環境。見表 8.3 所列出水污染物的種類及其來源。

表 8.3　水污染物的種類

種類	來源
好氧性廢物	人體或動物的廢棄物、腐化的動、植物
傳染性細菌	細菌和濾過性病毒
有機化合物	清潔劑、殺蟲劑和油脂
植物的營養料	硝酸鹽或磷酸鹽等肥料
無機物	Hg^{2+}、Cd^{2+}、Pb^{2+}
熱	工廠的冷卻水
懸濁物	土壤沖蝕產生的淤泥
放射性物質	放射塵、放射廢棄物

換言之，水污染是由於污染物質或能量介入水中，致破壞水的本質，而影響水的正常用途，使得使用者需加以適當的處理，方能使用或根本不能再使用。表 8.4 列出有毒的微量元素。

表 8.4　若干有毒的微量金屬元素

元素	主要來源	對人體的毒效應
砷	燃煤、硫礦石的處理	致癌物質，引起腸胃疾病。
鈹	燃煤、核子燃料之處理 火箭燃料	嚴重傷害肺部。
鎘	電鍍廢棄物	頭昏，目眩，高血壓。
鉛	含鉛汽油、油漆	嘔吐，傷害腦部。
汞	電化學工業廢棄物、殺黴菌劑	傷害腦部。

從污染物來源及其進入途徑來看，一般水體的化學污染物包括點污染源和面

污染源,噴灑入農田的農藥,化肥殘留物;大量都市家庭污水、垃圾以及含有大量有機物和氮、磷營養物質的水體。由於各項工業的急速發展和全球人口的膨脹,水的污染日趨嚴重,不僅美國如此,我國也是如此,這是全球性的問題。水的污染來源相當廣泛,舉凡工廠排出來的廢水,農田所使用的肥料和殺蟲劑、一般清潔劑、家庭的廢棄物以及核彈試爆帶來的放射灰塵等等皆是。

表 8.5 是排放污染物質之主要工業。我們可以說沒有水,固然就沒有生命,而且可以進一步的說沒有乾淨的水,地球上的生物也將會逐漸絕跡於世界上。昔日活躍在河流、水溝和農村田野的魚蝦、蝌蚪、青蛙、泥鰍、螃蟹和水草等可愛的水中小動、植物如今已不可多見了。水的污染問題已日趨嚴重,如今人類若不群策群力,趕緊謀求妥善的對策,人的生命和健康必將面臨嚴重的威脅。

表 8.5　排放各類污染物質之主要事業

污染物質	排放事業
耗氧物質 (BOD, COD)	酵母、味精、製糖、釀造、食品罐頭、蒸餾、洗衣、食肉
懸浮固體 (SS)	釀造、食品罐頭、洗煤、洗砂、噴砂、煉焦、煤氣、蒸餾
溶解固體 (DS)	化學品製造、醃漬、製革、水處理等
總固體物 (TS)	化學品製造、金屬機械、纖維、染織、煤礦等
陰離子界面活性劑	洗衣、染整、造紙、清潔劑製造等
透視度	電鍍、造紙、染整、製革、屠宰場、醃漬、味精、酵母等
臭味	化學品製造、煉油、煉焦、煤氣、石油化學等
油脂	金屬處理、煉油、羊毛洗滌、洗衣、製革、罐頭、食品、屠宰場、煤油、修車等
酸	化學品、電池廠、電鍍、鋼鐵、金屬鑄造、煤礦、亞硫酸
鹼	化學品、洗衣、製革、肥皂、染整、紙漿蒸氣、煤氣廢液、洗毛、漂白液製造、水玻璃(或玻璃)、洗瓶等
高溫	火力發電、核子發電、染整、洗衣、電鍍、洗瓶、石化工業等
大腸菌	製革、屠宰場、食品、醫院及醫療事業檢驗所、畜牧業、垃圾及水肥處理等
放射性物質	核能發電、醫院等
一般性物質	電鍍、化學品、製革、機械工廠、紙漿、醫院、實驗
銅 (Cu)	鍍銅、金屬浸洗、銅礦、通信器材、金屬冶煉等
鉛 (Pb)	電池製造、塗料、鉛礦、汽油、油漆等
銀 (Ag)	電鍍、照相等
鋅 (Zn)	鍍鋅、電鍍、橡膠黏膠、農業殺蟲劑、煉鋅、製版等
汞 (Hg)	鹼、氯工廠(水銀電解槽)、紙漿、農業、塑膠工廠 (PVC)
錳 (Mn)	電鍍、乾電池等
砷 (As)	採礦、製革、塗料、藥品、玻璃、染料、羊毛浸洗等
鎘 (Cd)	煉鋅、鋅礦、電鍍、礦石等。

表 8.5　排放各類污染物質之主要事業（續）

污染物質	排放事業
鉻 (Cr)	電鍍、鞣草、染料、化學工業、冷卻水防蝕等
鐵 (Fe)	鐵礦、金屬浸洗、金屬冶煉、煉銅、水處理、軋鋼等
鋇 (Ba)	化學製品
硒 (Se)	採礦、化學品等
氨 (NH_3)	煤氣、煉焦化工廠、肥料廠等
氯化物 (Cl^-)	洗衣、造紙、紡織、漂白、鹼、氯工廠等
硫化物 (S^{2-})	硫化染色、鞣革、煤氣、人造纖維等
亞硫酸鹽 (SO_3^{2-})	木材加工、紙漿、軟片、漂白、黏膠等。
氟化物 (F^-)	煤氣、煉焦、化學品、肥料廠、電晶體、金屬煉製、玻璃蝕刻、陶磁、半導體製造等
氰化物 (CN^-)	煤氣、電鍍、冶金、金屬清洗、煉油、農藥廠等
硫酸鹽 (SO_4^{2-})	化學製造、採礦、金屬浸洗、DDT 製造、釀造、紡織、電池、照相製版、水處理等
甲醛 (HCHO)	木材加工、合成樹脂、盤尼西林製造、化學品製造等

　　近年來，石油對水體的污染也十分嚴重，特別是海灣港口及近海水域在石油的開採、煉製和使用的過程中，原油和各種石油製品進入環境而造成的污染，目前已成為世界性問題。1991 年發生的波斯灣戰爭，人為因素而使大量原油流入波斯灣，這是最大的一次石油污染海洋事件，此帶來難以估量的惡果。1988 年，由於英國北海石油污染，約有 1,200 隻海豹死亡，死掉的魚蝦更是不計其數。1983 年 12 月，有 120 多隻鯨魚在澳大利亞的一處海邊集體絕食自殺。1988 年 9 月，又有 140 多隻鯨魚在奧古斯塔集體自殺。1998 年 9 月，有 60 隻鯨魚，再次走上這個海灘自殺，讓人們費了九牛二虎之力，才將其中的 38 隻送回大海，一周之後，它們又重返海灘，以其不可思議的頑強走向死亡。

　　酸性和鹼性物質進入水體使水的 pH 值發生變化。在水中，酸與鹼可產生中和反應，也可分別和地表物質發生反應，生成無機鹽類。由此引起水體中，酸、鹼、鹽的濃度超過正常量，而使水質發生變壞的現象，此稱為水體的酸、鹼、鹽污染。酸主要來自冶金、金屬加工的酸性程序，鹼主要來自於印染、製藥、煉油、造紙等工業污水。

　　水體中的重金屬污染是一般最具有潛在的危害性。經過小魚吃蝦，大魚吃小魚的水中食物鏈被濃縮，而人處於食物鏈的終端，通過食物或飲水，將濃縮後的毒物攝入體內，而使人的生理現象產生異常狀況。

　　1953～1968 年的日本水俣病事件，市民由於食用濃縮了甲基汞的魚和貝類，

造成慢性汞中毒。1955～1977年富山縣鋅冶煉廠排放含鎘廢水，污染神通川水體，造成慢性鎘中毒，患骨神經疼痛的約有250人，其中207人死亡。這些震驚世界的公害事件都是工廠排放的污水中含有重金屬所致。

水體的有毒有機污染物主要包括有機氯苯、多氯聯苯、多環芳烴、高分子聚合物、染料等有機化合物。其共同特點是，多數為難降解的有機物或持久性有機物。它們在水中的含量雖不高，但在水體中殘留的時間長，有蓄積性，可造成人體慢性中毒、致癌症、致畸形、致突變等生理危害。

二、水污染的影響

地球上的生物都是依賴水生存、生活、生長與繁殖。水污染所造成的傷害相當廣泛，可說到處都有，茲將其影響，分別敘述如下。

（一）影響人體健康

事業廢水對人體健康的影響與危害可分為兩大類，一種是直接性危害，另一種是間接性危害。前者係指人類直接飲用遭受污染的水源所引起，尤其是指事業廢水中有毒物質（或重金屬）等排入河川或滲入地下水，無意間被人所飲用，而造成中毒現象。後者係指人類攝取遭受污染的農作物及魚貝類等，而間接將有毒物質吸入人體內，經由生物濃縮與放大作用，累積於人體而危害人體健康。其中尤以後者影響危害尤巨，中毒之始極難被發現，且中毒範圍廣泛而複雜。如「水俁病」、「痛痛病」及「米糠油症病」等。

（二）影響水產養殖業

事業廢水對水產養殖業之影響亦可分為直接危害與間接危害，前者一般又稱為實質性毒害，係指水產養殖業之引用水直接受事業廢水中有機物、重金屬及有毒物質等之侵害。有機物使水中溶氧耗竭，損傷魚鰓，甚至造成死亡，毒性物質濃度過高將直接毒害魚類等。後者一般又稱為累積性毒害，係指事業廢水中重金屬或有毒物質濃縮於水產魚貝類體內，而影響其品質，甚至使食用者受害。如國內二仁溪的綠牡蠣事件等。

（三）影響農業

事業廢水對農業之影響亦可分為直接性危害與間接性危害，前者係指廢水中

之有害物質（如 pH 值過高或過低、硫酸鹽、硼酸鹽及重金屬等），傷害農作物之根部而致枯死，或其含量超量妨害作物生長及生成等。後者係指廢水中重金屬或有毒物質進入農作物內，經一連串之生物濃縮與放大作用，最後危害攝食之人、畜等。如國內桃園觀音鄉之鎘污染農田（鎘米）導致廢耕事件等。

（四）影響給水水源

由於河川及湖泊受污染，給水之水資源受害程度年年加重，危害情形也是多層面的，例如水污染在慢慢進行情況下，需要加強處理或更改處理設施；為了不致於影響用戶之健康所採取緊急停水措施，甚至關閉水處理廠，因而直接影響用戶日常生活等。

（五）影響觀瞻與自然生態環境

隨著生活水準的提高，休閒活動日漸增加，國民對觀光及旅遊需求日增，但因觀光地區之青山綠水遭受污染，形成又臭又骯髒之河水，而自然生態環境亦因水污染之影響，生態系統失去平衡，甚至破壞，而永遠不得恢復，如國內新店溪香魚滅絕與國寶級櫻花鉤吻鮭的滅絕，已造成需靠人工保育等。

上述情況的一個特殊例子是某些工廠向河水中，排放含汞（或汞化物）的污、廢水。在一般情況下，汞鹽進入人體大部分可以排泄出去，不致在體內積累，但在水體內由於淤泥中微生物的作用，汞金屬可被轉化成甲基汞，稱之為汞的甲基化過程。甲基汞進入人體後會積累在人體中樞神經裡。河流、湖泊或海中的某些魚類能通過食物或魚鰓攝入水中的甲基汞，並使甲基汞富集，可使魚體中含甲基汞的濃度比環境水中汞濃度高數千倍之多，因而人吃魚中汞毒的機會（也經過積累過程）要比飲用水中汞毒的機會大得很多。日本水俁縣的著名地方病水俁病，就是這種經常食用有汞毒魚類，而產生的汞中毒病。

又例如第二次世界大戰中，人類發現了高效殺蟲劑 DDT。如果由於農業上的殺蟲活動噴灑了 DDT 藥劑，使空氣中 DDT 濃度為 0.000003 mg/m^3，這微量的 DDT 進入海中，為浮游生物吞食，浮游生物體內的 DDT 濃度便會富集到 0.04 mg/m^3（富集 1.3 萬倍）；浮游生物被小魚吞食，小魚體內 DDT 濃度可達 0.5 mg/m^3（富集 14.3 萬倍）；小魚再被大魚吞食，大魚體內 DDT、濃度可增加到 2.0 mg/m^3（富集 57.2 萬倍）；如果再被水鳥吞食，水鳥體內 DDT 濃度又增高到 25 mg/

m³ (富集到 858 萬倍)；人若食用這些海生生物，DDT 可進一步在人體內富集到 1,000 萬倍。人們長期食用這類含有高毒量的物質，不斷在體內積累，最後產生了危害。有些污染物進入人體後，還會遺傳給子孫後代。例如胎兒畸變等現象。

工業向水中排放的氰化物、汞、鉻、鎘等金屬化合物，以及農業上由於水土流失使有毒的農藥 (殺蟲劑、除草劑、殺菌劑以及植物激素等) 流入水體，都會造成上述類型的污染。

水污染的第二種情況是有些污染物並不是有毒的，例如城市排放下水中的有機物，洗滌劑中的磷酸鹽，農業水土流失帶入水土中的肥料磷酸鹽和硝酸鹽等。這些物質是水生生物在生長過程中需要的營養物質。由於這些物質大量排入水體，使水「富營養化」。營養份太多也會帶來危害，就好像人如服用過多營養品也會發生畸變或疾病一樣，使水生生物無法正常生長。另外，水體富營養化還促使浮游生物，萍藻類大量生長繁殖而充塞水體，大量耗用水中的溶解氧氣，使魚類成批死亡。現在世界上就有許多河流污染引起富營養化，結果有可能導致水體生態系統的完全毀滅。

水污染的第三種情況是所謂熱污染，例如發電廠把一部分冷卻水排入水體，使水的溫度升高數度之多，水體的溫度升高使氧氣的溶解度變低，會殺死魚類；另一方面，水溫又能使藻類和微生物叢生，惡化了生態環境。

水環境化學的主要研究任務是保護水資源不受污染。近年來，對水環境化學有熱力學和動力學研究兩個方面：一個以化學平衡為主，一個研究環境化學過程的速率和反應機理。由此建立的模型和模式逼近真實，已在天然水體化學的最重要方面逐漸進入定量化研究階段。在固體—水的界面化學研究方面，特別是對固體表面和溶質相互作用的吸附過程的研究，已經相當深入。無論是對顆粒物之間膠體化學系統和行為的研究，還是對地球化學過程速率和規模的定量處理等方面，界面化學都是很重要的。研究顆粒物之間相互作用的界面化學涉及眾多環境問題，如土壤與沉積物間有機物和無機物的環境行為，水與底泥界面營養元素的轉化及其向水體中的再釋放的過程和機理，表層水中污染物的行為及與大氣之間的界面反應和水污染控制等過程的研究中，界面過程均屬有廣泛實際意義的基礎性研究內容。

大氣和水的相互作用、土壤和水的相互作用都是水環境化學中的重要研究內容。大氣中的微粒、土壤中的有機物和無機物都是水污染的來源，它們之間相互作用的過程和機理及其環境行為也都是重要的研究內容。

肆、土壤環境化學

　　全球土壤生態環境受到化肥、農藥、生物質廢料燃燒、大氣污染物的沉降、酸雨、污水灌溉、生活和工業垃圾的堆積掩埋等污染。在污染的土壤中生長的食物直接和間接地威脅著人類的人身安全。而土壤的污染又有其本身的特點，即具有一定的隱蔽性和停滯性；污染具有累積性；污染具有不可逆轉性；土壤污染的難於治理性。

　　基於上述特點，土壤污染狀況一般以土壤質量下降的程度來衡量。土壤質量可理解為：在沒有自然資源損失或自然環境破壞的前提下，在長時期內，土壤具有持續生產安全和營養的作物、提高人類和動物健康的能力。只有質量良好的土壤才能生產出有益健康和有營養的作物，才能有助於人類與動物的健康。土壤質量指標主要包括土壤物理特性(孔隙度、團粒結構、密度、持水能力、滲透性、堅實度、塑性等)、化學特性(有機質濃度、陽離子交換能力、酶活性、pH值)和生物特性(生物種類與數量)三個方面，作物產量、作物健康和營養質量、根系分布、地表和地下水的質量也可以作為土壤質量指標特徵。

　　引起土壤質量下降的最重要因素是土壤侵蝕，土壤有機質下降和農業用化學品等化學物質對土壤的污染。土壤侵蝕引起農業表土流失，水土流失速率超過土壤再生速率，表土層逐漸變薄，肥力減退，生產力降低；土壤有機質大量耗損，引起土壤物理、化學、生物特性變化，土壤質量和生產力下降；大量使用農用化學品所造成的土壤污染，破壞了土壤結構，使生產出的食物喪失安全性，影響人體、動物健康。在過去幾十年中，由於缺乏管理和掠奪性耕作，世界農業土壤生產力普遍下降。風蝕、水蝕、沙漠化、鹽鹼化、有機質減少使世界大多數國家土壤質量以驚人的速度退化。土壤侵蝕使農業表土正以每年0.7%的速度損失。大面積土地污染事件時有發生。20世紀70年代末期，由於地下水位上升使美國Hooker公司堆放在Thomas Love運河一條用於處置化學廢物的溝渠內的化學品，沖刷到污水管道和街上，漫過大片土地，進了居民家的地下室，造成大面積土地污染。這就是震驚世界的「洛夫運河(Love Canal)化學毒性物質污染土地的事件」，為此美國國會制訂了超級基金(super fund)法。

　　中國大陸是耕地資源極為匱乏的國家，人均占有耕地僅為0.08公頃(合1.2畝)，是世界人均占有量的21.8%。近年來由於水土流失和荒漠化，數量不斷在減少，嚴重限制了農業的可持續發展。另外，中國大陸的土壤污染狀況十分嚴重，

並繼續呈惡化趨勢，土壤環境保護問題面臨嚴峻挑戰。

目前中國大陸土壤污染大致可以分為重金屬污染、農藥和有機物污染、放射性污染、病原菌污染等四種類型。

中國大陸受鎘、砷、鉻、鉛等重金屬污染的耕地面積近 2,000 萬公頃，約占總耕地面積的 1/5，其中工業「三廢」污染耕地 1,000 萬公頃，污水灌溉農田面積達 330 多萬公頃。環境污染嚴重的沿河、近廠地帶，農地污染狀況尤甚。某省對省內 47 個縣和郊區的 259 萬公頃耕地 (占該省耕地面積的 2/5) 調查結果顯示，75% 的耕地不同程度地受到重金屬污染，而且污染有繼續加重的趨勢。

污水灌溉嚴重危害著農田土壤結構，尤其是含重金屬元素、有機物和農業用化學品的超標污水灌溉，嚴重破壞土壤結構，使糧食、蔬菜、瓜果輕則減產，重則絕收。據統計中國大陸每年因土地污染減產糧食 200 億公斤，造成經濟損失 150 億元，其中因重金屬污染而減產糧食達 1,000 多萬噸。至於農藥和有機物污染、放射性污染、病原菌污染等其他類型的土壤污染目前缺乏系統的統計報導，尚難對由此導致的經濟損失作出估計。污水灌溉使天津近郊 2.3 萬公頃農田被污染，薊運河畔的農田，因引灌三氯乙醛污染的河水而導致數千公頃小麥受害減產。廣州近郊 2,700 公頃農田受污染水灌溉影響，1,333 公頃土壤因施用含污染物的底泥而被污染，污染面積占郊區耕地面積的 46%。20 世紀 80 年代中期對北京某污灌區進行的抽樣調查表明，大約 60% 的土壤和 36% 的糙米存在污染問題。排入陝西境內渭河的超標污水污染了兩岸 15 萬公頃良田。1997 年陝西省蒲城縣、大荔縣的 14 個鄉鎮的農民，用造紙廠和化工廠污水污染後的洛河水灌溉農田，使 146 公頃小麥無法收割、138 公頃棉花枯死、26 公頃瓜菜死苗乾莢、45 公頃果樹嚴重受損。據不完全統計，目前全國受工業污染的耕地達 400 萬公頃，受鄉鎮企業污染的耕地為 187 萬公頃，幾乎所有存在環境污染的地區的農田都不同程度地存在著污染問題，並且污染面積逐年上升，80 年代初土地年污染面積為 6.67 萬公頃，現在則近 20 萬公頃。

污水灌溉不僅使農作物嚴重受損，還使農作物成為毒物攜帶者，對食用者的身體健康構成潛在威脅。20 世紀 50～60 年代，戰後經濟騰飛時期的日本以犧牲環境為代價片面追求經濟發展，出現了一系列由環境污染引發的公害事件。1955～1970 年前後，富山市神通川流域的居民得了一種怪病，其症狀表現為周身劇烈疼痛，甚至連呼吸都要忍受巨大的痛苦，人們稱之為「痛痛病」。後來的研究證實，這種所謂的「痛痛病」實際上是食用「鎘稻米」的結果。所謂「鎘稻米」是

用受鎘污染的污水灌溉生產的稻米。截至1979年,「痛痛病」已經先後導致當地80多人死亡,多數人受害,賠償的經濟損失也超過20億日元(1989年的價格),時至今日,還不斷有人提出訴訟和索賠要求。中國大陸廣西某礦區居民也因長期食用「鎘稻米」開始出現腰酸背疼和骨節痛等「痛痛病」症狀,骨骼透視後確定,患者均已達到「痛痛病」的第三階段。瀋陽張士灌區用污水灌溉20多年,受鎘污染的耕地面積達2,500多公頃,所產水稻含鎘$5 \sim 7 \ g \cdot kg^{-1}$。廣州市污灌區稻谷鎘的平均含量為請灌區的18.8倍,鉛的平均含量為請灌區的24.2倍,氪的平均含量為清灌區的7倍。據統計中國大陸被重金屬污染的糧食年產量達1,200萬噸,嚴重威脅著人民的身體健康。

農藥污染、酸雨侵害、土地荒漠化、鹽鹼化、土壤肥力下降,水、土流失加劇了中國大陸的土壤污染狀況。現在全國受農藥污染的土地近1,300萬公頃,受酸雨危害的土地達267萬公頃。目前,土壤侵蝕面積為367萬平方公里,占整個國土面積的38.2%,每年泥沙流失量60億噸,中國大陸已成為世界上水土流失最嚴重的三個國家(菲律賓、印度、中國)之一。土地荒漠化面積為111.7萬平方公里,占國土面積的11.6%,其中風力作用、水蝕作用和物理及化學作用下的荒漠化土地約各占1/3。另外中國大陸還有易受風力和水力作用影響的潛在荒漠化土地53.5萬平方公里和87.5萬平方公里,潛在鹽漬化土地17.3萬平方公里。

有毒物質被吸收進土壤中,治理起來非常困難。在不少地區,由於過量施肥、污水灌溉等不良行為嚴重破壞了土壤環境質量,導致「土壤污染——水體污染」的惡性循環。農藥、化肥的使用儘管為糧食的增產作出了巨大的貢獻,但引起了不可再生的能源損耗,使農業生產成本增加,病蟲害抗性、農藥殘留、食品安全,水質污染等還嚴重危及農業生產的持續性,破壞自然環境、威脅人類健康。農藥在殺死作物病蟲的同時,也殺死了土壤生物,使土壤失去生物活性;殘留的農藥污染水、土,在食物鏈中富集,危害人與動物健康。過多施用化肥使土壤酸、鹼化,易使土壤板結。過量施用氮肥,引起土壤農作物和飼料中硝酸鹽的積累。

中國大陸農業科學院土壤肥料研究所連續三年對北京、天津、唐山等北方15個縣、市農村和鄉鎮的地下水和飲用水進行了測試,發現在103個取樣地點中,有49個的水樣中硝酸鹽含量超過$50 \ mg \cdot L^{-1}$,26個地點已超過$100 \ mg \cdot L^{-1}$,含量最高的已達$300 \sim 500 \ mg \cdot L^{-1}$。表明由於中國大陸一些地區不合理施用氮化肥,過量的硝酸鹽在污染土壤的同時,通過滲透也污染地下水源,進而污染飲用水源。由於化肥使用方便,使農民不願施用有機肥,而漸漸減少使用量,減少了秸稈還

田率和綠肥的種植面積，使土壤有機質減少，加速了土壤退化。據浙江省農科院的調查，近年來浙江省噸糧田面積不斷減少，現已不足原來的 50%，高產田的退化使中低產田擴大了 20 多萬公頃，原有的中低產田也在退化變質，這些皆起因於土壤肥力的衰退。衰退的重要原因是施肥結構失調，有機肥施用減少，地力嚴重受損。據紹興平原 4 萬公頃糧田大面積施肥統計，近 10 年內有機肥投入量減少 23.6%，穀物單產降低 5%。

與此同時，城市土地污染、城市污泥的環境污染、礦區土地復墾和生態重建等問題已越來越突出。美國、澳大利亞、奧地利、香港等國家和地區的科學家已經注意到，城市的土地污染對人體健康有直接影響。由於城市人口密度大，城市的土地污染問題又比較普遍，因此，國際上對城市土地污染問題已經予以高度重視。據統計，中國大陸城市垃圾總量已達 1.2 億噸，時刻威脅著大氣、水資源、土資源，垃圾圍城現象已經嚴重污染了居民生活環境。

土壤環境化學的任務應該加強對化學污染物在土壤中的分配、吸附、擴散、遷移、降解過程和機理的基礎研究，並制定土壤環境中化學污染物的允許程度，控制和修復受污染土壤的方案，為保護土壤生態環境和土地有效利用提供必要的根據。對可耕地要個別地區分析檢測、建立基準，進行細緻研究。

伍、固態廢棄物

固態廢棄物並不一定是固體的廢棄物品，它可能含有液態的、半液態的及液化氣體等物質。固態廢棄物之來源廣泛，可能來自一般家庭垃圾、工業廢棄物或農業及礦業廢棄物，也可能來自空氣或污水處理設備所產生的廢棄物；來自礦業及工業廢棄物者則占大部分。世界上固態廢棄物之產量每年快速成長，而且其成分也不斷改變，其成長量與成分也與地理區域性有關，美國每人每天約產生 3 kg 的固態廢棄物，較歐洲地區為多，我國平均每人每天約產生 1 kg。都市地區的居民所產生與棄置的固態廢棄物較鄉下居民為多。早期人們所產生的固態廢棄物，成分簡單而又易於在環境中分解。近年來，人們所丟棄的固態廢棄物，常含有不易分解的塑膠製品，或對環境有直接傷害的毒性化學物質，處理上更為困難。

一、固態廢棄物的種類

我國現行「廢棄物清理法」依照廢棄物來源，區分成一般廢棄物、事業廢棄

物，以及有毒廢棄物三種。「垃圾」是固體廢棄物的俗稱，基本上廢棄物可分為都會、家庭廢棄物與事業廢棄物兩大類。

1. 都會、家庭廢棄物 (municipal solid waste)：由市、鎮、社區所丟棄之固體、半固體垃圾所組成，足以污染環境或影響人體健康等。
2. 事業廢棄物 (industrial waste)：可分下列兩種：
   (1) 有害廢棄物 (hazardous waste)：由事業機構所產生具有危險性或毒性等垃圾。
   (2) 一般事業廢棄物：由事業機構所產生有害廢棄物以外的垃圾，統稱之。

其實，一般都會、家庭廢棄物都由政府機關清除。事業廢棄物台灣每年數以千萬噸計，其中有害事業廢棄物約占 10%，其餘 90% 為一般事業廢棄物，而事業廢棄物依法應由產生廢棄物之事業機構自行清除處理。

二、固態廢棄物的處理方式

從歷史的演化來看，人類對於資源運用的方式有顯著的改變，面對數量日益擴大、種類日趨繁多的廢棄物，其處理問題，一直是各國環保工作重要的一環，如果處理不當，反而造成環境的二次公害。廢棄物處理是一項相當錯綜複雜的工作，歸納下來有五項處理原則 (5R)：(1) Reduction（減量）；(2) Reuse（重複使用）；(3) Recycling（回收）；(4) Regeneration（再生）；(5) Rejection（拒絕）。

當今廢棄物已不是垃圾，而是一種資源的觀念，且已逐漸被人們所接受，我們應該以負責的態度，在發展新的科技的同時，也應對資源做合理的利用，並將廢鋁罐及廢塑膠回收與再生，以增進對資源回收再利用的瞭解。

固態廢棄物之資源回收方式，可分為能源回收與物質回收兩大類，有效的固態廢棄物處理方式，必考慮此兩類之一或兩者兼顧之。重要的固態廢棄物處理方式有堆肥法 (compositing)、衛生掩埋法 (sanitary landfill)、焚化法 (incineration) 及危險性大而較受爭議的海拋法 (ocean dumping)。其中堆肥與衛生掩埋法，均屬陸地上常用處理方式。

堆肥法適用於，易生物分解 (biodegradation) 的固態廢棄物，其基本原理為利用微生物、氧氣及廢棄物中的有機成分，使微生物進行，嗜好氧分解反應，其分解後的產物可用來當土壤改良劑或肥料。近年來，因固態廢棄物所含的塑膠成分及有害且不易分解的物質增多，使堆肥法之使用日漸困難，唯有在良好廢棄物分類基礎下，方可發揮堆肥之功能。

衛生掩埋法是一種十分普遍之固態廢棄物處理法，尤其是地大人稀的地區，因此美國大部分地區使用衛生掩埋法較歐洲地區普遍。良好的衛生掩埋必須重視場址的選擇，防止地下水之污染，以及良好的通風或廢氣收集等設備。此方法之困難在於土地取得不易、場址土質透水性偏高、厭氧生物分解時所生成的甲烷氣體易引起燃燒及產生惡臭難以處理等。

焚化法是漸受重視的固態廢棄物處理法，倘具有能源回收的功能，廢棄物中生物性毒性物質及有機性毒性物質多可以此法加以破壞，而且焚化爐佔地面積小，較適用於，地少人多的都市地區，其主要困難在於場址尋覓不易、造價昂貴、維護困難，而且必須有良好的空氣污染防治設備，以免造成空氣污染，另外對金屬成分之固態廢棄物，並無太多的處理效果。今日廢棄物的焚化爐設計有多段式焚化爐、旋轉窯式焚化爐、流動床式焚化爐、及循環式流動床焚化設備等多種。欲使焚化爐發揮其充分效能，必須做好事前的廢棄物分類工作，配合焚化爐的分類工作，可由廢棄物產生處始分類，也可在廢棄物集中後再進行分類。廢棄物體積大小也關係焚化法的成敗，此亦和焚化爐的種類有關，一般而言，巨大廢棄物必須先使其體積減小或壓成碎片，方有利於焚化，而不致傷害爐體。

由於危險性高的海拋法，它不是很好的廢棄物處理法，唯其處理價格低，仍有許多地區不計生態成本地使用。重金屬及有機性廢棄物均可因吸附、吸收及生物濃縮而對海洋生態造成很大的損失，因此廢棄物海拋必須經過十分謹慎的評估工作，才可進行。

在多數情況下，一種廢棄物處理法可能無法完善且完全的處理固態廢棄物，而必須多管齊下方足以奏功。然而，最重要的廢棄物處理觀念在於減少「廢棄物」的產生及廢棄物的資源回收，當然一旦必須進行最終處理時，廢棄物分類也是一項很重要工作，有助於處理工作之完成。

陸、環境中元素的遷移研究

全球性元素遷移研究在不斷發展。大量使用氮肥和生物固氮，使大量氮化合物排入大氣，並使貯存態氮轉化為氣體的動態氮，如 N_2O、N_2、NH_3 等。已發現不少生態系統顯示出 NO_3^- 和 NH_4^+ 的濃度大大增長，對一些地區的土壤、森林、飲用水質、農業生態系統的酸性等帶來不利影響。磷是一個關鍵的生物營養元素，但大量使用磷肥和含磷洗滌劑，使大量的磷進入水體和土壤中，對生態環境產生了不良影響。

在金屬元素中，有些是營養元素，而有些是有害元素，認識它們在環境中的運動和遷移規律也是重要的。過渡元素中已知 Cr (VI) 是個高毒性致癌物種，其他有毒性金屬元素奇怪的是集中在過渡後金屬元素群中，概要討論如下。

一、 鋅、鎘、汞

鋅對動、植物來說是一種生命必需的微量元素。植物一般含鋅在 10^{-4}% 左右，但有的植物含鋅量很高，例如在車前草中含鋅 0.02%，芹菜含鋅 0.05%。許多農作物為維持正常生長和結實需要少量的鋅，所以鋅是微量元素肥料的一種。常用硫酸鋅作為施用微量鋅肥的材料。硫酸鋅含鋅 40.5%，能溶於水，可以做基肥，也可以追肥。做植物根外追肥常用濃度為 0.05～0.15% 的硫酸鋅溶液。

土壤裡一般含鋅不多，在砂土中更少，所以砂土上的農作物容易顯現缺鋅症狀，如玉米缺鋅生長白芽。鋅鹽的溶解度和錳鹽、銅鹽相似，在酸性土壤中溶解度較大，在中性和鹼性土壤中溶解度較小，所以酸性土壤施用石灰後，容易表現缺鋅。

鋅肥能促進葉綠素的形成，以及促進碳水化合物和蛋白質的代謝作用。據試驗，對果樹噴灑濃度為 1.0～1.5% 的硫酸鋅溶液，有防治小葉病的效果，並且發現，縱然施用的氮肥充足，如果土壤缺鋅，農作物也不能充分吸收利用氮素養分。

對於動物來說，維持正常生長也需要微量 Se，這在一般日常飲食中已經能夠滿足供應。人體含鋅在 0.001% 以上，在牙齒裡的鋅含量最高達 0.02%，在神經系統和性分泌腺中也有較高含量的鋅。

鎘對於動物來說是一個有害的元素，積累性鎘中毒會引起骨痛，患者初發病時，腰、手和腳疼痛，以後逐漸加劇，上下階梯時會全身骨痛，行動困難，持續幾年後，出現骨萎縮、骨彎曲、骨軟化等症狀，進而發生自然骨折，最後終至死亡。經研究，這種骨中毒從侵襲腎臟開始，逐步引起腎、腸、骨的病變，骨骼中的鈣逐步被鎘所置換而引起骨折。有鎘污染的地區糧食、菜蔬、魚等都有較高的鎘含量，這都是致病的因素。成年人如果每天平均攝取鎘 0.3 mg 以上，經二、三十年積累，便會發病，並且一經發病便無可挽救。鎘中毒致死的人死後解剖發現腎臟含大量鎘，甚至骨灰中含鎘濃度竟能高達 2%。現在某些國家規定的水質標準中，鎘含量的基準值為 0.01 mg・L^{-1} 以下。

民國七十年來，桃園縣觀音鄉大潭村和蘆竹鄉中福村，這兩處的居民，已先

後有不少人患上莫名其妙的痛痛症,甚至還有人離奇的死亡,但卻查不出確切的死因。當地居民雖然都直覺的認為,這些問題是自從臨近化學工廠建廠以來才開始出現的,應該和那些工廠所排放出來的廢氣、廢水有關。可是,真的要尋找證據來證明的話,卻又不容易。

經檢驗得知,大潭村和中福村的農田受到嚴重的污染,甚至還生產了一些受鎘污染的稻穀。鎘是一種致病緩慢的金屬,但卻是極毒的物質,由於它無色、無臭、無味。因此,經過鎘污染的水,表面上看不出有什麼異狀,即使通過口、鼻等感覺靈敏的器官,也很難察覺。加上鎘中毒的病程緩慢,潛伏期可以長達一、二十年。所以,即使已經證實某一地方為污染區。而且,馬上就謀求補救的措施,也需要再過一、二十年的時間,鎘的禍害,才可能慢慢消失。

據衛生當局發表的調查顯示,上述兩村化學工廠周圍的大氣中,含鎘量比一般地區高出四至十倍,而附近的農田泥土所受的污染,在化工廠附近,竟高達 1,224 ppm。桃園地區居民所以有鎘中毒的現象,相信大部分都是因為水污染和食用已受污染的稻米所致。

鎘中毒所引起的疾病,被日本人叫做「痛痛病」。這種病,日本在 1940 年即有發現,卻到 1960 年才加以證實。在日本,到最近仍陸續有疑似中毒的病例被發現。可見鎘中毒的問題是很難纏。

鎘中毒所以會使人全身神經發痛,乃是因為鎘進入人體以後,會破壞原來在骨骼中的鈣。由於過量的鈣由腎臟排出,而使腎臟功能異常。因此,中毒情形輕微的病人,會有全身關節都覺得疼痛的現象,還會有食慾不振,皮膚呈黑色,排泄蛋白尿,和腎臟機能受損等情形;中毒情形嚴重的病人,則會使全身骨骼變形,委縮,躺下時身形會佝僂得有如蝦米,會連說話、打噴涕、呼吸,都覺得像被針刺著一樣疼痛。由於情形相當悲慘,所以,得了「痛痛病」的稱號。據了解,到目前為止,痛痛病仍然沒有良好的解救藥物,就像多氯聯苯中毒的病人那樣,只有靠治標的療法,來減輕症狀罷了。所以,真正根治鎘中毒的辦法,只有一個,那就是必須避免鎘污染我們居住地區的空氣、水、和土地。

汞和汞鹽都是危險有毒物質,嚴重的汞鹽中毒可以破壞人體內臟的機能,常常表現為嘔吐現象,牙床腫脹,發生齒齦炎症,心臟機能衰退 (脈搏減弱,體溫降低,昏暈),氯化汞 (II) ($HgCl_2$) 的致死劑量為 0.3 g。

在與汞或汞化合物有關的生產中,各種操作過程都可以引起汞的慢性中毒,因為人體各部的表皮都能吸收汞或汞化合物。這種中毒現象表現為牙齒鬆弛、口

水增多、牙周潰瘍和牙齒脫落，以及消化系統和神經系統病症。如果汞毒進入機體的作用很緩慢，上述病象可能不出現，但會首先出現神經系統的病症，如易於激動、發抖、記憶力衰退。在工業中空氣中最高含汞量不得超過 $0.0001\ mg\cdot L^{-1}$。

金屬汞和其他金屬相比有較高的蒸氣壓（在常況下約為 0.133 Pa 或 0.001 mm Hg），所以在實驗室和工作場所裡，把金屬汞濺灑到地上是應該受到譴責的，要追查責任，責令把所有濺灑的小汞珠設法徹底回收。在經常接觸汞的工作場所要加強排風和保安防護措施。

汞對於環境的污染範圍很廣，據調查世界上約有 80 餘種工業生產使用汞作為原料之一或作為輔助材料，每年失落到環境中汞量約有數千噸之多，大多數以含汞廢水的形式排入河川或海洋。這些汞再加上自然環境原有的汞，雖然在水中的濃度不算太高，但通過生物食物鏈的富集，濃度往往可以提高到千萬倍，甚至十萬倍。例如在某些魚身體內的富集濃度可以高達每千克含有幾毫克的汞，而規定的限量不得超過 $0.5\ mg\cdot kg^{-1}$。人類長期食用含汞量高的魚蝦類水產品，汞就在大腦裡累積起來，可達到 $20\ mg\cdot kg^{-1}$，最後會破壞中樞神經，嚴重的可以致死。

汞毒可以分為金屬汞、無機汞和有機汞三種。金屬汞和無機汞損傷肝臟和腎臟，但一般不在身體內長時間停留而形成積累性中毒。有機汞如甲基汞 $Hg(CH_3)_2$ 等不僅毒性高，能傷害大腦，而且比較穩定，在人體內停留的半衰期長達 70 天之久，所以即使劑量很小也可積累致毒。大多數汞化合物在污泥中微生物的作用下就可以轉化成甲基汞。世界衛生組織最近調查了以魚為主要副食的地區內人體的含汞量，發現人們的血液和頭髮中的含汞量已接近造成汞中毒的程度，而以日本最為顯著。在日本汞污染地區漁民的頭髮中含汞量可達每千克含幾毫克汞，有的高達 $20\sim 25\ mg\cdot kg^{-1}$。典型的汞積累中毒事件發生在日本，即著名的水俁事件。水俁縣汞中毒患者因中樞神經受汞侵蝕以致各器官麻木失靈，聽覺和語言失控，四肢變形，顫抖難過。

據聯合國糧農組織和世界衛生組織專家委員會 1972 年報告，對成年人能導致神經障礙的最低含汞量為每克頭髮 50 mg，每克血細胞 0.4 mg。為此制定成年人每周全汞攝取量不得高於 0.3 mg，其中以甲基汞存在的不得超過 0.2 mg。但是，由於自然界本身含汞（例如海水中平均含汞量為 $0.1\ mg\cdot m^{-3}$）和魚中含汞量本來就高，一般為 $0.1\ mg\cdot kg^{-1}$，與最大容許濃度差不多。所以由人類活動附加的汞污染就很容易衝破界限，造成危害。

二、鉛

鉛也是一種導致積累性中毒的毒物。所有的鉛化合物都是有毒的。生物體如果經常攝入少量鉛，即使劑量很小，在體內都不能排出，而是積累起來，一部分鉛取代了骨骼中 $Ca_3(PO_4)_2$ 中的鈣，因而毒性逐漸增加。鉛中毒有時在臉上顯出職業病的象徵，面色灰綠。經常與鉛或鉛合金 (如印刷廠的排字工人) 或鉛化合物接觸的工人常會發生鉛中毒。中毒現象開始時牙床變灰和肚子痛。病情繼續發展時會引起神經系統紊亂。在工業中空氣允許的最高含鉛量為 $0.00001 \text{ mg} \cdot \text{kg}^{-1}$。急性鉛中毒是消化系統嚴重損壞。可用內服極稀硫酸或乙二胺四乙酸 (EDTA) 作為急性鉛中毒的急救解毒藥。

金屬鉛對空氣和水穩定，因為表面上生成一層碳酸鉛 $PbCO_3$ 起了防護腐蝕的作用。但如果鉛和含二氧化碳濃度較高的水接觸時，由於生成了酸式碳酸鉛 $Pb(HCO_3)_2$ 而使溶解度增大，用這種水做飲料，就會逐漸中毒。古代羅馬人用鉛管輸送自來水，造成古羅馬人普遍鉛中毒，對古羅馬人遺骸進行化驗發現體內有超高濃度的鉛。

在近代西方發達國家中，用小汽車做交通工具很普通，發動汽車所用的汽油普遍加了四乙基鉛 $[Pb(C_2H_5)_4]$ 作為抗震劑。於是汽車排出的廢氣中含有鉛的化合物 (與四溴乙烷添加劑中的溴結合成有揮發性的 $PbBr_2$)，首先造成大氣污染，所以我國及世界許多國家已廢止使用含鉛的抗震劑。來自工廠的含鉛工業廢氣也會擴大空氣中鉛的污染。通過氣流的傳播，又會大範圍地污染水體。據計算，現代人與原始人相比，通過各種途徑攝入體內的鉛量增加 100 倍，急速地接近人體的允許限度。有些城市的居民出現尿鉛，鉛含量甚至超過了患職業病的工人。海水每年吸收一萬噸的鉛，太平洋表層水中的鉛已增大到原來的 10 倍。甚至在遙遠的格陵蘭和南極洲，冰中的含鉛量也已有成倍的增加。儘管到目前為止還沒有發生大範圍的鉛積累中毒事件，但鉛的環境污染仍然是人類的一大隱患。

重金屬鉛的用途非常廣泛。幾千年前，古人即知道應用氧化鉛，用來作為陶、瓷釉料和油漆的顏料。近世紀，鉛已被製成合金，以製造水管，來供人使用。另外，鉛常用於焊接、製造電瓶及印刷活字的合金。近數十年來，鉛的更大用途是用來加入於汽油中作為抗震劑。據美國的統計，1986 年，全美國會使用了 130 萬噸的鉛，而其中竟有 20% 是添加於汽油之中。自 2000 年後，因改用無鉛汽油，現已下降。

隨著工業蓬勃發展而大量使用鉛的結果，環境中鉛含量也漸漸地增加。目前，已經使得我們每天所呼吸的空氣、所站立的土地、所吃的食物、都可能已經含有相當數量的鉛，乃至所喝的水也有鉛污染的現象。

　　據研究，都市中鉛污染的來源，百分之九十來自汽、機車的排煙。台北市每天從汽、機車排出到空氣中的鉛成分，吸附放入大氣中的各種懸浮物中。當人在呼吸時，鉛會順呼吸道，而被吸入人體內。研究報告，指出那些天天為市民指揮交通的交通警察，可能就是因為需要長期站在污煙漫天的馬路上工作和呼吸，因此他們血液中所含的鉛，就比一般人高很多。

　　鉛除了可以隨空氣進入人體外，更普遍的是可以從消化道進入人體。以前，鉛中毒的例子，都是誤食含鉛的東西，或已受過鉛污染的食物而引起。台灣近年也曾發生過一些兒童鉛中毒的病例。這些病例，大多是因為家長是油漆工人，那些兒童因長期在大人的工作場所玩耍以致中毒。台北市圓山動物園曾發生一起動物鉛中毒的案例，因園中進口了四隻雪猴，其中有三隻，竟都陸續死於突發性抽搐，抽搐時兩眼圓睜，身體僵直，口吐白沫，類似癲癇。經過檢驗，證實這些雪猴，都是死於鉛中毒。原來這些雪猴，都喜歡剝食欄柵中的黃色油漆(含 $PbCrO_4$)。於是檢驗的人，就刮下欄柵中的一塊油漆，並拿去化驗後發現，發現那些油漆中，鉛的含量，竟高達 5.9%。

　　國內的鉛污染例子，則常見於塑膠安定劑的製造工廠。桃園縣曾發生化工廠，排出的廢水中，竟含有高量的鎘和鉛，污染了附近的農田，以致農田中所產的稻米，也含有高量的鎘和鉛，因而造成不堪食用，該處農田也因而廢耕。

　　一般鉛中毒的情形，往往是由於人體鉛的含量，已累積到相當程度而引起。如果一時之間，消化道吃進大量鉛污染的食物，可以引起急性中毒。不過，急性鉛中毒時，病人除了會發生嘔吐、腹痛、食慾不振、便秘等消化系統的症狀外，還會有貧血、腎臟功能障礙，和一些神經系統的症狀，例如抽搐、疲倦、頭痛、幻覺、失去視力等等，嚴重者會致死亡。因為症狀複雜，如果醫生不夠警覺，往往很難及早獲得正確的診斷。國內鉛中毒的病例，時有所聞，如果要減少這種潛在危機，實在應該從多方面下手，尤其應該從取締污染範圍最廣的汽、機車排放含鉛廢氣開始，無鉛汽油的使用，是改善鉛污染的有效途徑。

三、砷

　　砷和它的所有化合物都是劇毒物質。但儘管如此，所有動植物體內都含有極

微量的砷，服用極小量的砷能夠刺激生命過程，但較多則有強烈毒性。內服 0.1 g 砒霜 (氧化亞砷 As_2O_3) 就可使人致死。嚴重的砷中毒並不是立刻發作的，往往先表現為肚子痛、嘔吐、下瀉等病象。常用的解毒藥是將氧化鎂和硫酸鐵 (III) $[Fe_2(SO_4)_3]$ 溶液劇烈混合，新製得的氫氧化鐵 (III) 懸浮液 $[Fe(OH)_3]$，每 10 min 服一茶匙。由少量砷引起的慢性中毒會發展成食道阻滯、黏膜受損傷等。在工廠的空氣中砷的最高許可濃度為 $0.0003\ mg \cdot L^{-1}$。

砷的化合物砷化氫 AsH_3 是最劇烈的無機毒物之一。用鋅或鐵同硫酸或鹽酸作用製備大量氫氣時，如果原料中有砷雜質時 (這種情況是常遇到的)，以及工作中沒有嚴格按照規程並忽視了預防措施時，便有可能造成空氣污染引起砷化氫中毒。砷化氫中毒的病象 (顫抖、嘔吐) 要在吸入 AsH_3 氣幾小時後才表現出來，因此危險性就更大。令患者吸入新鮮空氣可作為急救措施。

銻和銻化合物的毒性同砷相似，但毒性較弱。三價砷和銻化合物的毒性比五價的強得多。銻化氫 SbH_3 類似於 AsH_3，但對生物組織的毒性作用較弱。鉍引起的中毒作用不像砷，而像汞。在接觸這類金屬或化合物的工作中都應引起注意，特別注意廢料的排放問題，嚴格避免引起公共污染的情況。

本領域工作的要點，應該加強調查研究，弄清楚有害元素的生態環境過程和生物機理，制定有害元素允許存在限量的指標，並作出相應的環境保護措施和受污染環境的治理方案。

四、生活周遭的有毒物質

在台灣，種植蔬果的人，有了農藥以後，實在有很大的幫助，因為，台灣地居亞熱帶，氣候高溫多濕，最適合昆蟲的生長，如果，不用農藥去殺死那些會吃蔬果的昆蟲，必會影響收成。

尤其，近幾十年來，人口增加、經濟發展，一般人的生活水準都普遍提高。因此，對食物的量，也要求增加。於是，為了應付市場的需要，農民們都希望能在一個單位面積的農地，生產出最大量的農作物，以應付需求，並增加經濟收入。這樣，農藥便成為不得不被使用的東西。

1950 年，農發會贈送一批 DDT 藥粉給農民，以防治水稻和蔬菜的蟲害，這是台灣農民第一次的使用農藥。以後，到 1980 年 8 月，台灣已有二百七十五種農藥，會被登記用來防治有害生物。目前，農藥種類更為繁多，藥效更為良好。

以前，農藥只用殺蟲劑來防治蟲害，現在的農藥，用途更廣。像目前被廣泛使用的除草劑，就可以使稻作在中耕時除草，節省很多工資。另外，除草劑也廣泛被使用。

因此，台灣的農藥的消耗量，也增加得相當驚人，消耗的費用，從 1952 年的二百萬元，增加到 1979 年約三十億元。單位面積的農藥的使用量也不斷上升，1981 年時，台灣地區每年農藥的銷售量，已高達三萬四千多公噸，平均起來，台灣居民幾乎每人已可分到兩公斤，這種數量比美國要高五至六倍，已高居世界第二位。目前，仍高居不下。

大量使用農藥，卻沒有完全使用的輔導計畫，必然會引起一些副作用。根據台灣植物保護中心數年前的研究發現，1980 年，台灣使用的農藥中，就有三種除草劑、兩種殺菌劑、和一種殺線蟲劑，都含有致癌的物質。

根據農發會數年前的一項調查顯示，台灣地區的民眾的食物中，農藥殘留的問題頗為嚴重。更加嚴重的，是政府抽驗市售食物的農藥殘留量時，發現殘留量最多的，竟是早已公布禁用的 DDT、地特靈、阿特靈等藥劑。這些藥劑，早已證實為致癌物質。

農藥所引發的副作用，對生態環境、人類健康影響至大，立法予以管制，輔導正確使用，即是應該努力的途經。另外，生活周遭的有毒物質，亦摘要介紹。

五、肉毒桿菌毒素

肉毒毒素是由一種稱為肉毒桿菌的微生物所產生。兩百多年前，德國南部有位醫生首先發現這種毒素。當時有人吃了腐敗的臘腸而中毒，後來查出是由於這種微生物存在臘腸中而引起的。因此，這種肉毒桿菌，當初還被稱為臘腸桿菌。

中了這種毒的人。並不是因為這種桿菌侵犯了人體組織，而是因為這種桿菌所產生的毒素，破壞了人體神經系統的緣故。

一般人中毒以後的潛伏期，在十二到三十二小時之間。潛伏期越短的，症狀會越嚴重。中毒的症狀，包括：神經麻痺、視力模糊、失去視力、吞嚥困難、口渴、腹脹……等。初期的還會嘔吐和噁心，後期的必然出現呼吸系統的麻痺，如果到這時才送醫，往往已來不及了。

由於肉毒桿菌的毒性那麼高，中毒的致死率也就高。根據歐美各國以前處理中毒病患的經驗來看，中毒的病人，如果能夠及早送醫治療，並捱過危險期，則

完全康復的希望很大。肉毒桿菌能夠以孢子的方式，存在於土壤中。因此，各地區的土壤，普遍存在有這種桿菌的孢子。

由於肉毒桿菌喜歡在無氧的環境中繁殖，所以，當食物的製作過程不合衛生條件，而產生污染時，肉毒桿菌即會存在於食物中。特別是罐頭食品，由於製作罐頭時，必須使罐頭內變成真空，這樣，正好是肉毒桿菌繁殖的良好環境。部分肉毒桿菌胞子的耐熱性特別強，即使在攝氏一百度的沸水中，經過六小時的煎煮，它們仍然有殘餘生存的可能。所以，長久以來，肉毒桿菌即為製作罐頭的業者最感頭痛的東西，也被他們列為要清除的最重要的對象。

為了防止肉毒桿菌的繁殖，很多食品業者都採取 120℃ 的高溫，並保持三十分鐘的殺菌時間，或同等效力的高壓殺菌來處理。由於肉毒桿菌喜歡在缺乏氧氣的情況下繁殖，因此，腐敗的臘腸、火腿、醃肉，或者製作過程中品管不好的罐頭、瓶裝食物中，都有可能被肉毒桿菌污染。因此，一些專家們建議，應避免食用罐頭或容器有漏洞、彎曲、膨脹、凹陷、和破裂的食物。當然，如果能夠將罐頭食物倒出後，再加熱煮沸十分鐘，這樣，也可持罐頭中可能產生的毒素破壞。衛生當局有效的檢查和監督食品製造業者，使他們能夠做出不含毒素的食物，也是避免此類食物中毒的上策。

柒、可持續發展問題

發展問題一直是世界各國普遍關注的焦點問題。80 年代初期，由聯合國授權成立的世界環境與發展委員會提出了可持續發展的理論。1992 年，聯合國召開的環境與發展大會以此作為指導方針，制定了關於可持續發展的《21 世紀議程》，受到了人們的廣泛重視，也得到了世界各國的普遍認同。不論是已開發國家還是發展中國家，都不約而同地把可持續發展戰略作為國家巨觀經濟發展戰略的一種選擇，並深刻地認識到：「我們需要一個新的發展途徑，一個能持續人類進步的途徑，我們尋求的不僅僅是在幾個地方、在幾年內的發展，而是在整個地球遙遠將來的發展」。這標誌著人類的發展觀出現了重大的轉折。

可持續發展觀是在傳統發展觀的基礎上發展起來的。傳統的發展觀基本上是一種「工業實現觀」，它以工業增長作為衡量發展的唯一標誌，把一個國家的工業化和由此產生的工業文明作為是現代化實現的標誌。

在現實生活中，傳統的發展觀表現為對國民生產總值 (Gross National

Product，簡稱 GNP)、對高速增長目標的熱烈追求。這種觀點認為，GNP 高的國家就是經濟強國，人均 GNP 多的國家就是經濟成功或經濟繁榮的國家，GNP 增長迅速的國家就是經濟上取得很大進步的國家。因此，追求 GNP 的增長就成了國家經濟發展的目標和動力。但是，這種片面追求 GNP 增長的發展戰略所帶來的一個嚴重後果是：環境急劇惡化，資源日趨短缺，人民的實際福利水平下降，發展最終將難於持續，最終將陷入困境。

問題的癥結在於，這種經濟增長沒有建立在生態基礎之上，沒有確保那些支持長期增長的資源和環境基礎受到保護和發展，有的甚至以犧牲環境為代價來求得發展，其結果是導致生態系統的失衡或崩潰，最終使經濟發展因失去健全的生態基礎而難以維持。

在現在的 GNP 指標中，既沒有反映自然資源和環境質量這兩種財富的實際價值，也沒有揭示出一個國家經濟發展所付出的資源和環境代價。相反的，環境越是污染，資源消耗得越快，GNP 的增長也就愈迅速。例如，污染所引發的疾病增大了人們在醫療上的支出，污染造成的腐蝕加快了耐用品的更新，治理污染花費了大量的資金，這些都積累在 GNP 之內，促進了 GNP 的增長。因此，傳統的發展觀實際上是一種產值增長觀，它所表現的經濟繁榮帶有很大的虛假性。在這種發展觀支配下的經濟繁榮現象，必然帶來上述諸多困難。

由於人們對上述困境認識的不斷深入探討，迫使人們檢討傳統的經濟發展觀，尋求探索新的經濟發展模式，由此發展出了可持續發展觀。可持續發展觀強調經濟與環境的協調發展，追求人與自然的和諧。其核心思想是：健康的經濟發展應建立在生態持續能力、社會公正和人民積極參與自身發展決策的基礎之上。它所追求的目標是：既要使人類的各種要求得到滿足，個人得到充分的發展，又要保護生態環境，不對後代的生存和發展構成危害。它特別關注各種經濟活動的生態合理性，強調對環境有利的經濟活動應予以鼓勵，對環境不利的經濟活動應予以摒棄。在發展指標上，是用社會、經濟、文化、環境、生活等多項指標來衡量發展，使經濟能夠沿著健康的軌道發展。這可以說，可持續發展是人類世紀之交一種十分明智的選擇。

可持續發展的思想包含有如下幾個層次的含義：

1. 可持續發展思想強調的是發展，把消除貧困當作是可持續發展的一項不可缺少的條件。貧困是導致生態惡化的根源，生態惡化又加劇了貧困，只有發展才能為解決生態危機提供必需的物質基礎，也才能最終擺脫貧困。

2. 可持續發展思想把環境保護作為發展過程的一個重要組成部分，作為衡量發展質量、發展水平和發展程度的客觀標準之一。因為現代化發展已越來越依靠環境與資源基礎的支撐，而隨著環境的惡化和資源的耗竭，這種支撐已越來越薄弱和有限了。因此，越是在經濟高速發展的情況下，越要加強環境和資源的保護，以獲得長期持久的支撐能力。這是可持續發展區別於傳統發展的一個重要標誌。

3. 可持續發展思想所強調的是代際之間的機會均等，並指出當代人享有的正當的環境權力，即在發展中合理利用資源和具有清潔、安全、舒適環境的權力，而後代人也應該享有同樣的權力。這一代人絕對不能濫用自己的環境權力，不能一味片面地追求自己的發展和消費，而去剝奪了後代人應享有的發展與消費的機會。

4. 可持續發展戰略呼籲人們要改變傳統的生產方式和消費方式，要求人們在生產時要盡量少投入、多產出，在消費時要盡量多利用、少排放。因此，必須糾正過去靠高消耗、高投入、高污染和高消費，來帶動和刺激經濟高速增長的發展模式，而轉變為依靠科學進步和提高勞動素質來促進經濟增長的新模式。因為只有大力推動先進生產技術的研製、應用和推廣，才能使單位產量的能耗、物耗大幅度地下降，才能不斷地開拓新的能源和開發新的材料，也才能實現少投入、多產出的生產方式，進而減少經濟發展對資源和能源的依賴，減輕對環境的壓力。

5. 可持續發展思想要求人們必須徹底改變傳統的對待自然界的態度，建立起新的道德和價值標準。不能再把自然界看作是人類可以隨意盤剝和利用的對象，而應看作是人類生命和價值的源泉。人類必須學會尊重自然、效法自然、保護自然，把自己看作是自然的一員，使之和諧相處。

面對上述各種挑戰，化學到底應該怎麼辦才好？

傳統的化學及由此形成的化學工業，皆不可避免地是傳統發展觀的產物。往往只重視原料和產品的價格差，它只注重產生了多少效益，不同程度地存在「原料低價、資源無價」的價格扭曲現象，造成了不同程度的污染。因此，化學界也在不停地思想這些問題。化學家早就提出了一個化學反應「直接性」的思想，這也就是說，要盡量減少反應步驟，從原料到產品要盡可能做到直達，在生產過程中盡可能不採用那些，對產品的化學組成來說沒有必要的物料，並盡量採用來源不受限制的空氣、水，以及石油資源能大量提供的烯烴、芳烴等原料……。

1989 年在美國檀香山舉行的環太平洋地區化學工作者研究和開發研討會上，人們就反覆使用「新化學、新化學時代」等詞彙來描述已經演變了的化學工業領域。他們把能對未來社會、技術以及市場的新挑戰，作出相應反應的化學體系稱為新化學。渥太華未來觀察國際顧問西蒙茲說，我們可以把 20 世紀稱為物理的世紀，而本世紀的基本問題是分子和生物分子，因此，本世紀將很可能是化學的世紀；但化學工業必須成功地採用新工藝去生產新的化學製品，從而與由舊的工藝生產又以舊的工藝使用化學品產生的污染、廢棄物以及公害等徹底決裂，才能實現化學的新世紀。西蒙茲還提出了分子產率的概念。

　　在 20 世紀 90 年代整個化學界都在致力於發展新的化學，在這個過程中形成了一種趨勢，即追求化學的完美，不僅考慮目標分子的性質或某一反應試劑的效率，而且考慮這些物質對人類對環境的影響，以期減少對人類健康和環境的危害，充分利用資源，求得可持續發展。在這個過程中，人們使用環境無害化學 (environmentally benign chemistry)、環境友好化學 (environmentally friendly chemistry)、清潔化學 (clean chemistry)、原子經濟和無害設計化學 (atom economy and benign by design chemistry) 等來描述迎接人類未來挑戰的化學。1995 年，美國化學會組織召開了相關學術會議，會議文集以「綠色化學」為書名正式出版，由此進一步在全球範圍內，推動了綠色化學的研究和開發應用。

　　綠色化學是化學學科發展必然的首要選擇，這是適應人類的需求而逐步形成的，也是化學發展的高層階級。

捌、清潔生產

　　進入 21 世紀，人類在對所走過的道路進行深刻的思考。19 世紀前的「黃色文明」、19 世紀後的「黑色文明」與 20 世紀的「白色文明」極大地提高了社會生產力，創造積累了人類的物質財富，加快了歷史的進程，但同時也導致了資源過度消耗和浪費、環境嚴重污染，對人類的生存與發展構成了直接威脅。面臨這一嚴峻挑戰，人類理智地選擇了與自然和諧共處，選擇了在創造與追求當代消費與發展的同時，盡可能地保存後代人應享受的消費與發展。可持續發展是人類轉變傳統發展模式，開拓現代文明的里程碑，是人類追求生存與發展的必然選擇。實施可持續發展，要求對地球的負載能力、環境的承載能力、人類活動的負荷量

進行準確的評估,並制定切實可行的發展與環境管理政策,這也正是清潔生產、ISO 14000、循環經濟要進行的工作,而清潔生產和綠色化學是實現可持續發展的最為基礎性的工作。

一、清潔生產概念

發達國家在 20 世紀 60 年代和 70 年代初,由於經濟快速發展,忽視對工業污染的防治,致使環境污染問題日益嚴重,公害事件不斷發生。環境問題逐漸引起各國政府的極大關注,並採取了相應的環保措施和對策。例如增大環保投資、建設污染控制和處理設施、制定污染物排放標準、實行環境立法等,以控制和改善環境污染問題,取得了一定的成績。

清潔生產是指將綜合預防的環境策略持續應用於生產過程和產品中,以使減少對人類和環境的風險性。對生產過程而言,清潔生產包括節約原材料和能源、淘汰有毒原料,並在全部排放物和廢物離開生產過程以前,能大大的減少他們的數量和毒性;對產品而言,清潔生產則是旨在減少在產品的整個生產周期過程中,從原材料的提煉到產品的最終處置,減少對人類和環境的影響。從實施清潔生產的狀況來看,清潔生產不僅是一種有效益型的生產模式,而且也是一種綠色環保型的生產模式,但與一般的生產模式不同,清潔生產對環境污染的治理並不僅僅包括末端治理技術,如空氣污染控制、廢水處理、焚燒和掩埋等,尤其更為強調的是污染源的治理,或者也可說,是生產過程的全程治理。美國 EPA 科學委員會在 1990 年的報告中指出,在源頭開展污染治理不僅僅是減輕危害,相對於後期來說還是更為便宜、更為有效的途徑。

實施清潔生產以前必須從原料改變,產品變更,製造技術、流程與操作條件,管理及循環利用等方面確定清潔生產機會,聯合國環境規劃署 (UNEP) 及聯合國工業發展組織 (UNIDO) 1991 年出版的《工業排放物及廢棄物審計與減量手冊》發展了確認清潔生產機會的基本方法,稱為清潔生產機會審計,簡稱「清潔生產審計」。清潔生產審計是一種基於企業生產過程,進行工業污染預防分析的系統程序,是企業實行清潔生產的起點,它揭示生產技術的缺陷,對生產全過程進行污染預防機會的分析,按照生產工藝和物料流程,來尋找預防污染和削減污染物產生源的機會,進而制定出削減資源、能源、水和原料使用,消除或減少產品和生產過程中有毒物質的使用,減少各種廢棄物排放和毒性的方案。

二、實施清潔生產的必要性

　　但是通過多年的實踐發現：這種僅著眼於控制排污窗口 (末端)、使排放的污染物通過治理達到標準的辦法，雖在一定時期內或在局部地區起到一定的作用，但並未從根本上解決工業污染問題。其原因在於：

1. 隨著生產的發展和產品品種的不斷增加，以及人們環境意識的提高，對工業生產所排污染物的種類檢測也越來越多，規定控制的污染物 (特別是有毒、有害污染物) 的排放標準也越來越嚴，從而對污染治理與控制的要求也越來越嚴，為達到排放的要求，企業要花費大量的資金，大大提高了治理費用，即便如此，一些要求還難以達到。

2. 由於污染治理技術有限，治理污染實質上很難達到徹底消除污染的目的。因為一般末端治理污染的辦法是先通過必要的預處理，再進行生化處理後排放。而有些污染物是不易進行生物降解的，只是稀釋排放，不僅污染環境，甚至有的治理不當，還會造成二次污染；有的治理只是將污染物轉移，廢氣變廢水，廢水變廢渣，廢渣堆放掩埋，污染土壤和地下水，形成惡性循環，破壞生態環境。

3. 只著眼於末端處理的辦法，不僅需要投資，而且使一些可以回收的資源 (包含未反應的原料) 得不到有效的回收利用而流失，致使企業原材料消耗增高，產品成本增加，經濟效益下降，從而影響企業治理污染的積極性和主動性。

4. 實踐證明，預防優於治理。根據日本環境廳 1991 年的報告，從經濟上計算，在污染前採取防治對策比在污染後採取措施治理更為節省。

　　因此，發達國家通過治理污染的實踐，逐步認識到防治工業污染不能只依靠治理排污窗口 (末端) 的污染，要從根本上解決工業污染問題，必須「預防為主」，將污染物消除在生產過程之中，實行工業生產全過程控制。20 世紀 70 年代末期以來，不少發達國家的政府和各大企業集團 (公司)，都紛紛研究開發和採用清潔工藝 (少廢、無廢技術)，開闢污染預防的新途徑，把推行清潔生產作為經濟和環境協調發展的一項戰略措施。

三、促進化工材料的可持續發展

　　清潔生產繼承了組織管理理論的優秀成果，並把這些思想與傳統生產管理結合起來。清潔生產的許多概念或觀點並不是首次提出，清潔生產的創新之處在於它是對前人關於生產管理、組織管理的傳統思想和新技術、對組織的影響等理論

和方法的一種集成，把企業生產管理作為其集成的平台。這既是其創新之處，也是其精髓所在。

清潔生產既是一種戰略體現於巨觀層次的總體污染預防，又是一種可以從微觀上體現企業採取的預防污染措施。在巨觀上，清潔生產的提出和實施使環境進入決策，如工業行業的發展規劃、工業布局、產業結構調整、技術選擇，以及管理模式的完善等都要體現污染預防的思想；在微觀上，清潔生產通過具體的手段措施達到全過程污染預防，如清潔工藝、環境管理體系、產品環境標誌、產品生態設計、全生命周期分析等，用清潔的生產工藝技術，生產出清潔的產品。

因此，可以說清潔生產是關於產品生產過程的一種新的創造性的思維方式。將其應用於化工材料工業的生產全過程，將有利於化工材料行業，轉為生產環境友好材料，具有可操作性和重大的現實意義。

（一）清潔生產有利於實現化工材料工業的可持續發展目標

工業文明，特別是材料產業發展，在帶給人類眾多物質文明和物質享受的同時，也正在不斷地對人類自身存在和繼續發展構成威脅。人類不得不思索：環境和發展的矛盾能否統一；能否在保持經濟高速增長的同時，不斷地改善正在惡化的環境；在日益加重的資源和環境壓力下，對於企業來說，經濟效益和環境效益是否如同魚和熊掌，二者兼得；企業能否走出困境，實現可持續發展。

20世紀80年代末90年代初，發達國家從防止和減少工業生產污染的角度，在全球工業界推出了清潔生產的環保戰略，通過清潔生產審計，改進管理、技術改造等手段，以節能、減耗、消除污染為目標，對生產的全過程進行控制，達到最有效地利用能源、資源和原材料，最大限度地減少廢棄物和污染物的產生，降低生產成本，提高企業經濟效益的目的。清潔生產的全新觀念，使企業家和環境保護專家們達成了共識，找到了環境保護和企業發展的結合點，使工業企業推動可持續發展得以成為現實。

從1993年開始，許多國家已通過與世界銀行、聯合國有關機構、荷蘭、挪威、美國、加拿大及英國等開展國際合作，在工業企業也包括化工材料企業中開展了清潔生產的示範項目。通過這些企業的清潔生產實踐說明，清潔生產完全適合我國工業企業的發展情況，推廣清潔生產對於我國工業與企業推進可持續發展具有重要意義。

（二）化工材料工業企業實施清潔生產有利於改變粗放型的生產模式

傳統的、落後的生產模式，其突出特點是浪費驚人、污染嚴重，特別是化工行業這個污染大戶。實施可持續發展戰略必須面對世界各國國情。像中國大陸人均資源短缺的國情，所形成強烈反差的是中國大陸的工業發展表現為高投入、高消耗、低產出。中國大陸統計資料表明，工業污染負荷占全國污染負荷的 70% 以上。工業企業已經是當之無愧的「污染大戶」，在這一過程中化工材料行業也是受害最深的行業之一。

因此，控制工業污染，根本在於工業企業要改變粗放型的增長模式。從粗放型向集約型轉變，開展清潔生產是企業走向集約化生產方式的最有效的步驟。通過清潔生產節約能源，降低物耗，減少污染，增加企業效益，把污染控制的模式由末端控制轉向生產全過程控制，實施綠色化工，這是實現可持續發展的必由之路，也是工業企業改變粗放型增長的有效途徑。

玖、綠色化學

化學工業的蓬勃發展、化工科技的進步，為人類帶來了巨大的益處。藥品的發展有助於治癒不少疾病，延長人類的壽命；聚合物科技創造新的製衣和建造各種材料；農藥、化肥的發展，控制了蟲害，也提高了產量。化學品已滲透到國民經濟的各行各業中和人類生活的各個方面。正像當初美國杜邦公司的口號那樣「化學造就更好的物質，創造更美好的生活」。然而，與此同時，化學品也帶來了嚴重的污染。

20 世紀全球十大環境難解問題是：(1) 空氣污染；(2) 淡水資源匱乏和污染；(3) 海水污染；(4) 有毒化學品和危險廢棄物；(5) 全球暖化；(6) 臭氧層下降；(7) 土地酸化和沙漠化；(8) 環境公害；(9) 森林銳減；(10) 生物多樣性減少，它們都直接地或間接地與化學物質污染有關。目前人類正面臨有史以來最嚴重的環境危機，由於人口急劇增加，資源消耗日益擴大，人均耕地、淡水和礦產等資源佔有量逐漸減少，人口與資源的矛盾越來越尖銳，人類的物質生活隨著工業化而不斷改善的同時，大量排放的生活污染物和工農業污染物使人類的生存環境日益惡化。因此，若要從根本上治理環境污染問題，則必走之路是大力發展預防污染在先的綠色化學。

一、綠色化學產生的背景

　　自然界中從未發現過的人工所合成化合物，正在高速成長增加，估計已超過十萬多種化學物質進入人類環境，其中有許多是有毒、有害的化學物質，它們已經通過口（食物和飲料）、肺（呼吸）、皮膚（接觸）不斷的進入人體，產生包括癌症在內的各種病變，並在地球大氣循環的作用下被帶到世界各地，甚至在北極的海豹和南極的企鵝體內也發現了 DDT。

　　我們已經可以明顯地感受到，化學在人們心目中的形象發生了一些微妙的變化。杜邦公司廣告用語中的「化學」被刪去，儘管還是要用化學來生產它的產品，但只剩下「開創美好生活」一句了。其實，我們國內一些食品、化妝品廣告或包裝上常加一句「本品不含任何化學添加劑」。好像「化學」成了「有害」的同義詞，其實打出標題的純天然物也都是化學品。

　　造成以上這些現象固然部分是出於誤解，但是不可否認的是由於不少化學工業生產的排放和一些化學品的濫用，確實給整個生態環境造成了非常嚴重的影響。而影響更為嚴重的是化學化工生產過程中長期積累性的廢物排放，以及一些有毒有害的化工產品在環境中的殘留和對環境的破壞。

　　另外，廢棄物控制、處理和掩埋，環保監測、達標，事故責任賠償等費用使加工費用大幅度上升。1992 年，美國化學工業用於環保的費用為 1,150 億美元，清理已污染地區花去 7,000 億美元。1996 年美國杜邦公司的化學品銷售總額為 180 億美元，環保費用為 10 億美元。所以，從環保、經濟和社會的要求看，化學工業不能再承擔使用和產生有毒、有害物質的費用。在嚴峻的現實面前，人們開始大力研究與開發從源頭上減少和消除污染的綠色化學。

二、綠色化學的概念

　　每年都有不少學者與教授，在給大學生上材料化學或環境友好材料課時，必須講的第一句話：「化學材料工作者為人類文明做出了不可低估的貢獻，同時也對生態環境的破壞承擔著不可推卸的責任，未來的化學材料工作者既承擔著為人類創造美好生活的光榮使命，也擔當著保護環境的偉大責任。學好綠色化學是擔當雙重責任的基本功。」

　　綠色化學又稱「環境無害化學」、「環境友好化學」、「清潔化學」，按照美國《綠色化學》雜誌的定義，綠色化學是指：在製造和應用化學產品時應有效

利用 (最好可再生) 原料，消除廢物和避免使用有毒的和危險的試劑和溶劑。綠色化學是近二十年來才產生和發展起來的，是一個「化學新嬰兒」。它涉及有機合成、催化、生物化學、分析化學等學科，內容廣泛。綠色化學的最大特點是在開端就採用預防污染的科學手段，因而過程和終端均為零排放或零污染。世界上很多國家已把「化學的綠色化」作為本世紀化學進展的主要方向之一。

綠色化學的核心內容之一是「原子經濟性」，即充分利用反應物中的各個原子，因而既能充分利用資源，又能防止污染。原子經濟性的概念是1991年美國史丹福大學著名有機化學家特羅斯特 (B. Trost) 提出的 (為此他獲得了1998年度的總統綠色化學挑戰獎的學術獎)，用原子利用率衡量反應的原子經濟性，認為高效的有機合成應最大限度地利用原料分子的每一個原子，使之結合到目標分子中，達到零排放。綠色有機合成應該是原子經濟性的。原子利用率越高，反應產生的廢棄物越少，對環境造成的污染也越少。

綠色化學的核心內容之二是其內涵主要體現在五個「R」上：第一是 reduction ——「減量」，即減少「三廢」排放；第二是 reuse ——「重復使用」，諸如化學工業過程中的催化劑、載體等，這是降低成本和減度的需要；第三是 recycling ——「回收」，可以有效實現「省資源、少污染、減成本」的要求；第四是 regeneration ——「再生」，即變廢為寶，是節省資源、能源，減少污染的有效途徑；第五是 rejection ——「拒用」，指對一些無法替代，又無法回收、再生和重複使用的，有毒副作用及污染作用明顯的原料，拒絕在化學過程中使用，這是杜絕污染的最根本方法。

許多學者專家都指出，綠色化學是當今國際化學科學研究的前沿，也是本世紀化學工業可持續發展的基礎，其目的是把現有化工生產的技術路線從「先污染、後治理」改變為先防治的「從源頭上根除污染」。首先綠色化學的理想方面就是實現反應的「原子經濟性」，要求原料中的每一原子都進入產品，不產生任何廢物和副產品，實現資源的充分利用和廢物的「零排放」，並採用無毒無害的原料、催化劑和溶劑；另一方面是生產環境友好的綠色產品，在使用中乃至其存在全過程中，都不產生環境污染。從科學觀點看，綠色化學是化學科學基礎內容的更新；從環境觀點看，它是從源頭上消除污染；從經濟觀點看，它合理利用資源和能源，降低生產成本，符合經濟可持續發展的要求。在經濟、資源、環境三大要素的相互關係之中，綠色化學的作用與其地位日益明顯而重要。近年來，綠色化學的概念愈來愈多地被稱為「綠色與可持續化學」，直接彰顯綠色化學與經濟可

持續發展之間的密切關係。

今天的綠色化學是指能夠保護環境的化學技術。它可通過使用自然能源，避免給環境造成負擔、避免排放有害物質，利用太陽能為目的的光觸媒和氫能源的製造和儲藏技術的開發，並考慮節約能源、節省資源、減少廢物排放量，傳統的化學工業給環境帶來的污染已十分嚴重，目前全世界每年產生的有害廢物達三、四億噸，給環境造成危害，並威脅著人類的生存。化學工業能否生產出對環境無害的化學品？甚至於應開發出不產生廢物的化學工藝？飽學之士已提出了綠色化學的號召，並立即得到了全世界的積極響應。

綠色意味著人類追求自然完美的一種高級表現，它不但把人看成大自然的主宰者，而且也是看作大自然中的一個成員，追求的是人對大自然的尊重以及人與自然的和諧關係。綠色意識與環保意識不同，它們是屬於兩個不同層次的概念。通常所說的環保意識帶有明顯的被動狀態，而帶有較強的功利目的。我們經常談到環境污染給人類帶來多少疾病和多大經濟損失等，實際上還是把人放在與自然相對立的位置上，在這種思想指導下，人們可以去治理和解決一些急迫的污染問題，但對於眼下不對人產生危害而僅僅對自然界產生危害的問題，反應就不那麼積極了。只有在以綠色意識為核心談環保意識的時候，才會有正確持續的產物。綠色意識的發展產物就是綠色科技，綠色科技的範圍要比綠色化學廣得多。所謂綠色科技是指以綠色意識為指導研究與環境兼容、不破壞生態平衡、節約資源和能源的綠色科學和工程技術，它的目標在於研究可持續發展的源頭戰略問題。

根據以上觀點，綠色化學又可定義為以綠色意識為指導，研究和設計對環境副作用盡可能少、在技術和經濟上可行的化學和化工生產過程。綠色化學的最大特點在於它是在開端，就採用實現污染預防的科學手段，因而過程和末端均為零排放或零污染。顯然，綠色化學技術不是去對末端或生產過程的污染進行控制或處理(當然也包括必要的或不得已的末端治理)。所以綠色化學技術根本區別於「三廢」處理，後者是末端污染控制而不是開端污染的預防。

三、綠色化學的內涵

1998 年美國學者阿那斯塔 (R. T. Anastas) 和韋納 (J. C. Waner) 兩位教授曾提出綠色化學的 12 條原則，這就是綠色化學的內涵。
1. 防止廢物的生成比其生成後再處理更好。

2. 設計合成方法應使生產過程中所採用的原料最大量地進入產品之中。
3. 設計合成方法時，只要可能，不論原料、中間產物和最終產品，均應對人體健康和環境無毒、無害，包括極小毒性和無毒。
4. 化工產品設計時，必須使其具有高效的功能，同時也要減少其毒性。
5. 應盡可能避免使用溶劑、分離試劑等助劑，如不可避免，也要選用無毒無害的助劑。
6. 合成方法必須考慮過程中能耗對成本與環境的影響，應設法降低能耗，最好採用在常溫、常壓下溫和條件的合成方法。
7. 在技術可行和經濟合理的前提下，採用可再生資源代替消耗性資源。
8. 在可能的條件下，盡量不用不必要的衍生物，如限制性基團、保護／去保護作用、臨時調變物理／化學工藝。
9. 合成方法中採用高選擇性的催化劑比使用化學計量助劑更優越。
10. 化工產品要設計成在其使用功能終結後，不會永存於環境中，要能分解成可降解的無害產物。
11. 進一步發展分析方法，對危險物質在生成前實行在線監測和控制。
12. 要選擇化學生產過程的物質使化學意外事故，包括滲透、爆炸、火災等的危險性降低到最小程度。

由以上的 12 條原則，可以將綠色化學的研究原則，歸結如下：

1. 原料：無毒、無害與可再生資源。
2. 化學反應：原子經濟性、高選擇性與高轉化率反應、耗能低。
3. 催化劑：無毒、無害。
4. 溶劑：無毒、無害。
5. 產品：環境友好。

這 12 條原則目前為國際化學界所公認，它反映了近年來在綠色化學領域中所開展的多方面的研究工作內容，同時也指明了未來發展綠色化學的方向（圖 8.1）。從國際上看，無論是美國的「總統綠色化學挑戰獎」，還是日本的「新陽光計畫」，都反映了各國政府對綠色化學的高度重視和大力支持。這種「綠色化」就其內容而言，涵蓋了原料綠色化、反應綠色化、產品綠色化、催化劑綠色化、溶劑綠色化等五個方面環境友好的要求。

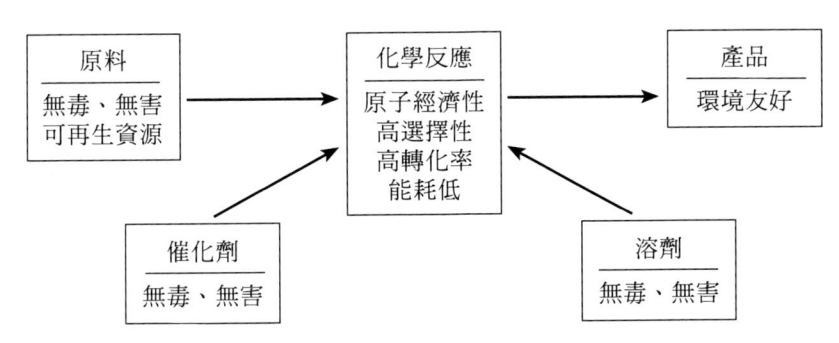

```
原料              化學反應           產品
無毒、無害    →   原子經濟性    →   環境友好
可再生資源        高選擇性
                 高轉化率
                 能耗低
                  ↑   ↑
              催化劑     溶劑
              無毒、無害  無毒、無害
```

圖 8.1　綠色化學過程示意圖

　　綠色化學不但有重大的社會、環境和經濟效益，而且說明化學的負面作用是可以避免的，顯現了人的能動性。綠色化學體現了化學科學、技術與社會的相互聯繫和相互作用，是化學科學高度發展以及社會對化學科學發展的作用的產物，對化學本身而言是一個新階段的到來。作為新世紀的一代人，不但要有能力去發展新的、對環境更友好的化學，以防止化學污染，而且要讓年輕的一代了解綠色化學、接受綠色化學、為綠色化學作出應有的貢獻。

　　因此，化學工業能否潔淨地生產化學品？化學研究能否處處為人類社會的安全持續發展著想？當前人類的生活能不能不排放垃圾廢物？這些都是綠色化學面對的問題。綠色化學是人類面對社會安全持續發展要求下，應運而生的新興化學分支學科，它是一門高層次的化學，它以化學反應和過程的「原子經濟性」為基本原則，要求在獲取新物質的化學反應中充分利用參與反應的每種原料原子，實現「零排放」。不僅充分利用資源，而且不產生污染。採用無毒無害的溶劑、助劑、催化劑。生產有利於環境保護、社區安全和人身健康的環境「友好」產品。綠色化學、化工的目標是尋求充分利用原材料和能源，且在各個環節都潔淨和無污染的反應途徑和工藝。對生產過程來說，綠色化學包括：節約原材料和能源，淘汰有毒原材料，再生產過程中排放廢物之前減少廢物的數量和毒性；對產品來說，綠色化學旨在去除從原料加工到產品最後處置全過程的不利影響。從傳統化學到綠色化學的轉變可以看作是化學從「粗放型」向「集約型」的革命轉變。綠色化學尋求變廢為寶，從而會使化學過程的經濟效益和社會效益大大提高。綠色化學是環境友好技術或清潔技術的基礎，但更需注重化學的研究。綠色化學和環境化學是既相關又有區別的學科，環境化學研究影響環境的化學問題，而綠色化學則研究與環境友好的化學過程。傳統化學有許多環境友好的反應，但對於傳統化學中那些破壞環境的化學反應，綠色化學將尋找環境友好的反應來代替它們。

四、綠色化學的未來發展方向

從綠色化學的目標來看，有兩個方面必須重視：一是開發以「原子經濟性」為基本原則的新化學反應過程；另一個是對現有化學工業的改造以消除污染。

(一) 研究新的化學反應過程

在原子經濟性和可持續發展的基礎上研究合成化學和催化的基礎問題，即綠色合成和綠色催化問題。例如美國孟山都公司不用劇毒的氫氰酸、氨和甲醛為原料，從無毒無害的二乙醇胺出發，開發了催化脫氫生產胺基二乙酸鈉的工藝，從而獲得了1996年的美國總統綠色化學挑戰獎中的變更合成路線獎。美國道化學公司用二氧化碳代替對生態環境有害的氟氯烴作苯乙烯塑料的發泡劑，因而獲得美國總統綠色化學挑戰獎中的改變溶劑／條件獎。在有機化學品的生產中，有許多化學流程正在研究改造和新的開發。如以新型鐵矽分子篩為催化劑，開發烴類的氧化反應；用過氧化氫氧化丙烯製環氧丙烷；用過氧化氫和氨氧化環己酮合成環己酮肟；用催化劑的晶格氧氧化鄰二甲苯製苯酐等，這些新流程的開發是綠色化學領域中的新進展。

(二) 傳統化學過程的綠色化學改造

這是一個很大的開發領域，例如在烯烴烷基化反應生產乙苯和異丙苯過程中，需要用酸催化反應，過去用液體酸HF催化劑，而現在可以用固體酸——分子篩催化劑合成，並配合固定床烷基化工藝，解決了環境污染問題。在異氰酸酯的生產過程中，過去一直用劇毒的光氣為原料，而現在可以用二氧化碳和氨催化合成異氰酸酯，成為環境友好的化學工藝。

(三) 能源中的綠色化學問題

在能源結構中，煤與石油是主要能源。由於煤與石油中硫含量高和燃燒的不完全，易產生二氧化硫和煙塵，造成大氣污染。每年由於燃煤與石油所排放出大量的二氧化硫和煙塵，進而產生嚴重的酸雨而造成生態環境的嚴重破壞。因此研究和開發潔淨煤與石油的技術成為當務之急。在這方面應該重視研究催化燃燒技術、電漿除硫除塵、生物化學除硫等新技術。嚴格控制排放標準和監測大氣品質，這是大氣淨化中的首要問題。

（四）資源再生和循環利用技術研究

　　自然界的資源有限，因此人類生產的各種化學品能否回收、再生和循環使用，也是綠色化學研究的一個領域。世界的塑料年產量已達 1 億噸，大部分來自於石油產品。而這 1 億噸中約有 5% 使用後就會作為廢棄物排放，例如包裝袋、地膜、飯盒、汽車垃圾等，造成大家熟知的所謂白色污染，一方面造成嚴重環境問題，另一方面造成石油資源的嚴重浪費。解決問題的辦法，一是降低塑料製品的使用量，二是回收再生再利用，三是利用再生產其他產品或裂解製燃油、或作發電燃料。垃圾分類回收是一項應該重視起來的城市管理問題。礦物開採和金屬冶煉、製造金屬製品當中也有許多問題，例如大量消耗能源和勞動力、資源浪費和廢品回收等一系列問題。例如鋁材已在生活中普遍使用，最簡單的一個問題是飲料的易拉罐，使用後廢品如何回收再生再利用，應該建立一個良性再生利用循環，寓金屬庫存於民間，這也是儲備資源的大計，其重要性又遠遠超過綠色化學了。

（五）綜合利用的綠色生化過程

　　如用現代生物技術於造紙、煤的脫硫等。在一切可能的化學反應中利用：
(1) 從源頭上制止污染，而不是在末端治理污染；
(2) 合成方法應具有「原子經濟性」，即盡量使參與反應過程的原子都進入最終產物；
(3) 在合成方法中盡量不使用和不產生對人類健康和環境有毒有害的物質；
(4) 設計具有高使用效益低環境毒性的化學產品；
(5) 盡量不用溶劑等輔助物質，不得以時使用無毒害的物質；
(6) 生產過程應該在溫和的條件(低溫低壓)下進行，而且能耗應最低；
(7) 盡量採用可再生的原料，特別是用生物質代替石油和煤等礦物原料；
(8) 盡量減少副產品；
(9) 使用高選擇性的催化劑；
(10) 化學產品在使用完後應能降解成無害的物質並能進入自然生態循環；
(11) 發展適時分析技術以便監控有害物質的形成；
(12) 選擇參加化學過程的物質，盡量減少發生意外事故的風險。

　　目前，綠色化學在化學合成的原子經濟性、環境友好化學反應、研製對環境無害的新材料和用計算機輔助綠色化學設計等幾個方面，已經取得一些進展，但

是這些研究只能減輕環境壓力，難以完全達到可持續發展的要求。事實上，人類社會的可持續發展與自然生態循環的協調一致，它要求從根本上改變人類的物質生活方式，重新回到生態系統的框架之內。要解決這些問題，要求人類認識和努力於生物質轉化的綠色化學，重視農業的可持續發展，使人類需要的生活物質都盡可能來源於生物質(植物質和動物質)的轉化，盡量不用礦物原料，用酶類為催化劑，使轉化反應在溫和條件和低能耗下進行。人類生產和使用的一切物品都來自生態循環鏈，最後又回到循環鏈中去，或者可以在生態循環鏈中降解。通過改造，新的生態循環鏈將包括人類社會需要的新物質，在一些關鍵環節上的轉化和能量釋放也大大加快，人類進入了成熟期，科學技術將朝著既能滿足人類的需要，又能維持生態平衡的方向發展，人類社會的可持續發展將走上康莊大道。

五、美國總統綠色化學挑戰獎介紹

首創的「總統綠色化學挑戰獎」是由美國總統克林頓與副總統高爾於 1995 年發起，1996 年首次頒獎，每年一次，用來獎勵在化學品的設計、製造和使用過程中融入綠色化學的基本原則，並在源頭上減少或消除化學污染物卓有成效的化學家或企業。所設獎項包括：(1) 更新合成路線獎 (Alternative synthetic pathways award)，現已改為更綠合成路線獎 (Greener synthetic pathways award)；(2) 改進溶劑和反應條件獎 (Alternative solvents and reaction conditions award)，現已改為更綠反應條件獎 (Greener reaction conditions award)；(3) 設計更安全化學品獎 (Designing safer chemical award)，現已改為設計更綠化學品獎 (Designing greener chemicals award)；(4) 小企業獎 (Small business award)；(5) 學術獎 (Academic award) 共 5 項。美國總統綠色化學挑戰獎是綠色化學產生後，世界上所設立的第一個綠色化學獎項，也是迄今世界上規模最大、水平最高、影響最為廣泛的綠色化學獎，實際上也是在總統級別上為化學設置的第一個獎項。

美國「總統綠色化學挑戰獎」從 1996 年頒獎以來，特別是這個獎所肯定的化學技術不僅能夠應用於減少污染、降低廢棄物，並且能夠製造更安全、更具綠色的化學物質、製程及產品。歷年來約有 1,500 個產品或技術入圍，到 2012 年已頒獎 17 次，獲獎項目已達 88 項，其中 80% 以上與精細化工有關，這充分表明發展綠色精細化工在綠色化學、化工中佔有頭等重要的位置。其原因可能如下：

1. 精細化工是化學工業的重要組成部分。僅管精細化學品的總產量還遠小於大宗

化工產品和石油化工產品，但包括美國在內的一些已開發國家的精細化工率（精細化工產品的總產值占化工總產值的比例）已超過 60%。

2. 醫藥、農藥、染料、液晶中間體等，精細有機化學品的產品質量要求一般較高，而反應步驟一般較多，生產過程較複雜，溶劑和助劑用量大。因而，三廢排放量大，環境污染和資源浪費嚴重，且往往所用原料毒性和危害也較大。據統計，每噸精細化工產品平均需各類化工原料 20 噸以上，即每噸產品約產生 19 噸廢料。有許多需求量大、附加值高、用途廣、具有特殊功能的精細化學品的生產，就是因為污染問題沒有解決，只能停產。因此，開發精細有機化學品的綠色合成方法，已成為當今世界各國化工界和環境界最熱門的研究課題之一。

3. 一些複配型的精細化學品，如塗料、油墨、膠黏劑、清洗劑等，雖然生產過程比較簡單，但為了便於使用，往往要加大量的具有有毒、有害、易燃、易爆等特徵的揮發性有機溶劑 (VOC)。使用完後這些揮發性物質揮發至大氣中，不僅造成了環境污染及對人體健康的危害，而且造成了巨大的資源浪費，還在使用過程中存在著安全隱憂。因此，採用綠色溶劑，特別是水，代替有毒有害的溶劑，或採用無溶劑體系早已成為這類精細化學品發展的方向。

4. 精細化學品多數為終端產品，使用後要排放到環境中，有些產品的使用還與人的生活息息相關。一些傳統的精細化學品，在使用過程中或使用完後排放到環境中，直接造成了環境污染或其他危害，或因長期殘留在環境中給生態環境造成了巨大影響。例如，有機氯化物殺蟲劑是人類最早使用的合成農藥，曾在防止害蟲方面發揮了巨大作用，但它們在起作用時，會在許多種類的動、植物中生物聚集，而影響鳥類等動物的生存，且經常聚集在動物脂肪組織或脂肪細胞中，當被人食用時，也就造成對人的危害。DDT 就是第一個顯示出大範圍危害的該類農藥。因此，設計安全和可降解的精細化學品一直受到世界各國的重視。

觀念思考題與習題

1. 何謂環境科學？請簡述之。
2. 何謂環境化學？請簡述之。
3. 世界各國面臨的重大問題有哪些？請簡述之。
4. 何謂環境分析化學？請簡述之。
5. 何謂一次污染物？何謂二次污染物？請簡述之。
6. 空氣的污染主要來源有哪些？有何影響？
7. 何謂溫室效應？溫室效應有什麼危害？
8. 空氣污染對人體健康的影響有哪些？請簡述之。
9. 如做好空氣污染的防治工作？請簡述之。
10. 水污染的來源有哪些？如何避免？
11. 水污染的種類有哪些？請簡述之。
12. 水污染對人的影響有哪些？請簡述之。
13. 何謂土壤環境化學？請簡述之。
14. 何謂固態廢棄物？試舉例說明之。
15. 固態廢棄物的種類有哪些？請簡述之。
16. 固態廢棄物有哪些處理的方式？請簡述之。
17. 請簡述哪些是生活週遭的有毒物質(包括金屬)。
18. 請簡環境中元素的遷移是如何生成的。
19. 肉毒毒素是什麼？如何造成？
20. 可持續發展問題癥結那裡？請簡述之。
21. 可持續發展的思想包含有哪幾個層次的含義？請簡述之。
22. 何謂清潔生產？請簡述之。
23. 實施清潔生產有哪些必要性？請簡述之。
24. 綠色化學的意涵為何？請簡述之。
25. 請簡述綠色化學的 12 條原則。
26. 如何積極發展綠色化學？請簡述之。

第九章 材料化學

　　材料科學的發展是人類近代文明進步的里程碑。時代的文明進步需要材料，而材料科學的發展又反過來推動了人類社會的進步。材料科學是現代文明的支柱之一，也是現代知識經濟重大增長點之一。當代每一項重大新技術的出現，都有賴於新材料的發展。例如，半導體材料的出現導致了晶體管元件的微型化、集體化、大規模資訊處理、高速運算等資訊技術的發展；具有更高禁帶寬度材料的出現，導致更高的工作溫度和運算速度；具有光電效應材料的出現，導致光探測器件、光發射器件、半導體雷射器等的誕生。近代社會進入的資訊時代，便是半導體材料進一步發展和廣泛應用的主要標誌。

　　材料科學是以物理學、化學、技術科學以及相關理論作為基礎而發展起來的，最具有多學科互相滲透的特色。雖然工程上對材料或器件的要求著重在它們的巨觀物性及其技術參數，但要使材料具備這些特定的物性，就必須對物質的內在組成、結構與物性之間的定性和定量關係進行深入研究和掌握。因此物理學和化學就構成了材料科學的基礎。近年來又進一步發展起來的材料物理學和材料化學兩門新興邊緣學科，使物理學和化學這兩門基礎科學更直接地介入了材料科學。

　　化學參與材料科學是理所當然和責無旁貸的。化學是一門包羅萬物、集天地造化之大成的學科。作為一門基礎科學，化學不僅為人類認識世界提供手段，而且也是創新知識、創造新物質和改造客觀世界的學科。化學家對於物質的內部結構和成鍵的複雜性有著深刻的理解，而且還掌握精湛的化學反應實驗技術，所以化學家在探索和開發有新組成、新結構和新功能的材料方面，以及在材料的複合、集成、改性、加工等方面，都發揮著無可替代的作用。化學家所研究的近百種化學元素和數千萬種的化合物，這就是各門各類材料可以紮根繁育的肥沃土壤和大地母親。

壹、材料科學的發展過程

　　在遙遠的古代，人類的遠祖最初是以石料作為主要工具的，形成了石器時代。先民們選取了玉石類的石英晶體材料作為武器和工具，這是人類和晶體材料

打交道的先驅者。在尋找天然石器當中認識了礦石，並在燒陶過程中，發展出煉銅的冶金術，開創了最早的冶金技術。公元 5,000 年前人類進入了青銅時代。公元 1,200 年前左右，人類進入了鐵器時代。在剛開始煉鐵時期，人類所使用的是鑄鐵，嗣後經過長期發展，製鋼工業得到長足發展，成為後來進入 18 世紀產業革命的重要內容和物質基礎。人類社會發展到 20 世紀中葉，科學技術突飛猛進，日新月異，作為技術進步開路先鋒的新材料研製更是無限的活躍，出現了人類以材料給時代定義的新潮，例如聚合物時代、半導體時代、先進陶瓷時代、複合材料時代和奈米材料時代⋯⋯等。

從古到今，人類使用過形形色色的材料，如果按材料發展水平來歸納，大致可以分為五個世代。

一、第一世代：天然材料

在原始社會裡，由於生產技術水平不高，人類使所用的材料只能是大自然的現成東西，只能取之於動物、植物和礦物。例如獸皮、甲骨、羽毛、木材、泥土等。四、五十萬年以前的北京猿人處於舊石器時代，他們群居洞穴，以狩獵為生。使用的工具是石器和骨器。這些工具製造粗糙，用途尚未分化。嗣後到了新石器時代，人們逐漸掌握了從地層採取適用石料的技術，對石料的選擇、切割、磨製、鑽孔、雕刻等工序，已有一定的要求和技術掌握。考古發現，新石器時代的先民已能製作較為銳利的磨削石器了。

二、第二世代：冶煉材料

冶煉材料是燒結材料和提煉材料的總稱。隨著生產技術的進步，人類發展到能用天然黏土燒製陶瓷和磚瓦，而後製出玻璃和水泥，這些都屬於燒結材料。從各種天然礦石提煉銅、鐵以及其他金屬，則都屬於冶煉材料。

材料發展史中的第一次重大突破，就是人類創造用黏土，鍛燒製成容器。人類的第一化學發現是火的利用。鑽木取火的發明，使人類第一次控制了自然的一種特殊力。在長期的接觸中，人們先認識了黏土的可塑性，當它們一經火燒，就會堅硬且不溶於水。慢慢地逐步實踐出燒製陶器技術。使陶器很快成為先民們生活和生產的必需品了。這也是人類最早從事的化學工藝。在中國，陶器製作至少有 3,000 年以上的歷史。古埃及、印度、波斯和希臘，在他們的新石器時代，也

都有製陶工藝。公元前 4,000 年左右，巴比倫人已經懂得用石、磚來建築城牆了。

人們從燒陶製磁的工藝中，掌握了控制高溫技術，並把它應用於冶煉銅、鐵礦石等而發明了冶金技術。人們開始用金屬代替石器和陶器，實現了一次生產工具的革命，也是材料的一次革命。於是，在人類歷史中繼新石器時代之後，相繼出現青銅器時代和鐵器時代。青銅器時代大約起始於公元前 5,000 年。青銅是銅、錫、鉛等金屬的合金，它與純銅比較，熔點較低，硬度增高。中國的商、周和戰國時期是使用青銅器的鼎盛時代。

人類最早使用的鐵，是天外來客隕鐵。在埃及等古文明國家發現的最早鐵器，大都是用隕鐵加工製成的。1972 年在中國大陸河北省出土了一把商代的鐵刃銅鉞，距今已有 3,400 多年了，鉞上嵌帶的鐵刃，經分析證明是隕鐵打製的。雖然鐵礦石在自然界分布甚廣，但由於鐵的熔點比銅高，冶鐵技術較難，所以冶鐵技術的發現比冶青銅晚。公元前 2,000 年左右，亞述人和小亞細亞的赫梯人，首先掌握了冶鐵技術，開始使用鐵器工具。從此人類的生產力發展到了一個新的水平，進入了鐵器時代。中國在春秋戰國時代即已掌握了煉鐵技術，比歐洲早了 1,800 多年。

在實踐冶金過程中，人類獲得了更高溫技術，發現有些陶器在更高溫度下部分熔化，變得更加緻密、堅硬，改變了陶器的多孔性和透水性缺點，得到了瓷器。從陶器發展到瓷器，是陶瓷發展史中的一次躍遷。中國的瓷器大約始起於魏、晉、南北朝時期，繼而在宋、元時代發展到很高水平。瓷器是中華文明象徵之一，與絲綢一道，成為古代中國國際貿易的大宗商品，也成為中國與世界文明交流的橋樑，西方人稱瓷器為「中國」(china)。

三、第三世代：合成材料

隨著有機化學的發展，在 20 世紀初出現了化工合成產品，其中有合成塑料、合成纖維、合成橡膠等，並廣泛應用於生產和生活之中了。

合成聚合物材料的工業發展是從 1907 年一個小型酚醛樹脂廠的建立開始的。1927 年第一個熱塑性聚氯乙烯塑料的生產實現了商品化。1930 年左右建立了聚合物概念，從 1940 年到 1957 年先後研製成功合成橡膠（丁苯橡膠、丁腈橡膠、氯丁橡膠等），合成纖維（尼龍-66、聚酯纖維等）、聚丙烯腈、用齊格勒-納塔催化劑合成的聚合物（低壓聚乙烯、聚丙烯、聚四氟乙烯塑料等）、維尼綸等。聚合物

材料工業的發展大致經歷了新型塑料合成纖維的深入研究 (1950～1970)；工程塑料、聚合物合金、功能聚合物材料工業化和應用 (1970～1980)；分子設計和高性能、高功能聚合物的合成 (1990) 等幾個進展時期。

四、第四世代：特殊材料設計

　　隨著高新技術的發展，對材料提出了更高的要求，前三代那樣單一性能的材料已經難於滿足需要，於是一些科技工作者開始研究用新的物理和化學方法，根據實際需要去設計特殊性能的材料。近代出現的金屬陶瓷、纖維薄膜等複合材料就屬於這一類新材料。

　　複合材料的發展經歷了古代—近代—先進複合材料的過程，對人類社會生活和科技進步起到重要的作用。人類自古以來不僅會使用天然的複合材料(如木材、竹材等)而且還會用簡單的方法製造複合材料。例如，在脆弱材料中摻加少量纖維性添加劑來提高強度和韌性等。最原始的複合材料在黏土泥漿中摻加稻草製造堅實的土磚、在灰泥中加入馬鬃、在熱石膏中加入紙漿、在磷酸水泥中加入石棉纖維等，製造纖維增強複合材料。公元前 5,000 年在中東人們已懂得用瀝青把蘆葦黏結起來造船。在古代令人矚目的複合材料是中國的漆器。最早漆器出現在距今 4,000 年以前的夏代，它用絲、麻等天然纖維作增強材料(胎體)，用中國大漆做黏結劑而製成最古老的複合材料。

　　歷經幾千年的發展，從古代複合材料發展到今天的近代複合材料，已經是舊貌換新顏，百花怒放，包括軟質複合材料(各種纖維增強橡膠)和硬質複合材料(纖維增強樹脂，如玻璃鋼)。20 世紀 60 年代以來，由於航太、航空工業的發展，需要高強度、高模量、耐高溫、低密度的複合材料。先進複合材料的出現，進一步推動了太空科學等高新技術的發展。所以先進複合材料的製造被認為是當代科學技術中的重大關鍵技術。

五、第五世代：智能材料

　　智能材料是指近三、四十年來研究發展的一些新型功能材料，它們能夠隨著環境和時間的變化而改變自身的性能和形狀，以適應客觀功能需要，好像它們具有智能。現在研究成功的記憶金屬、記憶合金就屬於這一類材料。

　　智能材料的研製是 21 世紀的尖端技術，現在已成為材料科學的一個重要前沿

領域與研究焦點,有關研究和發展,受到科技界的極大關注。

上述講述的五代材料發展,並不是新舊交替,而是長期交叉並存,它們在生產、生活、科研等各個領域中發揮著不同的作用。

通過多年來的努力,最近中國大陸新材料的研究、開發和產業化已經取得了長足的進步,大批新材料填補了過去研究空白,其中有些已經達到國際水平。例如,資訊材料在人工晶體方面,特別是無機非線性光學 (NLO) 晶體已經達到國際先進水平,在國際市場上占有一定商品份額。一批性能優異的中國大陸生產的人工晶體例如三硼酸鋰 (LBO),偏硼酸鋇 (BBO),高摻鎂鈮酸鋰以及有機晶體精胺酸磷酸鹽等,在國際上享有盛名。在能源材料方面,結合中國大陸富有的稀土資源而研製開發的儲氫材料,已經成功地應用於鎳氫電池的製造,取得了中國大陸的自主知識產權,並已實現產業化。在高性能金屬材料方面,中國大陸繼美國、德國等少數國家之後,成功建成了年產百萬噸非晶合金的中試生產線。

在先進陶瓷材料方面,中國大陸也取得了世界矚目的成就。1990 年中國大陸研製成功的無水冷陶瓷內燃發動機,安裝在 45 座大客車上,完成 3,500 公里的通路試車。在先進複合材料方面,中國大陸也取得了顯著的進步,各種高性能增強體材料,包括纖維、顆粒和晶鬚等正在立足於國內。一批具有特色的高性能樹脂如聚醚亞胺等熱固性樹脂以及聚苯硫醚等熱塑性樹脂已經投入生產。新一代樹脂,金屬基和陶瓷基先進複合材料正在研究開發之中。總之,新材料在高新技術發展中的先導和基礎作用日趨明顯,新材料本身也已成為當代高新技術的重要組成部分。在「科學技術是第一生產力」的思想指導下,中國大陸新型材料的研究、開發和產業化,必將迅猛發展,推動傳統材料工業的改造並促進新型材料工業的形成和創立。

貳、材料的分類

所謂材料,是指人們能用來製作有用物件的物質,而新材料 (先進材料) 主要是指最近發展或正在發展之中的材料,具有比舊材料 (傳統材料) 性能更為優異的一類材料。目前世界上傳統材料已有幾十萬種之多,而新材料的品種正以每年大約 6% 以上的速率在增長。

世界各國對材料的分類不盡相同,但就化學的類別來說,可以分為金屬材料、無機非金屬材料、高分子材料、複合材料和奈米材料等五類。若以物理的類別來

說，可以分為結構材料與功能材料，前者主要著重力學特性的材料，以其所具有的強度為特徵而被廣泛應用。而後者主要著重物理非力學特性的材料，則主要以其所具有的聲、光、熱、電、磁等各種效應和功能為特徵被應用的。

一、金屬材料

近 30 年來，金屬材料科學發展十分迅速，相繼出現了諸如金屬玻璃 (非晶態)、准晶、定向共晶合金、微晶、低維合金以及奈米晶體等，一系列從結構到物理力學性質都有特色的新材料。另外，各種特殊形態的金屬材料，如薄膜、微粉、非晶態以及稀釋合金等，在電性、磁性、強度、耐蝕性等方面都取得了很大進展，預計在本世紀內將會獲得廣泛的應用。

二、無機非金屬材料

無機非金屬材料又稱陶瓷材料，它包括範圍極廣，有如單晶矽、金剛石這樣的無機非金屬單質，又如礬土 (Al_2O_3) 這樣的金屬和非金屬元素組成的化合物等。經高溫處理工藝合成的無機非金屬材料統稱為陶瓷。陶瓷材料是一種多晶結構的材料，通過粉體原料的成型和燒結而得到的。它們以具有耐高溫、耐腐蝕、高強度 (抗壓)、高硬度和電絕緣等優良特性著稱。近年來由於新興技術的需要，又出現了許多新型非金屬材料，例如硬度接近金剛石的立方晶系氮化硼；兼有金屬韌性和陶瓷耐蝕性的金屬陶瓷；耐驟冷和驟熱的氮化矽陶瓷；高純度石英玻璃纖維和碳化鎢、碳化矽等新型陶瓷。

從陶瓷的顯微結構看，它是由晶粒相和晶界相所組成的，基本上是一種複相 (多相複合) 的結構。在晶粒相中有單一的化學組成，也有不同化學組成的晶粒組合，還會有同一化學組成但具有不同晶型的晶粒組合。從整個發展趨勢來分析，傳統陶瓷是由多化學組成的晶粒和晶界組成的。現代的先進陶瓷則趨向於由單一化學組分和盡可能窄的晶界所組成，可稱之為單相陶瓷。近年來的發展趨勢則是由單相陶瓷向複相陶瓷過渡。這種從複相—單相—更複雜的複相的發展過程，是符合於一般事物發展規律的。新的複相陶瓷包括：纖維補強陶瓷、顆粒彌散型複相陶瓷和兩種晶型複合的複相陶瓷。這些複相陶瓷在性能上都優於單相陶瓷。可以通過對複相陶瓷的設計，充分發揮各相和各相間的相互作用來彌補單相結構材料的不足，從而獲得具有高性能的材料。實踐證明，複相陶瓷是一類極具發展潛

力的陶瓷材料。

三、高分子材料

　　高分子合成材料主要是指有機高分子材料，包括合成塑料、合成纖維和合成橡膠等有機聚合物材料，其實還有無機高分子材料。它們質地輕巧，原料豐富，加工簡便，性能優良，用途廣泛，因而發展速度大大超過了銅鐵、水泥和木材等傳統三大基本材料。在工程技術上應用的高分子合成材料中，塑料占有最大噸位。橡膠是另一類工程材料，由於生產過程的原因，它們與塑料很不相同。橡膠工業在1900年已經形成(以天然膠乳為原料)，比現代塑料工業早了幾十年。在那時人們還不知道橡膠是聚合物。今天，合成橡膠與天然橡膠一樣被廣泛使用。橡膠與塑料之間的明顯差異難以嚴格區分，兩者不過是不同類型的聚合物而已。

　　同樣，纖維、塗料、黏合劑是具有不同物理形態和供不同用途的聚合物材料。每一種聚合物都與採用特殊工藝的某種工業相聯繫，但是它們的基本材料往往有很多共同之處。例如，尼龍(聚醯胺)是重要的熱塑性工程塑料，而在紡織和塗料工業中也是重要原材料。環氧樹脂既可用於塗料，也可用於黏合劑與複合材料中。近年來又出現了一些耐高溫的聚合物材料如聚酚氧、聚矽氧烷和聚醯亞胺等材料。20世紀60年代研製成功的一種含有芳環的塑料聚合物可在500℃下長期使用，1,000℃下短期使用。一種聯苯酚纖維可耐近500℃的火焰。此外，變色塑料玻璃、合成塑料鐵磁體記憶元件、聚合物電路和生物電路等新型合成材料也都正在研製之中。這些材料將會使電子技術行業發生新的變革。

四、複合材料

　　為滿足新技術對材料性能的綜合要求，採用取長補短的方法，用兩種或多種材料進行有效複合，得到的複合材料和多相複合材料已成為當代材料研究的重要對象。

　　補強複合材料由基體和增強劑組成，由於發揮了組分各自的特點而顯示出高性能。許多複合材料不僅是結構材料，而且同時也是功能材料。材料在其不同發展階段追求的目標也不相同。自從美國創造纖維增強樹脂的第一例複合材料以來，1942～1960年間對複合材料的要求主要著眼於質量佳和高剛度；1960～1975年間追求高強度和高韌性，所製材料主要用於航太和航空工業部件。1975年到現在，

追求多功能已成為複合材料的主要奮鬥目標。當今，研究新型複合材料中所遵循的原則是如何實現多功能和提高性能價格比。

複合材料涵蓋的範圍極廣，主要包括以下三個方面。

（一）纖維（或晶鬚）增強或補強複合材料

纖維增強有機聚合物複合材料已經得到廣泛的應用。高性能聚醯胺複合材料和聚苯並咪唑基複合材料今後都會有較大的發展。纖維增強金屬基複合材料估計仍以碳纖維或碳化矽纖維增強鋁基或鈦基複合材料為主要發展對象。纖維補強陶瓷基複合材料以碳化矽纖維或其他無機纖維為補強劑，基體則以非氧化物陶瓷為主的複合材料有較好的發展前景。

（二）第二相顆粒彌散複合材料

以無機化合物彌散金屬的複合材料是當前頗具有吸引力的材料。SiC 顆粒增強鋁基複合材料和鈦基複合材料在改善高溫性能方面都表現有明顯效果。TiC 或 ZrB_2 彌散的 SiC 基複合材料的強度和斷裂韌性大約可以提高 50～70%，SiC 顆粒彌散的氧化鋯複相陶瓷 (Y-ZTP) 在 800℃時的高溫強度約提高一倍以上，使它能成功地應用於熱機上。SiC 顆粒彌散的莫來石陶瓷在常溫和高溫下的強度和斷裂韌性都可以有兩倍以上的提高，而且抗熱震性能也大大有所改善，是作為熱機應用的第四種候選材料。用無機化合物顆粒彌散的有機聚合物材料能有效地改善抗磨性和剛性，等等。由於顆粒彌散型的複合材料具有工藝的重複性和可靠性，成本較低，因而有良好的應用前景。

（三）梯度功能複合材料

所謂梯度功能複合材料，是指在結構金屬材料中，逐層地摻進無機化合物，使之具有一些特定功能。這種材料設計構想，早在厚塗層材料中已有應用，但是把這樣設想用於製備材料，則是一種大膽構思，受到人們的重視。在 Si_3N_4 陶瓷中逐層摻入 Si、N 所構成的梯度複合材料，在性能上比純 SiC 陶瓷有大幅度的提高。因此，利用梯度這一設想可以設計出一系列新材料，形成一種很有價值的研究方向。

五、奈米材料

所謂奈米材料是指構成材料的顆粒粒度都在奈米 (1 nm = 10^{-9} m) 級，或者是

含有一定比例的奈米級顆粒的材料。可簡述為奈米材料是將一般物料經奈米化的材料。將物料經奈米技術奈米化成 1 到 100 nm 間的顆粒，薄膜，細絲、細管或微孔等做為各種特殊用途奈米產品的材料。材料絕大多數是固體物質，若用一般方法將其分散，顆粒大小只能達到微米 (10^{-6} 米) 級。一個顆粒通常包含著無數原子或分子，雖然隨著微粒變小，比表面積加大，表面效應增大，物質的性質有所改善，但基本上還是顯示大量分子的巨觀性質。

在奈米尺度下，所做的科學技術稱為奈米科技。奈米科技包含研究奈米材料之結構、物性、化性、製造方法，計測及操縱奈米物質之技術等之外，探討奈米材料在物理、化學、材料、生物、電子及機械學科之應用等與人類食、住、衣、行等日常生活的貢獻等。當今，奈米微粒的尺度的物理特徵與一般粒子有相當的不同，尤其聲、光、電、磁、熱、力學、機械等物理特性會呈現新的尺寸效應，而其化學性質亦有所不同。

六、功能材料

近 20 年來，一些發達國家在研製具有能適應外界條件而改變自身性能的材料方面，取得了很大進展。生產出許多功能優異的磁性材料、發光材料、記憶材料、光波材料和超導材料等，大大地推動了新技術革命的發展。例如，記憶合金是這樣一種材料，在通常溫度條件下，可以用外力改變它的形態，但一旦給它加熱時，會自動恢復原來形態。又如，感光樹脂可在光的作用下自動變成不溶物或分解成可溶物。例如，將感光樹脂塗覆在某種支持物上，在上面再覆以有圖案的底片，經過曝光和顯影，便可以在支持物上得到相應的圖像，可直接應用於印刷業。感光樹脂有抗蝕性能，因而也可用於選擇性的蝕刻工藝，即通常所謂的光刻，在精密機械加工、電子工業和照相複製等方面有廣泛的用途。

參、材料化學的工作領域

材料是一切科學技術的物質基礎，各種材料主要來源於化學製造和化學開發，所以在整個材料科學體系中，化學科學佔有特別重要的地位，材料化學邊緣學科的形成自是順理成章的趨勢。材料化學的工作範圍主要是材料的組成設計、化學合成、製造和開發；材料組成與性能關係的基礎理論研究；材料的化學改性、化學檢驗和性能測試等，在材料科學的發展中起著無可替代的作用。

一、材料科學中的化學研究

在過去很長一段時間內，材料研究是在固體物理、晶體學、無機化學、高分子化學、以及冶金、陶瓷和化工等領域中分別進行的。相互之間缺少聯繫，並未形成統一的科學體系。傳統的材料研究是以經驗和技藝為基礎的，新材料的研製主要依靠配方、篩選和性能測試。通過巨觀現象研究而建立起來的唯像理論只能對材料的巨觀性能提供某種定性的解釋，難以在研製之前預言材料的性能，因而不能準確地指明新材料開發的方向。科學技術的發展對材料提出了許多新的要求，沿用傳統方法已經不能研製出具有獨特性能的新型材料。在這種背景下，人們開始重視對材料的基礎研究。隨著研究的深入和微觀分析手段的進步，逐漸揭示出許多材料行為的微觀機制，從而奠定了統一的材料科學基礎。

材料化學家索斯曼 (R. S. Sosman) 在展望化學科學在材料科學中的作用時，特別指出：「化學家的首要任務是發現新物質……」。按現代的說法，材料科學家的任務有 3 個主要領域：製備、表徵和性能測試。顯然，材料的製備和了解製備的科學必然是在表徵或性能研究之前首先面臨的任務。確實，材料科學的發展歷史表明，當一種全新的材料在原子或分子水平上被合成出來之後，真正巨大的進展就常常隨之而來。例如，20 世紀中葉，高分子的合成導致非金屬材料工業的建立；無機固體造孔合成技術的進步，促成一系列分子篩催化材料的開發，使石油加工和石化工業得到革命性的發展；近期以來，奈米態物質和簇狀物的合成與組裝技術的開創將會極大程度地促進高新技術材料與產業的發展。

在新材料，尤其是功能材料的發展中，存在著大量的化學和物理問題。如金屬轉向合金、半導體摻雜、等離子噴塗等，都會超出純物理學的範圍；而聚合物類物質從誕生之日開始，就不只是化學問題。物質超導性研究的情況也是如此，如果研究的材料僅限於金屬，則課題可能完全屬於物理學的範圍。然而有趣的是，近年來液氮區高溫超導的突破，恰好是由於發現了釔、鋇、銅氧化物 ($YBa_2Cu_3O_7$) 之類的超導材料才得以實現的。這類材料的合成與性質研究都是化學家而非物理學家所熟悉的。任何新材料的獲得，都離不開化學。仍以超導研究來講，物理學家真正關注的是超導現象和超導理論，材料科學家重視超導體性能的測試，而化學家的任務則是這些新材料的合成，進而研究材料的組成、結構和超導性之間的關係。合成新材料是發展材料科學的先導，新材料的合成技術水平已經成為一個國家材料科學發達與否的標誌。

材料科學的廣泛和深入發展，促進了材料化學學科的形成與發展。材料化學是以涉及化學、物理學和材料學互相滲透的多學科交叉的廣大研究領域為特徵的。材料化學的研究內容應該包括：採用常規化學技術以及採用新技術和新工藝，包括超高壓、超高溫、強輻射、衝擊波、超高真空、無重力以及其他極端條件下進行反應，合成新物質和新材料。用現代的研究方法，如電子顯微鏡、電子(離子)探針、光電子能譜、X-射線結構分析、隧道掃描顯微鏡、熱分析等手段來研究物質的組成、結構(分子結構、晶體結構、顯微結構)與性質和性能的關係。在這些研究中，廣泛應用相平衡、次穩態和物質結構等理論所提供的工具為理論手段。材料化學所涉及的材料，是那些用新的或先進的製造技術，把金屬、無機物或有機物原料單獨加工或組合在一起，所產生的具有新性質、新功能、新用途的材料。在影響和決定材料性質的諸多因素中，決定性的因素無疑是材料的結構。材料科學家應該找出設計和改造材料的著力點，沒有這種著力點，材料的科學設計就不可能實現。材料的組成、結構、製備和成型工藝恰好構成了人類實現材料科學設計的著力點。因此，從這裡也不難看出化學在材料科學中的重要地位。

　　材料的發展是同人類社會的經濟發展、人類與自然界之間的協調、資源的合理利用以及人類自身的存在和發展同步進行的。因此，支撐材料發展的化學，不僅關係到材料的創新和發展，而且還會影響到受材料支持的國民經濟和社會發展的所有其他領域，包括農業、能源、資訊、環境、人口與健康等方面的進步和發展。

二、從原料到材料——化學設計和材料過程

　　材料這個概念再次在科學中出現是相當近期的事。國際期刊《材料科學》是在 1966 年創刊的；設在美國麻省理工學院的材料研究中心是在 1963 年建立的，直到 1965 年以後，這個研究中心才終於奠定了基礎。

　　人類為什麼很長時間以來沒有獨立地進行材料方面的科學研究呢？人們通常會對材料和原料兩個概念混淆不清，並不知道這兩個術語在內涵上是不同的。材料是由原料製成的，而原料是製造材料的起始物質。材料在製品中保留其形態，而原料則不見了。人類用窯業和冶金業調製材料，而化學家供給原料，並將原料轉化成材料。原料的功能屬於化學，在使用過程中原料自身消失了。材料的功能屬於物理學，在使用中保持原有形態。

　　在化學工業生產中，從原料到產品的生產需要經過一系列中間過程，現在用

玻璃的生產過程作為例子，來說明從原料到材料的過程。玻璃的最簡單組成是矽酸鈣鈉 $Na_2O \cdot CaO \cdot x\,SiO_2$，所用原料是石英砂 SiO_2、石灰 CaO（工業上實用石灰石）和純鹼，即碳酸鈉 Na_2CO_3。整個生產過程大體經歷 4 道工序。

1. 熔融

   在高溫下碳酸鈉分解為 Na_2O，它同二氧化矽 SiO_2 和氧化鈣 CaO 反應，Na^+ 離子把一部分 Si—O 鍵拆開，降低了體系的黏度（化學反應——化學過程），變成為熔融狀態並轉化成透明體（形態變化、物性變化——材料化過程）。

2. 澄清

   除去熔融物中的氣泡和雜質，使物料的透明度提高（提高和改善物性——材料化過程）。

3. 成型

   把玻璃製成為使用便利的形態，例如製造平板玻璃，使熔融玻璃以薄層漂浮在熔融金屬表層上面，靠玻璃的自重和表面張力的作用而成型（平板）。這是近代平板玻璃生產工藝（材料化過程）。

4. 回火

   熔融的薄板玻璃在傳送運動中緩慢冷卻，消除材料中的內應力（提高強度——材料化過程）。

   以上所述的 4 道工序，除了碳酸鈉與矽砂、石灰的反應是化學反應之外，以下變成透明液體、固體、平板或以至拉成玻璃纖維，以及為了適應某種使用目的而給體系增添某些物性和強度所進行的加工操作，都屬於材料化過程。玻璃製造以及其他新材料研製的過程表明，用化學方法製造出來的物質，當被用作為某種材料時，它的作用和功能，不僅決定於由化學合成所決定的一級結構（即分子鏈的化學結構），還要決定於分子聚集體的高層次結構，此也決定於非化學成鍵的分子鏈之間的物理相互作用。

   有時候，這類分子聚集體和高層次結構對材料的物性有極為明顯的影響，特別是功能材料。這種分子鏈間相互作用可以通過物理組裝的方法來實現。例如在上述的「材料化過程」中，將一堆分子鏈組裝在一起，使之具有特定的結構，從而顯示出某種特定性質。這種「自組裝」過程將會成為 21 世紀新材料製造的最有前途的方法。用漂浮法生產平板玻璃的工藝過程就是一種自組裝過程。令熔化的玻璃漂浮在熔化金屬上面，熔化金屬具有極其光滑和平整的表面，而且表面積減至最小，從而使流經熔化金屬表面上的玻璃也取得了光滑平整的表面，這種工藝

過程產生的平板玻璃，稱為浮法玻璃。這種玻璃比用研磨或拋光方法生產的平板玻璃成本低廉，而且質量高超。

新型材料之所以能夠成為功能材料或結構材料，得到廣泛應用，是因為在製造工藝過程中，材料科學家創造了許多新興技術，例如培養巨型單晶的技術、陶瓷材料的高溫燒結技術等。技術的進步促進了材料科學的發展。

材料科學家巧妙地利用材料過程，可以把即使化學組成相同的物質，製成用途完全不同的新型材料。在材料過程中有許多廣泛使用的傳統技術，例如製造陶瓷材料的高溫固相燒結和熱壓工藝；製單晶的提拉、區熔、水熱法合成或在熔鹽中生長等技術；製造薄膜的蒸發和濺射工藝等等。在當代，根據新型材料的需要，發展了許多新合成和組裝技術，例如在薄膜製造工藝中發展了外延和蒸氣沉積技術、急冷和高速旋轉製造非晶態金屬薄膜技術；利用離子注入法進行摻雜的技術；利用溶膠—凝膠法和輝光放電法製造超細粉末的技術；利用固相電解法製備高純稀土金屬等。近年來用分子束外延等微觀加工技術製備超晶格材料，揭開了發展第三代半導體的序幕。

當前人類正面臨一場新的世界技術革命，需要越來越多的品種各異和性能獨特的新材料。現代社會對新一代材料的要求大致有如下幾點。

1. 結構與功能相結合。要求材料既能作為結構材料使用，又具有特定的功能或多種功能，新近的梯度功能材料就是一個明顯的例子。
2. 智能型。要求材料本身具有感知、自我調節和反饋的性能，或說具有仿生的功能。
3. 少污染。為了環境保護，要求在材料製作和廢棄過程中，盡可能減少對環境產生污染，也就是要求綠色工藝和無廢排放。
4. 可再生性。要求材料在使用過之後，可以經過回收再生利用，達到充分利用自然資源的目的，不給地球積累廢料。
5. 節約能源。要求在材料的製作和加工過程中，能耗應盡可能的少，同時又能利用新能源或代替能源。
6. 長壽命。要求所製得的材料能經久耐用、少維護或不需維護。

以上所述的這些要求，構成了當前發展新一代材料的總趨勢。

肆、材料的微觀結構

用於製造有用器件的材料，一般是固體物質。固體物質按基本粒子(原子、離子、分子)排列的不同，可以分為晶體和非晶體兩大類。晶體材料和非晶型材料的本質區別在於，晶體材料中的基本粒子件有規則的排列，而非晶型材料中的基本粒子是無規則排列的。由於內部結構的不同，晶體材料和非晶型材料具有不同的性質和功能。金屬材料和許多陶瓷材料都屬於晶體材料，許多高分子材料則屬於非晶型材料。

一、晶體材料的微觀結構

組成晶體的基本粒子依一定的規律性在空間排列成整齊的點陣。按結晶學三個軸a、b、c與三個角 α、β、γ 的不同，可分七大晶系，包括立方、六方、四方、三方、斜方、單斜、三斜等晶系。若在一切晶體中，以空間點陣的排列方式，布氏提出了只有14種晶體堆積，如立方晶系可再分為簡立方、體心立方與面心立方堆積……。根據基本粒子是原子、離子或分子，以及鍵合形式，晶體物質分為原子網狀共價晶體、離子晶體、分子晶體和金屬晶體。

金屬晶體有3種結構，即面心立方或立方密堆、六方密堆和體心立方結構。具有不同結構的金屬，會具有不同的性能。例如，由體心立方結構的鐵組成的低碳鋼，在低溫下容易發生脆性斷裂；而具有面心立方緊堆結構的含鉻和鎳的不銹鋼以及鋁合金，即使在液氮的低溫(–196℃)下，也都不會發生脆性斷裂。

在非金屬材料中，不同晶體結構對性能發生影響的最明顯的例子是碳材料。眾所周知，金剛石是所有材料中硬度最高的，而結構不同的石墨則很軟。碳單質有3種不同結構的同素異形體；金剛石、石墨和富勒烯 C_{60}，它們具有完全不同的晶體結構，也具有很不同的物理性質，因而是各有不同用途的重要材料。

二、多晶體

晶體分為單晶體和多晶體。一整塊晶體是由一顆晶粒組成，即只有一種單位晶格，或能用一個空間點陣圖形貫穿整個晶體的晶格，這塊晶體就是單晶。許多人工生長晶體是單晶體材料，例如用為半導體材料的單晶矽、用為折磨材料的金剛石單晶、用為雷射材料的紅寶石和釔鋁石榴石等。但更多材料的晶體是多晶體，多晶體是由許多單晶體小晶粒集約交錯組成，內部結構是由許多不同方向的同一

空間點陣交錯組成。我們遇到的晶體材料，特別是天然晶體，絕大部分是多晶體。例如，金屬材料中的鋼鐵材料、鋁鈦合金，陶瓷材料中的新型結構陶瓷等。

在多晶體中，小晶粒的平均直徑在 0.05～0.24 mm 之間，除非用顯微鏡，一般用肉眼是看不見的。晶粒之間的相互界面稱為晶界，晶界實際上是晶體中的一種缺陷。在晶界上基本粒子的排列是不大規則的，會導致多晶體材料的力學性質和化學性質的變化。人們可以利用晶界對材料性能影響的規律性來提高材料的強度；塑性或抗腐蝕等性能。例如，超細晶粒鋼具有高強度；許多超細晶粒合金具有超塑性；在不鏽鋼中用鈦進行合金化可以減少晶界腐蝕等。

在晶界上還有一種晶界吸附作用，有些元素很容易在晶界上被吸附而使含量局部增高，這種現象稱為偏聚。偏聚也會改變材料的性能。例如，銅中的雜質元素磷會偏聚在晶界上，造成銅的脆性。0.003% 的硼偏聚在銅的晶界上時，可以降低晶界能，因而在進行銅的熱處理淬火時，能提高銅的淬透深度。

多晶體中小晶體和晶界的關係示意在圖 9.1 中。

一般的陶瓷是多晶體，一般的製造方法是將粉末原料加壓成型，然後燒結，而後獲得材料。經過這類工藝得到的陶瓷，是由許多微晶聚集的多晶所構成，這就不可避免地存在有晶界。晶界不僅在陶瓷燒結過程中起重要作用，而且還對燒結體的物理性能和化學性能有很大的影響。例如，在陶瓷材料中，離子型晶體結構會在晶界上，形成晶界空間電荷層，許多功能陶瓷材料的電性就與晶界空間電荷有關。

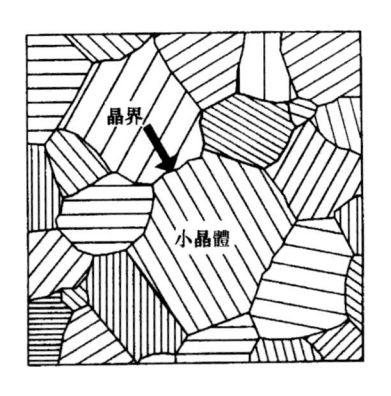

圖 9.1 多晶體中的小晶體和晶界

應該指出，當晶粒細小到奈米級時，材料的性質會發生根本的變化，從而開發出多功能的奈米材料，這就更加顯示出晶界的重要性。

三、相變

在有些材料中,即使是由同一種晶體組成,也可能有不同的晶體結構,這種現象稱為同素異構。例如:鐵就有2種不同的基本晶體結構,體心立方鐵和面心立方鐵。前者在室溫下存在,後者在高溫下存在。它們的硬度和塑性、變形性都不相同。在陶瓷材料中,氧化鋯(ZrO_2)陶瓷有3種基本晶體結構,分別是單斜、四方和立方晶型。在常溫下為單斜晶型,在高溫下為立方晶型。

這種由相同的基本粒子組成的不同晶體結構,在材料學中稱之為不同的「相」。在鋼鐵材料中經常遇到α-Fe(亦稱為鐵素體)和γ-Fe(亦稱為奧氏體),實際上指的就是體心立方鐵和面心立方鐵。在熱處理淬火過程中,發生了不同晶體結構間的轉變,稱為「相變」。使得硬度和強度都不高的鋼,變得更硬和更強。又例如,為了克服氧化鋯陶瓷的脆性,可以利用氧化鋯在相變時的體積效應進行增韌。

在新材料研製中,可以利用相變來開發新材料。形狀記憶合金就是利用材料的晶體結構的相變性質,例如利用馬氏體相變的特性來開發其形狀恢復(記憶)的功能。在金屬性的研究中,材料科學家掌握金屬同素異構的轉變,可以開發出相變超塑性金屬。

四、晶體中的缺陷

前面講的晶體結構,是一種理想結構,即基本粒子(原子或離子)在確定的晶格位置上作有規律的排列。但在實際晶體中,基本粒子的排列並不是完美無缺的,即不是理想的排列。在晶體結構中會存在許多種缺陷。實際上,按照幾何學特徵,晶體缺陷分為點缺陷、線缺陷和面缺陷。前面講過的晶界,就是一種面缺陷。這些晶體缺陷對材料的性能都會產生很大的影響。

金屬或一般固體中,最基本的點缺陷是空位(或空穴)、間隙原子和雜質原子3種。晶體中的原子或離子,離開了原來的晶格位置,進入到點陣間隙中,就同時產生兩個點缺陷,空位和間隙原子。另外,外來原子或離子進入晶體中,占入晶體中的空位或占入點陣間隙中,這樣的點缺陷叫做雜質原子。晶體中有了點缺陷,材料的性能會有很大的變化。例如,在鈦酸鋇陶瓷材料中如果摻雜了少量鑭,在晶體中產生了點缺陷,原來是絕緣體的鈦酸鋇,竟會變成為n-型半導體。

線缺陷是指原晶體中整齊排列的原子,發生局部位置的錯排,整排的原子發

生了錯移。這叫做「位錯」。當晶體中有了位錯，就會使晶體空間形狀發生畸變。一般位錯只有幾個原子間的距離，而長度卻可以穿透整個晶體，因此又叫做位錯線。位錯是晶體中的線缺陷，它實際上是一條細長的管狀缺陷區。區內的原子嚴重地錯排或「錯配」。位錯可以看成是局部滑移或局部位移區的邊界。所以位錯與結構中原子或離子面的滑移有密切關係，對材料的機械性能以及晶體生長過程有著重要的影響。

面缺陷是在晶體中的一個交界面的兩側出現不同排列的缺陷。例如，鑲嵌結構的兩塊晶粒之間的界面，依排列差錯的角度大小，有大角晶界和小角晶界之分。原子在晶面兩側的排列錯亂，如果是以界面為鏡面呈對稱關係時，就叫做孿晶界，這也是一種面缺陷。此外，本應按一定規律交替重復排列的原子層出現反常的現象，叫做「層錯」，是在某些特殊的晶體如 SiC、ZnS 等之中常見的面缺陷。

在實際晶體中，總是存在有各式各樣的缺陷，使結構偏離了理想晶體。儘管相對而言，晶體中的缺陷並不是主要的，但它對固體材料的電學性質、機械強度擴散、燒結以及化學性質的影響都是很顯著的。

材料中的晶體缺陷對材料性能的影響並不總是有害的。例如，對矽材料一方面要求很高的純度，但另一方面，在純矽中有意地摻入百萬分之一的雜質元素，材料的電阻會降低百萬倍。再進一步，精確控制加入雜質的量，可以創造出各種符合要求的元件。因此，如何在固體材料中有意地引入或消除缺陷，就成為材料設計中的重要問題。

五、非晶態

在固體材料中，原子的三維空間排列呈雜亂無序的狀態，稱為非晶態或無定形。用作材料的非晶態物質主要是玻璃，所以有時又把非晶態稱為玻璃態。某些結晶質材料加熱熔化後冷卻，可以形成玻璃態。這時，熔體的粘度大小是決定是否形成玻璃態的主要因素。熔體的黏度大時，因其基本粒子的自由度受到限制，在冷卻過程中，基本粒子沒有取得規則排列就凝固了，因而成為玻璃體。若熔體的粘度小時則不然，在冷卻過程中，基本粒子可以有序排列而形成晶體。這種情況可以形象化地表示為圖 9.2。粘度大的熔體在形成玻璃時，須含有聚合成鏈狀或網狀的原子或離子(配位化合物)集團。例如，氧化矽 SiO_2 是容易形成玻璃的材料，它在熔化時形成紊亂的網狀格子，並且 Si—O—Si 鏈又不會斷開，所以黏度

很大,冷卻時容易形成玻璃。容易形成玻璃的物質,除 SiO$_2$ 之外,還有 B$_2$O$_3$、P$_4$O$_{10}$、As$_2$O$_3$、As$_2$O$_5$、Sb$_2$O$_3$、Sb$_2$O$_5$ 等。玻璃化的難易,除黏度因素外,還有冷卻速度的因素。現在根據經驗認為,只要冷卻速度足夠快、溫度足夠低,幾乎所有的材料都能夠製成為非晶態固體。因為冷卻速度加快時,不容許基本粒子重新排列。所以採取特殊急劇冷卻的辦法,即使黏度小的物質,也可製成為非晶態。製造金屬玻璃可以作為一個實例。

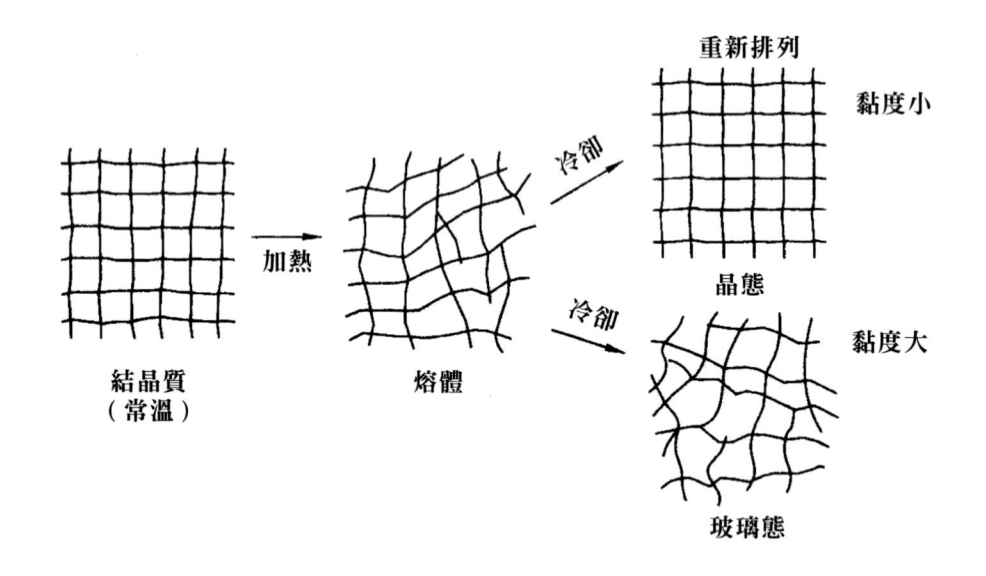

圖 9.2 玻璃化示意圖

非晶態物質的共同特性是:(1) 結構是雜亂無序的,物理性質表現為各向同性;(2) 點沒有明顯的固定值;(3) 導熱率和熱膨脹性都小;(4) 塑性形變大;(5) 組成的變化範圍大。

在物理和化學性能方面,非晶態金屬與合金比晶態金屬遠為優異。究其原因就在於它們微觀結構的特點同晶態材料相比有明顯的差別。非晶態金屬與合金是在極高冷卻速度下獲得的,液態中的金屬原子來不及按照有規則結晶排列而凝固,保留了液態中的無序排列,因而不像晶態物質之有晶界,也沒有晶體缺陷。例如位錯。

組成高分子材料的物質,相對分子質量可以高達幾萬甚至幾十萬,大多數高分子材料是非晶態物質,因為高分子材料往往是由線鏈型的大分子組成,難於形成晶體的規則排列。當然,高分子材料也可能是以晶態或晶態—非晶態混合的形

式存在，但要使整體的高分子材料都完全呈現晶態，是不可能的，多少仍會有非晶態存在。晶態高分子材料的結晶度最高為 95%，例如晶態聚乙烯。

伍、幾種材料的製備

材料的合成和加工，是從基礎研究過渡到工程材料的必由之路。例如，1986 年的高溫超導材料從發現至今已有 25 年了，但它的工業化和實用化，進展並不是很理想。將這類材料製成電纜，還沒有找到理想的加工方法，因而一直未能實現工業化規模生產。1985 年 C_{60} 的發現和碳奈米管是近些年來發現的有發展前景的材料，除了開拓用途的研究之外，另也帶起了 2010 年的石墨烯 (graphene) 二維材料研究，但還需要繼續探索合成與製造技術，以達到形成規模、穩定質量、降低成本，這才能真正達到廣泛實用的目的。

從半導體材料的發展過程看，材料製備和加工工藝學的繁難，始終是器件發展步伐緩慢的原因。廣泛的實驗和理論研究，使人們對能帶、有效質量、電子與雜質及聲子的相互作用等方面有了詳盡的了解，並能在工藝技術發展之前，就能預言許多半導體器件 (包括場效應晶體管)。這表明材料工藝學滯後於基礎研究。探索價格低廉、質量穩定的合成與加工方法，將成為推廣新型材料的關鍵。

一、化學合成與材料製備

對於材料科學工作者來說，化學合成是材料製備的基礎，通過化學合成可以製得具有一定化學組成、結構和性能的材料。但隨著材料科學的不斷發展，人們更能深刻地體會到，化學合成並不是材料製備的全部內容，材料的物理結構狀態和技術加工，往往對材料的性質也起著相當大的、有時甚至是決定性的作用。實質上材料製備並不是簡單的化學合成或製備，而是極為複雜的一項橫跨化學、物理學、材料學和工藝學的綜合製備技術和創造過程。舉例來說，液晶是一種新興材料，它具有許多特殊的功能，在近代科技中得到越來越廣泛的應用。它的功能主要取決於材料的一種物理狀態——液晶態，化學組成和結構使某些材料具有取得液晶態的可能性，但這只是一個基本點，只有在採用了物理技術使材料進入液晶態，才會使材料具備液晶的特殊性能。

二、多晶體陶瓷的製造

多晶體陶瓷是通過高溫燒結技術製造的，所以一般稱為「燒結陶瓷」。由於構成陶瓷的物質不同，種類繁多，雖然各自的製法有所差異，但就總體來說，大體上都是用圖 9.3 所示的工藝過程製造的。大致流程是：根據目的選擇原料，進行細粉碎或以原料調配，經成型和燒結工序燒結成規定的形狀，再進行加工處理，最終得到製品。

原料 ⟶ 調配 ⟶ 乾燥造粒 ⟶ 成型 ⟶ 燒成 ⟶ 製品
　　　　　　　　　　　　　　↓　　　↑　　↓　　↑
　　　　　　　　　　　　　　加工　　　　加工

圖 9.3　近代陶瓷製造工藝圖

現以氧化鋁積體電路 (IC) 基片為例來說明陶瓷的製造工藝。

氧化鋁作為製造集成電路積層片的材料，能夠抵抗外界氣體的物理和化學侵蝕，並能滿足散熱要求，所以作為高性能基片材料得到廣泛應用。由於要求的材料是片狀的陶瓷，既不能漏電，又要價格低廉，為此必須選擇最合理的製造工藝來生產工業製品。

氧化鋁基片的製造工藝路線是：先將氧化鋁粉末和添加劑稱量、混合，然後摻入有機樹脂，壓結成型為紙狀薄片，稱為「生片」。在生片的表面上，用絲網印刷法，將以鎢粉為主成分的印膏印刷成線路圖。將印有線路圖的幾個薄片積層為整體，放入 1,500℃ 以上的高溫窯爐中，在氫氣氛中「燒成」。在燒成之前，需要先在低溫下加熱，除去成型時所用的樹脂。以氧化鋁為主體的成型體經過高溫焙燒而燒結、收縮，達到緻密化。圖 9.4 示出了燒結體製造過程中的組織變化，其特徵是，幾微米至幾十微米的粒子在晶界上形成聚集物。鎢作為導體材料能經受高溫燒成，其燒結性與氧化鋁類似。鎢能確保導電率並有高結合強度，所以使用最多。緻密氧化鋁內部夾有鎢絲，可以製成積層電路基片，然後將外部的鎢絲銀銲接上引線後，再鍍以金，就完成了製造過程。

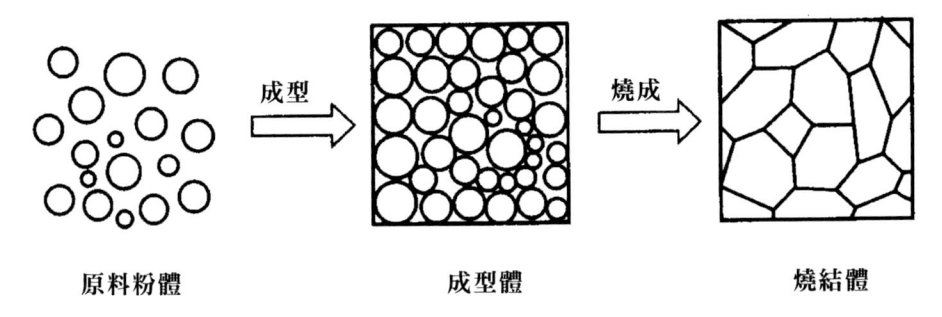

圖 9.4　燒結體製備過程中的組織變化

　　上面用氧化鋁陶瓷為例，說明了燒結陶瓷的製備過程。製造燒結陶瓷的工藝，與製造陶瓷器、耐火材料、新型電子材料和結構材料的工藝，沒有原則性的差別。但是，在以粉體材料為初始原料製造陶瓷時，粉體的合成和精製是決定最終製品質量的重要工序之一。粉料的成型則需要根據最終製品的要求而是多種多樣的。

　　在過去，製造陶瓷和耐火材料使用的原料是粉碎的天然礦物，在新型陶瓷製造工藝中，需要用高純的微細粉末作為燒結原料，隨而開發了新的粉末合成技術。製造人工合成粉末原料的方法可分為 (1) 固相法 (固相超級粉碎技術)；(2) 液相法 (共沉澱技術)；(3) 氣相法 (氣相合成並沉積) 等 3 類技術，其中後 2 項屬化學技術。

　　燒結陶瓷不能像金屬和塑料那樣熔化鑄模，只能採用粉末成型，然後燒結的辦法來生產。根據製品的形狀和特性要求，粉末成型技術可以有所不同，但主要有以下 5 種不同的技術：(1) 模壓成型；(2) 等靜壓成型；(3) 擠壓成型；(4) 注漿成型；(5) 熱壓鑄成型。

　　燒結是製造陶瓷的最後工序，由於不同陶瓷具有各不相同的特性，所以燒結工藝也各有所不同。比較重要的燒結工藝有如下 6 種：(1) 常壓燒結；(2) 熱壓燒結；(3) 熱等靜壓燒結；(4) 超高壓燒結；(5) 反應燒結；(6) 二次反應燒結。

　　就熱力學觀點而言，燒結過程是成型的金屬或陶瓷粉體系統降低能量的過程。燒結過程中的結構變化可以劃分成如下幾個階段：(1) 無規則形狀的粉體顆粒熔變成圓球狀粒子；(2) 粉體顆粒之間頸縮；(3) 頸部加寬；(4) 晶粒生長。

　　燒結首先使體系的表面能降低。燒結可以使體系的表面積縮到最小，從而使體系的表面自由能降至最低。這個能量降低過程是燒結賴以進行的驅動力。所以燒結的每一個階段都相當於表面積的一次縮小。其次，燒結是體系內部的擴散過程，粉體粒子間的空隙向晶粒邊界擴散，晶粒中的原子向空隙擴散使孔隙度縮小，

所以說燒結又是一種有控制的擴散過程，孔隙與晶粒邊界間的距離以及擴散係數都是關鍵性因素。一些特種陶瓷及其性能和用途列在表 9.1 中。

表 9.1　幾種重要的特種陶瓷

陶瓷種類	性能	與性能相結合的用途
陶瓷	機械強度高 電阻率高，電絕緣性好 硬度高 熔點高，抗腐蝕 化學穩定性和光學性能好	裝置和其他機械構件、耐火材料 基板、管座、火花塞、電路外殼 磨料、磨具、切削工具、軸承 坩堝、人體關節、人工骨佛 鈉蒸氣燈管、雷射震盪元件
陶瓷	硬度高 強度高 敏感特性（傳遞氧離子）	切削刀具、高爾夫球桿桿頭 發動機構件 高溫燃料電池固體電解質隔膜 鋼液氧探測器
碳化矽陶瓷	熔點高、抗氧化性高 傳導性和熱穩定性高 耐磨、耐腐蝕、抗蠕變	發熱元件材料、火箭發動機噴嘴 密封圈 各種磨具
碳化硼陶瓷 （低壓型）	硬度低，自潤滑性好 化學穩定性好	良好介電材料 耐火潤滑劑
碳化硼陶瓷 （高壓型）	硬度接近金剛石	耐高溫、耐腐蝕的潤滑劑 金後切削工具
氮化矽陶瓷	優良抗氧化性，化學穩定性	泵的密封環、高溫軸承、煉鋼生產中的鐵流量計

三、單晶生長

　　人工單晶生長是一種古老技術，從 19 世紀即已有科學家從事這方面的研究，但發展緩慢。只是到了 20 世紀 50 年代，由於半導體技術的發展，特別是雷射技術的發展，對優質單晶材料有迫切的需求，才促進了單晶生長技術的蓬勃發展，並也使此項技術逐漸得到科學化，由單純經驗技術向著理論提高方面進展。但即使如此，目前在晶體生長工作中，憑經驗行事仍然是主要的傾向。為使晶體生長過程中能夠得到更理想完美的單晶體，則仍有待於從理論上加以解決。

　　晶體生長的方法很多，通常採用的方法有兩類，即熔體的固化結晶和從溶液中的結晶析出。下面作簡要介紹。

（一）提拉法

　　提拉法又稱為丘克拉斯基法，是一種從熔體中拉出單晶的技術。在一只加熱的坩堝中將製單晶材料熔化，維持熔點溫度，用機械將一粒預先製備的籽晶推入

熔體液面下。然後緩慢旋轉籽晶並向上提拉，帶出液面的熔體就沿著籽晶的規則結構而凝固。隨著旋轉和提拉的繼續，一顆棒狀單晶從熔體中拔出來了。當前用為半導體材料的矽單晶和鍺單晶都是用提拉法生產的。我國的矽單晶生產技術已經達到國際先進水平，能夠平衡生長直徑為 12 吋的優質單晶體，滿足了國內需求。提拉法的示意圖見圖 9.5。

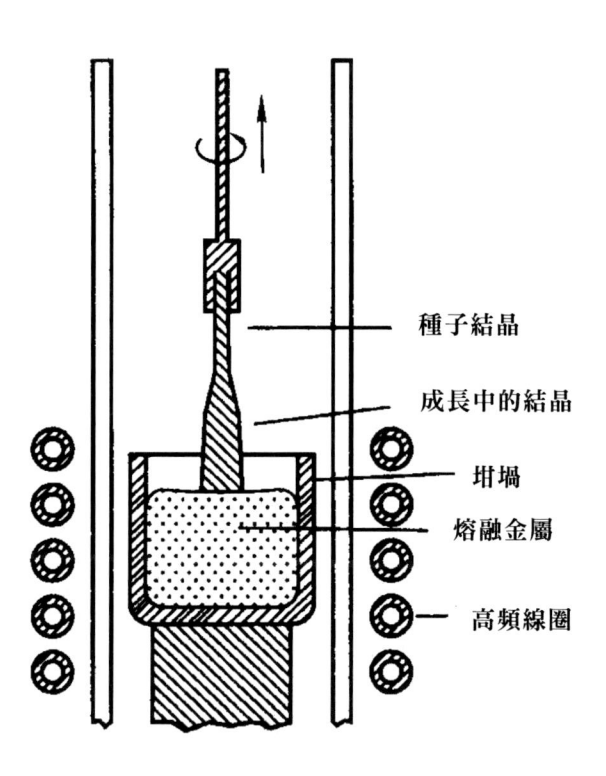

圖 9.5 提拉法生長單晶示意圖

在提拉法中，給坩堝加熱的方法多用高頻感應加熱，也可用電阻爐加熱。坩堝材料根據單晶的熔點高低選用。常用石英玻璃坩堝 (最高使用溫度 1,350℃)、鉑坩堝 (1,600℃)、銥坩堝 (2,200℃) 等。採用石英坩堝和高頻感應加熱，需在坩堝外套一高純石墨筒，在坩堝的周圍裝填保溫材料。溫度控制的精度為 0.1～0.2℃。提拉和旋轉的機械裝置應有較高的穩定性，因為微小的震動會破壞晶體生長的完整性。為了獲得大尺寸和高質量的單晶，主要應該控制好固、液界面附近空氣和熔體中垂直方向及水平方向的溫度梯度。旋轉速度為 10～100 r/min，提拉速度一般為 1～100 mm/h。

提拉法的優點是：晶體不與坩堝接觸，不受機械應力，可以邊觀察邊生長；

可用一定取向的籽晶選擇生長方向；能在較短時間內得到尺寸較大質量較高的晶體。目前，提拉法是高熔點單晶體的主要生產方法，見表 9.2。

（二）溶液法

在溶液中生長單晶的方法可分為低溫水溶液法和高溫助熔劑法。

低溫溶液法是用晶體材料的飽和水溶液(也可以用其他適宜溶劑)維持在略高於室溫的條件下，令一粒懸掛在攪拌棒上的籽晶在溶液中緩慢旋轉，由於溶劑的緩慢蒸發，溶液接近過飽和，溶質就沿著籽晶而結晶成單晶體。這種生長技術的設備比較簡單，容易生長大尺寸、均勻和有完整外形的晶體。這也是最常用的晶體生長方法之一，只是生長周期較長，一般是數十天。水是比較理想的溶劑，能溶解許多無機物和有機鹽類，所以應用最廣泛。當然也可以從其他溶劑中生長晶體，視結晶材料的溶解性而定。由於採取的結晶溫度不高，晶體生長容易受環境溫度變化的影響，因此要求嚴格控制溫度，溶液控溫精度要求達到 ±0.01℃，有時甚至要求 ±0.001℃。水溶性晶體如 KDP、TGS 和 $LiIO_3$ 等晶體(見表 9.2)都是從水溶液中生長的。

（三）助熔劑法

助熔劑是將欲結晶的高熔點材料與氧化物或金屬等助熔劑在高溫下(但低於材料的熔點)可共熔，並形成共熔體，然後緩冷析出單晶。在原理上此法與低溫溶液法是相同的，但因是高溫操作，所以技術和設備完全不同。助熔劑法適用於生長高熔點、高蒸氣壓或在熔化前分解的材料的單晶。生長的單晶畸變小而均勻，但容易混進雜質，純度較低，生長速度慢，不易控制。

表 9.2　一些重要的人工晶體

種類	晶體	化學組成	晶系	性質及功能	晶體生長方法	其他材料舉例（縮寫）
半導體	矽 (Si)	Si	立方	半導體、半導體晶體管。	在高溫下提拉法生長	鍺 (Ge) 砷化鎵 (GaAs) 磷化鎵 (GaP) 銻化銦 (InSb) 硫化鎘 (CdS)
雷射晶體	摻鉻紅寶石晶體 (Al_2O_3；Cr^{3+})	Al_2O_3；Cr^{3+}	立方	應用於雷射器、雷射加工、雷射通訊、全息照相、核聚變、同位素分離、測距、雷射光譜、雷射武器等。	在高溫下提拉法生長	錳鋁石榴石 Nd^{3+}：YAl_5O_{12}(Nd:YAG) 砷化鎵 GaAs

種類	晶體	化學組成	晶系	性質及功能	晶體生長方法	其他材料舉例（縮寫）
電光晶體	硝酸二氫鉀 (KDP)	KNH_2PO_4	四方	電場引起的折射率的變化，稱為電光效應。利用晶體的電光效應可以製作光調制器和電光開關等。	在水溶液中降溫法生長	氘代磷酸二氫鉀 KD_2PO_4 (DKDP) 磷酸二氫銨 $NH_4H_2PO_4$ (DKP) 砷酸二氫鉀
壓電晶體	水晶 (SiO_2)	SiO_2	三方	某些晶體在外力下表面上出現電荷積累，稱為壓電效應。壓電晶體廣泛用來製作各種電子器件光學器件。	在高溫下水熱法生長	酒石酸鉀鈉 (KNT) 磷酸二氫鉀 (KDP)
鐵電晶體	鈦酸鋇 $BaTiO_3$(BT)	$BaTiO_3$		鐵電體是外電場反向的熱釋電晶體，應用於製作各種光學器件鐵電存儲器等。	水溶液中降溫法生長	鈮酸鉀 $KNbO_3$ (KN) 磷酸二氫鉀 (KDP)
閃爍晶體	鍺酸鉍 (BGO)	$Bi_{12}GeO_{20}$	立方	射線或放射性粒子通過閃爍晶體會發出熒光，應用於高能物理、核物理、核醫學、地質勘測等。	在高溫下提拉法生長	碘化鈉 NaI (NI) 碘化銫 CsI (CI)
光學晶體	氟化鈣 (CaF_2)	CaF_2	立方	一般用於光學回路中，如光學儀器中的透過窗口、稜鏡、透鏡、濾光和偏光元件。	在高溫下提拉法生長	氯化鉀 KCl 氯化鈉 NaCl 氟化鋰 LiF 石英 SiO_2 六氟銻酸鈉
熱釋電晶體	硫酸甘胺酸 (TGS)	$(NH_2CH_2COOH)_3$ H_2SO_4		該晶體因溫度變化而在2次軸兩單斜端產生電荷，隨溫度升高電荷增加。用於製作紅外光譜儀、熱探測器。	在水溶液中降溫法生長	鈮酸鍶鋇 $Sr_{1-x}Ba_xNb_2O_4$ (SNB) 碲鎘汞 $Hg_{1-x}Cd_xTe$ 硒酸甘胺酸 (TGSe)
非線性光學晶體	三硼酸鋰 (LBO)	LiB_3O_5		非線性光學晶體是進行非線性光正交學研究的材料，用於雷射的變頻、參量振盪、資訊的存儲高新科技領域。	在高溫下水熱法生長	磷酸鈦氧鉀 $KTiOPO_4$ (KTP) 偏硼酸鋇 BaB_2O_4 (BBO) 鈮酸鋰 $LiNbO_3$ (LN) 磷酸二氫鉀 KH_2PO_4 (KDP)
光折變晶體	氧化鎂摻鈮酸鋰 (LN:MgO)	MgO : $LiNbO_3$	三方	強雷射入射使晶體雙折射率發生改變的現象，稱為光折變現象。光折變效應大的晶體用於光資訊處理、全息技術、光存儲。	在高溫下提拉法生長	氧化鐵氧化鎂雙摻鈮酸鋰 FeO，MgO $LiNbO_3$ LN:Fe^{3+}，Mg^{2+}
超硬晶體	金剛石 (C)	C	立方	金剛石硬度最大，折射率最高和很用於制作各種切大散射等特點切削工具和鑽頭部件等。	高溫、高壓下熔燃法生長	立方氮化硼等

四、奈米材料

　　一般把粒子尺寸在 0.1～100 nm 之間 (在原子簇和巨觀物體交界區域內) 的材料，稱為奈米材料或超微粒材料。奈米材料由於具有表面效應、體積效應、量子尺寸效應和巨觀量子隧道效應等引起的奇異力學、磁學、熱學、光學和化學活性等特異性能，使這類材料在國防、電子、化工、航太航空、醫藥等領域中得到重要應用。為將奈米材料產業規模化，製備高純、超細、均勻的奈米微粒在技術目前奈米超微粒的製備方法，從物料的狀態來劃分，可以歸納為固相法、液固相法。固相法製備奈米材料包括原料的熱分解法和物理粉碎法。

　　固相物質的熱分解通常是利用金屬氧化物的熱分解製備超微粒金屬，但這類粉末容易固結，還需要二次粉碎，所以成本較高。物理粉碎法是利用超細磨來製備超微粒，利用介質與物料間的相互研磨和衝擊達到微粒的超細化，但此法很難使微粒的粒徑小於 100 nm。機械合金化法是製備合金的新工藝。1988 年俄國科學家用機械合金化法製備出晶粒小於 10 nm 的 Al-Fe 合金。技術的原理是將欲合金的金屬粉末混合，在高能球磨機中長時間研磨運轉，將回轉機械能傳遞給金屬粉末，並在冷態下反覆擠壓和破碎，使之成為彌散分布的超細粒子。這種方法設備簡單，製備效率高，並能製備出常規方法難於獲得的高熔點金屬或合金奈米材料。

（一）氣相法

　　氣相法在奈米微粒製備技術中佔有重要地位，可以製備出純度高、顆粒分散均勻、粒徑範圍分布窄的奈米材料，尤其是通過氣氛的控制，可以製備出液相法難以製備的金屬、碳化物、氮化物、硼化物、非氧化物奈米超微粒。氣相法主要包括下列技術：熱電漿體法、雷射加熱蒸發法、真空蒸發—冷凝法、高壓氣體霧化法和高頻感應加熱法等。

（二）液相法

　　隨著科學界對材料性能與結構關係研究的深入探討，在 20 世紀 80 年代，化學技術逐漸介入到材料科學中來，出現了一種趨勢，用化學方法從分子層次上對物質性質進行「剪裁」，以獲得性能符合需要的材料。也可說，用化學加工的辦法將生原料 (未經化學加工的原料如礦物或僅經過幾何加工的原料如普通單分散粉末) 剪裁改性，使材料在結構和性能上獲得質的飛躍。這些化學手段的採用顯

示了巨大的優越性和廣闊和應用前景。作為化學方法的液相法，在不需要複雜儀器設備的條件下，通過簡單溶液過程，就可以對物料性能進行剪裁。液相法主要包括下列幾種技術。

1. 沉澱法

沉澱法包括直接沉澱法、均相沉澱法和共沉澱法。採用沉澱法製備超微粒材料，需要控制許多影響微粒尺寸的因素，才能獲得合乎需要的產品。這些因素都是化學家所熟悉和掌握的。

2. 溶膠─凝膠法

溶膠─凝膠 (sol-gel) 法在材料科學中很重要，不僅是製造奈米材料的一種技術，而且也是製造纖維和薄膜的技術之一。這種技術的要點是，將金屬或半金屬的醇鹽溶解在有機溶劑中，然後在水、互溶劑 (通常是醇) 和催化劑 (酸或鹼) 的存在下，發生水解和縮聚反應，釋放出水和相應的醇，形成三維氧化物網絡，得到凝膠。主要反應過程如下：

醇鹽的水解反應：
$$M(OR)_n + x\ H_2O \rightarrow M(OH)_x(OR)_{n-x} + x\ ROH$$

失水縮聚反應：
$$—M—OH + HO—M \rightarrow —M—O—M + H_2O$$

失醇縮聚反應：
$$—M—OH + RO—M \rightarrow —M—O—M + ROH$$

水解反應是生成活性分子單體的反應，而聚合反應則是活性分子單體之間 (或它與醇鹽之間) 的反應。水解聚合總反應的速率決定於水解反應速率的快慢，所以控制水解反應的速率，便成為這一過程的關鍵。最後形成氧化物三維網狀結構的凝膠，實現溶膠─凝膠的轉變。新生成的凝膠中有大量的水、有機基團和溶劑，需要經過乾燥處理過程把它們除去。由於在溶膠─凝膠過程的起始階段起就在奈米尺度上控制材料的結構，所以除去凝膠雜質後就得到了奈米微粒材料。

溶膠─凝膠法是一種低溫反應過程，允許大劑量摻雜無機物和有機物，易於製備高純度和高均勻度的材料。凝膠在乾燥過程中還可以加工成型製備薄膜或纖維，為製造新型材料開闢了途徑。

3. 水熱反應法

水熱合成反應是在高壓釜中令物質在超高溫水中進行反應的一種技術。該法最初用於研究地球礦物的成因。在水熱條件下加速了離子反應並促進了水解反應。一些在常溫、常壓下的慢反應，在水熱條件下可以實現反應快速化。水熱反應也包括不同類型的反應，如水熱氧化、還原、沉澱、合成、分解和結晶等反應。

4. 膠體化學法

在製備金屬氧化超微粒技術中，有一種膠體化學法，先將陽性金屬氧化物製成水凝膠，用陰離子表面活性劑進行處理，經有機膠體製得無定形球狀奈米微粒。

5. 溶液蒸發法

用噴霧法把溶液噴成微細液滴，使溶劑快速蒸發，溶質材料組分便以超微粒析出，類似於用噴霧法生產速溶奶粉。

奈米材料誕生20餘年來，在基礎研究和應用研究方面，都取得了重要進展，進入20世紀90年代中期後，成果轉化為生產力快速發展。以下一代量子器件和奈米結構器件為發展背景的奈米結構設計與合成，成為本領域新的研究熱點。由於自組裝和分子自組裝技術、模板合成技術、介孔內延生長技術、液滴外延生長技術等方面的突破，製得了多種奈米陣列結構和奈米花樣結構，發現了許多奇異的物性。通過調整奈米結構單元的尺寸和相互作用參數，實現了對奈米物性的人工控制。奈米結構的單電子晶體管、高存儲密度的量子磁盤、超高熱電轉化係數的p-n結三維平行排列的奈米結構等，都是20世紀末有代表性的研究成果。

科技發達國家美、英、日都有以政府組織部署下個10年到15年有關奈米科技的研究規劃。美國2,000年前就決定對奈米科技資助從2.5億美元增加到5億美元，這可說明在本世紀相當長的一段時期內，奈米材料研究熱潮將會保持旺盛增長趨勢。

中國大陸科技工作者在奈米材料製備、奈米結構與物性探索、理論研究等方面已經取得了國際矚目的成就。其中奈米碳管的製備與合成、准一維奈米棒、奈米絲和奈米線電纜、用非水熱法合成奈米半導體材料和奈米金剛石等方面，在國際上已占有一席之地。首次發現了奈米銅粉的室溫超延展性，對奈米陶瓷的室溫超塑性、巨磁電阻、磁熱效應、介孔組裝體系的光學特性、二元協同奈米界面材料的設計與研究等方面的成就，都產生了重要的國際影響。

在中國大陸已經有了奈米材料產業，奈米銅和奈米氧化鋅已經投入規模生產。奈米氧化鋅是一種多功能的奈米材料，它的一種重要物性是能吸收電磁輻射，在軍事裝備中用作隱形塗料，例如用於隱性飛機的組裝等。

由 5 位科學家建議的奈米材料和奈米結構研究項目，已列入國家重點基礎研究發展規劃，在過去 5 年裡，已獲得 4,200 萬元的強度支持。本課題將吸收國內奈米材料研究領域有實力有創新成果的單位參加，實行強一強聯合，優勢互補，為形成一支有戰鬥力的隊伍、發展與物理學、化學、材料科學相結合、多學科交叉的新型研究群體而努力，我們對此寄以無限厚望。

五、無機膜材料

無機膜是固體膜的一種，是由無機材料如金屬、金屬氧化物、陶瓷、多孔玻璃、沸石、無機高分子材料等製成的半透膜。用無機材料製成的膜材料比有機聚合物膜有無可比擬的優點，例如高化學穩定性、高度抗酸鹼性、耐有機溶劑、耐抗微生物侵蝕等的性能，和可以在高溫(800～1,000℃)、高壓(10 MPa)下操作等。在 20 世紀 40 年代無機膜材料在鈾同位素分離工作中得到重要應用之後，在 70 年代又在奶業和葡萄業中獲得成功應用，並逐步推廣應用到食品加工業、環境工程、生物化工、高溫氣體除塵、電子行業氣體淨化等領域展示了良好發展前景。從材料結構來說，無機膜是一種三維材料，也是近年來功能材料發展重點之一。

無機膜的製備技術有如下幾種：採用固態粒子燒結法製造載體和過濾膜；採用溶膠—凝膠法製備超濾、微濾膜；採用分相法製備玻璃膜；採用專門技術（如化學氣相沉積、無電接鍍等）製造微孔膜和緻密膜等。從技術發展角度來說，前 3 種技術相當成熟，目前研究工作主要是緻密膜的製備和各類多孔膜的改性。

緻密膜主要有金屬膜、合金膜和固體電解質膜，金屬鈀、銀、鎳、銅等及其合金都曾用於製備緻密膜，研究的重點在於製備超薄的並在高溫下穩定的金屬膜。氫氣可以通過鈀膜而與其他氣體分離。近年來無機緻密膜主要向支撐金屬膜發展，主要的製備方法是無電接鍍技術，在多種支撐體上接鍍金或合金膜例如在 $\gamma\text{-}Al_2O_3$ 膜上用無電接鍍技術沉積出厚度為 1～5 μm 的鈀膜，製造分離氫氣的器件，在 600℃ 下仍有高的穩定性。一種新的 3 層結構的金屬膜作為催化劑有大規模應用的前景。這種膜的基底常是金屬釩，中間層常是多孔性 SiO_2，上層是預製膜金屬，用於氣相或液相反應作為催化劑。實驗表明這種膜造價低廉，在 700℃ 高溫和 H_2S 存在下仍能保持其穩定性和選擇滲透性。

儲氫材料如 LaNi$_5$ 在吸放氫若干循環之後，會因晶格膨脹而合金粉化，為了遏制粉化傾向，常用無電接鍍技術(次磷酸鈉還原沉積)在儲氫合金表面上接鍍一層 Ni 和 Cu 膜。氫氣仍能透過接鍍金屬膜發揮儲氫合金的吸、放功能，同時增強了儲氫合金的堅固性。用離子束濺射法在基底材料上沉積的儲氫合金膜有很好的電化學儲氫性能而能用為儲氫電極。許多金屬膜在應用為功能材料和催化劑等方面有重要用途。

多孔膜的製備以溶液—凝膠法為主要技術。商品化的多孔膜如 γ-Al$_2$O$_3$ 和 ZrO$_2$ 膜，都是用溶液—凝膠法製備的。製備的關鍵是控制溶膠的陳化時間和催化劑的濃度，因為陳化時間控制著聚合物粒度的大小，從而也就控制了膠粒在成膜過程中向支撐體微孔的滲透程度。催化劑的濃度則控制了縮合反應的速率，從而控制了膠束的滲透以及乾燥過程中聚合物網絡的疊合程度。最近有報導說，用溶膠—凝膠法將超微 ZrO$_2$ 燒結在 Ni 基金屬網上，製得了有一定韌性並可導電的複合膜。多孔膜的選擇性較差，但其氣體通量較高，多用於膜反應器的分離元件。例如，多孔的 Pd 或 Ni 膜用於脫氫反應，如 HI 和 H$_2$S 的分解反應、CO 和 CH$_4$ 的變換反應；醇類的脫氫反應；乙苯催化脫氫製乙烯等。

化學氣相沉積法(CVD)製備無機膜日益受到重視。此法可用於製備很純的包括 III-V 族化合物的晶態半導體薄膜。利用氣態分子的分解製膜，分解方法包括熱解、光解或化學反應等多種途徑，例如：

加熱或光照：

$$GeI_4 \rightarrow Ge + 2\ I_2$$

加熱：

$$Si(CH_2CH_3)_4 + 14\ O_2 \rightarrow SiO_2 + 8\ CO_2 + 10\ H_2O$$
$$SiCl_4 + 2\ H_2 \rightarrow Si + 4\ HCl$$

熱解：

$$SiH_4 \rightarrow Si + 2\ H_2$$

另外，可以利用歧化反應，反應平衡位置隨溫度而變，例如：

$$2\ SiI_2 \rightarrow SiI_4 + Si$$

隨著溫度的降低，這個反應越來越向右進行，有單質 Si 在冷的基體上沉積出來成膜。

總而言之，隨著材料科學的發展，無機膜製備技術也在不斷前進，各種新的膜材料和製膜方法不斷出現，總的趨勢是向超薄化、微孔化與複合型的方向發展。

六、複合材料

複合材料的製備一般是用增強材料為龍骨，然後將作為基體的材料複合上去。一些常用的複合材料列於表 9.3。

表 9.3　一些常用的複合材料

種類	基體	增強材料	用途
玻璃鋼 熱塑性玻璃鋼 熱固性玻璃鋼	熱塑性塑料 熱固性塑料	玻璃纖維 玻璃纖維	要求自重輕的受力結構件
碳纖維複合材料	環氧樹脂、酚醛樹脂、聚四氟乙烯	碳纖維	宇宙飛行器的外層材料，人造衛星、火箭的機架、殼體和天線構架
碳—碳複合材料	石墨	碳纖維、石墨纖維	航天航空構件、導彈鼻錐、飛船前緣、超音速飛機的制動裝置
金屬基複合材料	金屬	晶鬚、硼纖維、碳纖維、氧化矽纖維、鎢纖維、不鏽鋼纖維	燃氣輪機 宇航、航空機件
顆粒增強：金屬基複合材料	金屬基：Ti、Cr、Ni、Co、Mo、Fe	顆粒：Al_2O_3、MgO、TiC、SiC、WC	硬質合金
陶瓷基複合材料	陶瓷	纖維、玻璃纖維、碳纖維、SiC 纖維、Al_2O_3 纖維、Si_3N_4 纖維	發動機葉片 火箭噴嘴喉襯 裝甲鋼

陸、新材料的現狀與展望

現代科學技術的飛速發展，給材料科學帶來了許多新的機遇。IBM 公司研究人員曾用 STM 移動氙原子，採用 35 個氙原子組成 IBM 三個高標字母 (見圖 9.6) 的事實，此已標誌著可從單一原子或分子出發，進行合成材料的夢想正在成為事實，這種微觀高超技術將會改變人類的生產和生活方式。新材料是發展高新技術的物質基礎，也是改造傳統產業的必要條件。因此，世界各工業發達國家都對材料科學給予高度重視，把新材料的研究與開發列為關鍵技術的重要組成部分。在新世紀的來臨，新材料與技術的發展有如下幾個方面。

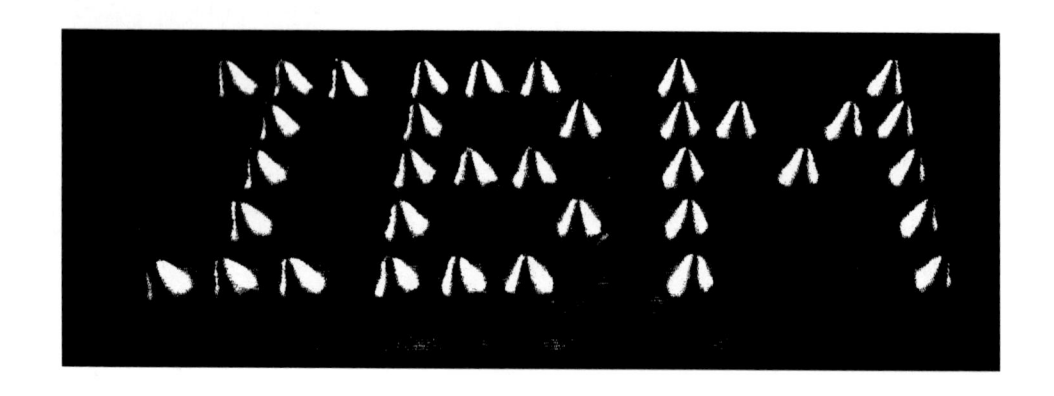

圖 9.6　用氙原子排出的 IBM 字樣

一、資訊功能材料

所謂資訊行業，主要包括通訊、計算機和控制等三個方面，指資訊的獲取、傳輸、存儲、顯示、處理等。這些環節都以材料為基礎。計算機是資訊產業的關鍵。

早在 1906 年發明了真空（電子）管，1948 年半導體晶體管出現，1958 年在晶體管的基礎上又出現了集體電路，出現集體電路之後，計算機的體積大為縮小，功能日益改善，可靠性不斷提高。由於計算機的普及推廣，人類進入了資訊時代，有關資訊的設施得到高速發展，也使資訊功能材料受到空前的重視。

（一）資訊產業以集體電路為基礎

集體電路的關鍵在於半導體材料、封裝材料和技術。目前，矽是最主要的半導體材料，在今後二、三十年內也不會有很大改變。但對封裝材料的要求卻越來越高。

GaAs 是僅次於矽的一種 III-V 族化合物半導體，由於它具有比矽更為優越的性能，並有受激發光的特性，對於發展高密度、高速度芯片是有利的，在今後會得到更高速的發展。人們現在已經製出純度達到每 50 億個原子中只有一個外來原子的 GaAs 半導體晶體。實驗表明，電子通過這種晶體的運行速度可達到 $1,440 \times 10^4 \text{ cm} \cdot \text{s}^{-1}$，打破了美國貝爾實驗室創造的 $1,170 \times 10^4 \text{ cm} \cdot \text{s}^{-1}$ 的世界記錄。近年來多孔矽的發現和在矽單晶上形成的奈米 SiC 都是可發光的半導體材料，有可能在光電子技術中得到應用。

（二）記錄材料

記錄材料多采多姿，分為磁、磁光和光記錄材料 3 大類。磁記錄材料發展最早，目前仍占很重要位置，它的種類也很多，除以 γ-Fe_2O_3、CrO_2、$BaO \cdot Fe_2O_3$ 外，還有薄膜存儲材料和磁光存儲材料，它們存儲密度高、壽命長、保真性能好，可以擦除，研究與應用發展很快。這些材料的組成是 GdCo、GdTbFe、TbFeCo 或 Co 與 Pt 的疊層薄膜。它們的光存儲密度極高，而且價格低廉，但不能代替磁存儲而只能是補充。目前常用的材料為 Te-Se-Pb 的薄膜，也可以是 Sb_2Se_3 和 Bi_2Te_3 的多層薄膜。

（三）敏感材料和敏感元件

計算機用於控制主要靠敏感元件，它決定著控制的精度。很多敏感材料屬於氧化物陶瓷，見表 9.4。有機物也可以作為敏感材料，人體的各種感知，都靠有機體的分子識別。在金屬敏感材料中，最為人知的是形狀記憶合金。

表 9.4　敏感和探測材料

探測的性能	利用敏感材料的性質	材料
氧含量	體離子導電	$Zr_{1-x}Ca_xO_{2-x}$
濕度	表面離子導電	Mg_2O_4-TiO_2
酸度	表面化學反應	IrO_{2-x}
壓力	壓電	$PbZr_{1-x}Ti_xO_3$
溫度	熱電	$PbZr_{1-x}Ti_xO_3$
電壓	晶界面隧道	ZnO-Bi_2O_3
PTC 熱敏電阻	晶界面相變	$Ba_{1-x}Ce_xTiO_3$
NTC 熱敏電阻	電子相變	$Fe_{2-x}TiO_3$
CT 熱敏電阻	電子相變	VO_2
化學	表面電子導電	ZnO-CuO
光學	光電阻	CdS

（四）光波纖維

光導纖維的特點在於光傳導容量大、保密性強、不受干擾、節約資源、中繼線網絡距離長等。光波纖維的應用推廣速度 10 倍於集體電路的發展速度，成為資訊高速公路的關鍵技術之一。

光波纖維主要是由摻雜 (如 GeO_2 或稀土) 的石英玻璃拉製成的。除無機非金

屬光波纖維外，有機光波纖維損耗雖較高，但由於其柔軟和可操作性強而廣泛用於醫學診斷及其他短距離光資訊傳輸的用途中。

二、結構新材料

　　由於航太事業的發展，對高溫、高比強度和高比剛度材料的要求越來越高。因為發動機的工作溫度越高，單位推力的油耗越低。降低油耗是當前航空動力研究的主要目標之一。在民航中油耗占成本的 40%。人們估計燃氣渦輪發動機效率與性能的提高約 50% 來自材料的改進。對飛機性能的提高，材料所占比例達到 2/3 左右。

　　地面運輸工具也要求高比強度和高比剛度材料，例如汽車每減重 100 kg，每升油就可以多跑 0.5 km。本來，美國要求到 2003 年每升油由目前平均跑 12 km 提高到 35 km，但仍有困難。有人做過估計，要達到這個目標，37% 要靠車輛的輕量化，40% 來自於發動機熱效率的提高，當然這也與材料密切相關。採用陶瓷材料是途徑之一。

　　要達到高溫、高強、高模量，複合材料是解決問題的最主要途徑。碳纖維、碳化矽纖維、硼纖維強化的樹脂基複合材料在飛機或航天領域以及運動器材方面已得到大量採用，金屬基複合材料主要用於航天。陶瓷基複合材料正處於開發階段。碳─碳基複合材料是最理想的高強比、高模量比的材料，只可惜其抗氧化問題還難以解決，當前只能用於導彈彈頭。

　　工程陶瓷分為功能陶瓷和結構陶瓷兩類。前者包括範圍很廣，如鐵電、壓電、光電、半導體、電解質、熱釋電、敏感以及多種多樣的人工晶體和高溫超導體，都屬於功能陶瓷之列。用於結構的工程陶瓷有 Si_3N_4、Sialon、SiC、ZrO_2、Al_2O_3、莫來石 ($Al_2O_3 \cdot SiO_2$ 系) 等。以上這類陶瓷多數資源豐富，具有耐高溫 (1,200～1,600℃) 耐磨、耐蝕、摩擦係數小、比密度小、膨脹係數小等特點。缺點是室溫脆性高和價格較昂貴、難加工、回收困難等。但經過原料的控制 (超純、超細)、晶界控制、第二相的加工、纖維增強以及利用相變增韌，可以提高陶瓷材料的韌性。

　　金屬材料雖然在很多情況下，它們的耐高溫、比強度和比剛度都不占優勢，但由於其工藝成熟，應用廣泛，目前金屬材料仍然是結構材料的重點，它的發展主要是在現有基礎上加以改進。例如，鋁鋰合金，在 Al 中加入 2～3% 的 Li，每

加入 1%，可使剛度增加 6%，密度降低 3%。Na_3Al 也已達到應用的程度，不但可以用作高溫材料，也可用作耐磨和耐腐蝕材料。Fe_3Al 能代替不鏽鋼用作耐腐蝕和高溫抗氧化材料。

三、能源材料

能源材料包括能源結構材料、功能材料與含能(儲能)材料，也包括節能材料，這類材料種類繁多，有時界限也不太清晰。

（一）太陽能光電轉換材料

太陽每年射向地球表面的能量高達 60×10^8 億度 $(Kw \cdot h)$，1 萬倍於全世界能耗，可惜能量密度低 $(1\ kW \cdot m^{-2})$，並且受自然環影響很大。目前光電轉換效率還不很高，例如多晶矽 17.7%，非晶矽 7% (理論值 24%)，單晶矽 23.1%，GaAs 28.7%。

此外，還有不少正在開發的光電轉換材料，例如 $CuInSe_2$、CdTe、Cu_2O、Cu_2S、$CuIn(Ga)Se_2$ 等。目前大量應用的是摻氫非晶矽 (α-Si:H)，在大規模生產中，每平方英尺 ($0.0929\ m^2$) 面積上光電效率可穩定在 10% 以上，很有發展前景。國際上最高水平的多晶矽太陽能電池，結構非常複雜，但可達到 24% 的最高效率。

（二）高密度蓄電池

不論是太陽能的利用，還是電動汽車的發展，都需要高密度蓄電池。目前常用的蓄電池仍然是鉛酸電池，它的比能量太低 ($30\ W \cdot h \cdot kg^{-1}$)，作為電動汽車能源太重，而且還有污染問題。

表 9.5 列出了幾種高比密度蓄電池的各項指標，從表列數據可以看出，Ni-MH 電池從體積密度到比功率都是最高的。從比能量來看，它比鉛酸電池高一倍以上。國際上正以開發 Ni-MH 動力電池為目標，以解決未來的汽車動力，並用它代替 Ni-Cd 電池、Na-S 電池和鉛酸等電池。

表 9.5　幾種高比密度電池

電池	比能量 (W·h/kg)	體積密度／(W·h/L)	比功率 (W/kg)	能量效率/%	可充電次數
Na-S	81	83	152	91	502
Li-硫化物	66	133	64	81	103
Zn-Br	79	56	40	75	34
Ni-Zn	67	142	105	77	114
Ni-MH	54	186	158	80	333
Ni-Fe	51	118	99	58	918

日本試製出一種採用鎳氫電池與汽油發動機結合的混合型汽車，在低速和加速階段，汽車由電池驅動，進入高速階段，燃料發動機自動啟動。此車的廢氣排放僅為一般燃料油機車的 1/10，排放的 CO 減半。隨著對環境保護要求的提高，電動汽車是大有發展前途的。

（三）燃料電池

燃料電池可將燃料的化學能直接高效轉化為電能。與傳統的火力發電相比，燃料電池有發電效率高、噪音小、對環境污染小、省水、適合分散供電和建設周期短等優點。表 9.6 列出了當前正在開發的幾種燃料電池。

燃料電池雖然已經進入成熟階段，並已在高技術和軍事上得到應用，例如鹼性燃料電池已在阿波羅登月飛船上應用，但在商用方面則有待降低造價、市場開發與擴大生產和推廣規模。

（四）高溫超導電纜

高溫超導體自 1986 年發現以來，備受科學界的重視，主要是因為它具有誘人的應用前景。20 餘年來，在持續的研究中，發現了轉變溫度 T_c 在液氮溫度 (77K) 以上的許多超導化合物如 Y-Ba-Cu-O、Bi-Sr-Ca-Cu-O、Tl-Ba-Cu-O、Hg-Ba-Cu-O、V-Sr-Tl-O 等達 30 餘種之多。但在理想中的電力應用方面還未能達到實用化，目前仍處於繼續探索階段，例如將 Bi 系超導材料粉末裝入銀管中，通過拉、拔、軋等複雜工藝，已經製得長達 50 km 的線材，正在開發用作電力電纜、大型工業電動機以及強磁裝置等雛形應用實驗。

表 9.6　幾種主要燃料電池類型

電解質	碳酸鹽溶液	碳酸鹽溶體	ZrO_2	高分子膜	鹼性
電荷載體	H^+	CO_3^{2-}	O^{2-}	H^+	OH^-
工作溫度/℃	150～210	550～650	1,000～1,100	80～110	7～200
燃料	天然氣、甲烷	天然氣、煤氣	天然氣、煤氣	氫、城市煤氣	氫、天然氣
效率/%	35～42	50～60	＞60	—	＞60
成熟程度	基本成熟	工業實驗(2MW 規模)	實驗室(kW 規模)	工業實驗(kW 規模)	工業實驗
缺點	效率化、壽命短	電解質、不穩定	溫度高、離子導電率低	不能含 CO 催化劑昂貴	不能含 CO_2

四、低維材料

奈米材料以其具有很多異乎尋常的物性和廣泛的應用前景，也是備受重視的未來材料之一。奈米粒子屬於零維材料，由於它們的量子尺寸效應和隧道效應所引起的周期邊界條件的破壞，使它們的聲、光、電、磁及熱力學等特性發生明顯變化，出現很多反常表現。例如，金屬在低溫下表現為電絕緣體；鐵電體變為順電體；鐵磁體顯示順磁效應；金屬微粒反光能力下降到僅 1% 而成為黑體；鐵晶體斷裂強度提高了 12 倍等等。

又如，奈米顆粒因此面積大為增加，材料的擴散係數增大，銅的自擴散係數增大到傳統晶體的 10^{16}～10^{19} 倍，從而大大降低了銅的燒結溫度，這對陶瓷材料來說有特殊的意義，不但燒結溫度明顯降低，也是提高韌性的有效途徑。奈米技術已成為獲得特殊性能材料的重要途徑，例如通過奈米技術可使某些陶瓷材料獲得超塑性。此外，由於奈米材料電磁性能的改變和表面積的增大，已成為開發隱形材料、新催化劑、新磁性材料等的重要手段。奈米技術也是資訊技術走向未來新發展領域的希望之所在。

一維材料主要是指各種纖維。纖維是複合材料的主要增強劑。高強度和高模量纖維材料包括玻璃纖維、聚晶體纖維 (例如碳纖維、氮化硼纖維等)、有機纖維、金屬纖維、晶鬚等。

碳纖維相對密度小、強度高、模量高，它的彈性模量比金屬高 2 倍，抗拉強度比銅高 4 倍，達到 3～4 GPa，比強度是銅的 16 倍、鋁的 12 倍。碳纖維的耐腐蝕性能相當強，長期在王水中浸泡不被腐蝕；耐高、低溫的性能良好；線膨脹係數很小，幾乎接近零；是電的良好導體，導電性可與銅比美，……等。因而碳纖維在科技研究、工業生產、國防科技等方面有相當重要的作用。

二維材料指的是薄膜，這是近年來功能材料發展的重點，例如金剛石薄膜。金剛石具有高硬度、高耐磨性、高導熱率、高電絕緣性、高折射率、高透過率和耐化學腐蝕等優良性能，因而在力學、熱學、光學、聲學和電子學等一系列高技術領域內有廣泛應用前景。在基片(襯底)材料上沉積大面積透明金剛石薄膜，是一些材料科學家追求的目標。金剛石薄膜的製備技術主要有熱絲碳蒸氣沉積 CVD 法、微波電漿體 CVD 法等。目前，用於 CVD 法製備金剛石薄膜的襯底材料大致有 3 類：一類是不會生成過渡層的材料，如 SiC、CBN 和 BeO；一類是能形成碳基過渡層的襯底材料，如 Si、Mo、W 等；另一類是形成石墨過渡層的材料，如 Cu 和 Ni。在矽(Si)襯底上實現金剛石薄膜的異質外延生長是研究的重點。

1991 年發現的奈米碳管，可以看成是二維材料，直徑只有幾個奈米，而其強度比鋼高達 100 倍，密度僅為鋼的 1/6，是很有前途的複合材料增強劑，它的導電性又超過銅，可能成為奈米級的電子線路材料。

五、生物材料

國際生物材料會議經討論確定，與活體相聯繫的或植入活體起某種生物體功能的材料稱為生物材料。生物材料不同於日常生活中使用的普通材料，這類材料必須滿足生物學要求，這些要求現統稱為「生物相容性」。

生物材料主要包括 3 個部分，首先是生物醫學用材料，即用於診斷、治療、修復人體器官或組織更換的一類功能材料。因為這類材料要成為人體的一部分，所以要求很高，例如相容性、活性、毒性等。醫學用高分子材料發展很快，品種也很多，除了用於研製人工肝、人工腎、人工胰、人工皮膚和人工血管等材料。另外，還用作藥物的緩釋系統材料。對骨骼和牙齒材料來說，則以金屬和陶瓷為主要材料，其中具有生物活性的羥基磷灰石和有生物相容性耐腐蝕的醫學用鈦合金，都已得到廣泛應用。

其次，仿生材料的研究為材料科學的發展開闢了一片新天地。天然生物材料的形成及其性能有許多是令人難解的。例如，人的牙齒非常耐磨，詳細研究發現，它是由定向生長的奈米微粒所組成。珍珠是由無機鹽碳酸鈣和有機奈米薄膜交替疊加所組成，是一種有硬度的複合材料。因此，仿生材料的研究與開發，對新世紀生命科學的發展，無疑是有重要意義的。

第三，生物工程在工業生產中正受到日益加強的重視，目前化工生產常在高

溫、高壓的條件下進行，催化劑的應用大大降低了生產溫度和壓力；隨著近代生物學的發展，有可能利用當前生物模擬研究最引人關注的是光合作用，如果人類能夠實現低成本的人工光合作用，使糧食生產工業化、規模化，全球人類將不再為可能的食物匱乏擔憂了。

六、智能材料

所謂智能材料是指能隨周圍環境改變而改變自身性能的一類材料。利用這類材料可以滿足人類的某些要求，以達到自我診斷、自適應甚至自修復的目的。變色眼鏡就是一個特例。智能材料又叫做機敏材料，實際上這類材料並不多，但人們可以將有感知（傳感器）、信號處理（電腦）、驅動（環境敏感材料）和機械操縱構件等組合在一起，用光纖把它們聯結起來，組成一套功能多樣的智能自動控制系統。由此可見，智能材料及系統是一間多學科交叉的科學，其發展離不開智能敏感元件、功能材料及其與結構材料結合的複合技術的進步。

研究較多的具有特殊功能的智能材料有如下幾種。

（一）形狀記憶材料

這類材料包括形狀記憶合金（例如 NiTi、CuZnAl、FeMnSi、NiAl 等）以及聚胺基甲酸乙酯等形狀記憶聚合物。這類材料在特定溫度下會發生熱彈性馬氏體相變或玻璃化轉變，使它們的性質（如電阻或彈性模量）發生顯著變化，例如聚胺基甲酸乙酯在玻璃化溫度下其彈性模量可變化 500 倍。經過處理，材料能夠恢復它在相變前後的形狀。可以利用形狀記憶材料來製作溫度、應力或應變的傳感元件，也可用作驅動器材料。

（二）壓電材料

接受外來壓力可以產生電信號的材料，稱為壓電材料。壓電材料包括壓電陶瓷（例如 $BaTiO_3$、$Pb(ZrTi)O_3$、$(KNa)NbO_3$、$PbNb_2O_6$ 等）和壓電高分子（如合成多肽、聚偏氟乙烯、聚氯乙烯、聚氟乙烯、尼龍-II 和聚碳酸酯等），其中重要的壓電高分子主要是聚氟乙烯 (PVDF) 和聚偏氟乙烯 (DVF_2)。壓電材料的特點是響應快（通常幾微秒），可產生高頻、低應變和大的作用力。

（三）導電高分子材料

導電高分子材料包括共扼 π 電子系高分子材料 (如聚乙炔、聚吡咯、聚噻唑、$(SN)_x$、聚對苯撐、聚對次苯硫醚等) 和離子導電高分子材料 (如聚氧乙烯、聚氧丙烯和有機金屬高分子如四氰基喹啉並二甲烷 [TCNQ] 和四氰富瓦烯 [TTF] 等)。這類材料在電場下還可以發生 10% 以內的尺寸變化，因而也可以作為智能驅動材料。

根據最新的報導，2000 年的諾貝爾化學獎已授給使塑料變成導電體的三位化學家，他們是美國加州大學的 A. J. Heeger 教授、美國賓夕法尼亞大學的 A. G. MacDiarmid 教授和日本築坡大學的 H. Shirakawa 教授，他們的發明為高技術器件在電力工業的應用和發展開創了歷史紀元。

（四）電流變性流體

這類材料的特徵是在不導電的流體中懸浮著微細的極性顆粒，例如，玉米澱粉在玉米油中；矽膠在礦物油中；纖維素在變壓器油中；沸石在矽氧烷油中等。給這種體系通電時，極性粒子被極化，粒子間通過強大的靜電引力而形成了結合鏈，使液體固結起來了。這種分子間的鏈很強，很難斷開，即使用外力斷開，極性粒子仍將重排而再度形成新的結合鏈。停斷電場時，體系恢復為液態。可將這種流體注入到一些重要結構件中，當構件遇到突然衝擊時，體系能夠自動加固，防止發生意外的斷裂事故。

（五）磁致伸縮材料

這類材料 (如純鎳、NiFe、NiCo、FeAl 和 FeCoV 等) 有很強的磁致伸縮效應，它們在磁場的作用下可以改變它們的尺寸或體積，可以用作智能驅動器材料，也可用作應力或應變傳感器材料。

（六）高分子生物材料

人工合成的多肽纖維具有類似於皮膚的功能，其水凝膠等材料可隨電場或電磁場的變化而改變它們的形狀。這類材料在再造生物器官等生物醫學領域中有重要應用前景。

智能材料和系統是為本世紀準備的尖端技術，現已成為材料科學的一個重要

前沿領域。可以預計，隨著高技術的發展，智能材料的發展將趨向成熟，並最終走向實用化。

七、環境材料

環境材料又稱為綠色材料，它們是那些能與環境相協調並有利於環境保護的材料。採用這些材料可以節約資源和能源、少污染、少排放或零排放，或可以回收再生，或可以循環利用，或可以通過降解，而能淨化環境。現在，在火車上為旅客準備了可降解的一次餐具(例如飯盒)，使用後如果拋棄，可在空氣中自動降解，不污染環境，也可以回收再生，材料重複利用。所有的材料就是可降解的高分子材料，屬於綠色環境材料之別。使用這類材料，既節約了資源，又節約了能源，保護了環境。

關於環境材料的開發，目前在開發純天然材料、仿生材料、綠色包裝材料、環境可降解材料、人居環境建材等方面，都已有較大的進展，應該指出的是，儘管環境材料的開發正在起步，已進入 21 世紀，對所有的新材料都應該考慮它們的環境行為，按環境材料的要求進行它們的開發和發展工作。

八、到太空去製造材料

隨著太空技術的發展，材料科學家們開始考慮在太空中製造地球上難以製得的材料，因為太空可以提供地球上得不到的種種特殊環境，第一是無重力(實際上還有 10^{-4} G 的微弱重力，G 是引力常數)；第二是高度真空 (1.3×10^{-12} Pa)；第三是可以得到大量的廉價太陽能；第四是溫度，可以容易地得到從 $-100°C$ 到 $+100°C$ 的溫度。

以上的這些條件對於合成材料是十分有利的。例如，在地球上製造合金時，密度大的金屬會下沉，密度小的金屬會上浮，造成偏析現象。但是在太空無重力的條件下，就可以製得無偏析的均勻合金。另外，太空中的高度真空下為合金的製備帶來很多好處。在地球上，熔煉活性金屬或高熔點金屬時，坩堝材料和周圍氣氛始終是棘手問題，而在太空中可以方便地製造有價值的高級合金。如此的太空環境對於生長活性高的化合物半導體單晶和製備複合材料也都十分有利。

在太空生長單晶體的首選目標是半導體單晶，因為半導體材料是資訊產業的基石之一，資訊元器件對半導體材料提出了很高的要求，而在地球上生長的單晶

體還不能高標準地滿足要求，而今只有矽材料獲得了大規模工業生產和應用。比單晶矽有更廣應用前景的化合物半導體材料，由於製造技術的困難，迄今未能實現大規模工業應用。在太空的微重力、超高真空和超潔淨的環境有利於提高和改善半導體材料的質量，因而有可能在空間生產高純、摻雜和組分分布均勻的完美單晶體。中國大陸的女科學家林蘭英院士已在20世紀90年代首創實現了砷化鎵單晶體太空生長的搭載實驗，取得了優異成果。

在金屬材料方面，那些難混合金、偏晶合金、共晶合金、非晶合金、超導材料、磁性材料、發泡金屬以及複合材料等，都可在返回式衛星上進行搭載研製實驗。在太空進行生物材料研製實驗的主要是製藥，為此正在進行兩個方面的工作，一是利用太空電泳技術高效率地提純可作為藥品的生物製品；二是蛋白質晶體的生長，主要目的是獲得大尺寸的蛋白質晶體。

太空材料科學研究的目的不僅是開發材料的太空產業，而且還可以通過太空材料研究不斷地啟迪人們對新材料的認識，又反過來指導和改進地球上的材料產業和加工工藝，提高地球上產品的質量。

九、將組合化學技術應用於材料製備

組合化學是近20年來發展起來的化學合成新技術，在藥物和材料開發方面的應用日益取得成就，組合化學技術本身也日臻完善。國外一些有實力的公司看到組合化學技術在開發新產品方面的高效率，競相與科研公司或大學合作以強化開發競爭能力。德國BASF公司已在2004年前投資1,700萬美元用於以組合化學法研究開發新型催化劑的項目；美國Symyx技術公司專門用組合化學法開發新材料，品種範圍涉及醫藥、化工、催化劑、電子材料等，與許多大公司(如BASF、拜爾、道、孟山多等)建立了合作開發關係，1999年創收3,050萬美元，比1998年增長了120%，等等。

組合化學的核心步驟，是將不同結構的基礎模塊(building block)經反覆連接，產生數目眾多的相關化合物，稱為化合物資料庫(chemical library)。從基礎模塊到化合物庫，其展開步驟就是「排列組合」。採用組合化學合成技術，可以迅速地合成出數目驚人的化合物。理論上如果用20種天然胺基酸作為基礎模塊，用20個容器，重複兩步，可以合成出20^2個，即400個二肽；8步可以構成256億種八肽！如果基礎模塊的品種數為M，進行組合化學反應多數為T，則組合化

合物資料庫中的化合物品種數目 $N = M^T$。目前在實驗室裡，用幾天時間，採用組合化學法建立一個由數百萬種多肽組成的化合物資料庫，已不算什麼驚人故事了。

Symyx 公司 1999 年用組合化學技術供合成、鑑定、或篩選過 75 萬種化學物質，從中篩選、研製成功 5 種知識產權屬於該公司的產品和 3 種合作開發產品，其中有 X-射線新型螢光材料、分析 DNA 用的聚合物材料、電子工業用的有機材料、催化劑等。實際效率大致是傳統合成研究方法的 100 倍！

將組合化學技術移植到材料科學領域裡來，無疑將會大大加速材料科學的發展，並也將促進高技術的進步，當然這將有待於材料化學家們的努力學習和實踐，我們將拭目以待！

觀念思考題與習題

1. 為什麼說有了新材料就有了人類生活的新品質？
2. 為什麼說化學是新材料的源泉？
3. 如果按材料發展水平來歸納，大致可以分為哪五個世代？請簡述之。
4. 一般材料的種類有哪些？請簡述之。
5. 複合材料涵蓋的範圍極廣，主要包括有哪些？請簡述之。
6. 人類生活中常用的矽酸鹽材料有哪些？請簡述之。
7. 一般高分子材料包括有哪些？請簡述之。
8. 何謂奈米材料？其發展前景如何？
9. 何謂功能材料？其發展前景如何？
10. 現代社會對新一代材料的要求有哪些？請簡述之。
11. 材料的微觀結構有哪些？請簡述之。
12. 晶體中的缺陷有哪些？請簡述之。
13. 非晶態材料有何特性？請簡述之。
14. 多晶體陶瓷的製造有哪些要素？請簡述之。
15. 重要的特種陶瓷有哪些？請簡述之。
16. 單晶生長製備方法有哪些？請簡述之。
17. 重要的人工晶體有哪些？請簡述之。
18. 奈米材料製備方法有哪些？請簡述之。
19. 無機膜的製備技術有哪些？請簡述之。
20. 常用的複合材料有哪些？請簡述之。
21. 資訊功能材料有哪些？請簡述之。
22. 能源材料有哪幾種？試舉例說明之。
23. 低維材料有哪些？各有何特質？
24. 生物材料包括有哪些？請簡述之。
25. 智能材料包括有哪些？請簡述之。
26. 何謂環境材料？其發展前景如何？

第十章 豔麗人生

　　自然科學研究探討的最終目標，都是要瞭解大自然奧秘與對人類的造福，使人類生活更美好，其中的化學也不例外。從化學本身研究對象的特點出發，化學研究應該重視解決下列的問題。

1. 提高人類的生活品質

　　諸如合成新的材料，環境物質的淨化和可持續發展等，都能使人類衣、食、住、行的條件有大幅度的改善和提高。尤其人類生活品質的高低，在很大程度上取決於新材料的誕生。化學家們所研究成功的高分子塑料，就使人們進入了好用的塑料時代，新型建築材料和裝潢材料的問世又使人們居住條件得到了改善。特種材料的研製成功又使人類走向宇宙，開創了航太時代。

2. 保證人類的生存

　　諸如在解決人類糧食與能源問題、環境友好的合理使用自然資源、以及保護環境方面所作出的努力和貢獻。尤其能源也是人類賴以生存的必需要素之一，而自然界的天然氣、石油、煤等礦物資源已日趨減少，如何合理而又綜合地有效利用這些能源，正是化學家夢寐以求的重要目標之一。原子核能利用的關鍵也在於化學製備和處理，而進入電器用品新時代的人類，更需要化學家能提供更多的高效化學電源與綠色產品。隨著工業的發展，人口的增多，人類賴以生存的環境也在受到愈來愈嚴重的污染，探明環境被污染的程度，制定保護環境的對策又是化學研究的重要內容。

3. 延長人類的壽命

　　諸如探明生命過程中的化學奧秘，合成新的綠色藥物與綠色食品來幫助醫療與保健等。人體中微量元素的作用正在被化學家一一探明，新的合成藥物一批又一批被成功的研製出來，人類的壽命正在不斷地增長，而且還會隨時有新的突破。由於全世界人口的快速成長，地球上能夠為人類所利用的資源，包括土地與食物在內都是有限的。為了人類生存的需要，人們必須在有限的土地上生產出更多的糧食和農產品，因此化肥、農藥的研究，正是為此而發展出來的。

總而言之，化學是一門使人類生活得更美好的學科。正如科學家們共同所認定的憧憬：「化學發展到今天，已經成為人類認識物質自然界，改造物質自然界，並從物質和自然界的相互作用，得到自由的一種極為重要的武器。就人類的生活而言，士農工商，食衣住行，無不密切地依賴化學。在新科學、新技術革命浪潮中，化學更是引人注目的新潮兒。」

壹、五光十色的焰火

　　對人類而言，世界上每一個國家或每一個種族，對每一個紀念節慶日或歡天喜地慶賀的日子裡，都選擇施放五彩繽紛的焰火，因它不僅增添了熱鬧，而且還使人們賞心悅目(見圖10.1)。尤其在夜色的天空中，它所爆發出的朵朵豔麗的「花團錦簇」，其實都是化學物質本身所具有魔幻般魅力的展現。

圖 10.1　五彩繽紛的節日焰火

一、鹼金屬和鹼土金屬元素的焰色反應

　　焰火中的化學：在元素週期表的最左邊的第一族是鹼金屬，它包括鋰(Li)、

鈉 (Na)、鉀 (K)、銣 (Rb)、銫 (Cs) 等。之所以稱它們為鹼金屬，是因為它們的氫氧化物都是溶於水所產生的強鹼。它旁邊的第二族則是鹼土金屬，這是因為它們的性質介於「鹼性」和「土性」(難溶氧化物如 Al_2O_3) 之間。它包括鈹 (Be)、鎂 (Mg)、鈣 (Ca)、鍶 (Sr)、鋇 (Ba)、鐳 (Ra)。

當我們將鹼金屬或鹼土金屬的一些化合物置於火焰中時，立刻就可以看到火焰變成了各種顏色。各種元素的顏色都是特定的，見表 10.1。這就是所謂的焰色反應，這種焰色反應是由這些金屬元素決定的，而與它們是怎樣的化合物並無關係。

表 10.1　各種金屬元素之焰色

鹼金屬	焰色	鹼土金屬	焰色
鋰	紅色	鈣	橙紅色
鈉	黃色	鍶	洋紅色
鉀、銣、銫	紫色	鋇	綠色

那麼，這些顏色是怎樣產生的呢？

眾所周知，自然界的普遍法則為能量愈低愈穩定。因此，元素的電子在平常的情況下，是處於能量較低的能級，我們稱它們為基態。當外界有能量激發這些電子時，它們就會從基態躍遷到較高的能級，我們稱它們為激發態。激發態的能級是不連續的，也就是說是量子化的。處於激發態的電子是極不穩定的，在極短的時間內 (約 10^{-8} s)，便會跳回到本身基態或較低的能級，並在躍遷過程中，將能量以一定波長的光能形式釋放出來。

由於各種元素的能級是被固定的，且各不相同，因此在向回躍遷時，釋放的能量也就不同。而不同的能量則對應於不同波長的光線。鹼金屬和鹼土金屬的能級差，正好對應於可見光，於是我們就看到了各種顏色。

所釋放的能量 ΔE 與波長之間的關係由下式決定：

$$\Delta E = h\nu = hc/\lambda$$

上式中 h 為普朗克常數，c 為光速，λ 為波長，ν 為頻率。

利用焰色反應，我們就可以製成信號彈或煙火。從上述原理中可以看出，要實現焰色反應，首先要給予能量，如造成一個類似火焰那樣的環境。其次要選擇

特定顏色的化合物。紅色信號彈的配方：硝酸鍶 $Sr(NO_3)_2$、氯酸鉀 $KClO_3$、硫磺、炭粉。

若需要綠色信號彈，只要把硝酸鍶換成硫酸鋇 ($BaSO_4$) 即可。

節日裡的煙火，也是由各種鹼金屬和鹼土金屬的鹽類化合物，加上鎂粉配製而成的，經過精心設計，使其爆炸成美麗的花朵般的圖形。鎂在燃燒時會發出強烈而耀眼的白光，孩童玩耍天雨散花的閃光條就是鎂粉所製成的。

◎小品──撒在鋁箔外的鹽

宴會上有一道菜看是烤鮭魚。服務員手捧一個瓷盤，內盛一條完全被鋁箔包起來，烤熟了的鮭魚。為了保溫和加熱，服務員在磁盤內倒了一點酒精，然後用火柴將酒精點著。此時，只見服務員在鋁箔上灑了一點鹽。大家頓時就困惑起來，這些鹽巴能使被包著的鋁箔顏色改變？請問，灑這鹽巴的作用究竟是為了什麼？

答案：

服務員灑這鹽巴的目的是讓火焰的顏色呈現鮮明的橙黃色，以便讓大家看得清火焰，從而知道這道菜還在加熱。否則，酒精的火焰呈淡藍色，不易看清，不小心伸手去剝鋁箔時會被燙傷的。

二、光譜分析

利用可見光能被人類肉眼識別出來，於是我們可以根據焰色反應來判別鹼金屬和鹼土金屬。那麼，別的元素就沒有電子的躍遷？當然不是。問題是除了鹼金屬和鹼土金屬之外，所有元素的電子躍遷釋放出的能量所對應的波長均不在可見光範圍內。因此無法被肉眼所見。然而，儀器是可以測量出各種波長的。這就是化學研究中常用的光譜分析方法。

各種元素的原子結構和外層電子排布的不同，造成不同元素的原子從基態躍遷到激發態之間的能量差都不相同。因此，各種元素在電子從激發態回到基態時所發射的光波各不相同。這就是元素的特徵譜線，所謂光譜分析，就是去識別這些特徵譜線。

能夠讓基態電子躍遷的激發態不止一個，而從激發態可以回到基態，也可以回到其他較低的能級。因此，發射的譜線就不止一條，而是一組，這一組光波就被稱為光譜。但通常從基態到第一激發態的躍遷最容易。這兩能級之間產生的譜線是元素分析中最靈敏的譜線。

發射光譜的儀器如圖 10.2 所示：

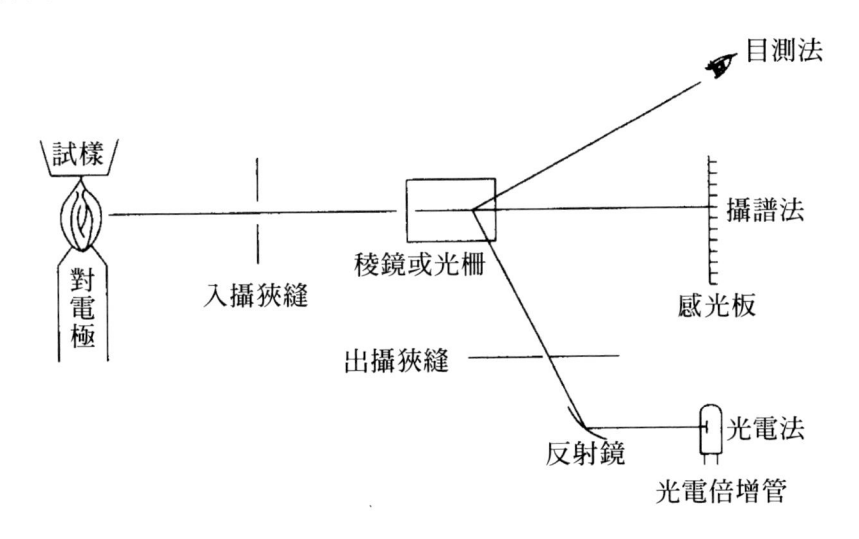

圖 10.2　發射光譜儀示意圖

　　發射光譜就是根據電子從激發態回到基態所發射的光譜來確定元素的。通常我們得到的是一個不連續的線譜，這當然是因為原子的各個能級是不連續的。將分析的譜線與標準譜線對照，就可立即知曉所分析的元素。這就是元素的定性分析。而譜線的強度往往又和該元素的含量有關，因此，利用這些譜線的強度又可進行元素的定量分析。此法已可測定 70 多種元素。

　　發射光譜定量分析的一個優點是，在很多情況下，分析前不必把被分析的元素從樣品中分離出來。其次是，對一個試樣進行一次分析就可同時測得多種元素的含量(即一次對多種元素進行分析)。另外，作分析時所消耗的試樣的量極少，但靈敏度極高。分析的含量範圍為 0.0001% 到 10%，超過 10% 時準確度降低。此法不能用以分析有機物及大部分無機非金屬元素。發射光譜法在地質、冶金及機械工業已得到廣泛應用。如在冶金工業中，此法不僅可以作為成品的分析工具，還可作為控制冶煉的工具。特種鋼的爐前分析，可以及時調整鋼液的成分。隨著科學技術的發展，光譜分析將更廣泛地應用於微量分析及稀有元素的分析。

　　原子吸收光譜又稱原子吸收分光光度分析。當我們讓對應於原子特徵譜線的光波通過該原子時，光波很容易被吸收。利用這種吸收現象來進行的分析方法就是原子吸收光譜法。當然，這時儀器記錄的是原特徵譜線光被吸收的情況。所用的光源也不一樣，在發射光譜中，是一個連續波長的光源，而在吸收光譜中，光

源是一個特製的元素空心陰極燈,它只發射一定波長的光線。如鎂空心陰極燈,發射的波長為 285.2 nm 的鎂的特徵譜線光。當通過一定厚度的鎂原子蒸氣時,部分光被蒸氣中鎂原子吸收而減弱。再通過單色器和檢測器測得鎂特徵譜線光被減弱的程度,即可求得試樣中鎂的含量。吸收光譜的一個特點是,分析中干擾極少。

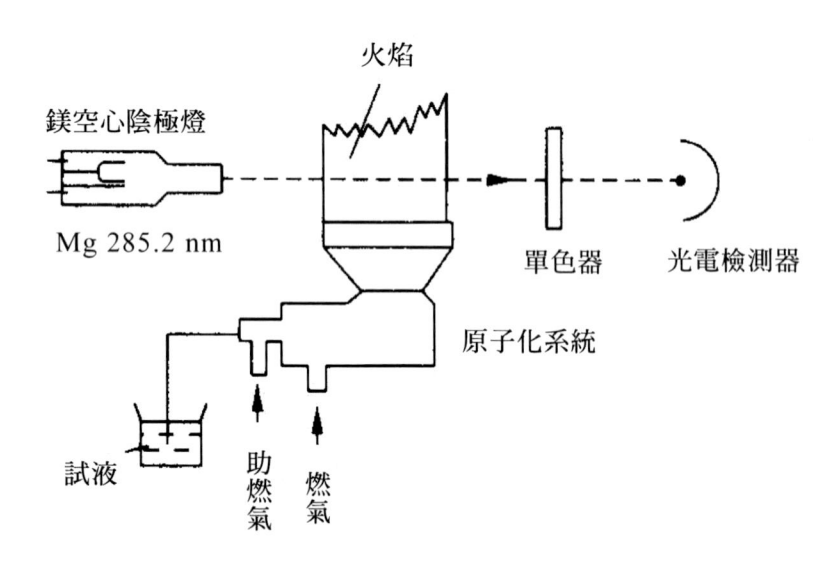

圖 10.3 原子吸收光譜示意圖

原子吸收光譜的主要特點是測定靈敏度高、特效性好、抗干擾能力強、穩定性好、使用範圍廣、也可測定 70 多種元素。加之儀器簡單,操作方便,因而應用範圍日益廣泛。同時由於原子的吸收線比發射線的數目少得多,譜線重疊的幾率就小得多。在發射光譜中,當試樣中共存元素的輻射線不能與待測元素的輻射線相分離時,顯然會引起干擾。對於原子吸收光譜而言,即使和鄰近的譜線分離不完全,但由於空心陰極燈一般並不發射那些鄰近波長的輻射線,因此干擾極小。原子吸收光譜的選擇性很高,這是因為在原子吸收的實驗條件下,原子蒸氣中基態原子數比激發態原子數多得多,所以測定的是大部分原子,這就使原子吸收光譜具有較高的靈敏度。因此原子吸收光譜法是一個很好的定量分析元素的方法。

貳、多采多姿的化學塗料

自從 20 世紀 80 年代以來,能源、材料與環境已成為具有時代特徵的三大課題。使用塗料是保護材料的重要手段,也是對各種材料進行改性以賦予新性能的

最簡便的方法。塗料屬於精細化工範疇，僅管高分子科學的發展是塗料科學的最重要的基礎，但單是高分子科學並不能使塗料成為一門獨立的學科。塗料不僅需要聚合物，還需要各種無機和有機顏料以及各種助劑和溶劑的配合，藉以取得各種性能。為了製備出穩定、合用的塗料及獲得最佳的使用效果，還需要膠體化學、流變學、光學等方面理論的指導。在介紹塗料概念和組成的基礎上來了解常用家裝塗料和工業塗料的性能，希望讀者能對塗料有更好地認識和使用。

一、塗料的概念

大多數的塗料是以高分子材料為主體，並以有機溶劑、水或空氣為分散介質的多種物質的混合物。塗料是一種流動狀態(少量是粉末狀態)的物質，採取刷、淋、浸、噴等簡單的施工方法，並經自乾或烘乾，能夠很方便地在物體表面牢固覆蓋一層均勻的薄膜(即塗層)。該塗層將對物體起保護、裝飾、標識和其他各方面的特殊作用。高分子材料是形成塗膜、決定塗膜性質的主要物質，稱為主要成膜物。由於早期的主要成膜物質是植物油或天然樹脂，所以常把塗料稱作油漆。現在，合成樹脂已大部分或全部取代了單一植物油或和天然樹脂，所以統稱為塗料。按人們的習慣，在具體的塗料品種名稱中有時還沿用「漆」字表示塗料，如調和漆、磁漆等。

可定義為：凡塗覆於物體表面，能與基體材料很好黏結並形成完整而堅韌保護膜的物料稱作為塗料。因此，油漆就是眾所周知的塗料之一。

◎ 塗料命名原則

在塗料命名時，除了粉末塗料外，都採用「漆」作為塗料名稱的後綴。在日常生活中，敘述具體的品種時，也稱為某某漆。而在統稱時，用「塗料」，不用「漆」這個詞。塗料命名原則如下。

1. 塗料全名＝顏料或顏色名稱＋成膜物質名稱＋基本名稱。例如，紅(顏色名稱)醇酸(成膜物質名稱)磁漆(基本名稱)，鋅黃(顏色名稱)酚醛(成膜物質名稱)防鏽漆(基本名稱)。
2. 對於具有特殊用途及特性的塗料產品，需要在成膜物質後面對特殊用途或性能加以說明。例如，紅醇酸導電(特殊性能是「導電」)磁漆，白硝基外用(特殊用途是「外用」)磁漆。

如果塗料中的主要成膜物質是有機物，則這種塗料就叫作有機塗料；同理，

如塗料中的主要成膜物質是無機物，則把這種塗料稱作無機塗料。完全以有機溶劑為分散介質的塗料稱為溶劑型塗料；完全或主要以水為分散介質的塗料稱為水性塗料；不含溶劑，即以空氣為分散介質的塗料稱為粉末材料。

二、塗料的組成

（一）主要成膜物質

　　主要成膜物質包括植物油、天然樹脂、合成樹脂等，它是塗料中不可缺少的成分，塗膜的性質也主要由它所決定，故又稱為基料。其中合成樹脂品種多，工業生產規模大，性能好，是現代塗料工業的基礎。合成樹脂包括酚醛樹脂、醇酸樹脂、環氧樹脂、胺基樹脂、丙烯酸樹脂、聚酯樹脂、聚胺酯樹脂、氟碳樹脂、乙烯基樹脂及氯化乙烯基樹脂等。

（二）次要成膜物質

　　次要成膜物質包括顏色填料、功能性材料添加劑。它自身沒有形成完整塗膜的能力，但能與主要成膜物質一起參與成膜，賦予塗膜色彩或某種功能，也能改變塗膜的物理性能。顏色填料包括防鏽顏料、體質顏料和著色顏料三大類。體質顏料是一種無遮蓋力和著色力的無色粉狀物質，主要用來降低塗料的成本，故又稱為填料。重晶石、瓷土、滑石粉、碳酸鈣等都是常用填料。著色顏料要有良好的遮蓋力、著色力、耐光性、耐熱性和耐溶劑性。相對而言，有機顏料有更多的優點，如色譜寬廣、色彩齊全、鮮豔、明亮，著色力強，化學穩定性好，有一定的透明度。故在紅色、黃色、綠色、紫色等彩色顏料中，有機顏料佔有重要位置。無機顏料因為價格低，遮蓋力強，機械強度高以及有更好的耐光耐熱度和耐介質穩定性，在色漆中仍有很多應用，且往往是與有機顏料混合使用，以截長補短。而在黑色和白色顏料中，無機顏料仍處獨霸地位，沒有哪種有機顏料能替代炭黑及鐵白粉這兩種無機顏料。

（三）輔助成膜物質

　　輔助成膜物質包括稀釋劑和助劑。稀釋劑由溶劑、非溶劑和助溶劑組成。溶劑直接影響到塗料的穩定性、施工性和塗膜質量。選用的溶劑應該賦予塗料適當的黏度，使之與塗料施工方式相適應。它應該有一定的揮發速度，與塗膜的乾燥

性相適宜，使之形成理想塗膜，避免出現橘紋、針孔、發白、失光等塗膜缺陷；還應能增加塗料對物體表面的潤濕性，賦予塗膜良好的附著力。塗料用溶劑也應該安全、無毒並經濟。常用的溶劑包括 200 號溶劑汽油、二甲苯、醋酸丁酯、甲基異丁基酮、丁醇、乙二醇丁醚。它們都有適宜的溶解性和揮發性。助劑有催乾劑、穩定劑、分散劑、流變添加劑、增塑劑、抗結皮劑、流平劑、消泡劑、乳化劑、消光劑等。它們主要用來改進塗料生產加工、儲存、施工或成膜過程中的某一特定功能。它們可以是小分子，也可以是高分子；可能是無機物，也可能是有機化合物。它們都有一個共同的特點，即用量很少，作用顯著，往往對塗料的品質起著舉足輕重的作用。

溶劑和助劑中常含有揮發性有機化合物，它們大部分有毒，而傳統溶劑型塗料的溶劑含量一般超過塗料總質量的 40%，使用時還要加入部分助溶劑調整黏度。塗料施工時絕大部分有機溶劑不參與反應而釋放到空氣中。除溶劑揮發外，胺基醇酸和胺基丙烯酸等高溫固化塗料，在烘烤固化過程中，由於胺基樹脂的自縮反應還會釋放一般占塗料總質量的 3～5% 的甲醇、甲醛等。烘烤溫度提高，時間延長，揮發量還會進一步提高。

◎ VOC 值

塗料中的可揮發性有機化合物的含量稱為 VOC (Volatile Organic Compound) 值。此值越高，塗料施工過程中，對環境的污染就越嚴重，對人體的危害就越大，造成的資源浪費也越多。塗料的 VOC 值是評價塗料對環境友好與否的重要指標。因此，在購買塗料時，應盡量選購 VOC 值較低的塗料。

三、常用家裝塗料

（一）木器塗料

木器塗料分為溶劑型木器塗料和水性木器塗料。其實，兩者各有其優、缺點。

溶劑型木器塗料是我國室內裝飾裝修塗料和家具塗料的主流產品。此種塗料具有色澤柔美、經久耐用、豐滿度優良等特性，目前尚處於不可替代的地位。它們包括硝基漆、醇酸漆、環氧漆和雙組分聚（胺）酯漆，其中以硝基漆和聚（胺）酯漆為常用品種。這些傳統的溶劑型木器塗料在生產過程中不可避免地使用大量揮發性有機溶劑，而在塗料成膜過程中有機溶劑及有毒小分子化合物等物質不可

避免地釋放到大氣中，不僅毒害人體，污染生態環境，增加塗裝場所火災及爆炸危險性，而且也造成能源和資源的浪費。

水性木器塗料是可溶於水或其微粒能均勻分散在水中的一類樹脂。為區別起見，將溶於水的稱為水溶性樹脂；將分散在水中的稱為乳膠樹脂或乳液樹脂。我國目前的水性木器塗料市場並不樂觀，從事水性木器塗料生產的企業寥寥無幾，絕大部分塗料企業對其持觀望的態度。水性木器塗料作為一種新型的綠色環保產品進入中國市場也只不過是近幾年的事情，其最大優勢就是「環保」，從性能上分析，水性塗料漆膜薄、快、乾、光著柔和，與國外消費觀念相一致。而國內消費者比較注重於塗膜的豐滿度、手感與硬度，對塗膜的耐熱、耐燙、耐醇、耐水、耐污染性要求較高，而這些正是水性塗料的弱點。因此，水性木器塗料在國內的推廣現在還有很大的阻力。技術的改進和成本的降低將成為促進水性木器塗料市場快速發展的重要因素。

（二）牆體塗料

室內外牆面的裝飾是居室裝修的重要部分。塗料除了具有保護建築物的作用外，還可使牆面美觀、耐擦洗、防火、防霉等。牆體塗料根據用途又分為內牆塗料和外牆塗料。

外牆塗料不僅使建築物外貌整潔美觀，也能夠起到保護建築物外牆、延長其使用壽命的作用。要在風吹、日曬、雨淋和冰凍的條件下較長時間內保持良好的裝飾性能而不褪色，這需要塗層有很好的耐候性、耐水性、耐沾污性。

傳統的內牆粉刷材料是石灰漿，它的主要成分為氫氧化鈣，塗刷在牆面上的氫氧化鈣可以和空氣中的二氧化碳反應，變成白色的碳酸鈣硬膜。為了使碳酸鈣能牢固地黏附在牆面上，常常在石灰漿中加入一定量的膠。石灰漿價格低廉，但硬度及耐水性較差，現在越來越多地被有機塗料所取代。但是，從環境保護的角度看，石灰漿比有機塗料對室內的空氣污染要小得多。現在內外牆塗料主要採用苯丙乳液或丙烯酸乳液，還有提高耐候性的氟塗料。聚乙烯醇水玻璃塗料（俗稱106塗料），就是常用的牆面塗料。它是以聚乙烯醇和水玻璃為成膜物質。聚乙烯醇是一種水溶性的高分子化合物，化學式為：

$$\left[\begin{array}{c} H \\ | \\ C \\ | \\ OH \end{array} - \begin{array}{c} H_2 \\ | \\ C \\ \end{array} \right]_n$$

水玻璃是矽酸鈉(俗稱泡花鹼)，其化學式表達為：

$$Na_2O \cdot n\, SiO_2$$

它是一種無機的黏結材料，與有機黏合劑聚乙烯醇相配合可兼有兩者之長處又稱補了兩者之不足，起到了互相改性的作用。因此這也是一種複合型塗料。根據需要可以在塗料中加入填料，如滑石粉、輕質$CaCO_3$、鈦白粉(TiO_2)、立德粉(即鋅鋇白)等，也可加入彩色顏料及少量界面活性劑。這種塗料的優點為塗層光滑，手感細膩，少量污垢可用濕布抹去，還可製成各種色彩，價格適中，原料來源豐富。缺點是耐水性差，故只能作內牆塗料。

以聚合物微粒分散在水中形成穩定的乳狀液，稱之為聚合物乳液(通常為烯類單體經乳液聚合而成)，加入適當的輔料即可製成一種稱之為乳膠的塗料。目前主要為聚醋酸乙烯酯和丙烯酸酯兩大類。有時也可使用一些共聚乳液，來調整所需塗料的性能。表10.2為聚醋酸乙烯酯乳膠塗料的配方。

表 10.2 聚醋酸乙烯酯乳膠塗料的配方

原料	用量(%)	功能
聚醋酸乙烯酯乳液(45%)	40	成膜物質
鈦白粉(TiO_2)	18	著色顏料
滑石粉	8	填料
碳酸鈣($CaCO_3$)	8	填料
磷酸三丁酯	0.3	潤滑劑
六偏磷酸鈉	5	分散劑
丙二醇	2~5	成膜助劑
純水	18~20	溶劑

聚丙烯酸酯乳膠塗料比聚醋酸乙烯酯乳膠塗料的性能更好，這是因為聚醋酸乙烯酯乳膠遇鹼皂化後的產物為聚乙烯醇，它是水溶性的。而聚丙烯酸酯乳膠遇鹼皂化後生成的鈣鹽不溶於水，耐水性好因而能保持膜的光整光滑的特性。因此目前這是最為首要的塗料產品。由於水油不相溶，乳膠塗料不能和油性的調合漆混合使用。

目前，新型建築材料——多彩塗料(噴塑塗料)開始應用於居室的裝修，為近年來發展較快的美術塗料，它具有色彩多姿、格調高雅的特點。多彩塗料由成膜物質(合成樹脂、丙烯酸酯、改性三聚氰胺等)、增塑劑、顏料、溶劑、保護膠體(保護膠、穩定劑和水等)組成，製成含有兩種以上顏色粒子的液狀或凝膠狀

的噴塗液，用噴槍對牆面進行一次性噴塗，即可得到格調高雅的多彩花紋。它能用於砂漿、灰漿、混凝土、石膏板、木材、塑料等多種建築材料，也可用於鋼材等金屬表面的塗刷，使用後能得到顯著的裝飾效果，並保持長時間不變色。它具有較好的耐水性能，可用清水沖洗，確實為理想的牆體塗料。

（三）地面塗料

地面塗料是指能較好地裝飾和保護室內地面的塗料。根據地面的實際使用要求，地面塗料應具有良好的耐水性、耐酸、耐鹼、耐磨性、抗衝擊性，並且與基層有良好的黏結性能，價格合理，塗刷施工方便。地面塗料與傳統的木地板、水磨石、陶瓷地磚等相比，其有效使用年限相對較短，但它具有自重輕、施工工期短、維修更新方便等優點。目前比較常用的地面塗料有木地板塗料和水泥砂漿地面塗料。多功能聚胺酯彈性地面塗料主要成分為聚胺酯，該塗料耐油，耐水，耐一般酸、鹼，其塗膜有彈性，黏結力強，不會因基層塗膜發生微裂紋而導致塗膜開裂，適用於旅遊建築和文化體育建築地面，以及機械、紡織、化工、電子儀表廠房地面。地面塗料主要成分為聚醋酸乙烯，該塗料黏結力強，具有一定的耐水、耐酸、耐鹼性質，適用於木質及水泥地面，可做成各種圖案。

（四）特種塗料

家庭居室裝修中除了使用上述幾類塗料之外，出於安全、實用等方面的考慮，還常常使用一些特殊功能的塗料，如具有防霉、防火、防毒、防靜電、隔音等功能的塗料。隨著人們環保意識和消費水平的提高，在居室裝修中，這些特種塗料的使用也將越來越多。

1. 防火塗料

防火塗料一方面可以防止火災的發生，另一方面即使發生了火災，也可阻止或延緩火勢的蔓延，爭取滅火時間，同時起到吸熱、隔熱的作用，使其除鋼材不至於迅速升溫而強度下降外，避免建築倒塌，從而挽救人的生命和財產。防火塗料可分為膨脹型和非膨脹型兩大類。前者在火焰作用下能產生膨脹作用，形成比塗層厚度大幾十倍的泡沫炭化層，從而有效地阻止熱源對底材的作用，達到防火的目的。膨脹型防火塗料的主要成分有成碳劑（如季氏戊四醇、澱粉）、脫水成碳催化劑（如磷酸二氫銨、聚磷酸銨）、發泡劑（如三聚氰胺）、不燃性樹脂（如含

鹵素樹脂)、難燃劑(如五溴甲苯)等。非膨脹型防火塗料一般採用不燃燒或難燃燒的樹脂製成，常用的有過氯乙烯樹脂、氯化橡膠、酚醛樹脂和胺基樹脂等。為了得到更好的防火效果，往往還加入一些輔助材料，如五溴甲苯、矽酸鈉、六偏磷酸鈉、澱粉等。這些物質遇到熱就會分解產生不能燃燒的氣體或氣泡，從而將火焰和物體隔絕開來，這樣就阻止或延緩了燃燒，保護了塗層下面的物體。同時，防火塗料所用的顏料常有鈦白、雲母、石棉等，它們具有較高的散發熱量的性能，也有利於防火。

2. 耐水塗料

　　這種塗料在固化後有極好的耐水性和黏膠力。內牆耐水塗料的主要成分為聚乙烯醇縮甲醛、苯乙烯、丙烯酸酯等，它耐擦洗，質感細膩，適合於在潮濕基層施工，適用於浴室、廁所、廚房等潮濕房間，施工時應先在基層上刮水泥漿或防水膩子。瓷釉塗料是以多種高分子化合物為基料，配以各種助劑、填料、顏料，經加工而成的，由於其有防盜的效果，因此又名仿瓷塗料。瓷釉塗料具有耐磨、耐沸水、耐化學品腐蝕、耐衝擊、耐老化及硬度高等優點，其塗層豐滿，細膩，堅硬，光亮，酷似陶瓷、搪瓷。該塗料使用方便，可在常溫下自然乾燥，適用於住宅建築的廚房、衛生間、浴室、浴缸，醫院的手術室、藥庫、無菌室、淨化室，食品廠的操作間等，一般可在水泥面、金屬面、木材面等基層進行刷塗或噴塗。

3. 耐熱塗料

　　在居室裝修中耐熱塗料的使用很有必要，它可以提高室內生活的安全性。一般的耐熱塗料是用酚醛樹脂、醇酸樹脂等成膜物質加入鋁粉、石墨等耐熱顏料製成的，這些塗料的耐熱性能可滿足一般的要求。如需要較高溫度、較長時間的耐熱，則可選用鋁粉漆、有機矽酸鹽塗料等。

　　近年來，由於建築裝飾材料中有害物質超標危及居住者健康的事件屢屢發生，家裝質量投訴一直居高不下，家裝安全的問題一直為人們所關注。造成室內環境污染，並對人體健康產生危害的污染物種類總體上有三大類，包括化合物類、細菌及吸入顆粒類和放射性物質類。其中化合物類(如二氧化碳、一氧化碳、二氧化氮、氨、甲醛、苯及其他揮發性有機溶劑等)已成為消費者投訴的重點。這些有害氣體或有害物質主要來自人造地板類、膠類、塗料類及石材類。塗料是家裝污染的主要來源。例如醇酸漆、硝基漆、聚氯酯漆、各種稀釋劑，以及牆體塗料，

含有或釋放甲苯、苯、TDI、氯仿、甲醛、酚、氨氣、硝基苯等有毒物質。

◎在選用家用塗料時應注意：

1. 盡量到重信譽的正規市場或專賣店去購買。從近幾年發布的質量技監局監督抽查結果來看，這些企業銷售的內牆塗料抽樣合格率較高。
2. 選購時認清商品包裝上的標識，特別是廠名、廠址、產品標準號、生產日期、有效期及產品使用說明書等。最好選購通過ISO14001和ISO9000體系認證企業的產品，這些生產企業的產品質量比較穩定。
3. 購買符合GB18582-2001《室內裝飾裝修材料內牆塗料中有害物質限量》、GB18581-2001《室內裝飾裝修材料溶劑型木器塗料中有害物質限量》標準和獲得環境認證標誌的產品。
4. 選購時要注意觀察商品包裝容器是否有破損和膨脹現象。購買時可搖晃一下，檢查是否有膠結現象，若出現這些現象的塗料則不能購買。
5. 通常多數塗料不能當場開罐檢查產品的內在質量，所以消費者購買時一定要索取購貨的發票等有效憑證和施工說明書。
6. 在使用前，先開罐檢查塗料是否有分層、沉底結塊和膠結現象。如果經攪拌後仍呈不均勻狀態，則說明此塗料不能使用。

　　隨著世界經濟一體化進程的加快，世界經濟格局正在發生巨大的變化，人們對生活質量有了越來越高的要求，人們的消費理念也出現了新的轉變，綠色、環保、高效將主導未來的消費潮流。在家具與室內裝飾中，人們不斷提出裝飾塗料綠色化的問題。綠色塗料就是指那些對環境和人類不造成危害、有益於人類健康的低毒無害、節能降耗的環保型塗料，它不含(或極少含)有害、有機揮發物和重金屬離子，因此也被人們稱為「環境友好塗料」或稱為「綠色塗料」，即對環境有利的塗料。

四、工業塗料

　　工業塗料是指用於車輛、機械、設備、船舶、家具等工業品表面塗裝的塗料。其特點是使用量大，涉及的行業面廣。工業塗料能反映一個國家工業發展的水平，所以在塗料工業中具有核心地位，具有廣闊的發展前景。

（一）汽車塗料

汽車塗料作為汽車的「外衣」，不僅要求有良好的防腐、耐磨和抗衝擊性能，而且還要漆膜豐滿，獻映度高，不泛黃，具有各種裝飾效果。汽車部件很多，它們對塗料的要求各不相同，大多數內部部件所用塗料與通用塗料類似，但外部使用的則有特殊要求，概括起來有兩點：一是極高的表面美觀要求；二是很高的防腐蝕要求和防損傷要求。汽車塗料被認為是塗料最高水平的表現，汽車塗料的狀況基本上可以代表一個國家塗料工業發展的技術水平。汽車塗料的主要品種有汽車底漆、汽車面漆、罩光清漆、汽車中塗漆、汽車修補漆。目前國內汽車底漆普遍採用陰極電泳漆，只在客車及部分載貨車上還採用醇酸類、酚醛類或環氧類底漆。陰極電泳漆在耐腐蝕方面基本能滿足需求，但在耐候性、可低溫烘烤性、可中厚膜塗裝以及更低溶劑含量、無鉛、無錫等方面還有待開發。國內汽車面漆常用的本色漆有胺基醇酸型、丙烯酸型、聚酯型及聚胺酯型。面漆今後的發展方向是耐劃傷、耐酸雨、高固體分、粉末等環保型塗料品種。

（二）集裝箱塗料

隨著中國大陸經濟的高速發展，世界範圍內的貿易往來日益頻繁，集裝箱的使用量持續增長，集裝箱塗料的用量也逐年增加。由於集裝箱的營運往復於陸地和海洋，要求有較強的防腐蝕性和耐溫變性（$-40 \sim 70^\circ C$），同時還要求裝飾性好、不變色、不粉化、耐磨損、耐劃傷、耐衝擊等，並能經受惡劣條件的考驗。對於運輸食品與日用品的專用集裝箱，塗料還必須符合衛生標準。富鋅一氯化橡膠塗料是集裝箱長期使用的塗料，但現在逐漸被性能更優越的改性磷酸鋅底漆和丙烯酸面漆取代。受環保的要求和 VOC 的限制，集裝箱塗料的水性化、高固體分化、無溶劑化是發展方向。

（三）捲材塗料

捲材一般指薄冷軋鋼板、鍍鋅鋼板、不鏽鋼板、鋁板。為了防止在運輸、貯存過程中發生氧化、被污染，捲材一般都需要預塗。捲材塗料是用於塗覆鋼板、鋁板表面，製成預塗捲材而使用的一種專用塗料。用於捲材預塗的塗料主要有底漆（環氧樹脂塗料）、面漆（聚氨酯、有機溶膠、聚酯、丙烯酸塗料和有機矽改性聚酯）和背面漆（環氧樹脂塗料）。隨著我國經濟建設的持續高速增長，捲材塗料的需求不斷擴大，預計本世紀捲材塗料將成為塗料行業又一熱門。捲材塗料將向

環境友好型方向發展，包括無鹵厚塗層、無鉻顏料、無鉛顏料、高固體分塗料、水性塗料、粉末塗料、低溫固化塗料、光固化塗料等。雖然我國捲材塗料發展迅猛，但仍存在一些問題，如質量不穩定，價格和成本偏高等。只要進一步提高產品質量，就能提高市場競爭力，擴大市場占有率。

（四）家電塗料

電視、冰箱、洗衣機、空調以及各種類型的小家電，近年來在中國大陸有了極大的發展，已經成為城鎮乃至很多農村家庭的必備產品。這些產品中不僅金屬部件需要塗料塗裝，為了改善表面的一些性能（如增加色彩，提高防靜電性、難燃性、防霧、防潮等），有些塑料構件也要經過表面改性後用塗料進行塗裝。更多家電產品（如洗衣機、冰箱等）的外殼是採用大型的冷軋鋼板整體沖壓而成，它們既要求塗料能耐腐蝕、耐污染、耐溫變，同時也要求漆膜平整光滑、色彩鮮豔、裝飾性強。家電產品塗裝中常用的底漆有鐵紅環氧樹脂底漆、鐵紅醇酸樹脂底漆等；中層和表面層則常用熱固性的丙烯酸樹脂漆、胺基醇酸樹脂漆以及高固體份的聚（胺）酯漆等。陰極環氧電泳漆常用於需高度防腐蝕的空調和洗衣機內部，而且只塗一層即可，不必再加面漆。在家電產品和輕工業產品的許多金屬部件的塗裝中，粉末塗料的應用越來越廣泛，它們質感和手感都很好，性能突出。由於粉末塗料中不含任何有機溶劑，所以在製造和施工過程中都不會出現溶劑污染和火災的隱患，但粉末塗料塗裝的漆膜常出現橘子皮型，光澤不夠好。採用彩鋼製作家電是另一條重要路線。

（五）塗料印花

塗料印花是採用熱固型或熱塑型合成樹脂作黏合劑，與不溶的顏料混在一起，組成塗料印花色漿，用機械或手工方法塗在織物表面上，經乾燥烘焙後形成一層薄膜，使顏料緊密蓋在纖維上，以達到印花著色的目的。塗料印花漿商品一般是由顏料漿、黏合劑、光聯劑及乳化漿組成，使用時混合即可。

顏料漿是將高度分散的顏料加入分散劑、潤濕劑和保護膠體經機械研磨而成，顏料粒子大小在 0.1～1 μm，所用顏料多為有機顏料。黏合劑大都是乳液聚合的熱塑型高分子乳膠體，多為丙烯酸與其他單體的二元或三元共聚物。交聯劑是一些反應性較大的化合物，起連接黏合劑與纖維的作用，目前主要是由環乙亞胺與二氯氧磷、環乙亞胺與三聚氯氰的反應產物。乳化漿是汽油在水中，加入乳化劑，

保護膠體等經高速乳化製成的乳化體，主要是用來調節印花漿的稠度和強度，起印花糊作用，近年正在逐步合成增稠劑來代替汽油。

塗料印花應用範圍廣泛，用量較大的有滌棉印花布及其他化纖產品、純棉製品，其印花大致相同，如滌棉的全塗料印花，可採用輥筒印花和平網印花兩種方法。輥筒印花的工藝過程如下：

工藝流程：白布→印花→烘乾→焙烘→後處理

配方：顏料漿 5～15 g (視顏色)；尿素 50 g；黏合劑 300～400 g；交聯劑 25～30 g；乳化糊兆 (視稠度)

色漿配製：先將黏合劑和乳化糊混合，在不斷攪拌下，用水沖淡成 1：1 的交聯劑，再依次加入尿素和顏料漿，最後加乳化糊或水至需要量。

焙烘：140～160℃、3～4 min 或 170℃、1.0～1.5 min。

參、有機染料

很早以前，人類就開始使用來自植物和動物體的天然染料對毛皮、織物和其他物品進行染色。我國也是世界上最早使用天然染料的國家之一，靛藍、茜素、五倍子、胭脂紅等是中國最早應用的動、植物染料，這些染料雖然歷史悠久，但品種不多，染色牢度也較差。因此，有機染料應運而生，一般有機染料都是自身有色而且能使其他物質獲得鮮明和堅牢色澤的有機化合物。

一、有機染料的概念

多數有機染料都能以某種方式存在，而可溶解在水中，其染色過程就是在染料的溶液中進行的。染料的應用主要有三個途徑：第一是染色，即染料由外部進入到被染物的內部，從而使被染物獲得顏色，如各種纖維和織物及皮革等的染色；第二是著色，即在物體形成最後固體形態以前，將染料分散於組成物中，成型後得到有顏色的物體，如塑料、橡膠製品及合成纖維的原漿著色等；第三是塗色，即藉助於塗料作用，使染料附著於物體表面，使物體表面著色，如塗料印花和油漆等。染料主要的應用領域是各種纖維的著色，同時也廣泛地應用於塑料、橡膠、油墨、皮革、食品、造紙等工業。顏料的應用途徑主要是著色，它的主要應用領域是油墨，約占顏料產量的三分之一，其次為塗料、塑料、橡膠等工業。同時，在合成纖維的原漿著色，織物的塗料印花及皮革著色中也有比較廣泛的應用。

近年來，有機染料在光學和電學等方面的特性逐漸為人們所認識，它的應用正在逐步向資訊技術、生物技術、醫療技術等現代高科技領域中滲透。

二、有機染料的發展史

真正的有機染料工業的歷史，應該始自 1856 年，年僅 18 歲的英國化學家柏金 (W. H. Perkin, 1838-1907) 發現第一個合成染料——苯胺紫開始，發展至今正好 156 年。當時由於紡織工業的發展，對染料提出了迫切的需要，而天然染料在數量上、品質上並不能滿足需要，加上煤焦油中發現了有機芳香族化合物提供了合成染料所需的各種原料，同時碳四價的正四面體結構 (1858 年) 和苯的環狀結構 (1856 年) 的理論模型的確立，使人們能夠有計畫地進行有機合成，正是由於上述幾個契機，促成了現代染料工業的產生和發展。

在此之後，各種合成染料相繼出現，如 1868 年 Graebe 和 Liebermann 闡明了茜素 (1,2-二羥基蒽醌) 的結構並合成出了這一金屬錯合染料母體、1890 年人工合成出靛藍、1901 年 Bohn 發明了還原藍即所謂陰丹士林、20 世紀 20 年代出現了分散染料、30 年代產生了酞菁染料和 50 年代又產生了活性染料等。隨後，隨著合成纖維的快速發展，更促進了各類染料的發展，各國科學家先後合成出上萬種染料分子，其中實際應用的染料也已達千種以上，許多國家建立了染料工業，並成為精細化工領域的一個重要分支。

進入 20 世紀 70 年代，染料工業的發展重點已轉向尋找最佳的製備路線和極經濟的應用方法，同時，染料在新的非染色領域 (如功能染料) 的應用也變得越來越重要。近年來，染料在製備和應用過程中的環境保護問題為各國所廣泛重視，這些都可能為染料工業的發展帶來新的契機。

三、染料的分類及命名

（一）染料的分類

染料的分類和命名十分複雜，尤其是國外的染料，商品牌號繁多，非常雜亂，本章主要介紹一下國內通常採用的分類和命名方法。染料按它們的結構和應用性質有兩種分類方法。根據染料的應用性質、使用對象、應用方法來分類稱為應用分類；根據染料共軛發色體的結構特徵進行分類稱為結構分類。同一種結構類型

的染料，某些結構的改變可以產生不同的染色性質，而成為不同應用類型的染料；同樣，同一應用類型的染料，可以有不同的共軛體系(如偶氮、蒽酯等)結構特徵，因此應用分類和結構分類常結合使用。為了使用方便，一般商品染料的名稱大都採用應用分類，而為了研究討論方便，又常採用結構分類。

　　用於紡織品染色的染料按應用方式大致可分為以下幾類：直接染料 (direct dyes)、酸性染料 (acid dyes)、偶氮染料 (azoic dyes)、活性染料 (reactive dyes)、陽離子染料 (cationic dyes)、分散染料 (disperse dyes)、還原染料 (vat dyes)、硫化染料 (sulfur dyes)、金屬錯合染料 (pre-metalized dyes)、縮聚染料 (Poly-condensation dyes)。另外，用於紡織品的染料還有氧化染料(如苯胺黑)、溶劑染料、丙綸染料以及用於食品和油漆等其他工業的食品染料、有機顏料等。按染料的共軛發色體系一般可分下列幾類：偶氮染料、蒽酯染料、靛族染料、硫化染料、芳甲烷類染料、菁染料、酞菁染料、雜環染料。

（二）命名

　　染料通常是分子結構較複雜的有機芳香族化合物，若按有機化合物系統命名法來命名較複雜，而且商品染料中還會含有異構體以及其他添加物，同時，學名不能反應出染料的顏色和應用性能，因此必須給予專用的染料名稱。我國對染料採用統一命名法，按規定染料名稱由三部分組成，第一部分為冠稱，表示染料的應用類別，又稱屬名；第二部分是色稱，表示染料色澤的名稱；第三部分是詞尾，以拉丁字母或符號表示染料的色光、形態及特殊性能和用途。由於我國還部分使用進口染料，有些品種一直沿用國外的商品名稱，這裡我們也將國外某些廠商的命名作適當的說明。

1. 冠稱

　　冠稱是根據染料的應用對象、染色方法以及性能來確定的，我國的冠稱有 31 種，如直接、直接耐曬、直接銅鹽、直接重氮、酸性、弱酸性、酸性錯合、酸性媒介、中性、陽離子、活性、毛用活性、還原、可溶性還原、分散、硫化、可溶性硫化、色基、色酚、色鹽、快色素、氧化、縮聚、混紡等。

　　國外的染料冠稱基本上相同，但常根據各國廠商而異。

2. 色稱

表示染料的基本顏色。我國採用了 30 個色澤名稱：嫩黃、黃、金黃、深黃、橙、大紅、紅、桃紅、玫紅、品紅、紅紫、棗紅、紫、翠藍、湖藍、豔藍、深藍、綠、豔綠、深綠、黃棕、紅棕、棕、深棕、橄欖綠、灰、黑等。顏色的名稱一般可加適當的形容詞如「嫩」、「豔」、「深」三個字，而取消了過去習慣使用的淡、亮、暗、老、淺等形容詞，但由於曰，日至今還仍沿用。同時，有時還以天然物的顏色來形容染料的染色，如「天藍」、「果綠」、「玫瑰紅」等。

3. 詞尾（尾註）

有不少染料，它們的冠稱與色稱雖然都相同，但應用性能上尚有差別，故常用詞尾來表示染料色光、牢度、性能上的差異，寫在色稱的後面。我國根據大多數國家的習慣，並結合我國使用情況，用符號代表染料的色光、強度、力份、牢度、形態、染色條件、用途以及其他性能，而外國廠商對詞尾是任意附加的，不一定具有確切的意義。我國使用的詞尾中的不少符號用一個或幾個大寫的拉丁字母來表示，常用的符號代表的意義概述如下。

（1）表示色光和色的品質

常用下列三個字母來表示色光；B (blue)──帶藍光或青光石（德語中 grun 為綠色，gelb 為黃）──帶黃光或綠光；R (red)──帶紅光。另外，用下列三個符號表示色的品質；F (fine) 表示色光純；D (dark) 表示深色或色光稍暗；T (talish) 表示深。

（2）表示性質和用途

採用下列符合來表示：C (chlorine, cotton)──耐氯，棉用；I (indanthren)──相當於士林還原染料堅牢度；K（德語 kalt)──冷染（國產活性染料中 K 代表熱染劑）；L (light)──耐光牢度或勻染性好 (leveling)；M (mixture)──混合物（國產染料 M 表示含雙活性基）；N (new, normal)──新型或標準；P (printing)──適用於印花；X (extra)──高濃度（國產染料中 X 代表冷染型）。

有時可用兩個或多個字母來表明色光的強弱或性能差異的程度，如 BB、BBB（分別可寫成 2B、3B)，其中 2B 較 B 色光稍藍，3B 較 2B 更稍藍，依次類推。同樣，LL 比 L 有更高的耐光性能。但需注意，各國染料廠由於標準不同，故各廠商之間所用的符號難以比較，例如，有時一個廠的 FF 不一定比另一廠的 F 更耐洗。

(3) 表明染料形態、強度和力份

　　有些國家還用一些符號表示染料形態，而我國一般較少採用。例如：Pdr (powder)——粉狀；Gr (grains)——粒狀；Liq (liquid)——液狀；Pst (paste)——漿狀；S.f. (supra fine)——超細粉。

　　染料強度是按一定濃度的染料作標準，以它為 100%。若染料的強度比標準染料濃一倍，則其強度為 200%，依次類推，所以染料的強度通常是一個相對數字。

　　有時對不同類型的同一類染料，常在詞尾前用字母來區別，並用短線「-」分開，如活性艷紅 X-3B、活性豔紅 K-3B 等。

　　目前我國染料命名法還存在不少問題，許多詞尾符號尚未有統一的意義，有時還藉用外國商品牌號，沒有統一型號，因此不能滿足國內染料工業發展的需要，尚需進一步簡化統一，現在正在擬定修改之中。

四、染料索引簡介

　　染料索引 (Color Index，簡稱 CI) 是一部由英國染色家協會 (SDC) 和美國紡織化學家和染色家協會 (AATCC) 合編出版的國際性染料、顏料品種匯編。它收集了世界各國各染料廠生產的商品，分別按應用類別和化學結構類別對每一個染料給予兩個編號，逐一說明它們的應用特性，並附有同一結構染料的各種商品名稱對照表。

　　目前中國大陸廣泛使用的是 1971 年出版的第三版及 1975 年出版的增訂本。第三版染料索引共分五卷，增訂本兩卷，共收集染料品種近 8,000 種，對每一種染料詳細地列出了它的應用分類的類屬、色調、應用性能、各項牢度等級、在紡織及其他方面的用途、化學結構式、製備途徑、發明、有關資料來源以及不同商品名稱等，以下就其編排加以介紹。

　　第一、二、三卷，按染料應用分類分成 20 大類 (如酸性、偶氮顯色物質、鹼性顯色物質、直接染料、分散染料、食品染料、顯色染料、皮革染料等)，並在各類染料中將顏色劃分為 10 類 (黃、橙、紅、紫、藍、綠、棕、灰、黑、白)，然後再在同一顏色下，對不同染料品種編排序號，稱為「染料索引應用類後名稱編號」。例如，卡普隆桃紅 BS —— CI Acild Red138、分散藏青 H-2GL —— CI Disperse Blue79、還原藍 RSN —— CI Vat Blue4。

　　在這三卷中還以表格形式給出了應用方法、用途、較重要的牢度性質和其他基本數據。

第四卷對已明確化學結構的染料品種，按化學結構分類分別給以「染料索引化學結構編號」，結構末公布的染料無此編號。例如，卡普隆桃紅 BS (CI.18073)、分散藏青 H-2GL (CI.11345)、還原藍 RSN (CI.69800)。在這卷中還列出了一些染料的結構式、製造方法概述和參考文獻(包括專利)。第一、二、三卷和第四卷之間的內容是交錯參考的，相互補充。

第五卷為索引，包括各種牌號染料名稱對照、製造廠商縮寫、牢度試驗的詳細說明、專利索引以及普通名詞和商業名詞的索引。

1975 年出版的續編與第三版編排形式相同，只是壓縮在一起進行編排。

世界各國染料名稱是非常繁雜，通過「染料索引」的兩種編號，便能查出某一染料品種的結構、色澤、性能、來源、染色牢度以及其他可供參考的內容，在各國的刊物和資料中也廣泛採用染料索引號來表示某一染料。

中國大陸曾在 1978 年由瀋陽化工研究院參照「染料索引」編輯出版了《染料品種手冊》，在該書中收集了中國大陸已經投產或正在研製的染料品種 500 多個。與此同時，上海有機化學工業公司收集了上海各染料廠生產的中間體、染料及助劑的生產工藝匯編成《染料生產工藝匯編》。1985 年上海紡織工業局編寫出版了《染料應用手冊》，共 10 冊，按各類染料分別匯編成冊，內容齊全，可供參考。

五、光與染料顏色

（一）光與顏色

染料的顏色不僅和染料分子本身結構有關，也與照射在染料上的光線性質有關。在不同光線照射下，物質所顯示的顏色也不同，因此要正確理解光與染料顏色間的相互關係，及顏色與染料結構之間的關係，首先要了解光的物理性質。

可見光全部通過物體，則該物體是無色的；若全部被反射，則物體顯白色；若全部被吸收，則物體為黑色；若被部分成比例的吸收；則物質為灰色，只有當物體選擇吸收可見光中某一波段的光線，而反射其餘各波段光線時，物體才顯現某種顏色。因此，我們感覺到的物體的顏色，不是吸收光波長的光譜色，而是互補光作用於人眼的視覺現象，也就是被吸收光的補色。光譜與補色之間關係可用顏色環的形式來描述，如圖 10.4 所示。圖中環周圍所注的波長標度沒有物理意義，只是一個示意圖，但從圖中可以看出每塊扇形的對面處都有另一塊扇形，它們互為補色，也可以從表 10.3 中看出。例如，藍色 (435～480 nm 的扇形) 的補色為

黃色 (580～595 nm)，即藍光和黃光混合得到的是自然白光；若某一物質吸收 435～480 nm 之間的光，它暴露在自然光下就呈現出黃色，因為人們看到的是該物體 435～480 nm 以外的互補光，即補色光。

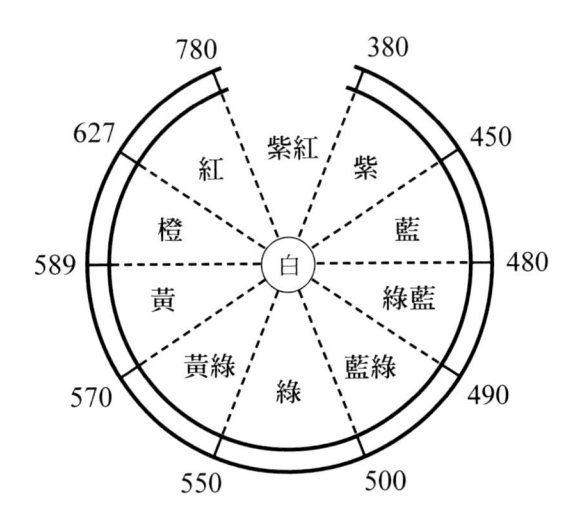

圖 10.4 互補顏色環（單位／nm）

表 10.3 物質顏色與吸收光的顏色關係

物質顏色（視色）	吸收光 顏色（光譜色）	波長範圍／nm	物質顏色（視色）	吸收光 顏色（光譜色）	波長範圍／nm
黃綠	紫	380～450	紫	黃綠	550～570
黃	藍	450～480	藍	黃	570～589
橙	綠藍	480～490	綠藍	橙	589～627
紅	藍綠	490～500	藍綠	紅	627～780
紫紅	綠	500～550			

（二）吸收光譜

通常染料的顏色是指染料在稀溶液中對光的選擇吸收特性，而且這種特性一般都用可見光的吸收光譜曲線來表示。根據 Lambert-Beer 定律，一定濃度染料溶液對光的吸收強度與溶液濃度 (c) 及比色池的厚度 (l) 存在如下關係：

$$\log(I_o/I) = \varepsilon \cdot c \cdot l$$

其中 I_o 為入射光強度，I 為透射光強度，ε 為吸光度或稱摩爾消光係數 (L/mol·cm)，c 為溶液濃度 (mol/L)，l 為比色池厚度 (cm)，見圖 10.5。

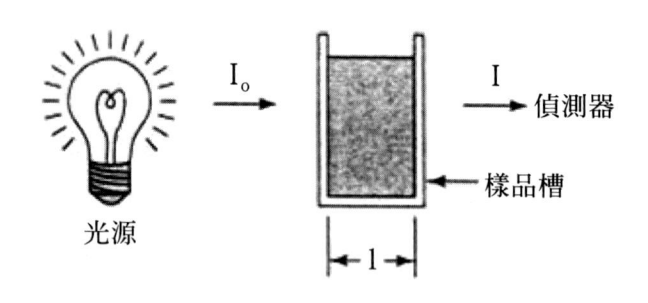

圖 10.5 溶液對光的吸收

ε 為溶質對某特定波長光的吸收強度的量度，ε 的最大值 (ε_{max}) 以及出現 ε_{max} 最大值時的波 (λ_{max}) 為該物質吸收帶的特徵值，最大吸收波長 (λ_{max}) 的補色即為染料的基本顏色。一般而言，染料的結構不同，其最大吸收波長也不同，如果由於結構或其他因素造成 λ_{max} 向長波方向移動，稱為紅移 (batho-chromic shift) 或叫深色效應；相反，若向短波方向移動，則稱為紫移 (hypso-chromic shift) 或叫淺色效應。若使染料對某一波長的光的吸收強度增加稱為增色效應 (hyper-chromic effect)；反之，使吸收強度降低則稱為減色效應 (hypo-chromic effect)。

顏色的純度也可以通過吸收光譜來判斷，在相同濃度下，吸收曲線中吸收峰越高、越窄，染料的顏色越純越亮；反之，吸收峰越寬、越低，顏色就越混、越暗。

肆、有機顏料

有機顏料是不溶性有機物，並且也不溶於使用它們的各種底物 (被染物) 中，它通常以高度分散的狀態加入到底物中而使底物著色。它與染料的根本區別在於，染料能夠溶解在所用的染色介質中，而顏料則既不溶於使用它們的介質，也不溶於被著色的底物。不少顏料和染料在化學結構上是一致的，採用不同的使用方法，可以使它們之間相互轉化，比如某些還原染料和硫化還原染料，若其還原成隱色體，則可以作為纖維染料；若不經還原，可以作為顏料用於高級油墨。有機顏料廣泛地用於油墨、油漆、塗料、合成纖維的原漿著色，以及織物的塗料印花、塑

料及橡膠、皮革的著色等，其中油墨的顏料使用量最大。目前，有機顏料的產量占染料總產量的四分之一左右。

僅管有機顏料種類很多，應用方式也不同，但總括來說，必須滿足色澤鮮豔、純度高、著色力高、耐熱性能好、抗遷移、耐光、耐氣候性能好、分散性好、吸油量低、遮蓋為大等要求；對於特殊用途還要耐酸、耐鹼、耐溶劑、無毒性等。

有機顏料在形態上可分色澱顏料、偶氮顏料、高級顏料、螢光顏料等幾類；在結構上主要有偶氮、蒽醌、靛族、酞菁、雜環和金屬錯合物組成。其合成及發色團的構效關係與染料十分相似，可以參閱染料的有關內容。

一、色澱顏料

可溶性染料製成的不溶性有色物質叫做原色體 (toner)。若可溶性染料製成的不溶性有色物質沉澱在氫氧化鋁、硫酸鋇等底粉上，則叫做色澱 (lakes)。在我國將原色體和色澱統稱為色澱。形成色澱的方法隨染料性質而異，色澱的色光主要取決於製備方法及晶體結構，色澱的質量受製備時原料的濃度、反應溫度、介質的pH等因素影響。對含有羧基、磺酸基的染料，一般用氯化鋇或氯化鈣為沉澱劑，使生成的染料鋇鹽或鈣鹽沉澱在硫酸鋇、氫氧化鋁上形成色澱。鈣鹽色澱的顏色一般比鋇鹽偏藍；對具有陽離子的鹼性染料，則可用單寧酸或雜多酸來進行沉澱，其中用磷鎢鋁多元酸所生成的色澱，耐曬牢度特別高。

常見的色澱有偶氮色澱、酞菁色澱和芳甲烷色澱，例如酞菁色澱就由酞菁磺酸鋇沉在硫酸鋇或鋁鋇的等底粉上而製成的：

(1) 底粉製造：$Al_2(SO_4)_3 \cdot 12\ H_2O + 3\ Na_2CO_3 + 3\ BaCl_2 \rightarrow$
$2\ Al(OH)_3 + 3\ BaSO_4 + 6\ NaCl + 3\ CO_2 + 9\ H_2O$

(2) 色澱製造：$CuPc(SO_3Na)_2 + BaCl_2 \rightarrow CuPc(SO_3Ba_{1/2})_2 + 2\ NaCl$

（一）偶氮顏料

偶氮顏料色澤鮮豔，著色力強，但牢度往往較差。但由於製造方便，價格低，現仍廣泛使用，在有機顏料中占主要地位。在這類顏料中，黃色的品種基本上都是以色基或苯胺衍生物為重氮組分、乙醯乙醯芳胺和苯基吡唑啉酮為偶合劑，經

重氮化偶合製成的單偶氮或雙偶氮產物；紅色品種大多採用 β-萘酚或色酚 AS 作偶合劑；近年來還出現了一些雜環結構的偶氮染料，如含苯駢咪唑酮結構的單偶氮染料，可得到黃、橙、紅和棕色，且耐高溫，具有較好的耐溶劑性。

（二）高級顏料

劃歸這一類顏料的品種，主要是酞菁類、喹吖啶酮類、二噁嗪類、苝類、異吲哚啉酮類及一些偶氮錯合和縮合顏料，此外還包括一些還原染料。它們具有優異的著色力、極佳的抗遷移性，並具有出色的牢度性質，成本相對來說也比較高，所以高級顏料就是性能優良的顏料。

酞菁顏料的典型品種是藍色的銅酞菁和綠色的酞菁綠（銅酞菁的 16 氯代物）；紅色的高級顏料多為苝紅和喹吖啶酮（也稱酞菁紅）顏料；最好的紫色顏料則是二噁嗪結構的永固紫 RL；另外，黃、橙色的異吲哚啉酮顏料，由於分散性好，也表現出了很廣泛的應用前景。

（三）有機螢光顏料

有機螢光顏料是一類不溶於介質並帶有螢光的有色物質，能夠吸收較短波長的光而輻射出螢光，這樣反射光和螢光疊加，可以提高著色物質的亮度和顏色的純度。它們可以直接作為顏料使用，也可以以螢光樹脂顏料用於塗料印花中。

直接使用的螢光顏料主要是香豆素型、萘-1,8-二羧酸型、四羧酸型及蒽醌吡啶酮型顏料，它們的反射強度比一般顏料高 2～3 倍。

螢光樹脂顏料，是將可溶性的有機螢光染料加入到樹脂中，或在樹脂聚合時加入，然後經固化、粉碎，即得螢光樹脂顏料。實際上樹脂是螢光染料的載體，常用的螢光染料主要是具有咕噸 (Xanthene) 結構和三芳甲烷結構的鹼性染料。

二、有機顏料的顏料化

由於有機顏料使用方式的特殊性，其性能和顏色不僅取決於顏料分子的化學結構，而且還取決於顏料的物理形態（如晶型、粒子大小等），有時這種物理形態對顏料色光、著色力、遮蓋力、透明度的影響甚至超過取代基的作用，因此在顏料應用之前必須進行顏料化處理。

有機顏料的應用是以微細粒子與被著色底物進行充分機械混合，而使顏料粒子均勻地分散到被著色底物中，顏料在底物中表現出來的顏色、性能都是通過以不同程度聚集起來的微粒子得以實現的，所以在進行顏料化處理之前，必須先弄清顏料物理狀態與顏料的顏色和性能之間的關係。

（一）顏料物理狀態對其性能的影響

　　同一化學結構的有機顏料，經常有同質多晶或同質異晶現象，這種晶型的不同導致了色光和性能上的較大差別，如銅酞菁顏料，至少有七種晶型，在染料中有實際意義的主要是 α-型和 β-型，其 α-型是紅光藍色，顏色鮮艷，顆粒細，著色力高，但穩定性較差，遇溶劑或高溫易轉變為 β-型，產生絮凝現象；而 β-型則是綠光藍色，顆粒粗大，穩定性好，但著色力稍差，不適於作顏料，實際生產中一般先生成 β-型，而後通過一些途徑轉化為 α-型。又如喹吖酮顏料，也至少有四種晶形，其中 α-和 γ-型為藍光紅色，著色力強，但對溶劑不穩定，β-型為紫色。

　　顏料的耐曬牢度，在顏料粒子較大時，可望獲得提高，究其原因，可以認為在較大的顆粒內，單分子吸收的光能較小，而且這些能量還可以被有效地分散。有文獻報導，對粒子較大的顏料其褪色速度與粒子直徑的平方成反比；而粒子較小的則褐色速度與粒子直徑成反比。

　　同種結構、同種晶型的顏料粒子其直徑大小與粒子的折光係數 (n)、吸收係數 (k)、著色力、色光都有十分密切的關係。當粒子直徑很大時，其色力與粒子直徑的倒數成正比，與 n 及 k 無關；當粒子直徑特別小時，其色力不再與粒子大小有關；對於中等粒子，色力與粒子的 n 和 k 有關。對 β-型銅酞菁在蓖麻油清漆中的色力與粒子大小之間的關係的研究表明，粒子直徑為 0.08 μm 時達到最高色力；又如甲苯胺紅顏料，相同的結構，相同的晶型，但由於顆粒度不同，其色光由黃色到藍光黃不等，因而有多種商品形式。

（二）顏料化

　　有機顏料的顏料化，實際上就是通過適當的工藝方法調整顏料粒子的大小。對於粒子過小的可用溶劑處理，使其結晶進一步增大；而對於粒子過大的則需要進行粉碎；晶型不好的則需要轉變其晶型。總之，化學製備出的顏料，只有經過顏料化處理，才能成為性能良好的產品。顏料化方法主要有以下六種，分述如下。

1. 溶劑處理

該方法是用來穩定偶氮顏料晶型、增大粒子，從而提高其耐熱性、耐曬性和耐溶劑性，增大其遮蓋力。操作時只需將粉狀或膏狀粗顏料與適當溶劑在一定溫度下攪拌一段時間即時。溶劑一般採用強極性溶劑，如 DMF、DMSO、吡啶、N-甲基吡咯烷酮、氯苯、二氯苯及一些低級脂肪醇。

2. 水—油換相法

經過處理的顏料，顆粒可能很細，但在烘乾時，總要發生聚集化，使顆粒變粗大。如果在處理後、不經乾燥，而利用有機顏料的親油疏水性，將分散在水中很細的顏料粒子直接轉入油相，將水分分離出去，獲得油相膏狀物，這一方法在工藝上稱為水—油換相法，也有稱其為「擠水換相」(flush)。通過擠水換相，省去了乾燥過程，可防止顏料粒子的再聚集，提高顏料的色力。如果事先用界面活性劑處理，還可加速轉相過程。

如果希望得到粉狀易分散顏料，可用水—氣換相法，即在顏料的水介質分散體中，吹入某種惰性氣體，氣體被顏料吸附，或顏料吸附在小氣泡表面上，成為泡沫狀漂浮到液面，而粗大的顆粒則沉到液底，分出泡沫，經烘乾，可得較鬆散的顏料。

3. 無機酸處理法

無機酸處理法應用最多的是硫酸，有時也可用磷酸、焦磷酸，主要用來處理酞菁顏料。具體又可分為酸溶法、酸漿法和鹽磨法。酸溶法是將銅酞菁粗品溶解在 95% 以上的濃硫酸中，再將硫酸溶液緩緩攪入冰水中，沉澱析出，過濾水洗至中性；酸漿法是將銅酞菁粗品浸泡在 60～80% 硫酸中，調成漿狀，再在水中緩慢稀釋，使營析出；鹽磨法是將酞菁粗品與無機鹽一起研磨，憑藉機械剪切力使晶相轉變。

4. 表面處理

用機械方法可以使有機顏料的粗製品得以分散，但當顏料的分散與粒子的聚集速度相同時，再增加剪切力，延長研磨時間也無法得到更細的顏料顆粒。顏料的表面處理就是在顏料初生粒子形成後，就用界面活性劑將粒子包圍起來，把易於聚集的活化點鈍化，使分散和聚集的平衡向有利於分散的方向移動，同時，有

效地降低了粒子與介質之間的界面張力，也在某種程度上改善了耐曬和耐氣候牢度。

5. 機械研磨法

藉助機械剪切力作用，在助磨劑存在下，將較大顆粒的顏料分散成較小顆粒，有時也可以使顏料晶型發生改變，常見的有砂磨、球磨和平磨。

6. 製備顏料衍生物

在顏料體系中，加入同類顏料的衍生物，通過破壞晶體的有序性，而達到抗絮凝和易分散效果是製備顏料衍生物的主導思想，但由於成本上的問題，在工業上還沒有得到推廣。

總而言之，顏料化是有機顏料生產的後處理過程，一般都是通過上述方法之一或多種方法組合來完成的，研究有機顏料晶型轉變及其顏料化方法，對開發新品種和新劑型具有重要意義。

三、常用的油漆

一般油漆更加正確的名稱應該是塗料。俗稱的油漆，其作用是在物體（例如金屬和木材）的表面上，覆蓋一種液體或是帶有顏料或粉料的液體，這種液體經過氧化、揮發、乾燥或其他作用後變成固體薄膜。這種薄膜的主要作用是保護物體表面，使它能抵抗大氣或其他物質的侵蝕、磨損或污染。另外，另一個作用是增進被覆蓋物體的美觀或改善衛生條件。習慣上，所稱的油漆其實是因為常用油料來做主體。

油漆工業中使用的油類以植物性的乾性油為主，但在必要情況下也採用相當比例的半乾性油或非乾性油。乾性油的組成，大部分是由不飽和脂肪酸的甘油酯所構成，因此在空氣中暴露時，會氧化而成柔韌的膜，而且油類作為展布劑（指可以把顏色勻散製成塗料，也十分理想。常用的油類有：桐油、亞麻仁油、烏桕油、菜子油。作為配方需要也使用少量半乾性油，如豆油，或非乾性油，如棉籽油。

作為油漆的第二個主要成分，那就是顏料了。應用在油漆工業中的顏料，多數是礦物性材料，而且多數是不溶於展布劑中的。目前也有些油漆採用油溶性染料作為油漆的著色物。油漆工業使用的主要顏料見表10.4。

表 10.4　油漆顏料一覽表

色調	名稱	相對密度	主要組成	附註
白	鉛白	6.5～6.8	$2PbCO_3 \cdot Pb(OH)_2$	有良好的遮蓋力，但受空氣中硫化氫作用時變黑，有毒。
	鋅白	5.66	ZnO	有良好的遮蓋力，不受硫化氫影響。
	鋅鋇白	4.3	ZnS、$BaSO_4$	塗刷後在光亮處變黃或灰色，適合室內塗刷。
	鈦白		TiO_2	較其他白色顏料有更大的遮蓋力，帶與鋅白摻合使用。
	重晶石	4.14～4.28	$BaSO_4$	由天然硫酸鋇磨製而成，也可由沉澱法取得。與其他顏料摻合時不致變更其他顏料的基本顏色，故常作為摻合顏料。
黃	土黃	3.47～3.95	Fe_2O_3	是氧化鐵著色的黏土（氧化鐵含量為12-25%）。
	鉻黃	5.9～6.4	$PbCrO_4$	色調鮮明，遮蓋力大。
紅	鐵丹	3.3～3.8	Fe_2O_3	是氧化鐵與黏土組成的顏料（氧化鐵含量60-95%），廣泛應用於金屬防鏽漆的製造。
	鉛丹	8.5～8.8	$Pb_3O_4 \cdot PbO$	是良好的防鏽漆用的顏料。
	銀朱	8.2	HgS	是優質的紅色顏料，但成本貴，目前多用有機染料（茜紅，偶氮染料等）將重晶石、石膏或翻土等染色製成代用品。
藍	群青	2.35～2.50	含不同比例的二氧化矽、黏土、氧化鈉和硫磺	粒度愈小，色澤愈鮮豔。
	普藍	1.95～1.97	為高鐵鹽溶液與低鐵氰化鉀溶液相混製成	用具有強遮蓋力與耐光性的藍色顏料。
綠	鉻綠		Cr_2O_3	有高度耐光性，但遮蓋力不強。
	銅綠		平均含：40～44% 氧化銅　26～29% 醋酸　28～31% 水	有毒，但有好的抗蝕性，用於屋頂塗料的製造。
黑	炭黑		C	是最廣泛應用的黑色顏料。

在油漆當中還會加入一些其他原料，主要的有：

（一）樹脂

用於油漆的樹脂有天然和人造兩大類。樹脂加入到油漆中可以使塗成的塗膜，具有更高的硬度，更好的光澤，而且增強了對濕度、鹼度和酸度的穩定性。樹脂中常用的是松脂。這是松樹樹幹切口中流出無色的芳香的黏性液體凝固而成的。松脂是樹脂酸類的混合物，所以酸值較高。另一種常用的是蟲膠片（亦稱拉骨），是中國大陸西南地區與印度蟲膠樹上昆蟲的分泌物。商品製成片狀或粒狀。蟲膠

片可溶於酒精中，塗於擬披覆的物體上後，酒精旋即揮發，留下一層光亮的薄膜，這就是清漆(或稱凡立水)。油漆中也需用人造樹脂，如酚甲醛樹脂、脲甲醛樹脂、多元酯、聚氯乙烯等。

(二) 溶劑

溶劑的作用有二，第一是溶解某些配合料製成油漆，如酒精可溶解蟲膠片；第二是減低油漆的黏度，使油漆易於施塗，例如松節油(松香油蒸餾產物)就經常作為這種用途。在第二種作用時，也稱它為稀釋劑。為完成這兩個任務，溶劑自然必須具有一定的揮發速度，但也不能揮發太快，否則在塗刷過程中會造成困難，如油漆愈塗愈濃，施刷不勻，起皺皮等。油漆工業中常用的溶劑有：石油醚($200°C$以下的低沸點餾出物)、芳香烴(如二甲苯，苯等)、松節油、醇類(如乙醇)、醚類、酯類、氯代烴類(如氯苯、氯仿、二氯乙烷等)。

(三) 催乾劑

中國漢代三國時已知用密陀僧(PbO)及銀爐底($MnO\text{-}MnO_2$)為催乾劑。催乾劑實際上是促進不飽和酯氧化反應速度的催化劑。目前常用松脂皂沉澱，即松脂皂化製成鈉皂或鉀皂，再用鉛鹽沉澱而得。也可將軟錳礦、氧化鉛或醋酸鈷，加入於熱的亞麻仁油中，製成黏稠亞麻仁油酸的錳、鉛或鈷鹽。也可用環烷酸鉛或錳。

油漆的種類很多，除清漆外，還有調合漆、瓷漆、纖維漆、酪素漆、瀝青漆等。近來又有大量樹脂漆問世，這就是人造樹脂的傑作了。

伍、逼真的彩色照片

人類早期的夢想之一就是能把美麗的情景和人物，確實地紀錄下來。藉由物理學取用小孔成像技術，成功地可以實現了成像記載，但科學家們苦於無法取得記錄圖像的材料，因而依然無法實現夢想。1824年法國物理學家聶波斯找到了一種能在光線的作用下，而會進行光分解的物質，那就是鹵化銀的鹽類。這可讓科學家們極為興奮，因為鹵化銀能對光產生反應並生成銀的物質，無疑的利用金屬銀就能記錄圖像。經過整整15年的努力，聶波斯終於成功了，如圖10.6所示，他用一塊銀板來作底片。

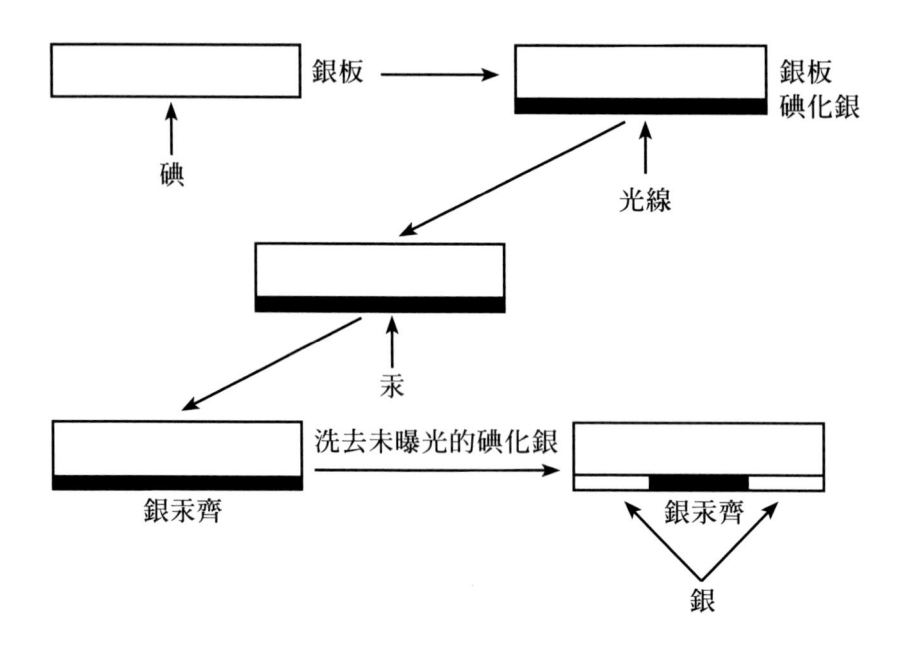

圖 10.6　第一張黑白照片示意圖

　　銀板上薰以碘蒸氣，銀板表面就形成了一層 AgI，再經長時間曝光（烈日下數十分鐘），然後用汞蒸氣薰曝光過的碘化銀，使還原出來的銀發生汞齊化反應，最後洗去未曝光的碘化銀。這樣就得到了一張由銀汞齊構成的正像。

　　僅管這只是一張黑白的照片，但這畢竟是世界上第一張照相底片，它的出現確實使人們興奮不已。然而，這種照相技術又難以推廣而使人發愁。於是，全世界的科學家們都為了能推廣該技術而努力不懈地研究。整個發展之歷史如下：

1841 年英國科學家泰博特發明了碘化銀感光紙。這可解決了昂貴的銀板問題。
1851 年出現了珂羅酊濕板照相。
1871 年出現了溴化銀明膠乾板，使得操作更為方便。
1887 年發明了增感染料。這解決了曝光時間過長的問題。
1951 年以三醋酸纖維素代替容易燃燒的珂羅酊，這解決了安全問題。
1970 年使用聚酯纖維片基。並進入彩照普及的時代。

一、黑白照相的原理——銀鹽的照相化學

　　要想得到一張黑白照片，首先要拿到一張黑白的底片。照相底片是在一個片基材料上覆塗一層分散的鹵化銀，如 AgBr 與 AgCl 的乳化劑。當光線作用於這層

乳劑時，鹵化銀立即分解：

$$2\ AgBr(s) \rightarrow 2\ Ag(s) + Br_2(l)$$

可以將這種接受曝光並產生變化的鹵化銀部分視為潛影。因為這麼短的曝光時間是不可能讓溴化銀發生分解的。也就是說，這時在底片上仍然是一種看不見的影像。它能夠由隨後的顯影過程而變成可見的圖像。

顯影過程實際上是一個通過化學手段讓曝光繼續完成的過程。顯影工作是必須在暗房中進行的。然而，由於溴化銀是一個色盲物質，它只認得藍光。也就是說，只有藍光才能使它分解。所以，實際上暗室中可以點亮紅光，所以顯影工作是在紅燈下進行的。顯影劑其實是一種還原劑。原則上，不管曝光與否，鹵化銀都能被還原劑還原而變成黑色的銀粒。然而，顯影時所用的顯影劑卻是有選擇性的顯影劑，它只還原曝光過的溴化銀。之所以能夠區分感光乳劑上未曝光和已曝光的部分，那是因為這兩部分鹵化銀被顯影劑還原的速率大不相同。當顯影時，顯影劑可以使曝光過的鹵化銀立即還原成大量的銀粒而形成黑像。而未曝光的鹵化銀卻極少或不被顯影劑所還原。這樣，在顯影過程中，形成了一個與實際情況正好相反的負像片。常用的顯影劑有：

N-甲基對胺基酚

$$HO-\langle \rangle-NHCH_3 \cdot 1/2H_2SO_4$$

對苯二酚

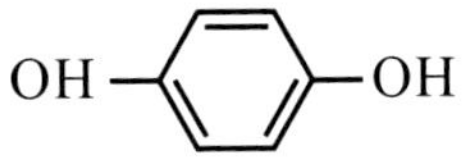

$$OH-\langle \rangle-OH$$

對胺基苯酚

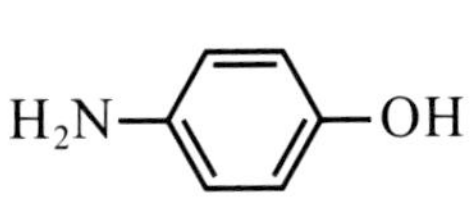

$$H_2N-\langle \rangle-OH$$

對苯二胺

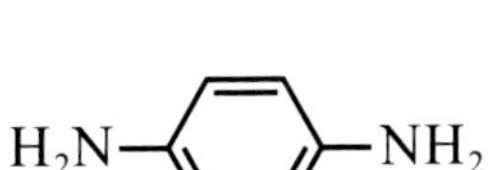

$$H_2N-\langle \rangle-NH_2$$

2,4-二胺基苯酚

$$H_2N-\underset{OH}{\underset{|}{\overset{NH_2}{\overset{|}{C_6H_3}}}}$$

由於顯影過程是一個選擇性還原的過程，不是任何還原劑都可以擔任顯影任務的。因此，有人總結出，作為顯影劑必須要有兩個羥基，或兩個胺基，或一個羥基、一個胺基。在苯的衍生物中，這些基團又必須處於鄰位或對位，不能是間位。以對苯二酚為例，其還原過程如下：

$$HO-C_6H_4-OH + Ag^+ \longrightarrow O=C_6H_4=O + 2\,Ag + 2\,H^+$$

顯影劑在將銀粒離子還原成銀的同時，自身被氧化成醌。由於該反應是可逆的，為防止逆反應的發生，加入亞硫酸根即可。所以在實際顯影過程中，使用的是一個顯影配方製成的混合溶液。除了顯影劑外，還有促進劑（鹼性物質如：Na_2CO_3）、抑制劑（KBr）、保護劑（Na_2SO_3）等。

由於選擇性顯影劑是利用還原速度上的差別來實現顯影的，如果顯影時間過長，或顯影液溫度過高，成像時就會有霧化出現。所以顯影中對顯影時間和溫度的控制也是十分重要的。

顯影後的底片仍然不能見光，因為未曝光的鹵化銀粒子仍然存在於乳劑之中，若見光就會再次被曝光。這也是顯影工作必須在暗房中進行的原因。為此，要獲得一幀永久性的圖像，底片還必須經過一個定影過程。

所謂定影，就是用化學的方法，將未曝光的溴化銀粒子全部去除。最常用的定影劑就是硫代硫酸鈉（$Na_2S_2O_3$），它與溴化銀的反應如下：

$$AgBr(s) + 2\,S_2O_3^{2-}(aq) \rightarrow Ag(S_2O_3)_2^{3-}(aq) + Br^-(aq)$$
不溶　　　　　　　　　　　可溶

和顯影液一樣，定影液也是一個配方，在定影液中，也有一些附加成分，如：醋酸（中和顯影液中的鹼，以中止顯影），亞硫酸鈉（保護劑）等。為保證底片的質量，定影必須充分，然後徹底水洗，以去除底片上多餘的化學物質。這樣就得到了一張與原像相反的負片。將底片和照相紙疊在一起，曝光後再顯影和定影，

就可得到一張與原像完全一樣的照片了。這就是黑白照片的全部化學過程，它包括：曝光 (exposure)、顯影 (developing)、定影 (fixing) 和水洗。

二、彩色成像方法之一──加色法

　　光學理論告訴我們，可見光 (白光)，是由紅、綠、藍 3 個原色組成的，人的視覺神經中也正好有感受紅、綠、藍的 3 種神經細胞。世上任何一種顏色都是由這 3 種顏色疊合而成。人們稱這 3 種顏色為三原色。因此記錄彩色圖像就簡化為記錄 3 種原色了。

　　1861 年麥克斯威爾第一次用加色法原理，獲得了物體的彩色圖像。其原理和過程如圖 10.7 所示：

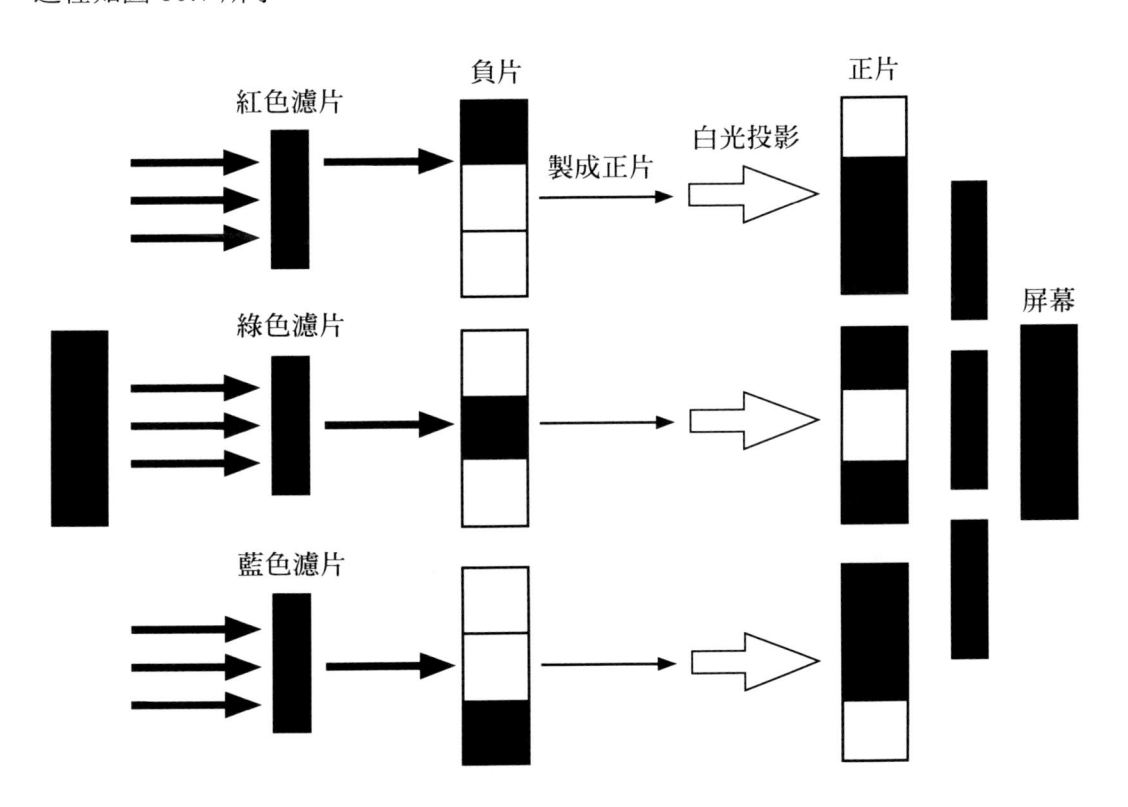

圖 10.7　加色法原理示意圖

　　在這種方法中使用 3 張黑白底片和 3 種原色的濾色片，拍攝彩色物體的 3 張負片。經紅濾色片的負片上只有紅色部位感光，再翻成正片，於是紅色部位均無感光，成透明狀，而綠色和藍色的部位均被感光而成不透光的黑影。當白光通過

時，只有紅色部位有光線能通過，再經紅色濾片，在屏幕上就得到了一個紅色部位的紅色成像。同樣道理，另兩張分別投入綠色和藍色，於是，靠3種原色的疊合，在 屏幕上就顯出了物體原來的彩色成像。由於這是3種原色疊加而成的，所以稱之為加色法。

加色法實現了彩色圖像的記錄，著實讓人們興奮，因為只要用3張黑白底片就能圓了多年的夢想。有人設想在一張片基上塗上3層感光材料去實現彩照的記錄。就像拍攝黑白照一樣。然而，此方法中採用的濾色片，都是原色濾色片，每一種原色濾色片只能通過一種顏色，所以不可能把這3個單獨過程疊合在一起一次完成。因為每任意兩種原色濾色片的疊合，就不能使任何顏色通過。

三、彩色成像方法之二——減色法

1869年荷隆又發明了減色法彩色成像技術。其原理如圖10.8所示

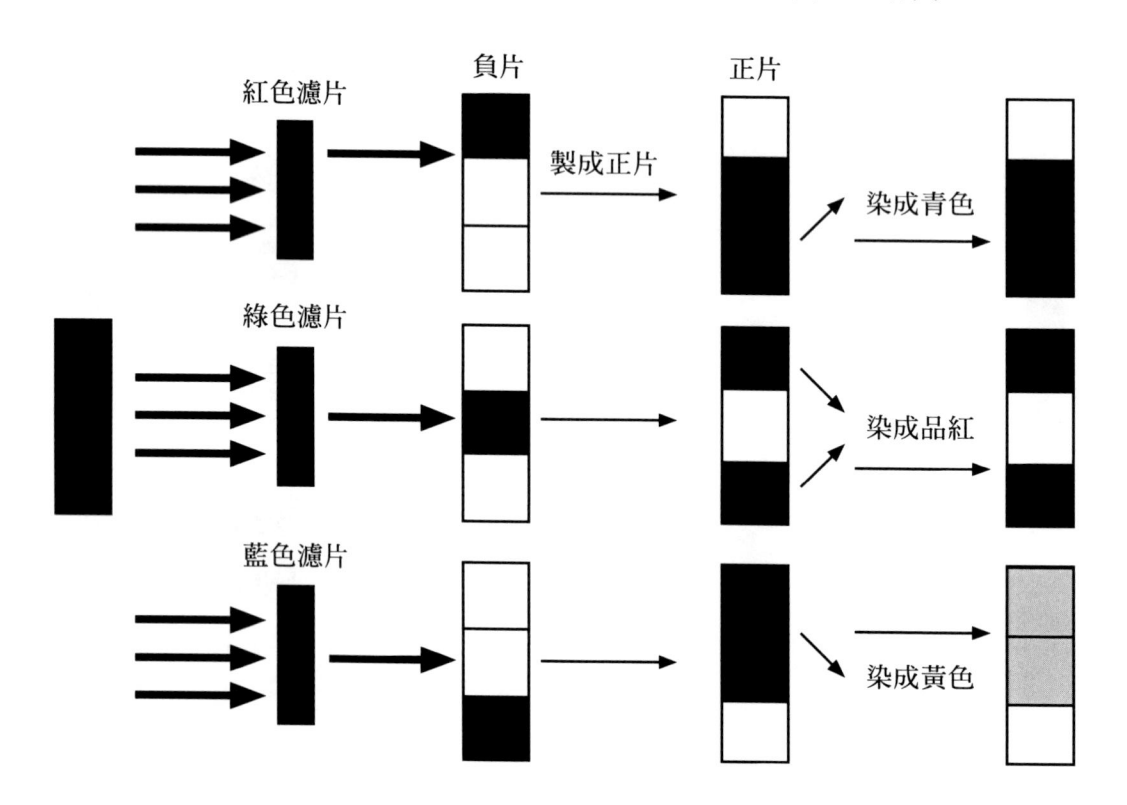

圖 10.8 減色法原理示意圖

在減色法中使用了所謂的「餘色」。餘色也可稱為「補色」。由圖 10.9 可以看出餘色和原色之間的關係。

和加色法一樣，仍用 3 張黑白底片，進行加濾色片的曝光，再翻轉成正片，把正片上曝光部位的黑影去除且全都染上濾色片的餘色。這樣，在第一張正片上，紅色部位是透明的，其餘部位都是紅色的餘色。第二張正片上，綠色部位是透明的，其餘部位是綠色的餘色。第三張正片上，藍色部位是透明的而其餘部位則是藍色的餘色。由上述可見，餘色就是另兩種原色的疊加顏色。紅色的餘色，就是青色 (綠加藍)，綠的餘色為品紅 (紅加藍)，藍的餘色則是黃色 (紅加綠)。再將這 3 種染過餘色的正片疊合在一起，當白光通過後就能在屏幕上得到一個和現實一樣的彩色圖像 (見圖 10.10)。

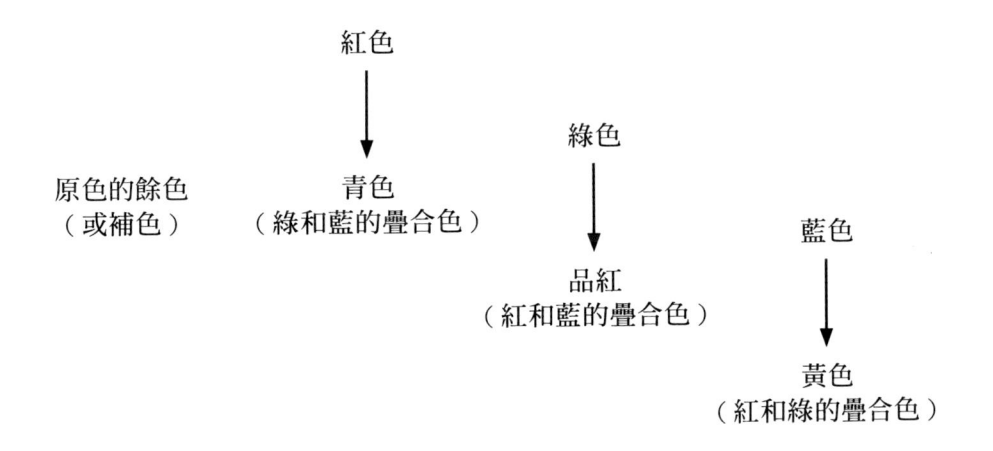

圖 10.9　原色和餘色的關係

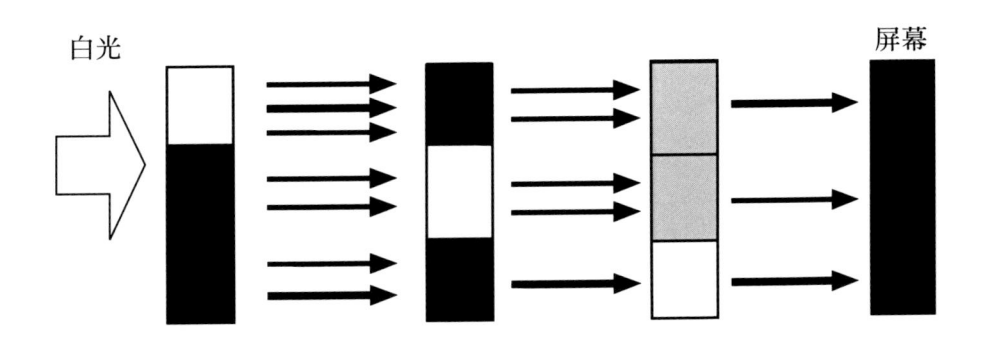

圖 10.10　減色法成像示意圖

以紅色部位為例，白光通過第一張正片時，只有紅色部位能讓白光通過，而其餘部位只能通過綠光和藍光。進入到第二張正片時，紅色部位的白光中只有紅光藍光能通過，在進入到第三張正片時，紅光仍能通過，藍光受阻，於是紅色部位成的是紅色像。綠色部位在第一張正片後，進入綠光和藍光，而第二張正片上，綠色部位是透明的，可以讓綠色和藍色全部通過，但到了第三張正片時，綠色部位通過的藍光將會受到黃色的阻擋而不能通過，綠色照樣通過，這就會在屏幕上留下綠色部位的綠色成像。第三張正片的藍色部位是透明的，但這時也只有藍光通過，給出了藍色部位的藍色成像。至此，一幀彩色照片就出來了。因為用餘色來成像，所以稱為減色法。由於任意兩種餘色疊合在一起，仍能通過一種原色，因此就有可能把這 3 個過程合併為一。減色法為我們創造了用黑白照的技術來完成彩照的基礎。無論是減色法還是加色法都採用投影的方法實現的彩色圖正像。現代的彩照是在減色法的基礎發展起來的。讓我們來看一看現代彩照是如何實現的。

四、彩照的底片

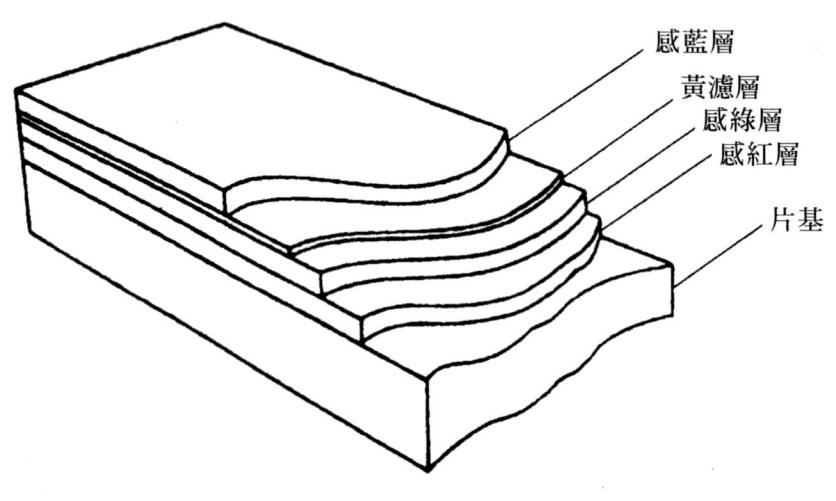

彩照的底片如圖 10.11 所示

圖 10.11 彩色底片示意圖

在一張片基上有 3 層感光乳劑。感光層的乳劑的感光材料是溴化銀，它是一種色盲感光材料，也就是說，它只對藍光敏感，而對紅光和綠光不產生反應。因此它只能作為感藍層的感光材料。而在感綠層和感紅層中必須加入相應的增感劑，

使其分別只對綠色和紅色敏感。由於這兩層仍然對藍光敏感，因此在感藍層下面要加一個黃濾色層來吸收掉藍光。曝光後，藍色部位在感藍層曝光，再經彩色顯影，所謂彩色顯影，實際上就是在黑白顯影後，將形成的銀像染成藍色的餘色，即黃色，再把銀像洗去。換一句話說，感藍層將形成因藍色光影像而生成的黃色染料圖像；而感綠層將生成因綠色光影像造成的品紅染料圖像；感紅層將生成因紅色光影像造成的青色染料圖像。這3層像疊合起來就構成了彩色負片。你不妨注意自己的彩照底片，在這些底片上凡是綠草地都是品紅色的，天空的雲彩都是黃色的。

五、彩照原理

我們要得到一張彩色照片，就必須先拍一張負片，通過負片再對彩色照相紙進行曝光，經彩色顯影後就可得到一張彩色照片(正片)。下面以綠色物體曝光為例來說明彩色照片成像的過程(如圖10.12所示)：

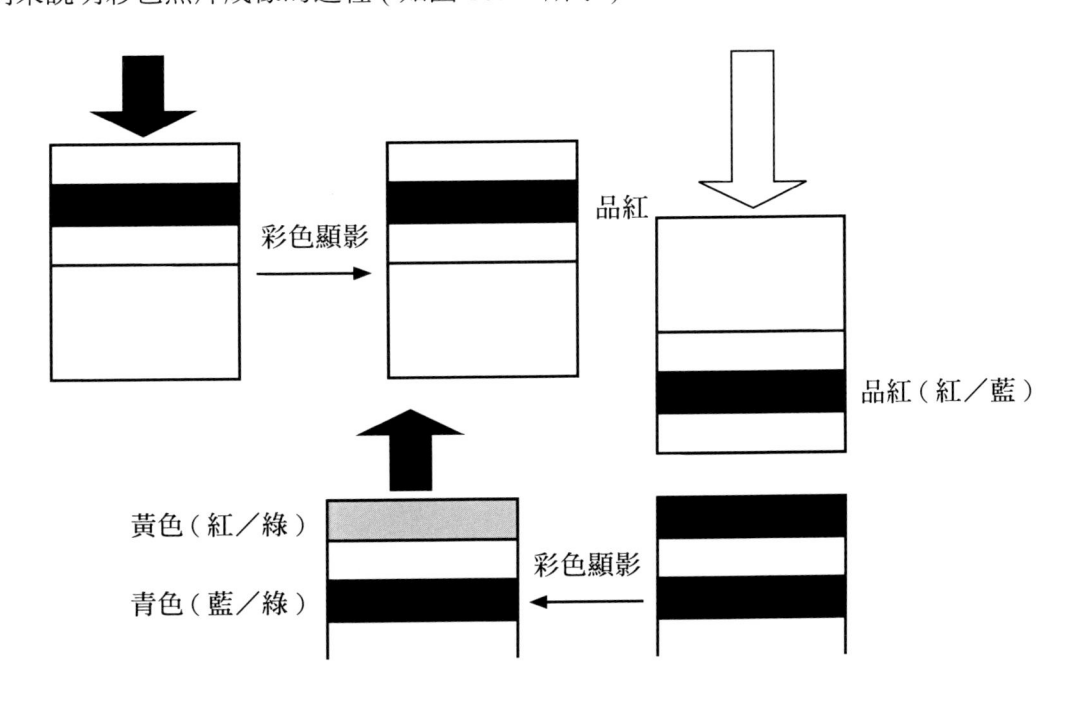

圖10.12 彩照沖洗過程示意圖

將彩色底片對綠色光進行曝光，感綠層出現潛影，經顯影使曝光的溴化銀還原為金屬銀而形成黑色影像。同時，將銀像部位染成品紅，再洗去黑色銀像，實

際上這在彩色顯影中就是一個漂白過程。定影後將末曝光的溴化銀洗去，這就是用某些化學物質將金屬銀再氧化成鹵化銀，經第二次定影即可除去這個黑色影像。這樣，在底片上就只剩下了綠色部位的品紅圖像，這就是彩色底片或者說是一張彩色的負片。再將負片和彩色照相紙疊合後曝光，負片上的品紅染料圖像只能讓藍光和綠光通過，於是照相紙上的感藍層和感綠層上分別出現潛影，再經顯色顯影，定影，染色，漂白和第二次定影處理後，在這二層上就分別出現黃色(紅加綠)和青色(綠加藍)圖像。而這兩者疊合起來我們就只見到了綠色成像。紅色和藍色也是同樣的原理。

要實現這樣一種過程，其關鍵在於如何染色的問題。這裡就必須藉助於化學的魅力了。

我們知道，染料也是化學物質，當然可以設想為由 A 加 B 而合成。在製備感光乳劑的時候，加入合成染料的一種原料，例如說 A。而另一個原料 B 則就是在顯影過程中還原劑在還原溴化銀時所生成的氧化物。這樣，就在我們需要染色的地方，就有染料的原料出現，就可染成所需的顏色。當然，這種顯影劑是經過特殊選擇的。這是一個十分巧妙的安排，因為染色正好被安排在所需要的顯影部分。以青色染料為例，見圖 10.13。

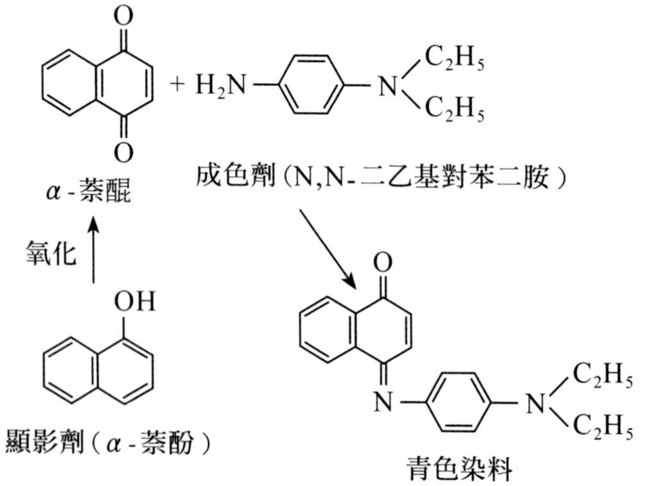

圖 10.13 青色染料之形成

青色染料的一個原料成色劑是事先就加入乳劑，另一個原料則是在黑白顯影過程中產生的萘醌。它只產生在需要染色的地方，因此和事先已經預埋在乳劑中

的成色劑作用就生成了青色染料。

在彩色感光材料中，尚有一種稱之為反轉片的膠片，也就是在照相底片上直接得到正像的膠片。例如，我們常用的幻燈片就是這種膠片。這是將感光過的彩色底片先用一般的黑白顯影液進行顯影，結果，各個感光層的溴化銀，都形成潛影。因為不是用彩色顯影劑，所以不會形成染料圖像。

此後，用水洗或停顯方法使顯影中止。再將此膠片置於白光下均勻曝光。這樣，原來未曝光的溴化銀就全部被曝光，在放入彩色顯影劑中顯影，再經定影，漂白，再定影後即出現與原色相同的物體成像了。

觀念思考題與問題

1. 化學研究應該重視解決的問題有哪些？請簡述之。
2. 何為焰色反應？為什麼常見到焰色反應是鹼金屬或鹼土金屬？
3. 焰色反應的原理如何？請詳述之。
4. 光譜分析儀的原理是什麼？請簡述之。
5. 塗料的概念有哪些？請簡述之。
6. 塗料命名原則包括哪些？請簡述之。
7. 塗料的主要成膜物質是什麼？
8. 常用家裝塗料有哪些？請簡述之。
9. 特種塗料有哪些？請簡述之。
10. 在選用家用塗料時應注意哪些？請簡述之。
11. 工業塗料有哪些？請簡述之。
12. 請簡述有機染料的發展史。
13. 染料的分類有哪些？請簡述之。
14. 光與染料顏色有何關係？請簡述之。
15. 有機顏料是什麼？有機顏料有何分類？
16. 為何有機顏料要顏料化？請簡述之。
17. 為何一般油漆更加正確的名稱應該是塗料？請簡述之。
18. 照相技術中是利用銀鹽的什麼性質？請詳述之。
19. 黑白照相中有哪些主要的步驟？請簡述之。
20. 顯影的目的是什麼？為什麼顯影必須在暗房中進行？
21. 定影是怎麼回事？為什麼定影工作仍須在暗房中進行？
22. 為什麼底片上的圖像是負像？請加以說明之。
23. 為什麼無論底片還是照片在定影之後還需進行水洗？
24. 基本三原色是哪3種顏色？其有何重要性？請簡述之。
25. 何為加色法？何為減色法？請簡述之。
26. 現代彩色底片的結構如何？請簡述之。

參考書目

1. 呂選忠、于宙、王廣儀編著 (2011)，《元素生物學》，中國科學技術大學出版社。
2. 李和平、葛虹主編 (1997)，《精細化工工藝學》，科學出版社。
3. 李奇、陳光巨編著 (2004)，《材料化學》，高等教育出版社。
4. 周嘉華著 (2000)，《文物與化學》，東方出版社。
5. 柳一鳴主編 (2011)，《化學與人類生活》，化學工業出版社。
6. 唐有祺、王夔主編 (1997)，《化學與社會》，高等教育出版社。
7. 馬子川、張英鋒主編 (2011)，《生活中的化學》，北京師範大學出版社。
8. 馬金石、王雙青、楊國強編著 (2011)，《你身邊的化學——化學創造美好生活》，科學出版社。
9. 張亮生總主編 (2011)，《化妝品》，化學工業出版社。
10. 梁碧峯編著 (2000)，《化學概論》，滄海書局。
11. 梁碧峯編著 (2003)，《通識化學》，滄海書局。
12. 梁碧峯編著 (2006)，《化學與人文》(第二版)，滄海書局。
13. 梁碧峯編著 (2007)，《化學》，滄海書局。
14. 梁碧峯編著 (2009)，《化學與社會》，偉明圖書有限公司。
15. 梁碧峯編著 (2009)，《材料化學》，滄海書局。
16. 陳軍、陶占良編著 (2004)，《能源化學》，化學工業出版社。
17. 楊金田、謝德明編著 (2009)，《生活的化學》，化學工業出版社。
18. 趙雷洪、竺麗英主編 (2010)，《生活中的化學》，浙江大學出版社。
19. 劉旦初著 (2007)，《化學與人類》(第三版)，復旦大學出版社。
20. 戴立益、張貴榮著 (2002)，《我們周圍的化學》華東師範大學出版社。
21. 魏明通著 (2003)，《化學與人生》(第二版)，五南圖書出版社。

索引

DNA 的複製 105
DNA 的雙螺旋 104

一劃

一次污染物 347, 389
一些化妝品的基質和添加劑 291
一級能源 299, 300, 341

二劃

二次污染物 347, 389
二級能源 299, 300, 330, 341
人工單晶生長 412
人的皮膚和毛髮 258
人造毛 215, 216, 218, 222
人造奶油 92, 119
人造羊毛 219
人造棉 212, 215, 216, 227
人造絲 91, 215, 216, 217, 227
人造纖維 12, 212, 214, 215, 216, 217, 227, 254, 356
人類基因組計畫 81, 109
人類基因圖譜 81, 109
人類基因體組織 81, 109
人體中的化學物質 82, 119
人體中的化學變化 84

三劃

土壤環境化學 344, 360, 363, 389
大氣環境化學 20, 344, 346, 350, 351
工業塗料 441, 448, 476

四劃

不同的生理期 57
不良反應 117, 244, 291, 292, 294, 295, 298
五光十色的焰火 436
五行學說 3
五個「R」 382
什麼是環境化學 344
界面活性劑 233, 234, 235, 237, 238, 239, 242, 243, 245, 248, 249, 250, 251, 252, 254
界面活性劑的特性 246
界面活性劑的類型 247
元素分布的普遍性 45
元素平衡醫學 52
元素在生物體的分布 51, 52, 80
元素在生物體的存在形態 62, 80
元素在生物體的協同與拮抗作用 64, 80
元素的分布規律與作用 45
元素豐度變化的規律性 46
內、外環境中元素間豐度變化 46, 47, 80
分子論 4, 7
分析化學 11, 12, 22, 28, 34, 35, 53, 72, 73, 345, 346, 382, 389
化妝水 271, 276, 277, 279, 280
化妝品 9, 12, 142, 214, 234, 236, 241, 245, 246, 248, 249, 256, 259, 260, 264, 265, 266, 267, 268, 269, 270, 271, 272, 273, 274, 275, 278, 279, 281, 282, 288, 289, 290, 292, 293, 295, 296, 297, 381
化妝品的化學成分 263
化妝品的定義 257, 258, 298
化妝品的副作用 294
化學 4, 6, 7, 8, 9, 10, 17, 32, 41, 43, 45, 46, 47, 48, 49, 51, 52, 53, 54, 60, 61, 66, 67, 68, 69, 73, 74, 77, 78, 79, 81, 91, 93, 95, 102, 103, 108, 110, 112, 114, 122, 123, 125, 126, 130, 133, 135, 138, 143, 144, 147, 153, 155, 156, 181, 182, 192, 194, 195, 201, 207, 209, 211, 213, 214, 215, 220, 222, 224, 226, 227, 229, 230, 231, 232, 233, 243, 245, 249, 250, 251, 253, 263, 264, 266, 268, 269, 272, 274, 276, 280, 286, 287, 294, 298, 299, 301, 303, 308, 309, 311, 312, 317, 319, 321, 323, 329, 333, 335, 339, 343, 349, 352, 353, 355, 359, 361, 362, 367, 391, 392, 393, 394, 395, 396, 399, 403, 405, 407, 408, 409, 410, 411, 412, 414, 415, 416, 417, 419, 420, 423, 426, 428, 432, 433, 434, 435, 436, 438, 440, 441, 442, 444, 445, 447, 452, 455, 458, 460, 461, 466, 467, 468, 469, 473, 474, 476
化學工程學 28, 37, 318
化學工業 13, 16, 26, 27, 37, 39, 42, 131, 216, 255, 258, 330, 347, 354, 356, 375, 376, 380, 381, 382, 383, 385, 386, 402, 456
化學元素在人體中的作用 85
化學抗癌藥物的分類 206, 210
化學的歷史源頭 2
化學動力學 12, 16, 25, 33, 34
化學設計 388, 401
化學鍵 13, 14, 15, 16, 18, 22, 23, 33, 34, 190
化學藥物 210
化學藥物治療 205
化學變化 1, 2, 12, 13, 14, 15, 30, 44, 83, 84, 85, 121, 159, 261, 262
化療 205
天然色素 128, 130, 131, 157, 269
天然材料 224, 392, 431
天然氣的化學變換 318
天然纖維 212, 213, 214, 217, 226, 227, 228, 254, 394
太陽能 6, 10, 225, 299, 300, 301, 305, 306, 322, 323, 331, 339, 341, 383, 425, 431
心腦血管疾病 161, 163, 164, 165, 178, 210
木器塗料 443, 444, 448

毛髮 57, 70, 101, 149, 179, 261, 262, 267, 268, 273, 274, 282, 286, 287, 288, 290, 347
毛髮的基本結構 259, 260, 298
水—油換相法 462
常用的油漆 463
水力發電 306, 317, 332, 339
水污染的種類 354, 389
水污染的影響 357
水熱反應法 418
水環境化學 344, 353, 359
火 2, 3, 4, 39, 82, 152, 154, 155, 213, 222, 223, 228, 299, 300, 301, 308, 328, 334, 335, 336, 337, 338, 346, 348, 349, 354, 355, 373, 384, 392, 397, 402, 405, 406, 411, 412, 421, 426, 431, 437, 438, 440, 444, 450
牙周病 173, 174, 210

五劃

加色法 469, 470, 471, 472, 476
加酶洗滌劑 252, 253
功能材料 10, 36, 328, 394, 396, 397, 399, 400, 403, 419, 420, 422, 425, 428, 429, 434
功能高分子 36, 37
去除過量或有毒金屬離子的功能 70
可持續發展 343, 360, 374, 375, 376, 377, 378, 379, 380, 382, 383, 386, 388, 435
可持續發展問題 373, 389
四元素 3
尼龍 26, 212, 217, 218, 219, 232, 293, 326, 327, 393, 397, 429
必需元素 50, 53, 65, 68, 70, 74, 122, 123, 157, 202
未來的氫經濟性系統 338
正分子醫學 49, 51
正確選用化妝品 296, 298
生育酚 114, 141, 270
生命元素 15, 43, 44, 45, 46, 47, 51, 52, 62, 72, 76, 79, 85, 86, 122, 163, 181, 182, 183, 188, 189, 197
生命元素的相互聯繫性 50
生命元素的調控性 50, 80
生命元素研究展望 73, 80
生命元素與疾病 160, 210
生命元素與癌症 180, 210
生命元素劑量的效應性 49, 80
生命必需多量元素 52
生命必需微量元素 52, 53, 64
生命化學 7, 16, 35, 82
生物化學 7, 8, 10, 12, 16, 18, 22, 51, 72, 76, 81, 119, 159, 181, 382, 386
生物有機化學 32
生物材料 10, 428, 430, 432, 434
生命的化學進化過程 82, 119
生命的起源 82, 119

生命科學 7, 8, 31, 35, 38, 42, 51, 75, 78, 160, 428
生物科學 1, 42, 160
生物無機化學 28, 30, 72, 75, 76, 160
生物製氫技術 323, 324
生物學 1, 4, 5, 6, 7, 8, 10, 16, 30, 44, 45, 47, 51, 52, 53, 72, 73, 74, 76, 78, 79, 81, 123, 159, 160, 168, 169, 190, 203, 207, 343, 428, 429
生物體中的化學元素的分類和主要功能 122
甲狀腺機能亢進症 170
皮膚的基本結構 259, 298
石墨烯 409

六劃

仿皮革面料 222
光波纖維 423, 424
光電轉換材料 425
光與染料顏色 456, 476
光與顏色 456
光譜分析 35, 438, 439, 476
各種癌症 181, 198
合成化學 6, 23, 24, 28, 29, 31, 217, 343, 344, 386
合成色素 131, 269, 295
合成材料 10, 24, 25, 26, 27, 393, 397, 421, 431
合成洗滌劑 231, 233, 234, 236, 241, 242, 243, 244, 247, 248, 250, 252, 253, 254
合成洗滌劑的定義和分類 235
合成洗滌劑的主要成分和作用 237
合成氫工業 27
合成纖維 9, 26, 212, 214, 216, 217, 218, 219, 221, 227, 228, 232, 252, 254, 354, 393, 394, 397, 451, 452, 458
地下水化學成分與癌症相關性的分類 194
地面塗料 446
地熱能源 307, 341
多采多姿的化學塗料 440
多晶體 404, 405,
多晶體陶瓷的製造 410, 434
多量元素 43, 44, 52, 53, 80, 122, 165, 179
多醣類 86, 90, 91, 117, 119
多肽 18, 24, 33, 97, 98, 99, 100, 101, 102, 109, 110, 111, 139, 214, 261, 272, 429, 430, 433
多肽合成 20, 107
多肽直接合成 106
有毒元素 44, 50, 53, 123, 202
有毒有害元素 53
有益元素 53, 70, 127
有機化學 3, 7, 11, 12, 19, 22, 23, 24, 26, 28, 31, 32, 35, 382, 386, 393, 456
有機金屬化學 32
有機染料 16, 464,
有機染料的概念 451
有機染料的發展史 452, 476
有機顏料 269, 293, 441, 442, 450, 453, 458, 459, 462,

463, 476
有機顏料的顏料化 460, 461
羊毛 26, 212, 213, 214, 216, 218, 220, 229, 231, 232, 234, 237, 240, 241, 242, 260, 264, 274, 277, 278, 279, 284, 285, 286, 291, 292, 293, 295, 355
肉毒桿菌毒素 103, 372
自然科學 1, 4, 6, 10, 15, 16, 22, 28, 42, 435
色、香、味的食品化學 128
色澱顏料 293, 459
血液與組織 55
血糖 87, 88, 151, 161, 162, 167, 168, 169, 173, 272

七劃

位錯 29, 196, 407, 408
何謂能源 300, 341
低維材料 427, 434
冶煉材料 392
助熔劑法 141
吸收光譜 171, 221, 303, 304, 439, 440, 457, 458
形狀記憶材料 429
抗氧劑的抗氧機理 140, 157
抗愛滋病新藥掃描 208
抗癌配位體 189
抗癌元素及化合物 187, 210
抗癌藥物新視野 207
抗壞血酸 24, 116, 130, 136, 141, 142
材料化學 12, 15, 16, 28, 30, 330, 381, 391, 399, 400, 401, 433
材料的分類 395
材料的微觀結構 404, 434
材料科學中的化學研究 400
材料科學的發展過程 391
汞 4, 48, 59, 65, 66, 70, 101, 116, 123, 180, 190, 191, 228, 242, 243, 271, 290, 295, 350, 354, 355, 357, 358, 359, 366, 367, 368, 371, 415, 466
沉澱法 417, 464
汽車排氣 347
肝炎病 151, 169
肝癌 69, 109, 180, 185, 186, 191, 194, 195, 197, 198, 199, 203, 204, 210
肝醣 90, 91, 118
防火塗料 446, 447
防曬類化妝品 280, 298

八劃

乳化作用 249, 266, 268
乳液 263, 269, 271, 274, 279, 281, 290, 297, 444, 445, 450
乳糖 87, 88, 89, 134
亞佛加德羅假說 4
到太空去製造材料 431

協同作用 64, 78, 79, 123, 127, 140, 161, 187, 195, 200, 243, 252
固態廢棄物 365
固態廢棄物的處理方式 364
固態廢棄物的種類 363, 389
奈米 6, 28, 29, 330, 396, 400, 409, 423, 428
奈米材料 3, 339, 392, 395, 398, 399, 406, 416, 417, 418, 419, 427, 434
延緩衰老 117, 154, 175, 176, 178, 210, 291, 292
放射化學 12, 17, 30, 35
放射性 5, 17, 22, 144, 154, 181, 183, 185, 207, 308, 309, 313, 345, 354, 355, 361, 415, 447
服裝中的有害物質 227, 254
服裝的概述和分類 222
服裝品的常見危害及防護措施 229
服飾 38, 142, 211, 213, 222, 224, 225, 254
服飾中的化學 212
服飾品的原料和作用 226
服裝原料 226
果糖 86, 87, 88, 89, 129, 134, 151
波動力學 5
物理化學 11, 12, 19, 22, 28, 33, 35
物理科學 1, 5, 6, 42
物理變化 1, 12
物質 1, 2, 3, 4, 5, 6, 8, 11, 12, 13, 14, 15, 16, 17, 18, 20, 25, 28, 30, 33, 34, 35, 38, 39, 40, 41, 43, 44, 45, 48, 49, 51, 62, 63, 75, 76, 77, 81, 83, 84, 85, 86, 91, 97, 99, 101, 103, 112, 113, 115, 121, 123, 124, 125, 128, 130, 131, 132, 133, 134, 135, 136, 137, 139, 140, 142, 143, 144, 145, 147, 148, 150, 152, 153, 154, 155, 156, 157, 159, 164, 177, 179, 181, 182, 185, 186, 187, 188, 190, 191, 195, 196, 197, 201, 202, 209, 212, 214, 215, 217, 222, 226, 228, 229, 230, 231, 232, 233, 236, 237, 238, 239, 240, 241, 242, 243, 244, 245, 246, 249, 250, 255, 257, 258, 259, 260, 261, 262, 263, 268, 269, 270, 271, 272, 273, 274, 275, 277, 278, 279, 280, 287, 289, 291, 292, 293, 294, 295, 299, 300, 301, 308, 329, 330, 340, 343, 344, 345, 346, 347, 348, 351, 352, 353, 354, 355, 356, 357, 358, 359, 360, 362, 363, 364, 365, 367, 370, 371, 372, 374, 376, 377, 379, 380, 381, 383, 384, 385, 387, 388, 389, 391, 392, 395, 399, 400, 401, 402, 403, 404, 407, 408, 409, 410, 416, 418, 422, 433, 435, 436, 441, 442, 443, 444, 445, 447, 448, 451, 455, 456, 457, 458, 459, 460, 463, 465, 467, 468, 473, 474, 476
矽油 235, 260, 275
社會科學 7, 9, 15, 42, 343
空氣污染的防治 352, 389
肺癌 69, 144, 145, 183, 184, 185, 186, 193, 198, 200, 201, 208, 210, 347
肥皂 92, 93, 95, 231, 232, 233, 235, 237, 240, 241, 242, 245, 247, 248, 249, 250, 254, 257, 260, 271, 275, 277, 278, 283, 284, 355
肥皂的主要成分和作用 236

肥皂的定義和分類 234
表面張力 238, 240, 245, 246, 247, 249, 268, 316, 402
金屬材料 10, 327, 395, 396, 398, 400, 404, 405, 425, 432
金屬氫化物儲氫 324, 328, 341
金屬鈾的製備 314
非晶態 29, 396, 403, 407, 408, 409, 434

九劃

冠心病 69, 77, 86, 145, 156, 161, 175, 179, 210
拮抗作用 48, 59, 65, 78, 178, 188, 189, 199, 201
染料索引簡介 455
洗滌劑 9, 214, 238, 245, 246, 251, 283, 284, 285, 359, 365
洗滌劑中的化學 232
洗滌劑的主要成分和作用 236
洗滌劑的去污作用 239, 240
洗滌劑的去污過程 240
洗滌劑的危害及防護 241
洗滌劑的定義 234, 235
洗潔精 253, 254
相變 406, 423, 424, 429
美髮用化妝品 276, 282, 293, 298
耐水塗料 447
耐熱塗料 447
胃癌 185, 191, 193, 195, 197, 198, 199, 200, 203, 204, 205, 210
致癌元素與化合物 182, 210
面膜 277, 281, 282
風力能源 306, 307
食品 9, 53, 59, 67, 73, 75, 76, 78, 79, 86, 89, 91, 95, 96, 113, 114, 115, 126, 127, 129, 130, 131, 133, 135, 138, 140, 141, 142, 157, 164, 179, 208, 231, 250, 355, 362, 373, 381, 419, 435, 447, 449, 451, 453, 455
食品化學 15, 121, 128
食品的色澤化學 128
食品的抗氧化劑化學 139
食品的防腐劑化學 137
食品的味道化學 134
食品的香氣化學 132
食品添加劑的化學 136
食道癌 145, 186, 187, 188, 191, 194, 195, 197, 198, 200, 201, 202, 203, 204, 205, 210
首飾原料 227
香煙的分類 142
香煙的成分和作用 143
香煙與人體健康 144

十劃

原子吸收光譜 171, 439, 440
原子核能 309, 435
原子經濟性 32, 40, 382, 384, 385, 386, 387
原子學說 4
原子簇化學 28, 29
唇膏 263, 265, 266, 269, 275, 276, 280, 288, 292, 293
家電塗料 450
核化學 16, 30
核裂變 18, 22, 314
核酸 7, 8, 13, 19, 20, 32, 33, 43, 44, 45, 62, 63, 81, 82, 83, 103, 104, 108, 111, 118, 119, 126, 175, 178, 184, 186, 190, 196, 198, 199, 202, 206, 207
核燃料的化學工藝學 310
消化性潰瘍 173
特殊材料設計 394
特種化學處理織物 221, 254
特種塗料 446, 476
益害元素之風險管控 121, 157
砷 4, 48, 53, 57, 59, 66, 70, 71, 74, 116, 117, 180, 181, 182, 183, 184, 191, 242, 350, 354, 355, 361, 370, 371, 414, 415, 432
脂肪的一些物理、化學性質 94
脂肪的水解 95
脂肪的生理功能和代謝機理 96
脂肪的酸敗壞 95
脂肪的熱變化 96
脂質 77, 83, 92, 94, 135, 153, 154, 161, 176, 177, 178, 192
能量 1, 14, 15, 20, 22, 23, 25, 39, 76, 81, 83, 85, 86, 87, 90, 91, 96, 112, 115, 118, 121, 124, 126, 174, 191, 221, 224, 259, 280, 299, 300, 301, 302, 308, 317, 319, 320, 322, 323, 324, 326, 330, 331, 334, 338, 340, 352, 354, 388, 411, 425, 426, 437, 438, 461
能源 6, 7, 10, 15, 16, 22, 27, 31, 38, 75, 81, 109, 192, 225, 301, 302, 303, 304, 305, 310, 315, 317, 318, 320, 322, 331, 333, 334, 338, 339, 340, 343, 344, 347, 350, 362, 364, 365, 375, 377, 379, 380, 382, 383, 385, 386, 387, 401, 403, 404, 431, 435, 440, 444
能源材料 395, 425, 434
臭氧層的破壞 352
茶化學 142, 152
茶的分類 152, 157
茶的成分和作用 153
記錄材料 423
酒化學 145
酒的分類 145
酒的成分和作用 147
酒與烹飪 149
配位化學 19, 20, 28, 29
高分子化學 18, 22, 24, 25, 26, 28, 35, 36, 400
高分子生物材料 430
高分子材料 10, 12, 16, 35, 36, 37, 395, 397, 404, 408, 409, 419, 428, 430, 431, 434, 441
高分子科學 24, 441

高血壓病 151, 161, 166, 210
高級醇類 266
高密度蓄電池 425
高溫超導電纜 426
高溫電解水蒸氣製氫工藝 319, 331, 341
高壓氣體鋼瓶 324, 325
胺基酸 8, 45, 77, 82, 83, 97, 98, 99, 100, 101, 102, 108, 109, 110, 118, 119, 125, 126, 133, 134, 136, 147, 149, 151, 153, 168, 182, 189, 214, 239, 253, 257, 259, 260, 261, 271, 272, 274, 275, 277, 432

十一劃

偶氮顏料 459, 462
側鏈鹼基 104
動物纖維 213, 226
基因工程 19, 20, 38, 111, 119
基因缺陷 110, 111
基質原料 263, 267, 274, 298
基礎科學 1, 10, 391
常用化妝品的分類 276
常用家裝塗料 441, 443, 476
彩照的底片 472
彩照原理 473
敏感材料 329, 423, 429
氫—電的互相轉換 332
氫作為能源的應用 330, 341
氫的規模生產 315
氫的儲存和輸運 324, 341
氫能在太空飛行器技術中的應用 335
氫鍵 8, 9, 104, 105, 106, 109, 134, 189, 196, 213, 261, 286, 287
液氫 324, 326, 327, 328, 334, 336, 337, 338, 339
清潔生產 350, 376, 377, 378, 379, 380, 389
清潔用化妝品 276, 277
瓷器 393, 411
眼病 174
細胞的 RNA 108
組合化學 28, 32, 34, 432, 433
莫耳 13, 14, 15, 283
蛋白質 7, 8, 13, 18, 19, 21, 32, 33, 38, 43, 44, 45, 54, 57, 62, 63, 64, 77, 81, 82, 83, 84, 90, 96, 97, 98, 99, 102, 111, 124, 125, 126, 127, 128, 129, 130, 133, 136, 150, 151, 153, 155, 156, 164, 173, 174, 178, 182, 191, 192, 196, 198, 199, 203, 206, 209, 213, 214, 229, 249, 252, 253, 268, 269, 271, 272, 273, 274, 290, 366, 432
蛋白質形狀的重要性 101, 119
雪花膏 263, 264, 267, 268, 276, 278, 279, 298
麥芽糖 88, 89, 90, 134
烷化劑 206

十二劃

黏膠纖維 212, 214, 215, 216

稀土元素 30, 47, 78, 207, 210
喝茶對健康的利弊 155
單晶生長 412, 434
單醣的環狀形式 87
單醣類 87, 88, 89, 119
富勒烯 6, 330, 404
幾種材料的製備 409
提拉法 412, 413, 414, 415
晶體中的缺陷 406, 407, 434
晶體材料 30, 391, 404, 405, 414
智能材料 394, 429, 430, 431, 434
智慧型服飾 211, 224, 254
植物纖維 213, 214, 226
減色法 470, 471, 472, 476
焰色反應 436, 437, 438, 476
無精症 175, 210
無機化學 3, 11, 22, 28, 29, 30, 31, 72, 75, 76, 160, 400
無機非金屬材料 395, 396
無機膜材料 419
無磷洗滌劑 253
發射光譜 439, 440
稀土元素 30, 47, 78, 207, 210
稀土金屬化學 28, 30
結構新材料 424
紫杉醇 207, 208
超導材料 29, 30, 399, 400, 409, 426, 432
週期變化節律 48, 49, 164, 165
量子化學 5, 21, 22, 23, 33, 34
開發氫能源 309, 341
開發氫經濟性 315, 341
飲酒與健康 149
黑白照相的原理 466

十三劃

塗料印花 450, 451, 452, 458, 460
塗料命名原則 441, 476
染料的分類 476
染料的分類及命名 452
塗料的組成 442
微量元素 43, 44, 52, 53, 54, 55, 56, 57, 58, 60, 61, 62, 64, 65, 66, 67, 68, 69, 70, 79, 85, 102, 122, 123, 127, 154, 155, 157, 160, 162, 163, 164, 165, 166, 167, 168, 169, 170, 171, 172, 173, 174, 175, 176, 177, 178, 179, 180, 184, 187, 190, 191, 192, 197, 198, 199, 200, 201, 202, 203, 204, 205, 210, 271, 354, 366, 435
微量元素的營養與毒性 75
微量元素與中毒 59
微量元素與中醫中藥 76
微量元素與地方病 73, 74, 77
微量元素與健康理論的探索 76
微量元素與農業 72, 78
微量元素與環境 77
新材料 10, 23, 388, 391, 392, 394, 395, 396, 398, 400,

401, 402, 403, 406, 422, 424, 431, 432, 434, 435
新材料的現狀與展望 421
溶液法 414
溶液蒸發法 418
溶膠─凝膠法
溫室效應 302, 304, 318, 344, 351, 352, 389
煙、酒、茶化學 142
煙化學 142
煤的地下氣化規模製氫工程 317, 341
煉丹士 4
煉丹術 2, 3, 4, 42
煉金術 3, 4
群 48, 57, 74, 77, 103, 119, 142, 161, 162, 163, 164, 207, 222, 231, 289, 295, 298, 355, 366, 392, 419, 464
葡萄糖 83, 87, 88, 89, 90, 91, 111, 124, 134, 135, 136, 138, 141, 151, 166, 168, 169, 177, 178, 213, 245
葡萄糖耐量因子 161, 167, 179
解酒 151
資訊功能材料 422, 434
逼真的彩色照片 465
鈾同位素分離 313, 341, 419
鈾的循環利用 314
鉛 58, 59, 60, 62, 65, 66, 70, 71, 78, 92, 101, 116, 123, 149, 166, 174, 175, 176, 179, 181, 183, 187, 197, 242, 256, 271, 288, 293, 294, 295, 347, 350, 354, 355, 361, 362, 369, 370, 393, 425, 449, 450, 464, 465
電流變性流體 430
飾品的概述和分類 226
酮醣 87

十四劃

實施清潔生產的必要性 378
磁致伸縮材料 430
精神病 171, 172, 173
綠色化學 38, 40, 42, 72, 345, 376, 377, 380, 385, 387, 388
綠色化學的 12 原則 39
綠色化學的 12 條原則 383, 389
綠色化學的內涵 383
綠色化學的概念 381, 382
維生素 17, 18, 24, 59, 63, 73, 77, 83, 86, 97, 103, 112, 113, 114, 115, 116, 117, 118, 119, 124, 127, 139, 140, 141, 149, 150, 153, 155, 156, 160, 164, 165, 166, 178, 199, 235, 239, 240, 245, 260, 269, 270, 271, 272, 273, 279, 281, 291, 292, 297
聚酯 26, 212, 218, 221, 327, 393, 442, 449, 466
輔助原料 236, 237, 238, 263, 267, 268, 292, 298
酵素 7, 8, 81, 83, 90, 94, 97, 102, 103, 106, 107, 108, 111, 119, 214, 282
酸雨 10, 303, 304, 343, 344, 345, 347, 348, 352, 360, 362, 386, 449

十五劃

增溶作用 248
層錯 407
標準人 53, 54, 55
潮汐能源 309
潤濕作用 248
熱化學循環分解水製氫 320, 322, 331, 341
膠體化學法 418
蔗糖 14, 84, 86, 87, 88, 89, 134
複合材料 2, 392, 394, 395, 397, 398, 421, 424, 427, 428, 431, 434
質量守恆定律 13
適量範圍 44
醋酸纖維 212, 214, 216, 466
導電高分子材料 430

十六劃

機動車動力 334, 341
澱粉 81, 83, 86, 87, 89, 90, 91, 96, 130, 168, 213, 227, 238, 240, 252, 277, 282, 430, 446, 447
燒結 319, 329, 392, 403, 405, 407, 410, 411, 412, 419, 420, 427
燃料電池 310, 318, 332, 333, 334, 335, 339, 340, 412, 426, 427
糖尿病 69, 77, 86, 87, 88, 89, 111, 151, 161, 165, 166, 167, 168, 169, 175, 210
諾貝爾化學獎 16, 22, 23, 24, 25, 27, 217, 351, 430
遺傳密碼 108, 109, 111, 119

十七劃

壓電材料 429
營養潤膚霜 278
牆面塗料 444
環境中元素的遷移研究 365
環境分析化學 345, 346, 389
環境污染 38, 58, 195, 224, 234, 251, 302, 331, 343, 344, 345, 347, 350, 361, 363, 369, 377, 380, 382, 383, 386, 426, 447
環境材料 431, 434
環境對癌症的影響 192, 210
癌症的剋星 205, 210
癌症發病的原因 180, 210
癌症與地下水化學成分有相關性 193
總統綠色化學挑戰獎 382, 384, 386
縱橫元素比 48, 164
醣類 16, 18, 54, 83, 96, 101, 144, 149, 153, 156, 164, 235, 271
醛醣 87

十八劃

舊材料 395
醫藥工業 27
鎘 59, 60, 65, 66, 70, 71, 74, 123, 127, 144, 166, 169, 174, 176, 178, 180, 181, 183, 186, 187, 190, 191, 200, 201, 202, 228, 285, 286, 350, 354, 356, 357, 358, 359, 361, 362, 366, 367, 370, 414, 415
雙螺旋 8, 9, 104, 105, 106, 107
雙醣類 88, 89, 119
顏料化 460, 461, 463, 476

十九劃

譜 5, 6, 11, 17, 18, 19, 20, 23, 35, 48, 76, 110, 138, 139, 164, 197, 202, 302, 345, 401, 414, 415, 442, 456

二十一劃

護膚類化妝品 276, 277

二十二劃

變晶界 407

二十三劃

纖維素 81, 86, 90, 91, 213, 214, 215, 216, 217, 227, 238, 251, 252, 254, 281, 284, 286, 293, 430, 466

二十四劃

蠶絲 212, 213, 214, 216, 275
艷麗的化妝品的由來 255

國家圖書館出版品預行編目資料

化學與人生/梁碧峯編著. -- 初版. --
新北市：Airiti Press, 2012.10
　　　面；公分
ISBN 978-986-6286-61-2（平裝）
1. 化學工程
460　　　　　　　　　　101021183

化學與人生

發　行　人／陳建安
出版單位／Airiti Press Inc.
編　　　者／梁碧峯
總　編　輯／古曉凌
責任編輯／謝佳珊
執行編輯／謝佳珊、方文凌
版面編排／薛耀東
封面設計／薛耀東
發行業務／楊子朋
行銷企劃／賴美璇
發行單位／Airiti Press Inc.
　　　　　234 新北市永和區成功路一段 80 號 18 樓
總　經　銷／華藝數位股份有限公司
　　　　　戶名：華藝數位股份有限公司
　　　　　銀行：國泰世華銀行　中和分行
　　　　　帳號：045039022102
　　　　　電話：(02)2926-6006　　傳真：(02)2231-7711
　　　　　服務信箱：press@airiti.com
法律顧問／立暘法律事務所　歐宇倫律師
ISBN ／ 978-986-6286-61-2
出版日期／ 2012 年 10 月初版
定　　價／新台幣 650 元

版權所有・翻印必究　　Printed in Taiwan

元素週期表

1	2		3	4	5	6	7	8	9	10	11	12	13	14	15	16	17	18
1 H 1.008																		2 He 4.003
3 Li 6.941	4 Be 9.012												5 B 10.81	6 C 12.01	7 N 14.01	8 O 16.00	9 F 19.00	10 Ne 20.18
11 Na 22.99	12 Mg 24.30												13 Al 26.98	14 Si 28.09	15 P 30.97	16 S 32.07	17 Cl 35.45	18 Ar 39.95
19 K 39.10	20 Ca 40.08		21 Sc 44.96	22 Ti 47.88	23 V 50.94	24 Cr 52.00	25 Mn 54.94	26 Fe 55.85	27 Co 58.93	28 Ni 58.69	29 Cu 63.55	30 Zn 65.39	31 Ga 69.72	32 Ge 72.61	33 As 74.92	34 Se 78.96	35 Br 79.90	36 Kr 83.80
37 Rb 85.47	38 Sr 87.62		39 Y 88.91	40 Zr 91.22	41 Nb 92.91	42 Mo 95.94	43 Tc (97.91)	44 Ru 101.1	45 Rh 102.9	46 Pd 106.4	47 Ag 107.9	48 Cd 112.4	49 In 114.8	50 Sn 118.7	51 Sb 121.8	52 Te 127.6	53 I 126.9	54 Xe 131.3
55 Cs 132.9	56 Ba 137.3	鑭系	71 Lu 175.0	72 Hf 178.5	73 Ta 180.9	74 W 183.8	75 Re 186.2	76 Os 190.2	77 Ir 192.2	78 Pt 195.1	79 Au 197.0	80 Hg 200.6	81 Tl 204.4	82 Pb 207.2	83 Bi 209.0	84 Po (209.0)	85 At (210.0)	86 Rn (222.0)
87 Fr (223.0)	88 Ra (226.0)	錒系	103 Lr (262.1)	104 Rf (261.1)	105 Db (262.1)	106 Sg (263.1)	107 Bh (262.1)	108 Hs (265.1)	109 Mt (266.1)	110 Ds (269.1)	111 Rg (272.1)	112 Cn (277.1)		114 Fl (285)		116 Lv (289)		

鑭系:

57 La 138.9	58 Ce 140.1	59 Pr 140.9	60 Nd 144.2	61 Pm (144.9)	62 Sm 150.4	63 Eu 152.0	64 Gd 157.2	65 Tb 158.9	66 Dy 162.5	67 Ho 164.9	68 Er 167.3	69 Tm 168.9	70 Yb 173.0

錒系:

89 Ac (227.0)	90 Th 232.0	91 Pa 231.0	92 U 238.0	93 Np (237.0)	94 Pu (244.1)	95 Am (243.1)	96 Cm (247.1)	97 Bk (247.1)	98 Cf (251.1)	99 Es (252.1)	100 Fm (257.1)	101 Md (258.1)	102 No (259.1)

圖例：
- □ 金屬
- ▪ 兩性金屬
- ▫ 非金屬
- 過渡金屬

原子質量表

	符號	原子序(Z)	原子質量		符號	原子序(Z)	原子質量
Actinium	Ac	89	[227.0278]	Mendelevium	Md	101	[258.0984]
Aluminum	Al	13	26.981538	Mercury	Hg	80	200.59
Americium	Am	95	[243.0614]	Molybdenum	Mo	42	95.94
Antimony	Sb	51	121.757	Neodymium	Nd	60	144.24
Argon	Ar	18	39.948	Neon	Ne	10	20.1797
Arsenic	As	33	74.92160	Neptunium	Np	93	[237.0482]
Astatine	At	85	[209.9871]	Nickel	Ni	28	58.6934
Barium	Ba	56	137.327	Niobium	Nb	41	92.90638
Berkelium	Bk	97	[247.0703]	Nitrogen	N	7	14.00674
Beryllium	Be	4	9.012182	Nobelium	No	102	[259.1011]
Bismuth	Bi	83	208.98038	Osmium	Os	76	190.23
Bohrium	Bh	107	[262.1231]	Oxygen	O	8	15.9994
Boron	B	5	10.811	Palladium	Pd	46	106.42
Bromine	Br	35	79.904	Phosphorus	P	15	30.973761
Cadmium	Cd	48	112.411	Platinum	Pt	78	195.078
Calcium	Ca	20	40.078	Plutonium	Pu	94	[244.0642]
Californium	Cf	98	[251.0796]	Polonium	Po	84	[208.9824]
Carbon	C	6	12.0107	Potassium	K	19	39.0983
Cerium	Ce	58	140.116	Praseodymium	Pr	59	140.90765
Cesium	Cs	55	132.90545	Promethium	Pm	61	[144.9127]
Chlorine	Cl	17	35.4527	Protactinium	Pa	91	231.03588
Chromium	Cr	24	51.9961	Radium	Ra	88	[226.0254]
Cobalt	Co	27	58.933200	Radon	Rn	86	[222.0176]
Copper	Cu	29	63.546	Rhenium	Re	75	186.207
Curium	Cm	96	[247.0703]	Rhodium	Rh	45	102.90550
Dubnium	Db	105	[262.1144]	Rubidium	Rb	37	85.4678
Dysprosium	Dy	66	162.50	Ruthenium	Ru	44	101.07
Einsteinium	Es	99	[252.0830]	Rutherfordium	Rf	104	[261.1089]
Erbium	Er	68	167.26	Samarium	Sm	62	150.36
Europium	Eu	63	151.964	Scandium	Sc	21	44.955910
Fermium	Fm	100	[257.0951]	Seaborgium	Sg	106	[263.1186]
Fluorine	F	9	18.9984032	Selenium	Se	34	78.96
Francium	Fr	87	[223.0197]	Silicon	Si	14	28.0855
Gadolinium	Gd	64	157.25	Silver	Ag	47	107.8682
Gallium	Ga	31	69.723	Sodium	Na	11	22.989770
Germanium	Ge	32	72.61	Strontium	Sr	38	87.62
Gold	Au	79	196.96655	Sulfur	S	16	32.066
Hafnium	Hf	72	178.49	Tantalum	Ta	73	180.9479
Hassium	Hs	108	[265.1306]	Technetium	Tc	43	[97.9072]
Helium	He	2	4.002602	Tellurium	Te	52	127.60
Holmium	Ho	67	164.93032	Terbium	Tb	65	158.92534
Hydrogen	H	1	1.00794	Thallium	Tl	81	204.3833
Indium	In	49	114.818	Thorium	Th	90	232.0381
Iodine	I	53	126.90447	Thulium	Tm	69	168.93421
Iridium	Ir	77	192.22	Tin	Sn	50	118.710
Iron	Fe	26	55.847	Titanium	Ti	22	47.88
Krypton	Kr	36	83.80	Tungsten	W	74	183.84
Lanthanum	La	57	138.9055	Uranium	U	92	238.0289
Lawrencium	Lr	103	[262.1098]	Vanadium	V	23	50.9415
Lead	Pb	82	207.2	Xenon	Xe	54	131.29
Lithium	Li	3	6.941	Ytterbium	Yb	70	173.04
Lutetium	Lu	71	174.967	Yttrium	Y	39	88.90585
Magnesium	Mg	12	24.3050	Zinc	Zn	30	65.39
Manganese	Mn	25	54.938049	Zirconium	Zr	40	91.224
Meitnerium	Mt	109	[266.1378]				